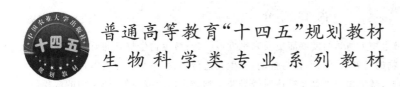

普通高等教育"十四五"规划教材

生物科学类专业系列教材

微生物生物学

霍乃蕊　余知和　主编

中国农业大学出版社

·北京·

内 容 简 介

本教材共 15 章,主要介绍了微生物生物学的发展简史及未来发展前景;微生物生物学的研究对象;三域微生物及病毒的形态和结构;微生物的营养、代谢、生长与控制;微生物遗传学、生态学和分类学;微生物基因表达与调控;微生物菌种选育与维护;微生物侵染以及机体对侵染微生物做出的免疫应答;微生物的应用等,并将微生物学技术有机贯穿在上述内容中。本书参考了目前国内外优秀的微生物学相关教材,遵循由浅入深、循序渐进的原则,力求拓宽知识面,紧跟国内外微生物发展动态,由从事微生物学教学和科研的工作者编写而成,内容比较全面,语言精练,信息量大,可读性强,旨在让学生掌握微生物生物学基本原理的基础上,激发他们对微生物学的热爱之情,培养哲辨思维能力、反向思维和多向思维能力,培养创新精神和创造能力。

图书在版编目(CIP)数据

微生物生物学 / 霍乃蕊,余知和主编. —北京:中国农业大学出版社,2018. 1(2021.12 重印)
ISBN 978-7-5655-1949-9

Ⅰ.①微… Ⅱ.①霍…②余… Ⅲ.①微生物学 Ⅳ.①Q93

中国版本图书馆 CIP 数据核字(2017)第 298275 号

书　名	微生物生物学
作　者	霍乃蕊　余知和　主编

策划编辑	赵 艳 孙 勇 潘晓丽	责任编辑	田树君
封面设计	郑 川		
出版发行	中国农业大学出版社		
社　址	北京市海淀区圆明园西路 2 号	邮政编码	100193
电　话	发行部 010-62813489,1190	读者服务部	010-62732336
	编辑部 010-62732617,2618	出 版 部	010-62733440
网　址	http://www.caupress.cn	E-mail	cbsszs@cau.edu.cn
经　销	新华书店		
印　刷	北京时代华都印刷有限公司		
版　次	2018 年 4 月第 1 版　2021 年 12 月第 2 次印刷		
规　格	787×1 092　16 开本　26.75 印张　670 千字		
定　价	69.00 元		

图书如有质量问题本社发行部负责调换

编写人员

主　　编　霍乃蕊　余知和

副 主 编　布日额　吴晓玉　黄　亮　易润华

编写人员　（按姓氏拼音排序）

布日额（内蒙古民族大学）

丁忠涛（江西农业大学）

范志华（天津农学院）

黄　亮（天津农学院）

霍乃蕊（山西农业大学）

李　利（长江大学）

李　敏（内蒙古师范大学）

宋　鹏（河南科技大学）

唐中伟（山西农业大学）

吴晓玉（江西农业大学）

许　女（山西农业大学）

闫　芳（山西农业大学）

杨　宁（山西农业大学）

易润华（广东海洋大学）

余知和（长江大学）

郑　茜（山西医科大学）

出版说明

　　生物科学是近几十年来发展最为迅速的学科之一，它给人类的生产和生活带来巨大变化，尤其在农业和医学领域更是带来了革命性的变革。生物科学与各个学科之间、生物科学各个分支学科之间的广泛渗透，相互交叉，相互作用，极大地推动了生物科学技术进步。生物科学理论和方法的丰富和发展，在持续推动传统农业和医学创新的同时，其应用领域不断扩大，广泛应用的领域已包括食品、化工、环保、能源和冶金工业等各个方面。仿生学的应用还对电子技术和信息技术产生巨大影响。生物防治、生物固氮等生物技术的应用，极大地改变了农业过分依赖石化工业的局面，继而为自然生态平衡的恢复做出无可替代的贡献。以大量消耗资源为依赖的传统农业被以生物科学和技术为基础的生态农业所替代和转变。新的、大规模的近现代农业将由于生物科学的快速发展而迅速崛起。

　　生物科学在农业领域中越来越广泛的应用，以及不可替代作用的发挥，既促进了生物科学教育的发展，也为生物科学教育提出了新的更高的要求。农业领域高素质、应用型人才对生物科学知识的需求具有自身独特的使命和特征。作为培养高素质、应用型人才重要途径和方式的农业高等教育亟须探索出符合实际需求和发展的教育教学模式和内容。为此，中国农业大学生物学院和中国农业大学出版社与全国30余所高等农林院校合作，在充分汲取各校生物科学类专业教改实践经验和教改成果的基础上，经过进一步集成、融合、优化、提升，凝聚形成了比较符合农林院校教学实际、适应性更好、针对性更强、教学效果更佳的教学理念和教材编写思路，进而精心打造了"全国高等农林院校生物科学类专业'十二五'规划系列教材"。系列教材覆盖了近30门生物科学类专业骨干课程。

　　本系列教材站在生物科学类专业教育教学整体目标的高度，以学科知识内容关联性为依据，审核确定教材品种和教材内容，通过相关课程教材小规模组合、专家交叉多重审定、编审指导委员会统一把关等措施，统筹解决相关教材内容衔接问题；以统一的编写指导思想因课制宜确定各门课程教材的编写体例和形式。因此，本系列教材主导思想整体归一、各种教材各具特色。

　　农业是生物科学最早也是应用范围最广的领域，其厚重的实践积累和丰硕成果使得农业高等教育生物科学类专业教学独具特色和更高要求。本系列教材比较好地体现了农业领域生物科学应用的重要成果和前沿研究成就，并考虑到农林院校生源特点、教学条件等，因而具有很强的适用性、针对性和前瞻性。

　　系列教材编审指导委员会在教材品种的确定、内容的筛选、编写指导思想以及质量把关等环节中发挥了巨大作用。其组成专家具有广泛的院校代表性、学科互补性和学术权威性，以及

丰富的教学科研经验。专家们认真细致的工作为系列教材打造成为农林院校生物科学类专业精品教材奠定了扎实的基础,在此谨致深深谢意。

作为重点规划教材,为准确把握教学需求,突出特色和确保质量,教材的策划运行被赋予更为充分的时间,从选题调研、品种筛选、编写大纲的拟制与审定、组织教师编写书稿,直至第一种教材出版至少3年时间,按照拟定计划主要品种的面世需近4年。系列教材的运行经过了几个阶段。第一个阶段,对农林院校生物科学教学现状进行深入的调查研究。2010—2011年,出版社用了近1年的时间,先后多批次走访了近30所院校,与数百位生物科学教学一线的专家和教师进行座谈,深入了解我国高等农林院校生物科学教学的进展状况及存在的问题。第二个阶段,召开教学和教材建设研讨会。2011年12月份,中国农业大学生物学院和中国农业大学出版社组织召开了有30余所院校、100余位教师参加的生物教学研讨会,与会代表就农林院校生物科学类专业教学和教材建设问题进行了广泛和深入的研讨,会上还组织参观了中国农业大学生物学院教学中心、国家级生命科学实验教学示范中心以及两个国家重点实验室,给与会代表留下了深刻的印象和较大的启发。第三个阶段,教材立项编写。在广泛达成共识的基础上,有30多所高等农林院校、近500人次教师参加了系列教材的编写工作。从2013年4月起,系列教材将陆续出版,希望这套凝聚了广大教师智慧、具有较强的创新性、反映各校教改探索实践经验与成果的系列教材能够对农林院校生物科学类专业教育教学质量的提高发挥良好的作用。

良好的愿望和教学效果需要实践的检验和印证。我们热切地期待着您的意见反馈。

中国农业大学生物学院

中国农业大学出版社

2013年3月16日

前　言

　　微生物与人类生活和生产密切相关,关乎人类的生存和社会的发展。其研究成果和技术突破势必会对人类产生更加深刻和广泛的影响。作为生物大家庭中的一个独特类群,微生物生物学教育的重要性越来越凸显,微生物生物学知识也正成为国民基本科学素养的重要组成部分。

　　微生物生物学是生命科学中最为重要的学科之一,也是最活跃的研究领域。在生态种群水平、个体细胞水平、显微亚细胞水平、分子水平、基因水平、基因组水平等不同层次已取得空前的理论创新和技术突破。微生物是最简单的生命体,但具有高等生物的基本生命过程,作为模式生物,是探索生命过程、揭示生命本质重要的可行性研究工具。事实上,生命科学中的许多重大发现、重大理论和技术突破均来自微生物生物学研究。同时微生物生物学也是一门应用科学,解决了医学、农业和工业中的许多实际问题,是生物工程下游工程的主角和生力军。

　　微生物生物学是国内外综合性大学生物技术、生物工程等生物类专业的一门重要专业基础课,是微生物生理学、微生物遗传学、细胞生物学等其他专业课程的基础。其基本理论、原理和知识点是农业微生物、兽医微生物、医学微生物、环境微生物等微生物分支学科的基础,因此该教材可作为综合性大学、农林院校的生物类专业、师范院校的生物学系教学用书和其他医、药、农、林、食品等相关专业及微生物分支学科基础微生物学部分的教学和参考用书,使用面很广。

　　微生物生物学在内容和结构体系上比微生物学更系统和更全面。例如本教材将古生菌单独作为一章来详细描述;真核微生物部分补充了黏菌、原生动物和藻类的相关内容;在微生物遗传学一章增加了突变的分子机制(第四节)和微生物对 DNA 损伤的修复(第五节);增设了第十一章微生物的基因表达与调控;在第十三章系统介绍了微生物的侵染过程以及机体对其做出的免疫应答。教材在知识点方面突出“宽、浅、新、用”,即知识面宽、浅显易懂、突出新知识、以实用为原则,使教师易教,学生易学。在保证知识的系统性和完整性的同时,注重理论的实用性;在结构体系上,注重每一章节的相对独立性、完整性和整体风格的一致性,做到每一章节都有内容提要和思考题。因此本教材具有较强的可读性、启发性和适用性。

　　高素质编写人员是决定教材质量并赋予教材生命的关键。微生物生物学涉及的内容博大精深,学科进步和知识更新的速度不断加快,以少数人之力难以完成庞大的编写、更新和捕捉新信息的任务。参加本教材编写的 16 位教师,分布在全国 9 所高等院校,其中教授 5 位、副教授 8 位;15 位具有博士学位,6 位具有留学经历。在分配章节编写任务时,本着人尽其才的原则,考虑每位教师的研究专长和方向,保证每个编者的知识体系和学术水平对教材做到最大和

最优贡献。

　　教材的水平很大程度上取决于编写者的教学水平。本教材主编、副主编及部分参编人员均为长期工作在微生物学教学和科研的一线教师,好几位从事教学长达 20 余年,在教学实践中,累积了丰富的经验。其中有"微生物学"精品课程的负责人,有省级教学质量优秀奖获得者,有高等学校中青年教学基本功竞赛中的获奖者和立功者。他们的经验和素材积累均有助于教材的高质量编写。本教材编写队伍年龄结构合理,从而保证了该教材建设的可持续性发展和品牌战略的实现。

　　课程质量的好坏将直接关系到学生的专业素质和创新能力的培养。而教材是教学的载体,教学技能再好,教学设施再先进,没有优秀的教材和丰富、与时俱进的教学内容为依托,难以保证课程教学任务的高质量完成。本编写团队以清晰而生动的方式给大家呈现了神奇的微生物世界,旨在激发学生的学习热情,本着点燃一把火,而非灌满一桶水的原则,强调启发性和趣味性,培养创新能力和开拓精神、哲辨思维能力、反向和多向思维能力。

　　本教材编写分工如下:第一章,布日额;第二章,杨宁;第三章,郑茜;第四章,余知和、李利;第五章,闫芳;第六章,范志华;第七章,易润华;第八章,李敏;第九章,宋鹏(第一、二、三节),霍乃蕊(第四、五节);第十章,丁忠涛;第十一章,吴晓玉;第十二章,黄亮;第十三章,霍乃蕊;第十四章,唐中伟;第十五章,许女。教材编写过程中得到了中国农业大学出版社的鼎力支持;硕士研究生申勇涛、金淑秀、原恺、陈静参与了书稿的校对整理工作,在此一并表示诚挚的谢意。

　　作为新编教材,书中难免存在不足之处,殷切希望读者在使用本教材的过程中提出批评与建议,并发送电子邮件至 tgnrhuo@163.com,以期修订时完善。

编　者

2017 年 9 月

目 录

第一章

绪　论

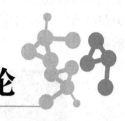

◈**内容提示**

　　绝大部分微生物个体肉眼不可见。根据结构不同,微生物分为真核微生物、原核微生物和非细胞微生物三类。微生物是地球上最早形成的生命形式,结构特点决定了其独特的生物学特性,具有分布广、种类多;个体微小、表面积大;吸收多、转化快;代谢旺、生长快;易变异、适应性强等特点。微生物与人类的健康和生活关系密切,既有有利的一面,也有不利的一面。微生物在生物分类中地位突出,在生命三域中均有分布。微生物学的发展历经沧桑,从人类对其不自觉应用到如今的分子水平研究。列文胡克、罗伯·科赫、巴斯德等为微生物生物学的形成和发展贡献卓著。未来微生物生物学研究主要集中于探索和开发利用微生物新资源,开展微生物组学、蛋白质组学和代谢组学及代谢调控等研究。

第一节　什么是微生物

一、什么是微生物

　　1.微生物的定义

　　微生物(microorganism,microbe)是一群个体微小、结构简单、肉眼不可见,只有借助显微镜放大数百倍、数万倍乃至数百万倍才能观察到的微小生物。微生物来自法语"microbe"一词,意为描述正常用肉眼看不到,只有借助显微镜才能观察到的微小生物。

　　2.定义的界定及特例

　　微生物不是生物分类学上的术语,而是形体微小的一类生物的统称。通常包括:①原核细胞型的细菌,包括真细菌、古细菌、放线菌、霉形体、立克次氏体、衣原体、蓝细菌;②真核细胞型的真菌,包括酵母菌、霉菌和蕈菌;③非细胞型的病毒等生物。其中有些是特例,并非按照常规界定肉眼看不到,例如许多真菌子实体(食用菌、毒蕈等),有的海藻长达数米,极少数细菌也是肉眼看得见的。德国科学家在纳米比亚海岸的海底沉积物中发现的"纳米比亚硫黄珍珠"(*Thiomargarita namibiensis*),就是一种肉眼可见的硫细菌(sulfur bacterium),大小为 0.75 mm。所以上述微生物的定义是指一般意义上的概念,作为经典概念一直在沿用。

　　3.微生物的种类

　　根据结构及化学组成将微生物分为真核细胞型微生物、原核细胞型微生物和非细胞型微生物等。真核微生物如酵母、霉菌、原生动物、单细胞藻类等;原核微生物如细菌、放线菌、蓝细菌、古细菌、衣原体等见图1-1-1。非细胞微生物无完整的细胞结构,酶系统不健全,必须依赖活的生物细胞才能生存与繁殖,如病毒与亚病毒等。人们习惯上把微生物种类归纳为"三菌、四体、一毒",即真菌、细菌、放线菌、立克次氏体、衣原体、霉形体、螺旋体、病毒。

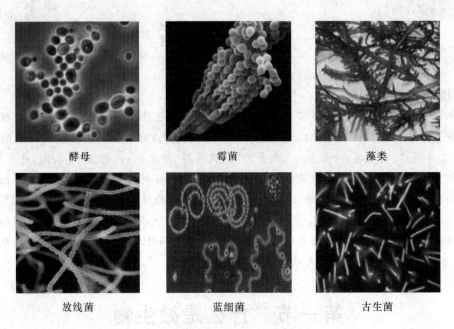

| 酵母 | 霉菌 | 藻类 |
| 放线菌 | 蓝细菌 | 古生菌 |

图 1-1-1　不同种类的微生物

二、微生物的生物学特性

微生物作为一种特殊形式的生命物质,通过其适应性和修复能力等延续生命,这是一切生命物质的基本特征。

1.分布广,种类多

微生物在自然界中无所不在,无处不入。地球上除火山口中心区域外,土壤圈、水域圈、大气圈以至岩石圈到处都有微生物的踪迹。我们无时无处不生活在"微生物海洋"之中。书本、纸币等携带的细菌约 900 万个/cm²;耳机、手机等随身物品上的细菌约为 400 万个/cm²;人类每次喷嚏的飞沫中含 4 500~150 000 个细菌,重感冒时更为严重。每克土壤中的细菌含量达到数亿个;在人体体表和体内分布的共生微生物,种类超过 1 000 种,重量可达 2 kg,细胞总数高达 10^{14} 个,约为人体自身细胞数量的 1.3 倍。20 世纪 70 年代,科学家们从东太平洋 10 000 m 深的海底温泉中发现了硫细菌;利用火箭从 85 km 的高空采集到了微生物;英国纽卡斯尔大学的科学家在英国东北部的威尔河河口发现了一种被认为通过大气循环作用落到地面的"太空细菌"——同温层芽孢杆菌(*Bacillus stratosphericus*),具有超强的发电功能,将来有望成为一种新的发电原料;在南极洲的罗斯岛和泰罗尔盆地 128 m 和 427 m 深度的沉积岩层中也有活细菌的踪影。

随着科学技术的发展,已被发现的微生物种类达到 20 多万种,但对极其丰富的微生物种类来讲,仅仅是沧海一粟,据估计,目前人类仅开发利用了已发现微生物种类的 1%。新的微生物种类不断被发现,还有许多不可培养的微生物还没被人类所认识,人类对于特殊形式的微生物还有很多未知领域。

2. 个体微小,比表面积大

微生物个体十分微小,度量微生物大小的单位为 μm(微米)或 nm(纳米)。病毒为最小的微生物,一般病毒大小为 $20\sim80\ nm$,如口蹄疫病毒直径大小为约 $20\ nm$,痘病毒最大直径也不过 $300\ nm$。打个比方,1 500 个大肠杆菌头尾相连,相当于一粒 3 mm 长的芝麻粒。尽管微生物个体微小,但其表面积相对很大,我们把单位体积的表面积称为比表面积。一般体积越小,比表面积越大。如人的比表面积为 1,而大肠杆菌的比表面积达到 3×10^5。微生物的很多其他属性都与此特点密切相关。

3. 生长快,代谢旺

微生物很大的比表面积决定了其很大的营养物质吸收面和代谢废物排泄面,代谢旺盛又为其快速繁殖提供了保障。以大肠杆菌($E.\ coli$)为例,其单细胞重约 $10^{-12}\ g$,每 18 min 繁殖一代,理想状态下 24 h 内可繁殖 72 代,产生 47.223 665 00 万亿个后代,重量达 4 722 t,可见其生长繁殖速度之快。微生物的营养吸收和转化能力十分惊人,其效率迄今无其他生物可比拟。如发酵乳糖的细菌在 1 h 内可分解其自重 1 000 倍的乳糖,酵母合成蛋白质的能力比大豆强 100 倍。1 头 500 kg 的育肥牛,在 24 h 内只能生产 1.0 kg 蛋白质,而同样重量的酵母菌,以劣质的糖和氨为原料,24 h 内可生产出 $5.0\times10^5\ kg$ 蛋白质。拥有如此高效的吸收和转化能力,微生物堪称微型"活的化工厂"。

微生物的这一特性决定了发酵工业生产效率高、发酵周期短的特点,具有重要的实践意义。这一特性也使以微生物为材料的科学研究周期大大缩短,效率提高。但是对于病原微生物和致腐微生物来讲,此特性会带来严重危害,造成重大经济损失。

4. 易变异,适应性强

由于微生物不是单细胞,就是简单多细胞,且通常都是单倍体,所以容易受外界环境影响而发生基因突变,加之其繁殖快,可在短时间内产生大量变异后代。正是由于微生物的这种易变异性决定了其强大的环境适应能力,赋予某些微生物超常的抗热、抗寒、抗干燥、抗酸、抗碱、抗高盐、抗缺氧、抗高压、抗辐射、抗有毒物质的能力。有些微生物具有荚膜,在营养缺乏时可作为营养成分,还可帮助菌体逃逸机体免疫细胞的吞噬作用。细菌的芽孢、放线菌的分生孢子和真菌孢子对环境的抵抗力强,可存活几十年,甚至上百年。一些极端微生物都有特殊蛋白质、酶和其他物质来应对恶劣环境。例如,海洋深处的热温泉细菌可在 250℃ 的高温下繁殖;抗寒细菌能够在 $-36\sim-12℃$ 繁殖;大多数细菌能耐 $-196\sim0℃$ 的低温;一些细菌能耐受 pH $0.5\sim13$ 的酸碱环境;嗜盐菌能在 32% 的饱和盐水中生存;深海微生物可在 1 400 个大气压下生长。

人们利用微生物易变异的特点进行菌种选育,造福人类,但菌种的优良特性也会由于变异而丧失或退化,这是微生物应用中不可忽略的事实。微生物的易变异性也导致了许多耐药性菌株的产生,微生物的"善变"特性加大了人类对其进行控制的难度。

三、微生物与人类

微生物与人类生活的各个方面密切相关,是人类生活中密不可分的组成部分。人类对微生物的利用详见第十五章。

1. 微生物与人类福利

（1）环境　微生物作为分解者，在地球化学循环，即在自然界的碳、氮、磷循环中承担着主要角色。微生物可与植物共生促进生产，维系土壤肥力，分解环境毒物及污物。我们呼吸的氧气绝大部分由微生物制造。

（2）医疗　微生物可引起天花、霍乱等疾病，严重者使人丧生，但微生物也能为人类所用，提供抗生素和疫苗等重要生物制品，还可用来研制疫病的诊断和检测试剂，从而为疫病防控贡献力量。基因工程技术已经能够利用微生物在短时间内大规模生产某些药物、抗菌肽、干扰素、抗原蛋白、单链抗体等。经过选育，许多微生物已被用于生产维生素、酶等产品；乳酸菌等益生菌也实现了制剂化，相应发酵产品层出不穷。

（3）食品　微生物在食品制备、生产加工中已被应用了数千年，从酒和酱油的酿造、发酵乳的生产、干酪和面包的制作到免疫食品及其他功能性食品和保健品的开发和生产上，微生物都发挥了不可替代的作用。当然微生物也是引起食品变质腐败，食物中毒及食源性疾病的罪魁祸首。肉毒毒素等微生物毒素甚至可引起死亡。

（4）科学研究　微生物由于比复杂的动植物更容易操作，易培养，代时短，且能简便、快速地获取数百万个相同、均质、低值的实验材料，因而被广泛用做模式生物来研究生物化学过程和遗传学过程。利用微生物作为模式生物进行实验的另一个益处是不存在伦理上的争议。从一定意义上讲，基因工程和生物技术就是微生物技术，"人类基因组计划"等宏大工程都是先期在以微生物作为模式生物取得成熟技术的基础上才得以开展和完成的。

2. 微生物与人类疾病

（1）正常菌群　正常菌群（normal flora）指在人体体表和体内常居的生理性正常微生物群落。正常情况下他们对宿主有益而无害，属于人体的一道非特异性免疫屏障。构成正常菌群的微生物有的具有益生功能（如乳酸菌等）、有的是条件性致病菌（如沙门氏菌、大肠杆菌、肠球菌等），更大量的与人体构成共生关系并维持群落结构的稳定和平衡。正常菌群的生理功能具有一定局限性，一旦平衡被打破，例如疾病、疲劳、应急、营养不良、免疫力下降时，正常菌群中的一些条件性致病菌便乘虚而入，侵入组织和血液，引发疾病或继发感染。

（2）感染性疾病　微生物利用人体必须呼吸、摄食、排泄等生理需求通过开放性腔道侵入机体。当致病微生物的数量和毒力在与人体免疫力的角逐中胜出的时候，便引发各类感染性疾病和食源性疾病。人类的各个系统均可感染致病菌并发病，几乎所有的微生物类型均可引发人类疾病。

呼吸道疾病：微生物对人体呼吸系统的攻击无时不在。呼吸系统是致病微生物侵入人体的最主要途径，引发结核病、感冒、咽喉肿痛、肺炎等呼吸道疾病。感染呼吸道的病毒居多，有流感病毒、副流感病毒、SARS病毒、埃博拉病毒、麻疹病毒、腮腺炎病毒、腺病毒、风疹病毒、冠状病毒、呼肠孤病毒、汉坦病毒等；通过呼吸道感染的致病菌，如乙型链球菌、金黄色葡萄球菌、肺炎球菌、结核杆菌、白喉杆菌、军团菌、流感嗜血杆菌等；其他微生物类型有肺炎支原体、肺炎衣原体、Q热立克次氏体等。

消化道疾病：人体消化系统微生物感染性疾病仅次于呼吸系统。许多病原性细菌、真菌、病毒均可直接或间接侵入消化系统并引起细菌性食物中毒、伤寒、痢疾、霍乱、大肠杆菌性肠炎、病毒性肠炎和病毒性肝炎等。许多胃癌由胃溃疡发展而来，近年研究发现其病原是幽门螺杆菌。

泌尿生殖道疾病:泌尿生殖系统的疾病具有多样性及复杂性。淋球菌、解脲支原体、沙眼衣原体等是引起泌尿生殖道感染的主要病原体,还有艾滋病病毒等。其中有的引起局部感染,有的引起全身性感染并造成严重后果。

神经系统感染:某些微生物突破人体的血脑屏障或通过其他途径引发神经系统感染。此类感染危害大,引起脑膜炎、脑脊髓炎、麻风病、破伤风、肉毒中毒症、狂犬病、脊髓灰质炎、病毒性脑炎、库鲁病、脑炎、真菌性脑脊髓炎等疾病,治疗困难且多有后遗症。

血液和内脏感染:由微生物感染引发的血液和内脏疾病通常具有继发性,危害极大。如炭疽、鼠疫、波浪热、流行性回归热、斑疹伤寒、黄热病、艾滋病等。

皮肤感染:皮肤感染的类型多为细菌化脓性感染。感染病灶中存在多种细菌,包括好氧菌和厌氧菌。无论原发性感染还是继发性感染,都具有侵袭性感染的典型特征,即细菌必须存在于感染部位,并通过细菌表面的黏附因子和荚膜,分泌胞外酶完成从吸附到定居、增殖、建立感染的全过程。

除引发感染性疾病之外,最新研究表明:肠道菌群在神经退行性疾病的发生发展过程中有着重要作用,但它们之间的因果关系并不明确;另有研究表明阿尔兹海默症及帕金森病患者的口腔菌群及口腔免疫反应发生改变;α-突触核蛋白在肠道神经系统中的积累可促进神经系统中的蛋白错误折叠、肠道菌群失调后产生的炎症因子可穿过血脑屏障引起神经炎症。

第二节　微生物在生物界中的地位

一、生物的界级分类学说

对于生物究竟应分几界问题,在人类发展的历史上存在着一个由浅至深、由简至繁、由低级至高级、由个体至分子水平的认识过程。生物的分界经历了两界、三界、四界、五界、六界和八界等过程,最后又提出了"三域"学说。无论如何分界,都不影响微生物在生物界中的地位,由图 1-2-1 可知,微生物分布在除了植物界和动物界之外的所有界别中。

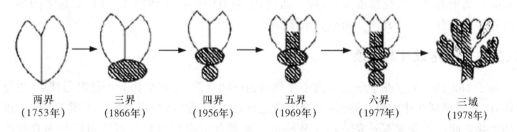

| 两界
(1753年) | 三界
(1866年) | 四界
(1956年) | 五界
(1969年) | 六界
(1977年) | 三域
(1978年) |

图 1-2-1　生物界级的学说发展(阴影部分表示微生物)

(引自刘慧,现代食品微生物学,2004)

1. 两界系统

人类在发现和研究微生物之前,将所有生物归类为植物界(Plantae)和动物界(Animalia)。由于藻类具有细胞壁,能进行光合作用,两界系统将其归于植物界;原生动物无细胞壁,可运动,不进行光合作用,而被归于动物界。

2. 三界系统

微生物由于个体微小,结构简单,有些类型既有动物的某些特征,又有植物的某些特征,将他们归于植物界或动物界都不合适。于是,1866 年海克尔(Haeckel)提出了区别于动物界和植物界的第三界——原生动物界,从而出现三界系统。

3. 四界系统、五界系统和六界系统

20 世纪 50 年代,电子显微镜的发明和超显微结构技术的应用使人们发现细胞核有原核与真核之分,于是在 Copeland 1957 年提出的原核生物界(细菌、蓝细菌等)、原生生物界(原生动物、真菌、黏菌、藻类等)、动物界和植物界四界系统的基础上,Whittaker 于 1969 年提出五界系统:原核生物界:细菌、放线菌等;原生生物界:藻类、原生动物、黏菌等;真菌界:酵母、霉菌;动物界和植物界。

五界系统的划分没有反映出非细胞生物——病毒。随着对病毒研究的深入和了解,发现病毒与细胞型生物的遗传物质都是核酸,并且使用共同的遗传密码,但病毒又与其他生物有很大不同,于是我国学者王大耜(1977 年)和昆虫学家陈世骧(1979 年)等在上述五界系统的基础上提出增加一个病毒界(Vira),但至今病毒在多数界级分类学说中都没有明确的地位。

1996 年美国 P. H. Raven 等又提出了包括动物界(Animalia)、植物界(Plantae)、原生生物界(Protista)、真菌界(Fungi)、真细菌界(Eubacteria)和古细菌界(Archaebacteria)的六界系统,此六界系统中也没体现病毒的地位。

4. 八界系统

细胞壁组分等相关研究以及现代生物系统学研究,特别是 rRNA 基因序列的比较分析证实,并非所有"真菌"具有相同的起源,事实上真菌界是一个由不同祖先生物后裔组成的多元类群(polyphyletic group)或异源类群(heterogeneous group)。Cavalier Smith(1981,1987,1988)根据生物系统学的研究进展,提出了八界分类系统,即细菌总界包括真细菌界、古细菌界,真核总界包括原始动物界、原生生物界、植物界、动物界、真菌界、假菌界(藻界)。

八界系统的真菌界将 Whittaker 五界系统的真菌界进行了调整,将卵菌、黏菌和丝壶菌排除在新的真菌界之外,分别归属于原生动物界(Protozoa)和假菌界(Chromista)。1995 年《真菌字典》第八版中,将原来的真菌界划分为原生动物(Protozoa)、藻界(Chromista)和真菌界(Fungi),其中真菌界仅包括壶菌门、接合菌门、子囊菌门和担子菌门 4 个门,而原来的半知菌则改称为有丝分裂孢子真菌(mitosporic fungi)。

二、生命三域学说及其发展

由于 16S rRNA 存在于所有生物中并执行相同的功能,具有生物分子计时器特点,进化相对保守,分子序列变化缓慢,能跨越整个生命进程,素有细菌"活化石"之称,可用于进化程度不同的生物之间的系统发育研究。Carl Woese 用寡核苷酸序列编目分析法对细菌和真核生物的大量菌株进行 16S rRNA 和 18S rRNA 序列比较后发现了古生菌。提出地球上的细胞生命是沿着三个主要谱系进化的,生命系统是由古细菌域(archaebacteria)、真细菌域(eubacteria)和真核生物域(eukarya)组成。1990 年,为了避免把古细菌也看作是细菌的一类,将古细菌域改为古生菌域(archaea),于是三域学说被正式提出,并建立了三域生物的系统发育树。德国生物化学家 Gunter Wachtershauser 在评价这一生物进化理论时说,"Woese 从海洋中举起了一块完全淹没了的陆地","这最终使进化生物学成为一门完整的科学,因为这是第一次在研究进化时包括了所有生物"。

由图 1-2-2 可知,系统进化树是一个有根树,根代表进化时间的一个点,它揭示地球上所有的现存生命在此时拥有一个共同的祖先,否定了真核生物起源于原核生物的传统认识。它清楚地表明,从一般祖先开始的进化最初先分成两支,一支发展成为今天的细菌(真细菌),另一支是古生菌和真核生物分支,它进一步分叉分别发展成古生菌和真核生物。因此,从该系统树所反映的进化关系,表明作为原核生物的古生菌与真核生物属姊妹群,它们之间的亲缘关系比较近,而与作为原核生物的真细菌亲缘关系较远。另外从该系统发育树还可以看出,在三个领域的生物中,古生菌分支的结点离根部最近,其分支距离也最短,表明它是现存生物中进化程度最低的一个原始类群,而真核生物现在已远离一般祖先,它的原始特征最少,是进化程度最高的生物种类。

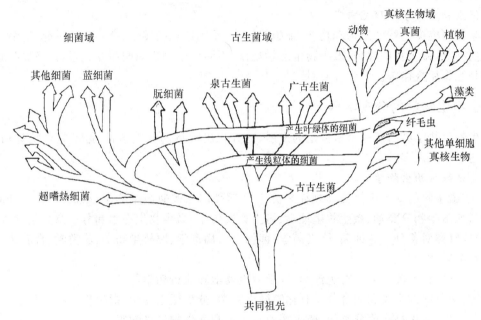

图 1-2-2 根据 16S rRNA 序列比较绘制有根的生物总系统发育树

(引自:刘慧,现代食品微生物学,2004)

Woese 的三域理论提出后,在国际上掀起了生物系统发育研究的高潮,发现除了 rRNA 序列差异外,每个生物域都有区别于其他领域的特征,这些特征也在一定程度上支持了生命三域学说,第三章表 3-1-1 介绍了生物三域的一些突出特征。除了将 16S rRNA 序列差异作为研究生物系统发育的指标外,人们也将其他序列保守的生物大分子,如 RNA 聚合酶的亚基、延伸因子 EF-Tu,ATP 酶等平行同源基因(Paralogous,即复制基因)用于生物进化树的研究,其结果显示古生菌进化上与真核生物更接近,也支持了 Woese 提出的生命三域学说。

近年来,随着对微生物基因组的测序工作不断完成,使三域学说遇到了许多新的挑战。其原因主要有两点:①认为 16S rRNA 和 18S rRNA 分子的进化难以代表整个基因组的分子进化;②许多真核生物的基因组和它们所表达的功能蛋白与细菌更为接近,而不是古生菌。

第三节　微生物生物学及其分支学科

一、微生物生物学及其研究内容

1. 微生物生物学

微生物生物学(microbiology)是生物学的一个重要分支,是专门从群体、细胞及分子层面研究微生物的形态结构、生命活动规律及其应用的学科。该学科所承担的任务是利用微生物生命活动的规律,发掘和利用有益微生物,控制和消灭有害微生物,以造福人类,促进人类社会的可持续发展。

2. 微生物生物学的研究内容

该学科研究微生物的结构和功能,细胞能量、物质和信息的转运,微生物的进化和多样性,微生物的种类,微生物的起源,微生物生态学规律,不同微生物之间的相互关系,以及微生物与人类的相互作用规律等。

二、微生物生物学的分支学科

微生物生物学经历了一个多世纪的发展,已分化出大量的分支学科,据不完全统计(1990年),已达 181 门之多。

1. 基础微生物生物学

(1)按微生物的基本生命活动规律来分　总学科称为普通微生物学(general microbiology),分科如微生物分类学、微生物生理学、微生物遗传学、微生物生态学和分子微生物学等。

(2)按研究对象分　有细菌学、真菌学(菌物学)、病毒学、原核生物学、藻类学、自养菌生物学和厌氧菌生物学等。

(3)按与疾病的关系分　有免疫学、医学微生物学和流行病学等。

(4)按学科间的交叉和融合分　有化学微生物学、分析微生物学、微生物生物工程学、微生物化学分类学、微生物数值分类学、微生物地球化学和微生物信息学等。

2. 应用微生物生物学

(1)按微生物所处的生态环境分　有土壤微生物学、海洋微生物学、环境微生物学、水微生物学和宇宙微生物学。

(2)按微生物应用领域分　总学科称为应用微生物学(applied microbiology),分科有工业微生物学、农业微生物学、医学微生物学、药用微生物学、兽医微生物学、诊断微生物学、抗生素学、食品微生物学、预防微生物学等。

(3)按实验方法、技术与工艺分　有分析微生物学、实验微生物学、发酵微生物学、微生物研究方法、微生物技术学和遗传工程等。

第四节　微生物生物学的发展简史

人类对微生物的利用尽管已有几千年的历史,但是微生物的发现却只有 300 多年的历史。

微生物学的发展历史实际上就是人类科学技术发展的历史,它经历了五个时期。当科学技术处于落后黑暗的时期,微生物学的发展几乎处于无人关注的停滞时期。同样,科学技术发展的迅速时期也是微生物生物学的快速和深入发展时期。

一、史前时期

史前时期即经验学时期,是指人类对微生物毫无认知,甚至还不知道有微生物的存在,但却已经在自发地、不自觉地利用微生物,并在利用和防治微生物方面积累了许多实用经验的一段漫长的朦胧时期(8 000 年前至公元 1676 年之间)。我国劳动人民属于最早应用微生物的先驱者。远古人类发现,吃剩的米粥数日后变成了醇香可口的饮料,这是人类最早的自然发酵酒。我国的酿酒作坊技术由来已久,据考古学预测,我国大约在 8 000 年前就掌握了酿酒技术,在 4 000 年前我国酿酒已十分普遍,2 500 年前我国劳动人民又发明了酿酱和酿醋技术,掌握了利用曲治疗消化道疾病的做法。公元前约 2 300 年,埃及人也掌握了酿制啤酒方法。

在公元 6 世纪,大约在我国的北魏时期,我国贾思勰的巨著《齐民要术》中记载了制曲、酿酒、制酱和酿醋等工艺。公元 9 世纪至 10 世纪,我国已发明用鼻苗法种痘,用细菌浸出法开采铜的方法。公元前 212—112 年间我国古代神医华佗就明白"割腐肉以防传染"的道理。

二、微生物生物学的形成及发展时期

1.初创期——形态学描述阶段(1676—1861 年)

荷兰人 Antony Van Leeuwenhoek(1632—1723 年)是真正看见并描述微生物的第一人,将人类的视野推进到微观世界,具有划时代里程碑式的科学意义。列文虎克没有上过大学,是布店的学徒工,他发明并不断改进显微镜起初是为了检查布匹的质量,他利用业余时间自制了 419 架显微镜和放大镜,最大放大倍数达到 266 倍。他发明的单式显微镜结构简单,仅有一个透镜安装在两片金属薄片的中间,在透镜前面有一根金属短棒,在棒的尖端放置需要观察的样品,通过调焦螺旋调节焦距(图 1-4-1 左)。1684 年,他用这种显微镜观察了河水、雨水、牙垢等,清楚地观察到了杆状、球状、螺旋状的,会动的微小生物,并称之为"wee animalcules"(微动体),并将它们画下来,寄给了皇家协会(图 1-4-1 右)。他在 1680 年被选为英国皇家学会的会员,发表过 400 多篇论文,其中绝大部分(375 篇)在英国皇家学会发表。在其之后长达 200 多年的漫长一段时间,受限于当时的历史条件和科技发展水平,人们对微生物的研究仅仅停留在形态描述的低级水平上,对微生物的生理活动等重要领域尚未开始研究。因此,严格意义上讲,微生物学作为一门学科在当时尚未形成。

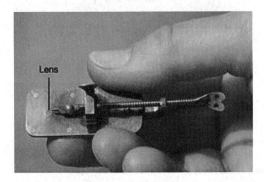
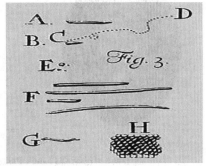

图 1-4-1　Leeuwenhoek 发明的手持式显微镜(左)及他绘制的微动体形态图(右)

2.奠基期——生理水平研究阶段(1861—1897年)

奠基期是从1861年巴斯德(Louis Pasteur,1822—1895年)利用曲颈瓶试验(图1-4-2右)彻底推翻了生命的自然发生说至1897年的一段时期。继荷兰人Leeuwenhoek发现微生物世界之后的约200年间,微生物学基本上停留在形态学描述和分类阶段。直到19世纪中叶,法国化学家巴斯德(Louis Pasteur,1822—1895年)(图1-4-2A),推翻了自然发生学说,建立了胚种学说和病原学说,首先实验证明有机物发酵和腐败是由微生物引起,而酒类变质是因污染了杂菌所致,将微生物的研究推进到生理学研究阶段,使微生物学真正成为一门科学,因此人们把Pasteur称为"微生物学之父"。Pasteur还成功制备了霍乱疫苗、狂犬病疫苗和炭疽疫苗来预防由相应微生物引起的烈性传染病,开创了主动免疫的先河,因此也被称为"免疫学之父"。由其发明的巴斯德消毒法(60～65℃短时间加热处理杀死有害微生物的一种加热杀菌技术)一直沿用至今,广泛用于酒、醋、酱油、牛奶、果汁等液态食品的加热杀菌。家蚕软化病问题的解决也是巴斯德的重要贡献,他不仅在实践上解决了当时法国葡萄酒变质和家蚕软化病的实际问题,也推进了微生物病原学说的发展,并深刻影响了医学病原学的发展。

德国的科赫(Robert Koch,1843—1910年)(图1-4-2B),则揭示了传染病的本质,建立了微生物的分离、培养、接种等基本操作技术,创建了著名的"Kochpostulates(科赫法则)",被尊称为"细菌学之父",并于1905年获得了诺贝尔医学和生理学奖,可惜当时Pasteur已经去世,否则也一定会同时站在领奖台上。因此,巴斯德和科赫是微生物学发展历史上真正的巨匠,是创建微生物学的伟大科学家与奠基人。这些科学家的创新之举及其成果,不仅对于微生物生物学本身具有重要的推动作用,同时也极大地丰富和改变了人类的哲学思想和思考方式。

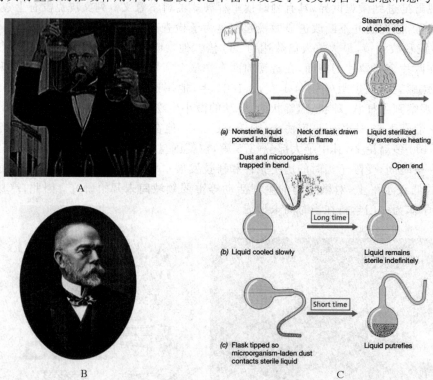

图1-4-2 巴斯德(Louis Pasteur),科赫(Robert Koch)及曲颈瓶实验
A.巴斯德 B.科赫 C.曲颈瓶实验

"科赫法则"的具体内容为：

(1)在一切患病动物和所有患病部位都能发现该种病原菌。

(2)细菌应能从受感染的患体中分离出来，并被培养为纯培养物。

(3)用这种微生物的纯培养物接种健康动物，可复制同样的疾病。

(4)从复制发病的动物中能再度分离培养出相同的病原菌。

巴斯德和科赫的杰出工作，使微生物学作为一门独立的学科开始形成，自此微生物生物学发展如虎添翼，并逐渐形成各分支学科，相继涌现出了许多相应学科的代表人物，例如 Pasteur，Koch 等(细菌学)、J. Lister(消毒外科技术)、Pasteur，Metchnikoff、Behring、Ehrlich 等(免疫学)、Beijernck、Winogradsky 等(土壤微生物学)、Ivanowsky、Beijerinck 等(病毒学)、Bary、Berkey 等(植物病理学和真菌学)、Hensen、Jorgensen 等(酿造学)以及 Ehrlich(化学治疗法)等。微生物学的研究内容日趋丰富，使微生物学发展更加迅速。

3.发展期——生化水平研究阶段(1897—1953 年)

20 世纪初至 40 年代末微生物学进入了生物化学研究时期，许多酶、辅酶、抗生素都在这一时期发现，生物化学和遗传学也在同时期创立，最终形成了一门研究微生物基本生命活动规律的综合性学科——普通微生物学。

1897 年德国人 E. Büchner 用不含酵母细胞的酵母抽提液对葡萄糖成功进行酒精发酵，并把其具有发酵作用的蛋白质称为"酒化酶"，开创了微生物生化研究的新时代。此后，微生物生理、代谢研究便蓬勃开展，研究内容日趋丰富，加速了微生物学的发展。

1904 年 A. Harden 等人又发现酵母菌抽提液经透析后失去发酵活性，从而证明了辅酶的存在。在 20 世纪 20 年代初期，剑桥大学的 J. H. Quastel 对细菌脱氢酶进行了研究，但由分解代谢产生的能量是怎样储存及转变的问题仍然未能解决。1930 年，H. Karstrom 第一次把细菌中的酶划分为组成酶和适应酶。随后，科学家们又陆续以大肠杆菌为材料进行研究，阐明了生物体的代谢规律和代谢调控的基本原理，并且发展了酶学，推动了生物化学的发展。1929年，英国细菌学家 Fleming 发现平板上青霉菌菌落周围的葡萄球菌没有生长现象(图 1-4-3)，并将青霉菌合成的这种抗菌物质称为"Penicillin"(旧译盘尼西林，即青霉素)。1929 年，他报道了此项成果。直到 1939 年，一位美籍法国微生物学家发现了一种细菌产生的化合物能用于抑制其他细菌生长时，弗莱明的报道才引起人们的注意。当时正赶上第二次世界大战爆发，军

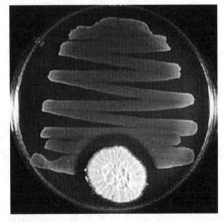

图 1-4-3 英国微生物学家弗莱明(A. Fleming)(左)发现青霉菌落周围出现抑制葡萄球菌生长的现象(右)

队急需医治伤口感染。1940 年牛津大学病理学教授 H. W. Florey 提纯了青霉素,才使其得以推广应用。青霉素的发现激起了科学家们从其他微生物中寻找抗生素的兴趣。1844 年,美国微生物学家 S. Waksman 从近 10 000 株土壤放线菌中分离出第二种实用的抗生素——链霉素(streptomycin),接着氯霉素、金霉素、土霉素、红霉素、卡那霉素和庆大霉素等相继被发现,抗生素工业像雨后春笋般发展起来,形成了工业微生物学的一个重要领域。

从 20 世纪 30 年代开始,人们利用微生物进行乙醇、丙酮、丁醇、甘油、各种有机酸、氨基酸、蛋白质、油脂等的工业化生产。

1953 年,W. M. Stanley 得到烟草花叶病毒的结晶。1937 年,F. Bordon 等证实该结晶为核蛋白,具有感染性。此后证明构成病毒核蛋白的核酸与蛋白质分开后,只有核酸具有侵染能力,这为探索生命的本质和起源提供了线索。

这一时期微生物学的发展也为微生物遗传学奠定了基础。1928 年,发现了细菌的转化现象;1941 年,G. W. Beadle 和 E. Tatum 利用 X 射线诱变粗糙脉孢霉(Neruospora crassa),获得了大量的营养缺陷型突变株,提出了"一个基因一个酶"的假说。Beadle 和 Tatum 的创造性发现不仅促进了微生物遗传学和微生物生理学的建立,也推动了分子遗传学的形成,同时也使基因和酶的关系得到阐明。

随后微生物学家们又用一系列经典实验证了遗传信息的载体是核酸(详见第九章)。1946 年,细菌遗传学奠基人 Lederberg 和 Tatum 又发现了一种与转化作用不同的细菌基因重组方式——接合作用,随后又发现了基因的连锁现象和 F 因子。微生物学、遗传学和生物化学的相互渗透与作用促进了现代分子遗传学的诞生与发展。

4. 成熟期——分子生物学水平研究阶段

20 世纪 50 年代后,微生物学研究全面进入分子水平,微生物学、生物化学和遗传学相互渗透,促进了分子生物学的形成,深刻地影响了生命科学的各个方面。至此,微生物学已经成为生物科学中最复杂的学科之一,并处于整个生命科学发展主流的前沿。

1953 年,J. D. Watson 和 H. C. Crick 通过模型模拟以及对 Rosalind Franklin 拍摄的 DNA X 射线衍射图片的分析提出了 DNA 双螺旋模型(图 1-4-4),从而将微生物学的研究推进到分子生物学水平,并为揭开遗传信息的复制和转录铺平了道路。1958 年,M. Meselson 和 F. Stahl 利用 ^{15}N 标记大肠杆菌的 DNA,证实了 Watson 和 Crick 提出的 DNA 半保留复制原则。1956 年,A. Kornberg 等人从大肠杆菌中发现了 DNA 聚合酶 I,解开了 DNA 复制的秘密。1958 年,Crick 又提出了遗传信息传递的"中心法则",阐明了遗传信息从核酸向蛋白质的流动过程。1961 年,F. Jacob 和 J. Monad 提出了基因调控的操纵子学说,阐明了遗传信息的传递与表达的关系。1961—1966 年间,Holley,Khorana 和 Nirenberg 用大肠杆菌的离体酶系证实了三联体遗传密码的存在;1970 年,Arber,Smith 和 Nathans 发现和提纯了被誉为 DNA"手术刀"的核酸限制性内切酶。1973 年,S. Cohen 等首次将重组质粒成功地转入大肠杆菌中。从此,基因工程研究蓬勃开展起来,并于 1979 年成功生产出人胰岛素。1977 年,Woese 提出了生命三域学说,揭示了各生物系统发育关系,创立了在分子和基因水平上对微生物进行分类鉴定的理论与技术,使微生物学进入了成熟时期。1982—1983 年,美国加利福尼亚大学的神经病学病毒学教授 S. Prusiner 发现了朊病毒,改变了人们对中心法则的认识。1995 年第一个细菌(流感嗜血杆菌)的全基因组序列测定完成。1996 年,第一个自养生活的古生菌(詹氏甲烷球菌)和第一个真核生物(酿酒酵母)的全基因组序列分别测序完成。1997 年,大肠杆菌基因组测序完成。据统计,目前已经有 200 种微生物完成了基因组测序,使人类认识微生物以及利用和改造微生物发生了质的飞跃。

图 1-4-4　沃森和克里克与 DNA 双螺旋结构

三、微生物生物学的未来发展前景

1. 探索和开发新的微生物资源

微生物是全人类取之不竭、用之不尽的重要宝贵资源,通过对微生物资源的开发和利用已经产生了巨大的社会效益和经济效益。目前,微生物活性代谢产物绝大多数来自普通环境微生物。经过近百年的探索和开发,在普通环境微生物中寻找新的活性物质的难度越来越大,概率越来越小。新物种必然有新基因,而由新基因产生新代谢产物的可能性很大,基于这种理念,在采用新技术的同时,稀有放线菌、海洋微生物、极端环境微生物、肠道微生物等过去很少触及的微生物资源越来越受重视。实践证明,这些微生物资源是新酶、新药及先导化合物最重要的来源之一。

(1)肠道微生物资源　肠道微生物资源蕴含着巨大的研究意义和开发价值。新近研究结果表明,肠道微生物不但种类繁多,而且很多与人类的正常生理代谢、免疫功能、疾病(例如肥胖、糖尿病、直肠癌、结肠癌等)相关联。有关肠道微生物基因组和宏基因组的研究成了前沿研究课题。

(2)非培养微生物资源　非培养微生物资源(uncultured microorganism)是指迄今所采用的微生物培养和分离方法还未获得纯培养物的微生物。非培养微生物资源在微生物资源中比例极高(约 99%),无论其物种类群,还是新陈代谢途径、生理生化反应、代谢产物等都存在着不同程度的新颖性、丰富性和多样性,因而其中势必蕴含着巨大的开发和利用价值。同时,基因组学、蛋白质组学的理论、方法与技术的发展,尤其是环境基因组学(environmental genomics)的发展,必将在非培养微生物资源的开发利用中发挥越来越重要的作用。因此,对非培养微生物进行广泛深入的研究,不仅是微生物学基础理论研究的需要,也是新微生物资源开发利

用的基础。

非培养微生物资源具有以下利用价值：①新基因：尤其是编码新功能蛋白、高稳定性酶的基因；②特殊代谢产物：如具有生物活性的次生代谢产物，尤其是各类先导化合物；③特殊代谢途径：合成和分解利用某些特殊化合物（如环境污染物）的新代谢途径，用于生物降解；④新的代谢调控机制：如用于筛选和构建高产和高活性菌；⑤具有不同生态功能的微生物，如生物膜用于污水处理、治理环境污染和破坏，进行生态系统修复；⑥人工构建可用于科研和生产的具有新的生物性状的工程菌。

（3）极端环境微生物资源　1908年Ekelof在南极分离出嗜低温微生物，从而引发了世界各国微生物科研人员对特殊环境微生物的浓厚兴趣和广泛关注。目前，在地球的南极、北极、垂直极（高峰与深海底）、火山口、温泉、金属矿床、盐湖、重度盐碱地、高硫矿区等特殊环境中都分离出了特殊环境微生物，并对其进行了深入研究，发现这类微生物不但具有特殊的细胞结构与生理机制，还能产生具有特殊功能的产物，特别是具有特殊功能的酶，在解决生产中的一些关键问题方面具有重要的应用价值。

目前认为，人类已知微生物资源种类不过占实有种类的1%左右，甚至有的科学家认为还不到0.1%，因为在极端环境中的微生物资源更为丰富，更为多样，目前人类对其知之甚少，因此极端环境是发现未知微生物资源的理想环境之一。

近几十年来，通过对极端环境微生物的研究，发现了大量新种属。如云南大学微生物研究所对新疆和青海一些极端环境的放线菌进行了系统研究，发现了一些未知极端环境放线菌，为寻找新的生物活性物质提供了新的资源。此外，海洋微生物资源的研究开发和应用更是世界各沿海国家争相竞争的高地。近年来，人们已经把注意力转向深海微生物的采集与开发利用，包括我国的"蛟龙号"潜入7 000 m深的海底，采集到多种未知深海微生物。随着各种研究技术、研究方法的改进和突破，将有更多的极端环境微生物新物种被发现，势必会大大促进微生物产业的发展。

2. 微生物基因组学研究

微生物基因组学研究主要源于1990年10月开始实施的人类基因组计划，该计划同时还对大肠杆菌（*Escherichia coli*）、酿酒酵母（*Saccharomyces cerevisiae*）、秀丽隐杆线虫（*Caenorhabditis elegans*）、黑腹果蝇（*Drosophila melanogaster*）和小家鼠（*Mus musculus*）5种模式生物的全基因组序列进行测定。1995年7月，Science首次刊登了美国基因组研究所（The Institute for Genomic Research，TIGR）完成的流感嗜血杆菌（*Haemopophilus influenzae*）的全基因组序列，标志着微生物基因组时代的真正开始。目前，几乎每两个月发表一个微生物全基因组序列。根据GenBank在线基因组数据库显示，已有400多种微生物基因组已经完成测序并被发表。预计，今后微生物基因组计划的总投入将超过人类基因组计划，可见微生物基因组测序对本学科和其他学科的深远意义不言而喻。

基因组学研究包括两个方面的内容：即以全基因组测序为目标的结构基因组学和以基因功能鉴定为目标的功能基因组学。随着模式微生物及诸多微生物基因组测序工作的不断完成和序列信息的积累，微生物基因组学研究已由结构基因组学阶段发展到了功能基因组学阶段。

（1）结构基因组学　经过微生物基因组的序列测定与初步注释，发现微生物基因组大小范围在0.6 Mb（分枝杆菌）到9.45 Mb（黏细菌），比真核生物的基因组要小得多，编码的基因数目也少得多。基因组序列中有近一半是未知功能开放阅读框（open reading frame，ORF），有近 25％的序列是功能独特 ORF，说明微生物基因密度要大得多（在人类基因组中存在着 90％～95％的非编码区）。与高等生物相比，微生物在基因水平上的个性表现更为突出，不同种群间的遗传物质和基因表达有重大差异。

（2）功能基因组学　微生物功能基因组学研究不仅要阐明微生物基因组内每个基因的作用或功能，还要研究基因的调节及表达谱，进而从整个基因组及其全套蛋白质产物的高度去了解微生物生命活动的全貌，揭示微生物世界的各种前所未知的规律，并使之为人类和社会发展服务。微生物功能基因组资料获得后，研究工作将由普通微生物学注重表型、现象或局部，深入到分子微生物学的研究时代。利用功能基因组的手段，发掘微生物基因组中的信息，并充分利用微生物基因组信息开发新的抗生素、诊断试剂盒和疫苗，提高人类的健康水平和生活质量。

3.微生物蛋白质组学研究

蛋白质组学的概念由澳大利亚学者 Wilkins 和 Willian 于 1994 年提出，指由一个基因组或一个细胞、组织表达的所有蛋白质，也可以说是细胞或组织或机体全部蛋白质的存在及其活动方式。蛋白质组学旨在阐明生物体全部蛋白质的表达模式及功能模式。所以蛋白质组学不同于传统的蛋白质学科，它的研究是在生物体或细胞的整体蛋白质水平上进行的，从蛋白质整体活动的角度来解释和阐明生命活动的基本规律。

分子生物学和基因组学的发展均以简单生物系统作为突破口，蛋白质组研究也不例外。微生物体作为一种理想的生物材料，已被广泛地应用于这些研究中。在蛋白质组学研究中，微生物具有以下突出特点：①基因组比较小，基因和细胞器结构相对简单，并且蛋白质修饰水平较低，细胞蛋白质组所含的蛋白质数量比其他高级生物系统要少得多；②培养条件可控，可以在设计的实验条件下，观察蛋白组表达水平的变化；③有关微生物的细胞学、分子生物学和基因组学研究已经积累了丰富的数据，构成了蛋白质组研究的坚实基础。因此，微生物在蛋白质组学研究中的应用也越来越广泛。

蛋白质芯片是近几年来适应基因组和蛋白质组学发展要求而产生的一种实用型生物芯片技术。该技术充分利用了蛋白质分子与蛋白质分子、蛋白质分子与其他生物分子的互作原理，并根据使用目的的不同，以一定的方式将大量标记蛋白质或抗体分子或其他与蛋白质作用的探针分子固定在 1897 年德国人 E. Büchner 发明的固相支持物上，形成较高密度的微阵列（microarray），并将待检样品与该微阵列进行反应，然后根据标记的不同，采用不同的方法如荧光扫描仪电荷耦合系统（charge-coupled device，CCD）等对蛋白质信号进行检测，并运用相关的软件对检测结果进行分析。在微生物领域，蛋白质芯片的应用目前主要表现在两个方面：一是利用已知蛋白质分子的性质，通过蛋白质与其他生物活性分子的相互作用，实现对不同微生物的检测，其中应用最广的是抗体蛋白质芯片；二是开展微生物蛋白质组学研究，揭示蛋白质作用新的靶点或机理，开发未知蛋白质资源。

随着蛋白质纯化技术进一步发展和更高性能蛋白质分子的产生，蛋白质芯片技术正不断走向成熟，相信在不久的将来，蛋白质芯片与传统的微生物学研究方法相结合，特别是与类似噬菌体展示的微生物学新方法相互补充，在微生物蛋白质组学、药物、酶学、临床诊断和资源开发等许多新领域，蛋白质芯片都将给微生物学的研究带来巨大变革。

4.微生物代谢物组学研究

1997 年，Oliver 等提出了通过对代谢产物的数量和质量分析来评估酵母基因的遗传功能

及其冗余度的重要性,并首次提出了代谢物组学的概念。后续研究过程中,代谢物组被定义为特定的生物系统在特定的条件下合成的所有的代谢产物。代谢物组学分析是对一个生物系统中所有的低分子量代谢物质进行全面的定性和定量分析,通过考察生物体系受到刺激或扰动(如某一特定的基因变异或环境变化)后,其代谢产物的变化规律来研究生物体系的代谢途径。代谢物组学的出现使我们能从代谢物水平来分析基因变化,既包括那些产生可见表型变化的基因,也包括不产生可见表型变化的基因。当代谢物组学与转录组学及蛋白质组学相联系时,可得到更多有用的信息。

为了合理改良菌种,提高初级代谢产物和次级代谢产物的产量,可使用包括二维核磁共振、气质联用或液质联用等方法,测定细胞内的代谢流量数据。在发酵过程中也可以使用近红外分光光度仪测得实时的发酵数据,定量确定发酵过程中重要的变量(如底物利用和产物生成),定量了解微生物的代谢过程。代谢物组学分析可用来阐明生物体系对环境变化的响应,从而协助我们确定最佳取样时间及获得最佳分析数据,同时有助于我们发现一些未预测到的复杂性及干扰因素。

5.利用代谢工程改良微生物菌种和优化生物过程

代谢工程是利用现代基因工程技术对细胞性质进行改进的一门技术。代谢工程包括3个重要步骤:细胞途径的修饰(合成)、修饰后细胞表型的严格评价(表型表征)、根据评价结果设计进一步的修饰(优化设计)。其中"组学"技术在表型表征中起着极为重要的作用,因为途径修饰需要知道基因的功能才能进行,而由于生物体的复杂性,修饰一个或多个基因后所得细胞的表型可能与预期结果不同,因而需要运用"组学"进行表型表征,验证有关基因或途径的功能,发现具有新功能的基因或途径,揭示生物复杂网络的代谢及调控机理,据此进行合理设计,进行代谢工程循环,直至实现代谢工程所设定的目标。

在后基因组时代,工业微生物技术是公认生物技术的第三次浪潮,对微生物代谢工程来讲,既是机遇,更是挑战。随着功能基因组学研究的不断深入及大量实验数据的逐步累积,将多适度多层次的系统生物学方法用于微生物代谢工程,将会大大改进现有的工业微生物菌种或构建出新菌种,进一步优化和提高工业生物工程,促进生物经济的发展。

本章小结

微生物是一切微小生物的统称,基本特点是"小、简、低"。成员有原核微生物、真核微生物和病毒。微生物在生物界地位突出,分布在除动物界和植物界外的所有界别中。生命三域中的细菌域和古生菌域均为原核微生物,真核微生物分布在真核生物域中。微生物学的发展经历了史前期、初创期、奠基期和成熟期。我国人民在史前期就形成了制曲酿酒技术。微生物学的发展促进了人类和社会的进步,其影响范围涉及各个领域。微生物学与其他学科的交叉、渗透和融合,既是其自身的发展趋势,又是它旺盛的生命力所在。

思考题

1.如何辩证理解微生物的生物学特性。

2.如何理解"微生物是未来人类主要依靠的重要资源"？

3.基于批判性思维（明辨思维），阐述微生物与人类的关系。

4.微生物学的发展经历了哪些阶段？Pasteur 和 Koch 对微生物学的发展做出了哪些贡献？对你有何启发？

5.阐述微生物双命名的基本原则。

6.什么是微生物生物学？其主要研究内容是什么？阐述该学科的未来研究方向和意义。

（内蒙古民族大学　布日额）

第二章

原核微生物

◈ 内容提示

原核微生物(prokaryotic microbe)是一类不具有细胞核膜,遗传物质裸露在核区(nuclear region),核区内只有一条染色体的原始单细胞生物。原核微生物主要包括细菌、放线菌、蓝细菌以及形态结构比较特殊的立克次氏体、支原体、衣原体等,本章将对上述原核微生物的主要类群,即"三菌三体"的细胞结构、形态特征、繁殖等进行介绍。古生菌也是原核微生物,将在第三章单独介绍。

第一节　细　　菌

细菌是一类个体微小、结构简单、具有细胞壁、主要以二分裂方式繁殖的单细胞原核微生物。细菌是自然界分布最广、数量最多并与人类关系最为密切的一类生物。在人体和动物肠道中就存在着大量以细菌为主的微生物群体,包括益生菌、条件致病菌和病原菌。在许多工业发酵和食品酿造中细菌是主要生产者,细菌同时也是导致食品腐败变质、引起食源性疾病和动植物疫病的主要微生物类群。

一、细菌的基本形态

细菌的基本形态有 3 种,相应形态的细菌分别被称作球菌、杆菌和螺旋菌。自然界中杆菌最为常见,球菌次之,螺旋菌最少。此外,三角形、方形和圆盘形等其他形态的细菌相继被发现。许多原核微生物不仅具有固有形态,还具有一定的排列方式,这也是其生物学特性的表现。各类群微生物基本形态比较稳定。细菌的细胞形态和排列方式具有种特异性,是分类依据之一。

1. 球菌(coccus)

球菌是一类细胞呈球形或近似球形的细菌。球菌繁殖时因细胞分裂面的方向不同以及分裂后子代细胞间相互黏附的松紧程度和组合状态不同,呈现出不同的排列方式(图 2-1-1)。

单球菌:分裂后的细胞分散而单独存在,如尿素小球菌(*Micrococcus ureae*)。

双球菌:分裂后两个球菌成对排列,如肺炎双球菌(*Diplococcus pneumoniae*)。

链球菌:分裂面呈一个方向,分裂后细胞排列成链状,如乳链球菌(*Streptococcus lactis*)。

四联球菌:沿两个相互垂直的平面分裂,分裂后 4 个子细胞黏附在一起呈"田"字形,如四联小球菌(*Micrococcus tetragenus*)。

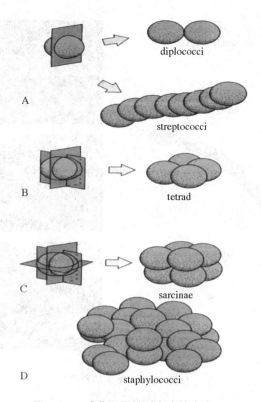

图 2-1-1 球菌不同排列方式的产生

（引自：李平兰，2011）

A. 双球菌（diplococci）和链球菌（streptococci） B. 四联球菌（tetrad）

C. 八叠球菌（sarcinae） D. 葡萄球菌（staphylococci）

八叠球菌：以三个相互垂直的平面进行分裂，形成的 8 个子球菌彼此不分离，聚在一起呈立方体，如乳酪八叠球菌（*Sarcina casei*）。

葡萄球菌：分裂面不规则，分裂后多个菌体无规则排列，聚在一起，像一串串葡萄，如金黄色葡萄球菌（*Staphylococcus aureus*）。

2. 杆菌（bacillus）

杆菌是种类最多的细菌类型，生产中用到的细菌大多数也是杆菌。细胞呈杆状，由于长宽比例不同，大小千差万别。长宽比大于 2 属长杆菌，小于 2 为短杆菌。杆菌的两端有的呈钝圆状或半圆状，有的呈平截状或刀切状，有的菌体如棒状杆菌则一端膨大。杆菌有的呈单个存在，如大肠杆菌（*Escherichia coli*，*E. coli*）；有的呈链状排列，如枯草芽孢杆菌（*Bacillus subtilis*）；有的呈栅状排列或"V"排列，如棒状杆菌（*Corynebacterium*）。杆菌的长短、排列以及两端形状是其分类鉴定的依据之一（图 2-1-2）。

3. 螺菌（spirillum）

螺菌为弯曲的杆菌，弯曲程度不同，称谓不同（图 2-1-3）。若菌体仅一个弯曲且不够一圈，呈弧形或逗号形，称为弧菌（vibrio），如霍乱弧菌（*Vibrio cholerae*）；若菌体回旋呈螺旋状，有 2～6 个螺旋，称为螺旋菌（spirillum），如小螺菌（*Spirillum minor*）；若菌体旋转较多、自然状态有如弹簧，则叫螺旋体（spirochaeta）。

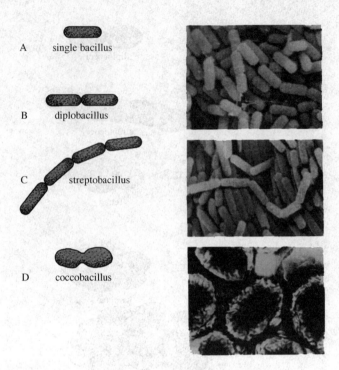

图 2-1-2　杆菌的形态

（引自：李平兰，2011）

A.单杆菌　B.双杆菌　C.链杆菌　D.球杆菌

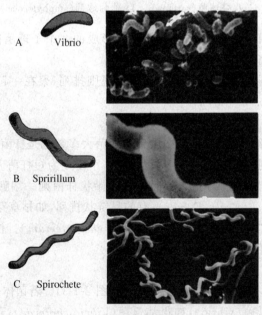

图 2-1-3　螺菌的形态

（引自：李平兰，2011）

二、细菌的大小

量度细菌大小的单位为 μm（微米，即 10^{-6} m），量度亚细胞构造则以 nm（纳米，即 10^{-9} m）为单位。球菌大小一般用直径表示，通常介于 $0.2\sim1.25\ \mu m$ 之间；杆菌以"宽×长"表示，杆菌呈圆柱状，"宽"其实是指菌细胞的直径，杆菌的大小差异较大，一般为（$0.2\sim1.25$）$\mu m\times$（$0.3\sim8.0$）μm；螺菌大小表示方法同杆菌，但长度并非其绝对长度，而是其自然长度即两端的空间距离。在进行形态鉴定时，尚需测定菌细胞的螺旋度、螺距等指标。

菌体的大小具有种的稳定性，但也受染色方法、培养基、菌龄、渗透压等外界因素等影响。有关细菌大小的记载，通常是平均值或代表性数字（表 2-1-1）。

表 2-1-1　几种细菌的大小

菌　种	大小/μm
Streptococcus lactis（乳链球菌）	$0.8\sim1$
Staphylococcus aureus（金黄色葡萄球菌）	$1.0\sim1.5$
Micrococcus ureae（尿素小球菌）	$0.5\sim0.8$
Escherichia coli（大肠杆菌）	（$0.8\sim1.2$）×（$1.2\sim3.0$）
Bacillus subtilis（枯草芽孢杆菌）	（$0.8\sim1.2$）×（$4\sim6$）
Clostridium botulinium（肉毒梭菌）	（$0.3\sim0.6$）×（$1\sim3$）
Spirillum rubrum（红色螺菌）	$0.5\times$（$1\sim2$）

三、细菌的细胞结构

细菌的一般结构即基本结构，是指任何菌体都具有的结构；而特殊结构只有某些种类的细菌才有，且对细菌的生命活动并非必需，包括荚膜、芽孢、鞭毛和纤毛等（图 2-1-4）。

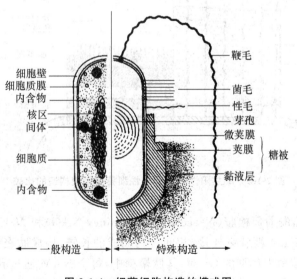

图 2-1-4　细菌细胞构造的模式图

（引自：李平兰，2011）

（一）细菌的基本结构

1.细胞壁

细胞壁（cell wall）是位于细胞膜外的一层坚韧而厚实的外被。细胞壁的生理功能主要为：①保持细胞形状。失去细胞壁后的菌体（原生质体或原生质球）将会失去其固有形态，在等渗溶液中呈多形性，在高渗溶液中将呈球形；②保护菌体。细胞壁结构坚韧，起着抗低渗和抗机械破坏作用，使菌体细胞能承受内外的渗透压差而不致发生渗透裂解；③物质交换的第一屏障。细胞壁上的许多小孔容许水分和直径小于 1 nm 的物质自由通过，而阻止大分子物质通过；④为鞭毛运动提供支点。细胞壁的存在是鞭毛运动的必要条件；⑤决定细菌的抗原性、致病性以及噬菌体的特异敏感性。

大多数原核微生物没有细胞壁不能存活，而支原体无须人工处理或发生突变就天然无细胞壁，实际上就是自由生活的原生质体，它们具有独特坚韧的细胞膜，某些支原体的细胞膜中含有固醇，它增强了膜的刚性和韧性，由于没有细胞壁，支原体呈多形性。在进行细胞融合或菌种诱变时，需用溶菌酶或青霉素等破坏细菌细胞壁或抑制其合成，使革兰阳性菌形成原生质体（protoplast），革兰阴性菌则因肽聚糖层受损后还残留部分细胞壁而形成原生质球（spheroplast）。L-细菌（bacterial L form）是在实验室或宿主体内通过自发突变形成的遗传性稳定的细胞壁缺陷菌株。上述细胞壁失去或受损的菌体在高渗溶液中均呈球形。

（1）细胞壁结构　根据革兰染色结果，可将细菌分为染色结果呈紫色的革兰阳性菌（G⁺）和呈红色的革兰阴性菌（G⁻）两类。G⁺菌细胞壁由 40 层左右网状分子构成，虽厚（20～80 nm）但为单层结构，且化学组分简单，其中肽聚糖占 90％，另 10％是磷壁酸；G⁻菌细胞壁虽薄，但具有多层结构且成分复杂（图 2-1-5）。

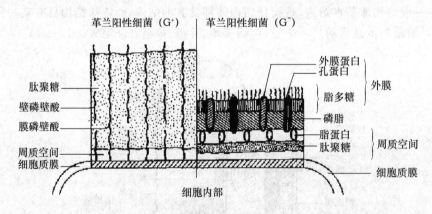

图 2-1-5　革兰阳性细菌和阴性细菌细胞壁构造的比较

肽聚糖是由 N-乙酰葡萄糖胺（N-acetylglucosamine，NAG）和 N-乙酰胞壁酸（N-acetyl-muramic，NAM）以 β-1,4 糖苷键连接，相间排列而成的长链，构成肽聚糖的主链，即骨架（图 2-1-6）。金黄色葡萄球菌为典型的 G⁺菌，其肽聚糖中，每个 NAM 通过乳酰基与四肽尾结合，四肽尾依次由 L-丙氨酸、D-谷氨酸、L-赖氨酸和 D-丙氨酸组成，两个相邻四肽尾中的 L-赖氨酸和 D-丙氨酸通过甘氨酸五肽桥横向相连，由此而形成坚硬而有弹性的三维空间网络结构。在某些 G⁺菌中，四肽尾中的第 2 位氨基酸（D-谷氨酸）可发生羟基化，有的则发生第 1、3 位氨基酸的替换。目前已知的 100 多种不同的肽聚糖类型中，其主要变化出现在肽桥或间桥（peptide interbridge)上。四肽尾中的任何一种氨基酸都可出现在间桥中,此外还有许多其他氨基酸也在间桥中出现,如苏氨酸、丝氨酸和天冬氨酸,但有些氨基酸从未在间桥上发现,如支链氨基酸、芳香族氨基酸、含硫氨基酸和组氨酸、精氨酸和脯氨酸等。

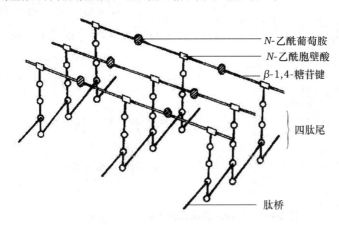

图 2-1-6　革兰阳性细菌肽聚糖的立体结构(片段)

磷壁酸(teichoic acid)是 G$^+$ 菌特有的化学成分,是一种酸性多糖,是多聚磷酸甘油或多聚磷酸核糖醇的衍生物,含量仅占细胞壁的 10%。其作用是与 NAM 结合,纵向加固肽聚糖结构;与细胞膜中的糖脂(glycolipid)结合,增强膜的负电荷和对养料离子的吸收;另外磷壁酸也是某些噬菌体的吸附位点,并具有半抗原作用。

由图 2-1-5 可见,G$^-$ 菌的肽聚糖层很薄,在肽聚糖层外,还有一层与细胞膜结构类似的磷脂双分子层结构,称为外膜层(outer membrane)或外壁层,由脂多糖、磷脂和脂蛋白等构成。

E.coli 是典型的 G$^-$ 菌,肽聚糖位于细胞壁的内层,很薄(2~3 nm),仅有 1~2 层,含量仅占细胞壁总重的 10% 左右。构成 G$^-$ 菌肽聚糖的肽聚糖单体与 G$^+$ 基本相同,不同之处有二(图 2-1-7 左):①四肽尾的第三个氨基酸不是 *L*-赖氨酸,而被一种只有在原核微生物细胞壁上才有的内消旋二氨基庚二酸(m-DAP)所代替;②没有特殊的肽桥,前后两个肽聚糖单体间的连接仅通过甲四肽尾的第四个氨基酸 *D*-丙氨酸的羧基与乙四肽尾的第三个氨基酸 m-DAP 直接相连。可见 G$^-$ 菌的肽聚糖层不仅薄,且交联度低,结构稀疏(图 2-1-7 右),故机械强度较 G$^+$ 菌弱。

脂多糖(lipopolysaccharide,LPS)位于 G$^-$ 菌细胞壁外膜层的外表面,分子质量大于 10 000 u,结构复杂,由类脂 A、核心多糖(core polysaccharide)和 *O*-特异侧链(*O*-specific side chain)3 部分组成。*O*-特异侧链也称为 *O*-多糖或 *O*-抗原,由四种单糖(半乳糖、葡萄糖、鼠李糖和甘露糖等)的聚合物重复排列而成,单糖的种类和排列因菌株而异,所以菌株的表面抗原特异性主要由 *O*-多糖侧链决定。LPS 的主要功能:①类脂 A 是 G$^-$ 菌的致病因子——内毒素的主要成分;②因其负电荷较强,故与磷壁酸相似,可吸附阳离子以提高 Ca^{2+}、Mg^{2+} 等在细胞表面的浓度;另外 LPS 结构稳定性的维持,必须有足够的 Ca^{2+} 存在。如果用 EDTA 等螯合剂去除 Ca^{2+} 和降低离子强度,就会使 LPS 解体,内壁层的肽聚糖分子就会暴露出来而易被溶菌酶作用;③由于其结构的多变,决定了 G$^-$ 菌细胞表面抗原决定簇的多样性,例如根据 LPS 抗原性不同,国际上已报道的沙门氏菌属(*Salmonella*)的抗原型多达 2 107 种;④是许多噬菌体在细胞表面的吸附受体;⑤具有部分选择性屏障作用,例如 LPS 层可透过嘌呤、嘧啶、双糖、

```
        — M — G —                                    M┌┐M   M┌┐M   M┌┐M
          |                  M=N-乙酰胞壁酸           |  |  |  |  |  |  |  |
       L-Ala                 G=N-乙酰葡萄胺          G  G  G  G  G  G  G  G
          |                                          |  |  |  |  |  |  |  |
       D-Glu                                          M┌┐M   M┌┐M   M┌┐M
          |        肽桥                               |  |  |  |  |  |  |  |
        DAP ────── D-Ala                             G  G  G  G  G  G  G  G
          |          |                                |  |  |  |  |  |  |  |
       D-Ala       DAP                                 M┌┐M   M┌┐M   M┌┐M
                     |                                |  |  |  |  |  |  |  |
                   D-Glu                             G  G  G  G  G  G  G  G
                     |                                |  |  |  |  |  |  |  |
                   L-Ala                               M┌┐M   M┌┐M   M┌┐M
                     |                                |  |  |  |  |  |  |  |
        — G — M —                                    G  G  G  G  G  G  G  G
                                                      |  |  |  |  |  |  |  |
                                                       M┌┐M   M┌┐M   M┌┐M
```

图 2-1-7 *E.coli* 的肽聚糖单体及交联方式

肽类等较小的分子,但能阻拦溶菌酶、抗生素、去污剂和某些染料大分子进入细胞膜。

外膜蛋白(outer membrane protein)嵌合在 G⁻菌外膜的磷脂双层中,有 20 余种,大多功能不清。其中的脂蛋白(lipoprotein)位于外壁层的内面,通过共价键使外壁层牢固地连接在由肽聚糖构成的内壁层上;孔蛋白或通道蛋白(porin)研究得较为清楚,是由 3 个相对分子质量(36 000)相同的蛋白亚基组成的一种三聚体跨膜蛋白,中间有 1 nm 的孔道,孔道开关打开可使亲水性低分子量物质进入细胞,开关闭合可阻止某些抗生素进入外膜层。孔蛋白已知有两种:非特异性孔蛋白可通过相对分子质量小于 800～900 的任何亲水性小分子,如双糖、氨基酸、二肽和三肽;特异性孔蛋白则具有高度特异性,其上存在专一性结合位点,只容许一种或少数几种相关物质通过,如维生素 B₁₂ 和核苷酸等。除脂蛋白和孔蛋白外,还有一些外膜蛋白与噬菌体吸附或细菌素的作用有关。

G⁺菌和 G⁻菌由于细胞壁成分和构造的不同,产生了一系列形态、构造、化学组分、染色反应、生理功能和致病性等的不同(表 2-1-2),这些差别对微生物学研究和实际应用都十分重要。

表 2-1-2 革兰阳性菌与革兰阴性菌的部分特性的比较

项目	革兰阳性菌	革兰阴性菌
革兰染色反应	能阻留结晶紫而染成紫色	可被脱色而复染成红色
肽聚糖层	厚,层次多	薄,1～2 层
磷壁酸	多数含有	无
外膜	无	有
脂多糖(LPS)	无	有
类脂和脂蛋白含量	低(仅抗酸性细菌含类脂)	高
鞭毛结构	基体上着生 2 个环	基体上着生 4 个环
产毒素	以外毒素为主	以内毒素为主
对机械力的抗性	强	弱
细胞壁抗溶菌酶	弱	强

项目	革兰阳性菌	革兰阴性菌
对青霉素和磺胺	敏感	不敏感
对链霉素、氯霉素和四环素	不敏感	敏感
碱性染料的抑菌作用	强	弱
对阴离子去污剂	敏感	不敏感
叠氮化钠	敏感	不敏感
干燥	抗性强	抗性弱
产芽孢	有的产	不产

(2)革兰染色及其机理　革兰染色法由丹麦医生 Christian Gram 于 1884 年就发明了,但其机理直到 20 世纪 80 年代方被揭示。这是一种极其重要的鉴别染色法,不仅可用于鉴别真细菌,也可用于鉴别古生菌。菌体经结晶紫初染、碘液媒染、浓度 95% 以上乙醇脱色处理和蕃红复染,G^+ 菌和 G^- 菌由于细胞壁在构造和成分上的差别(图 2-1-5),呈现出不同的染色结果。20 世纪 60 年代,Salton 曾提出细胞壁在革兰染色中的关键作用。1983 年,T. Beveridge 等用铂代替媒染剂碘,用电子显微镜观察到结晶紫与铂的复合物可被细胞壁阻留,这就进一步证明了 G^+ 菌和 G^- 菌主要由于细胞壁结构和化学成分的差异而引起脱色能力的不同,最终导致染色结果不同。G^+ 菌细胞壁较厚,肽聚糖含量较高且交联度高,结构致密,乙醇脱色时,肽聚糖网孔会因脱水而明显收缩,再加上它基本上不含类脂,故乙醇处理不能在细胞壁上溶出缝隙,结晶紫与碘复合物被阻留在细胞壁内,使菌体呈现出紫色;G^- 菌细胞壁薄、肽聚糖含量低且交联松散且类脂含量高,乙醇处理时,肽聚糖网孔不易收缩,脂质溶解,细胞壁上形成较大的缝隙,结晶紫与碘的复合物就极易溶出,乙醇脱色后细胞又呈无色,菌体最终呈现复染染料蕃红的红色,而 G^+ 菌仍为紫色。

2. 细胞膜

约占细胞干重的 10%,厚 7～8 nm,与细胞壁内层紧贴,包围细胞质,柔软而富有弹性。

细胞膜(cell membrane)中的磷脂含量为 20%～30%,磷脂在水溶液中极易形成高度定向的双分子层,球形极性头部向外排列而非极性疏水尾部向内平行排列而构成膜的基本结构;蛋白质含量为 60%～70%,有些穿过磷脂双层,有些镶嵌其中,有些位于表面;另外细胞膜还含约 2% 的多糖。

1972 年 Singer 和 Nicolson 提出细胞膜的液态镶嵌模型。认为膜是由球形蛋白与磷脂按照二维排列方式构成的流体镶嵌式,流动的脂类双分子层构成了膜的连续体,而蛋白质像孤岛一样无规则地漂流在磷脂类的海洋当中。

细胞膜是具有高度选择性的半透膜,含有丰富的酶系,具有重要的生理功能,主要表现在:①对细胞内外物质交换起选择性屏障作用,其上镶嵌有大量的渗透蛋白(渗透酶),控制着营养物质和代谢产物的进出;② 细胞膜是细胞的代谢中心,在细胞膜上除渗透酶外,还分布着大量的呼吸酶、合成酶、ATP 合成酶等,细菌细胞的很多代谢反应在细胞膜上进行;③ 细胞膜是鞭毛着生的位点。

3. 间体(mesosome)

间体(中间体)是细胞膜内陷形成的层状、管状或囊状物,与细胞表面的细胞膜相比,间体

上镶嵌的酶蛋白更多。其功能可能与细胞壁合成、核质分裂、细菌呼吸和芽孢形成有关。细菌的能量代谢主要在间体上进行,所以间体又有拟线粒体之称。

4. 核区(nuclear region)

细菌不具有真核生物那样完整的细胞核,核物质没有固定的形态和结构,无核膜包裹、也无核仁,仅较集中地分布在细胞质的特定区域内,称为拟核、类核(nucleoid)或核区。拟核呈球状、棒状或哑铃状。拟核内仅有的一条闭合环状双链 DNA 大分子,高度折叠缠绕呈超螺旋结构,不与组蛋白结合,而与 Mg^{2+} 等阳离子和胺类等有机碱结合,以中和磷酸基团所带的负电荷,形成细菌染色体。拟核携带了细菌绝大多数的遗传信息,是细菌生长繁殖、新陈代谢和遗传变异的控制中心。

5. 质粒(plasmid)

质粒是细菌染色体外的遗传物质,为共价闭合环状双链 DNA 分子,分子质量介于$(1\sim100)\times10^6$ u 之间,含数个至一百多个基因。芽孢和许多次生代谢产物(如抗生素、色素等)的合成一般受质粒控制。质粒可自我复制(与染色体同步进行)并稳定遗传,并非细菌生存和生命活动所必需,但可携带决定细菌某些遗传特性的基因,是遗传工程的重要载体。

不同质粒携带不同遗传信息,无质粒细菌不能自发产生质粒,但可通过接合、转化、转导等方式获得。质粒可整合至染色体上,并可从染色体上自发消失。

6. 核糖体(ribosome)

核糖体是分散在细胞质中的颗粒状结构,由核糖核酸(rRNA,占 65%)和蛋白质(占35%)组成。常以游离态分散于细胞质中,数量多达上万个,是细胞合成蛋白的场所。

细菌的核糖体沉降系数为 70S,由 50S 大亚基和 30S 小亚基构成,大小亚基还可进一步分离成 5S、16S 和 23S 3 种 rRNA 和 52 个蛋白质亚基。

研究表明,大肠杆菌的核糖体呈椭圆形,50S 大亚基呈"W"形,30S 小亚基呈倒"Y"形,大小亚基结合时,小亚基的两个突起正好嵌入大亚基的两个凹陷处,并在交界面上留有较大的空隙。蛋白合成时,许多核糖体同时与同一条 mRNA 结合,形成串珠状。

7. 细胞质及其内含物(cytoplasm and inclusion)

细胞质是在细胞膜内除核区以外的无色、透明、黏稠状物质,主要成分为水、蛋白质、核酸、脂类、少量糖和无机盐。细胞质中含有丰富的酶系,是营养物质合成、转化和代谢的场所。

除核糖体和气泡外,细胞质中还有各种颗粒状内含物,它们大多为细胞贮藏物质,数量因细菌的种类、菌龄及培养条件不同而改变,主要有异染粒、聚 β-羟丁酸、肝糖粒、淀粉粒、脂肪粒等。

气泡(gas vesicle):由蛋白质膜(2 nm 厚)构成的充满气体的泡状物。有些细菌细胞质中含有几个或多个气泡。许多光合细菌和水生细菌(例如蓝细菌、紫色与绿色光合细菌)、盐杆菌属(*Halobacterium*)和发硫菌属(*Thiothrix*)菌体的胞质中常含有气泡。气泡可调节细胞比重而调节其浮沉,使其漂浮在含有它们所需要的光强度、氧浓度和营养的合适水层位置;气泡吸收空气,空气中的氧气可供代谢需要。

异染粒(metachromatic granule):最初发现于迂回螺菌(*Spirillum volutans*),白喉棒杆菌(*Corynebacterium diphtheria*)等多种细菌胞质中也有异染粒存在。主要成分是多聚偏磷酸盐,是细菌特有的磷素养料贮藏颗粒。多聚偏磷酸盐对某些染料有特殊反应,产生与所用染料不同的颜色,例如可被甲苯胺蓝或亚甲基蓝等蓝色燃料染成紫红色,故得名。异染粒大小为

0.5～1 μm，分子呈线状。耶尔森鼠疫杆菌（*Yersinia pestis*）的异染粒位于细胞两端，又称极体，是其重要的鉴别特征。

聚 β-羟丁酸颗粒（β-hydroxybutyric acid，PHB）：是细菌特有的一种碳源和能源贮存物，是 β-羟丁酸单体经酯键相连而成的线性多聚体聚集而成的颗粒，直径 0.2～7.0 nm。PHB 不溶于水，易被脂溶性染料（如苏丹黑）染色。根瘤菌属（*Rhizobium*）、固氮菌属（*Azotobacter*）、红螺菌属（*Rhodospirillum*）和假单胞菌属（*Pseudomonas*）的细菌常积累 PHB 颗粒。

肝糖粒（glycogen）和淀粉粒（starch）：都是 α-1,4 或 α-1,6 糖苷键连接而成的葡萄糖聚合物。这些贮藏物通常以小颗粒比较均匀地分布在细胞质内。若这类贮藏物大量存在时，肝糖粒与碘液作用后呈红褐色，淀粉粒则呈蓝色。当环境中的碳氮比高时，菌体便进行碳素养料颗粒体的积累。

硫滴（sulfur droplet）或硫粒（sulfur granule）：当环境中 H_2S 含量高时，某些细菌便在细胞内积累 S；当 H_2S 不足时，S 氧化成硫酸盐，为菌体提供生命活动所需能量。硫滴是硫元素的贮藏体，可作为好氧硫细菌的能源以及厌氧硫细菌的电子供体。

磁小体（magnetosome）：1975 年在趋磁细菌中发现。趋磁细菌主要有水生螺菌属和嗜胆球菌属。由 Fe_3O_4 颗粒外包磷脂、蛋白或糖蛋白膜组成，大小均匀，20～100 nm，每个菌有 2～20 个。磁小体发挥导向作用，使趋磁细菌借鞭毛游向有利于其生长的环境。

脂肪粒（lipid bodies）：脂肪粒折光性较强，可被脂溶性染料染色；细胞生长旺盛时，脂肪粒增多，细胞遭破坏后，脂肪粒可游离出来。

液泡（vacuole）：许多活细菌细胞内有液泡，液泡主要成分是水和可溶性盐类，被一层脂蛋白的膜包围。可用中性红染色使之显现出来。液泡具有调节渗透压的功能，还可与细胞质进行物质交换。

羧酶体（carboxysome）：自养菌中多角形或六角形，含 1,5-二磷酸核酮糖羧化酶的小体，具有固定 CO_2 的作用。

藻青素（cyanophycin）：蓝细菌中的内源性氮源和能源，颗粒状，精氨酸和天门冬氨酸（1∶1）的分支多肽。

（二）细菌的特殊结构

1. 荚膜（capsule）

荚膜是某些细菌在一定营养条件下分泌到细胞壁外的透明或不透明的黏液状物质，位于细胞的最外层，具有明显的外缘和一定的形态，折光率低且不易着色，用碳素墨水负染色后在光学显微镜下可被观察到。荚膜使细菌在固体培养基上形成光滑型菌落。根据厚度，有大荚膜和微荚膜之分，前者即我们平常所指的荚膜，厚度大于 0.2 μm，在光学显微镜下能观察到。

微荚膜（microcapsule）较薄，厚度小于 0.2 μm，也可与细胞表面牢固结合，但在光镜下不易观察到，只能用免疫学方法证实其存在。

黏液层（slime layer）则比荚膜松散，没有明显的边缘，并可向周围环境中扩散。由于荚膜和黏液层这两种结构的主要成分都是胞外多糖，所以又统称为多糖包被（glycocalyx）。

当多个具有荚膜的细胞发生融合，或一个具有荚膜的细胞分裂后子细胞不立即离开，便形成多个细菌共同包裹在一个荚膜中的菌胶团。

荚膜的组成因种而异，除水分外，主要是多糖（包括同型多糖和异型多糖），此外还有多肽、蛋白质、糖蛋白等。细菌如黄色杆菌属的菌种既具有 α-聚谷氨酰胺荚膜，又有含大量多糖的

黏液层。荚膜的形成与环境条件有关,碳氮比高的环境有利于其生成,而炭疽芽孢杆菌则只有在动物体内才形成荚膜。

荚膜虽不是细菌的必需结构,但有许多功能:①保护作用:荚膜上大量极性基团,多糖层结合有大量的水,从而可提高细菌对干燥的抵抗力。另外可阻止噬菌体的吸附,从而避免了噬菌体的裂解作用。一些致病菌,如肺炎链球菌的荚膜还可保护它们免受宿主吞噬细胞的吞噬作用。②贮藏养料:荚膜也可作为细菌在胞外贮存的碳源和能源物质,以备急需。③屏障作用或离子交换系统:可保护细菌免受重金属离子的毒害。④表面附着作用:例如,引起龋齿的唾液链球菌(*Streptococcus salivarius*)和变异链球菌(*Streptococcus mutants*)就会分泌一种己羧基转移酶,将蔗糖转变成果聚糖,使细菌黏附在牙齿表面,由细菌发酵糖类产生的乳酸在局部累积,腐蚀牙表珐琅质层引起龋齿,某些水生丝状细菌的鞘衣状荚膜也有附着作用;⑤细菌间的信息识别作用。如根瘤菌属(*Rhizobium*);⑥堆积代谢废物。

荚膜是细菌鉴定的依据之一,某些致病菌具有难以观察到的微荚膜,用灵敏的血清学反应即可鉴定。乳酸菌中的肠膜明串珠菌的糖被主要是葡聚糖,可通过提取来制备"代血浆"或生化试剂,如葡聚糖凝胶(Sephadex);利用野油菜黄单胞菌(*Xanthomonas campestris*)的黏液层可提取胞外多糖——黄原胶(Xanthan 或 Xc,又叫黄杆胶)作为食品添加剂;产生菌胶团的细菌在污水治理过程中具有分解、吸附和沉降有害物质的作用。产荚膜的细菌也存在危害,肠膜明串珠菌如果污染制糖厂的糖汁、酒类、牛奶和面包等,就会影响生产和降低产品质量;致病菌的荚膜给疾病的防治带来难度,有的链球菌荚膜引起龋齿,危害人类的健康。

2. 鞭毛(flagella)

鞭毛是细菌的"运动器官",是着生于细胞膜、穿过细胞壁、末端游离于细胞外的波形弯曲细丝状结构。鞭毛长 15~20 μm,可超过细菌菌体许多倍,但直径仅为 10~20 nm,以至于单根鞭毛不能直接在光学显微镜下观察,必须经过特殊的鞭毛染色法使其增粗。在电子显微镜下能容易地观察到鞭毛。另外也可根据细菌的运动性来间接判断鞭毛的有无,通常有以下 3 种方法:①在暗视野下观察细菌的水浸片或悬滴标本,根据其运动方式(非布朗运动)加以判断;②是在 0.3%~0.4%琼脂半固体直立柱中穿刺接种,如果在穿刺线周围有混浊的扩散生长或"毛刷状"生长,说明该菌具有运动能力;③是根据菌落形态加以判断,鞭毛菌在固体培养基表面形成的菌落较大、扁平而不规则,边缘极不圆整。

按其着生位置和数目,鞭毛分为以下 3 种类型:①单生鞭毛。在菌体的一端、近端部或两端着生的单根鞭毛,如霍乱弧菌。②丛生鞭毛。在菌体的一端或两端着生的多根鞭毛,如荧光假单胞菌(*Pseudomonas fluorescens*)。③周生鞭毛。分布于整个菌体表面,如沙门氏菌和普通变形杆菌(*Proteus vulgaris*),相应的细菌分别被称为单端鞭毛菌(monotricha)、端生丛毛菌(lophotricha)、两端鞭毛菌(amphitricha)和周毛菌(peritricha)。

各类细菌中,弧菌、螺菌普遍生有鞭毛;杆菌中的假单胞菌属为极生鞭毛,有的杆菌为周生鞭毛,有的则不长鞭毛;球菌仅个别属,例如动球菌属(*Planococcus*)着生鞭毛。

原核微生物(包括古生菌)鞭毛由基体、钩形鞘和鞭毛丝 3 部分组成(图 2-1-8)。基体(basal body)或基粒,固定在细胞质膜与细胞壁上,由一个中心杆(好比螺栓)和一组套环(好比螺帽)组成。中心杆直径 7 nm,长 27 nm;套环的数目与菌种有关。革兰阴性菌有 4 个套环(ring),L 环位于胞壁外膜层中,P 环在胞壁肽聚糖层中,S 环与 M 环连在一起称 S-M 环或内环,共同嵌埋在细胞膜中。围绕 S-M 环并使之固定在细胞膜上的是一对马达蛋白(Mot 蛋白),由它驱动 S-M 环快速旋转。在 S-M 环的基部还存在一个 Fli 蛋白,其功能是作为运动开关,通过应答细胞内的信号来控制鞭毛的旋转。目前已清楚地知道,鞭毛基体是一个精致的超微型马达,其能量来自于细胞膜上的质子动势(proton motive potential)。一些数据表明鞭毛的每一次旋转大约需要消耗 1 000 个质子。把鞭毛基体和鞭毛丝(filament)连在一起的构造称钩形鞘或鞭毛钩(hook),直径约 17 nm,其上着生一条长 15～20 μm 的鞭毛丝。鞭毛丝即螺旋丝,是直径为 13.5 nm 的中空细丝,由直径为 4.5nm 的鞭毛蛋白亚基沿着中央孔道螺旋盘绕而成,每周为 8～11 个亚基。鞭毛蛋白呈球状或卵圆状,相对分子质量为 3 万～6 万,在细胞质内合成,由鞭毛基部通过中央孔道输送到鞭毛游离的顶部进行自装配。因此,鞭毛的生长方式是在其顶部延伸而非基部延伸。革兰阳性菌的鞭毛较为简单,例如枯草杆菌鞭毛的基体仅有 S 和 M 两个环,而鞭毛丝和钩形鞘则与革兰阴性菌相同。

　　鞭毛以旋转方式推动菌体高速前进,每秒推进的距离为菌体长度的 5～50 倍。当环境中存在细菌需要或有害的化学物质时,鞭毛菌便借助鞭毛趋向或逃离这些物质,表现出趋化性(chemotaxis),光合细菌则借助鞭毛表现出趋光性(phototaxis)。

　　大多数能运动的原核微生物都是借助于鞭毛来运动。一些特殊的细菌类群还有其他的运动方式,例如,螺旋体还可借助细胞壁和细胞膜之间的上百根轴丝的收缩发生颤动、滚动或蛇形前进;黏细菌、嗜纤维菌和某些蓝细菌并无鞭毛,但它们能通过分泌胞外黏液,沿着固体表面进行滑行;有的水生微生物可通过气泡来调整它们在水层的位置,以获取所需要的光强度、氧气和养分。

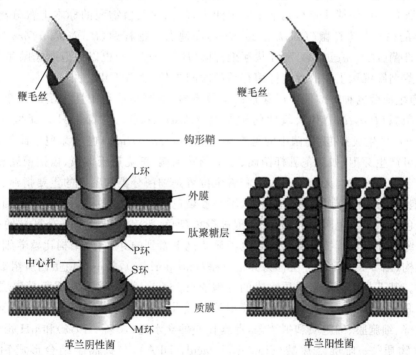

图 2-1-8　细菌鞭毛结构示意图

(引自:何国庆,2009)

3. 纤毛(gilium)和菌毛(pilus)

纤毛和菌毛在结构上类似于鞭毛,均为蛋白质丝或细管,但与细菌的运动无关。纤毛也称为伞毛,遍布整个菌体,比鞭毛更短(小于 2 μm)、更细(直径 7.5~10 nm,每个横切面上只有 3 个蛋白亚基),且又直又硬,主要分布在 G⁻ 菌和少数 G⁺ 菌细胞上,纤毛能提高菌体的黏附和聚集能力,因而有利于好气菌在液体表面形成菌膜,有些细菌借助纤毛附着于动物组织表面,引起疾病,所以纤毛与细菌的致病性和吸附能力等有关。

菌毛比纤毛长,但数量少,1~10 根。大肠杆菌的菌毛有两类,一类是性菌毛,由 F 质粒编码,也叫 F 菌毛,直径为 9~10 nm,长 2 μm,与细菌的接合作用有关;另一类是 I 菌毛,由 I 质粒编码,是某些噬菌体的吸附和侵染位点。

4. 芽孢(spore)

某些细菌在生长发育后期,可在细胞内形成一个圆形或椭圆形、壁厚、含水量极低、抗逆性极强的休眠体,称为芽孢,有时也称其为内生孢子(endospore)。由于一个细胞仅形成一个芽孢,故芽孢不是细菌的繁殖形式,而是休眠形式。芽孢是整个生物界中抗逆性最强的生命形式,有极强的抗热、抗干燥、抗辐射、抗化学药物和抗静水压等能力,尤其是抗热性,一般细菌的营养体不能经受 70℃ 以上的高温,但它们的芽孢却有惊人的耐高温能力。例如肉毒梭状芽孢杆菌(*Clostridium botulinum*)的芽孢在 100℃ 沸水中要经过 5.0~9.5 h 方可被杀死,经 121℃ 处理,平均要 10 min 才能被杀死;热解糖梭菌(*C. thermosaccharolyticum*)的营养细胞在 50℃ 数分钟即可被杀死,但其芽孢群在 132℃ 需经 4.4 min 才能杀死其中的 90%。芽孢的休眠能力更是突出,在其休眠期间,检测不出代谢活力,因此称为隐生态(cryptobiosis)。一般的芽孢在普通条件下可保持几年至几十年的生活力,从德国某植物园的标本上曾分离到保存了 200~300 年的枯草芽孢杆菌(*Bacillus subtilis*)和地衣芽孢杆菌(*B. licheniformis*),标本上的凝结芽孢杆菌(*B. coagulans*)和环状芽孢杆菌(*B. circulans*)也以芽孢形式保存了 50~100 年之久。有些湖底沉积土中的芽孢杆菌存活的时间更长,达数千年之久。

(1)芽孢生成菌的种类　能生成芽孢的菌属不多,主要是革兰阳性杆菌的两个属,即好氧性的芽孢杆菌属(*Bacillus*)和厌氧性的梭菌属(*Clostridium*),球菌中只有芽孢八叠球菌属(*Sporosarcina*)可生成芽孢,螺菌中的孢螺菌属(*Sporospirillum*)也产芽孢。此外,还发现少数其他杆菌可产生芽孢,如芽孢乳杆菌属、脱硫肠状菌属、考克斯氏体属、鼠孢菌属和高温放线菌属等的细菌。芽孢的有无、形态、大小和着生位置是细菌分类和鉴定的重要指标。

(2)芽孢的构造　芽孢的折光性很强,不易被染色,在光学显微镜下容易观察到,在对菌体进行简单染色和革兰染色时,相当于对芽孢进行负染色,没有被染色的发亮区域便是芽孢,当然可用孔雀绿对芽孢进行特殊染色。在电子显微镜下看到的芽孢,其结构比营养细胞更复杂,具有多层结构(图 2-1-9)。最外层称为芽孢外壁(exosporium),是一层由蛋白质组成的薄而纤细的覆盖物。其下是由多层蛋白质组成的芽孢衣(spore coat)。芽孢衣下面是皮层(cortex),由松弛的交联肽聚糖构成。皮层内面是芽孢核心或芽孢原生质体(spore protoplast),它含有普通的细胞壁、细胞膜、细胞质和拟核等,芽孢核心的含水量(10%~20%)和 pH 很低,并具有特殊的化学物质——吡啶二羧酸(dipicocinic acid,DPA),与钙离子结合形成钙 DPA-Ca,DPA-Ca 约占芽孢总量的 15%。此外,芽孢核心内还含有大量的酸溶性芽孢蛋白,可与核心内的遗传物质紧密结合,防止其受到紫外线、干燥和干热的损害,在芽孢萌发时,还可作为碳源和能源使用。

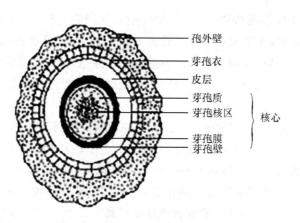

图 2-1-9　细菌芽孢构造模式图

（引自：江汉湖，2010）

成熟芽孢的核与营养细胞的核有很大不同。除了具有大量的 DPA-Ca 外，核还处于脱水状态。成熟的芽孢核心所含水分仅为营养细胞核水分的 $10\%\sim30\%$，因此，芽孢核心的细胞质呈胶体状态。核脱水大大增加了芽孢的抗热能力和抵抗化学物质如 H_2O_2 的能力，同时也引起核中酶的失活。除此之外，芽孢核心胞质的 pH 也比营养细胞低大约 1 个单位，而且含较高量的称为酸溶小芽孢蛋白（small acidsolable spore proteins，SASPs）的核心特异蛋白。SASPs 在芽孢形成过程中产生，至少有两种功能：①SASP 与核中的 DNA 紧密结合，保护其免受紫外线及干热的损害；②SASP 还可作为芽孢萌发形成新营养细胞的碳源和能源。

（3）芽孢的形成　当营养物质缺乏、有害代谢产物积累过多、温度或通气不适时，产芽孢细菌便停止生长，开始形成芽孢。从形态上来看，芽孢形成可分为七个阶段：①DNA 浓缩，束状染色质形成；②细胞膜内陷，细胞发生不对称分裂，其中小体积部分称为前芽孢（forespore）；③大体积部分"拥抱"小体积部分，形成前芽孢的双层隔膜，这时芽孢的抗辐射性提高；④在上述两层隔膜间充填芽孢肽聚糖后，合成 DPA，累积钙离子，开始形成皮层，再经脱水，使折光率增高；⑤芽孢衣合成结束；⑥皮层合成完成，芽孢成熟，抗热性出现；⑦芽孢囊裂解，芽孢游离外出。在枯草芽孢杆菌中，芽孢形成过程约需 8 h，参与其中的基因约有 200 个。在芽孢形成过程中，伴随形态变化发生一系列化学成分和生理功能的变化。

（4）芽孢萌发　芽孢形成后有一定的休眠期，干燥、低温和适当的加热等均可缩短芽孢的休眠期。条件适宜时，芽孢吸水膨胀，由休眠状态变成细菌营体形式的过程，称为芽孢萌发。芽孢萌发经历活化（activation）、出芽（germination）和生长（outgrowth）3 个阶段。短期热处理、低 pH、强氧化剂均可引起芽孢活化。例如，枯草芽孢杆菌的芽孢经 7 d 休眠后，60℃处理 5 min 即可促进发芽。有的芽孢则需 100℃加热 10 min 才能促进活化。活化作用是可逆的，处理后必须及时将芽孢接种到合适的培养基中。有些化学物质可显著促进芽孢的萌发，称作萌发剂（germinant），如 L-丙氨酸、Mn^{2+}、表面活性剂（N-十二烷胺等）和葡萄糖等。D-丙氨酸和碳酸氢钠等则会抑制某些细菌芽孢的萌发。芽孢的萌发速度很快，一般仅需几分钟，萌发时，芽孢吸水膨胀，通透性增加，随之与芽孢萌发有关的蛋白酶开始活动，芽孢衣被逐步降解，外界阳离子不断进入皮层，导致皮层发生膨胀、溶解和消失，外界水分开始不断进入芽孢的核心部位，使核心膨胀，各种酶类活化，并开始合成细胞壁。在发芽过程中，芽孢所具有的耐热

性、折光性和抗性等特性都逐步丧失，呼吸和代谢活动增强，核心中含量较高的可防止 DNA 损伤的 SASPs 迅速降解，接着就进入生长阶段。在生长阶段，芽孢的核心部分开始迅速合成新的 DNA、RNA 和蛋白质，很快变成新的营养细胞。芽孢发芽时，芽管可从极向或侧向伸出，构成芽管的细胞壁还很薄甚至不完整，呈感受态，增强了其接受外来 DNA 而发生遗传转化的可能性。

(5)芽孢的耐热机理　芽孢的耐热机制至今尚无明确的科学解释。渗透调节皮层膨胀学说(osmo-regulatory expanded cortex theory)由于综合了较新的研究成果而具有一定说服力。该学说认为，芽孢的耐热性在于芽孢衣对多价阳离子和水分的透性很差加之皮层的离子强度很高，大量的 DPA-Ca 使皮层的渗透压高达 2.03×10^6 Pa(20 个大气压)而夺取芽孢核心的水分，造成皮层充分膨胀，而核心部分的细胞质却变得高度失水，因此，具有极强的耐热性。芽孢的含水量少，但各层次的含水量不一样，其中皮层和核心含水量的差别是极其明显的，核心部位含水量少(10%～25%)是耐热机制的关键所在。

(6)研究芽孢的意义　芽孢是少数几属细菌所特有的形态构造，芽孢的有无、位置及形态是细菌分类和鉴定的重要依据。由于芽孢具有高度的耐热性，所以用高温处理含菌样品，很容易筛选分离出芽孢产生菌；由于芽孢的代谢活动基本停止，因此其休眠期很长，为芽孢产生菌的长期保藏提供了方便。食品工业中，芽孢菌是罐头工业的杀菌指示菌，尤其是低酸性的肉类、蛋类、乳类等含蛋白质丰富的食品，必须 121℃ 高温高压杀死游离成熟的芽孢或芽孢囊；发酵工业中对培养基的灭菌也要 121℃ 维持 15～20 min。

少数芽孢杆菌，如苏云金芽孢杆菌(*Bacillus thuringiensis*)在形成芽孢的同时，会在芽孢旁形成一个菱形或双锥形的碱溶性蛋白晶体(即 δ 内毒素)，称为伴孢晶体(parasporal body)。伴孢晶体被敏感性昆虫的幼虫吞食后，在其碱性的中肠溶解成原毒素，并进而在昆虫肠道被蛋白酶水解激活，产生 60 ku 的毒素核心片段(δ 内毒素)。它与中肠上皮细胞膜上的特异受体结合，能快速并不可逆地插入细胞膜，形成孔洞，从而破坏细胞的膜结构与渗透吸收特性，使中肠上皮细胞裂解崩溃，最终导致昆虫的死亡。伴孢晶体对 200 多种昆虫尤其是鳞翅目昆虫的幼虫有毒杀作用，而对人畜无害，因此可用作生物农药。

四、细菌的群体形态

(一)菌落特征

单个菌体细胞在适宜条件下大量生长繁殖，在固体培养基表面形成肉眼可见的群体，称为菌落(colony)。菌落是一个细胞繁殖形成的，是纯种细胞群或克隆(clone)。如果许多分散的纯种菌体细胞密集在培养基表面生长，大量菌落连成一片形成菌苔(bacterial lawn)。

细菌的菌落一般具有如下特征：湿润、较光滑、较透明、较黏稠、易挑取、质地均匀以及菌落的正反面或边缘与中央部位的颜色一致等。菌落特征也是菌种鉴定的依据之一，细菌不同，菌落特征不同。菌落形态特征包括菌落大小、色泽、透明度、黏稠度、光滑程度、边缘特征(图 2-1-10)、表面特征和隆起程度(图 2-1-11)等。菌落表面有的干燥、粗糙、呈粉状，有的湿润；菌落直径有大有小，厚度也不同。

细菌在半固体培养基中生长时，出现许多特有的培养特征，例如从半固体培养基的表面或穿刺线周围看细菌群体是否有扩散生长现象来判断细菌鞭毛的有无。

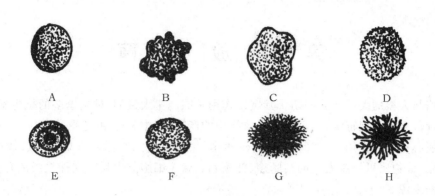

图 2-1-10 菌落的边缘特征

A.圆形,边缘整齐 B.卷发状 C.不规则颗粒状,边缘叶状 D.规则边缘呈扇边状

E.规则有同心环 F.规则放射状 G.不规则呈丝状 H.根状

(引自:江汉湖,2010)

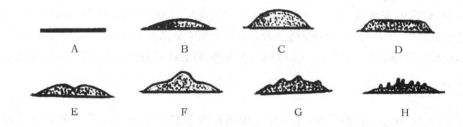

图 2-1-11 菌落表面形态和隆起度

A.扁平 B.隆起 C.高突起 D.低隆起表面平坦

E.脐状 F.乳头状 G.草帽状 H.低隆起表面有棘突

(二)斜面培养特征

将菌种划线接种到试管斜面上,培养 3～5 d 后可对细菌的斜面培养特征进行观察,包括菌苔的生长程度、形状、光泽、质地、透明度、颜色、隆起和表面状况等。不同菌种,形状不同,有丝状、念珠状、扩展状、假根状、树状、散点状等。

(三)液体培养特征

细菌在液体培养基中静止培养时,生长特征有 4 种表现:①均匀分散在液体培养基中,出现浑浊;②一些好氧性细菌在液面上形成菌醭(pellicle),有的在液体培养基中出现菌膜(velum);③有的在液体培养基底部产生沉淀;④有的在容器壁上产生环。

五、细菌的繁殖

除少数有性菌毛的细菌可进行有性繁殖外,细菌一般为无性繁殖,且以二等分裂法为主。首先菌体伸长,DNA 复制形成两个核区,菌体中部的细胞膜向中心作环状推进,然后闭合而形成一个垂直于细胞长轴的细胞质隔膜把菌体分开,细胞壁向内生长把横隔膜分为两层,形成子细胞壁,最后子细胞分离形成两个菌体。

第二节 放 线 菌

放线菌与人类的关系十分密切。其突出作用是能产生大量的、种类繁多的抗生素,常用的抗生素除青霉素和头孢霉素外,大多数是放线菌的产物(其中90％由链霉菌产生)。近年来发现放线菌还有抗肿瘤作用。2003年Science报道,美国科学家在深海采集到的放线菌可合成盐孢菌酰胺,该物质可抑制人类的结肠癌、肺癌和乳腺癌细胞的生长。这种放线菌有望成为新抗癌药物的来源。

有的放线菌可用于生产维生素和酶制剂;此外,放线菌在甾体转化、石油脱蜡、烃类发酵、污水处理等方面也有应用。目前,国内外有不少微生物学工作者正试图从高盐碱环境里找寻一种具有较高脱卤酶活性的嗜盐菌,以达到高效彻底消除环境污染物的目的。美国科学家从一个被芳香族氯化物重度污染的盐碱湖中分离到能快速降解污染物2,4,6-三氯酚的放线菌。过去虽然有些学者也曾分离到能降解该种污染物的细菌,但它们在高碱条件下不易存活。

近年来,研究极端环境(极冷、极热、极酸、极碱、高压、高盐、高辐射等)中的放线菌成为一个重要趋势。2000年,我国医学科学院学者从南极土壤中分离到一株可产生抗肿瘤抗生素的放线菌C3905,经鉴定该菌株为白色类诺卡氏菌的一个变种,将其命名为白色类诺卡氏菌南极变种。

一、放线菌概述

放线菌(actinomycetes)是原核生物中一类能形成分枝菌丝和分生孢子的特殊类群,呈菌丝状生长,主要以孢子繁殖,因菌落呈放射状而得名。

过去曾认为它是介于细菌与真菌之间的微生物。随着电子显微镜技术和其他技术的发展,越来越多的证据表明,放线菌是一类具有丝状分枝的细菌。主要根据为:①有原核;②菌丝直径(0.2～1.2 μm)与细菌相仿,大多数球菌的直径为0.2～1.25 μm,杆菌宽度一般也为0.2～1.2 μm;③细胞壁的主要成分是肽聚糖,这与细菌相同,而真菌的细胞壁由几丁质构成,少数含纤维素;④有的放线菌产生有鞭毛的孢子,其鞭毛类型也与细菌的相同;⑤放线菌噬菌体的形状与细菌噬菌体相似,多为蝌蚪状,而真菌噬菌体多为球状或杆状;⑥最适生长pH与多数细菌的相近,一般呈微碱性,与大部分细菌一样对酸敏感,而真菌对酸要求不严格;⑦DNA重组的方式与细菌的相同;⑧核糖体同为70S;⑨对溶菌酶敏感;⑩凡细菌所敏感的抗生素,放线菌也同样敏感。

绝大多数放线菌为好氧微生物,最适生长温度为23～37℃,多数腐生,少数寄生。

放线菌一般分布在含水量低,有机质丰富的中性偏碱性土壤中,土壤中放线菌的数量和种类最多,每克土壤可含10^4～10^6个孢子。泥土所特有的土腥味,主要就是来自放线菌产生的土腥味素。

二、放线菌的形态构造

(一)个体形态

放线菌由分枝菌丝构成,直径0.2～1.2 μm,无横隔,仍然是单细胞。至今发现的放线菌均为G^+,(G＋C)mol％含量高于任何已知细菌,为63％～78％,细胞结构与细菌相似。由于形态与功能不同,放线菌的菌丝可分为营养菌丝、气生菌丝和孢子丝(图 2-2-1)。

1. 营养菌丝

营养菌丝为匍匐生长于培养基表面或生长于培养基中吸收营养物质的菌丝,又称基内菌丝或一级菌丝。一般无隔膜,直径 $0.2\sim0.8\ \mu m$,长度差别很大,有的可产生色素。

2. 气生菌丝

当营养菌丝发育到一定阶段,由营养菌丝上长出培养基外,伸向空间的菌丝为气生菌丝,又称二级菌丝。气生菌丝叠生于营养菌丝上,可覆盖整个菌落表面。在光学显微镜下观察,颜色较深,直径较粗 $(1.0\sim1.4\ \mu m)$,有的产色素。

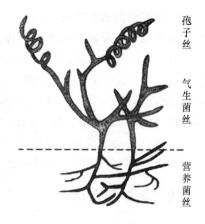

图 2-2-1　放线菌的形态特征

3. 孢子丝

气生菌丝发育到一定阶段,其上可分化出形成孢子的菌丝,即孢子丝。其形状和排列方式因种而异,且性状较稳定,常被作为对放线菌进行分类的依据。孢子丝的形状有直形、波浪形、螺旋状,有丛生、轮生(图 2-2-2)。孢子丝继续发育可形成孢子,孢子有球形、椭圆形、杆状、瓜子形等;孢子表面呈光滑、刺状、发状和鳞片状;孢子的颜色十分丰富,有白、黑、黄或紫等不同颜色。

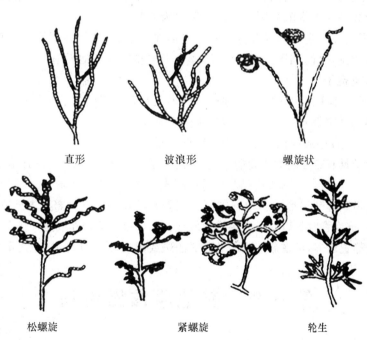

直形　　　　　波浪形　　　　　螺旋状

松螺旋　　　　　紧螺旋　　　　　轮生

图 2-2-2　放线菌孢子丝的形态

(引自:李宗军,2014)

（二）放线菌的菌落特征

1. 能产生大量分枝和气生菌丝的菌种（如链霉菌）

菌落特征介于霉菌与真菌之间，幼龄菌因气生菌丝尚未分化形成孢子丝，故菌落表面与细菌相似。当形成大量孢子丝及分生孢子布满菌落表面后，就形成表面絮状、粉末状或颗粒状的典型放线菌菌落。菌落干燥、不透明，质地致密，与培养基结合紧密，小而不蔓延，不易挑起或挑起后不易破碎。另外，放线菌的菌丝和孢子常含色素，使菌落的正面和背面呈现出不同的颜色。

2. 不能产生大量菌丝体的菌种（如诺卡氏菌）

黏着力差，质地呈粉质，用针挑起易粉碎。

三、放线菌的繁殖方式

1. 无性孢子

放线菌主要是通过无性孢子进行无性繁殖。当放线菌生长到一定阶段时，一部分气生菌丝分化形成孢子丝，孢子丝逐渐成熟而分化形成分生孢子，有些放线菌可生成孢囊孢子。放线菌可生成的以下几种孢子类型：

（1）凝聚孢子　当孢子丝生长到一定阶段时，在孢子丝中从底端向基部，细胞质分段围绕核物质，逐渐凝聚成一串大小相似的小段，然后每小段外面产生新的孢子壁而形成圆形或椭圆形孢子，孢子成熟后，孢子丝自溶而消失或破裂，孢子被释放出来。大部分放线菌的孢子是按此种方式形成。

（2）横隔孢子　孢子丝生长到一定阶段时，产生许多横隔膜，形成大小相近的小段，然后在横隔膜处断裂形成孢子。横隔分裂形成的孢子常为杆状。

（3）孢囊孢子　在气生菌丝或营养菌丝上先形成孢子囊，然后在囊内形成孢囊孢子，其过程是菌丝卷曲形成孢子囊，孢子囊继续生长，囊内形成横隔直至孢囊孢子形成，孢子囊成熟后，可释放出大量孢囊孢子。

（4）分生孢子　小单孢菌科中多数种孢子的形成是在营养菌丝上作单轴分枝，在每个枝杈顶端形成一个球形或椭圆形孢子，这种孢子称分生孢子。

（5）厚壁孢子　有些放线菌偶尔也产生厚壁孢子。

放线菌的孢子具有较强的耐干燥能力，但不耐高温，$60 \sim 65℃$处理$10 \sim 15$ min 即失去活力。

2. 菌丝断裂

放线菌也可借菌丝断裂形成新的菌体而起到繁殖的作用。这种繁殖方式常见于液体培养中，工业发酵生产抗生素时都以此法大量繁殖放线菌。如果震荡培养或搅拌培养，短菌丝可形成球状颗粒。若静置培养，可在瓶壁液面处形成菌斑或菌膜，或沉于瓶底，总之不使培养基浑浊。

第三节　其他原核微生物

一、蓝细菌

蓝细菌（*Cyanobacteria*）是能进行固氮作用的光合自养细菌，曾属于蓝绿藻。因能在极端贫瘠和恶劣的条件下生存，被认为是土壤形成的先驱生物。

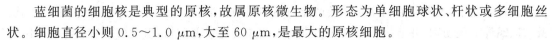

蓝细菌的细胞核是典型的原核,故属原核微生物。形态为单细胞球状、杆状或多细胞丝状。细胞直径小则 $0.5\sim1.0~\mu m$,大至 $60~\mu m$,是最大的原核细胞。

蓝细菌细胞内进行光合作用的部位称类囊体,含有光合作用色素,包括叶绿素 α-胡萝卜素、β-胡萝卜素、类胡萝卜素等,同植物、藻类一样进行放氧型光合作用。细胞壁外有黏质层构成的鞘,可以滑行运动。许多蓝细菌还有气泡,利于细胞浮于水体表面和吸收光能。繁殖方式为裂殖。

蓝细菌具有重要的经济价值,食用种类有发菜念珠蓝细菌、普通木耳念珠蓝细菌(俗称地耳)、盘状螺旋蓝细菌、最大螺旋蓝细菌,后两种目前已开发成"螺旋藻"产品。至今已知有 120 多种蓝细菌具有固氮能力,是良好的绿肥;某些蓝细菌也可用来制造生物柴油。

有的蓝细菌是富营养化的海水"赤潮"和湖泊"水华"的元凶,少数水生种类会产生可诱发人类肝癌的毒素。

二、支原体

支原体($Mycoplasmas$)是一类介于细菌和立克次氏体之间的 G^- 原核微生物,能通过细菌过滤器,是已知能独立生活的最小生物类型。广泛分布于土壤和动物体内,多数致病,如引起胸膜肺炎、猪气喘病、鸡呼吸道疾病等。少数腐生。支原体无细胞壁,细胞柔软而形态多变,具有高度多形性;对营养要求苛刻,在含血清培养基上形成针尖大小的"油煎蛋"形菌落。支原体细胞膜含其他生物罕有的固醇。

三、衣原体

衣原体($Chlamydia$)是一种能通过细菌过滤器、G^-、仅能在脊椎动物细胞内繁殖并致病、具特殊生长周期的原核微生物。1956 年,我国微生物学家汤飞凡等人在国际上首次分离到沙眼的病原体,1970 年,正式将这类微生物称为衣原体。衣原体具有以下特点:①是一类"能量寄生物",即体内缺乏完产能代谢的酶系,为严格的细胞内寄生;②在脊椎动物间直接传染,引起沙眼衣原体、性病淋病肉芽肿衣原体等疾病,在动物体内还可引起肺炎、多发性关节炎、胎盘炎、肠炎等;③具有细胞构造及含肽聚糖的细胞壁,细胞内同时含有 DNA 和 RNA,对抑制细菌的一些抗生素如青霉素和磺胺等都很敏感。

衣原体的生活史即繁殖形式特殊,既遵循细菌的二等分裂方式繁殖,又具有在病毒繁殖的部分特点。成熟的具有感染力的衣原体,是一直径小于 $0.4~\mu m$、细胞壁坚韧的球状细胞,也称之为原体(elementary body)。在宿主细胞内,原体逐渐膨大,形成一个球状大细胞,直径达 $1\sim1.5~\mu m$,细胞壁逐渐变薄,形成无感染力的始体(initial body)。始体以二等分裂方式在宿主细胞内形成一个微菌落,随后大量子细胞又分化形成小的、壁厚的、具传染性的原体。一旦宿主细胞破裂,原体释放,就会感染新的宿主细胞。衣原体在宿主细胞内可形成包涵体。

四、立克次氏体

1909 年美国医生 H. T. Ricketts 首次发现该病原体并于 1910 年殉职于此病,故后人将其命名为立克次氏体($Rickettsia$)。这是一类比细菌小的病原体,有细胞壁,以二等分裂方式繁殖,多为 G^- 的球状或杆状原核微生物,在不同宿主中或不同发育阶段表现不同形状。除个别(如 Q 热立克次氏体)外均不能通过细菌过滤器,也不能形成包涵体。其主要特点是:①产能

代谢途径不完整,大多只能利用谷氨酸产能而不能利用葡萄糖产能,专性寄生,宿主一般为虱、蚤、蜱、螨等节肢动物,并通过节肢动物传染给人类或其他哺乳动物,引发斑疹热病和落基山斑疹伤寒等疾病。②细胞膜疏松而渗漏性大,不能在人工培养基上生长,可用鸡胚、敏感动物或合适的组织培养物来培养。③对青霉素和四环素等抗生素敏感。

本章小结

原核微生物主要包括细菌、放线菌、蓝细菌、立克次氏体、支原体和衣原体等。原核微生物的共同特征是细胞微小,细胞核结构原始,没有核膜包裹,只有核区,而且细胞内没有细胞器的分化。通过革兰染色可以把原核微生物分为革兰阳性和革兰阴性两类,这是由于其不同的细胞壁结构和细胞壁成分决定的。原核微生物有一些特殊的细胞结构,包括荚膜、鞭毛、芽孢和菌毛。原核微生物通过无性方式进行繁殖。

思考题

1. 结合细菌细胞壁结构说明革兰染色的原理。
2. 细菌特殊结构有哪些?其功能分别是什么?
3. 研究芽孢有何意义?
4. 衣原体、支原体和立克次氏体有何异同?

(山西农业大学　杨宁)

第三章

古生菌

◎内容提示

古生菌在 20 世纪 70 年代末由美国科学家 Woese 对各种生物的 16S rRNA 或 18S rRNA 序列比较分析时发现,为生命三域中的一域,是地球上最原始的生命形式,其独特的细胞结构、化学组成、遗传学特性和代谢方式赋予其在极端环境中生活的能力。古生菌分布在泉古生菌门、广古生菌门和纳米古生菌门中。主要类群包括生活在富含硫环境中的硫化叶菌属和热变形菌属;古生菌的最大类群产甲烷菌;嗜盐菌包括盐杆菌科的盐杆菌属和盐球菌属;古生球菌能还原硫酸盐;热原体为古生菌中没有细胞壁的一个类群。

第一节 古生菌概述

一、古生菌的发现

20 世纪 70 年代以后,研究微生物的系统发育主要是分析和比较生物大分子的结构特征,特别是蛋白质、RNA 和 DNA 这些反映生物基因组特征的分子序列,以此判断各类微生物乃至所有生物的进化关系。大量研究表明:在众多生物大分子中,最适合揭示各类生物亲缘关系的是被称为"细菌活化石"的 16S rRNA。

20 世纪 70 年代末,美国伊利诺斯大学的 C. R. Woese 和他的同事们用寡核苷酸序列编目分析法对大量微生物和其他生物的 16S rRNA 或 18S rRNA 序列进行同源性比较后,惊奇发现嗜极菌——产甲烷细菌、嗜盐菌、嗜热菌、嗜压菌和嗜酸嗜热菌等与原核生物、真核生物之间的 rRNA 序列同源性均低于 60%,而它们之间则具有许多共同的序列特征,因此把这类微生物称为第三类生物,以区别于真细菌和真核生物。我们知道,早期的地球大气中没有氧气,含有大量氨气和甲烷,可能还非常热,第三类生物很可能就是地球上最古老的生命。因此,Woese 把第三类生物定名为 Archaeabacteria,后来为了避免被误解为是真细菌,将后缀 bacteria 去掉,所以古生菌的英文形式为 Archaea,也被称为古菌。古生菌的发现直接促使 Woese 提出生命三域学说,把自然界的生物分为古生菌域、细菌域和真核生物域,之后对 RNA 聚合酶亚基、延伸因子 EF-Tu、ATPase 等其他序列保守的大分子的研究结果也都支持该学说的成立。

二、古生菌的细胞结构

古生菌在形态学和生理学上具有多样性,革兰氏染色有的呈阳性,有的呈阴性;细胞形态

多样,有球形、杆状、螺旋形、耳垂形、盘状、裂片状、不规则形等。细胞直径0.1～15 μm,有些丝状体能够生长至200 μm以上。菌落颜色有白色、灰色、粉红色、红色、橙色、橙褐色、黄色、绿色、绿黑色、紫色等。

与其他微生物细胞一样,古生菌的细胞结构包括细胞壁、细胞膜、细胞质和胞内遗传物质等。有的古生菌长有一根或多根鞭毛,有的还存在其他附属物,如蛋白质网可将古生菌细胞相互黏结在一起形成大的细胞团。有些古生菌能生活在多种极端环境中,可能与其特殊的细胞结构、化学组成及体内特殊酶的生理功能等相关。

1. 古生菌的细胞壁

古生菌的细胞壁成分独特而多样,除热原体属($Thermoplasma$)外,大多数古生菌类群具有细胞壁结构。功能与细菌的细胞壁相似,结构却显著不同。在成分上,古生菌细胞壁中不含纤维素和几丁质,没有真正的肽聚糖,也不含胞壁酸和D-氨基酸,因而不受溶菌酶和β-内酰胺抗生素如青霉素的作用。

G^+古生菌,如甲烷杆菌属($Methanobacterium$)和其他一些产甲烷的古生菌,细胞壁厚,同质,且呈单层,这一点与G^+菌相似(图3-1-1),但在结构上不是真正的肽聚糖层,而是类似于G^+菌的假肽聚糖(pseudomurein)层,其多糖骨架由N-乙酰葡萄糖胺(N-Acetylglucosamine)和N-乙酰塔罗糖胺糖醛酸(N-acetyltalosaminouronic acid)相间排列,并以β-1,3糖苷键连接形成,肽链由L-谷氨酸、L-丙氨酸和L-赖氨酸组成,肽桥则由1个L-谷氨酸组成(图3-1-2)。

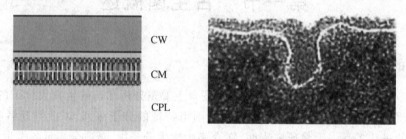

图3-1-1 甲酸甲烷杆菌细胞壁示意图和电子显微镜照片
CW:细胞壁;CM:细胞膜;CPL:细胞质

有些古生菌细胞壁中含有独特多糖,例如甲烷八叠球菌属($Methanosarcina$)和盐球菌属($Halococcus$)的细胞壁则是由类似于动物结缔组织的软骨素硫酸盐的复杂多糖组成,这些古生菌革兰氏染色不定。

G^-古生菌的细胞壁没有像G^+菌那样的外膜和复杂的肽聚糖,仅有由晶体蛋白或糖蛋白亚基构成的单层细胞壁包被,即表层(图3-1-3),厚度20～40 μm,如甲烷叶菌属($Methanolobus$)、盐杆菌属($Halobacterium$)、硫化叶菌属($Sulfolobus$)的细胞壁是由糖蛋白组成,带强负电荷,可以平衡环境中的Na^+,因而能够在20%～25%的高盐环境中生活;甲烷球菌属、甲烷微菌属($Methanomicrobium$)和硫还原球菌属($Desulfurococcus$)的细胞壁则由蛋白质构成。

2. 古生菌的细胞膜

古生菌的细胞膜成分与其他生物的细胞膜成分有明显区别。首先,古生菌膜磷脂组分中的甘油为L型,而细菌和真核生物为D型;其次,古生菌膜磷脂中的长链与甘油以醚键相连,而细菌和真核生物则以酯键相连;再次,构成古生菌细胞膜磷脂的侧链不是由18～20个碳原子组成的直链脂肪酸,而是由20个碳原子组成的带分支的异戊二烯聚合体(图3-1-4),这些侧

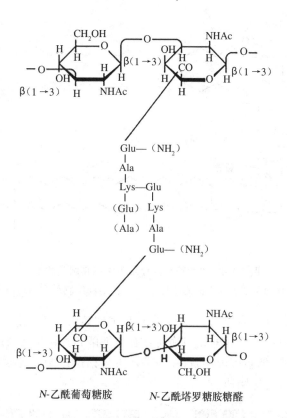

图 3-1-2　甲烷杆菌属假肽聚糖结构

(引自:杨苏声,2004)

注:括号内的成分有或无,Ac 代表乙酰基

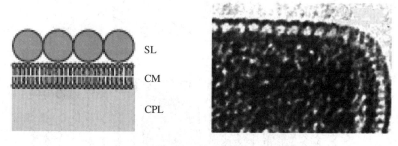

图 3-1-3　顽固热变形菌细胞外膜示意图和电子显微镜照片

SL:表层;CM:细胞膜;CPL:细胞质

分支能够形成有助于稳定膜结构的碳原子环,赋予古生菌在高温中生活的特性。可见聚异戊二烯甘油醚类脂是构成古生菌细胞膜的特征性成分;最后,细菌和真核生物的细胞膜为磷脂双分子层结构,而古生菌的细胞膜为单分子层或单双分子层混合膜。当磷脂为二甘油四醚时,连接两端两个甘油分子的植烷侧链会发生共价结合,形成二植烷,从而形成单分子层膜,如图 3-1-5 所示。这种结构有助于细胞膜的稳定,比双分子层具有更高的机械强度,因而多存在于极端嗜热菌的膜中,如热原体属(*Thermoplasma*)和硫化叶菌属(*Sulfolobus*)。

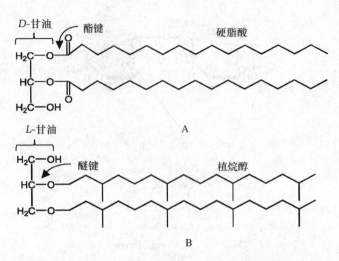

图 3-1-4　古生菌与其他细菌细胞膜脂类的差别
A.真细菌细胞膜中的脂质分子　B.古生菌细胞膜中的脂质分子

　　古生菌细胞膜成分复杂多样,脂质除了含有疏水性植烷之外,还含有 7%～30% 以鲨烯为侧链的非极性脂质。有些古生菌的细胞膜还含有与细菌和真核生物细胞膜所不同的其他化学基团,如磷酸脂、硫酸脂、糖脂等极性脂;一些嗜盐古生菌的细胞膜还含有细菌红素、类胡萝卜素、番茄红素、视黄醛等特殊脂质。

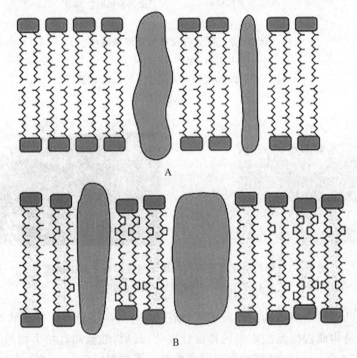

图 3-1-5　古生菌的细胞膜结构

(引自:Prescott et al.,2002)

A.由膜内在蛋白质和甘油二醚组成的双分子层结构
B.由膜内在蛋白质和二甘油四醚组成的单分子层结构

三、古生菌的代谢特点

古生菌的代谢类型具有多样性,不同类群成员之间代谢方式变化很大,有需氧型、兼性厌氧型和专性厌氧型,其中严格厌氧是古生菌的主要呼吸类型。古生菌的营养类型也具有多样性,有化能自养型、光能自养型、化能异养型和化能无机有机混合营养型等;古生菌不会利用糖酵解途径,没有发现有 6-磷酸-果糖激酶;极端嗜盐菌和嗜热菌用一种 ED 修饰途径异化,产生丙酮酸和还原力 NADH 或 NADPH;产甲烷菌不分解葡萄糖;嗜盐菌和产甲烷菌以 EMP 途径的逆方向合成葡萄糖;古生菌可以氧化丙酮酸生成乙酰辅酶 A;嗜盐菌和极端嗜盐菌有三羧酸循环,而产甲烷菌没有完整的三羧酸循环;在二氧化碳固定上古生菌未发现有卡尔文循环;嗜盐菌和嗜热菌有功能性呼吸链;古生菌蛋白质合成的机制兼具细菌和真菌的特点,当蛋白质被转运进入内质网膜后,其信号序列被信号肽酶移除;古生菌有其独特的辅酶,如产甲烷菌含有 F420、F430 和辅酶 M(COM)及 B 因子。

古生菌具有特殊的光合磷酸化,有些极端嗜盐细菌虽然没有叶绿素,但有菌红素、视紫红质等感光色素,能够吸收光通过质子动力驱动 ATP 形成,是一种特殊的光合磷酸化过程。此过程虽不属于叶绿素介导的光合作用,但从营养类型划分,仍属于光能自养型。例如,盐沼盐杆菌通过视紫红质介导 ATP 合成,以维持其厌氧条件下的缓慢生长。

四、古生菌的遗传学特性

古生菌的一些遗传特性与细菌类似,无核膜,遗传物质为单个双链闭合环状 DNA 分子,没有 mRNA 剪接,启动子与细菌相似。不同的是:古生菌的基因组比正常细菌的基因组小得多,如大肠杆菌 DNA 约为 2.5×10^9 bp,而嗜酸热原体(*Thermoplasma acidophilum*)DNA 约为 0.8×10^9 bp;不同古生菌 DNA 中的 G+C 含量不等,从 21% 到 68%,很少有质粒;许多甲烷古生菌具有组蛋白与 DNA 结合形成的类核小体结构;许多古生菌的基因组中含有内含子,从而否定了"原核生物没有内含子"之说。基因组测序发现,詹氏甲烷球菌(*Methanococcus jannaschii*)基因组的 1 738 个基因中,约 56% 与细菌和真核生物均不相似。

古生菌遗传信息的复制、转录及翻译所需的物质基础更接近于真核生物。DNA 复制所需的聚合酶、解旋酶、限制性内切酶与真核生物更为相似;转录系统也与细菌完全不同,其 RNA 聚合酶在亚基组成和序列上均类似于真核生物的 RNA 聚合酶 Ⅱ,没有 mRNA 的剪接,启动子结构也与真核生物相似。古生菌的翻译过程同样近似于真核生物,蛋白质合成的起始氨基酸与真核生物相同为甲硫氨酸,而细菌为甲酰甲硫氨酸,延伸因子均为 EF-2;和真核生物一样,古生菌对白喉毒素敏感,对利福平不敏感。

另外,古生菌还具有一些不同于细菌和真核生物的独特特性,例如,古生菌的 tRNA 的 TΨC 臂无胸腺嘧啶(T),含有假尿苷或 1-甲基假尿苷。虽然古生菌的核糖体是 70S(30S、50S),与细菌一样,但电镜显示形状显著不同,且与真核细胞也不同。某些古生菌,如多产甲烷菌,有组蛋白与 DNA 结合形成似核小体构造,与细菌不同。

五、古生菌的繁殖

古生菌的繁殖也是多样的,包括二分裂、芽殖、缢裂、断裂和未明的机制。

六、古生菌的分类

根据 Springer-Verlag 公司出版的第二版"Bergry's Manual of Systematic Bacteriology",即《伯杰氏细菌系统分类学手册》(简称分类手册),古生菌域仅有两门:泉古生菌门和广古生菌门,纳米古生菌门(Nanoarchaeota)是新被纳入的一个门。初古生菌门(Korarchaeota)目前还没获得纯培养物,也未获得正式分类学的认可。

1. 泉古生菌门(Crenarchaeota)

仅有 1 个纲,即热变形菌纲,有 3 个目和 5 个科和 20 个属。热变形菌目(Thermoproteales)包括热变形菌科(4 属)和热丝菌科(1 属);硫化叶菌目(Sulfolobales)下为硫化叶菌科(6 属);硫还原球菌目(Desulfurococcales)下有硫还原球菌科(9 属)和热网菌科(3 属)。

2. 广古生菌门(Euryarchaeota)

广古生菌门生存于许多不同的生境中,代谢类型也多样,包括 7 个纲 9 个目及 16 个科。甲烷杆菌纲下为甲烷杆菌目,分甲烷杆菌科(4 属)和甲烷嗜热菌科(1 属);甲烷球菌纲下有 3 个目(图 3-1-6)。热原体纲下 1 目 3 科 3 属,分别为热原体属、嗜酸古菌属和铁原体属;盐杆菌纲下 1 目 1 科 15 属;热球菌纲下 1 目 1 科 3 属;古生球菌纲下 1 目 1 科 2 属;甲烷嗜高热菌纲仅有甲烷嗜高热菌属。

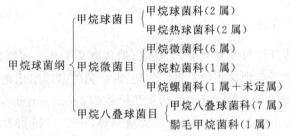

图 3-1-6　甲烷球菌纲

3. 纳米古生菌门(Nanoarchaeota)

包括纳米古生菌属。其中 2005 年由德国科学家在北冰洋海底发现,寄生于泉古生菌门火焰球菌属细胞内,最古老、最简单、最微小的细菌 *nanoarchaeum equitans*,称为"骑火球的小矮人",其细胞个体和基因组都非常小。

最后,表 3-1-1 总结了古生菌的特征,并将其与细菌和真核生物做了比较。

表 3-1-1　细菌、古生菌和真核生物的比较

特　征	细菌(真细菌)	古生菌(古菌)	真核生物
具核仁、核膜的细胞核	无	无	有
共价闭合环状 DNA	有	有	无
复杂内膜细胞器	无	无	有
细胞壁肽聚糖	有	无	无
膜脂特征	酯键脂、直链脂肪酸	酯键脂、支链烃	酯键脂、直链脂肪酸
启动 tRNA 携带的氨基酸	甲酰甲硫氨酸	甲硫氨酸	甲硫氨酸
多顺反子 mRNA	有	有	无

特　征	细菌(真细菌)	古生菌(古菌)	真核生物
mRNA 剪接、加帽、加尾	无	无	有
核糖体			
大小	70S	70S	80S
延伸因子 2 与白喉杆菌素反应	无	有	有
对链霉素、氯霉素、卡那霉素敏感性	敏感	不敏感	不敏感
对茴香霉素敏感性	不敏感	敏感	敏感
依赖 DNA 的 RNA 聚合酶	单一类型,含 4 个亚基	复杂,含 8～12 个亚基	复杂,含 12～14 个亚基
聚合酶Ⅱ型启动子	无	有	有
代谢			
产甲烷的种类	无	有	无
固氮的种类	有	有	无
以叶绿素为基础的光合生物	有	无	有
化能自养的种类	有	有	无
贮存聚-β-羟基丁酸颗粒的种类	有	有	无
在细胞中含气泡的种类	有	有	无

第二节　古生菌的主要类群

一、泉古生菌门

泉古生菌门可能是最早的生命形式,已分离出的泉古生菌大部分为极端嗜热菌,许多嗜酸并依赖硫,这类古生菌通常生长在含硫元素的地热水或土壤中,这些环境在全世界广泛分布。研究较多的为硫化叶菌属和热变形菌属。

1. 硫化叶菌属(*Sulfolobus*)

是最早发现的极端嗜热古菌,革兰氏阴性,好氧,呈不规则半圆形或裂片球状,化能无机营养型,最适生长温度为 70～80℃,可在 90℃生长,pH 最适范围为 2～3,因此称它们为嗜热酸菌(Thermoacidophiles)。它们生长在富含硫黄的酸热温泉或土壤中,例如美国黄石国家公园中的硫火山口,水沸腾并富含硫,硫化叶菌在其中生长很好。

2. 热变形菌属(*Thermoproteus*)

细胞为长瘦杆菌,能够弯曲或分支,如图 3-2-1 所示,细胞壁由糖蛋白组成,所以为革兰氏染色阴性,热变形菌严格厌氧,生长温度为 70～97℃,pH 介于 2.5～6.5,存在于富含硫的温泉及其他热的水环境中。热变形菌为化能有机营养型,可氧化葡萄糖、氨基酸、酒精和有机酸,以元素硫(S^0)作为电子受体。也可营化能自养生长,利用 H_2 和 S^0,以 CO 或 CO_2 为唯一碳源。同时,也能进行厌氧呼吸。

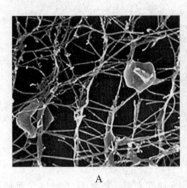 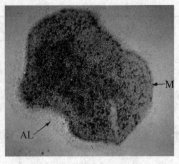 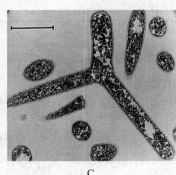

图 3-2-1　泉古生菌的形态（引自：Prescott et al.，2002）
A. 隐蔽热网菌（*Pyrodictium occultum*）　B. 布氏硫化叶菌（*Sulfolobus brierleyi*）的薄切面
C. 顽固热变形菌（*Thermoproteus tenax*）

二、广古生菌门

广古生菌门具有生理多样性，栖息于各种极端环境中，主要有以下类群。

1. 产甲烷菌（*Methanogens*）

产甲烷菌是广古生菌门中的优势生理类群，也是古生菌的最大类群。产甲烷菌细胞内不含过氧化氢酶和过氧化物酶，属于专性厌氧菌，且生长慢，故分离培养比较困难。某些产甲烷细菌生长需要氨基酸、酵母膏和酪蛋白水解物等生长因子。地球上的天然气 20% 由产甲烷菌产生，其中 2/3 由醋酸盐发酵，1/3 由 CO_2 固定形成。具有绝对厌氧性，将 $CO_2 + H_2$、甲酸、甲醇 $+ H_2$、甲醇 $+ CO_2$、乙酸、乙胺、甲胺等转变成甲烷或甲烷和 CO_2 并获得能量。产甲烷菌的细胞内含有特殊的辅酶 F_{420}，在荧光显微镜下能够自发荧光，这是识别产甲烷菌的一个重要方法。广古生菌门中的 3 纲 5 目 27 属均为产甲烷菌。不同菌在形态、16S rRNA 序列、细胞壁化学组成和结构，膜脂及其他特性上差别很大，如图 3-2-2 所示，是一些产甲烷菌的形态。

产甲烷古生菌在类似于地球早期的极端环境条件下生长繁殖十分容易，所以是地球上最早的生物体之一。以从海底热火山口分离到的甲烷嗜高热菌属（*Methanopyrus*）为例，其生长所需最低温度为 84℃，最适温度为 98℃，在 110℃ 下也能生长。

产甲烷菌的代谢与一般细菌不同，有几种独特的辅因子：四氢甲烷蝶呤（H_4MPT）、甲烷呋喃（MFR）、辅酶 M（2-疏基乙烷磺酸，CoM）、辅酶 F_{420} 和辅酶 F_{430}。这些辅因子在 CO_2 还原成甲烷过程中，前 3 个辅因子产生 C_1 单位，F_{420} 携带电子和质子，F_{430} 是甲基还原酶辅因子。

已知的产甲烷菌分别以乙酸、氢/二氧化碳、甲基化合物为底物，通过不同的途径，最后在辅酶 M 的催化下释放出甲烷。产甲烷菌的生物氧化和产甲烷的过程详见第七章第二节的相关内容。

产甲烷菌大量存于含有机物丰富的厌氧环境中，如动物的瘤胃和肠道系统、淡水和海水沉积物、沼泽、温泉、厌氧污泥消化池及厌氧原生动物体内。产甲烷菌在动物的瘤胃中非常活跃，1 头牛 1 d 可产甲烷 200~400 L。甲烷的生物合成是自然界碳素循环的关键链条，同时也是导致全球变暖的温室气体，其温室效应比二氧化碳高 4 倍。产甲烷菌能氧化铁造成铁管周围严重腐蚀，但甲烷是清洁燃料，应用很广。

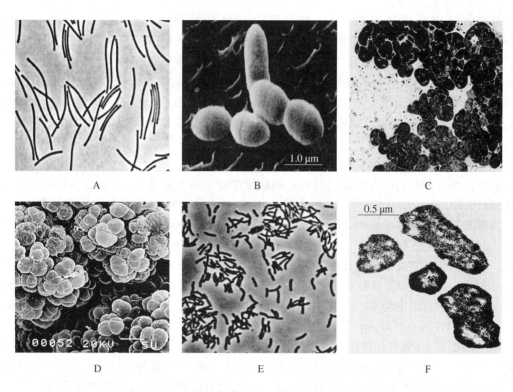

图 3-2-2 产甲烷菌的形态(引自:Prescott et al. 2002)

A. 亨氏甲烷螺菌(*Methanospirillum hungatei*)　　B. 史氏甲烷短杆菌(*Methanobrevibacter smithii*)

C. 巴氏甲烷八叠球菌(*Methanosarcina barkeri*)　　D. 马泽氏甲烷八叠球菌(*Methanosarcina mazei*)

E. 布氏甲烷杆菌(*Methanobacterium bryantii*)　　F. 黑海甲烷袋状菌(*Methanogenium marishigri*)

2. 盐杆菌科(Halobacteriaceae)

包括盐杆菌属、盐球菌属等15个属。这一类群最显著的特征是绝对依赖高浓度氯化钠(2~4 mol/L),主要分布于盐湖、晒盐场及高盐腌制食品中,细胞多形态,好氧或兼性厌氧,为化能有机营养型。至今已记载的极端嗜盐古生菌有6属共15个种,分别为盐球菌属(*Halobacterium*,*Halococcus*),富盐菌属(*Haloferax*),盐盒菌属(*Haloarcula*),嗜盐杆菌属(*Natronobacterium*)和嗜盐碱球菌属(*Natronococcus*)。图 3-2-3 中为一些盐杆菌科古生菌的形态。

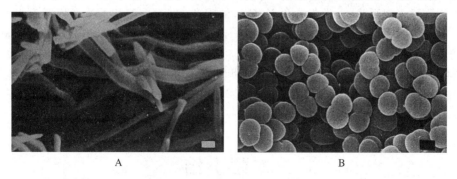

图 3-2-3 盐杆菌科古生菌的形态(引自:Prescott et al., 2002)

A. 盐沼盐杆菌(*Halobacterium salinarium*)　　B. 鳕盐球菌(*Halococcus morrhuae*)

盐杆菌细胞壁由糖蛋白表层,细胞膜由红膜和紫膜两部分组成。以盐沼盐杆菌(*Halobacterium salinarium*)为例,它能够在没有叶绿素存在下进行光合作用,完成最简单的光合磷酸化过程,这是由于紫膜中含有一种称为菌视紫红质的蛋白质,即菌紫膜质(bacteriorhodopsin),该蛋白含有视黄醛分子,故呈紫色。在光线照射下,菌紫膜质作为光的受体,吸收光并催化质子转移至膜外,形成质子梯度,从而产生能量并合成 ATP,与此同时,该蛋白脱色,紫膜也相应脱色。嗜盐细菌紫膜及光介导的 ATP 合成详见第七章第二节光合磷酸化部分。

3. 热原体

此类古生菌分布在广古生菌门热原体纲热原体目中的热原体属(*Thermoplasma*)和嗜酸古菌属(*Picrophilus*)。1970 年,Darland 等人从美国印第安纳州南部发热的废煤堆上,分离到一株形态类似支原体的细菌,这是第一个被报道的嗜酸嗜热古细菌,最初被列入细菌的支原体属。1989 年《伯杰系统细菌学手册》中就已将热原体单独列为古生菌中没有细胞壁的一个类群。热原体生长在煤矿废物堆中含有大量的硫化铁(FeS)的环境,由无机化能营养细菌将硫化铁氧化生成 H_2SO_4,导致环境温度升高且呈酸性,营造出适合热原体生存的理想环境。热原体生长的最适温度为 55～59℃,pH 为 1～2。热原体属中已报道种有 *T. acidophilum* 和 *T. volcanium*,G^-,专性异养,嗜热嗜酸,兼性好氧,在厌氧条件下还原元素硫生成 H_2S,细胞没有坚硬的细胞壁,细胞外被由分 3 层的膜构成,膜在碱性介质中均不稳定。我国中科院微生物研究所李雅芹等 1994 年从四川省煤矿发热的煤矸石堆上分离到一株 ES-23,好氧,兼性自养,既能利用有机物异养生长,又能利用元素硫氧化产硫酸获得能量,固定空气中的 CO_2 自养生长,经鉴定为热原体属的一个新种,并定名为氧化硫热原体(*Thermoplasma thiooxidans* nov. sp.)。

热原体没有细胞壁,其独特的细胞膜结构使其能够在渗透压条件下存活,而且能耐受环境的低 pH 和高温的双重极端条件,其细胞膜中含有带二甘油四醚侧链的 40 碳类异戊二烯的醚酯,并构成其全部类脂的主要成分,细胞膜还含有糖蛋白。

嗜酸菌是从日本的硫黄温泉中分离出来的一种特殊热原体,虽然它不具备常规的细胞壁,但在质膜外有一个 S 层。细胞呈不规则球形,直径 1～1.5 μm,有不被膜包裹的巨大胞质腔。嗜酸菌好氧,最适温度为 60℃,最适 pH 为 0.7。

4. 古生球菌

这是一类能够还原硫酸盐的古菌,属于古生球菌纲古生球菌目的古生球菌属(*Archaeoglobus*),细胞呈不规则球状,常为三角形,G^-,细胞在 420 nm 波长的光照射时发出蓝绿色荧光,菌落呈黑绿色,光滑。严格厌氧,极端嗜热,最适生长温度约 83℃,可利用硫代硫酸盐和氢气进行化能自养生长,自养条件下不能利用硫酸盐生长。在异养条件下,可利用甲酸盐、乳酸盐、葡萄糖、淀粉和蛋白质等有机物作为电子供体,将硫酸盐或硫代硫酸盐还原为硫化物,但不以分子硫作电子受体。此类菌的突出特点之一是由于它含有少量的 F_{420}、辅酶 M 等,因此在培养过程中能产生少量甲烷。

本章小结

1977 年 Woese 基于对生物进化分子计时器 16S rRNA 序列分析,发现了古生菌。古生菌的发现直接导致了生命三域学说的提出。区别于细菌域和真核生物域,G^+古生菌的细胞壁是一单层厚且均质的假肽聚糖层。假肽聚糖中构成的多糖链骨架的单糖和共价键、构成肽链和肽桥的氨基酸种类和数目也都与G^+的肽聚糖不同,且无胞壁酸和D-氨基酸,因而对溶菌酶和青霉素等抗生素具有抵抗力。G^-古生菌的细胞壁无外膜和复杂的肽聚糖,仅有由晶体蛋白或糖蛋白亚基构成的单层细胞壁包被,即表层。古生菌细胞膜上磷脂中甘油的立体构型为 L 型、侧链与甘油之间由醚键连接,侧链为类异戊二烯链,且侧链还带有侧分支,这些也与(真)细菌和真核生物截然不同。

古生菌域在分类上有泉古生菌门、广古生菌门和纳米古生菌门。泉古生菌门研究较多的菌属有硫化叶菌属和热变形菌属;产甲烷菌是广古生菌门中的优势生理类群,也是古生菌的最大类群。广古生菌门中的重要类群还包括没有细胞壁的热原体,能够还原硫酸盐的古菌球菌,依赖高浓度氯化钠的盐杆菌。

思考题

1. 比较 G^+ 细菌与 G^+ 古生菌的细胞壁结构和成分。
2. 描述古生菌细胞膜的化学组成与细菌有何差异。
3. 为什么说古生菌是不同于真细菌和真核生物的第三类生物?
4. 根据表型特征,古菌可分为哪几个独特的类群?
5. 产甲烷古菌能利用哪些底物产生甲烷?其细胞内含有哪些特殊的辅酶?
6. 解释极端嗜盐菌能在高盐环境中生活的原理。
7. 极端嗜盐菌如何利用光能产生 ATP?

(山西医科大学 郑茜)

第四章

真核微生物

◈内容提示

　　本章在原有生物学基础知识的基础上,介绍原核微生物和真核微生物的典型特点,真核微生物主要类群及其细胞结构、形态和繁殖等,更新知识体系。

第一节　真核微生物概述

一、原核生物与真核生物的比较

　　真核生物(eukaryotes)是细胞具有细胞核,细胞质中通常含有线粒体或叶绿体、高尔基体等其他细胞器的单细胞或多细胞生物,包括原生生物界、真菌界、植物界和动物界。真核生物与原核生物在细胞结构和功能等方面具有显著差异(表 4-1-1)。

表 4-1-1　原核生物与真核生物比较

特　性		真核生物	原核生物
细胞大小		10～100 μm	1～10 μm
细胞壁		纤维素、几丁质等	多为肽聚糖
细胞膜中甾醇		＋	—(支原体例外)
细胞器		＋	—
鞭毛结构		粗而复杂(9＋2)	细而简单
细胞质	线粒体	＋	—
	溶酶体	＋	—
	叶绿体	＋	—
	液泡	＋(some)	—
	核糖体	80S(细胞质)／70S(细胞器)	70S
	高尔基体	＋	—
	微管系统	＋	—
	流动性	＋	—
	贮藏物	淀粉、糖原等	PHB等
细胞核	核膜	＋	—
	DNA 含量	5％	10％
	组蛋白质	＋	—
	核仁	＋	—
	染色体数	＞1	1

续表 4-1-1

特　性		真核生物	原核生物
生理特性	呼吸链位置	线粒体	细胞膜
	光合作用部位	叶绿体	细胞膜
	生物固氮	—	＋（some）
	厌氧生活	罕见	常见
	化能合成作用	—	＋（some）
鞭毛运动方式		挥鞭式	旋转马达式
繁殖方式		有性、无性等	二分分裂
遗传重组方式		有性、准性生殖	转化、转导、接合等

二、真核微生物的主要类群

真核微生物（eukaryotic microorganisms）的主要类群包括显微藻类（algae）、原生动物（protozoa）、真菌（fungi）、黏菌（fungi-like protozoa 或 slime mold）和假菌（pseudofungi）。

（一）显微藻类

藻类是细胞内含有光合色素，能进行光合作用的低等自养植物的统称，是植物界中形态和结构最为简单的类群。藻类植物个体大小差别很大，大的肉眼可见，小的只有几微米，要用显微镜才能观察，所以将显微藻类归作微生物学的研究范畴。由于藻类不开花，不结实，没有根茎叶分化（图 4-1-1），而是用孢子繁殖，故又称孢子植物或隐花植物。

藻类植物体有单细胞、群体和多细胞个体等多种类型，但构造都较简单，没有真正的根、茎、叶的分化。

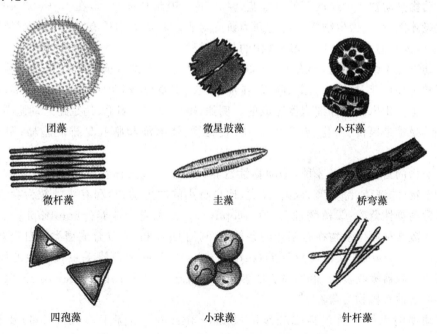

团藻　　微星鼓藻　　小环藻

微杆藻　　圭藻　　桥弯藻

四孢藻　　小球藻　　针杆藻

图 4-1-1　一些藻类的形态（引自：李阜棣等，2007）

藻类的生殖一般分为无性生殖和有性生殖两种。无性生殖产生孢子,主要有游动孢子、不动孢子(又称静孢子)和厚壁孢子等。有性生殖产生配子,一般情况下配子必须两两结合成为合子,由合子长成新个体,或由合子产生孢子长成新个体。由于合子不在性器官内发育为多细胞的胚,而是直接形成新个体,故藻类植物是无胚植物。

根据藻类植物体的形态、细胞核的构造和细胞壁化学成分、所含色素的种类、贮藏营养物质(同化产物)的类别以及生殖方式和生活史类型等,可分为蓝藻门(Cyanophyta)、原绿藻门(Prochlorophyta)、隐藻门(Cryptophyta)、裸藻门(Euglenophyta)、甲藻门(Pyrrophyta)、金藻门(Chrysophyta)、黄藻门(Xanthophyta)、硅藻门(Bacillariophyta)、绿藻门(Chlorophyta)、红藻门(Rhodophyta)、褐藻门(Phaeophyta)、轮藻门(Charophyta)等。在这些藻类中,蓝藻和原绿藻属于原核藻类,其他均为真核藻类。其中,隐藻、裸藻和甲藻多为单细胞体,金藻、黄藻、硅藻和绿藻中既有单细胞体,也有群体、丝状体或管状体等多细胞体,红藻极少为单细胞体,绝大多数为多细胞体,而褐藻和轮藻均为多细胞体,因而藻类这个名词并非指在亲缘关系上有直接联系的自然类群。

目前发现和记载的藻类植物约有 3 万种,分布广泛,生活习性多样。从热带到两极,从高山到温泉,从潮湿地面到浅层土壤内,几乎都有藻类分布。其中,约有 90% 的种类生活于淡水或海水中,少数生活于潮湿的土壤、岩石、墙壁和树干的表面。

藻类植物有重要的经济价值。无论是在淡水还是在海洋中,藻类都是水体食物链的基础环节,是浮游生物、水生动物(如鱼、虾)的饵料。蓝藻是一种好的肥料,如固氮鱼腥藻作肥料可增产 10% 左右;有些藻类种类可供食用(如螺旋藻、小球藻、紫菜、裙带菜、海带);一些种类可供药用(如鹧鸪菜、石莼、羊栖菜)或工业用(如石花菜、江蓠)。

(二)原生动物

原生动物是动物界中最低等的单细胞动物。由于其形体微小,多在 $10\sim300~\mu m$ 之间,需借助显微镜才能看见,微生物学又把它列为研究对象。原生动物是有"类似动物"特征的真核微生物,被认为是向真菌、植物、动物进化的基本原种。

原生动物是单细胞动物,形态不一(图 4-1-2),具有一般细胞的基本结构以及独立生活的生命特征和生理功能,如摄食营养、呼吸、排泄、生长、繁殖、运动及对刺激的反应等,这些生理功能是由细胞分化出的多种细胞器完成的。例如,鞭毛、纤毛、刚毛、伪足是运动胞器;胞口、胞咽、食物泡、吸管是摄食、消化、营养的胞器;收集管、伸缩泡和胞肛是排泄胞器;眼点是感光胞器。

原生动物的营养类型有 3 种:①动物性营养(holozoic),又称吞噬营养(phagotrophy),即吞食其他生物(如细菌、酵母菌、霉菌、藻类、比自身小的原生动物)和有机颗粒为食,绝大多数原生动物为动物性营养;②植物性营养(holophytic),又称光合营养(phototrophy)。绿眼虫、衣滴虫等少数几种原生动物在有阳光的条件下,利用 CO_2 和 H_2O 合成糖类供自身营养;③腐生性营养(saprophytic),又称渗透营养(osmotrophy)。某些无色鞭毛虫及寄生的原生动物,没有专门的细胞器吸收食物,借助体表的渗透作用或通过胞饮作用(pinocytosis),吸收环境或寄主中的可溶性有机物为营养。

原生动物的无性生殖包括二分裂法(binary fission)、出芽生殖(budding)及复分裂法(multiple fission)。一般认为二分裂法是原生动物的主要生殖方式。当环境条件变差,或种群连续进行较长时间的无性生殖,比较衰老时,原生动物需要有性生殖以增强其生活力,有性

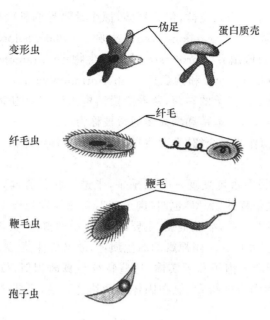

变形虫

纤毛虫

鞭毛虫

孢子虫

伪足 蛋白质壳

纤毛

鞭毛

图 4-1-2　一些原生动物的形态(引自:李阜棣等,2007)

生殖包括配子生殖(gametogony)和接合生殖(conjugation)。

原生动物隶属于动物界原生动物门(Protozoa),至今没有一个被生物学家普遍接受的分类方案。原生动物广泛分布于自然界,特别是在海洋、湖泊、河流、池塘、潮湿的土壤中大量存在,营自由生活。但有些原生动物生活在高等动物的体内,形成共生和寄生。如引起疟疾和昏睡病的原生动物寄生于人和动物的组织中,从活细胞中汲取营养。与动植物形成共生体的原生动物,有些对宿主无害,有些致病,少数则与宿主互惠共生,如草食动物消化道中的原生动物有助于纤维素、糖类及蛋白质的分解,并合成 B 族维生素和维生素 K 等。

在自然界中,原生动物是食物链的重要组成部分,它们吞噬细菌并携带细菌的有机质进入食物链,为其他生物提供重要的营养。居住在反刍动物瘤胃和白蚁肠道体内的共生性原生动物产生纤维素酶,降解纤维素,释放糖而进入食物链。

(三)菌物(黏菌、假菌和真菌)

菌物是指具有甲壳质或纤维素的细胞壁以及真正细胞核,营养体通常是菌丝体或是单细胞、原质团,通过产生孢子进行有性和(或)无性繁殖,没有叶绿素而以吸收或吞噬的方式吸收营养的一群生物。

在"菌物"这一术语产生之前,这类生物则被统称为真菌。现代生物系统学研究特别是rRNA 序列分析证实,传统概念上的"真菌"并非具有相同的起源,而是一个由不同祖先生物后裔组成的多元类群(polyphyletic group)或异源类群(heterogeneous group)。最近的生物系统分类对真菌的含义进行了调整,将卵菌、黏菌和丝壶菌排除在真菌界之外,分别归属于原生动物界(Protozoa)和假菌界(Chromista)。为适应真菌概念的变化,便于与国际同行开展科研和学术交流,我国学者裘维蕃等于 1991 年提出用"菌物"(英文用 fungi,f 小写)一词替换传统概念上的真菌,包括卵菌、黏菌、丝壶菌和真菌界成员,而"真菌"(英文用 Fungi,F 大写)仅指具有相同起源的单系类群,包括壶菌、接合菌、子囊菌、担子菌和无性型真菌等。这一提议已被广大真菌学工作者采用,1993 年"中国真菌学会"也正式更名为"中国菌物学会"。

综上所述,菌物是一个庞大的类群,包括真菌、原生动物界的黏菌(Myxomycota)、集胞菌(Acrasiomycota)、网柄菌(Dictyosteliomycota)、根肿菌(Plasmodiophoromycota)和原柄菌(Protosteliomycota),以及假菌界(Chromista)或茸鞭生物界(Stramenopila)的卵菌(Oomycota)、丝壶菌(Hyphochytidiomycota)和网黏菌(Labyrinthulomycota)。其中,黏菌、集胞菌、网柄菌、根肿菌和原柄菌属于广义上的黏菌,营养阶段结构为没有细胞壁、裸露原质团或假原质团,繁殖阶段产生孢子;卵菌、丝壶菌和网黏菌通常被称为假菌。

下面仅对黏菌和假菌作简要介绍,真菌将在本章第二节详细介绍。

1. 黏菌

2007年银川市一农民在水坑发现一个软乎乎,半透明状长方体,长20 cm、宽13 cm、厚3 cm,研究人员认为它是俗称的"太岁"也叫"肉灵芝",自然界发现极少,是一种黏菌,是活体,靠水生活,在水中不腐烂不变质,活性很强,主要靠孢子、菌丝繁殖,其再生能力也很强,任一切割部分都能再生。黏菌营养体为一团裸露的原生质体,故又称裸菌,为非光合营养的真核微生物。黏菌不含叶绿体,能产生孢子和子实体,这些特征与真菌相似,故曾被认为属于真菌界。作为原生动物,黏菌以吞噬方式摄食,能在固体表面快速移动,隶属于变形虫,是裸变形虫的后裔。

黏菌分布广泛,具有许多不同的类群,大型黏菌在自然条件下肉眼可见,而小型黏菌常常要借助放大镜才能观察到。在自然界中常生活在腐烂的枯枝落叶、木头和阴湿的土壤中,极少数也附生在植物体表面,会影响植物光合作用和生长,如西瓜和草莓等的黏菌病。

黏菌生活周期中有3个形态不同的阶段,分别为原质团(或假原质团)阶段、子实体阶段和游动孢子阶段。各阶段都有不同的形态特征,其中形成无细胞壁、多核的变形虫状的原质团(plasmodium)是黏菌的特征性阶段。有些形成假原质团(pseudoplasmodium),实际上是变形体(amoebula)的集合体。在子实体阶段,原质团所含的无数二倍体核进行同步有丝分裂,形成孢子囊和孢子。孢子成熟后从孢子囊中释出,在潮湿条件下萌发产生游动孢子,进入游动孢子阶段。游动孢子可两两结合,成为二倍体合子,许多合子集聚在一起,再次形成多核原质团。

黏菌分为细胞黏菌(cellular slime mold)和非细胞黏菌(plasmodial slime mold)两个类群。细胞黏菌的营养体是由单个变形体细胞组成,非细胞黏菌的营养体是大小和形状都不固定的假原质团。

非细胞黏菌的生活史主要包括以下阶段:孢子→游动孢子或变形体→合子→原质团→子实体→孢子囊→孢子(图4-1-3)。水分充足时,变形体可生出鞭毛而转变为游动孢子;在干燥条件下,游动孢子也可失去鞭毛变为变形体。其中,变形体可以减数分裂,但游动孢子不能分裂。两个变形体或两个游动孢子经过质配、核配就形成了合子。条件不利时,原质团可形成菌核,菌核在适宜条件时再形成原质团。

细胞黏菌的生活史主要包括以下阶段:孢子→变形体→假原质团→子实体→孢子。有性繁殖可通过两个变形体结合后形成一个多层厚壁的大孢子囊,核配在大孢子囊中进行,成熟的大孢子囊进行减数分裂,单倍体的变形体从大孢子囊中释放出来。盘基网柄菌(*Dictyostelium discoideum*)是典型的细胞黏菌,其生活史见图4-1-4。

2. 假菌

假菌界或茸鞭生物界的卵菌门(Oomycota)、丝壶菌门(Hyphochytidiomycota)和网黏菌门(Labyrinthulomycota)成员分别称为卵菌、丝壶菌和网黏菌,统称为假菌。

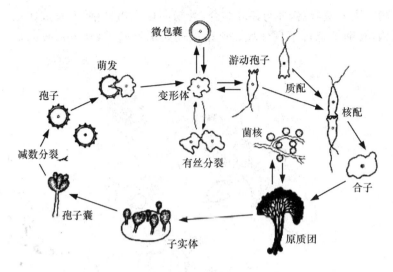

图 4-1-3　典型的非细胞黏菌生活史示意图(引自:李玉等,2015)

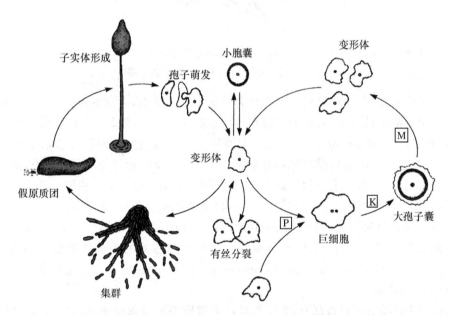

图 4-1-4　盘基网柄菌(*Dictyostelium discoideum*)的生活史(引自:李玉等,2015)
P. 质配;K. 核配;M. 减数分裂

　　(1)卵菌　卵菌因有性生殖阶段产生卵孢子得名,包括整体产果的单细胞种类和分体产果的丝状体种类,后者一般由分枝茂盛、粗大且不平滑的、无隔多核的菌丝体构成。菌丝一般无隔,但在繁殖器官基部,有些种偶尔在老化或高度液泡化的菌丝段上产生隔膜。

　　卵菌繁殖方式有无性和有性繁殖两种方式。无性繁殖主要是产生异鞭毛的游动孢子,这些游动孢子主要在孢子囊中发育形成。有性生殖几乎都是产生高度分化的异形配子囊,分别称为雌配子囊和雄配子囊。少数简单的类型整个菌体充当一个配子囊。雌配子囊分化为球形或近球形的藏卵器(oogonium),内含一至多个卵球;雄配子囊分化为棒棒形、亚球形或短柱形的雄器(antheridium)。雄器和藏卵器均由菌丝分化而来。雄器与藏卵器接触配合时,雄器中细胞核通过受精管进入藏卵器,并与卵球结合,受精卵球生出外壁,发育成卵孢子。卵孢子具有厚壁抗逆结构,有助于抵抗不良环境。典型代表如瓜果腐霉($Pythium\ aphanidermatum$)(图 4-1-5)。

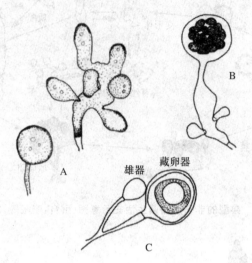

图 4-1-5　瓜果腐霉($Pythium\ aphanidermatum$)的繁殖结构(引自:李玉等,2015)
A.孢子囊　B.泡囊　C.藏卵器和雄器

卵菌有水生和陆生类型,其进化一般认为是从水生到陆生,由腐生到专性寄生。卵菌大部分生活在水中或潮湿的土壤中,部分比较高等接近陆生的卵菌主要寄生在高等植物体内。多数水生型的卵菌如水霉($Saprolegniaceae$)主要腐生于溪流、池塘、湖泊等淡水水体中的动植物残体上,在有机质降解和再循环中具有重要作用。有些寄生的种类可危害藻类,或寄生于轮虫、线虫、淡水鳌虾、鱼等水生动物。此外,还有潮湿土壤至干性土壤中两栖生和土居的卵菌种类,如多数腐霉和疫霉;还有完全陆生的高等植物上专性寄生种类,如霜霉菌。

许多植物病原菌为卵菌,例如导致植物幼苗猝倒病的德巴利腐霉($P.\ debaryanum$)、马铃薯晚疫病的致病疫霉($Phytophthora\ infestans$)、葡萄霜霉病的葡萄生单轴霉($Plasmopara\ viticola$)、黄瓜霜霉病的古巴假霜霉($Pseudoperonospora\ cubensis$)、十字花科植物白锈病的白锈菌($Albugo\ candida$)等。

卵菌区别于真菌的主要特征有:无性繁殖产生双鞭毛的游动孢子,一根为向前的较长的茸鞭,另一根为向后的较短的尾鞭;营养体为二倍体,减数分裂在发育的配子囊内进行;有性生殖有赖于配子囊接触进行卵配生殖,并产生厚壁的有性孢子——卵孢子;细胞壁主要由 β-葡聚糖组成,也含有脯氨酸及少量纤维素;细胞中具有高尔基体、线粒体具有管状脊突;通过二氨基庚二酸途径合成赖氨酸;18S rRNA 序列和 GC 含量及其他生化和分子特征也明显不同于真菌。

(2)丝壶菌　丝壶菌是具有游动细胞的壶菌状有机体,土居或水生,每个细胞都有一根前生茸鞭型鞭毛。丝壶菌寄生在藻类或菌物上,或腐生在植物和昆虫残体上,海水生的类型寄生于藻类或动物上。丝壶菌菌体细胞壁中同时含有几丁质和纤维素,与同样具鞭毛的真菌界中的壶菌亲缘关系非常远。

丝壶菌的生殖存在整体产果和分体产果两种情形。对于整体产果的种类而言,整个菌体内生并转化成一个游动孢子囊。而在分体产果类型中,菌体可能是由带有假根分枝系统的单个生殖器官组成,或者可能是多中心的,由具有隔膜的分枝菌丝组成。

在无性生殖中,游动孢子经过一个阶段的游动,在合适的基质或寄主体上休止后发育成菌体;或者首先穿透寄主细胞并将其原生质注入进去,然后再发育成菌体。成熟的菌体产生或直接转化为无囊盖的游动孢子囊,内含前生茸鞭毛的游动孢子,通过释放管释出,再重复无性循环过程。丝壶菌种类较少,相关研究也较少,绝大部分丝壶菌的有性生殖和经济重要性尚不清楚。外果异壶菌(*Anisolpidium ectocarpii*)是海洋褐藻丝钩水云(*Ectocarpus mitchellae*)的寄生菌,为整体产果式,其有性繁殖过程相对明确。

(3)网黏菌 网黏菌因其产生的外质丝表面发黏并形成网体而得名,但它们与黏菌并没有亲缘关系。网黏菌主要存在于港湾和靠近海岸的生境中,又被称为水生黏菌,一般与维管植物和藻类及生物碎屑在一起,绝大多数腐生或弱寄生,以吸收方式获取营养。

从生活史来看,网黏菌最重要的特征是具有一个外质网体,由分枝联结的无壁丝状体组成,通过一个具有细胞表面转化细胞器的细胞产生,其他特征包括产生由高尔基体派生出的鳞片组成的细胞壁,以及在许多种中产生具有两根不等长鞭毛的游动孢子。较长的为茸鞭,伸向前方;较短的为尾鞭,伸向后方,典型例子如网黏菌属(*Labyrinthula*)菌丝体及游动孢子形态见图 4-1-6。

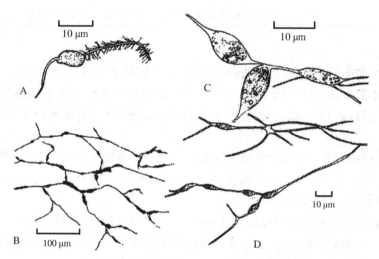

图 4-1-6　网黏菌属(*Labyrinthula*)菌丝体及游动孢子的形态(引自:李玉等,2015)
A. 游动孢子　B~D. 不同放大倍数下的菌丝体

三、真核微生物的细胞构造

真核微生物的细胞由细胞壁或细胞膜分隔,细胞内含有多种不同类型并具有重要功能的由膜包被的细胞器(表 4-1-2)。

表 4-1-2　真核细胞的主要结构及其功能

细胞结构	主要功能
细胞壁	加固并保持细胞形状
质膜	细胞的机械边界;运输系统的选择性渗透屏障;调控细胞间的相互作用、细胞的表面吸附及分泌

续表 4-1-2

细胞结构	主要功能
细胞质基质	其他细胞器存在的环境;许多代谢过程发生的场所
微丝、中间丝和微管	细胞结构和运动,形成细胞骨架
内质网	物质运输,蛋白质和脂类合成
核糖体	蛋白质合成
高尔基体	与酶及其他大分子向外分泌和溶酶体形成有关
溶酶体	胞内消化
线粒体	通过呼吸作用产生能量
叶绿体	光合作用
过氧化物酶体	进行光呼吸作用
乙醛酸循环体	含乙醛酸循环的酶类
细胞核	遗传信息的储存场所
核仁	核糖体 RNA 合成和存储,核糖体组装的场所
鞭毛和纤毛	细胞运动
液泡	短期储存和运输,消化(食物泡),水分平衡(收缩泡)

1. 细胞壁

真核微生物中的藻类和大部分菌的细胞外层是细胞壁(cell wall),具有一定机械强度,可保持细胞基本形态,约占细胞干重的 30%。原生动物通常没有细胞壁,细胞可以改变形状,有的种类具有表膜(pellicle 或 periplast),能维持细胞形态,也有的原生动物形成一层外壁和壳(shell)。

(1)菌物的细胞壁 生长中的菌丝细胞壁在光学显微镜下是均匀的,但厚壁的休眠孢子,如接合孢子、厚垣孢子等则有明显饰纹,有时可见到层次,一般为 2~3 层。细胞壁的厚度因菌龄而异,一般为 100~200 nm。

细胞壁作为菌物和周围环境的分界面,起着保护细胞的作用,具有代谢产物的分泌通道。细胞壁也是一些酶的分泌场所,如分泌胞外酶可调节对外界环境中营养物质的吸收。细胞壁具有抗原的性质,并依此调节菌物和其他生物间的相互作用。

大多数菌物包括子囊菌、担子菌、半知菌和低等壶菌等,细胞壁的主要成分是几丁质,纤维素只存在于卵菌、前毛壶菌和子囊菌等的个别种。酵母菌细胞壁的主要成分是葡聚糖和甘露聚糖。细胞壁组分中,蛋白质一般不超过细胞壁组成的 10%,它们既是细胞壁的结构成分,同时有的还具有酶的功能。菌物细胞壁中脂类通常不超过细胞壁组成的 8%,其余还包括各种无机离子,其中磷是含量丰富的无机元素,其次为钙离子和镁离子。细胞壁的成分因菌物类群不同而变化,即使是同种细胞,其细胞壁结构往往也会随着生长周期的变化而变化。

(2)藻类的细胞壁 大多数藻类的细胞壁厚 10~20 nm,其结构骨架的主要成分为纤维素,通常以微纤丝的方式呈层状排列,占细胞干重的 50%~80%,其余为间质多糖。间质多糖主要为杂多糖,还含有少量蛋白质和脂类。杂多糖的种类随种而异,如在褐藻中是褐藻酸(alginic acid),在岩藻中是岩藻素(fucoidin),在石花菜中是琼脂(agar)。另外,藻类细胞壁中还可能存在一些无机物物质,如硅(硅藻)或碳酸钙(某些红藻)等。

2.鞭毛与纤毛

鞭毛(flagellum)和纤毛(cilium)是与运动有关的细胞器,它们是由蛋白质组成的微管。鞭毛一般只有1~2根,多处于细胞的一端。纤毛则数量众多,比鞭毛短,在细胞表面周生,是细胞运动和感受外界因素的细胞器;纤毛还有输送物质通过细胞表面的作用。

真核微生物的鞭毛与原核微生物的鞭毛在结构上有很大不同。原核微生物的鞭毛是单管状结构,真核微生物的鞭毛则由鞭杆(shaft)和埋在细胞膜内的基体(basal body)以及把这两者相连的过渡区3部分组成。鞭杆由两个中央微管和围着它们的9对微管二联体(doublet)组成,这称为微管的"9+2"型(图4-1-7)。每个微管二联体由A、B两条中空的亚纤维组成。A微管上伸出内外两个动力蛋白臂(dynein arm),这是一种能被Ca^{2+}和Mg^{2+}激活的ATP酶,可水解ATP为鞭毛运动提供能量。通过动力蛋白臂与相邻的微管二联体的作用,可使鞭毛做弯曲运动。相邻的微管二联体间有微管连接蛋白(nexin)使之相连。此外,每条微管二联体上还有伸向中央微管的放射辐条(radial spoke)。两个中央微管间由中央微管桥相连,外被中央鞘。基体的结构与鞭杆相似,但其横切面呈"9+0"型,其外围是9个二联体,中央没有微管和鞘。

具有鞭毛的真核微生物有鞭毛纲(Flagellata)的原生动物以及藻类和卵菌等的游动孢子或配子等。具有纤毛的真核微生物主要是纤毛纲(Cilata)的各种原生动物。

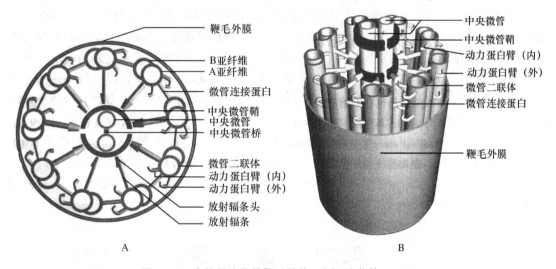

图4-1-7 真核微生物的鞭毛结构(引自:沈萍等,2016)

A.横切面 B.直立态

3.细胞(质)膜

所有真核微生物的细胞都具有细胞膜(cell membrane)。与大多数原核微生物细胞膜不同,真核微生物的细胞膜有以下特点:①含有胆固醇、麦角甾醇等甾醇类物质(占5%~25%),使膜的机械强度显著增强。对于没有细胞壁的真核微生物来说,细胞膜就是它们的外部屏障;②含有糖脂,具有细胞间识别受体的功能;③不再具有电子传递和基团转移功能,有的真核微生物具有吞噬作用(cytosis)或胞饮作用(pinocytosis)。

4. 细胞核

细胞核（nucleus）是遗传信息的贮存部位，也是遗传信息的控制中心，它对细胞的生长、发育、繁殖和遗传、变异等起着决定性的作用。真核微生物的细胞核由核膜（nuclear membrane）、染色质、核仁（nucleolus）和核质 4 部分组成（图 4-1-8）。核膜上有许多小孔，可以有选择的允许物质出入。一般每个真核细胞含有 1 个核，有的含有 2 至多个核，有些菌物中含有 20~30 个核。核仁呈圆形或卵球形，位于细胞核内偏中心位置，一般蛋白质合成旺盛和分裂增殖较快的细胞有较大和较多的核仁，其功能见表 4-1-2。

5. 细胞质和细胞器

细胞质基质中有序分布着内膜系统、细胞器、细胞骨架和各种包涵物。

真核细胞的细胞质基质（cytoplasmic matrix）呈胶态，其中有序分布着细胞骨架、各种细胞器、各种酶类、内含物及中间代谢产物，是新陈代谢的重要场所。

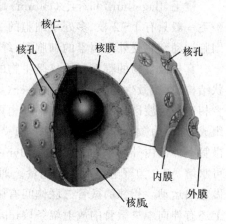

图 4-1-8 真核生物的细胞核结构

（引自：http://image.baidu.com）

细胞骨架（cytoskeleton）是由蛋白质纤维组成的网状结构系统，包括微管（microtubule）、微丝（microfilament）和中间丝（intermediate filament），对细胞的形态结构、细胞运动、细胞的增殖与分化及信号传递等有重要作用。微丝又称肌动蛋白丝，是由肌动蛋白（actin）组成的实心纤维，直径 4~7 nm。微管（microtubule）是中空管状纤维，成分是微管蛋白（tubulin）。微管可以成束或分散存在于细胞质中，有支撑功能，还可构成细胞分裂时的纺锤体以及鞭毛和纤毛。中间纤维也称中间丝，是直径 8~10 nm 的蛋白纤维，具有支撑和运输功能。

细胞器（organelle）一般认为是散布在细胞质内具有一定形态和功能的微结构或微器官，作为细胞的基本结构，具有复杂和重要的生理功能。除叶绿体（真核藻类）和线粒体外，真核细胞还含有许多具有膜性的细胞器，如内质网、高尔基体、液泡、溶酶体、过氧化物酶体、乙醛酸循环体等，其功能总结在表 4-1-2 中，详见本章第二节。

第二节 真 菌

真菌是一类不含叶绿素，不能进行光合作用，细胞壁多含几丁质，形态多样，分布广泛，陆生性较强，单细胞或多细胞的异养型真核微生物。在微生物世界中，真菌可称得上是个"巨人家族"，与人类关系非常密切，其中的许多成员对我们来说都是很熟悉的。例如，曲霉和毛霉等霉菌，酵母菌以及供食用的蘑菇、木耳等。其中的许多成员是有机酸、酶制剂、抗生素、维生素、生物碱、多糖等的生产菌株；有的用于生物防治、污水处理、生物测定等方面；有的如粗糙脉孢菌（Neurospora crassa）和构巢曲霉（Aspergillus nidulans）是微生物遗传学研究的实验材料；有的引起人类和动植物病害或产生毒素，使人、畜中毒，严重者引起癌症；自然界中各种复杂有机物分解者的角色扮演者也大多是真菌。

真菌从生长到繁殖是量变到质变的过程。多细胞真菌的生长表现为菌丝细胞数量、细胞体积及质量的增加。菌丝体分化是细胞通过分裂在形态、功能及蛋白质合成等方面发生稳定差异的过程,或在一定条件下细胞朝着不同方向发展,使其形态、结构和生理功能等方面发生一系列的变化,最后形成另一种类型细胞的过程,如菌丝体分化形成菌索(rhizomorph)、菌丝束(mycelial strand)、子座(stroma)、菌核(sclerotium)等菌丝变态以适应各自的生活方式,或者产生各种无性孢子和有性孢子等进行繁殖。各种无性孢子和有性孢子萌发之后,形成菌丝体,重新开始另一个生活循环。真菌生活史是指真菌从产生一种孢子,到下一次再产生同一种孢子的过程。从形态和结构上看,真菌生活史中存在营养体和繁殖体两种类型。从生理上看,真菌生长发育过程是菌丝细胞不断从培养基质中吸收营养,通过分解代谢和合成代谢完成菌丝生长和繁殖的过程。真菌生长发育需要在一定环境条件下进行,同时也不断地改变着生长环境的营养状况和环境因子(pH、CO_2 和 O_2 浓度等),特定的营养状况和环境因子会促进繁殖行为的发生。从遗传学角度上看,真菌的生长发育是多种基因在转录或翻译水平上有序表达的结果。

一、真菌的营养体和组织体

(一)真菌的营养体

1.菌丝

多数真菌的营养体是丝状或管状的菌丝(hypha,复数 hyphae),直径通常为 3～10 μm。菌丝外有细胞壁包被,菌丝内充满原生质,幼嫩时无色,老熟后常呈各种不同的颜色。菌丝在其生长的基质表面或内部向各个方向分枝延伸,许多菌丝相互交织在一起,形成菌丝体。

根据隔膜(septum)的有无,菌丝分无隔菌丝和有隔菌丝(图 4-2-1)。无隔菌丝是毛霉(Mucor)、根霉(Rhizopus)等低等真菌(即鞭毛菌和接合菌)所具有的菌丝类型,整团菌丝体就是一个单细胞,其中含有多个细胞核,但低等真菌在产生繁殖器官或菌丝受伤后以及老龄菌丝中,也可形成无孔洞的完全封闭的隔膜;有隔菌丝是曲霉(Aspergillus),青霉(Penicillium)等高等真菌(即子囊菌和担子菌)所具有的菌丝类型,隔膜将菌丝分割成多个细胞,每个细胞含有 1～2 个或多个细胞核。真菌的菌丝隔膜有单孔型、多孔型和桶孔型(dolipore septum)3 种类型。

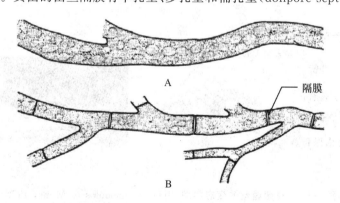

图 4-2-1　真菌的营养菌丝(引自:Alexopoulos & Mims,1979)

A. 无隔菌丝　B. 有隔菌丝

菌丝生长是由菌丝顶端细胞不断延伸而实现的,在透射电子显微镜下观察,生长的菌丝顶端堆满了直径大于 100 nm 和小于 100 nm 的大、小两种泡囊,这些泡囊和其他结构聚在一起形成独特的动态结构,称为顶体(Spitzenkörper)。有证据表明许多菌丝顶端生长所需的原材料都是由膜包裹的泡囊运送到顶端去的。

2.酵母状细胞及假菌丝

真菌营养体的另一种情形是酵母菌,这类真菌通常以单细胞形式存在,细胞直径约为细菌的 10 倍,呈球状、卵圆状、椭圆状、柱状和香肠状等,以芽殖或裂殖的方式进行繁殖,有些酵母菌如假丝酵母(Candida)的单细胞营养体连接成串,且细胞连接处呈缢缩状,故称作假菌丝。此外,有些真菌种类既能以菌丝形式存在,又能以单细胞形式存在,被称为二型性(dimorphism),此现象多见于病原真菌,如组织浆菌(Histoplasma),它们在寄主体外生长时表现为菌丝,在寄主体内生长时则以类似于酵母的单细胞形式存在。

3.菌丝变态

为了适应不同环境和更有效地摄取营养,许多真菌在长期进化过程中菌丝特化形成一些菌丝变态(图 4-2-2),这些特殊的形态和组织主要有吸器(haustorium)、附着胞(appressorium)、菌环(constricting ring)或菌网(networks loops)、假根(rhizoid)和匍匐菌丝(stolon)等。其中吸器、附着胞、假根和匍匐菌丝是吸收营养的结构,菌环或菌网是捕捉线虫或昆虫等动物的结构。

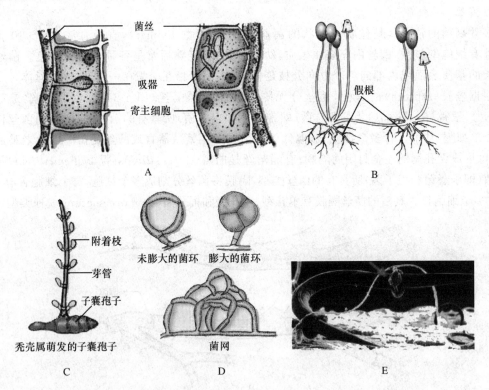

图 4-2-2 真菌菌丝的变态类型(引自:Alexopoulos & Mims,1979)
A. 吸器 B. 假根和匍匐菌 C. 附着枝 D. 菌环和菌网 E. 捕住线虫的菌环

(二)菌丝的组织体

许多真菌为了适应外界不良的环境条件,菌丝以不同方式组织起来,形成结构疏松的疏丝组织(prosenchyma)或致密的拟薄壁组织(pseudoparenchyma),前者菌丝体由长形的、互相平行排列的菌丝细胞组成,后者菌丝体由紧密排列的等角形或卵圆形的菌丝细胞组成,与高等植物薄壁组织相似而得名。疏丝组织和拟薄壁组织可以组成子座、菌核等各种组织体(图 4-2-3、图 4-2-4)。

1. 菌丝束和菌索

大多数真菌营养菌丝内营养物质运输是借助于细胞质流动而进行。但某些真菌菌丝体形成特殊的运输结构,如菌丝束和菌索。菌丝束是长形菌丝细胞向同一方向平行扩展聚集而成的绳束状结构,由无数具特殊分化的营养菌丝组成,结构简单,粗细不一,一般数厘米长,起营养输导作用,通常是在营养条件不良时形成,常见于多种木材腐朽菌。另一些真菌的营养菌丝形成绳索状或根状的组织体,称为菌索。菌索通常具有更高级的组织分化,且顶端可以不断生长,可伸长至数米外吸取养分。菌索结构较菌丝束复杂,四周被拟薄壁组织形成的皮层包围,顶端具有发达的分生组织,尖端是生长点,其后是伸长区,最后是养分吸收区,中心为管状,有利于营养输导和氧气流通。菌索在环境条件不适宜时可以休眠,当环境条件适宜后可从生长点恢复生长,还具有寻找营养和利用营养的作用,常见于木材腐朽菌,如伏果干腐菌(*Serpula lacrymans*)、蜜环菌(*Armillaria mellea*)。

2. 菌核

菌核是由营养菌丝聚集而成的颗粒状休眠组织,通常表层是拟薄壁组织,颜色较深,呈深褐色至黑色,质地坚硬,内部是由无色菌丝交错而成的疏丝组织组成。菌核贮存较多养分,可抵抗不良环境,能长时间休眠,直到环境条件适宜时萌发。菌核萌发后长出菌丝,一般不直接形成孢子。

菌核形状、大小、颜色、质地和结构等因种类不同而异。直径小的仅几毫米,大的可达几十厘米或更大,如茯苓(*Wolfiporia extensa*)菌核呈球形、扁形、长圆形或长椭圆形等,直径 20～50 cm,重量可达数 10 kg;猪苓(*Polyporus umbellatus*)菌核形状多样不规则,大小一般为(3～8) cm×(5～25) cm。

某些菌核全部由真菌菌丝组成,称之为真菌核;而由菌丝与寄主组织共同组成的菌核,称之为假菌核(pseudosclerotium)。

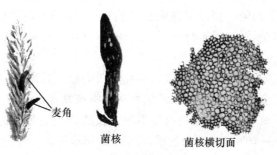

麦角

菌核

菌核横切面

图 4-2-3 麦角菌菌核形状及结构

3. 子座

子座是由拟薄壁组织和疏丝组织组成,呈垫状、柱状、头状或棍棒状等。单纯由真菌营养菌丝组成的子座,称为真子座(eustroma);由一些营养菌丝和寄主组织结合组成的子座,称为假子座(pseudostroma)。子座成熟后,其上面或内部发育出各种无性繁殖结构和有性繁殖结构,产生孢子。有些子座在其内部产生分生孢子座(sporodochium)或子囊壳(perithecium),

之后子座产生裂缝或破裂形成孔口,释放出孢子。子座是真菌的休眠和产孢结构。

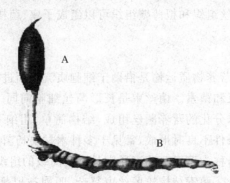

图 4-2-4　虫草(*Corydeceps sp.*)的菌核及子座(引自:卯晓岚等,1993)

A. 子座　B. 菌核

二、真菌的细胞结构

细胞是构成真菌菌丝体和子实体的基本结构单元。由于大多数真菌营养体是丝状的,两个毗邻细胞之间由隔膜(septum,复数 septa)分开,且多数隔膜中央有隔膜孔,允许细胞质、细胞核及其他细胞器通过。

1. 细胞壁

大多数真菌细胞壁的化学成分是几丁质,酵母菌细胞壁主要成分为甘露聚糖,而卵菌细胞壁主要成分是纤维素和 β-葡聚糖。因此,根据细胞壁化学成分和 rDNA 序列分析的结果,卵菌已被单独列入假菌界(Chromista)。此外,即使同种真菌在不同的发育阶段其细胞壁组成也各异。

2. 原生质膜

真菌细胞原生质膜又称质膜,电镜下观察单位膜结构包括 3 层,内层为蛋白质,中层为磷脂,外层为碳水化合物。单位膜为规则排列的双层磷脂结构。蛋白质是无定形分子,镶嵌在磷脂两侧,颗粒状,分布不均匀。固醇夹在两层磷脂中间,固醇与磷脂的比例为 1:(5~10)。原生质膜在物质运输、能量转换、激素合成、核酸复制等方面起着重要作用。

3. 细胞核

在无隔菌丝中,细胞核通常随机分布在生长活跃的原生质体中。在有隔菌丝中,每个菌丝分隔里常含 1~2 个或多个核,细胞核数量依真菌种类和发育阶段不同而异。真菌细胞核由双层单位膜的核膜包围,核膜的外膜被核糖体附着。核膜内充满均匀的无明显结构的核质(nucleoplasm),中心常有一个明显的稠密区域,称核仁(nucleolus)。核仁在核分裂中可能持久存在,也可能在核分裂中消解而不再出现,还有可能以一个完整的个体从分裂的细胞核释放到细胞质中去。

真菌细胞核中染色体较小,脉冲电泳(pulsed-field gel electrophoresis,PFGE)技术已用于真菌核型分析,用来估测染色体数目和每条染色体 DNA 的分子质量大小。基因组测序已涉及真菌的各个类群,截至 2017 年 4 月,NCBI 在线发布基因组测序数据的真菌种数超过 1 200 个。

4.细胞器

对真菌细胞超微结构观察发现,真菌原生质膜内包含以下一些细胞器。

(1)须边体(lomasome)　须边体又称膜边体、边缘体或质膜外泡,是由单层膜折叠成一层或多层并包被颗粒状或泡囊状物质的细胞器,呈球形、卵圆形、管状或囊状等形态,含有一种以上的水解酶,可水解多糖、蛋白质和核酸,其功能可能与细胞壁合成及膜的增生等有关。须边体的膜来源于原生质膜,是原生质膜与细胞壁分离时形成的。迄今为止,除真菌菌丝细胞以外,在其他生物细胞或真菌其他细胞中尚未发现有须边体。

(2)线粒体(mitochondrium,复数 mitochondira)　线粒体广泛分布在菌丝细胞中,呈细线状或棒状,通常与菌丝长轴平行。线粒体拥有独立的 DNA、核糖体和蛋白质合成系统,对呼吸及能量供应起主导作用。真菌线粒体 DNA 为闭环状,周长 $19\sim26\ \mu m$,小于植物线粒体 DNA,但大于动物线粒体的 DNA。线粒体的形状、数量和分布与真菌种类、发育阶段及外界环境条件关系密切。一般而言,菌丝顶端细胞中线粒体多为圆形,成熟菌丝细胞中则呈椭圆形。

(3)核糖体(ribosome)　核糖体是真菌细胞质和线粒体中的微小颗粒,含有 RNA 和蛋白质,是蛋白质合成的场所,单个核糖体可结合成多聚核糖体。根据核糖体在细胞中所在部位的不同,分为细胞质核糖体和线粒体核糖体。细胞质核糖体大小为 80S,游离分布于细胞质中,有些与内质网或核膜结合;线粒体核糖体大小为 70S,集中分布于线粒体内膜的嵴间。

细胞质核糖体由沉降系数为 60S 和 40S 大、小两种亚基组成,大亚基由 28S RNA、5.8S RNA、5S RNA 及 39 或 40 种蛋白质组成,小亚基由 18S RNA 和 21~24 种蛋白质组成。编码 rRNA 的 rDNA 在基因组 DNA 中大约有 200 个串联重复单位,它们是具有转录活性的基因家族。

一般真菌核糖体基因簇 rDNA 由转录区和非转录区构成。转录区包括 5S、5.8S、18S 和 28S rDNA,其中 18S、5.8S 和 28S rDNA 组成一个转录单元,产生一个前体 RNA。内转录间隔区(internal transcribed space,ITS)位于 18S 和 5.8S rDNA（ITSl)之间,以及 5.8S 和 28S rDNA 之间(ITS2)。在 18S rDNA 基因上游和 28S rDNA 基因下游还有外转录间隔区(external transcribed space,ETS)。ITS 和 ETS 包含有 rDNA 前体加工的信息,在 rRNA 成熟过程中具有相当重要的作用。ITS 和 ETS 区的转录物均在 rRNA 成熟过程中被降解。非转录区又称基因间隔区(intergenic spacer,IGS)将相邻的两个重复单位隔开,在转录时具有启动和识别作用。

整个真菌 rDNA 基因簇从 5′到 3′端的基因分布如图 4-2-5 所示。rDNA 基因在进化中具有较高的保守性和相关间隔区的变异性,允许它适合于任何分类水平上的系统比较,因此核糖体 rDNA 重复单位结构已普遍应用于真菌系统学研究。

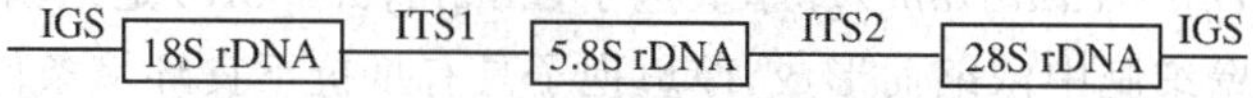

图 4-2-5　真菌核糖体 DNA 重复单位结构

(4)内质网(endoplasmic reticulum,ER)　内质网是由脂质双分子层围成的细胞器。典型的内质网为管状、中空、两端封闭,通常成对地平行排列,大多与核膜相连,很少与质膜相通,在幼嫩菌丝细胞中较多。主要成分为脂蛋白,有时游离蛋白或其他物质也合并到内质网上。当

内质网被核糖体附着时,形成粗糙型内质网(rER),常见于菌丝顶端细胞中,而未被核糖体附着时则为光滑型内质网(sER)。

(5)泡囊(vesicle) 泡囊在菌丝细胞顶端由膜包围而成的,含有蛋白质、多糖、磷酸酶等。几丁质酶体(chitosome)就是一种活跃于真菌菌丝顶端细胞中的微小泡囊,内含几丁质酶。泡囊与菌丝的顶端生长、菌体对各种染料和杀菌剂的吸收、胞外酶的释放以及真菌对高等植物寄生性,具有不同程度的相关性。

(6)液泡(vacuole) 液泡是一种囊状细胞器,球形或近球形,少数为星形或不规则形,体积和数目随细胞老化程度而增加。小液泡可融合成大液泡,大液泡也可分成数个小液泡。液泡内主要含有碱性氨基酸,如精氨酸、鸟氨酸、瓜氨酸和谷氨酰胺等,氨基酸可游离到液泡外。液泡内还有多种酶,如蛋白酶、酸性磷酸酶、碱性磷酸酶、核酸酶和纤维素酶等。

(7)溶酶体(lysosome) 溶酶体是一种由单层膜包裹,内含多种酸性水解酶的囊泡状细胞器,主要化学成分为脂类和蛋白质。溶酶体可分成两种类型,一种是初级溶酶体,其中含有多种水解酶,但无作用底物,处于潜伏状态;另一种是次级溶酶体,又称活动性溶酶体,为正在进行或已经进行消化作用的囊泡,内含水解酶及相应底物以及水解产物。真菌溶酶体可以消化细胞内衰老的细胞器,其降解的产物重新被细胞利用;在一定条件下,溶酶体膜破裂,内部水解酶释放,而使整个细胞被酶水解和消化,发生细胞自溶。

(8)伏鲁宁体(woronin body) 伏鲁宁体是一类由单层膜包围的电子密集基质构成的球状细胞器。伏鲁宁体与隔膜孔相关联,具有阻塞或开启隔膜孔的功能。当菌丝老化或受伤后,它可以堵塞隔膜孔,防止原生质体流失,平时可以调节两个相邻细胞间细胞质的流动。

三、真菌的繁殖

真菌的繁殖方式多样,包括无性繁殖和有性繁殖,一般来说,无性繁殖对真菌的传播和定殖更重要,因为它能产生大量个体,在1个生长季节中可重复多次,而许多真菌的有性生殖1年只发生1次。许多真菌只发现有性阶段或无性阶段,极少同时发现两个阶段。

1. 无性繁殖和孢子类型

真菌无性繁殖(asexual reproduction)是通过菌丝片段、裂殖、芽殖和产生孢子的方式进行,不包括质配、核配和减数分裂等过程,无特化的性细胞或性器官产生。在无性繁殖过程中,细胞核通过有丝分裂进行复制,并分配到新的菌丝细胞或无性孢子中,因而没有发生遗传重组。

无性孢子繁殖是真菌无性繁殖的主要方式。真菌无性繁殖产生孢囊孢子(sporangiospore)或游动孢子(zoospore)、分生孢子(conidium)、厚垣孢子及芽孢子等(图4-2-6)。从芽孔中长出的分生孢子,称为芽孢子,如 Candida;通过菌丝细胞断裂形成的分生孢子,称为粉孢子,如白地霉(Geotrichum canidium)。厚垣孢子(chlamydospore)是由菌丝的部分细胞的壁增厚,原生质体在厚壁细胞中浓缩而形成,厚垣孢子具有抵抗不良环境条件的能力,如干旱、低温等。当环境条件适宜时,厚垣孢子可以萌发生长出菌丝。上述无性孢子直接从简单的菌丝上形成,有些则在复杂的产孢结构中形成(图4-2-7),例如游动孢子囊中(zoosporangium)产生游动孢子,孢子囊(sporangium)中产生孢囊孢子,而分生孢子器(pycnidium)、分生孢子盘(acervulus)、分生孢子座(sporodochium)和孢梗束(synnemation)上产生各种分生孢子。

无性孢子在形态上变化很大,壁薄或厚,颜色从无色透明、绿色、黄色、橙色、红色、褐色至黑色,体积从小到大,形状从球形、卵圆形、椭圆形、针形至螺旋状等,细胞数目从 1 个到多个,细胞排列方式和孢子产生方式也各有不同。

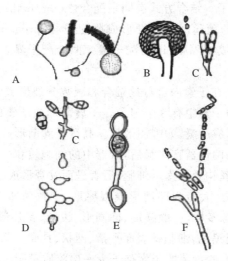

图 4-2-6 真菌的无性繁殖体及其无性孢子

A.游动孢子 B. 孢子囊及孢囊孢子 C. 分生孢子梗及分生孢子

D. 芽孢子 E. 厚垣孢子 F. 粉孢子

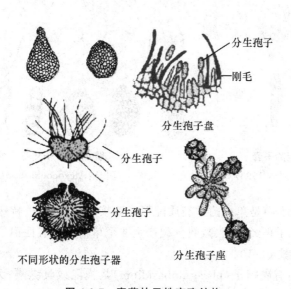

图 4-2-7 真菌的无性产孢结构

2.有性繁殖和孢子类型

真菌的有性繁殖(sexual reproduction)过程依次经历质配、核配和减数分裂 3 个阶段。质配时两个配偶细胞的原生质融合,而细胞核并不结合,每个核的染色体数都是单倍的。核配时两个核结合成一个双倍体核。减数分裂则使细胞核中的染色体数目又恢复到原来的单倍体。经过两性细胞结合而形成的孢子称为有性孢子。常见的真菌有性孢子有卵孢子、接合孢子、子囊孢子和担孢子,分别由卵菌、接合菌、子囊菌和担子菌所产生。

卵孢子的形成过程详见本章第一节卵菌部分。

接合孢子（zygospore）是由菌丝生出的形态相同或稍不同但性别不同的配子囊（gametan-gium）接合而形成的有性孢子。结合方式有同宗配合（homothallism）和异宗配合（heterothal-lism）。其过程是相互吸引的菌丝即接合梗形成原配子囊（progametangium），两个原配子囊接触后，顶端各自膨大并形成横隔膜，即为配子囊。两个配子囊发生质配、核配，产生接合孢子，如 *Rhizopus*，*Mucor*。

子囊孢子（ascospore）是在子囊内进行核融合和减数分裂形成的有性孢子，通常子囊内产生 2～8 个子囊孢子，典型的子囊中有 8 个孢子。子囊菌形成子囊的方式不一，最简单的是由两个营养细胞结合后直接形成子囊，如啤酒酵母。高等子囊菌形成子囊的两性细胞，即大小和形状不同的产囊器和雄器。两性器官接触后，雄器中的细胞质和核通过受精丝进入产囊器，经受精作用形成产囊丝、产囊丝钩及子囊母细胞，后者进而发育形成子囊。

子囊（ascus）为囊状结构，大多为圆筒形或棍棒形，少数为卵形或近球形，有的子囊具柄（图 4-2-8）。子囊孢子的形态多样，一般圆形、椭圆形、梭形、新月形或线形，单细胞、双细胞或多细胞，无色、褐色或紫色至黑色，细胞壁表面平滑、网状、具瘤或刺，有些种类的子囊孢子壁上还有各种纹饰（图 4-2-9）。有些盘菌的子囊孢子为一层胶质膜所包围。子囊孢子呈单行、双行排列，或平行排列，或不规则地聚集在子囊内，如 *Neurospora*。

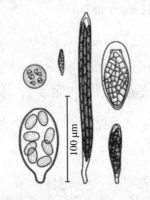

图 4-2-8　不同类型的子囊

（引自：Alexopoulos *et al*.，1996）

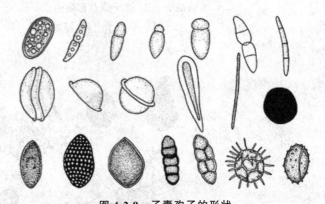

图 4-2-9　子囊孢子的形状

（引自：Alexopoulos *et al*.，1996）

担孢子（basidiospore）是单核菌丝经质配形成双核菌丝，再经过特殊的分化和有性结合形成担子（basidium），担子再经核配、减数分裂产生 4 个单倍体的有性孢子即为担孢子。担子和担孢子的发育过程如图 4-2-10。

担子有两种类型：有隔担子（phragmobasidium）具横隔或具纵隔；无隔担子（homobasidi-um）呈筒状或二叉状（图 4-2-11）。担孢子通常单胞、单核、单倍体，少数为二倍体，圆形、椭圆形、圆柱形等多种形状。担孢子表面光滑或有各种纹饰，具疣状突起、刺状突起、鸡冠状突起、网状突起等。担孢子通常无色或浅色。由成熟子实体不断释放出的孢子堆积起来，依据菌褶及孢子特征而形成特定形状和色泽，称为孢子印（spore print）。孢子印颜色有白色、粉红色、奶油色、锈色、褐色、青褐色、咖啡色和黑色等。用 Melzer 试剂对担孢子染色并观察其反应是鉴定的重要依据，如淀粉质反应为蓝色，拟淀粉质反应为浅黄褐色或浅红褐色，非淀粉质反应则为无色或稍带浅黄色。

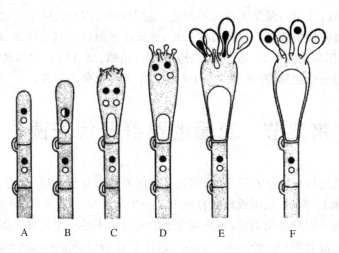

图 4-2-10　担子和担孢子的发育过程(引自：Alexopoulos *et al*.，1996)

A. 双核的菌丝顶端　B. 核配后的单核二倍体担子　C. 减数分裂后具 4 个单倍体核的担子，担孢子梗开始发育　D. 担孢子梗上产生担孢子原基，细胞核准备移入其中　E. 细胞核移入担孢子原基中　F. 高度液泡化的成熟的担子，其上着生 4 个单核的担孢子

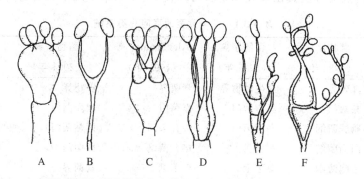

图 4-2-11　不同类型的担子及其产生的担孢子(引自：Alexopoulos *et al*.，1996)

A. 典型的无隔担子　B. 花耳属(*Dacrymyces*)的音叉状担子　C. 胶膜菌属(*Tulasnella*)担子　D. 银耳属(*Tremella*)担子　E. 木耳属(*Auricularia*)担子　F. 柄锈菌属(*Puccinia*)担子

3.准性生殖

准性生殖现象就是在研究真菌即构巢曲霉(*Aspergillus nidulans*)时发现的，是丝状真菌特别是不产生有性孢子的无性型真菌特有的遗传现象。详见第九章第二节真核微生物基因重组部分。

四、真菌的菌落

大多数酵母菌的菌落特征与细菌相似，但比细菌菌落大而厚，菌落表面光滑、湿润、黏稠，容易挑起，质地均匀，正反面和边缘、中央部位的颜色都很均一，菌落多为乳白色，少数为红色，个别为黑色。

霉菌的菌丝较粗且长，因而菌落较大，有的霉菌的菌丝蔓延生长，没有局限性，菌落可扩展到整个培养皿，有的种则表现为局限生长，直径 1~2 cm 或更小。霉菌的菌落质地一般比放线菌疏松，外观干燥，不透明，呈现或紧或松的蛛网状、绒毛状或棉絮状；菌落与培养基连接紧密，

不易挑取，但比放线菌容易；菌落正反面的颜色、边缘与中心的颜色常不一致。

真菌菌丝体在固体培养基上呈辐射状生长，形成各种形状、颜色、质地、表面纹饰等特征的菌落，这些菌落特征与真菌种类、培养基成分及温度、光照、培养时间等因素密切相关，是鉴定真菌物种的重要形态学指标，在实验室和生产实践中有着重要的意义。

第三节　真菌的类群及代表菌属

目前国内出版的微生物学教科书中，多数都是将真菌部分按酵母、霉菌、蕈菌或酵母、丝状真菌来编写。实际上，酵母、霉菌或丝状真菌不是一个分类学上的名称，显然未能反映真菌系统发育的最新进展。以酵母菌为例，传统概念上的酵母菌不是一个发育来源单一的类群，而是分属于子囊菌门的酵母纲（Saccharomycetes）、裂殖酵母纲（Schizosaccharomycetes）和担子菌门的隐菌寄生菌纲（Crytomycocolacomycetes）及无性型真菌（假酵母或拟酵母）等。国际上几个重要的真菌分类系统如表 4-3-1 所示，考虑到与国际真菌学科的衔接和我国真菌学教学与科研工作的实际，本教材采用《菌物字典》第 10 版分类系统介绍真菌界的壶菌门、接合菌门、子囊菌门、担子菌门及无性型真菌及其代表菌属。表 4-3-1 列举了几个重要的真菌分类系统。

表 4-3-1　几个重要的真菌分类系统

Ainsworth 等 (1973)	菌物字典 (1983 年)	菌物字典 (1995 年)	Alexopoulos 等 (1996 年)	菌物字典 (2001 年)	菌物字典 (2008 年)
真菌界	真菌界	原生动物界	真菌界	藻物界	藻物界
黏菌门	黏菌门	集胞菌门	壶菌门	丝壶菌门	丝壶菌门
集胞菌纲	鹅绒菌纲	网柄菌门	接合菌门	网黏菌门	网黏菌门
网黏菌纲	网柄菌纲	黏菌门	接合菌纲	卵菌门	卵菌门
黏菌纲	集胞菌纲	黏菌纲	毛菌纲	真菌界	真菌界（Fungi）
根肿菌纲	黏菌纲	原柄菌纲	子囊菌门	子囊菌门	壶菌门
真菌门	根肿菌纲	根肿菌门	半知菌	子囊菌纲	球囊菌门
鞭毛菌亚门	网黏菌纲	藻物界	（无性子囊菌）	新床菌纲	新丽鞭毛菌门
壶菌纲	真菌门	丝壶菌门	古生子囊菌	肺炎胞囊菌纲	微孢子菌门
丝壶菌纲	鞭毛菌亚门	网黏菌门	丝状子囊菌	酵母纲	芽枝霉门
卵菌纲	壶菌纲	卵菌门	担子菌门	裂殖酵母纲	接合菌门
接合菌亚门	丝壶菌纲	真菌界	担子菌类	外囊菌纲	子囊菌门
接合菌纲	卵菌纲	子囊菌门	腹菌类	担子菌门	担子菌门
毛菌纲	接合菌亚门	担子菌门	卵菌门	担子菌纲	原生动物界
子囊菌亚门	接合菌纲	担子菌纲	丝壶菌门	锈菌纲	Ramicristates
半子囊菌纲	毛菌纲	冬孢菌纲	网黏菌门	黑粉菌纲	原柄菌纲
不整囊菌纲	子囊菌亚门	黑粉菌纲	根肿菌门	半知菌纲	黏菌纲
核菌纲	（不分纲）	壶菌门	网柄菌门	（无性态真菌）	网柄菌纲
盘菌纲	担子菌亚门	接合菌门	黏菌门	壶菌门	Plasmodiophorid
腔菌纲	层菌纲	毛菌纲		接合菌门	根肿菌纲

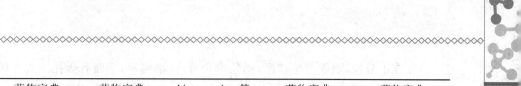

续表 4-3-1

Ainsworth 等（1973）	菌物字典（1983 年）	菌物字典（1995 年）	Alexopoulos 等（1996 年）	菌物字典（2001 年）	菌物字典（2008 年）
虫囊菌纲	腹菌纲	接合菌纲		毛菌纲	
担子菌亚门	锈菌纲			接合菌纲	
冬孢菌纲	黑粉菌纲			原生动物界	
层菌纲	半知菌亚门			集胞菌门	
腹菌纲	腔孢纲			黏菌门	
半知菌亚门	丝孢纲			网柄菌纲	
芽孢纲				黏菌纲	
丝孢纲				原柄菌纲	
腔孢纲				根肿菌门	

注：引自：李玉，刘淑艳主编《菌物学》，2015

一、壶菌门

壶菌是真菌中唯一的产生游动孢子、既可腐生又可寄生的两栖群体。低等的壶菌门真菌的营养体是多核单细胞，具细胞壁，大多呈球形或近球形，寄生在寄主细胞内，有的营养体基部还形成假根，较高等的壶菌形成发达或不发达的无隔菌丝体。无性繁殖时产生游动孢子囊，游动孢子囊有的有囊盖，成熟时囊盖打开释放游动孢子；有的无囊盖，通过孢子囊孔或出芽释放游动孢子，每个游动孢子囊可释放多个游动孢子。有性生殖方式有多种，大多是通过两个游动孢子配合形成的接合子经发育形成休眠孢子囊，萌发时释放 1 至多个游动孢子，少数通过雌配子囊（藏卵器）与游动配子（精子）结合形成卵孢子。

壶菌门只含单一的壶菌纲，分为 5 个目，112 属，已记载 793 个种，作为几丁质、角蛋白、纤维素等有机物的最初分解者，在自然界中具有重要的生态作用。只有少数种类的壶菌是高等植物的寄生物，如引起玉米褐斑病的玉蜀黍节壶菌（*Physoderma maydis*）和引起马铃薯癌肿病的内生集壶菌（*Synchytrium endobioticum*）。芸薹油壶菌（*Olpidium brassicae*）除侵染芸薹等高等植物根部外，还是许多重要经济植物病毒的传播介体。

二、接合菌门

接合菌门以有性生殖通过配子囊配合最终产生接合孢子为主要特征，其他特征包括具有无隔、多核和单倍体的菌丝体，无性繁殖产生孢囊孢子。接合菌门是一个较小的类群，不仅在形态上表现为由能动的具鞭毛的游动孢子发展到无鞭毛不游动的孢囊孢子，而且多数完全脱离了水的环境，演化成陆生习性。现在被承认的物种数为 1 065 种，大多营腐生，一些种类引起农产品腐烂和动植物疾病，有些是重要的工业真菌、医药工业的生产菌、虫生真菌、高等植物的菌根菌。

1. 根霉属（*Rhizopus*）

菌丝无隔膜，由菌丝分化为匍匐丝和假根，假根相对处向上长出孢囊梗，孢囊梗单生或丛

生,分枝或不分枝,顶端着生球形、褐色孢子囊,囊轴明显,下面有囊托。成熟后囊壁破裂,散出大量孢囊孢子(图4-3-1)。孢囊孢子无色至淡褐色,球形、卵形或不规则形。有性生殖为同型配子囊配合,大多数为异宗配合。

本属现记载有9个种,分布广泛,多数腐生,有些对植物有一定的弱寄生性。该属的代表种为匍枝根霉(R. stolonifer),其有性生殖为异宗配合,以配子囊配合的方式进行质配,发育成黑色、厚壁、有瘤状突起的接合孢子。匍枝根霉寄生能力不强,可使薯类、草莓等水果发生软腐。此外,华根霉(R. chinensis)、日本根霉(R. japonicus)、米根霉(R. oryzae)可用于有机酸生产;爪哇根霉(R. javanicus)、米根霉和日本根霉可用于黄酒酿造。

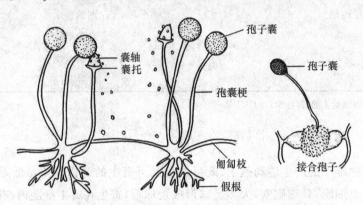

图 4-3-1　根霉属(Rhizopus)的形态模式图(引自:周德庆,2011)

2.毛霉属(Mucor)

菌丝无隔膜,分枝多,不形成匍匐菌丝和假根,菌丝体分化出孢囊梗,孢囊梗直立,单生,分枝或不分枝。有囊轴,无囊托,顶端产生体积较大的球形孢子囊。孢囊孢子呈球形或椭圆形,表面光滑、无色或有色(图4-3-2)。有性生殖多数是异宗配合,同型配子囊,配囊柄无附属丝。可产生表面有瘤状突起的接合孢子,有的可产生无性厚垣孢子。

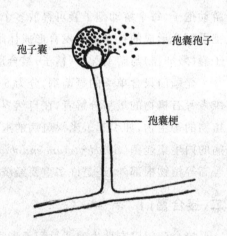

毛霉属在自然界分布广泛,现知约50种。一些种类可用于生产有机酸,如梨形毛霉(M. piriformis)、鲁氏毛霉(M. rouxianus)还有分解蛋白质的能力,用于腐乳及豆豉的加工。然而毛霉也可引起谷物、果实等的腐烂,少数种类是人类的病原菌。

图 4-3-2　毛霉属(Mucor)形态模式图

3.虫霉属(Entomophthora)

分生孢子光滑,生于寄主体外,弹射释放(图4-3-3)。有性生殖产生接合孢子,配子囊大小相等或不相等。该属约30种,主要寄生在双翅目、半翅目、鳞翅目和直翅目等昆虫的虫体上。常见种有蝇虫霉(E. muscae)、库蚊虫霉(E. culicis)和拟球虫霉(E. pseudococci)等。其中,蝇虫霉常在苍蝇的尸体上可见,由于分生孢子射出而形成一圈白色的晕。虫体内菌丝断裂成多核菌段,即虫菌体,具有侵染昆虫的能力,可用于生物防治。

三、子囊菌门

子囊菌门是真菌界中种类最多的一个类群,俗称子囊菌,因有性生殖阶段形成子囊和子囊孢子而得名。因其结构复杂,与担子菌合称为高等真菌。目前已知约 64 163 种。

子囊菌与人类生产活动和生活关系密切,存在于几乎所有的陆地和水生生态系统中,大多数为陆生,营养方式有腐生、寄生和共生,其中,地衣是生物共生生态系统多样性演化中的典型代表,目前已知有超过 40% 的子囊菌可与藻类共生形成地衣,称为地衣型子囊菌,涵盖了约 8% 的陆生生物。

图 4-3-3 蝇虫霉分生孢子释放于寄主体外

子囊菌的分类十分复杂,至今尚没有一个被真菌学家们公认的分类系统。例如 Eriksson(1983)在《Systema Ascomycetum》中把子囊菌暂不分纲和亚纲,直接分为 44 目 226 科。《菌物字典》第 7 版(1983)将子囊菌分为 37 目,第 8 版(1995)分为 46 目,取消了纲一级分类单元。但在《菌物字典》第 10 版中,子囊菌门设 3 个亚门,即盘菌亚门 Pezizomycotina(相当于子囊菌亚门),酵母菌亚门 Saccharomycotina 和外囊菌亚门 Taphrinomycotina,分 15 个纲、68 个目、327 个科、6 355 个属和一些不确定的分类单元。以下对代表类群按属级单位介绍。

1. 嗜热子囊菌属(*Thermoascus*)

闭囊壳不规则形,在营养丰富的培养基上丛生,包被为拟薄壁组织,红色至红褐色。子囊簇生,壁薄、光滑、易消解、卵圆形、梨形至球形;子囊孢子卵圆形至椭圆形,表面光滑,或具刺,或具疣(图 4-3-4)。无性型为拟青霉属(*Paecilomyces*),产生串生的瓶梗孢子。

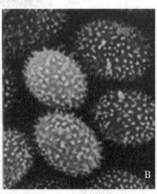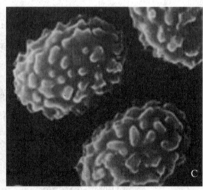

图 4-3-4 嗜热真菌(*Thermoascus* sp.)(引自:Chen & Chen, 1996)
A. 簇生子囊及子囊孢子 B. 具刺的子囊孢子 C. 具疣的子囊孢子

该属真菌具嗜热性,又称嗜热真菌(thermophilic fungi),是一类最低生长温度在 20℃ 以上,最高生长温度为 50℃ 以上的特殊真菌类群,可广泛应用于酿造、发酵、食品、日用化工、纺织、制革、医药、废物处理等领域。近年来,揭示这类真菌特有的基因与功能等已成为研究热点。常见种为黄嗜热子囊菌(*T. aurantiacus*)。

2. 毛癣菌属（*Trichophyton*）

该属真菌又称皮肤癣菌,可引起毛发、皮肤和指(趾)甲的浅部感染,偶致深部感染,临床上常表现为头癣、体癣、股癣、手癣、足癣及癣菌疹等。皮肤癣菌具嗜皮肤角蛋白特性,大部分对人类致病,其代谢产物可通过血液循环引起病灶外皮肤的变态反应,称癣菌疹(dermatophytids),引起脚气的红色毛癣菌(*T. rubrum*)就是最常见的致病真菌之一。

3. 红曲菌属（*Monascus*）

菌丝无色,渐变为红色,多分枝,含橙紫红色颗粒。有性繁殖产生闭囊壳,呈橙红色,壁薄,由1~2层扁平的菌丝交织而成,球形,有长短不一的柄。子囊散生,球形,含8个子囊孢子,壁易消解;子囊孢子单胞,卵形或椭圆形,壁厚,光滑,无色或漆红色(图4-3-5)。无性繁殖由分生孢子梗产生单生或成串的球形或椭圆形分生孢子,在形态上分生孢子梗与菌丝无区别。常见种紫色红曲菌(*M. purpureus*)广泛用于烹调、制红豆腐乳、酿红酒、制玫瑰醋、生产糖化酶和食用色素等方面,还可作为降脂药物。

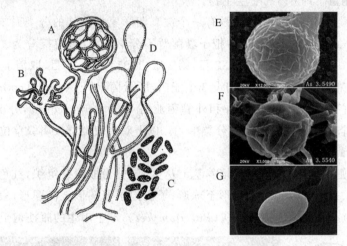

图4-3-5 红曲菌(*Monascus*)(引自:李玉等,2015 和许璐,2007)
A、F. 子囊果　B. 起始阶段的子囊果　C、G. 子囊孢子　D、E. 分生孢子

4. 斑痣盘菌属（*Rhytisma*）

该属大多数种在一个子座上产生子囊盘,子座扁平,线圈状排列,通常埋生于寄主或基物表面。槭斑痣盘菌(*R. acerinum*)的菌丝感染槭树叶片产生槭树漆斑病(图4-3-6)。

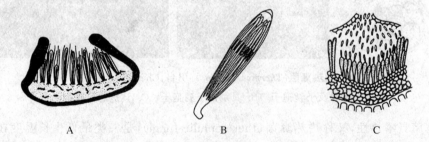

图4-3-6 槭斑痣盘菌(*Rhytisma acerinum*)(引自:Alexopoulos et al., 1996)
A. 成熟子座　B. 子囊和子囊孢子　C. 性孢子器

5. 地匙菌属(*Spathularia*)

子囊果勺状,长柄,发生在森林中,腐生于土壤、枯死树或枝条及潮湿的有机质基物上。子囊果表面被子实层所覆盖,子囊孢子单胞至多胞,无色至深褐色(图 4-3-7)。

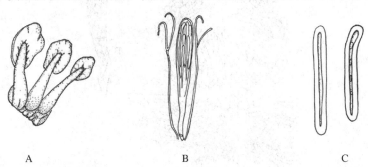

图 4-3-7　棒形地匙菌(*Spathularia flavida*)(引自:Alexopoulos et al.,1996)

A.子实体　B.子囊和侧丝　C.子囊孢子

6. 脉孢菌属(*Neurospora*)

脉孢菌属因子囊孢子表面的纵形花纹犹如叶脉而得名。菌丝疏松网状,具隔膜、分枝、多核。无性繁殖形成分生孢子,一般为卵圆形,在气生菌丝顶部形成分枝链,分生孢子呈橘黄色或粉红色,常生在面包等淀粉性食物上,故俗称红色面包霉或链孢霉。

脉孢菌的子囊孢子在子囊内呈单向排列,表现出有规律的遗传组合(图 4-3-8),对杂交形成的子囊孢子分别培养,可研究遗传性状的分离及组合情况。粗糙脉孢菌(*N. crassa*)是 20世纪现代遗传学和分子生物学研究的模式物种,基因组约 39 Mb,7 条染色体,可能含有10 082 个蛋白质编码基因,在基因进化、DNA 修复、防御机制以及细胞信号传导等方面取得了许多重要进展。

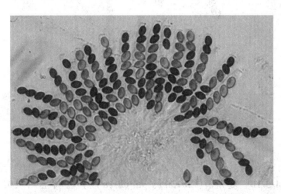

图 4-3-8　粗糙脉孢菌(*N. crassa*)的子囊孢子排列方式

7. 赤霉属(*Gibberella*)

子囊壳聚生或散生,蓝色或紫色。子囊孢子有隔膜,两个或多个细胞,无色,纺锤形。无性阶段寄生在许多植物的茎、花器或种子上。玉蜀黍赤霉菌(*G. zeae*)危害多种禾本科植物,引起玉米赤霉病,其无性阶段为禾谷镰孢霉(*Fusarium graminearum*)(图 4-3-9)。首次在亚洲发现引起水稻幼苗疯长的藤仓赤霉菌(*G. fujikuroi*)及其无性型串珠镰孢霉(*Fusarium moniliforme*)能分泌赤霉素和赤霉酸等化合物,使人类认识到赤霉酸是促进植物开花、细胞伸长及种子萌发的调节剂。

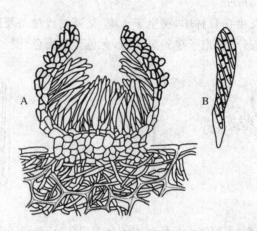

图 4-3-9　玉蜀黍赤霉菌(*Gibberella zeae*)（引自：李玉等,2015）
A.子囊壳　B.囊和子囊孢子

8.麦角菌属(*Claviceps*)

在禾本科植物的子房内寄生,后期形成圆柱形至香蕉形黑色或白色菌核。菌核休眠后产生子座,子座直立有柄,近球形的头部可育,子囊细长,壳埋在头部的表层内,内含 8 个孢子。子囊孢子无隔膜,无色,丝状。麦角菌(*C. purpurea*)无性阶段为 *Sphacelia segetum*,寄生于黑麦、大麦、小麦、冰草等禾本科植物的花器,分泌含有大量分生孢子的蜜汁,随后产生黑色坚硬的菌核即麦角(图 4-3-10)。麦角可作为止痛和防止子宫出血的特效药,也能使人畜中毒,引起流产、麻痹以及呼吸器官病变。

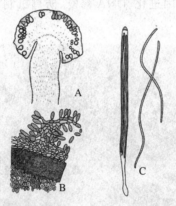

图 4-3-10　麦角菌(*Claviceps purpurea*)（引自：李玉等,2015）
A.子座顶部的剖面　B.瓶梗分生孢子　C.子囊和子囊孢子

9.酵母菌属(*Saccharomyces*)

细胞卵圆形,球形或香肠形,少数种具假菌丝,但不发达。无性繁殖为芽殖,即在母细胞上产生一个小突起,细胞核分裂成两个,其中一个进入到小突起中,然后细胞壁紧缩,使小突起脱离母细胞,成为独立的个体。母细胞可一端、两端和多边进行芽殖(图 4-3-11)。有性生殖为同型或异型配子囊(子囊孢子或营养细胞)配合后产生子囊,内含 4 个或 8 个子囊孢子。子囊孢子圆形、帽形、针形或肾形等,其表面的光滑度及是否有痣斑可作为分属的重要依据。菌落圆形、大而厚,呈乳白色,少数红色,油脂状或皱皮状。液体培养均匀混浊,有的形成沉淀,有的浮于表面形成菌膜。

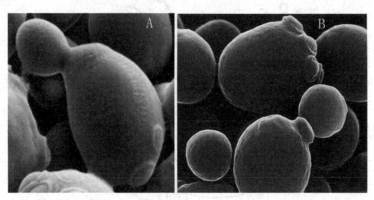

图 4-3-11　酿酒酵母菌(*Saccharomyces cerevisiae*)营养细胞的芽殖及芽痕
(引自:Wheals,2011)

　　酵母菌形态虽然简单,但种类多,生理特征复杂,与人类生产活动密切相关。发酵型酵母菌可将糖类发酵为乙醇、甘油或甘露糖等有机物质和二氧化碳,主要用于制作面包、馒头及酿酒工业。氧化型酵母菌氧化能力强而发酵能力弱或无发酵能力,主要用于石油加工业和废水处理。酵母菌富含维生素 B、蛋白质和多种酶,可利用菌体制成酵母片治疗消化不良或提取核酸类衍生物、辅酶 A、细胞色素 C、谷胱甘肽和多种氨基酸等。酵母菌能利用无机氮源或尿素合成蛋白质,已成为重要的单细胞蛋白来源;酵母菌还能够代谢重金属离子和降解某些难降解物质,且耐高渗透压和酸性条件,因而对生态系统稳定性的维持及污染环境的治理有重要作用;海洋中的酵母菌可以产生蛋白酶、脂肪酶、植酸酶、菊糖酶、纤维素酶、β-1,3-葡聚酶、嗜杀因子、核黄素、铁载体等活性产物,因而实际用途广泛。

　　酿酒酵母(*S. cerevisiae*)作为一种模式生物,在实验系统研究方面具有许多优势,其基因组约 23% 与人类同源。酿酒酵母为单细胞,呈卵圆形或球形,营养体以单倍体(n)或二倍体($2n$)形式存在。其生活史见图 4-3-12,有性繁殖产生子囊孢子,当酵母菌发育到一定阶段,两个性别不同的单倍体细胞接近,各伸出一管状原生质体突起而相互接触,接触处细胞壁溶解形成结合桥,细胞质先发生融合,此过程即质配;然后两个单倍体的核移到结合桥,融合成双倍体核,此过程即核配。两个细胞通过结合过程形成的融合细胞称为合子。双倍体的合子可在结合桥垂直方向出芽,开始双倍体营养细胞的生长繁殖。在合适条件下,合子经过减数分裂,双倍体核分裂为 4～8 个单倍体核,形成子囊孢子,包裹在由酵母细胞壁演变而来的子囊中。

　　10. **假丝酵母菌属**(*Candida*)

　　假丝酵母菌属又称念珠菌属,细胞呈球形、椭圆形、圆筒形、长条形,有时为不规则形;通过发芽而繁殖,可形成假菌丝(图 4-3-13),少数形成厚膜孢子及真菌丝,未发现有性生殖。

　　假丝酵母菌种类很多,但能对人致病的仅有几种。白假丝酵母(*C. albicans*)是一种重要的条件致病菌,常在人的口腔和阴道与宿主共栖生存。光滑假丝酵母(*C. glabrata*)是假丝酵母属中除白假丝酵母外第二个常见的人体条件病原菌,与酿酒酵母的亲缘关系密切。热带假丝酵母(*C. tropicalis*)不仅可造成器官的深部感染,也可用于制备聚酯、聚酰胺、香水和木糖醇,是研究过氧化物酶体生成和过氧化物酶蛋白表达的重要生物体。葡萄牙假丝酵母

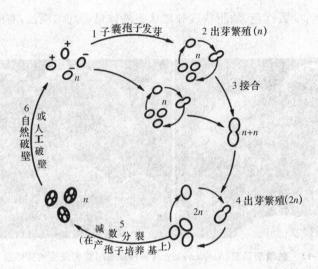

图 4-3-12　酿酒酵母(*Saccharomyces cerevisiae*)的生活史(引自:李玉等,2015)

(*C. lusitaniae*)引起的感染约占假丝酵母病的 1%,并且引起假丝酵母菌血病,部分菌株对抗菌药物有抗性。在致病假丝酵母中,白假丝酵母和热带假丝酵母是二倍体,而光滑假丝酵母和葡萄牙假丝酵母是单倍体,葡萄牙假丝酵母与白假丝酵母亲缘关系最远。

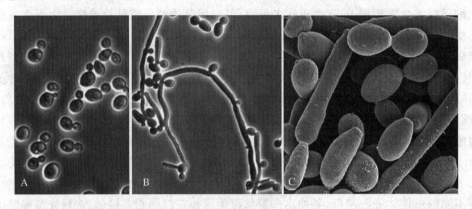

图 4-3-13　白色假丝酵母菌(*Candida albicans*)(引自:http://www.biomedicalblog.com/)

A.孢子　B.孢子及假菌丝　C.SEM 下的孢子

11. 裂殖酵母属(*Schizosaccharomyces*)

营养细胞筒形,两端圆,通常从一端进行伸长生长。无性繁殖通过裂殖方式将母细胞横分为两个相等大小的、各具有一个核的子细胞(图 4-3-14)。有性生殖通过两个同型细胞接合后形成子囊,子囊不规则形,含 4 个或 8 个子囊孢子,球形、卵形或肾形,表面光滑。

粟酒裂殖酵母菌(*S. pombe*)是从非洲甜酒中分离出来的,耐高温,可发酵葡萄糖、麦芽糖、蔗糖、棉籽糖、乳糖、蜜二糖、*D*-木糖、阿拉伯糖、可溶性淀粉、乙醇等产生酒精。基因组大小为 13.8 Mb,分布在 3 条染色体上,预测含有 4 997 个开放阅读框,是研究细胞周期调控、有丝分裂、减数分裂、DNA 修复与重组和基因组稳定性调控的模式生物,也是针对细胞周期紊乱的肿瘤药物的理想细胞初筛模型。日本裂殖酵母(*S. japonicus*)是一个二型裂殖酵母,能形成真菌丝,侵染力强,可作为侵袭性真菌生长的模式物种。

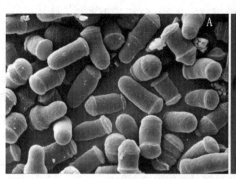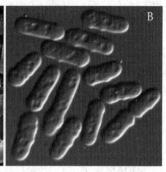

图 4-3-14　粟酒裂殖酵母(*Schizosaccharomyces pombe*)(引自:Parker，2007)
A.营养体细胞　B.裂殖方式

四、担子菌门

担子菌门典型特征是产生担子和担孢子,营养菌丝双核,有些种类菌丝有锁状联合,菌丝隔膜为桶状。营养方式为腐生、寄生或共生,分解木质素和纤维素,为害林木、建筑用材,与植物形成菌根,在生态系统中起重要作用。此外,引起人或植物病害,如 AIDS 患者易感染的病原菌新型小线黑粉菌(*Filobasidiella neoformans*)、锈菌、黑粉菌等;可食用或药用,如香菇、木耳、银耳、茯苓、猪苓等。按《菌物字典》第 10 版,担子菌门包括 16 纲 52 目 177 科 1 属 31 515余种。

1.柄锈菌属(*Puccinia*)

专性植物寄生菌,孢子多型,可产生 5 种类型孢子,即性孢子(0)、春孢子(Ⅰ)、夏孢子(Ⅱ)、冬孢子(Ⅲ)和担孢子(Ⅳ)。生活史复杂,5 种孢子都有的生活史叫长循环型,有时缺春孢子或夏孢子,春孢子和夏孢子都缺的称短循环型。有些种类需要两种不同的寄主植物来完成生活史,而且这两种寄主植物的亲缘关系很不相近,称为转主寄生。如禾柄锈病菌(*P. graminis*)引起谷类作物秸秆锈病,该菌为单倍体,具有复杂的生命周期,包括 5 个孢子阶段和两个截然不同的宿主,即以杂草为初宿主,通常以小檗属植物为转换寄主。

2.黑粉菌属(*Ustilago*)

植物寄生菌,系统侵染或局部侵染。无性繁殖产生分生孢子和芽孢子。无性器官,担孢子、菌丝间可配合形成双核菌丝,双核菌丝形成冬孢子。如玉米黑粉菌(*U. maydis*),其生活史有两种不同形态的细胞,即单倍体细胞(担孢子)和双核菌丝体,单倍体细胞没有致病性,在特定培养基上芽殖产生"酵母状"菌落。不同遗传型的单倍体细胞融合形成的双核菌丝能在寄主植物体内迅速发育,刺激寄主组织形成肿瘤,并经过细胞核融合,产生双倍体的冬孢子。该菌是研究寄主——病原物相互作用的良好模型系统。

3.木耳属(*Auricularia*)

子实体胶质或略革质,担子具横隔膜,一些种类具有重要经济价值,其中黑木耳(*A. auricula-judae*)、皱木耳(*A. delicata*)、褐黄木耳(*A. fuscosuccinea*)、毛木耳(*A. polytricha*)、网脉木耳(*A. reticulate*)等是重要的食用菌栽培种类。

4.银耳属(*Tremella*)

子实体胶质,担子产生纵隔膜成十字形,担孢子萌发时不直接形成芽管,先形成大量次生

担孢子,环境适宜时才萌发。该属可食种类 10 余种,包括银耳(*T. fuciformis*)、金色银耳(*T. aurantia*)、黄白银耳(*T. aurantialba*)、茶色银耳(*T. foliacea*)、血红银耳(*T. sanguinea*)等。

5. 蘑菇属(*Agaricus*)

子实体肉质,由菌盖、菌褶和菌柄构成,有些种类还有菌环。子实体发育半被果型或假被果型,子实层生于菌盖下面的菌褶上,菌褶离生,菌柄易与菌盖分离。担子无隔,棒状,常有囊状体。担孢子单细胞,无色或有色。蘑菇属约 200 种,可食用种类有双孢蘑菇(*A. bisporus*)、蘑菇(*A. campestris*)、大肥蘑菇(*A. bitorquis*)、双环林地蘑菇(*A. placomyces*)、林地蘑菇(*A. silvaticus*)、白林地蘑菇(*A. silvicola*)等 30 余种。

6. 侧耳属(*Pleurotus*)

菌柄偏生至侧生,菌盖无胶黏层,子实层无结晶状囊状体。全世界报道有 50 多种,可食用种类较多,但种间分类与命名尚有较大分歧。在我国人工栽培的有糙皮侧耳(*P. ostreatus*)、阿魏侧耳(*P. ferulae*)、刺芹侧耳(*P. eryngii*)、白灵侧耳(*P. nebrodensis*)等。

7. 牛肝菌属(*Boletus*)

子实体肉质,菌盖典型的伞状,子实层体管状或假菌褶状,管壁易与菌盖分开,菌孔互相不分开。可食用种类有铜色牛肝菌(*B. aereus*)、美味牛肝菌(*B. edulis*)(图 4-3-15)等。

8. 灵芝属(*Ganoderma*)

担子果木栓质,三菌丝型,子实层体孔状,孢子壁双层,外孢壁光滑,内孢壁有刺状突起。灵芝属中的灵芝(*G. lucidum*)是传统的中药材之一,药用历史悠久;树舌灵芝(*G. applanatus*)是重要的木腐菌,引起白色腐朽,分布广泛,可作药用;紫灵芝(*G. sinensis*)也是著名的药用真菌。

9. 鸡油菌属(*Cantharellus*)

担子果漏斗状,有柄,肉质至膜质,光滑、表

图 4-3-15　美味牛肝菌(*B. edulis*)

(引自:卯晓岚,1993)

A. 子实体　B. 担孢子　C. 担子

面皱折或折叠成厚褶状,孢子无类淀粉质(non-amyloid)反应。子实层上的折叠像浅延生的菌褶一直延伸到菌柄上。鸡油菌(*C. cibarius*)、云南鸡油菌(*C. yunnanensis*)、小鸡油菌(*C. minor*)等分布广泛,味道鲜美,且有药用价值,于夏秋季在林中地上散生或群生,有时丛生,属树木外生菌根菌。

10. 乳菇属(*Lactarius*)和红菇属(*Russula*)

担子果肉质,韧或膜质;子实层托不易从菌盖的肉质部撕离,菌肉组织有许多泡囊,质脆。菌盖和菌柄一般为肉质,由泡囊状细胞和菌丝组成,孢子具有明显的淀粉质反应和外孢壁纹饰,通常没有锁状联合。乳菇属和红菇属通常形成外生菌根,多种可食。乳菇属子实体受伤有乳汁或有色液体流出,特别美味的有松乳菇(*L. deliciosus*)、红汁乳菇(*L. hatsudake*)、多汁乳菇(*L. volemus*)等。红菇属子实体无乳汁,质脆,如大红菇(*R. alutacea*)、美味红菇(*R. delica*)、黄白红菇(*R. ochroleuca*)、变绿红菇(*R. virescens*)等。

五、无性型真菌

无性型真菌是以有丝分裂方式产生繁殖结构的真菌,其中绝大多数种类产生分生孢子,而少数种类则没有分化的菌丝产生繁殖结构。目前,已发现无性型真菌的有性阶段属于子囊菌或担子菌,但在自然界中尚有大量无性型真菌的有性阶段没有被发现,一些甚至完全丧失了有性繁殖能力。

无性型真菌在自然界中分布广泛,种类繁多,约占全部已知真菌总数的20％。多数陆生,少数生活于淡水或海洋,营腐生或寄生生活,其中一些种类是重要的植物病原菌,少数还可侵染动物或人类,引起真菌病。许多种类具有重要经济价值,如利用产黄青霉菌(*Penicillium chrysogenum*)生产青霉素,利用白僵菌(*Beauveria bassiana*)防治玉米螟和松毛虫等。

1.丝核菌属(*Rhizoctonia*)

菌丝发达,呈直角或近直角分枝,且在分枝处常缢缩,近分枝处形成隔膜。老熟菌丝呈褐色,易产生菌核。菌核褐色、棕红色或黑色,球形或不规则形,表面粗糙,内外层颜色一致,结构较疏松,细胞呈拟薄壁组织状(图4-3-16)。该属只包括一个种,即立枯丝核菌(*R. solani*)是重要的植物病原菌,可侵染多种植物的根、茎、叶,引起根腐病、立枯病、纹枯病。该属的有性型为担子菌门的亡革菌属(*Thanatephorus*)、角担菌属(*Ceratobasidium*)等。

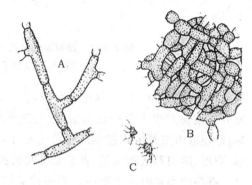

图 4-3-16　*Rhizoctonia* 的菌丝和菌核
A.直角状分枝的菌丝　B.菌丝纠结的菌组织
C.菌核

2.曲霉属(*Aspergillus*)

菌丝有隔,通常无色,成熟后浅黄色至褐色。无性繁殖产生分生孢子,并由顶囊、小梗和分生孢子形成分生孢子头。分生孢子梗自菌丝上的厚壁足细胞生出,直立,不分枝,多无隔膜,粗大,无色,顶端形成膨大的顶囊,上生瓶梗状小梗,多呈放射状分布于顶囊表面。瓶状小梗可单层、双层或多层生长,基部细胞称为梗基,顶端瓶状细胞为产孢细胞。产孢瓶梗连续产孢,常形成串的分生孢子,可呈球形、放射状或柱状排列。分生孢子球形、卵形、椭圆形、单细胞,无色或颜色多样,大小和颜色变化较大,表面光滑或具纹饰(图4-3-17)。因种类不同,其分生孢子与分生孢子梗聚集使菌落呈现不同颜色。有些菌株常生菌核,呈球形或近球形,由厚壁的多面体状细胞组成。有些种类在同一基物上可同时产生无性和有性阶段,有性型为散囊菌属(*Eurotium*)、裸胞壳属(*Emericella*)和新萨托菌属(*Neosartorya*)。

曲霉属有270种,多数腐生,有些种类可危害农作物或农产品引起霉变,或侵染人和动物,如烟曲霉(*A. fumigatus*)能引起人、畜和禽类的肺曲霉病,或产生毒素引起中毒症或致癌,如黄曲霉(*A. flavus*)产生的黄曲霉毒素(aflatoxins);或是重要的工业用菌,如黑曲霉(*A. niger*)被广泛用于生产柠檬酸及其他有机酸和酶制剂等。我国远古时代就利用曲霉制酱、酿酒、食品发酵等。构巢曲霉(*A. nidulans*)是研究真菌遗传的良好材料。

3.青霉属(*Penicillium*)

菌丝有隔,通常无色。无性繁殖产生分生孢子,着生在分生孢子梗上。分生孢子梗由菌丝

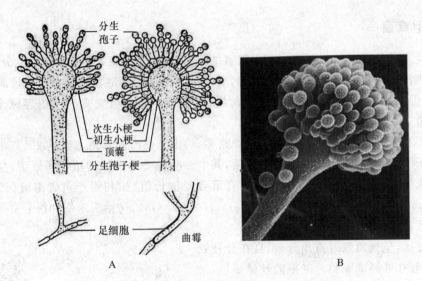

图 4-3-17 曲霉的分生孢子梗和分生孢子(引自:周德庆,2011)
A.分生孢子梗与分生孢子头 B.瓶梗式产孢细胞与分生孢子

垂直生出,无色,具隔膜,简单或分枝,在顶部由于多次分枝而形成典型的扫帚状结构。在孢子梗分枝顶端产生大量产孢细胞,呈安瓿形或披针形,通常称为瓶梗。产生瓶梗的细胞称为梗基,瓶梗以内壁芽生式连续产生分生孢子,于瓶梗顶端形成孢子链。分生孢子单胞,无色,球形、卵形、椭圆形或圆柱形,表面光滑或粗糙(图 4-3-18)。分生孢子聚集时呈青绿色或其他颜色。有些种类还可产生菌核。不同种类的菌落颜色各异,可呈灰绿色、绿色、黄绿色、淡灰黄色、黄色、蓝绿色、紫红色或无色等。有性型为正青霉属(*Eupenicillium*)和篮状菌属(*Talaromyces*)。

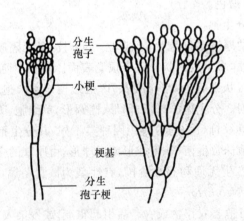

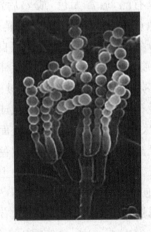

图 4-3-18 青霉的分生孢子和分生孢子梗(引自:周德庆,2011)

青霉属包括 304 种,多数腐生,少数种类可侵染植物或果实引起褐腐病或青霉病,如意大利青霉(*P. italicum*)引起柑橘青霉病。产黄青霉(*P. chrysogenum*)产生青霉素,是医药工业的重要经济真菌。

4.木霉属(*Trichoderma*)

菌丝发达繁茂,分枝,具隔膜,厚垣孢子有或无。菌落生长速度快,产孢层菌丝及分生孢子梗茂密,呈白色、青绿色或黄色。分生孢子梗侧向分枝,分枝上轮生或对生短的产孢瓶状小梗(产孢细胞)。瓶状小梗与孢子梗呈直角分枝,产孢方式为内壁芽生瓶梗式。分生孢子球形或近球形,无色或绿色,单胞,光滑或具疣突,循序连续产孢,常在瓶状产孢口处聚集成孢子球(图4-3-19)。有性型为肉座菌属(*Hypocrea*)。多腐生于土壤、植物残体和动物粪便等基质上,一些种类可寄生其他真菌,如绿色木霉(*T. viride*)、哈茨木霉(*T. harzianum*)等作为生防菌来防治作物土传病害。

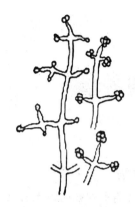

图 4-3-19 绿色木霉(*Trichoderma viride*)的分生孢子梗和分生孢子

(引自:仿魏景超,1979)

本章小结

概述真核微生物的主要类群和细胞构造,重点讲述真菌的营养体、繁殖体形态和菌落特征,真菌的分类系统和各类群的代表属。

真核微生物包括显微藻类、原生动物、真菌、黏菌和假菌等。真核微生物细胞具有与原核微生物不同成分和结构的细胞壁、原生质膜、细胞质和细胞核,还含有各种不同功能的细胞器。

真菌营养体为菌丝组成的菌丝体或圆形或卵圆形单细胞。菌丝有无隔菌丝和有隔菌丝之分。有些真菌产生菌丝变态、菌丝组织体以适应其生长需要。真菌有无性繁殖和有性繁殖。前者产生5种无性孢子,后者产生4种有性孢子。真菌菌落具有明显不同的特征。不同学者提出不同的真菌分类系统,本章主要按《菌物字典》第10版的分类系统分别介绍真菌的主要类群。

思考题

1.比较原核生物与真核生物的异同。

2.简述真核微生物的主要类群。

3.解释菌物、卵菌、黏菌、真菌、酵母菌、霉菌、丝状真菌及蕈菌等概念。

4.说明真菌的繁殖(有性和无性)方式及意义。

5.举例说明真菌与人类的关系。

6.分析不同真菌类群的生活史。

(长江大学 余知和 李利)

第五章

病 毒

◈内容提示

病毒以病毒颗粒的形式存在,具有一定的形态、结构和传染性,在电子显微镜下才能看到,各种病毒颗粒形态不一,但均具有蛋白质的衣壳及其包裹的核酸芯髓,衣壳与芯髓共同构成核衣壳,有的病毒核衣壳外面有囊膜和纤突。衣壳由壳粒组成,呈20面体对称或螺旋对称,少数为复合对称。每一种病毒只有一种核酸,DNA 或 RNA。每种病毒核酸又有双股、单股、正股、负股、线状、环状、分节段和不分节段之分。病毒蛋白有结构蛋白和非结构蛋白之分。核酸是病毒分类的基本标准。动物病毒的复制周期包括吸附、侵入与脱壳、生物合成、组装与释放等步骤。结构简单的无囊膜的20面体病毒衣壳可自我组装。大多数无囊膜的病毒细胞裂解后释放,有囊膜的病毒以出芽的方式释放。噬菌体是感染细菌等微生物的病毒,最常见的形态为蝌蚪状,就其与宿主菌的关系而言,可分为烈性噬菌体和温和噬菌体,以 T 偶数噬菌体为例,复制周期一般分为:①吸附;②侵入;③增殖(复制与生物合成);④成熟(装配);⑤裂解(释放)。一步生长曲线是定量描述烈性噬菌体生长规律的实验曲线。亚病毒包括:类病毒、拟病毒、朊病毒。病毒的检测最经典的手段是分离和鉴定病毒,包括病料的采集、接种与培养、形态学观察、理化特性测定、血清学和分子生物学鉴定等基本过程。测定病毒滴度的方法常用空斑试验和终点稀释法。病毒研究与人类健康和社会发展有密切关系。

第一节 病毒的特性及形态结构

一、病毒的特性

病毒与其他微生物比较有许多不同之处,因此要想理解病毒的科学含义,还必须了解病毒的特征:①形体极其微小,一般都能通过细菌滤器,必须在电镜下才能观察;②病毒无细胞构造,其主要成分为核酸和蛋白质,病毒只含有一种核酸,DNA 或 RNA;③病毒既无产能酶系,也无蛋白质和核酸合成酶系,病毒是严格的细胞内寄生微生物;④病毒不能长大,不经分裂繁殖,而是以核酸和蛋白质等"元件"的装配实现增殖;⑤在离体条件下,病毒能以无生命大分子状态长期存在,并保持其侵染活性;⑥病毒对抗生素不敏感,绝大多数病毒在不同程度上对干扰素敏感;⑦有些病毒的核酸能整合到宿主细胞的 DNA 中,从而诱发潜伏性感染或肿瘤性疾病。

二、病毒的大小和形态

病毒是没有细胞结构但有遗传、自我复制等生命特征的微生物,是目前已知的最小的生命体。以病毒颗粒或病毒子（viral particle，virion）的形式存在，具有一定的形态、结构和感染性。

（一）病毒的大小

测量病毒大小的单位是纳米（nm），即 1/1 000 μm，大型病毒如痘苗病毒（*Vaccinia virus*）直径 200～300 nm；中型病毒如流感病毒（*Influenza virus*）直径约 100 nm；小型病毒如猪圆环病毒（*Porcine circovirus*）直径仅 17 nm，脊髓灰质炎病毒（*Poliovirus*）直径 20～30 nm。研究病毒大小可用高分辨率电子显微镜，放大几万到几十万倍直接测量；也可用分级过滤法，根据能通过的超滤膜孔径估计病毒的大小；或用超速离心法，根据病毒大小、形状与沉降速度之间的关系，推算其大小。

（二）病毒的形态

病毒颗粒的形态有多种（图 5-1-1），包括：

1. 球形（sphericity）

大多数人类和动物病毒为球形，如脊髓灰质炎病毒、疱疹病毒及腺病毒等。

2. 丝形（filament）

多见于植物病毒，如烟草花叶病毒等。人类某些病毒（如流感病毒）有时也可形成丝形。

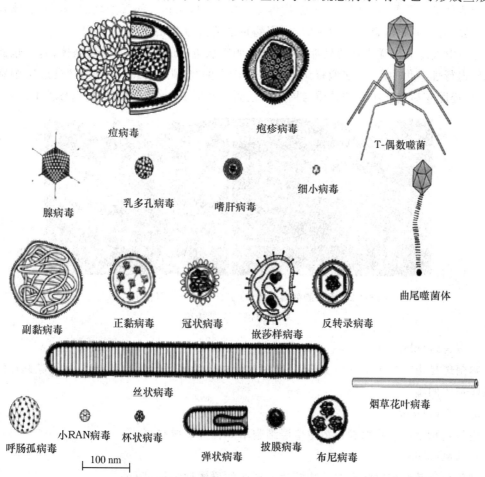

图 5-1-1　病毒的多样化形态与大小范围

3. 弹形(bullet-shape)

形似子弹头,如狂犬病病毒等,其他多为植物病毒。

4. 砖形(brick-shape)

如痘病毒(天花病毒、牛痘苗病毒等),其实大多数呈卵圆形或"菠萝形"。

5. 蝌蚪形(tadpole-shape)

由一卵圆形的头及一条细长的尾组成,如噬菌体。

(三)病毒的群体形态

1. 包涵体(inclusion body,inclusion)

包涵体是某些病毒感染细胞后产生的特征性形态变化,该团块经染色后在光学显微镜下可见,位于细胞质或细胞核内,单个或多个,较大或较小,圆形或不规则形,可嗜酸(伊红染成粉红色)或嗜碱(苏木精染成蓝色),因病毒种类而异。

痘病毒、呼肠孤病毒、副黏病毒及狂犬病病毒感染后在宿主细胞中产生细胞质内包涵体。疱疹病毒、腺病毒及细小病毒则产生核内包涵体。而犬瘟热病毒在同一细胞可产生细胞质内和细胞核内两种包涵体。

包涵体的性质并不相同。有的是病毒成分的蓄积,如狂犬病病毒产生的 Negri 氏体是堆积的核衣壳;有的则是病毒合成的场所,如痘病毒的病毒浆(viroplasm)或病毒工厂(viral factory);有的由大量晶格样排列的病毒颗粒组成,如腺病毒、呼肠孤病毒的包涵体;有些包涵体则是细胞退行性变化的产物,如疱疹病毒感染所产生的"猫头鹰眼(owl eyes)"是感染细胞染色质浓缩,经固定后位于中心的核质与周边染色质之间形成一个圈,清晰可辨(图 5-1-2)。

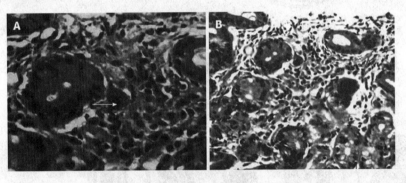

图 5-1-2 巨细胞病毒包涵体(引自:World J Hepatol,2013)

A.高倍镜　B.低倍镜

2. 噬菌斑(plaque)

噬菌斑是指在宿主细菌的菌苔上,噬菌体使菌体裂解而形成的空斑,可用于噬菌体定量计数及噬菌体的鉴定。

3. 空斑(plaque)

空斑是指某些动物病毒在宿主单层细胞培养物上形成空斑。

4. 枯斑(lesion)

枯斑是指某些植物病毒在植物叶片上形成的群体称为枯斑。

三、病毒的结构和化学组成

(一)典型病毒的结构

完整的病毒包括位于中心的由核酸组成的芯髓(core)和包裹芯髓的衣壳(capsid)。核酸芯髓和衣壳一起组成核衣壳(nucleocapsid)。有些病毒在核衣壳外面还有囊膜(envelope)(图5-1-3)。

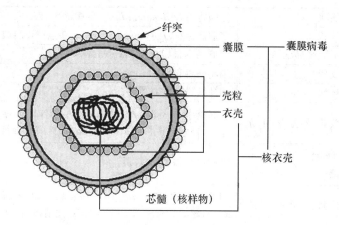

图 5-1-3　病毒颗粒结构模式图

1. 病毒的核酸

病毒的核酸构成病毒的基因组(genome),为病毒的复制、遗传和变异等功能提供遗传信息。病毒的核酸为 DNA 或 RNA,二者不同时存在。核酸可分为单链或双链、线状或环状、分节段或不分节段,分节段可称为双分子或多分子,不分节段则为单分子。DNA 病毒多数为双链线状;RNA 病毒多数为单链线状、不分节段,少数分节段(表5-1-1)。

按病毒学惯例,把 mRNA 的碱基序列作为标准,凡与此相同的核酸称为有义(positive sense)的正链 RNA,与其互补的则为无义(negative sense)的负链 RNA。某些 RNA 病毒如布尼病毒及砂粒病毒,其单股 RNA 部分节段为负链,部分为正链,称之为双义(ambisense)链。逆转录病毒的核酸为单股正链 RNA,病毒芯髓内含有逆转录酶,其 RNA 须在此酶作用下逆转录为 DNA 并整合于宿主基因组,再进行病毒 mRNA 的转录和病毒蛋白的翻译,应该与正链 RNA 病毒相区别。

病毒基因组大小有很大差异,最小的 DNA 病毒圆环病毒的基因组仅有 1.7 kb,而最大的 DNA 病毒疱疹病毒(*herpesvirus*)及痘病毒大于 200 kb。与 DNA 病毒相比,一般 RNA 病毒的基因组较小,双股 RNA 病毒为 16～27 kb,单股 RNA 病毒中冠状病毒最大,为 20～32 kb,最小的丁型肝炎病毒(*deltavirus*)为 1.7 kb,是一种基因组缺损的卫星病毒(satellite virus),需要辅助病毒(helper virus)的存在才能复制。

把噬菌体或某些植物病毒的核酸注入易感细胞即能引起感染,并产生完整的病毒颗粒;部分动物病毒如冠状病毒、疱疹病毒等也有这种现象,去除囊膜和衣壳,裸露的 DNA 或 RNA 也能感染细胞,这样的核酸称为感染性核酸(infectious nucleic acid)。感染性核酸不分节段,其本身能作为 mRNA,或者能利用宿主细胞的 RNA 聚合酶转录病毒的 mRNA。病毒核酸具有感染性这一事实证明,它贮藏了病毒的全部遗传信息。

病毒感染性 cDNA 克隆(infectious cDNA clone)是利用 PCR 或 RT-PCR 及反向遗传学(reverse genetics)技术构建的具有感染性的病毒全长基因组。感染性 cDNA 一般以细菌质粒为载体。有的通过体外转录,有的则需特有的表达系统,可以感染相应细胞或动物,获得完整病毒颗粒,前者如戊型肝炎病毒,后者如流感病毒。感染性 cDNA 克隆是感染性核酸概念的具体应用,已日渐成为病毒学研究的重要工具之一。

表 5-1-1　一些病毒的核酸类型

动物病毒	DNA	双股、线状	腺病毒科(Adenoviridae)、痘病毒科(Poxviridae)
		双股、环状	多瘤病毒科(Polyomaviridae)、乳头瘤病毒科(Papillomaviridae)
		双股、不完全环状	嗜肝病毒科(Hepadnaviridae)
		单股、线状	细小病毒科(Parvoviridae)
		单股、环状	圆环病毒科(Circoviridae)
	RNA	单股、线状、不分段、正链	冠状病毒科(Coronaviridae)、小 RNA 病毒科(Picornaviridae)、杯状病毒科(Caliciviridae)、披膜病毒科(Togaviridae)
		单股、线状、分段、二倍体、正链	逆转录病毒科(Retroviridae)
		单股、线状、不分段,负链	副黏病毒科(Paramyxoviridae)、弹状病毒科(Rhabdoviridae)、丝状病毒科(Filoviridae)、波纳病毒科(Bornaviridae)
		单股、线状,分段,正链	正黏病毒科(Qrthomyxoviridae)、砂粒病毒科(Arenaviridae)、布尼病毒科(Bunyaviridae)
		双股、线状,分段	呼肠孤病毒科(Reoviridae)、双 RNA 病毒科(Birnaviridae)
植物病毒	DNA	单股、线状	玉米条纹病毒(Maize streak virus)、菜豆夏枯病毒(Beans dry summer virus)
		双股、环状	花椰菜花叶病毒(Cauliflower mosaic virus)
	RNA	单股、线状	烟草花叶病毒(Tobacco mosaic virus)、马铃薯 X 病毒(Potato virus)、大麦黄矮病毒(Barly yellow dwarf virus)、黄瓜花叶病毒(Cucumber mosaic virus)、大麦条斑花叶病毒(Barley streak mosaic virus)
		双股、线状	玉米矮缩病毒(Maize dwarf virus)、水稻矮化病毒(Rice dwarf virus)
微生物病毒	DNA	单股、环状	E.coli 的 ΦX174、fd、f1 噬菌体
		双股、线状	E.coli 的 Tx 系、P1、P2、Mu,枯草杆菌的 PBSX、SP01,沙门氏菌的 P22 噬菌体
		双股、环状	铜绿假单胞菌的 PM2 噬菌体
	RNA	单股、线状	E.coli 的 MS2、Qβ 噬菌体
		双股、线状	各种真菌病毒

2. 衣壳(capsid)

病毒衣壳是包围在病毒核酸外的蛋白质。其功能是:①保护病毒核酸,使之免遭环境中的核酸酶和其他理化因素的破坏;②介导病毒核酸进入宿主细胞而参与病毒的感染过程,因病毒引起感染首先需要特异地吸附于易感细胞表面,而无包膜病毒是依靠衣壳吸附于细胞表面的;③具有良好的抗原性,诱发机体的体液免疫与细胞免疫,这些免疫应答不仅有免疫防御作用,而且可引起免疫病理损害,与病毒致病有关。

壳粒(capsomere)是衣壳的结构单位,电子显微镜下可观察到壳粒规则排列形成衣壳,所含壳粒数目随病毒种类不同而异,是病毒鉴别和分类的依据之一。

根据壳粒数目和排列不同,病毒衣壳主要有螺旋状和20面体两种对称型,少数为复合对称。

螺旋状对称(helical symmetry),壳粒呈螺旋形对称排列,中空(图5-1-4),见于副黏病毒(*paramyxoviridae*)、正黏病毒(*orthomyxoviridae*)、弹状病毒(*rhabdoviridae*)及多数杆状病毒(*baculovirus*)。

20面体对称(icosahedral symmetry),核衣壳形成球状结构,壳粒排列成20面体对称形式,由20个等边三角形构成具有12顶角、20个面、30个棱的立体结构。以腺病毒为例(图5-1-5)衣壳由252个壳粒组成,240个壳粒是六邻体(hexon),位于20面体顶端的12个壳粒是五邻体(penton),每个五邻体由基底和伸出表面的一根末端有顶球的纤维组成。大多数球状病毒呈这种对称型,包括大多数DNA病毒、逆转录病毒(*retrovirus*)及微RNA病毒(*picorna-virus*)等。

复合对称(complex symmetry)的壳粒排列既有螺旋对称又有立体对称的形式,如噬菌体。

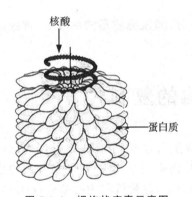

图5-1-4 螺旋状病毒示意图

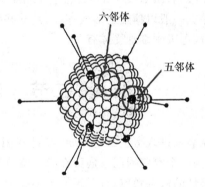

图5-1-5 腺病毒衣壳示意图

3.囊膜(envelope)

核衣壳外面有囊膜的病毒称为囊膜病毒(envelope virus),无囊膜的病毒称为裸露病毒(naked virus)。囊膜病毒多为圆形,内部为20面体或螺旋状对称的核衣壳,但也有外形固定、规则的,如弹状病毒。囊膜表面有突起,称为纤突(spikes)或膜粒(peplomer)。纤突是病毒特异蛋白质与多糖构成糖蛋白亚单位,嵌合在脂质层,不同病毒的纤突在形态、成分和功能上存在差异。囊膜纤突构成病毒颗粒表面抗原,与病毒的宿主细胞嗜性、致病性和免疫原性有密切关系。

(二)病毒的化学组成

1.病毒的核酸(前述)

2.蛋白质

组成病毒的蛋白质称为结构蛋白(structural protein),约占病毒总量的70%,少数低至30%~40%。病毒结构蛋白具有保护病毒核酸的功能,衣壳蛋白、囊膜蛋白或纤突蛋白可特异

地吸附至易感细胞受体部位并促使病毒侵入细胞(penetration),是决定病毒对宿主嗜性的重要因素,此外,病毒蛋白是良好的抗原,可激发机体产生免疫应答。

非结构蛋白(nonstructural protein)是指由病毒基因组编码的,在病毒复制或基因表达调控过程中具有一定功能,但不结合于病毒颗粒中的蛋白质,具有酶活性或其他功能。非结构蛋白的作用和应用价值近年来逐步被了解,例如冠状病毒和流感病毒的非结构蛋白有一定的抗宿主免疫功能,有助于病毒在体内复制。再如口蹄疫病毒的非结构蛋白 3ABC 仅存在于感染动物,检测其抗体可区分野毒感染与疫苗接种的动物。

病毒样颗粒(virus-like particle,VLP)是人工制备的没有核酸的蛋白质空壳,即将病毒的结构蛋白基因克隆出来,转染细胞,一般通过自我组装形成的只含蛋白不含核酸的一种特殊形式的病毒,外观与天然的病毒颗粒结构相似,但其不具感染性,具有免疫原性。能产生 VLP 的病毒目前已发现有 30 多种,例如兔出血症病毒、传染性囊病病毒等。

3．脂质与糖

脂质主要存在于囊膜,是病毒在细胞内成熟后释放时,直接从寄主细胞膜或核膜获得的,主要成分是磷脂(50%～60%),其次是胆固醇(20%～30%)。用脂溶剂可去除囊膜中的脂质,使病毒失活。因此常用乙醚或氯仿处理病毒,再检测其活性,以确定该病毒是否具有囊膜结构。能破坏病毒囊膜的还有脱氧胆酸钠、非离子去垢剂如 Triton×100、阴离子去垢剂如十二烷基磺酸钠(SDS)等,SDS 还能将衣壳解离为多肽。

糖类一般以糖蛋白形式存在,是某些病毒纤突的成分,如流感病毒的血凝素、神经氨酸酶等,与病毒吸附细胞受体有关。

第二节 动物病毒的复制

从病毒进入宿主细胞开始,经过基因组复制和病毒蛋白合成,至释放出子代病毒的全过程,称为一个复制周期。病毒在感染细胞后一段时间内,病毒完全消失,甚至在细胞内也找不到感染性的病毒颗粒,直至感染数小时后子代病毒出现为止,此阶段称为隐蔽期(eclipse period),一般持续 2～12 h。在隐蔽期细胞内只出现噬菌体的核酸和蛋白质,还没有释放出噬菌体。病毒的复制周期主要包括以下 4 个连续步骤。

一、病毒的吸附、侵入与脱壳

(一)吸附

吸附(adsorption)是指病毒以其表面特殊结构(如纤突)与敏感宿主细胞表面特异性受体发生特异性结合的过程,包含静电吸附与特异性受体吸附两阶段。细胞及病毒颗粒表面都带负电荷,Ca^{2+}、Mg^{2+} 等阳离子能降低负电荷,促进静电吸附。静电吸附是可逆的,非特异的。特异性吸附对于病毒感染至关重要,病毒与受体的特异结合反映了病毒的细胞嗜性(cell tropism)。病毒受体(virus receptor)是宿主细胞表面的特殊结构,多为糖蛋白。例如 CD155 是伪狂犬病病毒的受体,CD9 是犬瘟热病毒的受体等。

有些病毒颗粒吸附除需受体外还需辅受体(coreceptor),如腺病毒除了纤丝受体外,还需要整合素(integrin)作为辅受体,与病毒五邻体壳粒结合。对某一种病毒而言,受体可以改变,例如口蹄疫病毒(*foot-and-mouth disease virus*,FMDV),野毒株的受体是多种整合素,细胞适应株则是硫酸乙酰肝素聚糖(heparan sulfate proteaoglycan)。

(二)侵入和脱壳

动物病毒侵入(penetration)宿主细胞并脱壳(uncoating)的过程有所不同,可发生在内吞小体脱壳、胞浆膜脱壳及核膜脱壳。

1.在内吞小体脱壳

某些病毒如流感病毒在吸附细胞后,细胞将其吞饮(pinocytosis),又称病毒胞饮(viropexis),形成内吞小体(endosome)。此时 H^+(低 pH)作为脱壳信号进入内吞小体,病毒血凝素发生构型变化,暴露融合多肽,贴近内吞小体的细胞膜,融合发生。H^+ 进而注入病毒颗粒,使核衣壳与病毒膜蛋白解离,释放到胞浆内。

2.在胞浆膜脱壳

某些有囊膜的病毒在吸附后,囊膜与细胞膜融合,使核衣壳进入细胞内,然后去掉衣壳,而游离出核酸。如新城疫病毒吸附宿主细胞后,在中性 pH 条件下,其表面的融合蛋白(F)的前体 F0 被宿主细胞的酶裂解为 F1 和 F2 两个亚单位。F1 亚单位的 N 端具高度疏水性,为融合多肽区,该区段插入宿主细胞膜,导致病毒颗粒囊膜与细胞膜融合,核衣壳逸出,进入胞浆。

3.在核膜脱壳

某些无囊膜的病毒如腺病毒在吸附细胞后,被细胞吞饮,形成内吞小体。此时 H^+ 进入内吞小体,当 pH<6.5 时,病毒颗粒从内吞小体中释放,进入胞浆,进而向细胞核膜的核孔复合物(pore complex)贴近,病毒基因组及部分衣壳蛋白从衣壳中逸出,通过核孔复合物进入核内。

二、病毒的生物合成

病毒的生物合成(biosynthesis)发生在隐蔽期,非常活跃,包括 mRNA 的转录、蛋白质的合成及病毒核酸的复制等。病毒基因组转录是病毒复制的关键步骤。mRNA 的合成取决于病毒核酸的类型。而病毒核酸包括 DNA、RNA、单链、双链等不同类型,仅就动物病毒而言,就有 7 条 mRNA 合成的途径(图 5-2-1)。

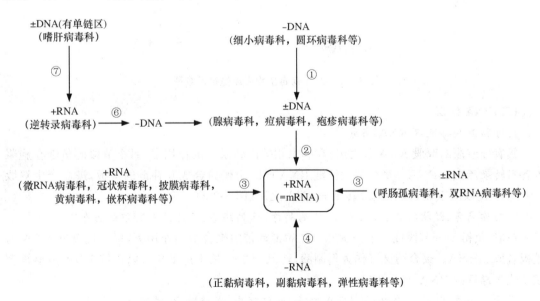

图 5-2-1 动物病毒转录 mRNA 的基本模式

（一）DNA 病毒

1.痘病毒、非洲猪瘟病毒及虹彩病毒

在胞浆复制,它们不仅携带自备的转录酶(DNA 依赖的 RNA 聚合酶),而且基因组较大,不依赖细胞核能编码多种酶,病毒 DNA 直接转录单顺反子 mRNA(图 5-2-2)。

2.疱疹病毒、腺病毒、多瘤病毒及乳头瘤病毒

复制方式最为直接,病毒 DNA 在细胞核内的 DNA 依赖的 RNA 聚合酶Ⅱ的催化下转录(图 5-2-2)。

3.细小病毒及圆环病毒

单股 DNA,利用细胞的 DNA 聚合酶合成双股 DNA,然后在细胞核内的 DNA 依赖的 RNA 聚合酶Ⅱ的催化下转录,再经剪接产生 mRNA(图 5-2-2)。

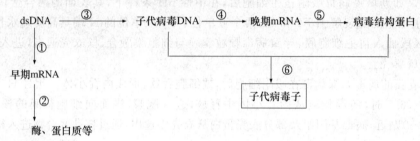

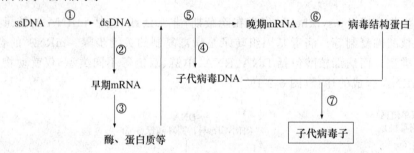

图 5-2-2　DNA 病毒生物合成途径示意图

（二）RNA 病毒

1.呼肠孤病毒及双 RNA 病毒

具有分节段的双股 RNA 基因组,在病毒相关的转录酶的作用下,每个节段的负链在胞浆内各自转录产生 mRNA。每个节段正链 RNA 同时也作为合成互补链的模板,进而产生双股 RNA。子代双股 RNA 又供继续转录 mRNA 之用(图 5-2-3)。

2.副黏病毒、弹状病毒、丝状病毒、波纳病毒、正黏病毒、布尼病毒及砂粒病毒

单股、负链不分节段或分节段 RNA,在病毒携带的聚合酶的作用下,以母代负链 RNA 为模板合成 mRNA。聚合酶又可作为复制酶,转录产生全长正链 RNA,以正链 RNA 为模板合成子代病毒负链 RNA(图 5-2-3)。

3.冠状病毒、动脉炎病毒、微 RNA 病毒、嵌杯病毒、星状病毒、披膜病毒及黄病毒

均为正链单股 RNA 病毒,复制的方式是其基因组可直接作为 mRNA 之用,又能作为模

板合成负链 RNA,负链 RNA 反过来可复制子代正链 RNA。不同的病毒各有其特点,例如冠状病毒、动脉炎病毒采用重叠的套式系列转录方式,即部分 mRNA 翻译产生 RNA 聚合酶,在此酶的作用下合成基因组全长负链 RNA。再由此 RNA 采用套式转录产生一系列 3′端相同的亚基因组 mRNA(图 5-2-3)。

呼肠孤病毒、双RNA病毒、微双RNA病毒

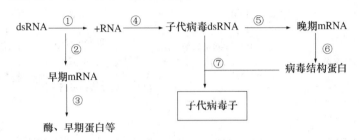

冠状病毒、动脉炎病毒、微RNA病毒、嵌杯病毒、星状病毒、披膜病毒及黄病毒等

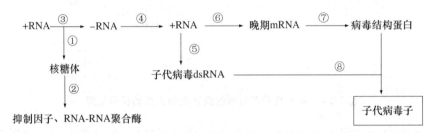

副黏病毒、弹状病毒、丝状病毒、波纳病毒、正黏病毒、布泥病毒、砂粒病毒等

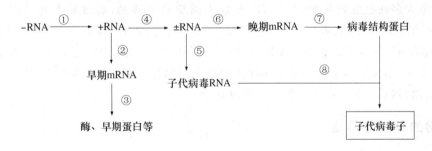

图 5-2-3　RNA 病毒生物合成途径示意图

(三)具有反转录过程的病毒

1.嗜肝病毒

基因组部分为双股 DNA,部分为单股。首先在病毒依赖的 DNA 聚合酶的作用下合成互补链,形成一个完整的超螺旋双股 DNA 结构。在细胞的 RNA 聚合酶Ⅱ的催化下转录,产生的全长的正链 RNA,翻译病毒转录酶,并以其为模板反转录出负链 DNA,后者为模板合成双股 DNA,而后双股 DNA 转录 mRNA(图 5-2-4)。

2.逆转录病毒

具有正链 RNA,但不具备 mRNA 的功能,以病毒 RNA 为模板,反转录生成 RNA-DNA 杂交分子,然后在同一酶的作用下水解产生单股 DNA,再形成双股 DNA,并插入细胞 DNA

基因组。此种插入的病毒 DNA 称为前病毒(provirus),在细胞的 RNA 聚合酶Ⅱ 的作用下转录,产物经剪接后进行翻译,所获蛋白质裂解成为病毒蛋白。另外,转录的某些全长正链 RNA 两两结合,形成子代病毒颗粒的二倍体基因组(图 5-2-4)。

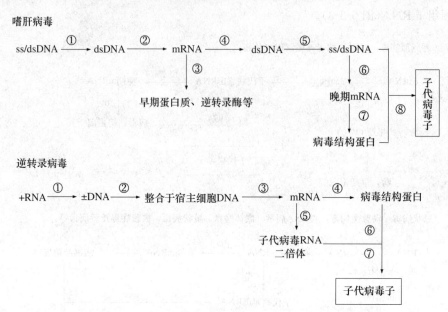

图 5-2-4　具有反转录过程的病毒生物合成途径示意图

病毒的 mRNA 是多顺反子 mRNA(polycistronic mRNA),通过各种方式翻译产生各种蛋白质。DNA 病毒将其多顺反子 mRNA 转录产物裂解或剪接为单顺反子 mRNA 分子。RNA 病毒大多在胞浆内复制,没有 RNA 加工通道及剪接酶,通过以下途径产生单顺反子 mRNA 或蛋白质分子:或者是基因组分节段,一般每个节段分子即为一个基因;或者是其多顺反子基因组通过转录的终止及再起始,产生单顺反子 RNA 转录物;或者是采用重叠的套式系列(nested set)RNA,每个转录分子再翻译为单个蛋白分子;或者是多顺反子病毒 RNA 翻译为多聚蛋白,然后裂解为所需要的多个蛋白分子。

三、病毒的装配与释放

新合成的病毒核酸和病毒蛋白质在感染细胞内逐步成熟,所谓成熟是指核酸进一步被修饰,病毒蛋白亚单位以最佳物理方式形成衣壳。病毒核酸进入衣壳形成病毒子,这就是装配。成熟的部位因病毒而异,可在细胞质、细胞核、核膜、细胞膜、内质网膜或高尔基体膜内成熟。

无囊膜结构的、简单的 20 面体病毒产生的壳粒可自我组装(self-assembly)形成衣壳,进而包装核酸形成核衣壳,如微 RNA 病毒、乳头瘤病毒和多瘤病毒等。微 RNA 病毒等的壳粒在自我组装前要经过酶的加工。大多数无囊膜病毒蓄积在胞浆或核内,当细胞完全裂解时,释放出病毒颗粒。

有囊膜的病毒以出芽(budding)或胞吐(exocytosis)方式释放。病毒可从细胞膜、囊性细胞器膜或核膜出芽,在数小时或数天内通过出芽而大量释放,对细胞膜并无明显损害,许多从胞浆膜出芽的病毒通常无细胞病变,而且往往与持续性感染有关。黄病毒、冠状病毒、动脉炎病毒及布尼病毒是穿越高尔基体复合物或粗面内质网的膜出芽,病毒颗粒而后进入空泡,再移入胞浆膜,与之融合,以胞吐的方式释放。疱疹病毒的出芽比较特殊,它穿越细胞核膜的内薄层(inner lamella)出芽,获得囊膜的病毒颗粒然后直接从两薄层之间,经内质网的储泡(cisternae)排出细胞外。

第三节　噬菌体

一、噬菌体的形态结构

能侵入菌体,并能在菌体中增殖,最终将菌体裂解的病毒叫作噬菌体(phage)。放线菌、酵母菌、霉菌都可被噬菌体侵染。噬菌体大多数为蝌蚪状,部分呈微球状或丝状。由头部和尾部两部分组成。遗传物质为 DNA 或 RNA,但大多数为双股 DNA。典型的噬菌体是 *E. coli* T4 噬菌体,头部呈 20 面体对称,大小约为 95 nm×65 nm,内含 dsDNA。尾部呈螺旋形并能收缩,由中空管状的尾髓和可收缩的尾鞘组成,由颈环将其与头部相连接,末端具有一个基板,其上伸出 6 个短的刺突(尾钉)和 6 根长的尾丝(图 5-3-1)。

二、噬菌体的增殖周期

噙菌体的增殖过程即是其侵染过程。根据噬菌体与宿主细胞的关系可分为烈性噬菌体(virulent phage)和温和噬菌体(temperate phage)。

1. 烈性噬菌体的繁殖

烈性噬菌体是指能使寄主细胞迅速裂解引起溶菌反应的噬菌体,或称为毒性噬菌体(virulent phage)。*E. coli* T 系偶数噬菌体的生活周期研究得最早和较深入,这里以其为模式介绍噬菌体的增殖,分为以下 5 个阶段。

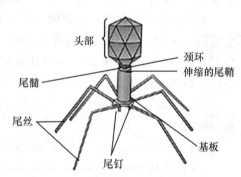

图 5-3-1　T4 噬菌体形态

(1)吸附(adsorption)　吸附是噬菌体侵染寄主细胞的第一步,是噬菌体和寄主之间的一种不可逆的高度特异性反应。噬菌体先以尾丝附着于 *E. coli* 细胞壁受点上,向菌体进一步移动,尾部的刺突与细胞表面的特殊受体相结合,刺突与尾丝进一步将噬菌体固定在菌体上。细菌的表面结构,如细胞壁或膜上的多糖或蛋白质、鞭毛和菌毛,都可作为噬菌体的特异性受体。如果这些位点失去或改变,噬菌体就不能附着,因而不能侵染。

一种细菌可以被多种噬菌体感染,这是因为宿主细胞表面对各种噬菌体有不同的吸附受点。至于每个菌体究竟能被多少噬菌体吸附,据测定一般 250～360 个即达到饱和状态,为其最大吸附量。吸附过程也受环境因子的影响,如 pH、温度、阳离子浓度等都会影响吸附的速度。

(2)侵入(penetration)　侵入即注入核酸。*E. coli* T4 噬菌体以其尾部吸附到敏感菌表面后,与 G⁻ 菌细胞壁的核心多糖特异性结合,尾部释放出溶菌酶,溶解细胞壁产生一小孔,然后尾鞘收缩,使尾髓穿透细胞壁和膜,再将头部的核酸通过尾髓注入细胞内,而蛋白质外壳则留在细胞外。

通常一种细菌表面可吸附几种噬菌体,但细菌只允许一种噬菌体侵入,如有两种噬菌体吸附时,首先进入细菌细胞的噬菌体可以排斥或抑制第二者入内。即使第二者侵入了,也不能增殖而是逐渐消解。

尾鞘并非噬菌体侵入所必不可少的。有些噬菌体没有尾鞘,也不收缩,仍能将核酸注入细胞。但尾鞘的收缩可明显提高噬菌体核酸注入的速率。如 T2 噬菌体的核酸注入速率就比 M13 的快 100 倍左右。

(3)复制(replication) 复制主要指噬菌体 DNA 复制和蛋白质外壳的合成。侵染开始后,细菌 DNA 合成突然停止,几分钟后 mRNA 和蛋白质合成也中止。首先噬菌体以自身 DNA 为模板,利用细菌内原有的 RNA 聚合酶(RNAP)转录出早期噬菌体 mRNA,翻译出早期蛋白质。这些早期蛋白质主要是病毒复制所需要的酶及抑制菌体细胞代谢的调节蛋白。在 T4 噬菌体中,早期蛋白有一种更改蛋白,可与宿主原有的 RNAP 结合改变其性质,将其改造成只能转录噬菌体早期基因的酶,至此,噬菌体已能大量合成其自身所需的 mRNA 了。

利用早期蛋白中新合成的或更改后的 RNAP 转录噬菌体的次早期基因,产生次早期 mR-NA 的过程,称为次早期转录,次早期 mRNA 进一步翻译即为次早期翻译,结果产生了多种次早期蛋白,例如分解宿主 DNA 的 DNA 酶,复制噬菌体 DNA 的 DNA 聚合酶,HMC(5-羟甲基胞嘧啶)合成酶,以及供晚期基因转录用的晚期 mRNA 聚合酶等。

晚期转录是指在新的噬菌体 DNA 复制完成后对晚期基因所进行的转录作用,其结果产生晚期 mRNA,由其再经晚期翻译产生一大批可用于子代噬菌体装配用的"部件"——晚期蛋白,包括头部蛋白、尾部蛋白、各种装配蛋白和溶菌酶等。至此,噬菌体核酸的复制和各种蛋白质的生物合成就完成了(图 5-3-2)。在此期间,细胞内看不到噬菌体粒子,称为潜伏期(latent period),平均为 25 min。潜伏期是指噬菌体吸附在宿主细胞至宿主细胞裂解,释放噬菌体的最短时间。

(4)装配(assembly) 噬菌体的装配过程事实上是把已合成的各种"部件"进行自装配的

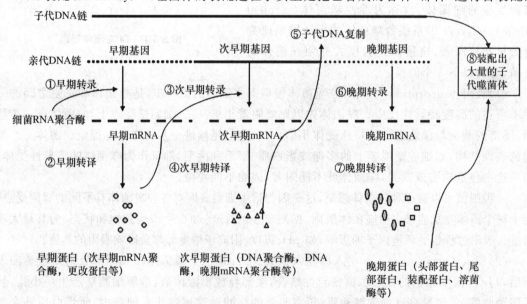

图 5-3-2 双链 DNA 噬菌体通过 3 阶段转录的增殖过程示意图

过程。例如 *E. coli* T4 噬菌体的 DNA 、头部蛋白质亚单位、尾鞘、尾髓、基板、尾丝等部件合成后,DNA 收缩聚集,被头部外壳蛋白质包围,形成二十面体头部。尾部部件也装配起来,再与头部连接,最后再装上尾丝,形成新的子代噬菌体(图 5-3-3)。

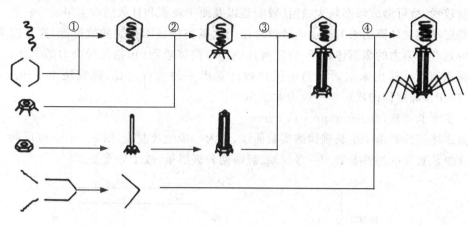

图 5-3-3 T 偶噬菌体装配过程模式图

(5)裂解(lysis) 成熟的噬菌体粒子,借宿主细胞裂解而释放。细菌裂解导致液体培养物由混浊变清或导致固体培养物出现噬菌斑。*E. coli* T 系偶数噬菌体从吸附到粒子成熟释放需 15~30 min。释放出的新的子代噬菌体粒子在适宜条件下便能重复上述过程。T4 噬菌体在成熟时,能产生两种后期蛋白质,一是破坏宿主细胞膜的噬菌体编码蛋白质,另一是噬菌体溶菌酶。当前者破坏细胞膜后,溶菌酶就穿透细胞膜而开始破坏细胞壁的肽聚糖层,使肽聚糖主链的化学键水解,细胞壁逐渐变薄。最后,寄主细胞由于渗透压不平衡而破裂,病毒体以突然暴发的方式释放出来。另外,少数噬菌体如丝状噬菌体 fd 成熟后,并不破坏细胞壁,而是从寄主细胞壁钻出来,不影响细胞的生活。

2. 噬菌体的效价测定

噬菌体效价——指噬菌体的浓度,即每毫升样品含噬菌体的个数。

在含敏感菌的平板上,涂布相应噬菌体的稀释液,根据形成噬菌斑进行噬菌体的计数,以每毫升试样中所含的具有侵染性的噬菌体粒子数,即噬菌斑形成单位(plaque forming unit/mL 或 pfu/mL)表示其效价。测定效价的方法很多,双层平板法(double layer pating method)(图 5-3-4)是一种较常用且较精确的方法。

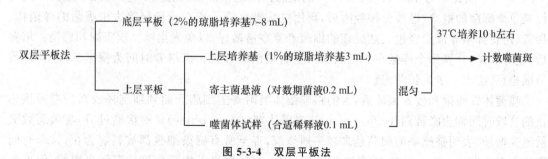

图 5-3-4 双层平板法

主要操作步骤是:预先分别配制含 2% 和 1% 琼脂的底层培养基和上层培养基。先用底层培养基制作平板。在预先融化并冷却到 45℃ 以下的上层培养基中接种敏感宿主和一定体积

的待测噬菌体样品,在试管中摇匀后,立即铺倒在底层培养基表面,凝固后在 37℃下培养 10 h 左右,即可对噬菌斑计数。此法加了底层培养基后,可弥补培养基底部不平的缺陷,使所有的噬菌体都位于近乎同一平面上,因而噬菌斑大小一致,边缘清晰且无重叠现象,又因上层培养基中琼脂较稀,故可形成形态较大、特征较明显以及便于观察和计数的噬菌斑。

用双层平板法计算出来的噬菌体效价总比用电镜直接技术得到的效价低,这是因为前者是计数的是有侵染力的噬菌体粒子,后者所计的是噬菌体总数(包括无侵染力的个体)。同一样品根据噬菌斑计算出来的效价与电镜计数计算出来的效价之比,称成斑率(efficiency of plating,EOP),噬菌体的成斑率一般均大于 50%。

3. 一步生长曲线(one-step growth curve)

定量描述烈性噬菌体生长规律的实验曲线,称为一步生长曲线(图 5-3-5)。可反映每种噬菌体的 3 个最重要的特性参数——潜伏期、裂解期和裂解量,故十分重要。

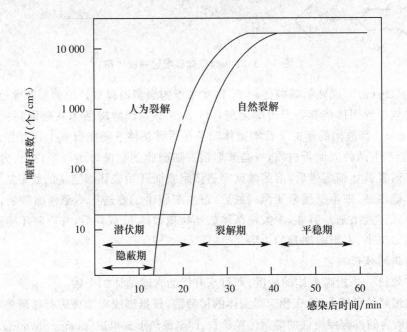

图 5-3-5　T4 噬菌体的一步生长曲线

将一个病毒体与 10～100 个高浓度的敏感菌细胞相混合,此比例可降低几个噬菌体同时侵染单个细菌的概率,经数分钟吸附后,再用抗病毒血清或离心或稀释除去未吸附的噬菌体。接着,用新鲜培养液把经过上述处理的细菌悬液高倍稀释,以免发生第二次吸附和感染。培养后,定时取样,计算每个样品在平板表面产生的噬菌斑数目。以培养时间为横坐标,噬菌斑数为纵坐标,绘出一步生长曲线。

噬菌体在吸附和侵入菌体后,人们将噬菌体吸附寄主细胞开始到细胞释放新的噬菌体为止的这段时间称为隐蔽期(eclipse period)或潜伏期(latent phase)。潜伏期过后,噬菌斑数突然迅速增加,表明被感染的细菌越来越多地裂解,直至所有感染细胞都被裂解为止,这个时间段称为上升期(rise period)或裂解期(lysis phase)。理论上裂解应该是瞬间出现的,但事实上宿主群体中各个细胞的裂解不可能是同步的,故出现了较长的上升期。接着,噬菌斑数达到大致恒定,曲线平稳,此阶段称为平稳期(plateau phase),这个时期即使存在一些未感染的细菌,由于细菌悬液的稀释倍数很高,新释放的噬菌体不能吸附未感染的细菌。此期,每个感染细菌所释放的新噬菌体的平均数称为裂解量(burst size)。

三、温和噬菌体和溶原菌

温和性噬菌体侵染宿主细胞后,存在两种可能性,第一种可能是将其基因整合于细菌基因组或以质粒的形式存在(如 P1 噬菌体)并与细菌 DNA 一起复制,并随细菌的分裂而传给后代,不形成病毒粒子,不裂解细菌,这种现象叫溶原化(lysogenization)。引起溶原化的噬菌体叫温和噬菌体(temperate phage)或溶原性噬菌体(lysogenic phage)。整合到细菌 DNA 上或以质粒的形式存在的噬菌体基因叫前噬菌体(prophage),带有前噬菌体的细菌叫溶原性细菌(lysogenic bacteria),简称溶原菌。从自然界分离的大多数细菌是含有一个或多个噬菌体的溶原性细胞,溶原性可能具有生态重要性。

第二种可能是溶原性噬菌体可自发裂解或诱发裂解。自发裂解的裂解量较少。诱发裂解经一定因素诱导,如通过丝裂霉素、紫外线、高温等理化因子处理可终止其溶原性而诱导其进入裂解循环,释放出大量的子代噬菌体。

由前噬菌体引起溶原菌表型的改变,称为溶原转换(lysogenic conversion),包括溶原菌毒力的增强以及表面抗原的改变。某些温和噬菌体整合到宿主细菌染色体内,使原本无毒力的宿主细菌获得了致病性,例如白喉棒状杆菌的 β 噬菌体、霍乱弧菌的 CTXΦ 噬菌体、*E. coli* O157 等的 Stx(VT)噬菌体,均是如此。

大多噬菌体可使所感染的溶原菌获得"免疫",即使溶原菌对本身所携带的前噬菌体的同源噬菌体不再易感,此种现象由前噬菌体产生的可扩散性阻遏蛋白所致,该蛋白实质是起干扰作用。溶原性细菌中的原噬菌体消失后,变成非溶原细胞,称为溶原细胞的复愈或非溶原化。

第四节　亚病毒

亚病毒(subviruses)是一类比病毒更为简单,仅具有某种核酸不具有蛋白质,或仅具有蛋白质而不具有核酸,能够侵染动植物的微小病原体,包括类病毒、拟病毒、卫星病毒和朊病毒等,除卫星病毒外,其他的也被称为分子病毒。类病毒只感染植物,朊病毒对动物和人有致病性。

一、类病毒

类病毒(viroid)是一类能感染某些植物并致病的单链闭合环状的 RNA 分子。

目前已测序的类病毒变异株有 100 多个,其 RNA 分子呈棒状结构,由一些碱基配对的双链区和不配对的单链环状区相间排列而成。它们一个共同特点就是在二级结构分子中央处有一段保守区。类病毒通常含 246～399 个核苷酸。所有的类病毒 RNA 没有 mRNA 活性,不编码任何多肽,它的复制是借助寄主的 RNA 聚合酶Ⅱ的催化,在细胞核中进行 RNA 到 RNA 的直接转录。

类病毒能独立引起感染,在自然界中存在着毒力不同的类病毒的株系。类病毒自 20 世纪 70 年代在马铃薯纺锤形块茎病(potato spindle tuber disease, PSTD)中发现以来,已在许多植

物病害中找到踪迹,例如番茄簇顶病、柑橘裂皮病、菊花矮化病、黄瓜白果病、椰子死亡病和酒花矮化病等,并使它们减产。

所有的类病毒均能通过机械损伤的途径来传播,经耕作工具接触的机械传播是主要途径。有的类病毒,可经种子和花粉直接传播。类病毒病与病毒病在症状上没有明显的区别,病毒病大多数典型症状也可以由类病毒引起。类病毒感染后有较长的潜伏期,并呈持续性感染。不同的类病毒具有不同的宿主范围。

二、拟病毒

拟病毒(virusoid)又称类类病毒(viroid-like)、壳内类病毒或卫星RNA(satellite RNA),是一类包裹在真病毒粒中有缺陷的类病毒。拟病毒极其微小,一般由裸露的RNA(300～400个核苷酸)或DNA组成。被拟病毒寄生的真病毒又称辅助病毒(helper virus),拟病毒则成了它的卫星。拟病毒也可干扰辅助病毒的复制和减轻其对宿主的病害,因此有望用于生物防治。

1981—1983年在澳大利亚从相应植物上陆续发现了绒毛烟斑驳病毒(velvet tobacco mottle virus,VTMV)、苜蓿暂时性条斑驳病毒(lucernetransient streak virus,LTSV)、茄苕斑驳病毒(solanumnodiflorum mottle virus,SNMV)和地下三叶草斑驳病毒(subterranean clover mottle virus)4种新的植物病毒,这些病毒均为直径30 nm的20面体病毒,其蛋白质衣壳内除含有大分子的线状ssRNA (RNA1)外,还含有环状的RNA2和线状的RNA3,后两者即为拟病毒。RNA2和RNA3是同一种RNA分子所呈现的两种不同构型,其中RNA3可能是RNA2的前体,即RNA2是通过RNA3环化而形成的。

拟病毒在核苷酸组成、大小和二级结构上均与类病毒相似,而生物学性质却与类病毒不同:①单独没有侵染性,必须依赖于辅助病毒才能进行侵染和复制,其复制需要辅助病毒编码的RNA依赖性RNA聚合酶;②其RNA不具有编码能力,需要利用辅助病毒的外壳蛋白,并与辅助病毒基因组RNA一同包裹在同一病毒粒子内;③拟病毒可干扰辅助病毒的复制并减轻其对宿主的病害,因此有望用于生物防治;④拟病毒同辅助病毒基因组RNA之间没有序列同源性。

三、卫星病毒

卫星病毒(satellite virus)是一类基因组缺损、需要依赖辅助病毒,基因才能复制和表达、才能完成增殖的亚病毒,不单独存在,常伴随着其他病毒一起出现。

如卫星烟草坏死病毒(satellite tobacco necrosis virus,STNV)与烟草坏死病毒(tobacco necrosis virus,TNV)就是这种关系。1962年Kassanis发现在TNV的20面体病毒颗粒中,有时伴随着一个较小的20面体颗粒,且只有在TNV侵染的植株中才能复制,而单独存在时既无侵染性也不复制,这种小颗粒被称为卫星烟草花叶病毒,从而开创了病毒学研究的一个新的领域。

类似的卫星病毒现象也出现在动物DNA病毒和噬菌体中。例如腺联病毒(adeno-associated virus,AAV)本身不能独立复制,必须与腺病毒并存才能复制。E. coli噬菌体P4,缺乏编码衣壳蛋白的基因,需辅助病毒E. coli噬菌体P2同时感染,且依赖P2合成的壳体蛋白装配成含P2壳体1/3左右的P4壳体,与较小的P4 DNA组装成完整的P4颗粒,完成增殖过程。丁型肝炎病毒(HDV)必须利用乙型肝炎病毒的包膜蛋白才能完成复制周期,常见的卫星病毒还有卫星烟草花叶病毒(STMV)、卫星玉米白线花叶病毒(SMWLMV)和卫星稷子花叶病毒(SPMV)等。

四、朊病毒(prion)

朊病毒又称"蛋白侵染子"(prion,是 protein infection 的合写),是一类不含核酸的传染性蛋白质分子。朊病毒是动物和人类传染性海绵状脑病的病原。早在 15 世纪发现的绵羊的痒病就是由朊病毒所致,1986 年在英国发生的牛海绵状脑病(bovine spongelike encephalitis,BSE),俗称"疯牛病",其病原也是朊病毒。美国学者布鲁辛纳(S. B. Prusiner)获得了 1997 年的诺贝尔生理和医学奖,就是为了表彰其在研究朊病毒的性质及其致病机理方面所取得的突破性进展。

朊病毒蛋白(prion protein,PrP)是人和动物正常细胞基因的编码产物。PrP 既然是动物细胞基因编码的产物,为什么并不引起全部动物致病? 朊病毒蛋白有两种构象:细胞型(正常型 PrP^c)和瘙痒型(致病型 PrP^{sc})。两者的主要区别在于空间构象上的差异,PrP^c 是正常细胞的一种糖蛋白,仅存在 α 螺旋,而 PrP^{sc} 有多个 β 折叠存在,溶解度低,且对蛋白酶表现抗性。由此可见朊病毒是空间构型改变了的正常蛋白质,是正常蛋白质变性所致。PrP^{sc} 可胁迫 PrP^c 转化为 PrP^{sc},实现自我复制,并产生病理效应。据 2005 年《细胞》杂志所刊登的美国科学家的结论,利用少量的"朊病毒"分子,可以将大量的正常的蛋白质变为"朊病毒",即少量变异的蛋白质分子可以将正常构型的蛋白质变为变异的分子。

朊病毒与常规病毒一样,有可滤过性、传染性、致病性、对宿主范围的特异性,但它比已知的最小的常规病毒还小的多(30~50 nm)。电镜下观察不到病毒粒子的结构,且不引起宿主的免疫应答,不诱发干扰素产生,也不受干扰作用。朊病毒对人类最大的威胁是可以导致人类和家畜患中枢神经系统退化性病变,最终不治而亡。

朊病毒目前尚属"不治之症",因此,只能采取相应措施预防,如消灭染病牲畜,对病人进行适当隔离;禁止食用可能传染的食物,禁止使用可能污染的药物(法国近年克雅氏综合征部分患者是由于使用了携带朊病毒的生长激素制剂);对神经外科的操作器械进行严格处理,对角膜及硬脑膜的移植应排除供者感染朊病毒的可能;家族性疾病的未患病成员更应注意预防。

第五节　病毒的分类和命名

一、病毒的分类系统

1966 年建立了国际病毒命名委员会(ICNV),1973 年更名为国际病毒分类委员会(International committee on taxonomy of viruses,ICTV),作为国际公认的病毒分类与命名的权威机构。

迄今为止,ICTV 共出版 9 次分类报告。第 6 次报告(1995)由动物病毒学家 Murphy 主编,载有病毒形态及基因组结构的大量插图,反映出病毒分类已趋于完善。2000 年出版了第 7 次分类报告,2005 年及 2012 年分别出版了第 8 次和第 9 次分类报告,配有彩图,内容更加丰富。第 1、2 及 4 次分类报告由廖延雄教授主译出版了中文本,确定许多病毒的汉语名称,有关

术语多沿用至今。

根据 ICTV 的分类报告,目前把已知病毒分为 348 个属、87 个科、19 个亚科。脊椎动物病毒为主的有 31 科,无脊椎动物为主的有 7 科,其余分别为植物病毒、细菌病毒(噬菌体)、真菌病毒、藻类病毒和原生动物病毒。

从第 6 次分类报告开始,把病毒分为 3 大类:DNA 病毒类、DNA 反转录与 RNA 反转录病毒类、RNA 病毒类。根据病毒的系统发生学关系,第 7 次分类报告在部分科之上建立了 3 个目,第 8 次报告维持不变第九次分类报告又增加了 3 个目。6 个目分别是尾病毒目(*Caudovirales*)、单负链病毒目(*Mononegavirales*)、套式病毒目(*Nidovirirales*)、疱疹病毒目(*Herpesvirales*)、微 RNA 病毒目(*Picornavirales*)和芜菁黄花叶病毒目(*Tymovirales*),后者的成员为植物病毒,尾病毒目涉及噬菌体,其余 4 目涉及动物病毒。

病毒的种是一个不确定的分类单位。1990 年 ICTV 将其定义为具有一定世代关系并占据一定生境(niche)的病毒群。也就是在具有科和属的特征的前提下,把某些次要特征大致但不完全相同的病毒归为同一种病毒。该定义既符合病毒的易变性,又符合病毒学者的工作传统。

亚病毒的分类一般附于病毒学之内。

二、病毒的分类依据

病毒分类可依据其形态与结构、核酸与多肽、复制以及对理化因素的稳定性等诸多方面。随着分子生物学技术的发展,至 1998 年 4 月,已完成包括 76 种人类病毒在内的 572 株病毒的基因组全序列测定;至 2005 年 4 月已发表全基因组序列的病毒约为 1 500 种。病毒基因组的特征对分类愈来愈显得重要,例如动脉炎病毒属原归属为披膜病毒科,现已独立为动脉炎病毒科(*Arteriviridae*),因其具有套式系列 mRNA,与披膜病毒全然不同,尽管形态有相似之处。

三、病毒的命名

病毒的名称由 ICTV 认定。其命名与细菌不同,不再采用拉丁文双名法,而是采用英文或英语化的拉丁文,只用单名。第 7 次分类报告规定,凡被 ICTV 正式认定的病毒名,其名称用斜体书写,而一般通用名则用正体。例如减蛋综合征病毒,学名为 *Duck adenovirus* A(鸭腺病毒甲型),兽医界通用名 Egg drop syndrome virus。另外,凡作为某科或某属暂定成员的病毒英文名称,均用正体而非斜体,如 Anatid herpesvirus 1(鸭疱疹病毒 1 型)。目、科、亚科、属也用斜体表示,分别用拉丁文后缀"*-virales*"、"*-viridae*"、"*-virinae*"及"*-virus*"。

第六节　病毒的培养和检测

一、病毒的培养

1.病料的采集和准备

病料采集适当与否,直接影响病毒的检测结果。尽早在发病初期(急性期)采取,较易检出病毒,越迟阳性率越低。部位应适宜,由感染部位取样,如呼吸道感染采集鼻咽洗漱液或咳痰,肠道感染采集粪便,脑内感染采集脑脊液,皮肤感染采集病灶组织,有病毒血症时采集血液。某些病毒在室温中容易失去活性,相关病料应低温保存并尽快送检。怀疑为口蹄疫的猪或牛,则应采其水疱液及水疱皮送检。检测特异性抗体需要采取急性期与恢复期双份血清,以便对比抗体效价,第一份尽可能在发病后立即采取,第二份在发病后 2～3 周采取。血清标本放 4～20℃ 保存,试验前血清标本以 56℃ 处理 30 min 去除非特异性物质及补体。

采集样本在接种细胞、鸡胚或动物之前,都需要做适当的处理,以保证病毒分离的成功概率。采集的器官或组织样本如肺脏、脑、肝、脾、淋巴结等,可取一小块进行充分研磨,加入含青霉素、链霉素的 Hanks 液,离心取上清液作为接种物;鼻液、脓汁、乳汁等分泌物或渗出液、粪便,应加入高浓度的抗生素,充分混匀后,置 4℃ 冰箱内处理 2～4 h 或过夜,离心后取上清做接种用;咽喉拭子在取样后应迅速将其浸泡入含有 2％犊牛血清和一定浓度的青霉素、链霉素的 Hanks 液中,充分涮洗棉拭子,反复冻融 3～5 次,离心后取上清液作为接种材料。

2.病毒的分离与培养

细胞培养是病毒分离与培养最常用的方法,常用细胞有原代细胞、二倍体细胞株和传代细胞系,一般说来,本动物的原代细胞最为敏感,但不如传代细胞方便易得。培养方法常用的有静置培养和旋转培养,有的病毒如轮状病毒,初次分离时旋转培养的成功率较静置培养高。除细胞培养外,鸡胚和实验动物也可用于病毒的分离与培养。

二、病毒的检测

1.病毒的理化特性测定

病毒的理化特性是病毒鉴定的重要依据,一般应进行病毒核酸型鉴定、耐酸性试验、脂溶剂敏感性试验、耐热性试验、胰蛋白酶敏感试验等,通常以细胞或鸡胚培养为观察体系,应设立已知病毒为对照。

2.病毒颗粒的检测

(1)电镜技术 最直观的方法是用电子显微镜(electron microscopy,EM)观察病毒颗粒。如果样本中含有多种病毒,则可同时检测,但 EM 检测的样本中必须有一定量的病毒颗粒,如少于 10^7/mL 则不易检出。某些病毒病料中含毒量较高,如轮状病毒引致的腹泻的粪便,EM 观察较易发现病毒,但像口蹄疫病毒或猪瘟病毒,病料中一般含毒量较低,EM 不作为常规检测手段。

一些含毒量高的病毒样本,如粪样、鼻拭子浸液或组织匀浆液,可用 EM 检出病毒。可用磷钨酸盐等重金属盐直接做负染观察,器官组织样本则需做超薄切片后再做负染观察。前者适用于观察病毒的表面结构等,后者则可观察细胞内的病毒结构,如冠状病毒、反转录病毒在组织中出芽的病毒颗粒等。

免疫电镜技术(immunoelectron microcopy,IEM)是应用病毒的特异抗体的电镜技术,可检出某些凭形态特别难区分的病毒。由于抗体与病毒颗粒特异性结合,凝聚了样本中的病毒,可提高检出率。高滴度的抗血清或单克隆抗体是决定 IEM 成败的关键材料。

(2)血吸附和血凝作用 ①血吸附法:有些病毒在敏感宿主细胞中增殖并不引起细胞病变,但在细胞表层存在病毒蛋白质,感染细胞具有吸附红细胞的能力,用一定百分比的红细胞悬液覆盖细胞表面,孵育一定时间,显微镜下观察,即可出现红细胞被吸附的现象,多见于以出芽方式释放的病毒;②血凝作用:许多动物病毒,如正黏病毒科、副黏病毒科、腺病毒科的成员,

能够凝集某些动物(如鸡、小鼠、豚鼠、人)的红细胞。这些病毒含有可与红细胞结合的蛋白质,如禽流感病毒的囊膜上有一种称为血凝素的糖蛋白,可与红细胞表面的 N 乙酰神经氨酸糖蛋白结合,引起红细胞凝集。利用这种特性,可做血凝试验来检测这些病毒的存在。

3. 病毒血清学检测

病毒分离后,可用已知的抗病毒血清或单克隆抗体,对分离毒株进行血清学鉴定,以确定病毒的种类、血清型及其亚型。常用的血清学试验有血清中和试验、血凝抑制试验等。此外,可采用免疫沉淀技术和免疫转印技术分析病毒的结构蛋白成分。

4. 病毒核酸的检测

分子生物学技术已广泛应用于病毒的鉴定,包括病毒基因的 PCR 扩增及其序列分析、核酸杂交技术、病毒全基因组序列测定分析等,从而获得分离毒株的基因组信息,依据基因组序列绘制遗传进化树分析比较分离毒株的遗传变异情况,确定分离毒株的基因类型。

5. 病毒感染单位的测定

测定样本中病毒的浓度,即病毒的滴度(titer or titre)是病毒学中最重要的技术之一。病毒滴度可以通过用系列稀释的病毒接种细胞、鸡胚或实验动物,检测病毒增殖的情况而确定。病毒滴度测定的常用技术有空斑试验、终点稀释法、荧光—斑点试验、转化试验等,最常用的是前两种。

(1)空斑试验(plaque assay) 其方法是将 10 倍梯度稀释的病毒样本接种吸附于单层细胞,然后在单层细胞上覆盖一层含营养液的琼脂,由于琼脂层覆盖的限制,可防止游离病毒通过营养液扩散,即病毒从起初感染细胞释放后仅能向邻近细胞扩散感染,经过一段时间培养,进行染色,原先感染病毒的细胞及病毒扩散感染的周围细胞会形成一个近似圆形的斑点,称为空斑、蚀斑或噬斑(plaque)。空斑是细胞病变的一种特殊表现形式。一个空斑可能由一个以上病毒颗粒感染所致,因此可将获得的单个空斑制作悬液,梯度稀释后再做空斑,最终可获得只含一个病毒颗粒及其子代的空斑,这就是病毒克隆。

有些病毒形成的空斑不需要对单层细胞做进一步的处理就可看到。但是,为了提高空斑与周围细胞的对比度,可用中性红或结晶紫染料对细胞进行染色。活细胞可着色,而空斑是透明的。如果要回收病毒,使用结晶紫染色后,琼脂覆盖层应事先去掉,若用无毒性的中性红染料,则可直接从空斑回收感染性病毒。

借助空斑技术不仅可纯化病毒,还可对病毒定量,定量单位为空斑形成单位(plaque forming unit,PFU)。根据样本的稀释度和空斑数,计算每毫升的 PFU,即可确定病毒的滴度。为了尽量减小计算病毒滴度的误差,进行空斑试验时应对病毒液做系列稀释,依据细胞培养板(瓶、皿)的面积,仅计数含 20~100 个空斑的培养板,因超过 100 个空斑的培养板会导致计数不准确。空斑试验是纯化和滴定病毒的一个重要手段,只是并非所有病毒或毒株都能形成空斑。

(2)终点稀释法(endpoint dilution assay) 用于测定几乎所有种类的病毒滴度,包括某些不能形成空斑的病毒,并可用以确定病毒对动物的毒力或毒价。将病毒做系列稀释,选择 4~6 个稀释度,接种一定数量的细胞、鸡胚或动物,每个稀释度做 3~6 个重复。使用细胞培养,可通过细胞病变(cytopathic effect,CPE)来判定组织培养半数感染量(TCID$_{50}$)。在鸡胚或动物,是以死亡或发病来测定。以感染发病为指标时,可计算半数感染量(ID$_{50}$);以体温反应作为指标时,可计算半数反应量(RD$_{50}$)。用鸡胚测定时,可计算鸡胚半数致死量(ELD$_{50}$)或鸡胚半数感染量（EID$_{50}$）。

第七节　病毒与实践

病毒与实践的关系极其密切。由病毒引起的宿主病害既可给人类健康、畜牧业、栽培业和发酵工业等带来不利的影响，又可利用它们进行生物防治。利用病毒还可进行疫苗生产和作为遗传工程中的外源基因载体，直接或间接地为人类创造出巨大的经济效益、社会效益和生态效益。

一、噬菌体与发酵工业

噬菌体对发酵工业的危害很大。当发酵液受噬菌体污染时，轻则延长发酵周期、影响产品的产量和质量，重则引起倒罐甚至使工厂被迫停产。污染导致碳源消耗缓慢，发酵产物形成缓慢或根本不形成；导致发酵液变清，镜检时有大量异常菌体出现；用敏感菌作平板检查时，出现大量噬菌斑；用电子显微镜观察时，可见到有无数噬菌体粒子存在。

预防噬菌体污染的措施：消灭和杜绝噬菌体赖以生存的环境条件是根本的措施；控制活菌的排放，活菌体是噬菌体生长繁殖的重要条件，凡是含有菌体的废液都要经过 80℃灭菌后方可排放；净化环境，发酵工厂净化环境是消灭和减少噬菌体和余菌污染的基本措施；使用抗噬菌体的菌株；生产菌株定期轮换使用。

二、昆虫病毒用于生物防治

病毒治虫发展极快，前景诱人，主要是由于具有以下优点：致病力强，使用量少；专一性强，安全可靠；抗逆性强，作用久长；生产简便，成本低廉。但也有缺点：杀虫速度慢、不宜大规模生产、在野外易失活和杀虫范围窄等，目前正在利用遗传工程等高科技手段对其进行改造。

三、病毒在基因工程中的应用

1.噬菌体作为分子生物学研究的工具

噬菌体结构简单，基因数较少，已成为研究核酸复制、转录、重组以及基因表达的调节、控制等的重要对象，促进了分子生物学等学科的发展。还可作为基因工程载体如 *E.coli* 的 λ 噬菌体，故噬菌体还被广泛应用于遗传工程的研究。

近年来噬菌体的整合酶受到重视，此类整合到宿主菌染色体所需的酶被认为可作为基因转移的工具酶。噬菌体的裂解基因被用于构建菌蜕系统，可望发展为新型疫苗。此外，噬菌体表面展示（phage display）技术已得到应用，其原理是将编码特定外源抗原的基因与丝状噬菌体衣壳蛋白的基因整合，外源蛋白与噬菌体衣壳蛋白被融合表达，展示于噬菌体表面，成为制备基因工程抗体的重要手段。此外，近年来 T7、T4 及 λ 噬菌体展示系统也得到应用。

用丝状噬菌体构建的肽库已商品化，可用于筛选表位与之互补的目的抗原，为抗原与药物的研究提供了便利手段。

2.动物病毒作为动物基因工程载体

动物病毒载体主要有：

(1)逆转录病毒(retrovirus)载体　以其为载体的基因转移技术在基因治疗、外源基因表达和 RNA 干扰等方面均有广泛应用。

(2)腺病毒(adenovirus)载体　已发展为第三代,去除了所有编码基因,只保留了 5′和 3′末端反向重复序列及包装信号,因此载体容量大,可携带 36 kb DNA。

(3)慢病毒(lentivirus)载体　以其高效、稳定的基因转移效率成为研究者的新宠,为 AIDs 的基因治疗带来了福音,在其他系统疾病的治疗中也显现希望。

(4)腺相关病毒(adeno-associated virus,AAV)载体　AAV 的免疫原性低,能转染分裂期和非分裂期细胞,有整合到特殊位置的潜能,其广泛的趋向性,能完成多种器官的有效转导,然而重组 AAV 载体的包装容量不足仍是限制其应用的一个主要因素。

(5)痘苗病毒(vaccinia virus)载体　痘苗病毒的感染率及外源基因表达水平高,又为裂解性病毒,其基因组与宿主细胞基因组整合的概率非常小,因而无致癌性,且其还可发挥佐剂效果,基因工程学家设想用重组的痘苗病毒做载体,期望表达抗多种病原体的活疫苗。

(6)单纯疱疹病毒(herpesvirus hominis)载体　这是一种新型安全性高的病毒载体,已用于临床试验研究。

(7)猿猴空泡病毒 40(simian vacuolating virus 40)载体　其发展速度远远超过了其他动物病毒载体,其主要原因在于,目前有关该病毒的分子生物学研究比较深入,是迄今为止研究得最为详尽的众多空病毒之一。

3.植物病毒作为基因工程载体

植物病毒的基因组一般较小,易于进行遗传操作而且感染过程简单,因此利用植物病毒载体分析基因功能和表达外源基因在生物技术领域具有潜在的应用优势。2006 年,Ding 等用雀麦花叶病毒(brome mosaic virus,BMV)进行改造,成功地在水稻、玉米等单子叶植物中完成了对基因载体的研究。植物病毒载体用于表达抗性基因增强植物抗性方面的研究报道很少,原因可能主要是由于病毒的扩散和致病性引起的安全性问题。此外,植物病毒载体稳定性相对较差,病毒载体中插入或置换的外源基因大小受到限制,病毒载体的接种方法较为昂贵和烦琐,可移动病毒载体存在一定的安全性问题,这些问题都阻碍病毒载体的应用和发展,因此植物病毒载体仍有待进一步研究改进。

以植物病毒为载体还可表达动物病毒的抗原成分,目前已用豇豆花叶病毒(cowpea mosaic virus,CPMV)成功表达了口蹄疫病毒 VP1 抗原、人免疫缺陷病毒 gp41 抗原、人鼻病毒 HRV-14 抗原和犬细小病毒(CPV)抗原等。

4.昆虫病毒作为真核生物基因工程载体

昆虫杆状病毒表达系统因具有完备的翻译后加工修饰系统和高效表达外源基因的能力,现已成功表达了近千种高价值蛋白。随着杆状病毒载体的不断改进,该系统获得重组病毒的概率已从最初的 $0.1\%\sim1.0\%$ 提高到现在的 $80\%\sim90\%$ 及以上,并且出现了一些新的宿主域扩大的昆虫杆状病毒载体和高水平表达重组蛋白的昆虫细胞系。杆状病毒载体将在未来药物研发、疫苗生产、基因治疗、重组杆状病毒杀虫剂等领域得到广泛应用。但也存在一些问题如杆状病毒的基因组学研究相对薄弱,有关病毒晚期基因的高表达和调控机制等还不十分清楚,表达产物的纯化比较困难,多元表达等方面的技术还不够成熟等,均有待进一步解决。

本章小结

　　病毒与其他微生物比较有许多不同之处,病毒形态是指电子显微镜下见到的病毒的大小、形状和结构,各种病毒颗粒形态不一。病毒粒大量聚集就形成了具有一定形态、构造并能用光镜加以观察和识别的特殊"群体",包括包涵体、噬菌斑、空斑和枯斑。典型病毒颗粒的结构由核酸和蛋白质构成核衣壳,有些病毒核衣壳外面还有囊膜和纤突。根据衣壳壳粒组成的不同,可将病毒分为不同的对称型。每种病毒只含有一种核酸,DNA 或 RNA。病毒的蛋白质有结构蛋白和非结构蛋白之分。脂质与糖是囊膜与纤突的组分。动物病毒的复制周期包括吸附、穿入与脱壳、生物合成、组装与释放等步骤。噬菌体是寄生于原核生物的病毒,就其与宿主菌的关系而言,可将噬菌体分为烈性噬菌体和温和噬菌体两大类,定量描述某烈性噬菌体增殖规律的实验曲线,称一步生长曲线。亚病毒是一类只含核酸或蛋白质单一成分的分子病原体,包括类病毒、拟病毒和朊病毒等几类。病毒核酸的特性是病毒分类的最基本的依据,ICTV 出版的分类报告形成了病毒分类体系。细胞培养是培养病毒常用技术,动物病毒的检测最经典的手段是分离与鉴定病毒,此外还包括病料的采集、接种与培养、形态学观察、血清学与分子学鉴定等基本过程。测定病毒滴度的方法常用空斑试验和终点稀释法。病毒研究与人类健康和社会发展有密切关系。

思考题

　　1.名词解释:病毒粒;包涵体;噬菌斑;空斑;枯斑;烈性噬菌体;温和噬菌体;噬菌斑形成单位;一步生长曲线;病毒复制周期;隐蔽期;溶原性;前噬菌体;空斑试验;类病毒;拟病毒;朊病毒;血凝;血凝抑制;血吸附。
　　2.简述病毒颗粒结构与功能的关系。画出病毒颗粒结构模式图。
　　3.简述病毒核酸及蛋白质的特点。
　　4.简述病毒分类的机构和标准。
　　5.举例说明病毒的特异性吸附与细胞受体的关系。
　　6.简述病毒分离鉴定的基本过程。
　　7.朊病毒有哪些主要的生物学特性?

(山西农业大学　闫芳)

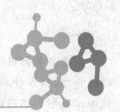

第六章

微生物的营养

◈内容提示

　　由微生物细胞化学组成可知,微生物必须从周围环境中吸收充足的水分以及构成细胞物质的碳源、氮源以及钙、镁、钾、铁等多种矿物质元素等营养物质,才能满足生长繁殖和完成各种生理活动的需要。微生物吸收营养物质的方式有简单扩散、促进扩散、主动吸收和基团转位等方式,微生物的营养类型可分为化能异养型、化能自养型、光能异养型和光能自养型。在科学研究和发酵生产中,依据不同的微生物类型和培养目标,配制不同类型的培养基。例如在微生物生理、遗传分析等定量要求和重复性要求高的研究工作中,需配制成分明确的合成培养基;可通过加富培养基、选择培养基或鉴别培养基从自然界中定向分离筛选目的微生物;发酵生产中有专门的种子培养基和发酵培养基,且发酵培养基配制还应遵循因地制宜、经济节约的原则。

第一节　微生物的化学组成和营养需求

　　能够满足微生物生长、繁殖和各种新陈代谢活动过程所需要的物质称为营养物(nutrient),营养物是微生物新陈代谢的物质基础,可为微生物的生命活动提供结构物质、能量、代谢调节物质和良好的生理和生存环境。微生物获取和利用营养物质的过程称为营养或营养作用(nutrition),是微生物为满足自身生长和繁殖的需求而从外部环境吸收必需的物质和能量的一种生理活动或生理过程,是微生物生理学的重要研究内容。

　　微生物的化学组成与各成分含量基本反映出微生物生长繁殖所需求的营养物的种类与数量。因此,分析微生物细胞的化学组成与各成分含量,是了解微生物营养需求的基础,也是培养微生物时,设计与配制培养基乃至对生长繁殖过程进行调控的重要理论依据之一。

一、微生物细胞的化学组成

1.元素组成

　　微生物细胞与动植物细胞的化学组成没有本质上的差异,反映了自然界生物细胞组成的共性。根据微生物需要量的大小,将构成微生物细胞的化学元素分为主要元素(macroelement)和微量元素(trace element),主要元素包括 C、H、O、N、P、S、K、Mg、Ca、Fe 等,其中 C、H、O、N、P、S 6 种主要元素占微生物细胞干物质的 90%～97%(表 6-1-1);其余 3%～10% 是 Zn、Mn、Na、Cu、Co、Mo 等矿物质微量元素,这些矿物质元素量虽小,但对微生物的生长起着重要作用。

表 6-1-1　微生物细胞中 6 种主要元素的相对含量　　　　　%干重

元素	细菌 bacteria	酵母菌 yeast	霉菌 mold	元素	细菌 bacteria	酵母菌 yeast	霉菌 mold
C	~50	~49.8	~47.9	O	~20	~31.1	~40.2
N	~15	~12.4	~5.2	P	~3	—	—
H	~8	~6.7	~6.7	S	~1	—	—

　　微生物细胞的各类化学元素的组成比例常因微生物种类不同而有所不同。如表 6-1-1 所示,细菌、酵母菌、霉菌的 6 种主要元素的含量差别还是比较明显的,而特定环境中的某些微生物由于生长环境条件的特殊性(如某些元素浓度较高而富集)也会出现较多对应的元素。不仅如此,微生物细胞的化学元素组成也常常会随着菌龄的不同或培养条件的变化在一定范围内发生波动,如幼龄期细胞比老龄期含氮量要高;在氮源丰富的培养基中生长的细胞含氮量高于氮源相对贫乏的培养基中生长的细胞。

　　2. 化学成分

　　构成微生物细胞的各种化学元素主要以有机物、无机物和水的形式存在于细胞中。其中水分含量平均在 80% 左右,其余为干物质。在干物质中有机物占细胞干重的 99%,它们是糖、蛋白质、核酸、脂类、维生素等各种大分子,以及它们的降解产物与代谢产物;无机物占细胞干重的 1%,包括小分子无机物和各种离子,无机物参与有机物组成,或单独存在于细胞质内。

二、微生物的营养物质及其生理功能

　　营养物质是构成微生物细胞的基本原料,也是获得能量以及维持其他代谢机能的物质基础。微生物所需的营养物质来源于其所处的环境,按照生理作用分为 6 类:碳源、氮源、能源、生长因子、无机盐和水。

　　1. 碳源(carbon source)

　　凡是可被微生物用来构成细胞物质或代谢产物中碳架来源的营养物通称为碳源。碳源的生理作用主要有:通过复杂的化学变化来构成微生物自身的细胞物质和代谢产物;多数碳源物质在生化反应过程中还能为机体提供维持生命活动所需的能量。

　　纵观整个微生物界,微生物能利用的碳源种类及形式极其广泛和多样。至今已发现能被微生物利用的含碳有机物有 700 多万种,可见,微生物的碳源谱极其宽广,既有简单的无机含碳化合物如 CO_2 和碳酸盐等,也有复杂的天然有机化合物,如糖与糖的衍生物、醇类、有机酸、脂类、烃类、芳香族化合物以及各种含氮有机化合物。其中糖类是许多微生物最广泛利用的碳源与能源物质;其次是醇类、有机酸类和脂类等。

　　微生物对碳源的利用具有选择性(表 6-1-2),因类不同而异,有的微生物能广泛利用各种不同类型的含碳物质,如假单胞菌属(Pseudomonas)中的某些种可利用 90 种以上的不同的碳源。有的微生物利用碳源的能力却有限,只能利用少数几种碳源,如某些甲基营养型细菌只能利用甲醇或甲烷等一碳化合物。又如某些产甲烷细菌、自养型细菌仅可利用 CO_2 为主要碳源或唯一碳源。

表 6-1-2　微生物利用的碳源物质

种类	碳源物质	说明
糖	葡萄糖、果糖、麦芽糖、蔗糖、淀粉、半乳糖、乳糖、甘露糖、纤维二糖、纤维素、半纤维素、甲壳素、木质素等	单糖优于双糖,己糖优于戊糖,淀粉优于纤维素或几丁质等多糖,纯多糖优于杂多糖和其他聚合物(如木质素)等。
有机酸	糖酸、乳酸、柠檬酸、延胡索酸、低级脂肪酸、高级脂肪酸、氨基酸等	与糖类比效果较差,有机酸较难进入细胞,进入细胞后会导致 pH 下降。当环境中缺乏碳源物质时,氨基酸可被微生物作为碳源利用。
醇	乙醇	在低浓度条件下被某些酵母菌和醋酸菌利用。
脂	脂肪、磷脂	主要利用脂肪,在特定条件下将磷脂分解为甘油和脂肪酸而加以利用。
烃	天然气、石油、石油馏分、石蜡油等	利用烃的微生物细胞表面有一种由糖脂组成的特殊吸收系统,可将难溶的烃充分乳化后吸收利用。
CO_2	CO_2	为自养微生物所利用。
碳酸盐	$NaHCO_3$、$CaCO_3$、白垩等	为自养微生物所利用。
其他	芳香族化合物、氰化物、蛋白质、肽、核酸等	利用这些物质的微生物在环境保护方面有重要作用。当环境中缺乏碳源物质时,可被微生物作为碳源而降解利用。

　　实验室中,常用于微生物培养基的碳源主要有葡萄糖、果糖、蔗糖、淀粉、甘露醇、甘油和有机酸等。在工业发酵生产中,大多数利用各种廉价的农副产品作为碳源,如玉米粉、麸皮、山芋粉、米糠、马铃薯、甘薯、糖蜜以及各种野生植物的淀粉等,且这类碳源往往包含多种营养要素。

　　2. 氮源（nitrogen source）

　　凡是可以被微生物用来构成细胞物质或代谢产物中氮素来源的营养物质通称为氮源。微生物细胞含氮 $5\%\sim13\%$。氮素对微生物的生长发育有着重要的意义,常被微生物利用在细胞内合成氨基酸和碱基,进而合成蛋白质、核酸等细胞成分,以及含氮的代谢产物。无机氮源物质一般不提供能量,只有极少数的化能自养型细菌如硝化细菌在厌氧条件下可利用铵态氮和硝态氮作为氮源和能源。地球氮循环从微生物固氮作用开始。能被微生物所利用的氮源物质如表 6-1-3 所示。

表 6-1-3　微生物利用的氮源物质

种类	氮源物质	说明
蛋白质类	尿素、蛋白质及其不同程度降解产物(胨、肽、氨基酸等)	蛋白质等复杂的有机氮化合物则需先经微生物分泌的胞外蛋白酶水解成氨基酸等简单小分子化合物后才能吸收利用。大多数寄生性微生物和部分腐生性微生物需以有机氮化合物(蛋白质、氨基酸)为必需的氮素营养。尿素要经微生物先转化成 NH_4^+ 以后再加以利用。氨基酸能被微生物直接吸收利用。
分子态氮及铵盐	NH_3、$(NH_4)_2SO_4$ 等生理碱性盐	容易被微生物吸收利用,主要用于氨基酸、嘌呤嘧啶碱和维生素的合成。

续表 6-1-3

种类	氮源物质	说明
硝酸盐	KNO_3 等生理酸性盐	容易被微生物吸收利用,主要 提供合成氨基酸、嘌呤嘧啶碱和维生素。
分子氮	N_2	只有少数具有固氮能力的微生物(如自生固氮菌、根瘤菌)能利用,但当环境中有化合态氮源时,固氮微生物就失去固氮能力。
其他	嘌呤、嘧啶、脲、胺、酰胺、氰化物	仅有某些微生物可以利用嘌呤与嘧啶,如尿酸发酵梭菌(*Clostridium acidiurici*)和柱孢梭菌(*C. cylindrosporum*)只能利用嘌呤与嘧啶为氮源、碳源和能源,而不利用葡萄糖、蛋白胨或氨基酸。

微生物对氮源的利用具有选择性,如玉米浆相对于豆饼粉,NH_4^+ 相对于 NO_3^- 为速效氮源。铵盐作为氮源时会导致培养基 pH 下降,称为生理酸性盐,而以硝酸盐作为氮源时培养基 pH 会升高,称为生理碱性盐。蛋白胨和肉汤中含有的肽、多种氨基酸和少量的铵盐及硝酸盐,一般能满足各类细菌生长的需要。因此,铵盐、硝酸盐、酵母膏、牛肉膏、蛋白胨和肉汤等是实验室培养微生物的常用氮源。一般来说,异养微生物对氮源的利用顺序是:"N·C·H·O"或"N·C·H·O·X"类优于"N·H"类,更优于 N·O 类,最不容易利用的则是"N"类。

在工业发酵生产中利用的有机含氮化合物,主要来源于动物、植物及微生物体,例如鱼粉、血粉、蚕蛹粉、豆饼粉、花生饼粉、麸皮、玉米浆、酵母膏、酵母粉、发酵废液及废物中的菌体等。

3. 能源(energy source)

微生物所需能源与能量代谢息息相关,微生物能量代谢的中心任务是把外界环境中多种形式的最初能源转换成一切生命活动都能使用的通用能源——ATP。能够为微生物的生命活动提供最初能量来源的物质称为能源,主要分为有机物、日光和还原态无机物三大类。微生物能利用的能源类型因其种类而异。

对于利用有机碳源的化能异养型微生物来说,其碳源往往同时又是能源。此时,碳源是一种双功能营养物;很多有机物营养物质常同时兼有双功能或三功能营养物的作用,例如由 C、N、H、O 元素组成的营养物常是异养型微生物的能源、碳源兼氮源。化能自养微生物的能源十分独特,都是一些还原态的无机物质,例如 NH_4^+,NO_2^-,S,H_2S,H_2 和 Fe^{2+} 等。能量来自这些无机营养物质氧化产生的化学能,这些物质通常具有一种以上的营养功能,例如 NH_4^+ 是硝化细菌的能源和氮源;能利用这种能源的微生物都是一些原核生物,包括亚硝酸细菌、硝酸细菌、硫化细菌、硫细菌、氢细菌和铁细菌等。

一部分微生物能够利用辐射能(光能)进行光合作用获得能源,称为光能营养型。光是光合微生物所利用的单功能能源。另一类种类较少的无机自养型微生物,则以 CO_2 为主要碳源,将其固定同化为有机化合物,但有些以 CO_2 为唯一或主要碳源的微生物生长所需的能源则不是来自 CO_2。不同营养类型的微生物其所需能源种类不同,如图 6-1-1 所示。

能源 { 化学物质 { 化能异养微生物所需能源:有机物(同碳源) / 化能自养微生物所需能源:还原态无机物(不同碳源) } 光能(辐射能) { 光能异养微生物所需能源 / 光能自养微生物所需能源 } }

图 6-1-1 微生物的能源谱

4. 生长因子(growth factor)

生长因子是微生物维持正常生命活动所不可缺少的、微量的特殊有机营养物,这些物质微生物自身不能合成或合成量不足以满足菌体生长需要,必须在培养基中加入,不提供能量,不参与细胞结构组成,作为辅助性营养物。缺少这些生长因子就会影响各种酶的活性,新陈代谢就不能正常进行。

狭义的生长因子仅指维生素(vitamin),广义的范畴还包括氨基酸类、嘌呤和嘧啶碱类、脂肪酸和其他膜成分等。这些微量营养物质被微生物吸收后,一般不被分解,而是直接参与或调节代谢反应。例如维生素在菌体中主要是作为酶的辅基或辅酶参与新陈代谢(表 6-1-4),嘌呤和嘧啶碱类在微生物细胞内的主要作用是作为酶的辅酶或辅基,以及用来合成核苷、核苷酸和核酸。

表 6-1-4　维生素及其在代谢中的作用

化合物	代谢中的作用
对氨基苯甲酸	四氢叶酸的前体,一碳单位转移的辅酶
生物素	催化羧化反应的酶的辅酶
辅酶 M	甲烷形成中的辅酶
叶酸	四氢叶酸包括在一碳单位转移辅酶中
泛酸	辅酶 A 的前体
硫辛酸	丙酮酸脱氢酶复合物的辅基
尼克酸	NAD、NADP 的前体,它们是许多脱氢酶的辅酶
吡哆素(B_6)	参与氨基酸和酮酶的转化
核黄素(B_2)	黄素单磷酸(FMN)和 FAD 的前体,它们是黄素蛋白的辅基
钴胺素(B_{12})	辅酶 B_{12} 包括在重排反应里(为谷氨酸变位酶)
硫胺素(B_1)	硫胺素焦磷酸脱羧酶、转醛醇酶和转酮醇酶的辅基
维生素 K	甲基酮类的前体,起电子载体作用(如延胡索酸还原酶)
氧肟酸	促进铁的溶解性和向细胞中的转移

由于对某些微生物生长所需生长因子的要求不完全了解,通常在这些微生物的培养基里加入酵母膏、牛肉膏、玉米浆、肝浸液、麦芽汁或其他新鲜的动植物组织浸出液等物质以满足它们对生长因子的需要。

生长因子虽是重要的营养要素,但它与碳源、氮源和能源不同,并非所有微生物都必需的营养素。依据各种微生物与生长因子的关系可分以下几类:

(1)生长因子自养型微生物　多数真菌、放线菌和不少细菌属于这一类型,都是不需要外界提供生长因子的微生物。

(2)生长因子异养型微生物　此类微生物需要多种生长因子,例如一般的乳酸菌都需要多种维生素;根瘤菌培养液中只需要 0.006 mg/mL 生物素,就有显著的促生长作用。

(3)生长因子过量合成型微生物　有些微生物在其代谢活动中,会分泌出大量的维生素等生长因子,因而这些微生物可以作为维生素的生产菌。例如生产维生素 B_2 的阿舒假囊酵母(*Eremothecium ashbya*)或棉阿舒囊霉(*Ashbya gossypii*),产维生素 B_{12} 的谢氏丙酸杆菌

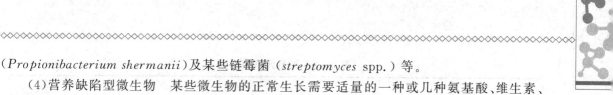

（*Propionibacterium shermanii*）及某些链霉菌（*streptomyces* spp.）等。

（4）营养缺陷型微生物 某些微生物的正常生长需要适量的一种或几种氨基酸、维生素、碱基（嘌呤或嘧啶碱类）。凡是不能合成上述各类物质中任何一种，而需外源供给才能正常生长的微生物称为营养缺陷型微生物。如前面提及的乳酸菌、根瘤菌也同属于营养缺陷型微生物。在自然界中自养型细菌和大多数腐生细菌、霉菌都能自己合成许多生长辅助因子，不需要外源供给就能正常生长发育。

5. 无机盐类（inorganic salt）

矿物质元素约占微生物细胞干重的 3%～10%，它是微生物细胞结构物质不可缺少的组成成分和微生物生长不可缺少的营养物质。无机盐在机体中的生理功能主要是构成酶的活性基团或作为酶的激活剂，维持生物大分子和细胞结构的稳定性、调节并维持细胞的渗透压平衡、调节酸碱度和氧化还原电位以及能量转移等；有些自养微生物需要利用无机矿物质元素作为能源。根据微生物生长繁殖对无机盐需要量的大小，可分为常量元素和微量元素两大类。

凡生长所需浓度在 10^{-4}～10^{-3} mol/L 范围内的元素，称为常量元素，例如 S、P、K、Na、Ca、Mg、Fe 等。这些常量元素多以无机盐形式被提供，并且具有不同的功能，如表 6-1-5 所示。在配制微生物培养基时，对于常量元素，可以加入有关化学试剂，常用 K_2HPO_4 及 $MgSO_4$，因为它们可提供 4 种需要量最大的元素。

表 6-1-5 常量无机盐及其生理功能

元素	常用化合物形式	生理功能
P	KH_2PO_4，K_2HPO_4	核酸、核蛋白、磷脂、辅酶及 ATP 等高能分子的成分；无机磷可进入细胞迅速同化成有机磷；作为缓冲系统调节培养基 pH。
S	$(NH_4)_2SO_4$，$MgSO_4$	含硫氨基酸（半胱氨酸、甲硫氨酸等）、生物素、硫胺素等辅酶、电子供体、维生素的成分；以硫酸根形式添加到培养基，还原成硫化物用；谷胱甘肽可调节胞内氧化还原电位。
Mg	$MgSO_4$	己糖磷酸化酶、异柠檬酸脱氢酶、核酸聚合酶等活性中心组分；叶绿素和细菌叶绿素成分；以离子态激活许多酶反应，促进氨基酸活化，利于蛋白质合成。
Ca	$CaCl_2$，$Ca(NO_3)_2$	某些酶的辅因子，维持酶（如蛋白酶）的稳定性，芽孢和某些孢子形成所需，建立细菌感受态所需；参与酶反应。
Na	NaCl	细胞运输系统组分，维持细胞渗透压，维持某些酶的稳定性；具有调节和控制细胞质的胶体状态、细胞质膜的通透性和细胞代谢活动的功能。
K	KH_2PO_4，K_2HPO_4	某些酶的辅因子，维持细胞渗透压，某些嗜盐细菌核糖体的稳定因子；控制细胞膜透性，控制水和溶质的运动。
Fe	$FeSO_4$	细胞色素及某些酶的组分，参与细胞呼吸作用，某些铁细菌的能源物质；合成叶绿素、白喉毒素所需

微生物对微量元素的需要量（浓度在 10^{-8}～10^{-6} mol/L 范围内）极其微小，但它们在微生物生长过程中起重要作用，一般参与酶的组成或激活酶活性，如 Cu、Zn、Mn、Mo、Co、Ni、Sn、Se 等（表 6-1-6）。Fe 介于大量元素与微量元素之间，故置于两处均可。

表 6-1-6　微量元素与生理功能

元素	生理功能
Zn	存在于乙醇脱氢酶、乳酸脱氢酶、碱性磷酸酶、醛缩酶、RNA 与 DNA 聚合酶中
Mn	存在于过氧化物歧化酶、柠檬酸合成酶中
Mo	存在于硝酸盐还原酶、固氮酶、甲酸脱氢酶中
Se	存在于甘氨酸还原酶、甲酸脱氢酶中
Co	存在于谷氨酸变位酶中
Cu	存在于细胞色素氧化酶中
W	存在于甲酸脱氢酶中
Ni	存在于脲酶中,为氢细菌生长所必需

如果微生物在生长过程中缺乏微量元素,会导致细胞生理活性降低甚至停止生长。由于不同微生物对营养物质的需求不尽相同,微量元素这个概念也是相对的。通常天然有机营养物、无机化学试剂、自来水、蒸馏水、普通玻璃器皿中含有的微量元素就可满足微生物生长需要。因此如无特殊原因,在配制培养基时没必要另外加入微量元素。但如果要配制研究营养代谢等精细培养基,采用硬质的玻璃器皿和高纯度的试剂时,就须根据需要加入必要的微量元素。

值得注意的是,许多微量元素是重金属,如果过量,就会产生毒害作用,而且单独一种微量元素过量产生的毒害作用会更大,因此有必要控制培养基中各种微量元素的含量在正常范围内和相互之间的恰当比例。

6.水分(water)

水分占微生物细胞湿重的 70%～90%。不同种类、不同生长时期或不同环境中的微生物细胞含水量会有差异(表 6-1-7)。微生物细胞中的水分以游离水和结合水两种状态存在。结合水不具有一般水的特性,不能流动,不易蒸发,不冻结,不能作为溶剂,也不能渗透。游离水则与之相反,能流动,易从细胞中排出,并能作为溶剂,利于水溶性物质进出细胞。微生物细胞中游离水与结合水的平均比大约是 4∶1。

表 6-1-7　各类微生物细胞中的含水量　　　　　　　　　　　　　　　　　%

微生物类型	细菌	霉菌	酵母菌	芽孢	孢子
水分含量	75～85	85～90	75～80	40	38

水在微生物机体中具有重要的功能,是维持微生物生命活动不可缺少的物质:

(1)水作为一种溶剂,能起到胞内物质运输介质的作用,营养物质只有呈溶解状态才能被微生物吸收、利用,代谢产物的分泌也需要水的参与才能完成;

(2)水能使细胞原生质保持溶胶状态,保证代谢活动的正常进行;含水量减少时,原生质由溶胶变为凝胶,生命活动大大减缓,如细菌芽孢。如失水过多,原生质胶体破坏,可导致菌体死亡;

(3)是细胞物质代谢的原料,参与细胞内一系列生物化学反应,如一些加水反应;

(4)水能维持蛋白质、核酸等生物大分子稳定的天然构象,因而保持充足的水分是细胞维持自身正常形态的重要因素;

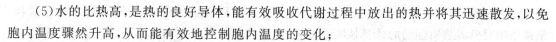

（5）水的比热高，是热的良好导体，能有效吸收代谢过程中放出的热并将其迅速散发，以免胞内温度骤然升高，从而能有效地控制胞内温度的变化；

（6）微生物通过水合作用与脱水作用控制酶、微管、鞭毛及病毒颗粒等多亚基结构的组装与解离。

微生物生长环境中的可利用水常以水活度值（water activity，A_w）表示，详见本书第八章第三节环境因素对微生物生长的影响。

第二节　微生物的营养传递与营养类型

一、微生物的营养传递

营养物质能否进入微生物细胞是其能否被微生物利用的一个决定性因素，如果营养物质是大分子的蛋白质、多糖和脂肪，微生物需分泌胞外酶先将其分解成小分子物质，才能以不同的方式吸收到细胞内，加以利用。物质不同，进入细胞的方式也不同。基于目前对细胞膜结构及其传递系统的研究，认为营养物质主要以简单扩散（simple diffusion）、促进扩散（facilited diffusion）、主动运输（active transport）和基团移位（group translocation）4 种方式透过细胞膜进入胞内，有关这 4 种传递方式的比较如表 6-2-1 所示。

表 6-2-1　营养物质 4 种传递方式的比较

比较项	简单扩散	促进扩散	主动运输	基团移位
特异载体蛋白	无	有	有	有
运送速度	慢	快	快	快
溶质运送方向	由浓至稀	由浓至稀	由稀至浓	由稀至浓
平衡时内外浓度	内外相等	内外相等	内部浓度高得多	内部浓度高得多
运送分子	无特异性	特异性	特异性	特异性
能量消耗	不需要	不需要	需要	需要
运送前后溶质分子结构	不变	不变	不变	改变
载体饱和效应	无	有	有	有
与溶质类似物	无竞争性	有竞争性	有竞争性	有竞争性
运送抑制剂	无	有	有	有
运送对象举例	H_2O、CO_2、O_2、甘油、乙醇、少数氨基酸、盐类、代谢抑制剂	SO_4^{2-}、PO_4^{3-}、糖（真核生物）	氨基酸、乳糖等糖类、Na^+、Ca^{2+}等无机离子	葡萄糖、果糖、甘露糖、嘌呤、核苷、脂肪酸等

目前关于微生物对营养物质吸收的 4 种主要运输系统的主要机理可以概括成形象化图解，如图 6-2-1 所示。

总之,微生物对营养物质的吸收传递不是简单的物理、化学的过程,而是复杂的生理过程,是微生物对营养物质能动的选择性吸收过程,影响营养物质进入细胞的因素主要有 3 个:

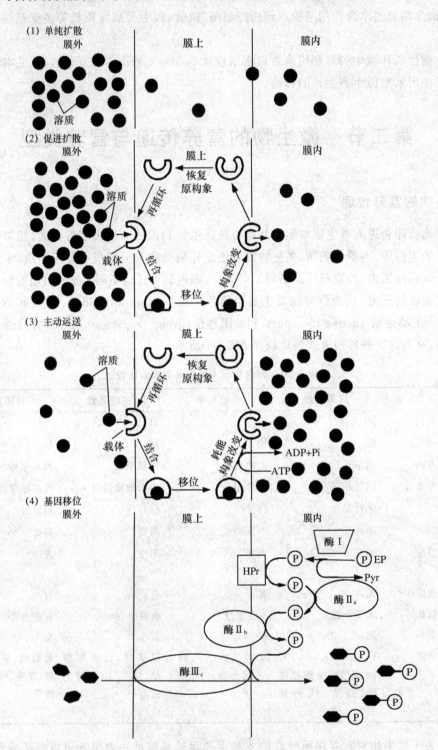

图 6-2-1　4 种运输系统的模式比较(引自:周德庆,2002)

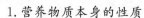
1. 营养物质本身的性质

营养物质自身的相对分子质量、溶解性、电负性、极性等理化特性都会影响营养物质进入细胞的难易程度。

2. 微生物所处的环境

温度通过影响营养物质的溶解度、细胞膜的流动性及运输系统的活性来影响微生物的吸收能力；pH 和离子强度通过影响营养物质的电离程度来影响其进入细胞的能力。当环境中存在诱导物质运输系统形成的物质时，有利于微生物吸收营养物质；而环境中存在的代谢过程抑制剂、解偶联剂以及能与细胞膜上的蛋白质或脂类物质等成分发生作用的物质（如巯基试剂、重金属离子等）都可在不同程度上影响物质的运输速率。另外，环境中被运输物质的结构类似物也影响微生物细胞吸收被运输物质的速率，例如 L -刀豆氨酸、L -赖氨酸或 D -精氨酸都能降低酿酒酵母吸收 L -精氨酸的能力。

3. 微生物细胞的透过屏障（permeability barrier）

微生物的渗透屏障主要由细胞膜、细胞壁、荚膜及黏液层等组成的结构。荚膜与黏液层的结构较为疏松，对细胞吸收营养物质影响较小。G^+ 菌细胞壁结构紧密，对营养物质的吸收有一定的影响，例如相对分子质量大于 10 000 的葡聚糖就难以通过。真菌和酵母菌的细胞壁只允许相对分子质量较小的物质通过。与细胞壁相比，细胞膜在控制物质进入细胞的过程中起着更为重要的作用，它对跨膜运输（transportacross membrane）的物质具有选择性。

二、微生物的营养类型

微生物种类繁多，在长期进化过程中，受生态环境影响，逐渐分化成各种比较复杂的营养类型。人们根据微生物所需碳源物质的性质、能量来源的不同以及能量代谢过程中供氢体性质的不同对微生物的营养类型进行划分（表 6-2-2）。综合起来，分为表 6-2-3 中的 4 种类型。

表 6-2-2　微生物营养类型及其划分依据

划分依据	营养类型	特点
碳源	自养型（autotrophs）	以 CO_2 为唯一或主要碳源
	异养型（heterotrophs）	以有机物为碳源
能源	光能营养型（phototrophs）	以光为能源
	化能营养型（chemotrophs）	以有机物氧化释放的化学能为能源
电子（氢）供体	无机营养型（lithotrophs）	以还原性无机物为电子供体
	有机营养型（organotrophs）	以有机物为电子供体

表 6-2-3　微生物的 4 种营养类型及其营养特点

营养类型	电子供体	碳源	能源	举例
光能无机自养型	H_2、H_2S、S 或 H_2O	CO_2	光能	着色细菌、蓝细菌、藻类
光能有机异养型	小分子有机物	小分子有机物	光能	红螺细菌
化能无机自养型	H_2、H_2S、Fe^{2+}、NH_3 或 NO_2^-	CO_2	化学能（无机物氧化）	氢细菌、硫杆菌、硝化细菌、亚硝化单胞菌属、铁细菌等

续表 6-2-3

营养类型	电子供体	碳源	能源	举例
化能有机异养型	有机物	有机物	化学能（有机物氧化降解）	大多数细菌、全部真菌、放线菌、假单胞菌属、原生动物

1. 光能无机自养型（photolithoautotrophy）

也称光能自养型，这是一类含有光合色素、能以 CO_2 或可溶性的碳酸盐（CO_3^{2-}）作为唯一或主要碳源并利用光能进行生长的微生物。它们能以无机化合物如硫化氢、硫代硫酸钠或其他无机硫化物，以及水作为供氢体，使 CO_2 还原成细胞物质，并且释放元素氧或硫。

光能无机自养型微生物主要是藻类、一些蓝细菌、紫硫细菌、绿硫细菌等少数微生物，由于含光合色素，能使光能转变为化学能（ATP），供细胞直接利用。藻类和蓝细菌具有与高等植物相同的放氧型光合作用。绿硫细菌和紫硫细菌也能进行光合作用，它们以 H_2S 为供氢体，还原 CO_2，不产 O_2，但释放元素 S。

$$蓝细菌 \qquad CO_2 + 2H_2O \xrightarrow[叶绿素]{光} [CH_2O] + H_2O + O_2\uparrow$$

$$绿硫细菌 \qquad CO_2 + 2H_2S \xrightarrow[菌绿素]{光} [CH_2O] + H_2O + 2S$$

比较以上两反应，可写成以下通式：

$$CO_2 + 2H_2A \xrightarrow[光合色素]{光} [CH_2O] + H_2O + 2A$$

2. 光能有机异养型（photoorganoheterophy）

或称光能异养型。少数含有光合色素的微生物种类以光能为能源，但不能以 CO_2 作为唯一碳源或主要碳源，需利用有机物作为供氢体还原 CO_2，因而被称为光能有机异养型。这类细菌在生长时通常需要生长因子。红螺属的一些细菌就是这一营养类型的代表。例如深红螺菌（*Rhodospirillum rubrum*）能利用异丙醇作为供氢体进行光合作用使 CO_2 还原成细胞物质，并积累丙酮。

$$2 \begin{array}{c} CH_3 \\ \diagdown \\ CHOH \\ \diagup \\ CH_3 \end{array} + CO_2 \xrightarrow[光合色素]{光} 2CH_3COCH_3 + [CH_2O] + H_2O$$

此菌在光合厌氧条件下进行上述反应。但在黑暗和好氧条件下又能用有机物氧化产生的化学能推动代谢作用。

3. 化能无机自养型（chemolithoautotrophy）

或称化能自养型。这类微生物利用某种还原态的无机物氧化过程中释放的化学能作为生长所需的能量，以 CO_2 或可溶性碳酸盐作为唯一或主要碳源进行生长，利用 H_2、H_2S、Fe^{2+} 或 NO_2^- 等作为供氢体还原 CO_2，此类微生物不需要有机养料，能源物质与供氢体均是无机性质。例如亚硝酸细菌、硝酸细菌、铁细菌、硫细菌、氢细菌可分别利用氧化 NH_3、NO_2^-、Fe^{2+}、H_2S 和 H_2 产生的化学能来还原 CO_2，形成碳水化合物。

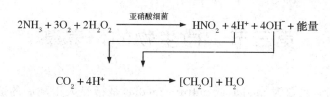

$$2NH_3 + 3O_2 + 2H_2O_2 \xrightarrow{\text{亚硝酸细菌}} HNO_2 + 4H^+ + 4OH^- + 能量$$

$$CO_2 + 4H^+ \longrightarrow [CH_2O] + H_2O$$

这一类型的微生物完全可以生活在无机的环境中,分别氧化各自合适的还原态的无机物,从而获得同化 CO_2 所需的能量。

4. 化能有机异养型(chemoorganoheterotrophy)

或称化能异养型,目前已知微生物中绝大多数细菌、全部放线菌、全部真核微生物、原生动物以及病毒都属此型。有机化合物如淀粉、糖类、纤维素、有机酸等,通常它们既是碳源又是能源,还是供氢体,能源来自有机物的氧化分解,ATP 通过氧化磷酸化产生。

化能有机异养型微生物根据利用的有机物性质不同,又可分为腐生型(metatrophy)与寄生型(paratrophy)两种。腐生型微生物以自然界中无生命的有机物质作为营养进行生长和繁殖。致腐微生物多属此类,如引起腐败的梭状芽孢杆菌、毛霉、根霉、曲霉等。寄生型微生物必须寄生在活的有机体内,从寄主体内获得营养物质才能生活,分为专性寄生和兼性寄生两种。专性寄生型微生物只能寄生在特定的寄主生物体内营寄生生活,它们是引起人、动物、植物以及微生物病害的病原微生物,如病毒、噬菌体、立克次氏体;有些微生物如大多数病原微生物既能生活在活的生物体上,又能在死的有机残体上生长,同时也可在人工培养基上生长,属于兼性寄生型微生物,如 *E. coli*,它既能寄生在人和动物肠道内,也能随粪便排出体外腐生在水、土壤和粪便之中。

光能自养型和光能异养型微生物可利用光能生长,在地球早期生态环境的演化过程中起重要作用;化能自养型微生物广泛分布于土壤及水环境中,参与地球物质循环;对化能异养型微生物而言,有机物通常既是碳源也是能源。目前已知的大多数细菌、真菌、原生动物都是化能异养型微生物。值得注意的是,已知的所有致病微生物都属化能异养型。

在自养型和异养型之间、光能型和化能型之间还存在一些过渡类型,如兼性腐生型(facultive metatrophy)和兼性寄生型(facultive paratrophy)。例如氢细菌(*Hydrogenmonas*)就是一种兼性自养型微生物类型,在完全无机的环境中进行自养生活,利用 H_2 的氧化获得能量,将 CO_2 还原成细胞物质;如果环境中存在有机物质时,又能直接利用有机物进行异养生活。

必须明确,上述不同营养类型之间的界限并非绝对的。绝大多数异养型微生物在有机物存在的情况下也可将 CO_2 同化为细胞物质,例如把 CO_2 加至丙酮酸上生成草酰乙酸,这是异养微生物普遍存在的反应。因此,划分异养型微生物和自养型微生物的标准不在于它们能否利用 CO_2,而在于它们是否能利用 CO_2 作为唯一的碳源或主要碳源。

同样,自养型微生物也并非不能利用有机物进行生长。另外,有些微生物在不同生长条件下生长时,其营养类型也会发生改变,例如紫色非硫细菌为光能营养型微生物,没有有机物时在光照和厌氧条件下可利用光能生长,可以同化 CO_2,为自养型微生物;当有机物存在时,在黑暗与好氧条件下,它又可以利用有机物氧化产生的化学能进行生长,此时它为化能异养型微生物。微生物营养类型的可变性无疑有利于提高微生物对环境条件变化的适应能力。

第三节 微生物的培养基

培养基(medium,复数为 media,或 culture media)是指经人工配制的适合微生物生长繁殖和积累代谢产物的营养基质。由于微生物种类繁多,营养类型多样,即使是同一种微生物,不同的基质条件会导致目的代谢产物的不同,因此需要不同的培养基,以适应科研、生产的需要。培养基的种类很多,约有数千种,

一、培养基配制的基本原则

配制微生物的培养基,主要遵循以下原则:

1. 确定培养基组分及各组分之间的比例

不同的微生物对营养有着不同的要求,因而在配制培养基时,首先要明确培养基的用途,是要培养何种微生物,是培养菌种还是用于发酵生产,发酵生产的目的是获得菌体还是获得次级代谢产物等,根据不同的菌种及培养目的确定搭配的营养成分及营养比例。

营养要求主要是碳源和氮源的性质,还要考虑加入适量的无机矿物质元素;有些微生物还要求加入一定的生长因子。

在设计培养基配比时,还应考虑避免培养基中各成分之间的相互作用,如蛋白胨、酵母膏中含有磷酸盐时,会与培养基中 Ca^{2+} 或 Mg^{2+} 在加热时发生沉淀作用;在高温下,还原糖也会与蛋白质或氨基酸相互作用而产生褐色物质。

2. 营养物的浓度及配比应恰当

环境中的渗透压低于或高于细胞原生质的渗透压或引起细胞膨胀或质壁分离,只有等渗条件适合微生物细胞的生长繁殖或代谢。营养物浓度太低,不能满足微生物生长的需要;浓度太高,又会抑制微生物生长。因此配制培养基时应注意各种营养物质的浓度,保持合适的渗透压或 A_w。

培养基中营养物质之间的配比直接影响微生物的生长繁殖,其中碳氮比(C/N)影响最大,C/N 比是指培养基中所含 C 原子与 N 原子的摩尔浓度之比。发酵培养基中的 C/N 比对发酵产物的积累影响很大,例如 C/N 比为 4/1 时,菌体大量繁殖,谷氨酸积累少,C/N 比为 3/1 时,菌体繁殖受到抑制,谷氨酸产量大幅提高。一般情况下,发酵种子培养基的营养越丰富越好,尤其是 N 源要丰富,而以积累次级代谢产物为发酵目的的发酵培养基,则要求适当提高 C/N 比,提高 C 素营养物质的含量。

3. 适宜的理化条件

除营养成分外,培养基的理化条件如 pH 和氧化还原电势也会直接影响微生物的生长和代谢。

(1)pH 微生物一般都有生长的最适 pH 范围,细菌一般为 pH 范围为 7.0~8.0,放线菌 pH 范围为 7.5~8.5,酵母菌 pH 范围为 3.8~6.0,霉菌 pH 范围为 4.0~5.8。

微生物在代谢过程中不断分泌代谢产物,引起培养基的 pH 变化,对大多数微生物来说,培养过程中主要产生酸性代谢产物,常引起 pH 下降。实践中,在配制培养基时,常添加一定的缓冲剂以维持 pH 的相对稳定。

①磷酸盐类。是 K_2HPO_4 与 KH_2PO_4 的混合物,通过磷酸盐的不同程度的解离,对培养基的 pH 变化起到缓冲作用,缓冲原理是:

$$H^+ + HPO_4^{2-} \longrightarrow H_2PO_4^-$$

$$OH^- + H_2PO_4^- \longrightarrow H_2O + HPO_4^{2-}$$

②碳酸钙。以"备用碱"的方式发挥缓冲作用,碳酸钙在中性条件下的溶解度极低,加入到培养基后,在中性条件下几乎不解离,所以不影响培养基的 pH,当培养基的 pH 下降时,碳酸钙就不断地解离,游离出碳酸根离子,碳酸根离子不稳定,与氢离子形成碳酸,最后释放出 CO_2,在一定程度上缓解了培养基 pH 的降低。

$$CO_3^{2-} \underset{-H^+}{\overset{+H^+}{\rightleftharpoons}} H_2CO_3 \rightleftharpoons CO_2 + H_2O$$

(2)氧化还原电位(redox potential)　氧化还原电位是度量氧化还原系统中还原剂释放电子或氧化剂接受电子趋势的一种指标,一般以 E_h 表示,单位为 V 或 mV。不同类型微生物生长对 E_h 的要求不一样。一般地说,适宜于好氧微生物生长的 E_h 值为 $+0.3 \sim +0.4V$,它们在 E_h 值为 0.1 V 以上的环境中均能生长;兼性厌氧微生物在 $+0.1$ V 以上时进行好氧呼吸,在 $+0.1$ V 以下时则进行发酵;厌氧微生物只能在 $+0.1$ V 以下才能生长,控制氧化还原电位,对厌氧的微生物尤其重要。

4.经济节约

在设计大规模发酵生产用的培养基时,还应该重视培养基组分的来源和价格,尽可能优先选择资源丰富、来源广、价格低廉的材料作培养基成分。尽可能遵循"以粗代精""以野代家""以废代好""以简代繁""以国产代进口"等原则。

二、培养基的类型

微生物培养基种类很多,有不同的划分依据。

1.根据营养成分的来源划分

根据构成培养基的化学成分,可将培养基分为以下三大类。

(1)天然培养基(complex media;undefined media)　指用化学成分并不十分清楚或化学成分不恒定的天然有机物质配制而成的培养基。配方中常用的有机物有牛肉膏、酵母膏、蛋白胨、麦芽汁、豆芽汁、玉米粉浆、麸皮、牛奶、血清等。其优点是取材广泛,营养全面而丰富,制备方便,价格低廉,适宜于大规模培养微生物之用。缺点是成分复杂且不明确,每批成分不稳定。如培养细菌的牛肉膏蛋白胨培养基以及培养酵母菌的麦芽汁培养基等就属于此类培养基。

(2)合成培养基(synthetic media)　又称组合培养基(chemical defined media),是一类用几种化学试剂配制而成、成分明确、含量精确的培养基。此类培养基重复性强,一般用于实验室进行营养代谢、分类鉴定和菌种选育、遗传分析等定量要求高的研究工作。缺点是配制较复杂,微生物在此类培养基上生长缓慢,加上价格较贵,不宜用于大规模生产。如实验室常用的分离培养放线菌的高氏1号培养基、察氏培养基均属此类培养基。

(3)半合成培养基(semi-defined media)　又称为半组合培养基,主要用成分已知的化学试剂,同时又添加某些成分未知的天然物质作为碳氮源及生长辅助物质而制备的培养基。如

实验室常用的培养霉菌的马铃薯蔗糖培养基。半合成培养基应用最广,能使绝大多数微生物良好地生长。

2. 根据物理状态划分

(1)液体培养基(liquid media) 无论在实验室还是生产实践中,液体培养基被广泛应用,该培养基有利于微生物细胞的生长和积累代谢产物,观察微生物的生长特征和研究生理生化特性。常用于大规模工业化生产,如面包酵母、味精(谷氨酸钠)的生产、大多数抗生素的生产也均采用大规模的液体培养基进行发酵。

(2)固体培养基(solid media) 是指外观呈固态的培养基,又可分为以下几种类型:

固化培养基(solidified media):在液体培养基中加入凝固剂(gelling agent)而成。琼脂(agar)是最为优良且应用最为广泛的凝固剂,其理化特性比明胶更适合制备固体培养基(表6-3-1)。通常在液体培养基中加入1%~2%的琼脂配制固体培养基,在特殊用途时也加入5%~12%明胶(gelatin)做凝固剂,如用来检验某些微生物分解蛋白质的生理生化特性等。

表 6-3-1 琼脂与明胶生物与理化性能比较

比较项目	化学组成	营养价值	分解性	融化温度	凝固温度	常用浓度	耐高温灭菌
琼脂	聚半乳糖的硫酸酯	无	罕见	～96℃	～40℃	1.5%~2.5%	强
明胶	蛋白质	可作氮源	较易	～25℃	～20℃	5%~12%	弱

不可逆固体培养基:这类培养基一旦凝固就不能再被融化。如医药微生物分离培养中常用的血清培养基及用于化能自养细菌分离、纯化与培养的无机硅胶(silica gel)培养基等。

天然固体培养基:指由天然固态营养基质制备而成的固体培养基。常用的天然固态营养基质有麦麸、米糠、木屑、植物秸秆纤维粉、马铃薯片、胡萝卜条、大豆等。如固体发酵生产纤维素酶和食用菌栽培往往分别采用以麦麸和植物秸秆纤维粉为主要原料的天然固体培养基。

(3)半固体培养基(semi-solid media) 半固体培养基指在液体培养基中加入少量凝固剂而制成的坚硬度较低的半固体状态的培养基。琼脂浓度为0.2%~0.7%。这种培养基常用于穿刺接种观察被培养微生物的运动性、趋化性研究、厌氧菌培养、鉴定菌种噬菌体的效价滴定和菌种保藏等。

(4)脱水培养基(dehydrated culture medium) 又称预支干燥培养基或粉末培养基,是指除水分之外含一切营养成分的培养基。在使用时只要按要求加入水分灭菌即可,十分方便。如用于乳酸菌分离培养的MRS肉汤培养基。

3. 根据用途划分

针对不同微生物,不同的营养要求,可以有不同的培养基。根据培养基的用途,又将培养基分成以下6种类型。

(1)基础培养基(minimum media,MM) 含有一般微生物生长繁殖所需基本营养成分的培养基称为基础培养基。牛肉膏蛋白胨培养基就是基础与应用研究中常用的基础培养基。在基础培养基中加入某些特殊需要的营养成分,可构成不同用途的其他培养基,以达到更有利于某些微生物生长繁殖的目的。

(2)加富培养基(enriched medium) 根据菌种的生理特性,在MM中加入某些特殊需要的营养成分配制而成的营养更为丰富的有利于该种微生物生长繁殖的培养基。加富培养基一般用于培养营养要求比较苛刻的微生物。在研究致病微生物时常采用加富培养基,如常在基础培养基中加入血液、血清或动物与植物的组织液等。加富培养基主要用于菌种的分离筛选（详见第十章第一节中用固体培养基对微生物进行分离部分）。

（3）选择培养基(selective media)　根据某种或某一类微生物特殊的营养要求，从混杂的微生物群落中选择性地分离某种或某类微生物而配制的培养基称为选择性培养基。选择性培养基配制时可根据不同的用途选择特殊的营养成分或添加特定的抑制剂，以达到分离特定微生物的目的。在实践中有两种方式，一种是正选择，另一种是反选择。

所谓正选择是添加某种特定成分使其作为培养基主要或唯一的营养物，以分离能利用该种营养物的微生物。如纤维素选择培养基是把纤维素作为选择培养基的唯一碳源，可从混杂的微生物群落中选择性地分离出能利用纤维素的微生物。反选择是在培养基中加入某种或某些微生物生长抑制剂，以抑制非目标微生物，从而从混杂的微生物群体中分离出不被抑制和所需要的目标微生物。如 SS 琼脂培养基，由于加入胆盐等抑制剂，对沙门氏菌等肠道致病菌无抑制作用，而对其他肠道细菌有抑制作用。再如在选择培养基中加入青霉素、链霉素以抑制细菌，从而分离霉菌与酵母菌；在基因工程中，也常用加入抗生素的选择培养基来筛选带有抗生素标记基因的基因工程菌或转化子。

（4）鉴别培养基(differential media)　这是根据微生物的代谢特点通过指示剂的显色反应用以鉴别不同微生物的一种培养基。鉴别培养基主要用于微生物的分类鉴定或分离筛选产生某种或某些代谢物的微生物菌株。如要了解某种微生物利用葡萄糖时是否产酸，就在葡萄糖为唯一碳源的培养基中加入一定量的 1‰溴麝香草酚蓝酒精溶液，溴麝香草酚蓝是一种在 pH 为 6.8 左右时呈浅草青色，pH 低于 6.6 时变黄，pH 高于 7.0 时变蓝的指示剂。当培养的细菌能利用葡萄糖产酸，则使培养基呈酸性而变黄色。再如远藤氏培养基中的亚硫酸钠可使指示剂复红醌式结构还原变浅，但 E. coli 可分解乳糖，产生的乙醛使复红醌式结构恢复，使菌落中的指示剂复红，重新呈现带金属光泽的红色，而同其他微生物区别开来。

（5）发酵培养基（fermentation media)　发酵培养基是供菌种生长、繁殖和合成产物之用。它既要使种子接种后能迅速生长，达到一定的菌体浓度或菌丝浓度，又要使长好的菌体能迅速合成目标代谢产物。因此发酵培养基的组成应丰富、完全，碳源、氮源要注意速效和迟效的互相搭配，少用速效营养，多加迟效营养；还要考虑适当的碳氮比，加缓冲剂稳定 pH；并且还要有菌体生长所需的生长因子和产物合成所需要的特定元素、前体和促进剂等。但若因菌体生长和合成代谢产物所需的营养物浓度不同，则可考虑培养基用分批补料来加以满足。

（6）种子培养基(seed culture media)　种子培养基是促使微生物菌种在逐级扩大培养时易于快速生长和大量增殖的培养基，该培养基可使菌体细胞活力增强，成为活力强的"种子"。所以种子培养基的营养成分要求比较丰富和完全，氮源和维生素的含量也要高些，但总浓度以略稀薄为好，这样可达到较高的溶解氧，供大量菌体生长繁殖。种子培养基的成分要考虑在微生物代谢过程中能维持稳定的 pH，其组成还要根据不同菌种的生理特征而定。一般种子培养基都用营养丰富而完全的天然有机氮源，因为有些氨基酸能刺激孢子发芽。但无机氮源容易利用，有利于菌体迅速生长，所以在种子培养基中常包括有机及无机氮源。最后一级的种子培养基的成分最好能较接近发酵培养基，这样可使种子进入发酵培养基后能迅速适应，快速生长。

在微生物学研究与应用实践中，还常配制一些结合两种甚至多种功能与类型的综合性培养基。如在医学微生物研究中用于分离与鉴定白喉杆菌的血液碲盐琼脂培养基，除以 100 mL

3％的肉浸液琼脂为基本营养成分外,还添加 2 mL 1％ 亚碲酸钾水溶液、2 mL 0.5％ 胱氨酸水溶液和 5 mL 兔血。待分离样品中如含有白喉杆菌,则白喉杆菌能使亚碲酸钾还原为碲,从而使菌落呈黑色而被鉴别,此为鉴别培养基;但亚碲酸钾又具有抑制样品中革兰氏阴性细菌、葡萄球菌与链球菌生长的作用,从而有利于白喉杆菌的检出,此培养基应为选择性培养基;该培养基中还加有胱氨酸与兔血,可促进白喉杆菌生长,该培养基还是加富培养基。由此可见,上述各种培养基的分类是相对的。

本章小结

微生物的营养具有多样性。微生物细胞的化学组成元素与其他生物细胞相似,但微生物种类的多样性决定了其营养需求和营养类型的多样性,微生物通过多种方式从环境中吸收营养物质,微生物吸收营养物质有简单扩散、促进扩散、主动吸收和基团移位等方式。不同类型的营养物质往往通过不同的运输途径进入细胞,不同类型的微生物所能利用的营养物质的特性也有所不同。微生物的营养类型可分为化能异养型、化能自养型、光能异养型和光能自养型。对微生物细胞组成的系统分析,了解微生物的营养需求,针对不同的微生物,根据不同的培养目标,配制不同的适合微生物"胃口"的培养基;可通过配制选择培养基、鉴别培养基、加富培养基等实现自然界中特定微生物的分离筛选;通过配制种子培养基、发酵培养基提高发酵效率。所以配制培养基是培养和研究微生物的最基本方法,也是利用微生物为人类提供服务的出发点。

思考题

1.试述微生物生长繁殖所需的各种营养物质及其功能。

2.微生物常用的碳源和氮源物质各有哪些?碳氮比为什么十分重要?

3.什么叫生长因子?它包括哪些物质?是否任何微生物都需要生长因子?

4.试比较微生物对营养物质4种传递方式的异同。

5.简述微生物的四大营养类型。

6.什么是培养基?培养基有哪些类型?配制培养基的基本原则是什么?如何区分鉴别培养基、选择培养基和加富培养基?

7.培养基中常用来维持 pH 的物质有哪些?

(天津农学院　范志华)

第七章

微生物的代谢

◈**内容提示**

代谢是指物质的合成和分解,能量的生成和消耗。物质代谢和能量代谢相伴而行,分解代谢生成能量,合成代谢消耗能量。研究微生物代谢就是为了认识代谢、控制代谢和利用代谢,使其服务于人类需要。通过选育出的优良菌株,控制代谢过程,人类实现了柠檬酸、醋酸、乙醇、酶、氨基酸、抗生素,甚至激素等的发酵生产。分解代谢将复杂的有机分子通过分解代谢酶系的催化降解为简单分子、能量和还原力。合成代谢将简单的小分子原料、能量和还原力[H]在合成酶系的作用下合成生物大分子。微生物通过各种酶促反应对代谢途径进行有效调节,保证细胞内代谢网络途径的正常运转和微生物的生长繁殖。

第一节 微生物的葡萄糖分解代谢

微生物将营养物质吸收到细胞体内后,将营养物质转变为细胞组成成分、能量,并形成代谢废物排出体外。碳水化合物是生物体内最重要的能源和碳源,其中葡萄糖和果糖是可被异养微生物直接利用的主要能源和碳源。葡萄糖在活细胞内通过生物氧化被降解为丙酮酸的过程称为糖酵解(glycolysis),主要有 5 条途径,即 EMP 途径,HMP 途径,ED 途径,磷酸解酮酶途径以及葡萄糖直接氧化途径。糖酵解产物丙酮酸在有氧条件下,进入 TCA 循环被彻底氧化分解,生成 CO_2、H_2O 和 ATP;在无氧条件下,经过微生物发酵,产生种类繁多的发酵产物。

一、葡萄糖酵解

1. EMP 途径(Embden-Meyerhof-Parnas pathway)

EMP 途径是微生物分解葡萄糖的主要途径。通过 EMP 途径,葡萄糖经 10 步酶促反应将葡萄糖降解为丙酮酸(图 7-1-1)。首先是葡萄糖被微生物激活形成 6-磷酸葡萄糖,好氧微生物通常需要 Mg^{2+} 和 ATP 的己糖激酶将葡萄糖激活;厌氧微生物以基团转位的方式通过磷酸烯醇式丙酮酸-磷酸转移酶系统将葡萄糖运输到细胞内,在进入细胞时完成葡萄糖磷酸化激活,形成 6-磷酸葡萄糖。6-磷酸葡萄糖经一系列酶催化,转化成 1,6-二磷酸果糖,1,6-二磷酸果糖经醛缩酶催化裂解成两个三碳化合物,即磷酸二羟丙酮和 3-磷酸甘油醛,二者是同分异构体,在磷酸丙糖异构酶的作用下可互相转变,其中 3-磷酸甘油醛被进一步氧化释放能量和生成 2 分子丙酮酸。

EMP 途径的关键酶是磷酸果(己)糖激酶和果糖二磷酸醛缩酶,它们催化的反应是不可逆的。1 分子葡萄糖经过 EMP 途径消耗 2 分子 ATP,产生 2 分子丙酮酸、2 分子 NADH 和 4 分

子 ATP,因此净获 2 分子 ATP。EMP 途径不需要氧气,在有氧和无氧环境均可进行,反应所生成的 NADH 和 H^+ 不能在细胞内积累,必须重新氧化,在微生物中,使 EMP 途径顺畅运行的受氢体主要有氧气和胞内中间代谢物。

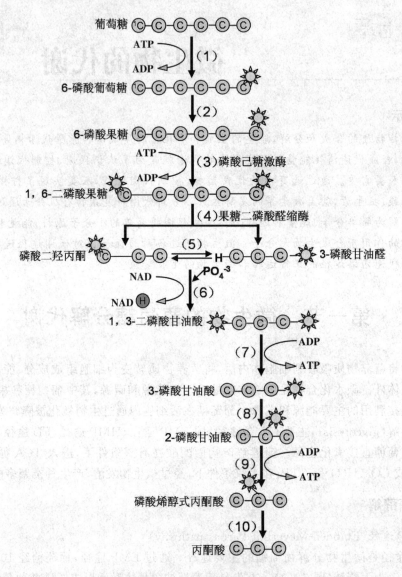

图 7-1-1　EMP 途径

糖酵解为呼吸作用提供 NADH 和 H^+,是微生物进行有氧呼吸和无氧呼吸的前提。由于是在微生物细胞质中完成,因此也被称为细胞质呼吸。

在无氧条件下,厌氧微生物及兼性厌氧微生物的能量是通过丙酮酸发酵获得的,例如经 EMP 糖酵解途径产生的 $NADH_2$,乳酸菌以丙酮酸为受氢体进行乳酸发酵,酵母菌则以丙酮酸的降解产物——乙醛为受氢体进行酒精发酵等。

在有氧条件下,丙酮酸在好氧微生物和兼性厌氧微生物细胞内进入三羧酸循环而被彻底氧化生成 CO_2,$NADH_2$ 以及三羧酸循环脱下的氢和电子经电子传递链生成 H_2O 和大量 ATP。

EMP 途径是多种微生物具有的代谢途径,虽然产能效率低,但生理功能重要。EMP 途径为细胞内物质合成提供 ATP 能量、NADH$_2$ 还原力和多种代谢中间产物;形成的代谢产物是连接其他代谢途径(TCA、HMP、ED)的桥梁;通过 EMP 途径逆向反应可以合成糖类化合物。

2. HMP 途径(hexose monophosphate pathway)

HMP 途径是从 6-磷酸葡萄糖开始降解,又称磷酸己糖途径。HMP 途径是一个循环代谢体系,分为氧化阶段和非氧化阶段(图 7-1-2)。

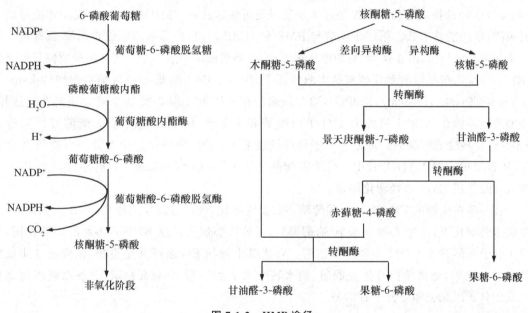

图 7-1-2　HMP 途径

氧化阶段(oxidative phase)　葡萄糖经葡萄糖激酶作用,转化为 6-磷酸-葡萄糖(葡萄糖-6-磷酸),再通过脱氢、水解和氧化脱羧 3 个反应,氧化生成核酮糖-5-磷酸、CO_2 以及还原性 NADP$^+$(图 7-1-2 左)。氧化阶段的关键酶 6-磷酸葡萄糖酸脱氢酶催化磷酸己糖酸的脱氢脱羧。

非氧化阶段(non-oxidative phase)是糖相互转换阶段,磷酸戊糖之间通过一系列基团转移反应进行分子重排,实现磷酸己糖的再生,同时形成丰富的中间代谢产物。非氧化阶段的关键酶是转酮醛酶系(包括转酮酶和转醛酶),通过其作用,HMP 途径形成大量的 C$_3$、C$_4$、C$_5$、C$_6$、C$_7$ 糖,实现相互转化(图 7-1-2 右)。HMP 途径循环的结果是 1 分子 6-磷酸葡萄糖转变为 1 分子 3-磷酸甘油醛、3 分子 CO_2 和 6 分子的 NADPH。

HMP 途径的生理功能是多方面的,在微生物代谢中占有重要的地位。1 分子葡萄糖经 HMP 途径可获得 35 分子 ATP,但 HMP 途径的主要作用不是产能,而是为微生物合成提供大量的还原力[NADPH]和非常丰富的 C$_3$、C$_4$、C$_5$、C$_6$、C$_7$ 等前体物质,如磷酸戊糖是合成核酸、某些辅酶以及合成组氨酸、芳香族氨基酸、对氨基苯甲酸等化合物的重要底物。HMP 途径产生的核酮糖-5-磷酸是光能和化能自养微生物固定 CO_2 的中介,产生的果糖-1,6-二磷酸和甘油醛-3-磷酸可与 EMP 连接,产生的 6-磷酸葡萄糖酸可与 ED 途径连接。

HMP 途径和 EMP 途径往往同时存在,单独以 EMP 或 HMP 作为降解葡萄糖的唯一途

径的微生物极少,两条途径在微生物细胞内所占的比例随微生物种类和环境条件的改变而不同。如酵母菌88%的葡萄糖通过 EMP 途径降解,12%通过 HMP 途径降解,而大肠杆菌则分别为72%(EMP)途径和28%(HMP)。

3. ED 途径(Entner-Doudoroff pathway)

ED 途径存在于某些缺乏完整 EMP 途径的微生物中,为微生物所特有,主要存在于一些 G⁻菌中,如嗜糖假单胞菌(*Pseudomonas saccharophila*)和运动发酵杆菌(*Zymomonas mobilis*)。多数情况下 ED 途径与 HMP 途径共存,但也可以独立存在于某些细菌中。

ED 途径的特点是葡萄糖仅经过 4 步反应便可快速获得 EMP 需要 10 步反应才能形成的丙酮酸,但产能效率低。第一步反应与 EMP 和 HMP 相同,由葡萄糖生成 6-磷酸-葡萄糖。第二步与 HMP 相同,由 6-磷酸-葡萄糖生成 6-磷酸-葡萄糖酸。后两步为 ED 途径的特征性反应(图 7-1-3),先在 6-磷酸葡萄糖酸脱水酶作用下,生成 2-酮-3-脱氧-6-磷酸葡萄糖酸(2-keto-3-deoxy-6-phosphogluconate,KDPG),因此该途径亦被称为 2-酮-3-脱氧-6-磷酸葡萄糖酸途径。醛缩酶随后催化 KDPG 裂解为 1 分子丙酮酸和 1 分子 3-磷酸-甘油醛,3-磷酸甘油醛进入 EMP 途径转变成丙酮酸。可见 1 分子葡萄糖经 ED 途径降解最终产生 2 分子丙酮酸、1 分子 ATP、NADPH 和 NADH,其中 2 分子丙酮酸来历不同,1 个是 KDPG 裂解形成,1 个由 3-磷酸甘油醛通过 EMP 途径转化而来。

在一些古生菌的 ED 途径中,葡萄糖不需要磷酸化,先经过脱氢酶作用,转变为葡萄糖酸,在脱水酶催化下,产生 2-酮-3-脱氧-葡萄糖酸,再被激酶催化形成 KDPG,再经醛缩酶作用,生成 1 分子丙酮酸和 1 分子 3-磷酸甘油醛。有些微生物的 ED 途径甚至更快,仅经过 3 步反应就获得丙酮酸,葡萄糖可直接经脱氢、脱水转变为 2-酮-3-脱氧-葡萄糖酸,直接被醛缩酶催化形成 1 分子丙酮酸和 1 分子甘油醛。

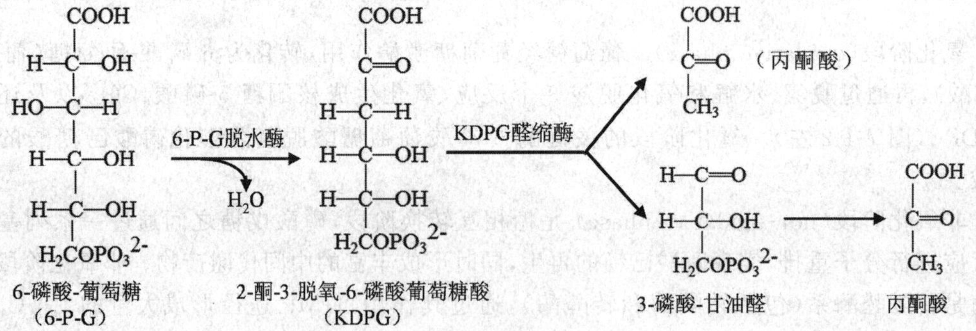

图 7-1-3　ED 途径

在生物体内,EMP、HMP 和 ED 3 条途径通过共同的代谢中间产物 6-磷酸葡萄糖和 3-磷酸甘油醛而紧密联系在一起。

4. 磷酸解酮糖途径(phospho-ketolase pathway)

磷酸解酮糖途径是由 Warburg、Dickens 和 Horecker 发现并命名的,又称 WD 途径,其特征性酶是磷酸解酮酶。其中把代谢中具有磷酸戊糖解酮酶的途径称为 PK 途径,P 代表戊糖(pentose);把具有磷酸己糖解酮酶的途径称为 HK 途径,H 代表己糖(hexose)。肠膜明串珠

菌、番茄乳杆菌、短杆乳杆菌等进行异型乳糖发酵时,先将葡萄糖磷酸化,再氧化为 6-磷酸葡萄糖酸,接着进一步氧化脱羧形成 5-磷酸木酮糖,5-磷酸木酮糖在 PK 途径的特征酶磷酸戊糖解酮酶的催化下裂解为乙酰磷酸和 3-磷酸甘油醛,最后形成乳酸、乙醇和 CO_2,产生 1 分子ATP。两歧双歧杆菌在进行异型乳酸发酵时,将葡萄糖转变为 6-磷酸果糖后,在 HK 途径的特征酶磷酸己糖解酮酶的催化下裂解为 4-磷酸赤藓糖和乙酰磷酸,最后生成 1 分子乳酸、1.5分子乙酸和 2.5 分子 ATP。

5.葡萄糖直接氧化途径

EMP、HMP、ED 和 WD 途径都是先将葡萄糖磷酸化后再通过细胞内不同的酶系将其降解,产生能量。有些微生物如假单胞杆菌(*Pseudomonas*)、气杆菌(*Aerobacter*)和醋酸杆菌(*Acetobacter*)等菌体内没有己糖激酶,不能磷酸化葡萄糖,但含有葡萄糖氧化酶。这些微生物可以利用空气中的氧气,在葡萄糖氧化酶催化下,将葡萄糖直接氧化为葡萄糖内酯和葡萄糖酸,葡萄糖酸再在激酶作用下被磷酸化,形成 6-磷酸葡萄糖酸(图 7-1-4),然后通过不完全的HMP 途径或 ED 途径进一步降解为丙酮酸。

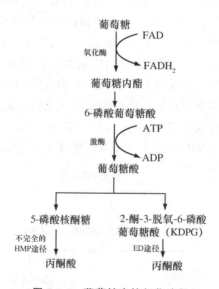

图 7-1-4 葡萄糖直接氧化途径

二、三羧酸循环

三羧酸循环(tricarboxylic acid cycle,TCA)又称柠檬酸循环或 Krebs 循环,普遍存在于需氧生物体内,是由一系列酶促反应构成的循环代谢系统。来源于糖酵解(EMP、HMP、ED 途径)和葡萄糖直接氧化途径,或由脂肪和蛋白质的代谢产生,或通过同化 CO_2 生成的丙酮酸经氧化脱羧生成乙酰 CoA,由乙酰 CoA 进入 TCA 循环。在真核微生物中,TCA 循环的酶位于线粒体基质中,所以在胞质中生成的丙酮酸必须被运输到线粒体内才能被彻底氧化分解。线粒体内膜上的载体蛋白-丙酮酸移位酶(pyruvate translocase)负责将丙酮酸和 H^+ 以同向运输的方式运输到线粒体基质。在线粒体内,在丙酮酸脱氢酶复合物的催化下氧化脱羧生成乙酰CoA(acetyl CoA),释放 1 个 CO_2,产生的电子转移到 NAD^+,形成 NADH(图 7-1-5)。

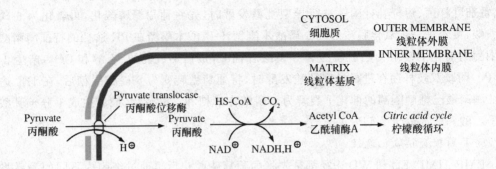

图 7-1-5　真核微生物对丙酮酸的运输及乙酰 CoA 生成

TCA 循环中有些反应是可逆的,但关键酶催化的反应是不可逆的,从而控制 TCA 循环的方向。TCA 循环的 3 个关键酶分别是柠檬酸合成酶、异柠檬酸脱氢酶和 α-酮戊二酸脱羧酶系。其中柠檬酸合成酶是乙酰 CoA 进入 TCA 循环的第一个酶,催化乙酰 CoA 与草酰乙酸合成柠檬酸。在 TCA 循环过程中,中间产物既不会生成,也不会被消耗,它们是乙酰 CoA 进行 TCA 循环生物氧化体系的组成成分。部分中间产物虽可参与细胞内物质合成,但同时又可通过多种代谢物补偿途径而生成。如图 7-1-6 所示,TCA 循环 1 次,氧化 1 分子乙酰 CoA,发生 2 次脱羧、4 次脱氢和 1 次底物水平磷酸化反应,生成 2 分子 CO_2、3 分子 NADH＋H$^+$、1 分子 FADH$_2$ 和 1 分子 GDP。氧气不直接参与 TCA 循环,但 TCA 循环必须在有氧条件下才能运转,这是因为氢受体(NAD$^+$ 和 FAD)的再生必须在有氧条件下运行,NADH＋H$^+$ 和 FADH$_2$ 进入电子传递链,将 H 最后传递给氧生成水,NAD$^+$ 和 FAD 获得再生,同时偶联合成 ATP,每分子 NADH$_2$ 生成 3 分子 ATP,每分子 FADH$_2$ 生成 2 分子 ATP。故每氧化 1 分子乙酰

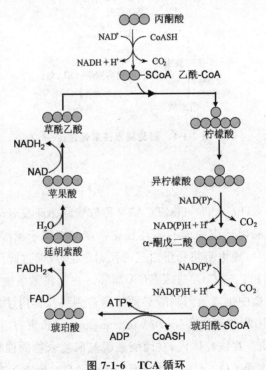

图 7-1-6　TCA 循环

CoA,可产生 12 分子 ATP。如果把丙酮酸进入 TCA 循环前生成乙酰 CoA 的入门反应(gateway step)也计入能量计算,每分子丙酮酸经 TCA 循环可产生 15 分子 ATP,可见 TCA 循环的产能效率很高。经 TCA 循环,葡萄糖得以彻底氧化,总反应式为:$CH_{12}O_6 + 6O_2 + 38$(ADP+ Pi)→$6CO_2+6H_2O+ 38ATP$。

　　TCA 循环对好氧微生物具有非常重要的生理学意义:①是好氧微生物获取能量的主要方式,1 分子葡萄糖经糖酵解和 TCA 循环净生成 38 个 ATP,其中的 24 个来自于 TCA 循环;②是有机物在体内彻底氧化分解的共用代谢途径,是糖、蛋白质和脂肪三大物质转化的中心枢纽(图 7-1-7);③为生物合成提供各种碳架原料。TCA 循环中的某些中间产物是一些重要物质合成的前体,为人类利用生物发酵生产所需产品的主要代谢途径,如柠檬酸发酵和葡萄糖发酵等(详见本章第二节 微生物的生物氧化方式)。

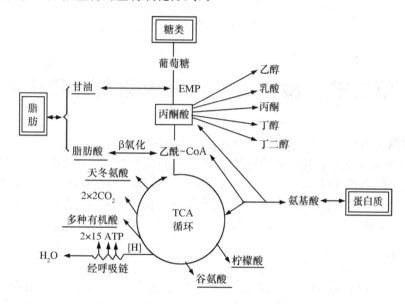

图 7-1-7　TCA 循环在微生物代谢中的枢纽地位
双框内为主要营养物,单框内为重要中间代谢物,划底线者为微生物发酵产物

三、丙酮酸代谢

　　通过糖酵解途径产生的丙酮酸,不同的微生物在不同环境条件下,去向也有所不同(图 7-1-8)。①在有氧环境,丙酮酸转变为乙酰 CoA,进入 TCA 循环被彻底氧化;②在无氧环境,微生物通过发酵作用,产生丰富多样的发酵产物;③直接参与或通过转化为其他物质如乙酰 CoA 参与微生物的 CO_2 固定;④转变为乙酰 CoA 参与代谢物回补途径;⑤逆 EMP 途径,或转变为小分子前体物质如氨基酸、草酰乙酸等参与糖类、脂类和蛋白质大分子的合成。

四、其他单糖的分解

　　微生物通过分泌胞外酶将不同类型的复杂糖类化合物降解为可利用的小分子化合物和单糖作为碳源和能源。葡萄糖以外的其他单糖如果糖、半乳糖和甘露糖等被微生物吸收后,在细胞内经过不同的代谢途径转化为糖酵解途径的中间代谢产物而被进一步降解。

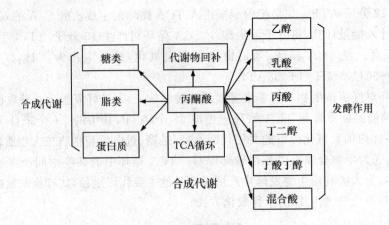

图 7-1-8　丙酮酸的去向

第二节　微生物的生物氧化与能量代谢

环境为微生物提供的最初能源（primary energy source）主要是化学能和光能，来自有机物、还原态无机物和辐射。这些物质通过能量代谢，转化为高能化合物质，如 ATP、GTP、乙酰 CoA、脂酰 CoA、磷酸烯醇式丙酮酸、氨甲酰磷酸等，为微生物生理活动提供能量，其中 ATP 在能量转换过程中起着枢纽作用。本节主要介绍微生物如何将环境中形式多样的最初能源转化为生命通用能源。

一、生物氧化

生物氧化（biological oxidation）是指发生在活细胞内的一系列产能性氧化反应。主要指糖、蛋白质和脂类物质的逐步分解并释放能量的过程。生物氧化包括底物脱氢、中间传递体递氢、最终氢受体受氢 3 个连续的过程。生物氧化的形式包括底物与氧结合、底物脱氢和底物失电子。生物氧化的功能是产生还原力［H］、能量（ATP）和小分子中间代谢产物。

（一）异养微生物的生物氧化方式

根据电子受体不同，微生物细胞内发生的氧化还原反应分为发酵、有氧呼吸和无氧呼吸（图 7-2-1）。

1. 发酵作用（fermentation）

广义的发酵作用是指微生物在有氧或厌氧条件下通过物质的分解与合成两个代谢过程将某些物质转变成某些产物的整个生物学过程。狭义的发酵作用是指微生物在无氧和外源氢受体存在条件下细胞内发生的一种氧化还原反应，底物脱氢后产生的氢还原力，不经过呼吸链传递直接交给底物本身未完全氧化的某种中间产物，以实现底物水平磷酸化产能和产生各种代谢产物。发酵过程中，来自外部相同有机物的碳，部分被氧化，部分被还原，末端产物的平均氧化水平与底物的氧化水平相平衡，所以发酵过程是内部平衡的氧化还原过程。

葡萄糖通过各种脱氢途径形成重要的中间代谢产物丙酮酸，由于微生物代谢酶系、电子受体以及所处环境条件的不同，形成丰富多样的发酵途径，产生种类不同的发酵产物。按照发酵

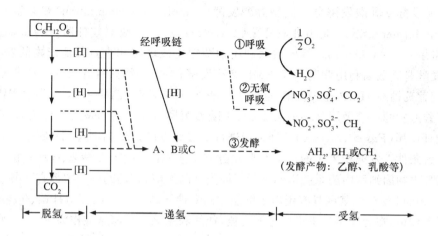

图 7-2-1 呼吸、无氧呼吸和发酵示意图

产物可将发酵分为很多类型,如酒精发酵、乳酸发酵和甘油发酵等。

(1)乙醇发酵 酵母菌通过 EMP 途径将葡萄糖分解产生的丙酮酸,经脱羧酶作用生成乙醛,进一步被乙醇脱氢酶还原成乙醇的过程称为同型酒精发酵或Ⅰ型酒精发酵。

$$\underset{\substack{\text{Pyruvic acid}\\ \text{丙酮酸}}}{\overset{\displaystyle H}{\underset{\displaystyle H\ O\ O}{H-C-C-C-OH}}} \xrightarrow{-CO_2} \underset{\substack{\text{Acetaldehyde}\\ \text{乙醛}}}{\overset{\displaystyle H}{\underset{\displaystyle H}{H-C-C-H}}} \xrightarrow{+H} \underset{\substack{\text{Ethyl alcohol}\\ \text{乙醇}}}{\overset{\displaystyle H\ \ H}{\underset{\displaystyle H\ \ H}{H-C-C-OH}}}$$

若发酵时,在培养基里加适量的亚硫酸氢钠,乙醛与亚硫酸酸氢钠结合,不能作受氢体,此时磷酸二羟丙酮取代乙醛作为受氢体,生成 α-磷酸甘油,再经 α-磷酸甘油酯酶催化,脱去磷酸生成甘油,在发酵过程仍有少量乙醇产生,这种发酵称为Ⅱ型酒精发酵,也称为甘油发酵。

$$\underset{\text{磷酸二羟丙酮}}{\overset{\displaystyle CH_2OH}{\underset{\displaystyle CH_2OPO_3H}{C=O}}} \xrightarrow{+NADH_2} NAD + \underset{\text{2-磷酸甘油}}{\overset{\displaystyle CH_2OH}{\underset{\displaystyle CH_2OPO_3H_2}{HCOH}}} \xrightarrow{+H_2O} \underset{\text{甘油}}{\overset{\displaystyle CH_2OH}{\underset{\displaystyle CH_2OH}{CHOH}}} + H_3PO_4$$

碱性条件也可使乙醛不能作为正常受氢体,而迫使磷酸二羟丙酮作为受氢体而被还原成甘油。2 分子乙醛之间发生氧化还原反应,一分子被氧化生成乙酸,另一分子被还原生成乙醇。此即Ⅲ型酒精发酵。用此途径生产甘油时,必须不间断地向发酵液中添加 Na_2CO_3 以维持碱性,否则产生的乙酸会使 pH 降低而回复第一型发酵。总反应式:$2C_6H_{12}O_6 \longrightarrow 2$ 甘油 $+$ 乙酸 $+$ 乙醇 $+ 2CO_2$。

细菌酒精发酵时,葡萄糖通过 ED 途径分解成丙酮酸,最后产生 2 分子乙醇,称细菌(同型)酒精发酵。通过 HMP 途径进行发酵,产生 1 分子乙醇和 1 分子乳酸,称为细菌异型酒精发酵。

（2）乳酸发酵　乳酸发酵分为同型乳酸发酵（homolactic fermentation）和异型乳酸发酵（heterolactic fermentation），是由乳酸杆菌（*Lactobacillus*）、两歧双歧杆菌（*Bifidobacterium bifidum*）和芽孢杆菌（*Bacillus*）等乳酸菌利用葡萄糖生成乳酸和少量其他产物的发酵类型。同型乳酸发酵是乳酸菌利用葡萄糖经 EMP 途径发酵，生成产物只有乳酸。异型乳酸发酵是乳酸菌利用葡萄糖经 HMP 途径发酵，除产生乳酸外，还有乙醇、乙酸、CO_2 等多种产物。

（3）丁酸型发酵　梭菌属（*Clostridium*）、丁酸弧菌属（*Butyrivibrio*）、真杆菌属（*Eubacterium*）和梭杆菌属（*Fusobacterium*）的细菌能进行丁酸型发酵。葡萄糖经 EMP 途径生成的丙酮酸，在无氧条件下发酵产生丁酸。丁酸型发酵有丁酸发酵、丙酮-丁醇发酵和丁醇异丙醇发酵等类型，微生物因细胞内酶系统不同进行不同类型的发酵，它们的终产物都有丁酸。

（4）Stickland 反应　某些具有蛋白水解能力的专性厌氧菌如梭状芽孢杆菌、生孢梭菌、肉毒梭菌、斯氏梭菌，在无氧条件下进行还原脱氨，往往利用某一种氨基酸作为氢供体，另一种氨基酸作为氢受体，在特定的两种氨基酸之间进行氧化还原反应生成有机酸并释放出能量，此类反应被称作 Stickland 反应。这种偶联反应只能发生在特定的氨基酸对之间，例如丙氨酸、缬氨酸、亮氨酸常优先作为氢供体，而甘氨酸、羟脯氨酸、脯氨酸常优先作为与之相对应的氢受体（图 7-2-2）。Stickland 通过底物水平磷酸化生成 ATP，反应速度快，但生成短链脂肪酸和酮酸，产能很少，显然不经济，因而只有在蛋白质丰富而又缺氧的环境中发生。

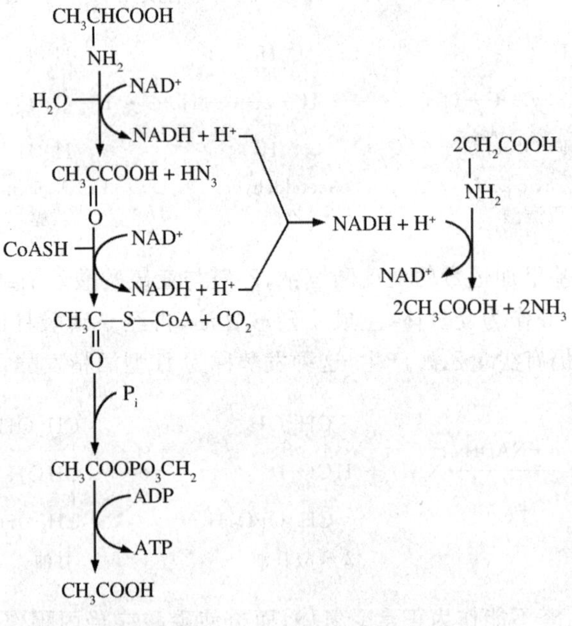

图 7-2-2　丙氨酸氧化（左）甘氨酸还原（右）的 Stickland 反应

2. 有氧呼吸（aerobic respiration）

又称好氧呼吸或简称呼吸，是一种最重要、最普遍的生物氧化或产能过程。在有氧条件下，好氧微生物或兼性厌氧微生物通过有氧呼吸将葡萄糖彻底氧化分解为 CO_2 和 H_2O，并产生 ATP。其过程分为糖酵解、丙酮酸脱羧生成乙酰 CoA、TCA 循环和 ATP 合成四个阶段，在最后一个阶段 NADH 和 $FADH_2$ 通过电子传递链将电子传递给氧气，偶联合成 ATP。

有些微生物可以利用 HMP 途径使葡萄糖彻底氧化分解放出 CO_2 和 NADPH，一个葡萄

糖分子经过 HMP 彻底氧化时可以生成 12 个 NADPH,除去 HMP 消耗的一个 ATP,总共净产生 35 个 ATP。

3. 无氧呼吸(anaerobic respiration)

无氧呼吸又称厌氧呼吸,是在无氧条件下进行,底物脱氢后,经部分呼吸链递氢,最终由氧化态无机物或有机物接受氢(电子)的生物氧化。由于无机氧化物的氧化还原电位低于分子氧,因此无氧呼吸的呼吸链较短,合成的 ATP 也比有氧呼吸少。根据呼吸链末端氢受体不同,可把无氧呼吸分为硝酸盐呼吸、硫酸盐呼吸等(表 7-2-1)。

表 7-2-1　无氧呼吸类型

类型	电子受体	还原产物	代表微生物
碳酸盐呼吸	CO_2	乙酸	产乙酸细菌
碳酸盐呼吸	CO_2	甲烷	产甲烷菌
硫呼吸	S	H_2S	氧化乙酸脱硫单胞菌
硫酸盐呼吸	SO_4^{2-}	SO_3^{2-}、$S_2O_3^{2-}$、H_2S	厌氧古生菌、脱硫弧菌属、脱硫叶菌属
硝酸盐呼吸	NO_3^-	NO_2^-、NO、N_2O、N_2	反硝化细菌
铁呼吸	Fe^{3+}	Fe^{2+}	
锰呼吸	Mn^{4+}	Mn^{2+}	
延胡索酸呼吸	延胡索酸	琥珀酸	大肠杆菌、沙门氏菌
甘氨酸呼吸	甘氨酸	乙酸和氨	

(1)硝酸盐呼吸(nitrate respiration)　又称异化性硝酸盐还原(dissimilative nitrate reduction)、反硝化作用(denitrification),是指兼性厌氧微生物在无氧条件下,以硝酸盐作为最终电子受体,将其还原为 NO_2^-、NO、N_2O 直至 N_2 的过程,同时葡萄糖被氧化成 CO_2 和 H_2O。在通气不良的土壤中,反硝化作用会造成氮肥的损失,其中间产物 NO、N_2O 还会污染环境,故应设法防止。

(2)硫酸盐呼吸(sulfate respiration)　又称硫酸盐还原,是指反硫化细菌或硫酸盐还原细菌如厌氧古生菌、脱硫弧菌属、脱硫叶菌属等严格厌氧菌在无氧条件下,底物脱下的氢经呼吸链传递,以硫酸盐作为最终末端氢受体,与氧化磷酸化作用相偶联产生 ATP 的一类特殊呼吸作用。亚硫酸盐(SO_3^{2-})、硫代硫酸盐($S_2O_3^{2-}$)或其他氧化态硫化合物也可作为最终末端氢受体,硫酸盐呼吸最终的还原产物为 H_2S。在浸水或通气不良的土壤中,反硫化细菌对植物生长十分不利,可引起水稻秧苗的烂根,也应设法防止。

(3)碳酸盐呼吸(carbonate respiration)　又称碳酸盐还原,是指专性厌氧菌以 CO_2 或重碳酸盐(HCO_3^-)作为呼吸链末端氢受体的无氧呼吸。根据还原产物分两类,一类为产甲烷的碳酸盐呼吸,专性厌氧的产甲烷菌利用 H_2 作为电子供体,以 CO_2 作为末端电子受体,产物为甲烷;第二类为产乙酸的碳酸盐呼吸,专性厌氧的乙酸菌,利用 H_2/CO_2 进行无氧呼吸产生乙酸。

兼性厌氧细菌,如埃希氏杆菌属(*Escherichia*)、沙门氏菌属(*Salmonella*)等肠杆菌可利用有机氧化物作为呼吸链的末端氢受体进行厌氧呼吸。延胡索酸呼吸(fumarate respiration)是最为广泛的有机物无氧呼吸,延胡索酸作为电子受体被还原成琥珀酸。

(二)自养微生物的生物氧化方式

自养微生物(autotrophs)是能够在完全无机环境中生长,通过氧化无机物或利用光能获

得能量，以 CO_2 为唯一碳源进行生长的微生物。绝大多数的自养微生物是好氧菌，分为化能自养微生物和光能自养微生物。

1. 化能自养微生物的生物氧化

化能自养型微生物广泛分布在土壤和水域之中，可利用无机化合物如铵、亚硝酸盐、硫化氢、铁离子等氧化释放的能量进行生长，在自然界中与异养微生物共同完成碳、氮、铁、硫等元素的物质循环。

以 CO_2 作为唯一碳源的微生物为专性化能自养微生物，主要有排硫硫杆菌、脱氮硫杆菌和那不勒斯硫杆菌等；兼性化能自养微生物如新型硫杆菌、中间硫杆菌等除了能以 CO_2 作为唯一碳源进行生长外，还能利用其他有机碳源物质生长。根据为化能自养微生物生长时提供能源的无机物类型不同，可以将化能自养微生物分成硝化细菌、硫化菌、铁细菌和氢细菌等。

(1) 氢细菌　氢细菌种类很多，大多数为 G^-，多数好氧，少数厌氧或兼性厌氧，主要是假单胞菌属，副球菌属，黄杆菌属，产碱菌属，诺卡氏菌属等。氢细菌主营化能异养生活，在有氧条件下，利用糖、氨基酸和其他有机酸等有机物质进行生长，有的还可利用嘌呤和嘧啶等物质进行生长。在营自养生活时，细胞内进行两种类型的生物氧化，一类是氢氧化生成水，释放能量，另一类是利用 H_2 还原 CO_2，合成细胞内物质，以 6∶2∶1 的比例消耗 H_2、O_2 和 CO_2。

氢细菌电子传递特点是细胞膜上有泛醌、维生素 K_2 及细胞色素等呼吸链组分。电子直接从氢传递给电子传递系统，然后在呼吸链传递过程中偶联产生 ATP。氢化酶氢细菌进行无机化能营养方式生长的关键酶。

多数氢细菌有两种与氢氧化有关的酶，一种是颗粒状氢化酶（hydrogenase），催化 $H_2 \rightarrow 2H^+ + 2e^-$。该酶位于壁膜间隙或细胞质膜，可以还原氧和亚甲蓝，不能以 NAD^+ 为氢受体，通过电子传递系统传递电子，氧化磷酸化合成 ATP；另一种是可溶性氢化酶，该酶位于细胞质中，催化氢的氧化，使 NAD^+ 还原，生成的 NADH 用于 CO_2 的还原。

氢细菌在以自养方式生长时，氢气与氧气组成的混合气体能阻遏分解有机物的酶的合成，而不能利用有机物生长。

(2) 硫细菌　硫细菌能在含有丰富的硫化物如 S^0、S^{2-} 和 $S_2O_3^{2-}$ 等的环境中生长，它们类型多样，多数为专性自养菌，少数为兼性化能自养菌。能氧化硫的微生物主要是硫杆菌属（*Thiobacillus*）、硫小杆菌属（*Thiobacterium*）的细菌，能够以还原态或部分还原态的硫化物为能源，大多数目前还不能纯培养。

不同的硫细菌，对硫进行生物氧化的途径不同。硫杆菌氧化硫的途径见图 7-2-3：首先硫代硫酸盐（$S_2O_3^{2-}$）被裂解为硫元素和亚硫酸盐；H_2S（S^{2-}）也被氧化成硫元素，然后被硫化物氧化酶和细胞色素系统氧化成亚硫酸盐（SO_3^{2-}），放出的电子在传递过程中可以偶联产生 4 个 ATP；亚硫酸盐再通过两条途径进一步被氧化生成硫酸盐（SO_4^{2-}），一是由亚硫酸盐-细胞色素 c 还原酶和末端细胞色素系统催化直接氧化成 SO_4^{2-}，产生 1 个 ATP；二是经磷酸腺苷硫酸（APS）氧化途径，由 APS 还原酶和 ADP 硫化酶催化氧化成 SO_4^{2-}，产生 2.5 个 ATP，其中底物水平磷酸化产生 0.5 个 ATP，氧化释放 2 个电子经电子传递链偶联产生 2 个 ATP。

(3) 铁细菌　又称铁氧化细菌，是一类生活在含高浓度 Fe^{2+} 的水域环境的细菌，大部分铁细菌是专性化能自养菌，少数为兼性自养菌，主要有加氏铁柄杆菌属（*Gallionella*）、纤毛菌属（*Leptothrix*）、鞘铁细菌属（*Siderocapsa*）和铁杆菌属（*Ferrobacillus*）等。在自然界，铁细菌能够利用分子氧将 Fe^{2+} 转变为 Fe^{3+}，释放电子，通过电子传递链偶联 ATP 生成，用于 CO_2 固

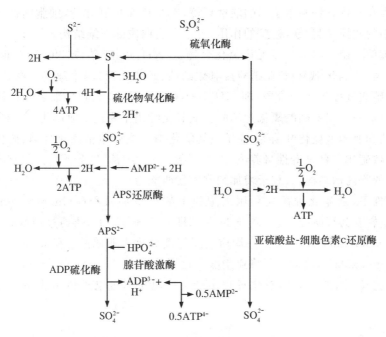

图 7-2-3　绿硫细菌的硫氧化代谢途径（引自：杨生玉 et al.，2007）

定，产能效率比较低。铁细菌在中性或偏碱性环境不能氧化 Fe^{2+}，在酸性环境（pH2.4～2.5）中硫铁杆菌氧化 Fe^{2+} 时必须要求有硫酸：$4FeSO_4 + O_2 + 2H_2SO_4 \rightarrow 2Fe_2(SO_4)_3 + 2H_2O$。

嗜酸氧化亚铁硫杆菌（*Acidithiobacillus ferrooxidans*）从细胞膜外的 Fe^{2+} 载体中获取的电子，经电子传递链传递给 O_2 或 NAD^+，生成 H_2O 或 NADH，电子的传递驱动 H^+ 的跨膜运输，形成质子动力，偶联 ATP 合成（图 7-2-4）。

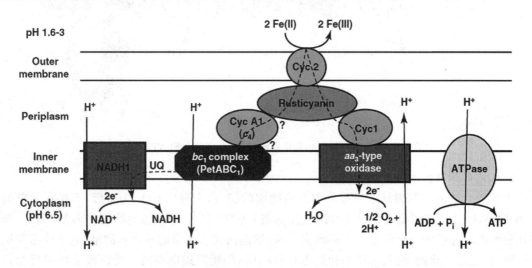

图 7-2-4　嗜酸氧化亚铁硫杆菌 Fe^{2+} 氧化电子传递链（引自：Bird et al.，2011）

Cyc：细胞色素；UQ：泛醌或辅酶 Q；Rusticyanin：铜蓝蛋白

不同铁细菌的电子传递链组成不同。嗜酸铁原体菌（*Ferroplasma acidiphilum*）是极端

环境微生物,存在于富含铁和重金属的酸性环境,它的代谢机制独特,细胞内铁金属蛋白含量异常高,蛋白中的铁原子起"铁铆钉"的作用,可稳定蛋白质的三维结构。

(4)硝化细菌　硝化细菌是以无机氮化合物氨(NH_3)和亚硝酸(NO_2^-)为能源的微生物,包括氨氧化细菌(亚硝化细菌)和亚硝酸盐氧化细菌(硝化细菌)两个亚群。在自然界,硝化细菌将氨氧化为硝酸过程分两个阶段:即 $NH_4^+ \rightarrow NO_2^- \rightarrow NO_3^-$,亚硝化细菌先将氨氧化为亚硝酸,硝化细菌再进一步将亚硝酸氧化为硝酸。氨氧化细菌主要包括亚硝化极毛杆菌、亚硝化螺菌、亚硝化球菌和亚硝酸硫化叶菌等;亚硝酸盐氧化细菌主要包括硝化杆菌、硝化螺菌和硝化球菌等。大多数硝化细菌是专性自养型,专性好氧的 G^+ 细菌,以分子氧为最终电子受体。细胞都具有复杂的膜内褶结构,有利于增加细胞的代谢能力。

在有氧条件下,亚硝化细菌先利用细胞膜上的氨单加氧酶(ammonia monooxygenase, AMO)将 NH_3 转变为羟氨($NH_3 + O_2 + 2e \rightarrow NH_2OH + H_2O$),再通过羟氨氧化还原酶(hydroxylamine oxidoreductase,HAO)在周质空间将其氧化为亚硝酸。硝化细菌利用水在亚硝酸氧化酶(nitrite oxidase)的催化下将亚硝酸氧化为硝酸($NO_2^- + H_2O \rightarrow NO_3^- + 2H^+ + 2e$),这个过程在细胞膜上完成。在氨氧化过程中产生的电子通过电子传递链偶联 ATP 合成(图7-2-5)。

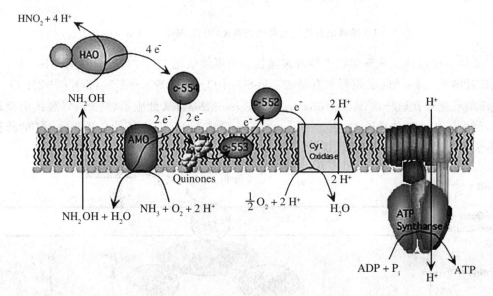

图 7-2-5　亚硝化细菌在氧化氨时质子、电子流向和 ATP 合成

2.光能自养微生物的生物氧化

光合微生物的细胞内缺乏吸收外源有机物质的能力,主要以 CO_2 为碳源,不存在完整的 TCA 循环,以还原态的无机化合物(H_2O、H_2S 等)还原 CO_2。光合微生物细胞内都含有一种或几种可吸收光能的光合色素。不同的光合菌,细胞内光合色素的种类和数量、电子传递系统各不同,其光合结构的类型、作用和功能也有所不同,产能方式也不同。光合微生物进行光合作用的类型有放氧型光合作用和非放氧型光合作用。

进行非循环式光合磷酸化产能的微生物主要营自养生活,如藻类、蓝细菌、红硫菌(*Chromatium*)和绿硫细菌(*Chlorobium*),细胞含叶绿素 a,利用水作为氢供体,在光照下将水光解同化 CO_2,放出 O_2。

进行循环式光合磷酸化产能的微生物主要营异养或兼性异养生活,如红螺菌属(*Rhodospirillum*)、滑行丝状绿硫菌科(Chloroflexaceae)和嗜盐细菌等。紫硫细菌和绿硫细菌含菌绿素,进行循环式光合磷酸化,在严格的厌氧条件下将光能转变为生物能源(ATP),只能利用硫化氢等无机硫化合物、H_2 或有机物还原 CO_2,不能以水作为氢供体。

3. 甲基营养型细菌的生物氧化

甲基营养型细菌指能够利用一碳化合物(不含有 C—C 键的甲基型化合物)作为能源和碳源进行生长的细菌。甲基营养型细菌的能量来源于甲基型化合物的氧化,同化碳源途径是通过磷酸核酮糖途径或丝氨酸途径同化甲醛。

4. 产甲烷细菌的生物氧化

产甲烷细菌在进行自养生长时,通过乙酰 CoA 途径固定 CO_2,由甲烷发酵或乙酸盐呼吸提供能量,以 H_2、甲醇、甲酸或乙酸等作为 CO_2 的供氢体。在较低的氧化——还原电位(不高于 $-330\ mV$)条件下,将 CO_2 同化为细胞物质,并将 CO_2 还原成甲烷。H_2 是最好的供氢体,乙酸在氧化过程中产能量少,产甲烷菌利用乙酸还原 CO_2 产生甲烷时生长缓慢。

细菌产甲烷的途径目前已知有 3 种:乙酸发酵产甲烷途径、氢营养型产甲烷途径(CO_2 还原产甲烷途径)和甲基营养型产甲烷途径。

如图 7-2-6 所示,氢营养型途径产甲烷时,CO_2 首先被甲烷呋喃(methanofuran,MFR)活化为甲酰-MFR,甲酰基从甲酰-MFR 转移到四氢甲烷蝶呤(tetrahydromethanopterin,T_4HMP)时,形成甲酰-T_4HMP,再通过两个独立的步骤依次还原成亚甲基-T_4HMP 和甲基-T_4HMP。然后甲基从甲基-T_4HMP 转移到辅酶 M(CoM),形成甲基辅酶 M(CH_3-S-CoM)。甲基辅酶 M 通过甲基还原酶系将其还原,产生甲烷。甲基营养型产甲烷途径和乙酸发酵产甲烷途径中,微生物将底物甲基型营养物质和乙酸逐步转化为甲基辅酶 M,进一步形成甲烷。

二、ATP 的生成

ATP 产生的方式有 3 种:底物水平磷酸化、氧化磷酸化和光合磷酸化。

(一)底物水平磷酸化

生物氧化过程中,底物脱氢或(脱水)后形成高能中间代谢物,通过酶促磷酸基团转移反应,直接将高能磷酸基团转移给 ADP 形成 ATP 的反应,称为底物水平磷酸化。反应式为:

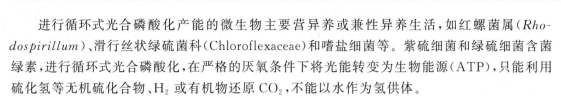

$$R\text{-}OPO_3^{2-} \xrightarrow{\quad ADP \quad ATP \quad} R\text{-}OH$$

底物水平磷酸化(substrate level phosphorylation)存在于呼吸和发酵过程中,是微生物发酵产生能量的唯一方式。在有氧呼吸时,底物脱下的氢和电子不经过传递链,通过酶促反应直接交给底物本身氧化的产物,产生的能量很少。

(二)氧化磷酸化

氧化磷酸化(oxidative phosphorylation)又称电子传递水平磷酸化、呼吸水平磷酸化。在生物氧化过程中形成的 NADH 和 $FADH_2$ 通过线粒体内膜或细菌质膜上的电子传递系统将 H 或电子传递给氧或其他氧化物,偶联 ATP 合成的产能方式称为氧化磷酸化。电子传递和 ATP 的形成在正常细胞中总是偶联的。ATP 的生成必须以提供电子传递为前提,而呼吸链只有生成 ATP 才能推动电子传递,磷酸化和电子传递关系密切,所以氧化磷酸化也称呼吸链磷酸化。

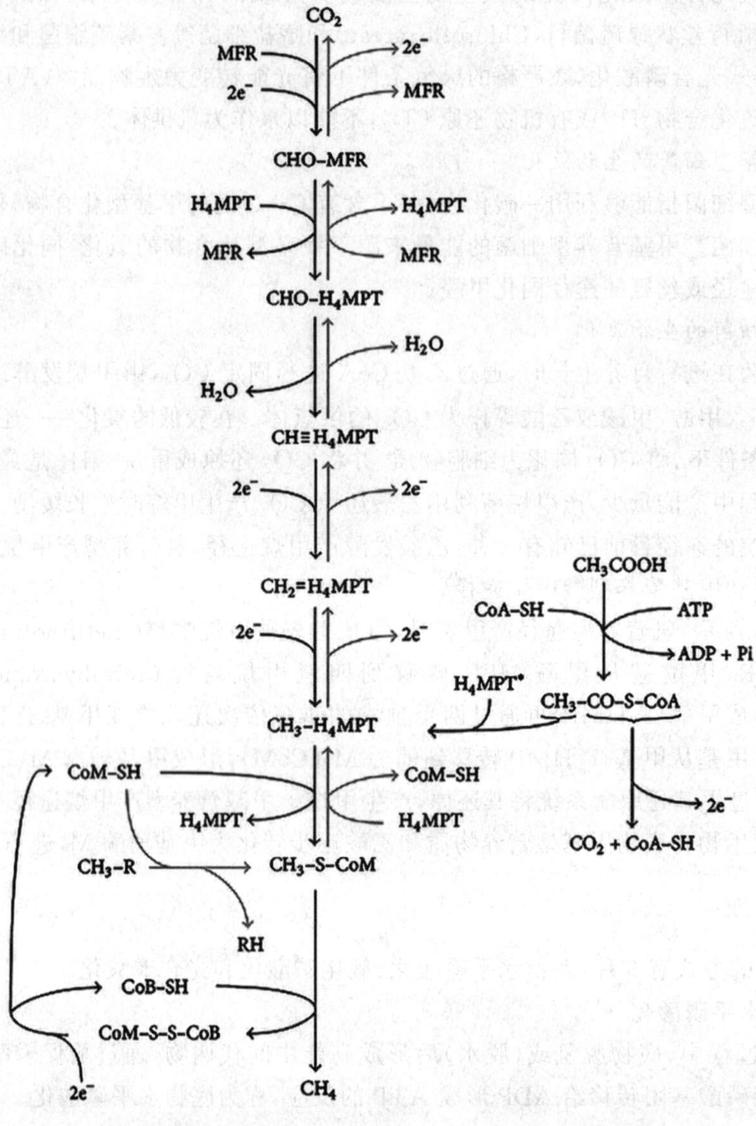

$$CO_2$$

MFR ⟶ 2e⁻

2e⁻ ⟶ MFR

CHO—MFR

H₄MPT ⟶ H₄MPT

MFR ⟶ MFR

CHO—H₄MPT

⟶ H₂O

H₂O ⟶

CH≡H₄MPT

2e⁻ ⟶ 2e⁻

CH₂=H₄MPT

2e⁻ ⟶ 2e⁻

H₄MPT*

CH₃—H₄MPT

$$CH_3COOH$$

CoA—SH ⟶ ATP

⟶ ADP + Pi

CH₃—CO—S—CoA

CoM—SH ⟶ CoM—SH

H₄MPT ⟶ H₄MPT

⟶ 2e⁻

CO₂ + CoA—SH

CH₃—R ⟶ CH₃—S—CoM

RH

CoM—SH

CoB—SH

CoM—S—S—CoB

2e⁻

$$CH_4$$

图 7-2-6　产甲烷菌的甲烷产生途径（引自：Browne & Cadillo-Quiroz，2013）

MFR：甲烷呋喃；H₄MPT：四氢甲烷蝶呤；HS-CoB：辅酶 B(7-巯基庚酰苏氨酸磷酸酯)；HS-CoM：辅酶 M (2-巯基乙烷磺酸)

　　电子传递系统又称电子传递链（eletron transfer system，ETS）或呼吸链（respiratory chain），是由一系列氧化还原势呈梯度差的链状排列的递氢体（hydrogen transfer）或递电子体所组成的连续反应体系。ETS 中除铁硫蛋白不是酶外，其余的都是酶，且含有辅酶（NAD⁺/NADP⁺）或辅基（FAD/FMN/血红素等），这些辅酶和辅基是 e⁻ 和 H⁺ 的实际传递体。ETS 位于真核微生物的线粒体嵴（cristae）上以及原核微生物的细胞膜上，来源于 TCA 及其他生物氧化过程中的 NADH₂ 和 FADH₂，氢原子以 H⁺ 和 e⁻ 形式沿 ETS 进行同步传递，在此过程中将释放的能量用于 ADP 磷酸化合成 ATP，故氧化磷酸化又称偶联磷酸化。

　　组成 ETS 的相关酶系可将底物分子上的质子从膜的内侧转运到外侧，造成膜内外质子不平衡,形成质子梯度差,产生质子动势,为 ATP 合成提供能量来源。ATP 酶镶嵌于生物膜中,质子通过质子泵(H^+-ATP 酶)重新进入膜内,偶联 ATP 的形成。ETS 的主要组成及电子传递顺序如下,箭头处表示 ATP 合成部位(3 个)。电子传递经过这 3 个部位时,形成的质子动势可驱动 ATP 的形成。可见 1 分子 NADPH 经过氧化磷酸化可形成 3 个 ATP,1 分子 $FADH_2$ 可形成 2 分子 ATP。

$$\text{NAD (P)} \xrightarrow{\quad\uparrow\text{ATP}\quad} \text{FAD} \longrightarrow \text{CoQ} \xrightarrow{\quad\uparrow\text{ATP}\quad} \text{Cyt b} \longrightarrow \text{Cyt } c_1 \longrightarrow \text{Cyt c} \longrightarrow \text{Cyt a} \xrightarrow{\quad\uparrow\text{ATP}\quad} \text{Cyt } a_3$$

真核微生物电子传递链一般组分稳定,无分支,受环境条件影响较小,而细菌的电子传递链多种多样,组分多变,普遍存在分支,受环境条件影响大,在极端环境中存在一些特殊的载体。

(三)光合磷酸化

光合磷酸化(photophosphorylation)存在于光合作用细胞中,这种细胞具有捕获光能的色素,如叶绿素和菌绿素,将光能转化为以 ATP 或 NADH 形式储存的化学能,进而用于微生物的代谢。根据电子传递方式的不同,光合磷酸化分为循环式光合磷酸化和非循环式光合磷酸化两种形式。

1. 循环式光合磷酸化(cyclic photophosphorylation)

主要存在于红螺菌目的光合细菌中,通过光能驱动电子通过循环式传递完成磷酸化产能。在绿色硫细菌中,菌绿素(bacteriochlorophyll)受光照射后形成激发态,由它逐出的电子通过类似呼吸链的传递,即经脱镁菌绿素(bacteriopheophytin,Bph)、辅酶 Q、细胞色素 bc1、铁硫蛋白和细胞色素 c2,再回到菌绿素,产生 ATP。循环式光合磷酸化不产生氧气,产能与产还原力分别进行,氢还原力是在 ATP 供应的条件下,外源氢供体(H_2S、H_2、有机物)是通过逆电子流耗能产生。

2. 非循环光合磷酸化(non-cyclic photophosphorylation)

由于还原力 NADPH 中的[H]来自 H_2O 分子,因此这是一种由绿色植物、藻类和蓝细菌进行的放氧型光合作用。反应在有氧条件下进行,且电子传递途径不是循环式的。由 H_2O 光解产生 $1/2O_2$、$2H^+$ 和 $2e^-$。$1/2 O_2$ 即时释放,H^+ 和 e^- 先后经光合系统 II(PS II)和光合系统 I(PS I)传递,最终传递给 $NADPH^+$,形成 $NADPH+H^+$,用于还原 CO_2。电子在传递过程中在两处发生光合磷酸化反应,为固定 CO_2 提供 ATP。PS II 含叶绿素 b,利于蓝光吸收,产生 O_2 和 1 分子 ATP;PSI 含有叶绿素 a,电子传递过程中产生 $NADPH_2$ 和 ATP。可见,ATP、还原力和 O_2 是同时产生的。

3. 光介导的 ATP 合成(light-mediated ATP synthesis)

是嗜盐细菌在无叶绿素和菌绿素参与下,由光介导快速合成 ATP 的一种独特光合作用。嗜盐细菌的光合系统比光合细菌的更为简单,不含菌绿素和氧化还原载体,细胞膜的一半面积是能够进行独特光合作用的紫膜(purple membrane),紫膜与 ATP 酶构成最简单的光合磷酸化系统。在光照条件下,紫膜上的视黄醛(retinal)吸收光,由全反式构型转化成不稳定的顺式构型,将质子(H^+)泵到膜外,失去 H^+ 的视黄醛又自细胞质内获得 H^+,返回到稳定的全反式构型,光照下驱动 H^+ 不断转移至膜外,使紫膜内外形成质子梯度差即质子动势,作为 ATP 合成的原动力,H^+ 在通过 ATP 酶运回到膜内的过程中,驱动 ATP 酶合成 ATP(图 7-2-7)。光介导 ATP 合成的重要代表菌有盐生盐杆菌(*Halobacterium halobium*)、红皮盐杆菌(*H. cutirubrum*)、盐沼泽盐杆菌(*H. salinarum*)等。

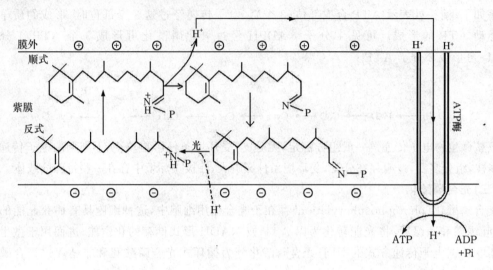

图 7-2-7　嗜盐细菌紫膜及光介导的 ATP 合成(引自：Nelson & Cox, 2004)

第三节　微生物的特殊合成代谢

核酸、蛋白质、多糖等生物大分子的生物合成一般是先合成小分子的单体,再由单体聚合成大分子。小分子单体合成所需要的原料来自从环境中吸收的小分子物质或由吸收的营养物质分解获得。自养微生物主要利用无机碳源 CO_2 作为原料,异养微生物主要利用分解代谢中产生的中间代谢产物进行细胞内物质合成。在物质合成过程中除需要原料之外还需要消耗能量和氢还原力。

一、CO_2 固定

将空气或环境中的 CO_2 同化为细胞物质的过程,称为 CO_2 固定。在自然界中,除绿色植物固定 CO_2 外,自养和异养微生物均可固定 CO_2。

1.异养微生物的 CO_2 固定

异养微生物可利用 CO_2 作为辅助碳源合成细胞物质。异养微生物固定 CO_2 一般为分解代谢中脱羧反应的逆反应,CO_2 固定到受体物质上,生成多一个碳原子的产物。受体物质主要是糖代谢或其他物质代谢中产生的有机酸如磷酸烯醇式丙酮酸(PEP)、丙酮酸(PYR)和 α-酮戊二酸等。异养微生物 CO_2 的固定主要是弥补 TCA 循环中因合成代谢而消耗或减少的中间代谢产物如草酰乙酸、苹果酸和异柠檬酸等。反应如下：

PEP 羧化酶催化：PEP + CO_2 →草酰乙酸+磷酸(Pi)；

PEP 羧基激酶催化：PEP + ATP + CO_2 →草酰乙酸+ATP+ Pi；

PEP 羧基转磷酸酶催化：PEP+CO_2+Pi→草酰乙酸+PPi(焦磷酸)；

丙酮酸羧化酶催化(以生物素为辅助因子):丙酮酸+CO_2+ATP→草酰乙酸+ADP+Pi;

苹果酸酶催化:丙酮酸+CO_2+NAD(P)H+H^+→苹果酸+$NAD(P)^+$;

异柠檬酸脱氢酶催化:α-酮戊二酸+CO_2+NAD(P)H+H^+→异柠檬酸+$NAD(P)^+$。

2.自养微生物的CO_2固定

CO_2是自养微生物的唯一碳源,其固定CO_2的能量主要通过生物氧化(氧化磷酸化、发酵、光合磷酸化)获取。自养微生物固定CO_2的途径4条,即Calvin循环、厌氧乙酰-CoA途径、逆向TCA途径和3-羟基丙酸途径。

(1)Calvin循环(Calvin cycle)　Calvin循环是绿色植物、蓝细菌、绝大多数光合细菌、自养菌共有的CO_2固定途径,因此十分重要。如图7-3-1所示,两个Calvin循环便可固定6分子CO_2合成1分子葡萄糖。循环的第一阶段通过羧化反应实现碳固定:3分子CO_2受体(RuBP)通过核酮糖二磷酸羧化酶固定3分子CO_2,并转变成6分子3-磷酸甘油酸。在第二阶段主要发生还原反应,将6分子3-磷酸甘油酸还原为6分子3-磷酸甘油醛,其中1分子用于葡萄糖合成,另5分子进入第三阶段再生成3分子CO_2受体,重新固定CO_2。Calvin循环不需要光,因此被称为CO_2暗固定。

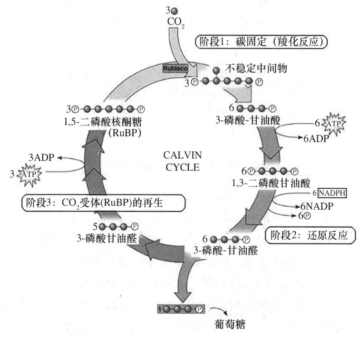

图7-3-1　Calvin循环简图

(2)厌氧乙酰-CoA途径(anaerobic acetyl-CoA pathway)　利用此途径固定CO_2的微生物是一些不存在Calvin循环并能利用氢的严格厌氧菌,包括产甲烷菌、硫酸盐还原菌、产乙酸菌等。由图7-3-2可知,具有该途径的微生物利用氢化酶产生还原力[H],将1分子CO_2固定,生成甲基-X;另一分子CO_2被CO脱氢酶还原成CO,CO使甲基-X羧化,形成乙酰-X,随后形成乙酰-CoA,再由乙酰-CoA固定第三分子CO_2生成丙酮酸,再经已知代谢途径合成各种有机物。

(3)还原性TCA循环途径(reductive tricarboxylic acid cycle)　又被称为逆向TCA循环(reverse TCA cycle),是厌氧性自养细菌如泥生绿菌(*Chlorobium limicola*)、嗜硫绿菌

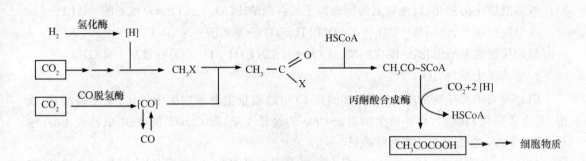

图 7-3-2　厌氧乙酰-辅酶 A 途径

($C.\ thiosulphatophilum$)等固定 CO_2 的途径。逆向 TCA 途径的多数酶与正向 TCA 相同，催化可逆的化学反应,但有些酶催化的反应不可逆,从而控制反应的方向:①由丙酮酸合成酶在还原性铁氧还原蛋白(FdH)参与下催化乙酰 CoA 还原为丙酮酸;②依赖 ATP 的柠檬酸裂合酶将柠檬酸分解为乙酰-CoA 和草酰乙酸;③NADP 为辅酶的 NADP 依赖型异柠檬酸脱氢酶催化 α-酮戊二酸转变为异柠檬酸,或先由 α-酮戊二酸羧化酶催化生成草酰琥珀酸,再由草酰琥珀酸还原酶还原为异柠檬酸;④α-酮戊二酸合成酶催化琥珀酰 CoA 固定 CO_2,将其羧化为 α-酮戊二酸(图 7-3-3)。

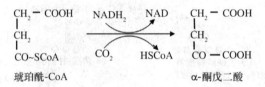

图 7-3-3　还原性 TCA 循环途径

(4)3-羟基丙酸循环(3-hydroxypropionate cycle)　是少数无 Calvin 循环和逆向 TCA 循环的细菌,在以 H_2 或 H_2S 作为电子供体进行自养生活时固定 CO_2 的途径,由于在固定 CO_2 的循环途径中形成一个特征性中间产物 3-羟基丙酸而得名。主要代表菌有绿色硫细菌($Chloroflexus\ aurantiacus$)、布氏酸双面菌($Acidianus\ brierleyi$)、双能酸双面菌($A.\ ambivalens$)和勤奋生金球菌($Metallosphaera\ sedula$)等。3-羟基丙酸循环从乙酰 CoA 开始经历两次羧化,先后形成羟丙酰-CoA 和甲基丙二酰-CoA,将 2 个 CO_2 转变为乙醛酸,循环中再生的乙酰 CoA 可进入下一次循环,总反应为:$2CO_2 + 4H^+ + 6ATP \rightarrow$ 乙醛酸 $+ H_2O$。

3. 产甲烷细菌的 CO_2 固定

产甲烷细菌固定 CO_2 合成细胞物质的受体是乙酸。乙酸是许多产甲烷细菌的良好基质,也可以用来生成甲烷,也可作为参与细胞物质合成的重要前体物质,利用乙酸生长的产甲烷细菌,60%以上的细胞物质来自乙酸(图 7-3-4)。

二、二碳化合物的同化

微生物生长繁殖过程中,既有物质的消耗,也有物质的合成,连接分解代谢和合成代谢的中间代谢产物有 12 种,而且分解代谢与合成代谢共用一些代谢途径,我们把这些具有双重功

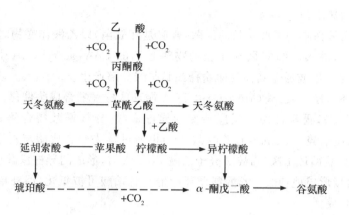

图 7-3-4　产甲烷细菌的 CO_2 固定（引自：杨生玉 et al.，2007）

能的途径称为两用代谢途径或兼用代谢途径。

　　TCA 循环就是一个两用代谢途径，ADP 与 ATP 在细胞内的浓度可以调节 TCA 的速率。TCA 循环中的草酰乙酸（oxalacetate）可通过酶催化形成 PEP，用于糖类的合成；柠檬酸参与脂肪的合成。如果将 TCA 循环中的有机酸分子移去用于生物合成将会影响 TCA 循环的进行。TCA 循环只有在受体分子草酰乙酸在每次循环后都能得到再生的情况下才能进行。微生物从环境中吸收的营养物质如酪氨酸、苯丙氨酸、天冬酰胺、天冬氨酸、精氨酸、异亮氨酸和组氨酸等氨基酸以及分解代谢产物丙酮酸等均可补充因合成代谢消耗的草酰乙酸（图 7-3-5）。

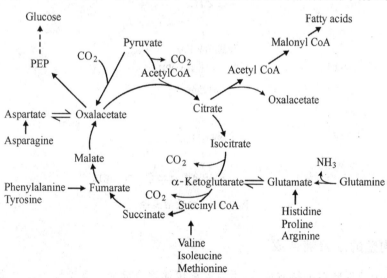

图 7-3-5　草酰乙酸的代谢回补途径

　　微生物也可利用代谢物回补途径（replenishment pathway）来补充两用代谢途径中因合成而消耗掉的中间代谢产物，保证细胞正常生长。不同微生物在不同碳源和环境条件下，代谢回补途径不同，主要是回补 EMP 途径的磷酸烯醇式丙酮酸（PEP）和 TCA 循环的草酰乙酸（oxalacetate）这两种重要中间代谢产物，主要有乙醛酸循环途径和甘油酸途径。

1. 乙醛酸循环途径

当一些以乙酸为唯一碳源生长的细菌(普遍是好氧菌)以乙酸作底物时,草酰乙酸(4C)将通过此途径再生,进入乙醛酸循环途径的物质是乙酰CoA(acetyl-CoA),乙酰CoA由乙酰CoA合成酶催化产生或通过其他代谢途径如脂肪酸分解产生。

乙醛酸循环途径中,乙酰CoA(2C)由TCA循环的柠檬酸合成酶催化,与草酰乙酸(4C)结合形成柠檬酸(6C),再经过两步反应转变为异柠檬酸,异柠檬酸裂合酶将其分解为乙醛酸(glyoxylate)和琥珀酸(succinate),乙醛酸(2C)再通过苹果酸合成酶与乙酰-CoA(2C)形成苹果酸(4C)。乙醛酸循环1次,需要2分子乙酰CoA参与,形成的异柠檬酸跳过TCA循环中2次脱羧反应,直接形成琥珀酸。乙醛酸循环产生的琥珀酸可被氧化,回补草酰乙酸(4C),或用于其他物质的合成。

2. 甘油酸途径

当微生物以甘氨酸、乙醇酸和草酸作为底物时,则通过甘油酸途径补充TCA循环中的中间产物。上述底物首先都要先转化为乙醛酸(2C),然后两分子的乙醛酸缩合成羟基丙酸半醛,随后在还原酶的作用下生成甘油酸(图7-3-6),这种由乙醛酸生成甘油酸的途径称为甘油酸途径。

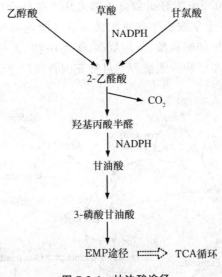

图7-3-6 甘油酸途径

三、细菌细胞壁的肽聚糖合成

肽聚糖是细菌细胞壁的特有成分,由肽聚糖单体聚合而成。肽聚糖单体由肽桥、四肽尾和双糖单位组成。双糖单位由N-乙酰葡萄糖胺(N-acetylglucosamine, GlcNAc/NAG)和N-乙酰胞壁酸(N-acetylmuramic acid, MurNAc/NAM)通过β-1,4糖苷键连接而成,NAG和NAM均为葡萄糖的衍生物。肽聚糖的生物合成包括以下3个阶段。

1. 双糖肽单体形成阶段

双糖肽单体(disaccharide peptide monomer)在细胞质内形成。葡萄糖通过系列反应依次转变为葡萄糖-6-磷酸(G-6-P)、果糖-6-磷酸(F-6-P)、葡萄糖胺-6-磷酸和葡萄糖胺-1-磷酸,葡萄糖胺-1-磷酸在 1-磷酸葡萄糖胺乙酰转移酶(GlmU)的催化下转变为 N-乙酰葡萄糖胺-1-磷酸(GlcNAc-1-P),再经过 N-乙酰葡萄糖胺-1-磷酸尿苷酰转移酶催化,与 UTP 结合,形成 UDP-N-乙酰葡萄糖胺(UDP-N-GlcNAc),即 UDP-NAG(图 7-3-7),UDP 是一个载体。

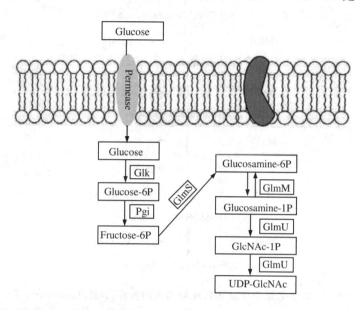

图 7-3-7　UDP-N-乙酰葡萄糖胺的合成(引自:Rani & Khan,2016)

如图 7-3-8 所示,UDP-NAG 是肽聚糖合成过程中形成的第一个单体,在 UDP-N-乙酰葡萄糖胺烯醇式丙酮酸转移酶催化下,将磷酸烯醇式丙酮酸(PEP)加到其第三个 C 原子上生成 UDP-N-乙酰葡萄糖胺烯醇式丙酮酸,再在以 NADP$^+$ 为辅基的脱氢酶作用下,发生还原反应,进一步被还原成 UDP-N-乙酰胞壁酸(UDP-MurNAc),即 UDP-NAM。

UDP-NAM 在氨基酸连接酶的作用下,逐步将 L-Ala、D-Glu、A2pm(内消旋二氨基庚二酸)或 L-Lys 和 D-Ala-D-Ala,加到 UDP-N-乙酰胞壁酸上,形成 UDP-NAM-五肽,合成了第二个单体,即 Park 核苷酸。五肽的前 4 个氨基酸按 L 型与 D 型交替连接,每种氨基酸和二肽的加入均由专一的连接酶催化,需要消耗一个 ATP,无 tRNA 的参与(图 7-3-8)。D-丙氨酸由丙氨酸消旋酶催化 L-丙氨酸得到。

2.肽聚糖单体合成阶段

肽聚糖单体的形成在细胞膜上完成。细菌细胞膜上存在一种类脂载体——细菌萜醇(bactoprenol),又称十一萜醇,属于 C_{55} 类异戊二烯醇(含 11 个异戊二烯单位),可与 NAM 分子连接,接上肽桥,使糖中间产物出现强的疏水性,将肽聚糖单体转移到细胞膜外的细胞壁的生长点。细菌萜醇还参与胞外多糖、脂多糖的合成(磷壁酸、纤维素、几丁质、甘露聚糖等)。

在细胞壁多糖合成中,细菌萜醇将 UDP-NAM-五肽和 UDP-NAG 从细胞质转移到细胞膜外的肽聚糖聚合位点,使合成反应从细胞质转到细胞膜上,并从细胞膜内膜转到细胞膜外膜,在转移过程合成肽聚糖单体。

肽聚糖单体合成时,在细胞质中合成的 UDP-NAM-五肽转移至细胞膜内膜上后,与细菌萜醇结合,生成十一异戊烯-P-P-NAM-五肽。在膜内侧,UDP-NAM 将 NAM 转移到十一异戊烯-P-P-NAM-五肽,并在 NAM-五肽的第三位的 Lys 上连接一个甘氨酸五肽链,形成活化

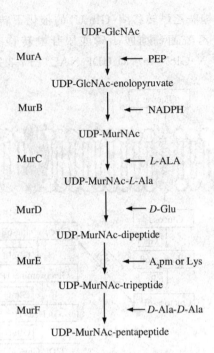

图 7-3-8 UDP-*N*-乙酰胞壁酸及 Park 核苷酸的合成（引自：Heijenoort，2001a）

MurA：UDP-*N*-乙酰葡萄糖胺烯醇式丙酮酸转移酶，MurB：脱氢酶；MurC：*L*-Ala 连接酶；MurD：*D*-Glu 连接酶；MurE：A₂pm 或 *L*-Lys 连接酶；MurF：*D*-Ala-*D*-Ala 连接酶

的肽聚糖单体（细菌萜醇-双糖-五肽）。细菌萜醇-双糖-五肽复合物通过细菌萜醇运输到细胞膜外的细胞壁长点，细菌萜醇重新回到细胞内膜，释放双糖-五肽复合物，这个过程又称十一萜醇循环（图 7-3-9）。

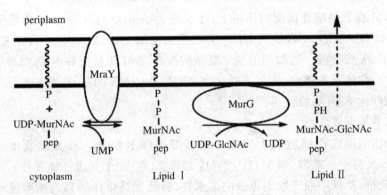

图 7-3-9 肽聚糖单体的合成（引自：Heijenoort，2001a）

3. 聚合阶段

二糖-五肽亚单位转移到肽聚糖生长点，通过转糖基作用（聚合作用）和转肽作用，实现多糖链的延伸（横向连接）和相邻多糖链相联（纵向连接）。

（1）转糖基作用 转糖基作用（transglycosylation）是在细胞壁生长点添加一个肽聚糖单体。细胞壁生长点由 6～8 肽糖单位形成引物，通过肽聚糖糖基转移酶催化，使肽糖单体与引物间以 β-1,4 糖苷键连接起来，多糖链横向延伸 1 双糖单位（图 7-3-10）。

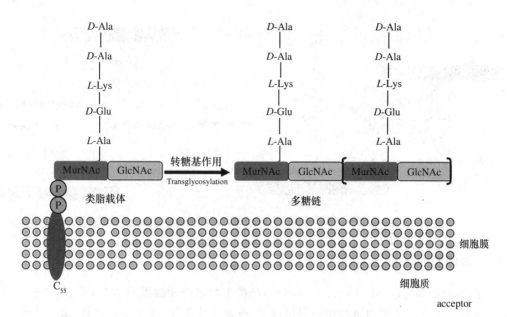

图 7-3-10 转糖基作用(引自:Arthur,2010)(Heijenoort,2001b)

（2）转肽酶作用 通过转肽酶作用（transpeptidation）将肽聚糖亚单位末端的 D-Ala-D-Ala 拆开,第四个氨基酸（D-Ala）的游离氨基与相邻肽聚糖链的甘氨酸五肽游离羧基形成肽键,释放亚单位肽尾上第五个 D-Ala,通过甘氨酸五肽桥以 3,4 交联连接方式与相邻肽链横向连接（图 7-3-11）。不同微生物的甘氨酸五肽与肽尾上的不同位置的氨基酸连接。

肽聚糖合成中通过转糖基作用使肽聚糖链延伸,通过转肽反应使平行的肽聚糖聚糖链上临近的肽侧链交叉连接起来,形成完整的新肽聚糖网套结构。在大肠杆菌的肽聚糖的合成中,细胞通过严格控制 D-丙氨酸的浓度来调节细胞壁的合成,如果 D-丙氨酸过量,机体通过阻遏消旋酶合成控制 D-丙氨酸的合成速度,诱导 L-丙氨酸脱氢酶合成加快 L-丙氨酸分解成丙酮酸的速度。

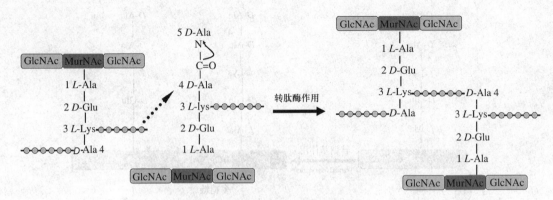

图 7-3-11　转肽酶作用（引自：Heijenoort，2001a）

四、生物固氮

生物固氮（biological nitrogen fixation）是微生物通过固氮酶将大气中的氮气催化还原为氨的过程。生物固氮可为植物生长提供氮素，改善土壤条件，提高作物产量，减少化肥使用量，是自然生态系统中氮的主要来源，在农、林业生产和氮素的生态系统平衡中发挥着重要作用，是当前研究的热点。

1. 固氮微生物

自然界的固氮微生物（nitrogen-fixing organism，diazotrophs）种类和类型很多，都是原核微生物，包括不同的营养类型。不同的固氮菌生长繁殖对氧气的要求不同，有的需氧，有的厌氧或兼性厌氧。根据固氮的生态类型分可分为自生固氮菌（free-living nitrogen-fixer）、共生固氮菌（symbiotic nitrogen-fixer）和联合固氮菌（associative nitrogen-fixer）。

自生固氮菌是指能够在自然环境中独立进行固氮的微生物，土壤中自生固氮菌的种类和营养类型最多，一般都为杆菌，单生或对生，有荚膜。共生固氮菌进行生物固氮时需要与其他生物共生形成共生体才能固氮，其固氮效率比自生固氮菌高。常见的共生固氮菌有与豆科植物共生固氮的根瘤菌（*Rhizobium*），与非豆科植物共生形成根瘤共生体的弗兰克氏菌（*Frankia*）以及生活在白蚁肠道的肠杆菌（*Enterobacter*）等。联合固氮菌是指生活在植物根际、叶面进行固氮的原核生物，其联合固氮能力比单独生活时强。联合固氮菌有固氮螺菌（*Azospirillum*）、拜叶林克氏菌属（*Beijerinckia*）和芽孢杆菌（*Bacillus*）等。联合固氮菌与寄主不形成特殊的结构——根瘤，有较强的寄主专一性。

2. 生物固氮的 6 要素

由于 N_2 中的 N≡N 三键非常稳定，要将其还原为 NH_3，需要消耗大量的能量和还原力，在还原过程中需要固氮酶复合物在有 Mg^{2+} 的环境下催化完成。由于固氮酶对氧气敏感，所以固氮过程需要在无氧条件下进行。因此，进行生物固氮需要具备 6 要素，即底物 N_2、能量（ATP）、还原力[H]及其传递载体、Mg^{2+}、固氮酶和厌氧环境。

生物固氮过程由多个固氮基因（*nif*）共同作用，受到严格的控制。这些基因除编码固氮酶外，还编码 Fes 中心相关蛋白和控制电子转移蛋白，还包括固氮酶激活基因以及一系列的调控基因，组成一个复杂的调控系统。不同的固氮菌的调控系统的组成有所不同，但固氮酶基因是结构基因。不同的固氮菌，编码的固氮酶分子量大小差异较大，但性质相似。

固氮酶(nitrogenase)是一种复合蛋白,由固二氮酶(dinitrogenase)和固二氮酶还原酶(dinitrogenase reductase)组成。固二氮酶还原酶又称铁蛋白,只含铁,不含钼。固二氮酶还原酶负责向固二氮酶传递电子,每传递 1 个电子,偶联 2 分子 MgATP 水解。固二氮酶是真正"固氮酶",又称钼铁蛋白(MoFe protein)。

3. 固氮的生化途径

固二氮酶还原酶通过铁蛋白循环传递电子给固二氮酶,完成 MoFe 蛋白循环,还原 N_2 参与固氮作用(图 7-3-11)。在铁蛋白循环中,首先固二氮酶还原酶的还原态 Fe-S 中心([4Fe-4S]$^+$)与 2 分子 MgATP 结合后,迅速与固二氮酶结合在一起,并将 MgATP 水解为 MgADP,1 个电子从 Fe-S 中心流向固二氮酶,此时,还原态 Fe-S 中心转变为氧化态 Fe-S 中心([4Fe-4S]$^{2+}$),此时 Fe-S 中心结合的是 2 分子 MgADP,固二氮酶与固二氮酶还原酶分离,氧化态 Fe-S 中心([4Fe-4S]$^{2+}$)的 MgADP 被 ATP 取代,重新恢复还原态,进行下一次循环。每循环一次,伴随 1 个电子从固二氮酶还原酶还原态 Fe-S 中心流向固二氮酶。

固二氮酶的 FeMoCo 因子还原分子 N_2 需要 8 个电子,而每次从固二氮酶还原酶的 Fe-S 中心只传递 1 个电子,传递过来的电子需要累积在钼铁中心,通过 FeMo 蛋白循环完成对 N_2 的还原。固二氮酶的 FeMo 蛋白循环与固二氮酶还原酶的铁蛋白循环是两个关系紧密的连锁循环,铁蛋白循环产生的电子驱动 FeMo 蛋白循环。

固二氮酶钼铁中心随着接受电子数的增多,还原性增加,根据还原性强弱,可将固二氮酶分为 $E_0 \sim E_8$ 9 种状态,其中状态 E_0 为没有接受电子,FeMo 蛋白循环见图 7-3-12。FeMo 蛋白循环中,钼铁中心必须累积 3-4 个电子转变为 E_3 或 E_4 状态才能够与 N_2 结合,还原力[H]

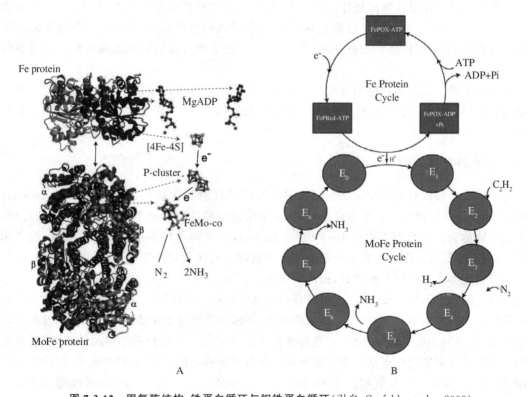

图 7-3-12　固氮酶结构、铁蛋白循环与钼铁蛋白循环(引自:Seefeldt et al. , 2009)

必须以 NADP(H)＋H$^+$ 形式提供。当 N$_2$ 结合后，H$_2$、丙酮酸、甲酸、异柠檬酸等供氢体参与还原，如果缺乏 N$_2$，FeMo 蛋白循环逆转，产生 H$_2$。

某些固氮菌在不同生长条件下可以合成其他不含钼的固二氮酶，称为替补固氮酶（*Alternative nitrogenase*），在缺少钼的条件下也可以固氮，这类固氮酶除还原 N$_2$ 和 H$^+$ 外，可还原其他包含双键或三键的小分子化合物如 C$_2$H$_2$、HCN 和 N$_2$O 等。C$_2$H$_2$ 在固氮酶处于低还原态 E$_2$ 时结合，当环境中 N$_2$ 同时存在时，仍然可以进行 N$_2$ 固定。

理想状态下的生物固氮总反应为 N$_2$＋8e$^-$＋8H$^+$＋16MgATP → 2NH$_3$＋H$_2$＋16MgADP＋16 Pi。从反应中反映出固氮过程中的还原力，仅 75% 用来还原 N$_2$，25% 以 H$_2$ 形式被消耗。生物固氮产生的 NH$_3$ 对固氮酶有抑制作用，自生固氮菌不能储存 NH$_3$，很快被同化，而共生固氮菌通过分泌将其转移至根瘤细胞中为植物所利用。

4. 好氧菌固氮酶避氧害机制

进行生物固氮的微生物有厌氧微生物、好氧微生物以及兼性好氧微生物。对好氧微生物而言，固氮作用和好氧呼吸存在矛盾。好氧微生物细胞体内的固氮酶遇氧发生不可逆失活，固二氮酶在空气中活性半衰期 10 min，固二氮酶还原酶为 45 s，氧气严重阻碍生物固氮。在自然进化过程中，好氧微生物进化出自己独特的方式保护细胞内固氮酶不受氧气的伤害。

有些自生固氮菌如固氮菌科的菌以极强的呼吸作用消耗细胞周围的氧气，通过强呼吸作用保护固氮酶的活性。非共生好气性固氮菌如 *Azotobacter*，细胞内存在能防止氧损伤的特殊构象保护蛋白质——Fe-s 蛋白 II。在高氧分压环境，固氮酶与 Fe-s 蛋白 II 结合，构象变化，丧失固氮活性；当氧浓度降低，固氮酶与 Fe-s 蛋白 II 结合解离，恢复固氮活性。

一些蓝细菌分化成特殊的还原性异形胞，异形胞的特点是细胞体积大，厚壁，对氧气起物理屏障作用；细胞体内缺乏氧光合系统 II，脱氢酶和氢化酶活性高，可使细胞保持很好的还原态状态；同时，细胞 SOD 活性很高，呼吸强度高，可通过消耗过多的氧而解除氧气对固氮酶的伤害。

根瘤菌保护固氮酶机制是通过植物基因和根瘤菌基因共同编码的产物植物血红蛋白保护固氮酶，这类蛋白与氧可逆结合，氧气分压高时与氧气结合，保护固氮酶，氧分压低时，与氧气分离。

五、次生代谢及其产物

根据代谢产物的作用不同，微生物代谢分为初级代谢和次级代谢。初级代谢（primary metabolism）是微生物通过分解与合成代谢，生成维持生命活动所必需的物质和能量的过程，产生的产物称为初级代谢产物（primary metabolite），这类物质与微生物的正常生长、发育和繁殖息息相关，是维持细胞正常生理功能的重要物质。初级代谢产物如酒精、*L*-谷氨酸、*L*-赖氨酸和柠檬酸等是重要的工业产品，被广泛应用。

次级代谢（secondary metabolism）是指微生物生长到一定时期（生长后期和平稳期后期），以初级代谢产物为前体，合成一些对微生物生长、繁殖和发育等生命活动没有明显功能的物质的过程，是微生物为适应环境变化，避免自身伤害而形成的一类有利于生存的代谢类型，在微生物生长中发挥重要的生态学功能。次级代谢没有明显的生理功能，对微生物而言，次级代谢受阻，并不影响菌体的生长繁殖。次级代谢产物（secondary metabolite）以初级代谢的关键性中间产物为前体物质进行合成，如初级代谢的乙酰 CoA 是合成四环素、红霉素的前体物质。

次级代谢产物生物合成过程受多基因控制,代谢酶系对底物要求的专一性不强,可同时合成多种结构类似的产物。环境条件变化对微生物的次级代谢影响很大,同一种微生物在不同环境条件下,可合成不同的次级代谢产物。微生物的次级代谢产物类型、种类繁多、结构特殊,根据产物的作用分类包括抗生素、激素、维生素、毒素、生物碱和色素等。

第四节　微生物的代谢调节

在微生物生命活动中,外部环境一直处于变化之中,其必须通过精细发达的代谢调节系统不断地进行自我调节和控制,才能促进自身的不断发展和进化。在自然界,微生物要在竞争中取胜,需要经济有效地利用有限资源,协调各化学反应的速率、方向以及底物在各代谢途径的合理分配,实现自身的快速生长,保证物种的延续。通过代谢调节,微生物可以经济有效的利用环境中的营养物质,产生能量,合成维持自己生长繁殖所需的代谢产物。代谢调节的实质是在代谢途径水平对酶活性的调节和在基因水平对酶合成的调节,是微生物细胞随环境条件变化在一定范围内进行的自我调节,由微生物细胞决定并通过自身来实现。

一、微生物代谢调节的部位及方式

1.代谢调节部位

微生物进行代谢调节的部位主要是细胞膜。当外界环境条件发生改变,细胞膜的组成成分及物理特性将发生如下改变:①脂类物质的分子结构、种类及比例进行调整,导致膜的理化性质会发生变化。如微生物处于低温环境,膜的不饱和脂肪酸的比例将增加。②膜蛋白(如载体蛋白、孔蛋白、酶和电子传递体等)的数量和活性发生改变(图 7-4-1)。如在大肠杆菌细胞膜上的外膜孔蛋白 OmpC 和 OmpF 的丰度会随渗透压、温度以及细胞生长时期的变化而做出相应的改变。葡萄糖浓度高于 0.2 mmol/L 时,它们负责将葡萄糖运输到周质空间,当葡萄糖缺乏或不足时,在外膜的一种可以运输多种糖(如麦芽糖,麦芽糖糊精和葡萄糖等)的糖孔蛋白(glycoporin)LamB 被激活。③溶质的输送随着膜内外电势、细胞能荷的变化而发生改变。④细胞壁结构受损导致膜通透性发生改变。

原核微生物没有明显的细胞核和典型的细胞器,进行代谢调节的另一部位是细胞空间。原核微生物细胞内所有的酶和底物处于同一空间,在一定的环境和生理条件下,底物受酶的催化以及酶促反应的速度,特别是关键酶的活性及其催化合成与分解的速率都受到严格的自我调节。

原核微生物进行代谢调节的第三个部位是酶与底物的相对位置。在原核微生物细胞内不存在许多不同的空间,酶与底物的相对位置并没有影响酶的作用,但是当某个酶反应系统以多酶复合体形式存在时,酶促反应就会限定在细胞内特定的空间范围,按照特定的顺序进行反应。

真核微生物代谢调节存在同样的 3 个代谢调节部位。真核细胞结构复杂,有细胞核、线粒体和液泡等细胞器,细胞内的空间又被膜结构分成很多小室,小室可以使分解代谢和合成代谢分开进行并分开独立调节,因此真核微生物代谢调节比原核微生物更精细。

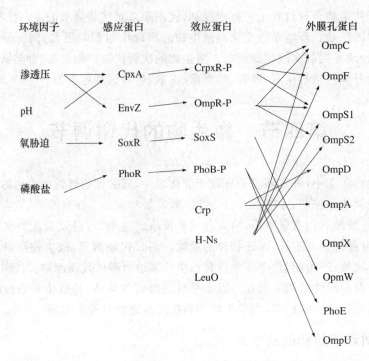

| 环境因子 | 感应蛋白 | 效应蛋白 | 外膜孔蛋白 |

图7-4-1　外膜孔蛋白的调节（引自：Shimizu，2013）

2. 代谢调节方式

（1）膜透性调节　微生物根据环境条件适时调节细胞膜通透性，有选择性地从外界吸收养料，排泄废物，排除与细胞代谢无关的物质进入细胞，维持细胞的正常代谢。作为半透性膜，外界环境条件如温度、pH以及离子浓度的变化，都可导致细胞膜的通透性发生改变。物质进出细胞与膜的组成和结构密切相关，细胞膜载体蛋白的种类、数量和活性的变化，影响物质进出细胞的速率。当环境条件发生变化，膜运输功能受到影响，打破了细胞内与细胞外环境的平衡，微生物必须通过调节，重新建立新的平衡，维持细胞的正常生长。在正常的细胞代谢中，细胞调节及膜通透性调节相当精细，任何的微小的变化对细胞内环境影响巨大。

（2）代谢反应区域化调节　尽管原核微生物没有专门的细胞器，细胞质内各种酶和底物在同一空间，但细胞质不具备流动性，与某一代谢途径有关的酶系集中分布，保证酶促反应顺利进行。例如与呼吸作用有关的酶系位于细胞膜，一些与CO_2固定有关的酶及底物集中在羧酶体。同时原核微生物细胞调节的酶促反应存在时序性，当一个酶反应体系以多酶复合体形式存在时，酶促反应在一定空间范围内按照特定的顺序有条不紊地进行。

真核微生物细胞质内存在细胞核和细胞器，它们由膜结构包围形成小室，把细胞空间分为许多特定的区域，每个区域都有自己独特的酶系和底物，催化各自特有的代谢反应产物，相互之间不受影响。例如TCA循环的代谢酶系位于线粒体中，主要负责物质的氧化分解，其产生的能量以及小分子代谢产物通过跨膜运输，进入细胞质用于细胞内物质的合成代谢。虽然真核微生物细胞空间的酶系分布在不同区域，底物与代谢产物也存在分隔，但是各种代谢途径之间相互联系仍然紧密，一些重要的中间代谢产物可通过膜载体蛋白进行运输、交换和调节，将细胞内错综复杂的代谢网络联系在一起。

（3）代谢流调节　代谢流（metabolic flux）是指代谢物分子在代谢途径中的周转率。当环境条件发生改变,细胞通过代谢流调节来控制代谢途径的代谢反应速率以适应环境变化是至关重要的。代谢流的调节通过调节代谢途径中的酶得以实现,这种调节分 3 个层次(图 7-4-2):①通过基因表达控制酶在细胞内的丰度;②通过翻译后酶的修饰控制酶的丰度;③通过酶分子构象改变、蛋白质磷酸化或蛋白质降解速率的变化控制酶反应速度。在微生物细胞内,真正影响代谢流调节的关键因子是底物的浓度。

微生物通过两用代谢途径以减少细胞内一些不必要的酶的合成,反应都是可逆的,对一些关键性反应,微生物通过控制代谢的流向和酶促反应速度。当代谢途径中某个关键反应是可逆反应,并由同一种酶催化,通常通过酶的不同辅基或辅酶控制代谢物质流向,如谷氨酸脱氢酶在以 $NADP^+$ 为辅酶时进行谷氨酸合成,以 NAD^+ 为辅酶时催化谷氨酸分解。当代谢途径中某个关键反应是由两种不同的酶分别催化不同方向的互逆单向反应时,利用两种完全不同的酶精确控制反应的方向。

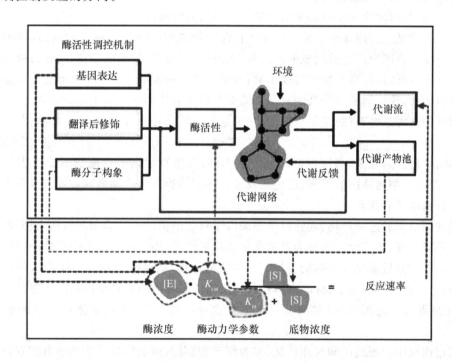

图 7-4-2 代谢流的调节(引自:Gerosa & Sauer,2011)

(4)代谢速度的调节 细胞内的一些不可逆反应,主要通过酶的活性与酶量来控制代谢速度进行调节。微生物根据环境条件的变化,通过诱导或阻遏酶的合成、活性或抑制组成型酶的活性实现代谢速度的自我调节,从而经济有效地利用物质和能量进行生长繁殖。

二、酶活性调节

微生物进行细胞调节是通过细胞内的酶完成的,酶是代谢调节的关键和核心。有关酶的调节机制主要有两类,即酶活性的调节(激活或抑制)和酶合成的调节(诱导或阻遏)。

酶活性的调节是发生在蛋白质分子水平的调节,通过改变细胞内已有酶的分子构象或分子结构来激活或抑制酶的活性,来控制酶促反应的速度。可通过特异性的小分子中间代谢产物、终产物或结构类似物与酶发生可逆性结合反应激活或抑制酶的活性。酶活性调节受多方

面因素影响,如底物和产物的性质与浓度、结构类似物的存在与否、其他酶的干扰以及环境因子等。

1. 酶的激活和抑制

酶活性调节使微生物细胞对环境的变化直接做出响应,反应迅速并且可逆。激活是指在代谢途径中,催化后面反应的酶的活性可被前面反应的中间代谢产物促进,或在某个酶促反应系统中,加入某种低分子量的物质后,导致原来无活性或活性很低的酶转变为有活性或活性提高,从而使酶促反应速度提高的过程。能够使酶活性提高的物质称为酶激活剂。酶激活剂可以是外源物质,也可以是中间代谢产物,或者是一些金属离子和辅酶等。

代谢途径的酶激活主要是指代谢中间产物对酶的激活,主要有两种情况:①代谢中间产物(底物)的前馈激活。这种情况在代谢途径中十分普遍,是指前面代谢形成的产物,作为后面酶促反应的底物,激活后面酶促反应的酶活性。②代谢中间产物的反馈激活。这种情况与底物前馈激活不同,是后面酶促反应形成的产物对前面反应的激活。

抑制是指在某一代谢途径中形成的中间代谢产物或终产物积累过量时,会直接作用于该代谢途径中促进该产物产生的酶或前面的酶(多为第一个酶),抑制酶活性,终止或减慢整个代谢途径的反应速度,避免终产物的过度积累;或指在某个酶促反应系统中,通过人为加入某种低分子量的物质,导致酶活力降低的过程。能够引起酶活性降低或丧失的物质称为酶抑制剂。抑制作用有的是可逆的,有的是不可逆的,在细胞代谢调节中发生的抑制现象,绝大多数是可逆的。

在不同的代谢途径中,酶活性的调节方式不同,微生物根据对代谢物的需求进行自我调节,达到代谢物在细胞体内的平衡,避免累积过多的前体物质与产物而对细胞造成伤害。

2. 酶活性调节的方式

酶活性调节可通过终产物、底物以及辅助因子对酶的活性进行抑制与激活,或对酶原及潜在酶激活得以实现,酶活性调节分为前馈作用和反馈作用(图 7-4-3)。在代谢途径中积累的中间代谢(底物)对其后催化反应的酶有抑制或激活的作用,把这种底物或前体物水平对酶活性的抑制与激活称为前馈(feed forward),前馈作用通常是在代谢途径中前面的底物对其后催化某一反应的酶活性的调节,这种调节可以激活也可以抑制,一般前馈激活在代谢途径中较常见。

在代谢途径中积累的中间代谢产物(多为终产物)对其前面催化反应的酶有抑制或激活的作用,把这种中间代谢产物(或终产物)对酶的抑制与激活称为反馈(feedback)。反馈作用分为反馈抑制和反馈激活。在代谢途径中,微生物为减少终产物的积累对自身造成伤害,反馈抑制较常见。

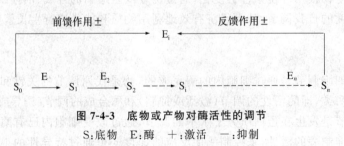

图 7-4-3 底物或产物对酶活性的调节

S:底物 E:酶 +:激活 −:抑制

在代谢途径中微生物根据所处环境的实际情况,采取合理的调节方式控制代谢途径中一个或多个酶的活性。在有分支的代谢途径中,酶活性调节方式有协同(多价)反馈抑制(concerted /multivalent feedback inhibition)、累积反馈抑制(cumulative feedback inhibition)、增效(合作)反馈抑制(synergistic/cooperative feedback inhibition)、顺序反馈抑制(sequential feedback inhibition)和代谢互锁(metabolic interlock)等多种方式。在有分支的合成代谢途径中,由于可同时合成多个终产物,其代谢调节更为复杂,各终产物(或中间代谢产物)的积累不仅影响合成自身的分支代谢,还会影响其他终产物合成的分支代谢;如果分支途径上游的某个酶受到另一条分支途径的终产物,甚至与本分支途径几乎不相关的代谢中间产物的抑制或激活,通过代谢互锁的方式使酶的活力受到调节。分支代谢途径的各终产物之间通过各种调节方式形成维持细胞正常生长繁殖的协调的代谢模式,达到平衡合成(balanced synthesis)。

三、酶合成调节

酶合成调节是通过调控酶的合成量来调节代谢速率的一种调节机制。酶合成的调节是在基因水平上控制的代谢调节,是一种间接、缓慢的调节方法,与酶活性的调节相比,酶合成的调节更精细,更节约原料和能量。酶合成的调节取决于微生物所处环境是否有底物、细胞基因组上是否有合成酶的基因以及所处的环境是否适合合成酶基因的表达。

1.酶的种类

按照酶的合成与环境影响之间的关系,微生物合成的酶分为组成酶和诱导酶两大类。诱导酶与组成酶是相对概念,同一种酶在一种微生物体内可能是诱导酶,而在另外一种微生物体内可能是组成酶。如 β-半乳糖苷酶在 $E. coli$ K12 野生株中为诱导酶,在突变株为组成酶。

组成酶(structural enzyme)是细胞固有的酶类,对环境不敏感,也不依赖于酶底物或底物的结构类似物的存在而合成的酶,不论微生物生长在何种培养基中,总是适量地存在。诱导酶(inducible enzyme)又称适应酶,是细胞为适应环境而临时合成的一类酶,对环境变化敏感,是依赖于某种底物的存在而合成的酶,当底物或底物结构类似物消失,其合成终止。两类酶的基因均位于细胞染色体上,只是基因表达方式不同。在微生物的生物合成体系中,酶合成的调节是通过代谢产物作用于细胞染色体上的基因来实现诱导和阻遏的。

2.酶合成调节的方式

酶合成调节的方式有诱导和阻遏,两者都需效应物参与。促进酶合成的现象称为诱导(induction),阻止酶合成的现象称为阻遏(repression),参与的效应物分别被称为诱导物(inducer)和阻遏物(inhibitor)。诱导物通常是酶的底物、底物的结构类似物或底物的前体物质。阻遏物往往是合成代谢途径的终产物或分解代谢途径的中间产物。

当环境中有诱导物存在时,酶合成开始,一旦诱导物消失,合成终止,人工进行的代谢调控需要持续不断诱导某些酶合成,通常是加入一些底物的结构类似物诱导。酶的诱导合成分为两类:同时诱导和顺序诱导。同时诱导是加入一种诱导物后,能够同时诱导与诱导物代谢有关的所有酶的合成,如在 $E. coli$ 培养基中加入乳糖或 IPTG,可同时诱导出 β-半乳糖苷透性酶、β-半乳糖苷酶和半乳糖苷转乙酰酶的合成。顺序诱导是加入一种诱导物后,先合成能够分解底物的酶,催化底物分解形成中间代谢产物,然后依次诱导合成代谢途径中多个代谢中间产物的酶。

微生物在代谢过程中,当胞内某种代谢产物积累到一定程度时,微生物的调节体系就会阻止代谢途径中包括关键酶在内的一系列酶的合成,通过这些反馈调节作用降低此产物的合成速率,从而彻底地控制代谢,减少末端产物生成。酶合成的阻遏调节主要有分解代谢产物阻遏(catabolite repression)和末端代谢产物阻遏(end-product repression)。

分解代谢产物阻遏是指分解代谢途径中某些代谢物的过量积累而阻遏其他代谢途径中的酶合成。所有可以迅速利用或代谢的底物都能阻遏另一种被缓慢利用的底物所需酶的形成,因为迅速利用底物分解过程中产生的中间代谢物可阻遏被缓慢利用的底物所需酶的形成。当环境中存在两种可利用的营养物质,微生物优先利用能被快速利用的营养物质而不利用另一种,如在培养基中同时存在葡萄糖和乳糖,*E. coli* 优先利用葡萄糖作为碳源,只有葡萄糖被消耗后乳糖才能被利用。

末端代谢产物阻遏是指生物合成中由于阻遏物(终产物)的过量累积而阻遏该途径中所有酶的生物合成。末端代谢产物阻遏保证正常生理条件下的微生物细胞体内各种物质维持在适当的浓度,不会过量合成细胞物质。当微生物已合成了足量的产物,或从外界加入该物质后,就停止有关酶的合成,缺乏产物时,微生物开始合成与代谢产物有关的酶。

在直线式合成代谢途径中,末端代谢产物阻遏反应途径中各个酶的合成。如 *E. coli* 可利用天冬氨酸,天冬氨酸经系列酶催化转变为高丝氨酸后,依次由胱硫醚 γ-合成酶、胱硫醚 γ-裂解酶和甲硫氨酸合成酶 3 种酶催化生成甲硫氨酸。当培养基中有甲硫氨酸时,这 3 种酶的合成均受到反馈阻遏(图 7-4-4)。

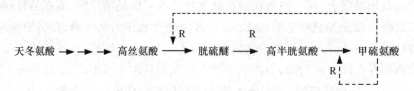

图 7-4-4　大肠杆菌甲硫氨酸合成酶的反馈阻遏
R 表示反馈阻遏

在分支代谢途径,每种末端产物只专一地阻遏合成它自身的那条分支途径的酶,代谢途径分支点前的"公共酶"则受所有分支途径末端产物的共同阻遏,即只有当所有末端产物同时存在时,才能发挥阻遏作用,任何一种末端产物的单独存在,都不影响酶合成。

四、代谢调控

微生物在正常生长条件下,总是通过其代谢调节系统进行自我调节,使机体内的代谢途径与代谢类型互相协调与平衡,经济有效地利用营养物质合成能满足自身生长、繁殖所需要的一切中间代谢物,不浪费原料和能量,也不积累中间代谢产物。

微生物的代谢调节系统可塑性强且精确,在人为控制的条件下,可打破微生物的代谢控制体系,使代谢朝着人们希望的方向进行,使微生物过量累积人类所需要的有益代谢产物(初级和次级代谢产物)。

本章小结

1分子葡萄糖经 EMP、HMP、ED 等糖酵解途径生成丙酮酸,在有氧条件下,丙酮酸进入 TCA 循环可被彻底氧化生成 CO_2 和 H_2O,或进行柠檬酸发酵。无氧条件下,丙酮酸被酵母菌、乳酸菌或其他微生物还原成乙醇、乳酸、丁酸、丙酮、丁醇、丁二醇等物质。

生物氧化的实质是脱氢、递氢和受氢,其功能包括产 ATP、产还原力[H]和产小分子代谢产物。葡萄糖经 EMP、HMP、ED、PK、HK 途径和 TCA 循环过程脱下来的 H,经呼吸链传递给受氢体。根据受氢体不同,生物氧化分为有氧呼吸、无氧呼吸和发酵 3 种类型。根据被还原底物不同,无氧呼吸又可分为硝酸盐呼吸、硫酸盐呼吸、硫呼吸、铁呼吸和碳酸盐呼吸等。

生物氧化过程与 ADP 磷酸化反应相偶联,将释放出来的能量合成 ATP,称为氧化磷酸化,包括电子传递磷酸化、底物水平磷酸化和光合磷酸化。

自氧微生物都具有固定 CO_2 的能力。Calvin 循环是蓝细菌、绝大多数光合细菌、自养菌共有的 CO_2 固定途径;不存在 Calvin 循环的严格厌氧菌通过厌氧乙酰-CoA 途径固定 CO_2,少数光合细菌则利用还原性 TCA 途径固定 CO_2。

肽聚糖是真细菌细胞壁的独特组分,其合成机制复杂,合成部位几经转移,第一阶段主要是在细胞内合成"Park"核苷酸;第二阶段在细胞膜上合成肽聚糖单体,第三阶段在膜外发生横向和纵向交联作用形成肽聚糖。

思考题

1. 名词解释

Park 核苷酸;Stickland 反应;TCA 循环;补救途径;初级代谢;次级代谢;代谢回补顺序;底物水平磷酸化;光合磷酸化;氧化磷酸化;电子传递链;发酵;有氧呼吸;无氧呼吸;反馈;分解代谢产物阻遏;固二氮酶;固二氮酶还原酶;两用代谢途径;磷酸解酮糖途径;末端代谢产物阻遏;生物固氮;同型和异型酒精发酵;组成酶。

2. 什么叫生物氧化?描述其过程和类型。

3. 微生物合成 ATP 的方式有哪些?

4. 葡萄糖降解为丙酮酸的途径有哪些?叙述丙酮酸代谢途径的多样性。

5. 比较同型和异型乳酸发酵。

6. 简述 EMP 途径进行的糖酵解过程及 HMP 途径的生理学意义。

7. 描述 ED 途径的主要过程及其生理学意义。

8. 简述 TCA 循环的重要性。

9. 自氧微生物、异养微生物固定 CO_2 的途径有哪些?

10. 简要说明肽聚糖的合成过程。

(广东海洋大学　易润华)

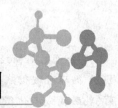

第八章 微生物的生长与控制

◆**内容提示**

　　微生物发挥作用时,不论在自然条件还是在人工条件下,都是"以数(量)取胜"的。生长和繁殖就是保证微生物获得巨大数量或生物量(biomass)的必要前提。一定程度上,没有一定的数量就可认为没有微生物的存在。微生物生长繁殖是内外各种环境因素相互作用下生理、代谢等状态的综合反映,因此生长繁殖数据是研究微生物生理、生化和遗传等问题的重要指标。同时,微生物在生产实践中的各种应用以及人类对感染性疾病的防控、对食品等各种原料和产品腐败的控制等也都与微生物的生长繁殖紧密相关。

第一节　微生物生长的研究方法

　　一个微生物细胞在合适的环境条件下,如果同化(合成)作用的速度超过异化(分解)作用,个体细胞进行生长(growth),原生质总量(重量/体积/大小)就会不断增加,达到一定程度就会引起个体数目的增加,对单细胞微生物来说,这就是繁殖(reproduction)。经过繁殖,原有个体发展成一个群体(population)。随着群体中各个体的进一步生长、繁殖,就实现了群体生长。所以个体和群体有以下关系:

个体生长→个体繁殖→群体生长

群体生长＝个体生长＋个体繁殖

　　除特定目的,在微生物学研究和应用中,只有群体生长才具有实际意义。因此,微生物学中的"生长",一般指群体生长,此与研究大型生物有所不同。

一、微生物的纯培养

　　自然环境中,许多种类的微生物混杂栖息,即使一粒尘土,其表面的微生物种类也十分多样。而在科学研究或工业生产中,利用的往往是单一种类的微生物,这就需要把目标微生物从混杂状态下分离出来并使其在实验条件下繁殖,此为纯培养(pure culture)。获得纯培养的方法有多种,如显微操作法,即在显微镜下直接挑取单个细胞进行培养。但通常采用操作简便、不需特殊设备、效果也好的稀释涂布法、稀释倒平板法或划线法获得菌落纯培养物。我们通常所说的微生物培养就是指纯培养。纯培养过程中,防止其他微生物的混入十分重要,否则就会造成污染。

　　在许多发酵工艺中,几种微生物同时被接种到一个培养体系,有时则直接利用环境中的微生物,这种发酵称为混合(菌)发酵或自然发酵。我国传统白酒和食醋的酿造大多采用天然混合发酵。近年来,厌氧菌混菌发酵在污染物的生物治理、精细化工生产、新药物合成等方面广泛应用。另外,由于技术局限,自然界中的许多微生物目前还没有实现纯培养,这类微生物称为不可培养微生物(uncultured microorganisms),如何获得它们将是微生物学家面临的挑战。

二、微生物的培养方法

研究微生物的生长首先要对微生物进行培养。根据培养过程中对氧气的需求,微生物培养方法分为好氧培养与厌氧培养;根据培养基的物理状态分为固体培养和液体培养;根据发酵操作方式的不同分为连续培养和分批培养。

(一) 好氧培养方法

1.固体培养方法

实验室中是将菌种接种到固体培养基表面,加盖皿盖或棉塞封口,或以多层纱布封口,或旋松瓶口等,保证生长繁殖过程中的氧气需求,有试管斜面、培养皿平板、茄瓶斜面等培养方法。生产中则用谷粮、麸皮或米糠等为原料,加水搅拌成含水量适度的半固体物料作培养基,在大曲、麸曲、豆酱、醋、酱油、白酒等食品酿造中广泛应用。因设备和通气方法不同分为浅盘法、转桶法和深层通气法。食用菌生产通常将棉籽壳等原料与适量的水混合成半固体物料,装入塑料袋中或在隔架上铺成一定厚度,接种菌种进行培养。

2.液体培养方法

实验室中主要采用三角瓶摇瓶培养方法,接种后在摇床上进行通气培养,也有采用静置培养的方法。在实验室中也可用小型发酵罐进行通气培养,用于发酵基本条件研究,是发酵过程工业化放大的必经过程。工业上主要采用液体深层发酵方法,最常见的培养装置是通用型搅拌发酵罐(图 8-1-1)。

(二) 厌氧培养方法

氧气对厌氧微生物有害,因此需要采用各种方法去除培养基中的氧气。实验室中不仅需要特殊的厌氧培养装置,还需要在培养基中加入还原剂和氧化还原指示剂。早期采用厌氧培养皿方法,现已逐渐采用厌氧手套箱、Hungate 滚管和厌氧罐以及更为先进的厌氧工作站等方法(图 8-1-2)。实验室中无上述设备时,最简单的

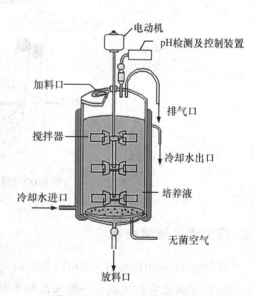

图 8-1-1 搅拌发酵罐的结构

方法是在一密闭玻璃罐内培养,旋紧罐盖前在罐内点一支蜡烛,让其自然熄灭(图 8-1-3),也可用产 CO_2 塑料包培养。工业上主要采用液体静置培养法,即在发酵罐中不通空气进行静置保温培养,常用于乙醇、啤酒、丙酮、丁醇、乳酸等的发酵生产。

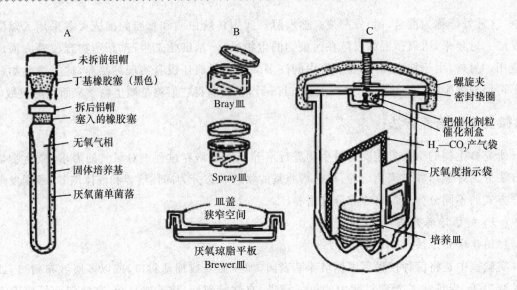

图 8-1-2　厌氧菌的培养装置

A. Hungate 滚管　B.厌氧培养皿　C.厌氧罐

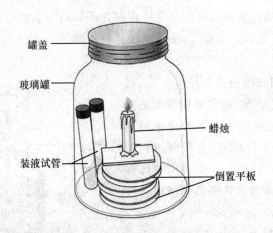

图 8-1-3　蜡烛罐法培养厌氧菌

三、微生物的连续培养

连续培养(continuous culture)是指向培养容器中连续流加新鲜培养液,使微生物群体长期维持稳定高速生长状态的一种溢流培养技术,又称开放培养(open culture),是相对于绘制典型生长曲线时所采用的分(单)批培养而言的(详见本章第二节)。

连续培养是通过分析典型生长曲线稳定期到来的原因并采取相应有效措施而实现的。当微生物以分批培养方式培养到指数期后期时,一方面以一定速度连续流加新鲜培养基并通入无菌空气(厌氧菌除外),另一方面以同样的流速不断溢流出培养物,使微生物长期保持在指数期的平衡生长状态和恒定的生长速率上(图 8-1-4 和图 8-1-5)。

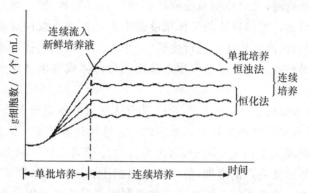

图 8-1-4　单批培养与连续培养的关系

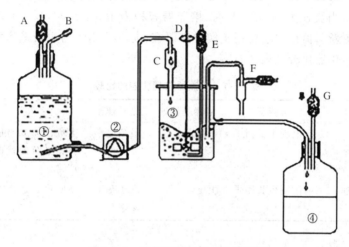

图 8-1-5　连续培养装置结构示意图

①新鲜培养液贮备瓶,其上有过滤器(A)和培养基进口(B);②蠕动泵;③恒化器,其上有培养基入口(C)、搅拌器(D)、空气过滤装置(E)和取样口(F);④收集瓶,其上有过滤器(G)

根据不同的分类方法,连续培养器有如下类型(图 8-1-6):

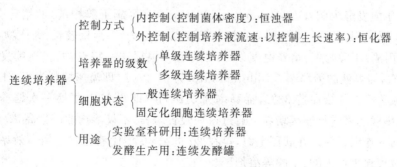

图 8-1-6　连续培养器的类型

1.按控制方式

(1)恒浊器(turbidostat)　这是一种根据培养器内微生物的生长密度,借助光电控制系统来控制培养液流速,既要保证生长速度恒定,又可取得高密度菌体的连续培养装置。当培养基

的流速低,菌体密度增高时,光电控制系统通过调节培养液流速,使其加快来达到菌体恒密度的目的,反之亦然。可见这类培养器的工作精度是由光电控制系统的灵敏度决定的。在恒浊器中的微生物始终能以最高生长速率进行生长,并可在允许范围内控制不同的菌体密度。在生产实践中,恒浊器类型的连续发酵器常用来获得大量菌体或与菌体生长相平行的某些代谢产物如乳酸、乙醇等。

(2)恒化器(chemostat 或 bactogen) 是一种设法使培养液流速保持不变,并使微生物始终在低于其最高生长速率条件下进行生长繁殖的一种连续培养装置。恒化器通过控制某种营养物的浓度,使其始终成为限制生长因子,因而亦称为外控制式连续培养装置。可以设想,在恒化器中,一方面菌体密度会逐渐增加,另一方面限制生长因子的浓度又会逐渐降低,两者互相作用,使微生物的生长速率正好与恒速流入的新鲜培养基的流速相平衡。在恒化器中,营养物质的更新速度以稀释率(dilution rate,D)表示,D 即培养基流速 f(mL/h)与培养器容积 V(mL)之比。例如,当流速为 30 mL/h 时,培养器容积为 100 mL 时,$D=0.3$/h,即每小时有30%的培养液被更新。恒化器主要用于实验室研究,尤其适用于与生长速率相关的各种理论研究。恒浊器与恒化器比较见表 8-1-1。

表 8-1-1 恒浊器与恒化器的比较

装置	控制对象	培养基	培养基流速	生长速率	产物	应用范围
恒浊器	菌体密度 (内控制)	无限制生长因子	不恒定	最高速率	大量菌体或与菌 体相平行的代谢 产物	生产为主
恒化器	培养基流速 (外控制)	有限制生长因子	恒定	低于最高 速率	不同生长速率的 菌体	实验室研究 为主

2.按培养器级数

按培养器级数,连续培养器分为单级连续培养器(one-step continuous fermentor)和多级连续培养器(multi-step continuous fermentor)两类。若某种微生物的代谢产物产生速率与菌体生长速率相平行,就可采用单级恒浊式连续发酵器来进行。如果目标产物恰与菌体生长不平行,就应根据菌体生长规律和代谢产物产生规律,设计与其相适应的多级连续培养装置。

以丙酮、丁醇发酵为例:*Clostridum acetobutylicum*(丙酮丁醇梭菌)的培养分两个阶段,前期较短,为菌体生长期(trophophase),培养温度以 37℃ 为宜;后期较长,为产物合成期(idiophase),以产丙酮、丁醇为主,培养温度以 33℃ 为宜。根据这一特点,两级连续发酵罐的第一级罐保持 37℃,培养液的稀释率 D(dilution rate)为 0.125/h(即流速控制为每 8 h 更换一次容器内的培养液),第二级罐保持 33℃,稀释率为 0.04/h(即每 25 h 更换一次培养液),并把第一、第二级罐串联起来进行连续培养。通过这一装置培养,不仅溶剂的产量高,效益好,而且可在一年多时间内连续运转。在我国上海,早在 20 世纪 60 年代就已经采用高效率的多级连续发酵技术大规模地生产丙酮、丁醇等溶剂了。

连续培养如用于生产实践,就称为连续发酵(continuous fermentation)。连续发酵与单批发酵相比有许多优点:①高效:它简化了装料、灭菌、出料、清洗发酵罐等许多单元操作,从而减少了非生产时间并提高了设备利用率;②自控:即便于利用各种传感器和仪表进行自动控制;③稳定:产品质量较稳定;④节约:节约了大量动力、人力、水和蒸汽,且使水、汽、电的负荷均衡

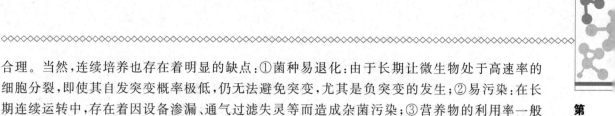

合理。当然,连续培养也存在着明显的缺点:①菌种易退化:由于长期让微生物处于高速率的细胞分裂,即使其自发突变概率极低,仍无法避免突变,尤其是负突变的发生;②易污染:在长期连续运转中,存在着因设备渗漏、通气过滤失灵等而造成杂菌污染;③营养物的利用率一般低于单批培养。因此,连续发酵中的"连续"还是有限的,一般是数月至一两年。

除丙酮和丁醇发酵外,连续培养技术也广泛应用于单细胞蛋白(SCP)生产、乙醇和乳酸发酵、石油脱蜡(菌种为 *Candida lipolytica*)和污水处理等领域。国外将连续培养应用于提高浮游生物饵料产量的实践中,效果良好。

四、微生物的同步培养

群体生长过程中,每个个体可能处于不同的生长阶段,从而出现生长与分裂不同步的现象。同步培养(synchronous culture)是一种能使群体中不同步的细胞处于同一生长阶段,同时进行生长或分裂,即实现同步生长的培养方法。同步细胞或同步培养物是研究微生物生理与遗传特性的理想材料。同步培养方法很多,可归纳为机械法和环境条件控制法两类。

1.机械法

处于不同生长阶段的微生物细胞,其体积与质量不同,与某种材料的结合能力也不同,这是机械法获得同步细胞的原理,方法如图 8-1-7 所示。

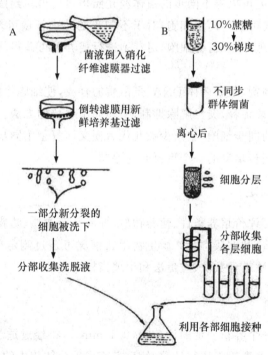

图 8-1-7　同步培养方法(机械法)

A. 硝酸纤维素滤膜法　B. 离心法

(1)膜洗脱法　此法可获得数量更多、同步性更一致的细胞。根据细菌能紧紧结合到硝酸纤维素(NC)滤膜上的特点,将菌悬液通过垫有 NC 膜的过滤器,而后将滤膜颠倒过来,再让营养液连续缓慢流过滤膜,附在滤膜上的细胞便生长分裂,所产子细胞因无法与滤膜接触,而随

着培养液洗脱下来,对刚刚分裂的子细胞进行培养便可获得同步细胞(图 8-1-7 A)。

(2)区带离心法　不同生长阶段的细胞沉降系数不同,故利用密度梯度离心法可获得同步细胞群体,离心后同一区带的细胞大致处于同一生长期,分别将它们取出进行培养便可获得同步细胞。本法已成功用于酵母菌和大肠杆菌等同步细胞的筛选(图 8-1-7 B)。

(3)过滤法　将细胞培养物通过微孔滤器,让处于细胞周期较早阶段的小细胞通过,收集这些细胞转入新鲜培养基,获得同步培养物。

2. 环境条件控制法

即诱导法,通过改变温度、养料等环境条件,诱使不同步细胞实现同步化的方法。

(1)温度法　此法通过适宜与不适宜温度的交替处理而获得同步细胞。先让培养物在稍低于最适温度的条件下培养,控制生长,延迟分裂,然后再转移到最适温度下培养,能使多数细胞同步化。

(2)培养基成分控制法　即养料法,先将不同步的细菌在营养不足的条件下培养一段时间,然后再转移到营养丰富的培养基中培养,获得同步细胞。另外也可以先在限制性营养因子缺乏的培养基或含有抑制剂(如抗生素)的培养基中培养一段时间,限制其生长和分裂,再转接到正常培养基或完全培养基中培养。

(3)其他　对于光合细菌可以将不同步的菌体经光照培养后再转到黑暗中培养,这样通过光照和黑暗交替培养的方式可获得同步细胞;对于不同步的芽孢杆菌可培养至绝大部分芽孢形成,然后加热或紫外线处理,杀死营养细胞,对芽孢进行培养即可获得同步细胞。

3. 解除抑制法

采用氯霉素等代谢抑制剂,阻断菌体 DNA、蛋白质的合成,使细胞停留在较为一致的生长阶段,然后对培养液进行大幅稀释,突然解除抑制,实现同步生长的方法。

经同步培养方法获得的同步细胞,繁殖少数几代后便又回复至不同步状态,如何使同步细胞较长时间地保持同步是同步培养的一个重要研究课题。

五、微生物生长繁殖的测定

对生长繁殖进行测定可评价培养条件、营养物质、抑菌杀菌物质、防腐剂、益生元等对微生物生长繁殖的影响,具有理论和实践意义。微生物生长情况可通过测定单位时间内微生物数量或生物量变化来评价,方法有计数法、重量法和生理指标测定法等。

(一) 总细胞计数法

1. 血细胞计数板法

血细胞计数板中央有一个容积一定的计数室($0.1~mm^3$),将经过适当稀释的菌悬液或孢子悬液滴加在计数室中,在显微镜下进行计数,然后换算成单位体积内的微生物总数。

2. 涂片计数法

将已知体积($0.01~mL$)的待测样品,均匀涂布在载玻片的已知面积内($1~cm^2$),固定和染色后,显微镜下选择若干视野进行计数和计算。视野面积可用镜台测微尺测得直径并计算,从而推算 $1~cm^2$ 总面积中所含细胞数目。此法不能鉴别死活细胞,且只适于单细胞状态的微生物或真菌孢子,在样品不染色时,需要使用相差显微镜;也仅适于细胞密度低的样品,但密度低

于 10^6/mL 时便不能保证在视野中能观察到所有细菌。

3.比浊法

菌悬液中细胞数目越多,对光的消散作用越强,混浊度就越高。浊度可以用比色计或分光光度计测量,以吸光度来表示,一般选用 $450\sim650$ nm 的波段。单细胞生物在一定范围内的吸光度与细胞数目及细胞物质量成正比,因而可进行总细胞计数,但需用显微镜直接计数法制作标准曲线用于换算。比浊法灵敏度虽差,却简便、快速,可使用侧臂三角瓶(图 8-1-8)在不同培养时间重复测定样品浊度,具有不干扰或不破坏样品的优点,因而被广泛使用。

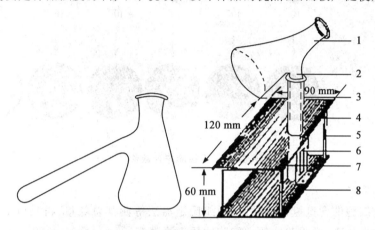

图 8-1-8　测定生长用的侧臂三角瓶(左)和比色管架(右)

1.侧臂试管三角烧瓶;2.侧臂试管;3.侧臂试管插座;4.比色架面板;5.连接螺丝;6.比浊测定透光窗;

7.光路开关孔;8.比色架底板

(二) 活菌计数法

只有活细胞,方可在固体培养基表面或基质内繁殖形成肉眼可见的菌落,故平板计数法可间接确定样品中的活菌数,有涂布法(spread plate method)和倾注法(pour plate method)两种。平板计数法因不能保证一个菌落只由一个活细胞繁殖而来,所以单位为菌落形成单位(colony forming unit,CFU),因而 CFU 数值并不完全等同于样品中的活菌数。

倾注法是先将一定量的一定稀释度的菌液加到平皿内,然后倒入融化后冷却至 45℃ 左右的培养基,水平迅速旋动混匀,凝固后培养即可;涂布法则直接将菌液涂布于平板表面(图 8-1-9)。

活菌计数方法的优点是能够测出样品中的活菌数,且灵敏度高,广泛应用于生物、医药、食品及水质卫生检测中,但该法也存在手续繁、需时长、影响因素多等缺点。

(三) 微生物生长量的测定

微生物生长量的测定不是测定细胞数量,而是测定细胞的生长量以及与生长量相平行的相关生理指标。

1.湿重法

将微生物培养液离心,对收集的沉淀物进行称重。

2.干重法

将离心得到的细胞沉淀物于 $100\sim105$℃烘干至恒重,取出放入干燥器内冷却,再称重。

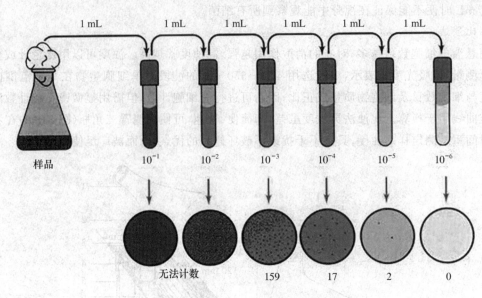

图 8-1-9　平板涂布计数法

3. 含氮量测定法

一般微生物细胞的含氮量比较稳定,用凯氏定氮法等测其总氮量,再乘以 6.25 即为粗蛋白含量。蛋白含量越高,说明菌体数和细胞物质含量越高。

4. DNA 含量测定法

微生物细胞的 DNA 含量也比较稳定,用适当的荧光指示剂或染色剂与菌体 DNA 作用,用荧光比色法或分光光度法即测得 DNA 含量。

5. 其他生理指标测定法

其他生理指标如 C、P、RNA、ATP、DAP(二氨基庚二酸)含量等均为与生长相平行的指标。例如所有生物活细胞中均含有恒量的 ATP,故 ATP 含量可清晰地表明样品中微生物及其他生物残余的多少。ATP 荧光检测仪就是基于这一原理,利用"荧光素酶—荧光素体系"快速检测 ATP 的。

（四）丝状微生物菌丝长度的测定

对于丝状微生物,特别是丝状真菌,还可通过测定菌丝长度变化来反映其生长速率。

1. 培养基表面菌丝体生长速率的测定

主要测定一定时间内在琼脂培养基表面菌落直径的增加值。

2. 培养料中菌体生长速率的测定

主要测定一定时间内在固体培养物料中菌丝体向前延伸的距离(如食用菌栽培)。

3. 菌丝直线生长速率的测定

该方法将待测菌株点接在平板中央,培养一定时间后将平板置于显微镜载物台上,先用低倍镜观察到菌落边缘单根菌丝的顶端,然后使目镜测微尺与菌丝平行,选择菌丝开始出现侧枝的部位作为测定菌丝直线生长的"参照点"(图 8-1-10)。每隔一定时间测量菌丝生长的长度,观察数次后绘制生长曲线,求出菌丝直线生长的速度(mm/h)。载玻片培养法用载玻片取代平板,将少量培养基滴凝于载玻片上,点接后盖上盖玻片,置于空平皿中培养,取出载玻片直接观察和测定生长速率。

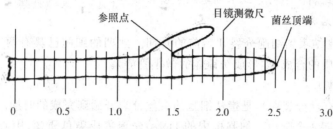

参照点　目镜测微尺　菌丝顶端

图 8-1-10　菌丝直线生长速率测定示意图

第二节　微生物的生长规律

微生物的生长发生在两个水平：一是个体细胞的生长，即个体生长，二是群体细胞数目的增加，即繁殖。生长是繁殖的基础，繁殖是生长的结果。个体生长中细胞体积和质量的增加不易被察觉，常以细胞数量的增加及细胞群体总质量的增加作为微生物生长的指标。

一、微生物的个体生长

一个新生细胞经过生长并经过一次细胞分裂而形成新一代子细胞的过程，称为细胞生长周期(cell growth cycle)。细胞每分裂一次所需的时间称为代时(generation time，G)。

(一)真核微生物的细胞生长

真核细胞的生长周期在阶段划分及特点等方面与原核细胞有明显区别，细胞周期长短也随种类而异，如酵母细胞生长周期约需 2 h，而动植物细胞多数在 10 h 以上。真核细胞的细胞周期分为以下 4 个时期(图 8-2-1)：

1. G_1 期(或复制前期)

是指从上一次分裂完成到下一次 DNA 复制开始之前的时期。G_1 期的长短随生物类群而异。生物(尤其是高等生物)通过控制 G_1 期的长短来调节和控制细胞的生长程度。处于 G_1 期的细胞仍要进行正常的细胞代谢及大分子化合物的合成，为进入下一时期做准备。高等生物的部分细胞也在本期内分化成执行特殊生理功能的细胞，如神经细胞、肌细胞等的 G_0 期(静止期)细胞。停止生长状态的细胞称为 G_0 期。微生物在不良的外界环境条件作用下，也可以使新形成的子细胞全部转为 G_0 期，环境条件适宜时才进入 G_1 期，恢复生长和分裂。

2. S 期(合成期)

是指细胞内 DNA 从复制开始到完成的时期。真核细胞 S 期的长短随种类而异。处于 S 期的细胞要完成细胞全套染色体 DNA 的复制和有关组蛋白

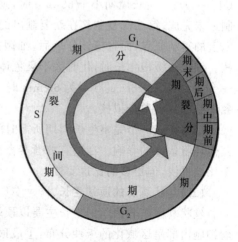

图 8-2-1　真核细胞的生长周期

的合成,同时也要继续其他细胞物质的合成,以使细胞长大。S 期为细胞遗传物质的合成期,环境中的诱变剂在此期作用将导致子细胞发生遗传变异。

3. G₂ 期(复制后期)

指从 DNA 复制结束到细胞分裂开始前的时期。此期的细胞已具有两套染色体,还继续进行着其他细胞物质的合成(如形成纺锤体的微小管等)。

4. D 期(分裂期)

也称为 M 期(有丝分裂期),是指从细胞的有丝分裂开始到完成的时期。本期又可分为前期、中期、后期和末期 4 个阶段。细胞核内的 DNA 先聚集成染色质丝,中心体移向细胞的两极,并以纺锤丝与染色质丝相连接。染色体随之形成,并成对排列在赤道平面上,然后成对的染色体分离并移向两极。最后在细胞中部形成横隔膜,在子细胞内形成新的核膜,使两个子细胞分开。新形成的子细胞在适宜条件下,又可进入 G₁ 期,开始下一个新的细胞周期。

真核微生物(真菌、藻类和原生动物)的细胞周期大都遵循以上模式,但也有特殊性,如低等多核无隔真菌在菌丝生长过程中,只有细胞核分裂而没有细胞分裂。研究还发现许多真菌细胞在进行有丝分裂时核膜不消失,因而核分裂完全在细胞核内完成,中心粒(或纺锤体)有或无,染色体也不常在赤道平面上排列。

酵母菌细胞的生长表现为细胞体积的增加并发生核和细胞的分裂,一次细胞分裂与下一次细胞分裂之间的一个完整的生长过程称为酵母菌的细胞周期。

(二)原核微生物的细胞生长

原核微生物细胞的生长周期一般较短,分为 3 个时期:DNA 复制前的准备期(Ⅰ期)、DNA 复制期(R 期)和细胞分裂期(D 期)。Ⅰ期相当于真核细胞的 G₁ 期,R 期相当于真核细胞的 S 期。原核细胞一旦 DNA 复制结束,便立即进行细胞分裂,没有为细胞分裂做准备的 G₂ 期。

对于某一种原核细胞来说,3 个时期当中,Ⅰ期变化较大,它随营养条件而变化(有时为 0),而 R 期与 D 期则相对比较稳定。例如 $E. coli$ 在 37℃培养时,R 期为 40 min,D 期为 20 min,当细胞生长周期大于 R 和 D 期之和(40 min + 20 min = 60 min)时,Ⅰ期可以表现出来,此时细胞内 DNA 复制是一个不连续的过程;当细胞生长周期等于 60 min 时,则没有Ⅰ期(Ⅰ = 0);当生长周期小于 60 min 时,则 R 期提前进行。这种情况下,细菌 DNA 的第一次复制还未完成,第二次复制又在新复制出的 DNA 上开始了。细菌迅速生长时,染色体上有 2 个以上的复制原点,而且拟核分裂后,细菌并不立即分裂,所以每个细胞中可以见到 2~4 个拟核。细菌在缓慢生长时,代时大于染色体复制所需的时间,细胞分裂之前 DNA 的合成将停顿一会儿。当 $E. coli$ 的代时为 60 min 时,DNA 停止合成的时间约为 20 min,在这种情形下,多数细胞都具有单个拟核。

细菌完成一个完整生长周期所需时间随菌种而异,遗传特性为主要因素,另外还受营养和其他环境条件的影响。在适宜的营养条件下,$E. coli$ 完成一个周期约需 20 min,一些细菌甚至比这更快,但更多的比这要慢。

(三)丝状真菌的顶端生长

丝状真菌营养菌丝的生长主要以顶端生长方式进行。菌丝顶端呈半椭圆形。原生质在菌丝细胞内部呈区域化的极性分布:①最顶端区域:最顶端的几个微米区域,只充满着丰富的微泡囊;②亚顶端区域:距顶端 3~6 μm 以后的区域,开始出现内质网、高尔基体等细胞器,微泡囊散布其间,距顶端40～100 μm处出现核;③成熟区域:核之后的区域。

1.顶端生长

在顶端生长过程中,蛋白质、脂肪和糖类主要在亚顶端区域合成,微泡囊由内质网(或高尔基体)分泌产生,内含合成细胞壁所需的前体物质,微泡囊与微管和微丝相连并由其从亚顶端运送到菌丝顶端,在最顶端与细胞膜融合时,内含的细胞壁前体物质在细胞壁和细胞膜间隙处聚合成细胞壁,导致菌丝顶端向前延伸,原来最顶端的细胞壁和细胞膜被推向后部,细胞壁在被推向后部的过程中因多糖分子之间发生交联而硬化(图8-2-2A)。

2.分枝形成

可塑性细胞壁内有新生的壳多糖和葡聚糖微纤丝,二者通过结晶化过程和共价键交联而变得坚硬。在新的菌丝分枝处,坚硬的细胞壁可由于水解酶的作用而重新变得可塑,并形成新的分枝(图8-2-2B)。

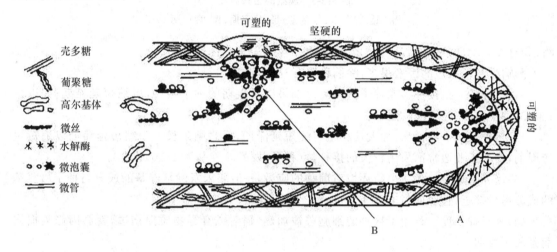

图8-2-2　丝状真菌顶端生长和分枝形成的模型
A. 菌丝顶端　B. 新的分枝

二、微生物的群体生长

(一) 单细胞微生物的生长曲线

研究细菌群体生长的传统方法是分批培养法(batch culture),即将少量纯菌培养物接种到一定体积的液体培养基中进行培养,整个培养过程中既没有任何营养的补充,也没有任何培养液的排出,也被称为封闭式培养(closed culture)或单批培养。在此过程中定时取样测定细胞数目,以培养时间为横坐标,细菌数目的对数或生长速率为纵坐标作图,便可得到生长曲线(growth curve)。各种细菌的生长曲线大体类似,该曲线反映了细菌在新环境中生长繁殖至衰老死亡全过程的动态变化情况(图8-2-3),此曲线将细菌群体生长划分为四个时期。

1.延滞期

延滞期(lag phase)又称延迟期、延缓期、适应期或调整期。指接种后在开始培养的一段时间内,因代谢系统适应新环境,表现为细胞数目不增加的一段时期。该时期的特点:①生长速率常数为零;②细胞不分裂但变大,许多杆菌可长成丝状;③细胞内RNA尤其是rRNA含量增高,原生质呈嗜碱性;④合成代谢活跃:核糖体、酶类和ATP的合成加快,易产生各种诱导

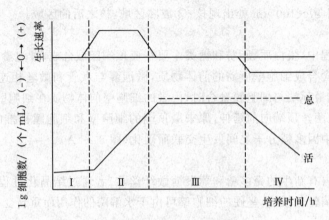

图 8-2-3　典型的生长曲线

Ⅰ.延滞期；Ⅱ.指数期；Ⅲ.稳定期；Ⅳ.衰亡期

酶；⑤对外界不良条件如 NaCl 浓度、温度和抗生素等理化因素敏感。

影响延滞期长短的因素很多，除菌种因素外，还有：

（1）接种龄　指接种物或种子的菌龄。如果以对数期的种子接种，可缩短延滞期；如以衰亡期的种子接种，延滞期就延长。

（2）接种量　一般说来，加大接种量可缩短延滞期，反之则延长。为缩短延滞期以缩短生产周期，发酵工业通常都采用较大的接种量（种子/发酵培养基为 1/10，V/V）。

（3）培养基成分　为减小新环境对菌种的应激，一般要求发酵培养基的成分与种子培养基的成分尽量接近，且应适当丰富些。

（4）种子损伤度　若用于接种的细胞曾被加热、辐射或有毒物质损伤过，就会因修复损伤而延长延滞期。

总之出现延滞期的原因是由于种子细胞接种到新鲜培养液中，一时还缺乏分解或催化有关底物的酶或辅酶，或是缺乏充足的中间代谢物，所以需要一段适应时间。一般而言，细菌、酵母菌的延滞期最短，霉菌次之，放线菌最长。

分析延滞期的出现原因，采取措施缩短延滞期在发酵工业上有重要意义。改善菌种的遗传特性，采用最适种龄的健壮菌种（对数期菌种）作为种子、加大接种量、在菌种扩大培养和制备过程中对菌种进行驯化，使其完全适应发酵培养基，都可缩短延滞期和发酵周期，提高设备利用率和生产效率。

2.对数期

对数期（logarithmic phase）又称指数期（exponential phase），指在生长曲线中，紧接着延滞期的一段细胞数目以几何级数增长的时期，表现为一条上升的直线。对数期具有以下特点：①生长速率常数（R）最大，代时最短，原生质增加一倍所需的倍增时间（doubling time）也最短；②细胞进行平衡生长（balanced growth），菌体各部分的成分十分均匀；③酶系活跃，代谢旺盛。

影响指数期微生物代时长短的因素很多，主要有菌种、营养成分、营养物浓度和培养温度。不同菌种的代时差别极大。例如 *E. coli* 12.5～17 min，*Bacillus subtilis* 26～32 min，*Lactobacillus acidophilus* 66～87 min，*Mycobacterium tuberculosis* 792～932 min，*Saccharomyces cerevisiae* 120 min，*Nitrobacter agilis*（活跃消化杆菌）1 200 min 等。*E. coli* 在牛奶中代时为

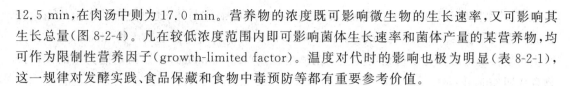

12.5 min,在肉汤中则为17.0 min。营养物的浓度既可影响微生物的生长速率,又可影响其生长总量(图8-2-4)。凡在较低浓度范围内即可影响菌体生长速率和菌体产量的某营养物,均可作为限制性营养因子(growth-limited factor)。温度对代时的影响也极为明显(表8-2-1),这一规律对发酵实践、食品保藏和食物中毒预防等都有重要参考价值。

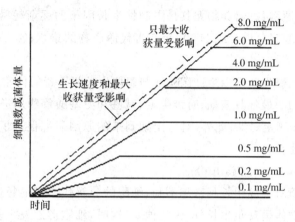

图 8-2-4　营养物浓度对微生物生长速率和菌体产量的影响

指数期尤其是指数期中期的微生物,整个群体的生理特性较为一致、细胞成分呈平衡增长、生长速率十分恒定,故可作为代谢、生理和酶学等研究的良好材料,是噬菌体增殖的最适宿主,也是发酵工业中用作种子的最佳材料。

表 8-2-1　*E. coli* 在不同温度下的代时

温度/℃	代时/min	温度/℃	代时/min
10	860	35	22
15	120	40	17.5
20	90	45	20
25	40	47.5	77
30	29		

3. 稳定期(stationary phase)

又称恒定期或最高生长期,此期生长速率常数 R 为0,即新细胞的产生数与老细胞的衰亡数相等,处于正生长与负生长相等的动态平衡之中。这时的菌体产量达到了最高点,此阶段菌体产量与营养物质消耗之间的关系可用生长产量常数 Y 或称生长得率(growth yield)来表示:

$$Y = \frac{x - x_0}{C_0 - C} = \frac{x - x_0}{C_0}$$

式中,x 为稳定期的细胞干重(g/mL 培养液);x_0 为刚接种时的细胞干重;C_0 为限制性营养物的最初浓度(g/mL);C 为限制性营养因子稳定期时的浓度。例如 *P. chrysogenum*(产黄青霉)在以葡萄糖为限制性营养因子的组合培养基中生长时,Y 值为 1:2.56,说明在稳定期每 2.56 g 葡萄糖可合成 1 g 菌丝体(干重)。

在稳定期,细胞开始积聚糖原、异染颗粒和脂肪等内含物;多数芽孢杆菌在此期开始形成芽孢;有的微生物开始以初生代谢物(primary metabolites)作前体,通过复杂的次生代谢途径合成次生代谢物(secondary metabolites),所以,次生代谢物又称稳定期产物(idiolites)。因此微生物生长期也可分为以指数期为主的菌体生长期(trophophase)和以稳定期为主的代谢产物合成期(idiophase)。

稳定期到来的主要原因:①营养物尤其是限制性生长因子的逐渐耗尽;②营养物的比例,特别是 C/N 比失调;③酸、醇、毒素或 H_2O_2 等有害代谢产物的累积;④ pH、氧化还原电势等理化条件越来越不适宜等。

在生产实践中,当发酵生产是以生产菌体或与菌体生长相平行的代谢产物(SCP、乳酸等)为目的时,稳定期是产物的最佳收获期;对维生素、碱基和氨基酸等物质进行生物测定(bioassay)时,稳定期则是最佳测定时期;此外,对稳定期到来的原因研究促进了连续培养原理的提出以及工艺、技术的创建。

4. 衰亡期(decline phase 或 death phase)

在衰亡期,外界环境对继续生长越来越不利,细胞的分解代谢明显超过合成代谢,继而导致大量菌体死亡,整个群体呈现负生长(R 为负值)。这时,细胞形态发生多形化,例如膨大或呈现不规则的退化形态;有的微生物因蛋白酶活力增强而发生自溶(autolysis);有的微生物会进一步合成或释放对人类有益的抗生素等次生代谢物;芽孢杆菌则往往在此期释放成熟芽孢。

特别指出,细菌的生长曲线反映的是细菌的群体生长规律,认识和掌握其规律,有重要的实践意义。例如,乙醇生产过程中要设法缩短延滞期,延长对数生长期,以便在最短时间内获得最大产量。G^+染色要采用对数生长期的菌体,因这时 G^+ 反应最典型。工业上生产食品酵母,要在稳定期收集菌体。微生物的生长模型也可用来解释感染过程:对数生长期的病原菌,其感染力比处于后期生长阶段的细菌要强,更具致病性;带菌者在感染的早期和中期相对于后期更容易传染他人。

(二) 丝状微生物的群体生长

1. 在液体培养基中的生长

丝状微生物包括原核放线菌和真核丝状真菌。液体培养时虽然也可均匀分布,以菌丝悬浮液的方式生长(丝状生长),但大多数情况下是以分散的沉淀物方式在发酵液中出现(沉淀生长),沉淀物形态从松散的絮状到堆集紧密的菌丝球不等。切开菌丝球,里面散发着乙醇味,说明氧气不能穿过菌丝球达到中心。当菌丝球表面或间隙进行活跃生长时,其内部可能已经开始自发水解。

接种体积、接种物是否凝集、菌丝体是否易于断裂等因素共同决定了丝状微生物是呈丝状生长还是沉淀生长。丝状微生物生长通常以单位时间内微生物细胞的质量(主要是干重)的变化来表示。丝状微生物在液体培养中的生长方式在工业生产中很重要,因为它影响发酵过程的通气性、生长速率、搅拌能耗及菌丝体与发酵液的分离难易等。

2. 丝状微生物的群体生长曲线

丝状微生物的群体生长有着与单细胞微生物类似的规律,大致分为以下三个时期(图 8-2-5):

(1)生长停滞期 孢子和菌丝在新的培养环境中需要一个适应过程,况且孢子萌发前有一个真正的停滞期,此期的长短与菌的种类、菌龄及环境条件有关。

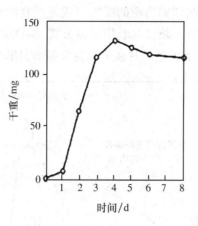

图 8-2-5　腐皮镰孢菌通气液体培养的生长曲线

（2）迅速生长期　此时菌丝体干重迅速增加,其立方根与时间呈直线关系。此期菌丝延长和分枝速率加快。静止培养末期会在液体表面形成菌膜和产生分生孢子。因为丝状微生物的繁殖不以几何倍数增加,故没有对数生长期。

（3）衰退期　菌丝体干重下降是丝状微生物生长进入衰退期的标志。一般在短期内失重很快,以后不再变化。当生长停滞后,老菌丝自溶,多数次生代谢物（如抗生素等）也在本期合成。处于衰退期的菌丝体细胞,除顶端细胞的原生质比较稠密均匀外,大多数细胞内出现大空泡。

第三节　环境因素对微生物生长的影响

微生物生长是细胞内代谢活动与外界环境因素相互作用的结果。在一定限度内,环境条件的改变,可使微生物的形态、生理、生长、繁殖等特征发生变化,超过一定界限,则会引起微生物的死亡。

一、营养物质

环境中营养物质的种类和浓度是影响微生物生长最重要的因子。如果微生物能从环境中充分获得所必需的营养物质,则以最大的比生长速率生长;当某种必需的营养物质成为限制性营养因子时,生长速率下降甚至终止生长;当碳源或氮源等必需营养物耗尽或极度贫乏时,微生物对饥饿可做出多种反应,营养细胞或者分化成休眠孢子,或者消耗内源性营养物质使细胞体积减小。

二、温度

温度对微生物生长和生存的影响具体表现在:①影响酶活性:微生物生长过程中细胞内发生的化学反应绝大多数由酶催化,温度变化会影响酶的活性和酶促反应速率,最终影响细胞物质合成;②影响细胞膜流动性:温度高时,细胞膜流动性加大而利于物质运输,温度低则不利于物质运输,因此温度变化可影响营养物质的吸收与代谢产物的分泌;③影响物质的溶解度:除气体外,只有溶解状态的物质方可被吸收利用或被分泌,温度会影响物质的溶解度,因而会影响微生物的生长。图 8-3-1 显示了温度对微生物生长和细胞组分的影响。

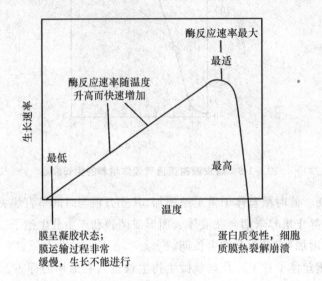

图 8-3-1 温度对生长速率及细胞内大分子的影响

在微生物培养,特别是固态发酵时热对孢子有激活作用,高温短时间的堆积或液体培养会加快孢子的萌发。图 8-3-2 为热激条件对孢子萌发的影响。

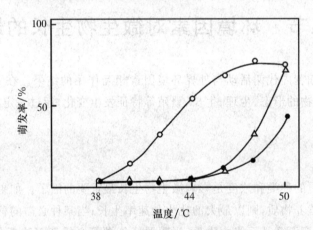

图 8-3-2 热激活的不同处理对须霉孢子萌发比率的影响
○ 激活后立刻放入培养基中;△ 1 h 之后放入;• 24 h 后放入

大多数微生物可在较宽的温度范围内生长,例如,一些生活在土壤中的芽孢杆菌,属宽温微生物(15～65℃);*E. coli* 也是宽温微生物(10～47.5℃);而专性寄生在人体泌尿生殖道中的 *Neisseria gonorrhoeae*(淋病奈瑟氏球菌)则是窄温微生物(36～40℃)。各类微生物对温度的适应范围和分布见表 8-3-1。

表 8-3-1　微生物的生长温度类型

微生物类型	生长温度/℃				分布的主要场所
	范围	最低	最适	最高	
低温微生物	−10～30	−10	10～20	30	极地区,兼性嗜冷水及冷藏食品上
中温微生物	10～45	10	25～30(35～40)	45	腐生菌寄生菌
高温微生物	25～80	25	50～55	80	温泉、堆肥土壤、表层水、加热器等

每种微生物都有其生长繁殖的最低生长温度、最适生长温度和能耐受的最高生长温度,即温度三基点。

最低生长温度:指微生物能够生长繁殖的下限温度。在此温度微生物生长速率最慢,低于这个温度,则生长停止,但仍可长期保持活力,因此可利用低温来保藏菌种和食物等。

最高生长温度:指微生物能够生长繁殖的温度上限。高于这个温度,微生物的生命活动就会停止,引起死亡,因此可利用高温来进行灭菌和消毒处理。

最适生长温度:指微生物代时最短或生长繁殖速率最大的温度,称为最适温度。

在最适温度下,微生物迅速生长,但此温度不一定是微生物一切生理过程的最适温度(表8-3-2),所以研究不同微生物在生长或积累代谢产物阶段时的不同最适温度,对提高发酵生产效率意义重大。例如在青霉素发酵过程中,对 *Penicillium chrysogenum*(产黄青霉)依次在30℃(0～5 h)、25℃(5～40 h)、20℃(40～125 h)和25℃(125～165 h)进行培养,产量比 30℃恒温培养提高了 14.7%。

表 8-3-2　微生物各生理过程的不同最适温度

菌名	生长温度/℃	发酵温度/℃	积累产物温度/℃
灰色链霉(*Streptomyces griseus*) (产链霉素菌种)	37	28	—
产黄青霉(*Penicillium chrysogenum*) (产青霉素菌种)	30	25	20
北京棒杆菌(*Corynebacterium pekinense*) A. S1299(谷氨酸产生菌)	32	33～35	—
嗜热链球菌(*Streptococcus thermophilus*)	37	47	37

根据最适生长温度,可将微生物分为嗜冷微生物、嗜温微生物、嗜热微生物和极端嗜热微生物四类。图 8-3-3 列出了几种典型不同温度类型微生物的温度和生长速率之间的关系。

1. 嗜冷微生物(psychrophile)

嗜冷微生物主要存在于极地等长期寒冷的环境中,最适生长温度为 15℃或更低,最高生长温度不超过 20℃,室温下很快死亡,也称为低温型微生物。

嗜冷微生物在低温下生长良好的原因有:①所产生的酶在低温下活性最强,研究发现此类酶中极性氨基酸含量高,疏水性氨基酸含量低;α-螺旋结构多,β-折叠结构少。②细胞膜组分中不饱和脂肪酸含量高,使膜在低温下也能保持半流动状态进行主动运输。

最适和最高生长温度分别高于 15℃和 20℃,在 0～5℃可生长繁殖的微生物称为耐冷微生物(psychrotrophs)。耐冷微生物分布广泛,可从温带环境的土壤、水、肉、奶制品以及冰箱储存的果蔬中分离到它们。

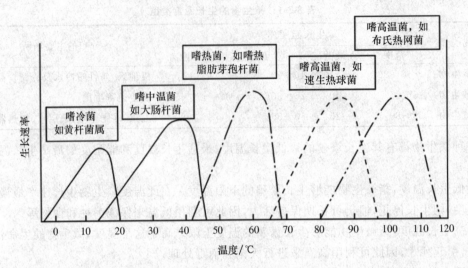

图 8-3-3　不同温度类型微生物在各自生长温度范围内温度与生长速率之间的关系

2. 嗜温微生物(mesophile)

最适生长温度在 20～40℃ 的微生物叫嗜温微生物,属中温型微生物(mesophile)。自然界中绝大多数微生物属于这一类,其最低生长温度在 10℃ 左右,低于 10℃ 便不能生长;最高生长温度在 45℃ 左右。分为寄生型和腐生型两类,最适生长温度相对较高(37℃)的为寄生型,如大肠杆菌;最适生长温度相对较低(25℃)的为腐生型,如黑曲霉(*Aspergillus niger*)、酿酒酵母(*Saccharomyces cerevisiae*)和枯草芽孢杆菌(*Bacillus subtilis*)。

3. 嗜热微生物(thermophile)

最适生长温度一般在 50～60℃ 之间,属高温型微生物。它们主要分布在温泉、火山、地热区土壤以及堆肥、厩肥、沼气发酵池等高温环境中。

此类微生物中的酶、蛋白质及其合成系统更具耐热性;核酸中富含 G≡C;细胞膜中饱和脂肪酸含量高,使膜具有热稳定性;此外嗜热微生物生长速率快,能迅速合成生物大分子,以弥补由高温造成的破坏。

4. 极端嗜热微生物(hyperthermophiles)

这是一类最适生长温度在 80℃ 以上,能耐受 100℃ 以上高温的原核微生物。例如火叶菌属延胡索酸火叶菌(*Pyrolobus fumarii*)是迄今所知的最为耐热的生命,是一种生活在深海热液喷口的古生菌,也叫菌株 121,在 121℃ 培养时其数量仍可在 24 h 内翻番,而 121℃ 是现行高压灭菌标准,所以 121℃ 并不能杀死所有的已知微生物。已发现的极端嗜热微生物多为古生菌,主要分布在热喷泉及海底火山口附近,耐受如此高温的机理尚不明确。一般认为它们蛋白质热稳定性与蛋白质上存在的盐桥数目增加(氨基酸带上 Na^+ 或其他阳离子生成电荷桥)及蛋白质高度密集的疏水内部区域有关。此类微生物细胞膜中根本不含脂肪酸,而是由植烷(不同长度碳氢组成的五碳重复单位化合物)以醚键连接到磷酸甘油分子上,从而增加了膜的热稳定性。

微生物的耐热性在实践中有很重要的应用。例如,用筛选到的嗜热微生物进行高温发酵不仅效率高,可防止杂菌污染,还可降低冷却发酵产生的热量所需的成本。由嗜热微生物产生的酶制剂,最适反应温度和耐热性都比中温微生物高。例如,由水生栖热菌(*Thermus aquati-*

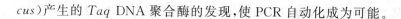

cus)产生的 *Taq* DNA 聚合酶的发现,使 PCR 自动化成为可能。

三、pH

pH 表示某水溶液中氢离子浓度的负对数值,它源于法文"puissance hudrogene"(氢的强度)。纯水中的 H^+ 浓度为 10^{-7} mol/L,定其 pH 为 7。pH 能影响细胞膜的稳定性以及胞外营养物质的溶解度和电离,从而影响细胞膜对离子和养料的吸收,以及环境中养料的可利用性或有害物质的毒性。pH 也是影响酶活及酶促反应速度的关键因素。微生物生长也有其 pH 范围,与温度三基点相似,也存在最高、最适与最低三个数值(表 8-3-3)。

表 8-3-3 不同微生物的生长 pH 范围

微生物	pH		
	最低	最适	最高
氧化硫硫杆菌(*Thiobacillus thiooxidan*)	1.0	2.0~2.8	4.0~6.0
嗜酸乳杆菌(*Lactobacillus acidophilus*)	4.0~4.6	5.8~6.6	6.8
大豆根瘤菌(*Rhizobium japonicum*)	4.2	6.8~7.0	11.0
褐球固氮菌(*Azotobacter chhroococcum*)	4.5	7.4~7.6	9.0
亚硝化单胞菌(*Nitrosomonas* sp.)	7.0	7.8~8.6	9.4
黑曲霉(*Aspergillus niger*)	1.5	5.0~6.0	9.0
一般放线菌	5.0	7.0~8.0	10.0
一般酵母菌	2.5	4.0~5.8	8.0
一般霉菌	1.5	3.8~6.0	7.0~11.0

根据生长最适 pH 范围,可将细菌分为嗜酸菌(acidophiles)、嗜中性菌(neutrophiles)、嗜碱菌(alkaliphiles)和极端嗜碱菌(extremealk alophiles)4 类,生长最适 pH 范围分别为 0~5.5、5.5~8.0、8.5~11.5、≥10。嗜碱菌如硝化细菌、尿素分解菌、根瘤菌和放线菌等;嗜酸菌如硫杆菌等。多数真菌为嗜酸菌(最适 pH 5),多数放线菌是嗜碱菌(最适 pH 8)。细菌、酵母菌、霉菌生长的 pH 范围见表 8-3-4。

表 8-3-4 一般微生物生长的 pH 范围

微生物	最低 pH	最适 pH	最高 pH
细菌	3~5	6.5~7.5	8~10
酵母菌	2~3	4.5~5.5	7~8
霉菌	1~3	4.5~5.5	7~8

嗜酸或嗜碱微生物细胞本身具有维持胞内 pH 接近中性的能力,嗜酸微生物在酸性环境中,可阻止 H^+ 进入胞内,并且不断地将胞内 H^+ 排出胞外。嗜碱或耐碱微生物在碱性环境中可阻止 Na^+ 进入胞内并将其排出胞外。有些微生物具有不易渗透的细胞壁,可防止细胞膜暴露于极端 pH 而受损。

在发酵工业中,pH 的变化常可改变微生物的代谢途径。例如黑曲霉(*Aspergillus niger*)在 pH 2.0~2.5 范围内利于柠檬酸合成,在 pH 2.5~6.5 范围内以菌体生长为主,在 pH 7.0

left时,则大量合成草酸。又如丙酮丁醇梭菌(*Clostridium acetobutylicum*)在 pH 5.5～7.0 范围内,以菌体生长为主,在 pH 4.3～5.3 范围内才进行丙酮丁醇发酵。此外,许多抗生素产生菌也有类似情况(表 8-3-5),所以研究其中的规律,调节和控制发酵液 pH 方可获得目标产物,对提高发酵效率意义重大。

表 8-3-5　几种抗生素产生菌的生长与发酵的最适 pH

抗生素产生菌	抗生素	生长最适 pH	发酵最适 pH
灰色链霉菌(*Streptomyces griseus*)	链霉素	6.3～6.9	6.7～7.3
红霉素链霉菌(*Streptomyces erytherus*)	红霉素	6.6～7.0	6.8～7.3
产黄青霉(*Penicillium chrysogenum*)	青霉素	6.5～7.2	6.2～6.8
金霉素链霉菌(*Streptomyces aureofaciens*)	金霉素	6.1～6.6	5.9～6.3
龟裂链霉菌(*Streptomyces rimosus*)	土霉素	6.0～6.6	5.8～6.1
灰黄青霉(*Penicillium griseofulvum*)	灰黄霉素	6.4～7.0	6.2～6.5

微生物在生命活动过程中也会能动地改变环境 pH,所以培养基的 pH 在培养过程中会时时发生改变,其中可能发生的、能改变培养环境 pH 的反应有以下几种(图 8-3-4):

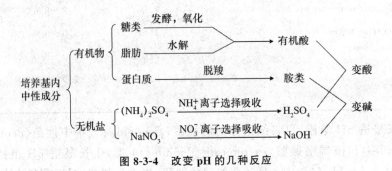

图 8-3-4　改变 pH 的几种反应

一般培养过程中随着培养时间的延长,pH 会逐渐下降。当然,pH 的变化还与培养基的组分尤其是碳氮比有很大关系,碳氮比高的培养基,例如培养各种真菌的培养基,pH 常会明显下降;相反,碳氮比低的培养基,例如培养一般细菌的培养基,pH 常会明显上升。

培养基 pH 变化会对微生物本身及发酵生产带来不利影响,因此及时调整 pH 就成了微生物培养和发酵生产中的一项重要任务。总结实践经验,把人工调节 pH 的措施分成"治标"和"治本"两类。"治标"根据表面现象进行直接、及时、快速但不持久的表面化调节;"治本"则根据内在机制进行间接、缓效但可发挥持久作用的调节,见图 8-3-5。

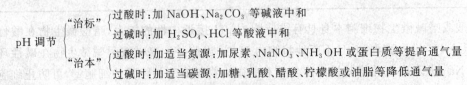

图 8-3-5　pH 的调节方法

四、氧气

地球的整个生物圈都被大气层所包裹，以体积计，氧约占空气的1/5，氮约占4/5。氧对微生物的生命活动有着极其重要的影响。根据微生物与氧的关系，将其分为专性（或严格）好氧菌、微好氧菌、兼性厌氧菌、耐氧厌氧菌和专性（或严格）厌氧菌5种类型（表8-3-6）。如果将它们分别培养在含0.7%琼脂的试管中，就会出现如图8-3-6所示的生长情况。

表 8-3-6　微生物与氧的关系

微生物类型		最适生长的 O_2 体积分数	产能方式
好氧	专性好氧菌	≥20%	有氧呼吸、光合磷酸化（蓝细菌等）
	兼性厌氧菌	有 O_2 或无 O_2	有氧呼吸或无氧呼吸（硝酸盐还原菌）、有氧呼吸或发酵（酵母菌）
	微好氧菌	2%～10%	有氧呼吸
厌氧	耐氧厌氧菌	2%以下	发酵
	专性厌氧菌	不需要 O_2，有 O_2 时死亡	发酵（梭菌）、无氧呼吸（硫酸盐还原菌）、光合磷酸化（光合细菌）

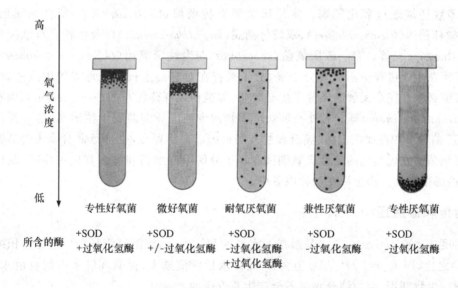

图 8-3-6　微生物生长与氧的关系

（1）专性好氧菌（obligate aerobes）　必须在较高浓度分子氧（O_2）的条件下才能生长，有完整的呼吸链，以 O_2 作为最终氢受体，细胞含超氧化物歧化酶（superoxide dismutase，SOD）和过氧化氢酶（catalase）。绝大多数真菌、多数细菌、放线菌都是专性好氧菌，例如醋杆菌属（*Acetobacter*）、固氮菌属（*Azotobacter*）、铜绿假单胞菌，俗称绿脓杆菌（*Pseudomonas aeruginosa*）和白喉棒杆菌（*Corynebacterium diphtheriae*）等。

（2）兼性厌氧菌（facultative anaerobes）　许多好氧菌在溶氧浓度很低或无氧条件下也可持续生长，即兼性厌氧菌。它们在有氧时靠呼吸产能，无氧时借发酵或无氧呼吸产能；细胞含SOD，不含过氧化氢酶。许多酵母菌和不少细菌都是兼性厌氧菌。例如酿酒酵母（*Saccharo-*

myces cerevisiae)、地衣芽孢杆菌(*Bacillus licheniformis*)、脱氮副球菌(*Paracoccus denitrificans*)以及肠杆菌科(Enterobacteriaceae)的各种常见细菌,包括产气肠杆菌,旧称产气杆菌或产气杆菌(*E. coli*, *Enterobacter aerogenes*)和普通变形杆菌(*Proteus vulgaris*)等。

(3)微好氧菌(microaerophiles)　只能在较低氧分压(1.33～3.99 Pa,正常大气的氧分压为 20 000 Pa)条件下才能正常生长的微生物,也是通过呼吸链并以 O_2 为最终氢受体而产能。例如霍乱弧菌(*Vibrio cholerae*)、螺杆菌属(*Helicobacter*)、氢单胞菌属(*Hydrogenomonas*)、发酵单胞菌属(*Zymomonas*)和弯曲菌属(*Campylobacter*)等。

(4)耐氧厌氧菌(aerotolerant anaerobes)　简称耐氧菌,是一类在分子氧存在下仍可进行发酵性厌氧生活的厌氧菌。它们的生长其实不需要任何 O_2,但 O_2 对它们也无害。此类微生物不具呼吸链,依靠专性发酵和底物水平磷酸化获得能量。耐氧机制是细胞内存在 SOD 和过氧化物酶(但缺乏过氧化氢酶)。乳酸菌多为耐氧菌,例如乳酸乳杆菌(*Lactobacillus lactis*)、肠膜明串珠菌(*Leuconostocmes enteroides*)、乳链球菌(*Streptococcus lactis*)等;非乳酸菌类的耐氧菌如雷氏丁酸杆菌(*Butyribacterium rettgeri*)等。

(5)厌氧菌(anaerobes)　厌氧菌具有如下特点:①不能利用分子氧,且分子氧对它们有毒;②只有在固体培养基深层无氧处或在低氧化还原电势环境中才能生长;③生命活动所需能量通过发酵、无氧呼吸、循环光合磷酸化或甲烷发酵等提供;④细胞内缺乏 SOD 和细胞色素氧化酶,大多数还缺乏过氧化氢酶。常见厌氧菌有梭菌属(*Clostridium*)、拟杆菌属(*Bacteroides*)、梭杆菌属(*Fusobacterium*)、双歧杆菌属(*Bifidobacterium*)以及各种光合细菌和产甲烷菌(methanogens)等。有一般厌氧菌(anaerobes)与专性厌氧菌(obligate anaerobes)之分。一般厌氧菌在生长过程中不需要分子氧,分子氧存在对它们生长产生毒害作用或抑制作用。专性厌氧菌必须在完全无氧的条件下生长繁殖,如破伤风杆菌(*Clostridium tetani*)、肉毒杆菌(*Clostridium botulinum*)等。另外一种众所周知的专性厌氧细菌属于梭菌属,是一类产棒状孢子的 G^+ 菌株。梭菌属在土壤、湖沉积物及肠道内部广泛存在,也是经常对罐头食品造成污染的主要细菌。发现其他的专性厌氧细菌存在于分解甲醇细菌和许多其他古生菌、硫还原细菌中,这些细菌有许多都生活在动物内脏中。

五、水活度和渗透压

水活度(water activity, A_w)是指在一定温度和压力下,溶液蒸汽压(P)与等体积纯水蒸汽压(P_0)之比,即 $A_w = P/P_0$,A_w 值为 0～1。水活度值越大,说明环境水中的自由水越多,越容易被微生物利用,因为结合水是不会产生蒸汽压的。

大多数微生物在水活度接近 0.98 或更高的环境中生长,耐高渗微生物(osmophile)可在水活度较低的环境中生长。嗜盐菌(halophiles)是常见的耐高渗微生物,这类微生物更喜欢高盐环境。专性嗜盐菌(obligate halophiles),例如盐湖、盐池等高盐生境中的 *Halobacterium* 和 *Halococcus* 在 25% NaCl 溶液中生长最好。兼性嗜盐菌(facultative halophiles)能在有盐环境和无盐环境中生长,耐盐度最高可达 20%,例如金黄色葡萄球菌(*Staphylococcus aureus*)可在含 0.1%～20% 的 NaCl 培养基上生长,但并不存在于高盐环境中。尽管人们用高浓度的糖或盐保存食物,许多细菌和真菌依然可在此高渗环境中生长繁殖,引起食品腐败变质。

不同微生物生长环境的水活度不同(表 8-3-7)。微生物进化出多种机制来适应环境水活度的变化。当置于高水活度、低渗环境时,微生物形成细胞内含体或开启压敏通道使细胞物质渗出,防止水分大量进入而造成细胞破裂;当处于低水活度、高渗环境时,许多微生物会合成或直接从环境中吸收多种兼容性有机物质,提高胞内渗透压,防止细胞失水,发生质壁分离。嗜盐杆菌则通过吸收 K^+、排出 Na^+ 来提高胞内渗透压以适应高盐环境。此外,嗜盐杆菌还可对自身蛋白质和质膜进行修饰,以便更能适应高盐环境。

表 8-3-7 某些微生物生活环境的水活度(A_w)

水活度(A_w)	环境或材料	生长的微生物
1.000	纯净水	柄杆菌属、螺菌属
0.995	人体血液	链球菌属、大肠埃希氏菌属
0.980	海水	假单胞菌属、弧菌属
0.950	面包、粮食	许多 G^+ 杆菌
0.900	枫树叶、火腿	G^+ 球菌
0.850	沙拉米香肠	鲁氏酵母
0.800	蛋糕、果酱	拜氏酵母、青霉属
0.750	盐湖、盐鱼	盐杆菌属、盐球菌属
0.700	谷类食物、糖果、干果	嗜干燥真菌

第四节 微生物生长的控制

微生物是地球上分布最广、物种最丰富的生物种群,和人类生活密切相关,有些微生物对人类健康有益,有些则会给人类带来损失甚至巨大灾难。因此对有害微生物必须采取有效措施控制其生长,对有益微生物则保证和促进其生长繁殖而加以利用。

一、几个基本概念

1. 灭菌(sterilization)

采用强烈的理化因素使物体内外的一切微生物永久丧失生长繁殖能力的措施,称为灭菌。物理灭菌法有高温灭菌、辐射灭菌等;用于灭菌的化学试剂称灭菌剂(sterilant)。

2. 消毒(disinfection)

消毒采用较温和的理化因素,仅杀死物体表面或内部及环境中对人体或动、植物有害的病原菌,而对被消毒物体基本无害。例如对皮肤、水果、饮用水进行药剂消毒,对啤酒、牛奶、果汁和酱油等进行巴氏消毒等。用于非生物材料消毒的化学试剂称为消毒剂(disinfectant)。

3. 防腐(antisepsis)

防腐就是利用某些理化因素来完全抑制霉腐微生物的生长繁殖,即通过抑菌作用(bacteriostasis)防止食品、生物制品等发生霉腐的措施。例如可通过低温、缺氧、干燥、高渗、高酸度、高醇度、加防腐剂等方法实现,方法很多,原理各异。能抑制霉腐微生物生长以防止生物材料腐败的天然提取物、微生物次生代谢物(如 Nisin)或人工化学合成的制剂称为防腐剂(antiseptic)。防腐剂的毒性小于消毒剂,目的是为了尽量避免对生物材料的伤害。

4. 化疗（chemotherapy）

化疗即化学治疗，是指利用对病原微生物具有高度选择毒力（selective toxicity），而对相应宿主基本无毒的化学物质来抑制体内致病菌的生长繁殖，达到治疗目的的一种措施。此类用于治疗的化学物质称作化学治疗剂（chemotherapeutant），包括磺胺类等化学合成药物、抗生素、生物药物素和若干中草药有效成分等。

对上述 4 个概念进行比较，总结于表 8-4-1。

表 8-4-1　灭菌、消毒、防腐、化疗的比较

比较项目	灭菌	消毒	防腐	化疗
理化因素	强理化因素	较温和的理、化因素	更温和的理、化因素	化学治疗剂
处理对象	任何物体内外	生物体表、液态食品、环境等	有机质物体内外	宿主体内
微生物类型	一切微生物	有关病原体	一切微生物	特定病原体
作用效果	彻底杀灭	杀死或抑制	抑制或杀死	抑制或杀死
实例	加压蒸汽灭菌、辐射灭菌、化学杀菌剂	70%酒精消毒、巴氏消毒法	冷藏、干燥、糖渍、盐腌、缺氧、化学防腐剂	抗生素、磺胺药、生物药物素

二、控制微生物生长繁殖的物理因素

控制微生物生长繁殖的物理因素主要有温度、辐射、过滤、渗透压、干燥和超声波等，其作用机制及应用见表 8-4-2。

表 8-4-2　一些抑制微生物生长繁殖的物理因子的作用机制与应用

物理因子	作用机制	应用
干热	蛋白质变性	烘箱加热灭菌玻璃器皿和金属物品，火焰灼烧微生物
湿热	蛋白质变性	高压蒸汽灭菌培养基等不能干热灭菌、不被湿热破坏的物品
巴斯德消毒法	蛋白质变性	灭菌牛奶、乳制品和啤酒中的病原菌
冷藏	降低酶反应速率	可保藏新鲜食品数日；不能杀死大多数微生物
冷冻	极大地降低酶反应速率	可保藏新鲜食品数月；不能杀死大多数微生物；可用于菌种保藏
干燥	抑制酶活性	某些水果和蔬菜的保藏；结合烟熏可用于香肠和鱼等食品的保藏
冷冻干燥	脱水作用抑制酶活性	用于食品保藏及菌种保藏（可达数年）
紫外光	蛋白质和核酸变性	用于降低手术室、动物房和培养室空气中的微生物数量
离子辐射	蛋白质和核酸变性	用于塑料制品和药物的灭菌及食品保藏
强可见光	光敏感物质的氧化	与染料合用可杀灭细菌和病毒，可帮助衣物消毒
过滤	机械性地移去微生物	用于易被热破坏的培养基、药物和维生素液等物品的灭菌

（一）高温

高温可使微生物的蛋白质和核酸等重要生物大分子发生变性，例如可使核酸脱氨、脱嘌呤或降解，可破坏细胞膜上的类脂成分等。在实践中行之有效的高温灭菌或消毒的方法主要有以下几种：

1. 干热灭菌法（dry heat sterilization）

用火焰直接灼烧灭菌是一种最简单、最彻底的干热灭菌方法。接种环、接种针、金属小工具、试管口和三角瓶口等可用此法灭菌。不宜直接灼烧的物品则可放入干燥箱以热空气进行干热灭菌。干热破坏力很强，可使细胞膜破坏、蛋白质变性、原生质干燥及各种细胞成分发生氧化。干热条件下，一般微生物的繁殖体在 100℃ 保持 1 h 就可被杀死，芽孢则需 160℃ 作用 2 h。因此干燥箱灭菌的条件是在 150～170℃，保持 1～2 h。如果物品体积较大，传热较差，则需适当延长灭菌时间。此法适用于玻璃、陶瓷器皿、金属用具等耐高温物品的灭菌。干热灭菌时间常以几种有代表性的细菌芽孢的耐热性作参考标准（表 8-4-3）。

表 8-4-3　一些细菌芽孢干热灭菌所需时间　　　　　　　　　　　min

菌名	不同温度						
	120℃	130℃	140℃	150℃	160℃	170℃	180℃
Bacillus anthracis（炭疽杆菌）	—	—	180	60～120	9～90	—	3
Clostridium botulinum（肉毒梭菌）	120	60	15～60	25	20～25	10～15	5～10
Clostridium perfringens（产气荚膜梭菌）	50	15～35	5	—	—	—	—
Clostridium tetani（破伤风梭菌）	—	20～40	5～15	30	12	5	1
土壤细菌芽孢	—	—	—	180	30～90	15～60	15

2. 湿热灭菌法（moist heat sterilization）

（1）原理　湿热灭菌法利用高温的水或水蒸气进行灭菌，通常多指用 100℃ 以上的加压蒸汽进行灭菌。相同温度下湿热灭菌法比干热灭菌法更有效（表 8-4-4），这是因为：①热蒸汽对细胞成分的破坏作用更强，水分子的存在有助于破坏维持蛋白质三维结构的氢键，更易使蛋白质变性，研究显示蛋白质含水量越高，其热凝固温度越低；细胞膜脂也可在湿热条件下发生溶解；高压蒸汽还可破坏核酸结构，杀灭那些蛋白质外壳变性后仍具有侵染性的病毒。②热蒸汽比热空气穿透力强，能更加有效地杀灭微生物（表 8-4-5）。③蒸汽存在潜热，液化时可放出大量热量，故可迅速提高灭菌物体的温度。

表 8-4-4　相同温度（90℃）下干热灭菌与湿热灭菌对不同细菌的致死时间

菌　　种	干热	相对湿度	
		20%	80%
Corynebacterium diphtheriae（白喉棒杆菌）	24 h	2 h	2 min
Shigella castellani（痢疾杆菌）	3 h	2 h	2 min
Salmonella enterica（伤寒杆菌）	3 h	2 h	2 min
Staphylococcus（葡萄球菌）	8 h	3 h	2 min

表 8-4-5　干热和湿热空气穿透力的比较

加热方式	加热时间/h	穿透布的层数及其温度/℃		
		20 层	40 层	100 层
干热	4	86	72	<70
湿热	3	101	101	101

湿热条件下,多数细菌和真菌的营养细胞在 60℃ 处理 5~10 min 后即可被杀死,酵母菌和真菌孢子需用 80℃ 以上的温度才能杀死,而细菌的芽孢最耐热,一般要在 120℃ 下处理 15 min 才能杀死(表 8-4-6,表 8-4-7)。

表 8-4-6　不同类型微生物的湿热灭菌条件

微生物	营养体细胞或病毒粒子	孢子或芽孢
细菌	60~70℃,10 min	100℃,2~800 min; 121℃,0.5~12 min
酵母菌	50~60℃,5 min	70~80℃,5 min
霉菌	62℃,30 min	80℃,30 min
病毒	60℃,30 min	—

表 8-4-7　蒸汽灭菌器中空气排除程度与器内温度的关系　　　　　　　　　　　℃

压力表读数		空气排除程度				
kg/cm²	lb/in²	全部空气排出	2/3 空气排出	1/2 空气排出	1/3 空气排出	空气不排出
0.35	5	108.8	100	94	90	72
0.70	10	115.5	109	105	100	90
1.05	15	121.3	115	112	109	100
1.40	20	126.2	121	118	115	109
1.75	25	130.0	126	124	121	115
2.10	30	134.6	130	128	126	121

(2)方法　常压下和加压下进行的湿热灭菌法主要有以下几类:

①巴氏消毒法(pasteurization)　最早由法国微生物学家 Pasteur(巴斯德)创立,是一种专门用于啤酒、果酒、酱油、牛奶、果汁等对热特别敏感的液态食品或调味品的低温消毒法。此法条件温和,可杀灭物料中的无芽孢病原菌(如牛奶中的结核分枝杆菌或沙门氏菌),而不至于对营养成分和原有风味造成影响。该法可使食品中的微生物数量下降 97%~99%。

巴氏消毒法是一种低温消毒法,处理温度和时间变化很大,一般为 60~85℃ 下处理 30 min 至 15 s,具体分两类:一类是经典的低温维持法(low temperature holding method, LTH),例如在 63℃ 下保持 30 min 可进行牛奶消毒;另一类是较现代的高温瞬时法(high temperature short time,HTST),牛奶消毒时 72~85℃ 保持 15 s 或 120~140℃ 保持 2~4 s,后者又称为超高温瞬时消毒法(ultra high temperature,UHT)。

②煮沸消毒法(boiling water)　将物品置于沸水中 100℃ 维持 15 min 以上,可杀死物品内细菌和真菌的营养体细胞,使某些病毒失活,但不能杀死全部细菌芽孢和真菌孢子。延长煮沸时间或向水中加入 2% 碳酸钠则可使灭菌效力增加。该法适用于在没条件的地方对注射

器、解剖用具及家庭餐具的消毒,也可采用沸水产生的蒸汽对物品进行灭菌。如食用菌栽培时需对大量培养基进行灭菌,通常采用大蒸锅(蒸笼)或水泥砌成的流通蒸汽灭菌灶,利用100℃沸水产生的蒸汽加热6～8 h,以杀死真菌孢子。

③间歇灭菌法(fractional sterilization 或 tyndallization)　又称丁达尔灭菌法或分段灭菌法。此法用阿诺式流动蒸汽灭菌器进行,每天100℃加热30 min,连续3天,前2天加热后,将物品取出,置室温或37℃下保温过夜,使其中的残留的芽孢萌发成营养体,达到彻底灭菌的效果。没有此设备时,每天可在80～100℃下蒸煮15～60 min。此法既麻烦又费时,一般只用于某些不宜干热灭菌或高压蒸汽灭菌的物品。例如,培养硫细菌的含硫培养基、明胶培养基、牛乳培养基、含糖培养基等。

④常规加压蒸汽灭菌法(normal autoclaving)　一般称作"高压蒸汽灭菌法",但因其压力范围仅在1个大气压左右,故改用"加压"两字更合适。这是一种湿热灭菌中应用最广泛、效果最好的灭菌方法。其原理十分简单:将待灭菌的物件放在加压蒸汽灭菌锅(或家用压力锅)内(图8-4-1),拧紧锅盖,加热一定时间,打开排气阀,让蒸汽驱尽锅内原有的冷空气,然后关闭阀门继续加热,锅内蒸气压逐渐上升,温度也上升到100℃以上。高压蒸汽灭菌不是靠压力,而是靠蒸汽的高温。在灭菌时要排尽灭菌器内的冷空气,这时蒸汽压力与蒸汽温度间有一定关系,若不排尽,灭菌器内温度将低于压力表所对应的温度(表8-4-7)。灭菌完毕应缓缓减压,以防被处理容器内装的液体突然沸腾,弄湿棉塞或冲出容器。当压力降到零时,才能打开灭菌器盖了。

加压蒸汽灭菌时,一般要求温度达到121℃(压力为1 kg/cm² 或15 lb/in²),时间维持15～20 min。有时为防止培养基内葡萄糖等成分的破坏,也可采用在较低的温度(115℃,即0.7 kg/cm² 或10 lb/in²)下维持35 min的方法。此法适合于一切微生物实验室、医疗保健机构或发酵工厂中对培养基及多种器材、物料的灭菌。

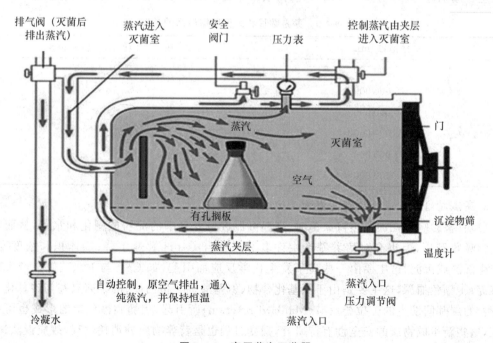

图8-4-1　高压蒸汽灭菌器

⑤连续加压蒸汽灭菌法(continuous autoclaving)　在发酵工业中,深层发酵所用的培养基是用实罐灭菌法或连续灭菌法进行灭菌的。这两种灭菌法是生产规模的高压蒸汽灭菌法。在高温下,微生物的死亡要比有机营养物质的破坏快。因此,高温蒸汽灭菌时,只要在最高温度维持的时间足够短,随着灭菌温度升高,营养物质的损失就逐渐减少。

实罐灭菌是在发酵罐(种子罐)中就地进行。连续灭菌时培养基连续通过高温蒸汽灭菌塔,经维持和冷却,然后流进发酵罐。培养基一般加热至 $135\sim140℃$,维持 $5\sim15$ s。连续灭菌采用高温瞬时灭菌,既彻底灭了菌,又有效减少了对营养成分的破坏,从而提高了原料利用率。有关灭菌温度和时间对营养成分破坏的影响可见表 8-4-8。

表 8-4-8　灭菌的温度和时间对营养成分破坏的影响

灭菌温度/℃	灭菌时间/min	营养成分的破坏/%
100	400	99.3
110	30	67
115	15	50
120	4	27
130	0.5	8
140	0.08	2
150	0.01	<1

加压蒸汽灭菌效果与灭菌物体的初始含菌量有关。灭菌物体中的含菌量越高,杀死最后一个个体所需的时间就越长(表 8-4-9)。在实践中,由天然原料尤其是麸皮等植物性原料配成的培养基含菌量较高,而用化学试剂配制成的组合培养基,含菌量则低,所以灭菌的温度和时间也应有差别。另外,培养基灭菌时,灭菌效果也受培养基 pH 和培养基成分的影响。

表 8-4-9　芽孢数目和灭菌所需时间的关系

芽孢数/mL	在 100℃下杀菌时间/min
100 000 000	19
75 000 000	16
50 000 000	14
25 000 000	12
1 000 000	8
100 000	6

3.高温对培养基成分的有害影响及防止

(1)有害影响　在加压蒸汽灭菌时,高温可促进培养基中的淀粉的糊化和水解,从而利于微生物吸收利用,但也会对培养基产生许多不利影响:①pH 普遍下降;②体积和浓度变化;③产生混浊或沉淀,这主要由一些离子发生化学反应而引起,如 Ca^{2+} 与 PO_4^{3-} 化合产生磷酸钙沉淀;④颜色加深,这主要是由于氨基化合物(氨基酸、肽、蛋白质)的游离氨基与羰基化合物(糖类)的羰基间发生的美拉德反应(Maillard reaction)所引起,焦糖和黑色素的形成也可引起褐变,这些新生成物质的安全性有待研究,褐变过程也是营养物质的消耗过程,故应设法避免;⑤营养成分有时受到破坏(表 8-4-10)。

表 8-4-10　不同湿热灭菌条件对糖类的破坏(用旋光法测定)

糖液 (10%)	121℃,15 min		115.6～118℃,20 min		113～115.6℃,20 min		100℃,30 min	
	含量/%	破坏/%	含量/%	破坏/%	含量/%	破坏/%	含量/%	破坏/%
葡萄糖	76.00	24.00	81.85	18.15	99.40	0.60	91.98	8.02
乳糖	67.90	32.10	85.70	14.30	95.27	4.73	81.90	18.10
麦芽糖	83.96	16.04	84.68	15.32	86.54	13.46	78.84	21.16
蔗糖	87.68	12.32	97.74	2.26	98.65	1.35	96.25	3.75

(2)防止措施　消除上述有害影响的措施主要有:

①采用特殊加热灭菌法　例如为避免美拉德反应,对含糖培养基进行灭菌时,应先将糖液与其他成分分别灭菌后再合并;为避免沉淀生成,含 Ca^{2+} 或 Fe^{3+} 的培养基与磷酸盐先作分别灭菌,然后再混合;为减少对营养成分的破坏,对含有在高温下易破坏成分的培养基(例如含糖培养基)可进行低压灭菌(112℃,15 min)或间歇灭菌;在大规模发酵工业中,可采用连续加压灭菌法进行培养基灭菌。

②过滤除菌法　对血清等某些含有不耐热的成分的培养液或组分可采用过滤除菌法,详见后文。

③其他方法　为防止沉淀发生,在配制培养基时,除水分外,一般应按配方中的成分逐一按序加入并使之溶解。防止金属离子发生沉淀,培养基中可加入 0.01% EDTA 或 0.01% NTA 等螯合剂。对个别成分还可先用气体灭菌剂如氧化乙烯(即环氧乙烷)等进行灭菌处理。

(二) 低温

当环境温度低于微生物生长的下限时,细胞内的酶活性降低,新陈代谢缓慢,细胞呈休眠状态,但其活力仍然存在。一般来讲,微生物对低温的耐受力都很强,许多细菌甚至能在 -70～-20℃ 生存。在微生物学研究工作中,常采用低温冰箱(-80℃)、干冰(-78℃)、液氮罐(-196℃)等保存菌种,为避免冰晶形成造成细胞脱水以及冰晶体对细胞的机械损伤作用,常在细胞悬液中加入甘油等保护剂并采用快速冷冻法。食品中的一些耐冷菌在冰箱中冷藏时仍可缓慢生长,所以不能久放。家庭或食品工业中常采用 -10℃ 左右的冷冻温度,使食品冷冻成固态加以保存,在此条件下,微生物基本上不再生长,因而可以比冷藏法更长时间地保存食品。

(三) 辐射

辐射灭菌(radiation sterilization)是利用电磁辐射产生的能量杀死物体中大多数微生物的一种方法。电磁波携带的能量与波长有关,波长越短,能量越高。电磁波的穿透力也与波长有关,波长越短,穿透力越强。

1.紫外线

紫外线(ultraviolet,UV)由 100～400 nm 波长范围的光组成,波长为 200～300 nm 的 UV 杀菌作用最强,这是因为蛋白质(约 280 nm)和核酸(约 260 nm)等生物大分子的最大吸收峰正好位于此波段。核酸中的胸腺嘧啶吸收紫外线后,形成二聚体,使 DNA 发生断裂和交联,引起微生物变异或死亡。UV 穿透能力很差,不能穿过玻璃、衣物、纸张或大多数其他物体,但能够在空气中传播,因而可以用作物体表面或室内空气的灭菌。紫外线灭活病毒特别有效,但对其他微生物细胞的灭活作用因 DNA 修复机制的存在而受影响。不同种类和生理状态的微生物对 UV 抗性差异较大。一般抗紫外线的规律是:干细胞＞湿细胞,芽孢和孢子＞营养细胞,G^+ 球菌＞G^- 杆菌,产色素菌＞不产色素菌。

使用紫外灯杀菌时,根据 1 W/m^2 计算剂量。若以面积计算,30 W 紫外灯对 15 m^2 的房间消毒,照射 20～30 min,有效距离为 1 m 左右。紫外线对生物组织有刺激作用,会引起皮肤和眼睛的红肿疼痛,产生的臭氧会损害呼吸道黏膜,所以在使用时要注意防护。

2. 电离辐射

UV 属非电离辐射,电离辐射主要由 X 射线、α 射线、β 射线和 γ 射线引起。这些射线的波长极短(<100 nm),因而能量较高,均能引起物质发生电离。电离辐射对微生物的致死作用并不是射线本身的直接作用,而是电离产生的高活性游离基作用于细胞组分,引起蛋白变性、酶失活、核酸突变和损伤,从而影响 DNA 复制和蛋白质合成,最终引起细胞死亡。例如辐射引起环境和细胞中的水分子吸收能量发生电离,产生的 H^+ 和 OH^- 离子再与氧分子结合,形成具有强氧化性的 H_2O_2,H_2O_2 作用于生物大分子从而引起细胞死亡。电离辐射是一种冷杀菌技术,主要用于其他方法所不能解决的塑料制品、医疗设备、药品和食品的灭菌。

α 射线是带正电的氦核流,电离作用强,但穿透能力很弱。β 射线是中子转变为质子时放出的带负电荷的电子流,电离作用不太强,但穿透力比 α 射线强。γ 射线是由放射性同位素 ^{60}Co、^{137}Cs、^{32}P 等发出的能量极高、波长极短的电磁波,可致死所有生物,现已有专门用于不耐热的大体积物品消毒的 γ 射线装置。

3. 强可见光

很久以前人们就知道太阳光具有杀菌作用,起杀菌作用的主要是紫外线。其实 400～700 nm 波长的强可见光也有直接杀菌效果,它们能够氧化菌体细胞内的核黄素、卟啉环(构成氧化酶的成分)等光敏感分子。曙红和四甲基蓝能够吸收强可见光使蛋白质和核酸氧化,因此常将两者结合用作灭活病毒和细菌。

(四) 过滤除菌

过滤除菌(filter sterilization),即将液体通过某种多孔材料,使微生物与液体分离,从而将其除去。常用的过滤器有膜滤器(图 8-4-2)、烧结玻璃板过滤器、石棉板过滤器(seitz filter)、素烧瓷过滤器(chamberland candle)和硅藻土过滤器(Berkefeld candle)等。膜滤器采用的微孔滤膜通常由硝酸纤维素(NC)制成,根据需要选择不同大小的孔径(0.025～25 μm)。当液体通过微孔滤膜时,大于滤膜孔径的微生物不能通过而滞留在膜上。微孔滤膜具有孔径小、价格低、可高压灭菌、不易阻塞、滤速快及可处理大容量液体等优点。常用于活性蛋白、酶、血清和维生素等热敏性物质的除菌。有些物质即使加热温度很低也会失活,有些物质辐射处理也会造成损伤,此时过滤除菌就成了唯一可供的选择。过滤除菌还可代替巴氏消毒用于啤酒生产。其缺点是使用孔径小于 0.22 μm 的滤膜易引起滤孔堵塞,虽然可以基本滤除溶液中的细菌,但病毒、噬菌体或支原体依旧可通过 0.22 μm 孔径滤膜。

发酵工业上所用的无菌空气以及实验室中通入超净工作台的空气都是经过过滤除菌处理的。

(五) 高渗作用

微生物在低渗环境中,细胞吸水肿胀,细胞质膜受到一种向外的压力即肿胀力。正常微生物生长条件下,由于细胞壁的保护作用,这种肿胀压力不会影响细菌的正常生理活动。当周围环境的渗透压高时,细胞质失水,发生质壁分离,生长停止。大多数微生物能通过在胞内积累

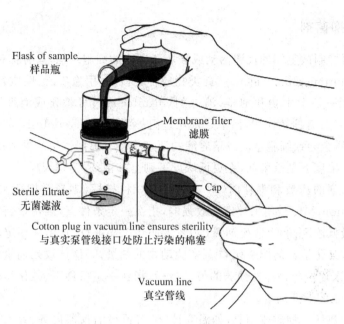

Flask of sample
样品瓶

Membrane filter
滤膜

Sterile filtrate
无菌滤液

Cap

Cotton plug in vacuum line ensures sterility
与真实泵管线接口处防止污染的棉塞

Vacuum line
真空管线

图 8-4-2 细菌过滤器装置及过滤除菌示意图

某些能调整胞内渗透压的相容溶质(compatible solute)来适应渗透压升高的变化。相容溶质是一些适合细胞进行新陈代谢和生长的细胞内高浓度物质,它可以使细胞原生质渗透压高于周围环境,从而使其质膜紧压在细胞壁上。相容溶质可以是某些阳离子如 K^+,也可以是氨基酸和氨基酸衍生物,如谷氨酸、脯氨酸、甜菜碱(甘氨酸的衍生物),或者是糖类如海藻糖等,这类物质被称为渗透保护剂或渗透调节剂或渗透稳定剂。通常浓度为 $10\%\sim15\%$ 的盐腌可使新鲜鱼肉等食材脱水,降低水活度,抑制微生物生长。新鲜水果通过加糖制成果脯或蜜饯,从而延长了保藏期。一般,50% 糖液可阻止大多数酵母的生长,$65\%\sim85\%$ 的浓度才能抑制细菌和霉菌的生长。为了保藏食品,糖液的浓度至少要达到 $50\%\sim75\%$,以 $70\%\sim75\%$ 为最适宜。

(六) 干燥

干燥(dry)是一种脱水方法,不一定杀死微生物,但可使微生物细胞失水造成代谢停止而抑制生长。像干果、稻谷、奶粉等食品通常采用干燥方法保存,防止腐败。不同微生物种类对干燥的敏感性不同:G^- 菌如淋病球菌(*Neisseria gonorrhoeae*)对干燥特别敏感,几小时便死去;结核分枝杆菌(*Mycobacterium tuberculosis*)在干燥环境中,100℃作用 20 min 仍能生存;链球菌(*Streptococcus*)经干燥法保存几年而不丧失致病性。休眠孢子抗干燥能力很强,在干燥条件下可长期维持生命。

(七) 超声波

超声波(ultrasound)处理微生物悬液时探头的高频率振动(超过 20 000 Hz)可引起周围水溶液的高频率振动,当二者的高频振动不同步时,便可在溶液内产生真空状态的空穴,只要悬液中的细菌接近或进入空穴区,细胞内外压力差就会导致细胞裂解,超声波的这种作用称为空穴作用(cavitation)。另外,由于超声波振动,机械能转变成热能,导致溶液温度升高,使细胞产生热变性也可杀死微生物。超声波的破碎效果与处理功率、频率、次数、时间、微生物类型及其生理状态等因素有关。用超声波破碎细胞,让其释放内容物已成为一种实验室常规操作。

三、化学杀菌剂或抑菌剂

许多化学物质可抑制微生物的代谢活动或破坏微生物的细胞结构,具有抑菌或杀菌作用,统称为抗微生物剂(antimicrobial agent)。此类物质种类极多、用途广泛、性质各异,其中杀菌剂(germicide)可杀死一切微生物和孢子;消毒剂(disinfectant)可杀死或消灭所有病原微生物;防腐剂(antisepsis)具有抑菌作用,而不是杀死它们;溶菌剂(bacteriolysis)能诱导细胞裂解而杀死细胞,这类物质会导致细胞悬液或培养液的浊度下降。根据作用效果和作用范围,通常一种化学物质在某一浓度下是杀菌剂,在更低浓度下则是抑菌剂。

在评价抗微生物剂的药效和毒性时,常采用以下 3 种指标:①最低抑菌浓度(minimum inhibitory concentration,MIC):用来评定药效强弱,指在一定条件下,某化学药剂完全抑制特定微生物生长时的最低浓度;②半致死剂量(50% lethal dose,LD$_{50}$):用来评定药物的毒性强弱,指在一定条件下,某化学药剂能杀死 50% 实验动物的剂量;③最低致死剂量(minimum lethal dose,MLD):用来评定药物毒性强弱的另一指标,指在一定条件下,某化学药物能引起实验动物群体 100% 死亡的最低剂量。

消毒剂广泛用于热敏性物质或用具,如温度计、带有透镜的仪器设备、聚乙烯管或导管等的灭菌。食品企业和自来水厂等常用杀菌剂杀死墙壁、楼板与仪器设备等表面和自来水中的微生物;用甲醛、石炭酸(苯酚)、高锰酸钾等化学试剂进行薰、蒸、喷雾以杀死空气中的微生物。一些常用消毒剂与防腐剂的种类、应用范围及作用机制见表 8-4-11,其中酚、醛、醇、酸等为有机化学药剂,卤化物、重金属、氧化剂、无机酸和碱等为无机化学制剂。

表 8-4-11　常用的消毒剂和防腐剂

类别	实例	常用浓度	应用范围	作用原理	备注
醇	乙醇	70%~75%	皮肤消毒,外科器械	脱水,蛋白质变性溶解脂肪	有刺激性,不宜用于黏膜及创面,易挥发
酸类	食醋	3~5 mL/m³	熏蒸消毒空气、预防流感	改变 pH,蛋白质凝固,破坏细胞膜和细胞壁	刺激皮肤
	乳酸	0.33~1 mol/L	空气消毒		
	脱氢乙酸	0.005%~0.1%	用于饮料、面包、炼乳等		
	苯甲酸	0.1%	用于果酱、果汁、饮料		
	山梨酸		用于糕点、干果、果酱		
碱类	石灰水	1%~3%	粪便或地面消毒	同上	腐蚀性大,应新鲜配制

类别	实例	常用浓度	应用范围	作用原理	备注
酚	石炭酸	3%～5%	地面、家具、器皿表面消毒	凝固蛋白质、破坏细胞膜	杀菌力强、有特殊气味,腐蚀性强
	来苏儿	2%～5%	地面、家具、器皿表面消毒		
醛	甲醛	0.5%～10%	物品消毒、接种箱、接种室	破坏蛋白质氢键或氨基	尸体防腐 2%
重金属盐	升汞	0.1%	植物组织、非金属器械消毒	蛋白质变性、酶失活	不能用于食品,毒性小,杀菌力强
	硝酸银	0.1%～1%	新生婴儿眼药水等		
	汞溴红	2%	皮肤小创伤消毒		
	硫柳汞	0.01%	生物制品防腐		
		0.1%	皮肤、手术部位消毒		
氧化剂	高锰酸钾	0.1%～3%	皮肤、水果、餐具消毒	氧化蛋白质活性基团	高效、广谱但有刺激性
	过氧化氢	3%	清洗伤口		
	过氧乙酸	0.05%～0.5%	塑料、玻璃制品、果蔬、环境卫生等消毒		
卤素及其化合物	氯气	0.2～1 μL/L	饮用水消毒	破坏细胞膜、酶、蛋白质	
	漂白粉	0.5%～5%	洗刷培养室、饮水消毒		
	碘酒	2%	一般皮肤消毒		
		3%～5%	手术部位皮肤消毒		
	氯胺类	0.3%～2%	空气、皮肤、家具、粪便、污物等消毒		
表面活性剂	新洁尔灭	0.05%～0.1%	皮肤、黏膜、手术器械	蛋白质变性、破坏膜	
	杜灭芬	0.05%～0.1%	皮肤、金属、棉织品、塑料		
染料	龙胆紫(紫药水)	2%～4%	皮肤、伤口	与蛋白质的羧基结合	

几类常用化学消毒剂对微生物的相对药效见表 8-4-12。

表 8-4-12　常用化学药剂对微生物的相对药效

消毒剂	细菌和真菌营养体	结核分枝杆菌	细菌芽孢	病毒
卤素(I_2,Cl_2)	＋＋＋	＋＋	＋	＋＋
酚类	＋＋＋	＋＋	－	＋＋
去污剂	＋＋＋	±	－	＋＋
70％乙醇	＋＋＋	＋＋＋	－	＋＋
甲醛	＋＋＋＋	＋＋＋	＋＋＋	＋＋＋

注:"＋"表示有效;"－"表示无效;"±"表示不明显

四、化学治疗剂

化学治疗剂(chemotherapeutic agent)是一类能选择性地抑制或杀死人畜和家禽体内的病原微生物并可用于临床治疗的特殊化学药剂。按其作用性质分为抗代谢物和抗生素两大类。

(一)抗代谢物

抗代谢物(antimetabolite)又称代谢拮抗物或代谢类似物(metabolite analogue),是一类与致病菌必需代谢物结构相似,并能以竞争方式取代它,从而干扰其正常代谢活动的化学药物。抗代谢物种类很多,均为有机合成药物,如磺胺类、氨基叶酸、异烟肼、6-巯基腺嘌呤和5-氟代尿嘧啶等。

抗代谢物的具体作用机制:①与正常代谢物共同竞争酶活性中心,从而使微生物正常代谢所需的重要物质无法正常合成,例如磺胺类药物;②"假冒"正常代谢物,使微生物合成无正常生理活性的假产物,如8-重氮鸟嘌呤取代鸟嘌呤合成的核苷酸会产生无正常功能的 RNA;③某些抗代谢物与某一生化合成途径的终产物的结构类似,可通过反馈调节破坏正常代谢调节机制,例如 6-巯基腺嘌呤可抑制腺嘌呤核苷酸的合成。

磺胺类药物(sulphonamides,sulfa drugs)由德国科学家 G. Domagk 于 1934 年发明并获得诺贝尔奖,是迄今仍在广泛应用的一类很经典的抗代谢物。对溶血性链球菌(*Streptococcus hemolyticus*)、肺炎链球菌(*S. pneumoniae*)、痢疾志贺氏菌(*Shigella dysenteriae*)、布鲁氏菌属(*Brucella*)、奈瑟氏球菌属(*Neisseria*)以及金黄色葡萄球菌(*Staphylococcus aureus*)等引起的各种严重传染病,疗效显著。

G. Domagk 发现一种红色染料"百浪多息"(prontosil,4-磺酰胺-2′,4″-二氨基偶氮苯)能治疗小白鼠 *Streptococcus* 和 *Staphylococcus* 引起的感染,但在离体条件下却无作用,不久,经证实"百浪多息"在体内可转化为磺胺(*p*-氨基苯磺酰胺,sulphanilamide,*p*-aminobenzene-sulphonamide),从而证实磺胺才是"百浪多息"中的真正制菌物质:

$$H_2N-\underset{\underset{\displaystyle NH_2}{}}{\bigcirc}-N=N-\bigcirc-SO_2NH_2 \xrightarrow{\text{体内}} H_2N-\bigcirc-SO_2NH_2$$

1940 年 Wood 和 Fildes 的研究证明,磺胺的结构与细菌的一种生长因子——对氨基苯甲酸(para-amino benzoic acid,PABA)高度相似,是 PABA 的代谢类似物(图 8-4-3),二者会发生竞争性拮抗作用。

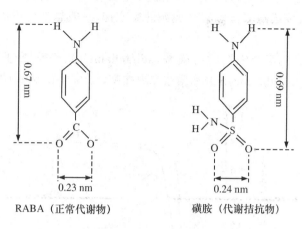

RABA（正常代谢物）　　　　磺胺（代谢拮抗物）

图 8-4-3　PABA(左)与代谢拮抗物磺胺(右)结构比较

现已清楚,不少细菌以 PABA 作为生长因子,用以合成一种代谢必需的重要辅酶——四氢叶酸。图 8-4-4 表明,由于竞争性拮抗作用,二氢蝶酸合成酶会错把磺胺作底物,结果合成无功能的"假二氢叶酸",而无法合成四氢叶酸,于是生长受到抑制。三甲基苄二氨嘧啶(trimethoprin,TMP)是 1959 年发现的一种磺胺增效剂,TMP 因能抑制二氢叶酸还原酶,故使二氢叶酸无法还原成四氢叶酸,也就是增强了磺胺的抑制作用。可以说,磺胺与 TMP 在防治有关细菌性传染病中,发挥了"双保险"作用。

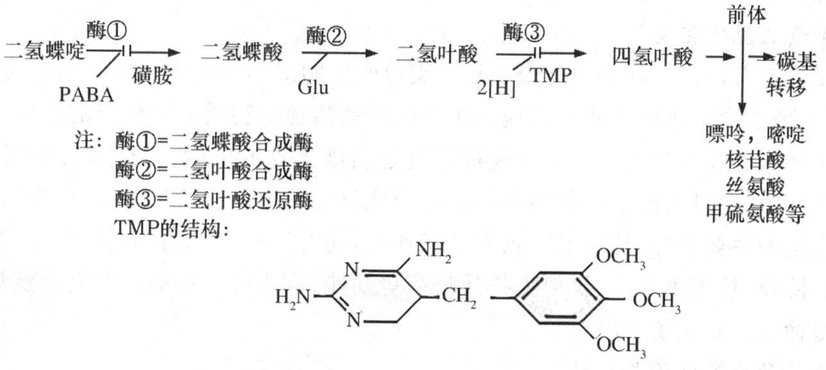

二氢蝶啶 —酶① ‖—→ 二氢蝶酸 —酶②→ 二氢叶酸 —酶③ ‖—→ 四氢叶酸 → → 羰基转移

二氢蝶啶 PABA 磺胺　二氢蝶酸 Glu　二氢叶酸 2[H] TMP　四氢叶酸　前体

嘌呤,嘧啶
核苷酸
丝氨酸
甲硫氨酸等

注:酶①=二氢蝶酸合成酶
　　酶②=二氢叶酸合成酶
　　酶③=二氢叶酸还原酶
　　TMP的结构:

图 8-4-4　磺胺和 TMP 对 THFA 合成的影响机制

磺胺类药物具有很强的选择毒力(selective toxicity),其原因是:人体不存在二氢蝶酸合成酶、二氢叶酸合成酶和二氢叶酸还原酶,故不能利用外界提供的 PABA 自行合成四氢叶酸,也就是说人体必需直接摄取现成的四氢叶酸作营养,从而对二氢蝶酸合成酶的竞争性抑制剂——磺胺不敏感。而对一些敏感的致病菌来说,凡存在二氢蝶酸合成酶,即需要以 PABA 作为生长因子合成四氢叶酸者,最易受磺胺所抑制。

从上述磺胺作用机制中,还可以解释很多有关磺胺类药物的降效或失效现象(图 8-4-5)。例如,磺胺药要产生制菌效果,其浓度必须高于环境中的 PABA 浓度。因此,在伤口、烧伤等 PABA 和二氢叶酸浓度高的部位,就会解除磺胺药的抑菌效果;另外,若在存在磺胺的同时,

外加一定量的 PABA、二氢蝶酸、二氢叶酸、四氢叶酸或嘌呤、嘧啶、核苷酸、丝氨酸、甲硫氨酸等一碳基转移产物，也可解除其抑制；最后，上述事实还可说明，为何当某菌由磺胺敏感株突变为抗性菌株时，若不是变成缺二氢蝶酸合成酶的突变株，一般总是变成能合成大量 PABA 的突变株了。

磺胺药的种类很多，至今常用的有磺胺(sulfanilamide)、磺胺胍(即磺胺脒，sulfaguanidine，SG)、磺胺嘧啶(sulfadiazine，SD)和磺胺二甲嘧啶(sulfamethazine)等。

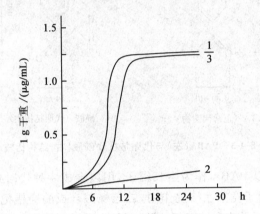

图 8-4-5　PABA 解除磺胺对 *E. coli* 的抑制

1.正常生长对照(完全培养基)；2.生长几乎全受抑制(完全培养基＋150 μg/mL 磺胺)；3.加 PABA 可使磺胺失效(完全培养基＋0.05 μg/mL PABA)

(二)抗生素

1.抗生素的现代定义

按照现代定义，抗生素(antibiotics)是一类由微生物或其他生物合成的次生代谢产物或半合成衍生物，低浓度就能抑制或干扰他种生物的生命活动的物质。与传统的抗生素定义相比，抗生素的生物来源和抑制生长的生物类群远远超出微生物的范畴。目前，抗生素可来源于动物、植物、微生物，也可来源于生物物质经化学合成反应所形成的衍生物，但微生物特别是放线菌仍是抗生素的主要来源；抗生素不仅有抗菌作用，还有抗病毒、抗肿瘤、抗原虫、抗藻类、抗寄生虫、杀虫、除草、抗细胞毒性、抗免疫排斥反应等功能，广泛用于传染病及其他疾病的治疗，使全球人均寿命至少延长了 15 年。

2.抗生素的分子结构与分类

按其分子结构与活性部位特征，一般将抗生素分为 β-内酰胺类、氨基环醇类、四环素类、大环内酯类、多烯大环内酯类、肽类、放线菌素类、安莎类共八大类。青霉素和头孢霉素、链霉素和卡那霉素、四环素和土霉素、红霉素和泰来霉素、制霉菌素和两性霉素 B、短杆菌酪肽和短杆菌肽 S、放线菌素 D、利福霉素依次是以上八大类抗生素的代表种类。目前，每年发现具有抗生素活性的次生代谢物数以千计，但真正用于临床的却很少。采用新技术、新方法寻找新型抗生素仍是研究的热点领域。

3.抗生素的相关概念

(1)效价(titre，titer)　抗生素的活力或抑菌活性称为效价，一般用"单位"(unit)表示。抗生素的生物学效价常用传统的"牛津杯"管碟扩散法检测。获得抗生素纯品后，用质量表示其

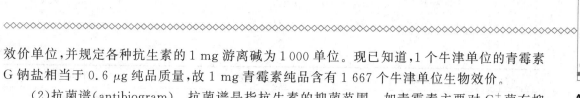

效价单位,并规定各种抗生素的1 mg游离碱为1 000单位。现已知道,1个牛津单位的青霉素G钠盐相当于0.6 μg纯品质量,故1 mg青霉素纯品含有1 667个牛津单位生物效价。

(2)抗菌谱(antibiogram)　抗菌谱是指抗生素的抑菌范围。如青霉素主要对G^+菌有抑菌效果;链霉素对G^-菌及结核分枝杆菌效果最佳;庆大霉素、头孢霉素兼抗G^+和G^-细菌;而氯霉素、四环素同时抗G^+、G^-细菌以及立克次氏体和衣原体,称为广谱抗生素;两性霉素、制霉菌素只抗真菌。

(3)最低抑菌浓度(minimum inhibitory concentration,MIC)　最低抑菌浓度是指能抑制微生物生长的抗生素的最低浓度。在医疗和科学实验中,坚持使用最低抑菌浓度而不滥用或加大抗生素用量,是避免致病菌耐药性菌株大量产生的重要途径。一旦致病菌的最低抑菌浓度明显增加,该致病菌就可能产生了抗药性。

(4)选择毒力(selective toxicity)　选择毒力是指抗生素只选择抑制致病菌而对宿主细胞无毒害作用。青霉素通过抑制肽聚糖分子合成而抑制G^+细菌生长,而对动、植物或人体细胞则无抑制作用;链霉素特异性作用于原核细胞核糖体30S小亚基中P10蛋白而抑制蛋白质合成,而对真核细胞无抑制作用。只有具有选择毒性的抗生素,才具有医用价值。

4.抗生素的作用机制

抗生素的种类很多,作用机制各异(表8-4-13),总结如下:

(1)影响细胞壁的合成　例如,青霉素、氨苄青霉素和头孢霉素对G^+细菌有特异的杀菌作用(详见第二章)。又如制霉菌素的作用是阻碍细胞壁中几丁质的合成,因此对细胞壁中含几丁质的真菌杀菌力强,而对细胞壁主要由纤维素组成的藻类无作用。

(2)影响菌体细胞膜的通透性　例如,多黏菌素可与G^-杆菌细胞膜中带负电荷的多价磷酸根基团结合,使细胞膜上的蛋白质释放,膜通透性增加,导致细胞内含物外漏而使细菌死亡。

(3)影响蛋白质的合成　许多抗生素能与菌体核糖体的30S小亚基或50S大亚基结合,抑制菌体蛋白质合成。例如,链霉素、新生霉素、卡那霉素与30S核糖体结合,促进密码子的错误翻译,抑制肽链的延伸;四环素与30S核糖体结合,抑制氨基酰-tRNA与核糖体结合;氯霉素与50S核糖体结合,抑制氨基酰-tRNA与核糖体结合;红霉素与50S核糖体结合,引起构象变化等。

(4)影响核酸的合成　许多抗生素能抑制DNA或RNA的合成。如放线菌素D与DNA中的鸟嘌呤结合,阻止依赖于DNA的RNA合成;灰黄霉素抑制有丝分裂中纺锤体的功能,抑制DNA的合成;利福平与RNA聚合酶结合,阻止RNA合成等。

表8-4-13　一些重要抗生素的简介

抗生素	发现年代	产生菌	作用机制
青霉素 penicillin	1929	*Penicillium chrysogenum*(产黄青霉) *Penicillium notatum*(点青霉)	抑制细菌细胞壁合成
灰黄霉素 griseofulvin	1939	*Penicillium griseofulvum* (灰黄青霉)	干扰真菌细胞壁与核酸合成
链霉素 streptomycin	1944	*Streptomyces griseus* (灰色链霉菌)	干扰蛋白质合成

抗生素	发现年代	产生菌	作用机制
氯霉素 chloromycetin	1947	*Streptomyces venezuelae* （委内瑞拉链霉菌）	干扰蛋白质合成
放线菌素 D(actinomycin D)	1957	*Streptomyces melanochromogenes*（产黑链霉菌）	抑制 RNA 合成
卡那霉素 (kanamycin)	1957	*Streptomyces kanamyceticus*（卡那霉素链霉菌）	干扰蛋白质合成
多氧霉素 (polyoxin)	1961	*Streptomyces cacaoi*（可可链霉菌）	阻碍真菌细胞壁合成
正定霉素 (daunomycin)	1962	*Actinomyces coeruleorubidus var. Zhengding* （天蓝淡红放线菌正定变种）	阻碍 DNA 合成
丝裂霉素 C (mitomycin C)	1956	*Streptomyces caespitosus*（头状链霉菌）	抑制 DNA 合成
万古霉素 (vancomycin)	1956	*Streptomyces orientalis*（东方链霉菌）	抑制细胞壁合成
利福霉素 (rifamycin)	1957	*Streptomyces mediterranei*（地中海链霉菌）、*Nocardia*（诺卡氏菌）、*Micromonospora rifamycetican*（利福霉素小单胞菌）	抑制 DNA 合成
四环素 (tetracycline)	1952	*Streptomyces aureofaciens*（金霉素链霉菌）	干扰蛋白质合成
红霉素 (erythromycin)	1952	*Streptomyces erythreus*（红霉素链霉菌）	干扰蛋白质合成
新生霉素 (novobiocin)	1955	*Streptomyces niveus*（雪白链霉菌）	抑制 DNA 聚合
环丝氨酸 (cycloserine)	1955	*Streptomyces levendulae*（淡紫灰链霉菌） *Streptomyces orchidaceus*（一种链霉菌）	抑制细胞壁合成
头孢霉素 C (cephalosporin C)	1955	*Cephalos porium* sp.（头孢霉菌）	抑制细胞壁合成
多黏菌素 (polymyxin)	1947	*Bacillus polymyxa*（多粘芽孢杆菌）	破坏细胞膜
金霉素（aureomycin)	1948	*Streptomyces aureofaciens*（金霉素链霉菌）	干扰蛋白质合成
新霉素 (neomycin)	1949	*Streptomyces fradiae*（弗氏链霉菌）	干扰蛋白质合成
土霉素 (terramycin)	1950	*Streptomyces rimosus*（龟裂链霉菌）	干扰蛋白质合成
制霉菌素 (nystatin)	1950	*Streptomyces noursei*（诺尔斯式链霉菌）、*Actinomyces aureus*（金色放线菌）	损害细胞膜

续表 8-4-13

抗生素	发现年代	产生菌	作用机制
光神霉素（光辉霉素）(mitramycin)	1962	*Streptomyces argillaceus*（一种链霉菌）	抑制 RNA 合成
庆大霉素 (gentamycin)	1963	*Micromonospora echinospora*（棘孢小单胞菌）	抑制蛋白质合成
春日霉素 (kasugamycin)	1964	*Streptomyces microaureus*（小金色链霉菌）	抑制蛋白质合成
创新霉素 (creatmycin)	1964	*Actinoplanes tsinanesis*（济南游动放线菌）	
博来霉素（争光霉素）(bleomycin)	1965	*Streptomyces verticillatus*（轮丝链霉菌）	抑制 DNA 合成
庆丰霉素	1970	*Streptomyces qingfengmyceticus*（庆丰链霉菌）	
井冈霉素	1970	*Streptomyces hygroscopicus*（吸水链霉菌）	

图 8-4-6 简要说明了作用于细菌的某些抗生素作用的主要方式。

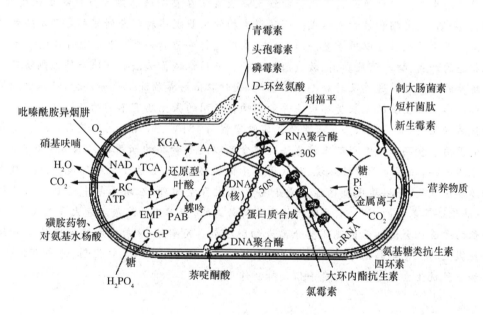

图 8-4-6　某些抗生素的作用方式
AA:氨基酸　KGA:α-酮戊二酸　TCA:三羧酸循环
PY:丙酮酸　RC:呼吸链　P:嘌呤或嘧啶

5. 微生物的抗药性

微生物抗药性的产生主要是通过遗传途径产生的,例如基因突变、遗传重组或抗药性质粒转移以及携带抗药性基因转座因子的转座等,而与是否接触抗生素无关。抗药性(耐药性)的

产生对医疗实践危害严重。例如,1961 年首次出现在英国的耐甲氧西林金黄色葡萄球菌(MRSA),有"超级细菌"之称。至 20 世纪 80 年代后期,已发展成全球各大医院的院内传染菌之一,且不断向社会扩散,全球年感染人数约达 10 万人。它所携带的一种杀白细胞毒素(PVL),可引起坏死性肺炎。此外,还有许多重要抗药菌如抗万古霉素肠球菌(VRE)、抗青霉素肺炎链球菌(PRSP)、抗多药结核菌(MDR-TB)以及 2010 年夏报道的含有 NDM-1(新德里金属酶 1 号基因)的几种人体条件致病性"超级病菌",包括 *E. coli*、*Klebsiella pneumoniae*(肺炎克雷伯氏菌)等。

在临床治疗中,为了避免耐药性菌株的产生,第一次使用的药物剂量要足,避免在一个时期或长期多次使用同种抗生素,不同的抗生素(或与其他药物)要混合交替使用。对于科研工作者,可对现有抗生素进行改造或不断筛选新的更有效的抗生素,这样既可以提高治疗效果,又不会使细菌产生抗药性。

本章小结

微生物不论在自然条件下还是在培养条件下发挥作用,关键在于"以数取胜",而生长和繁殖就是确保微生物获得巨大数量的必要前提。微生物的生长主要指细胞数目的增加,一般主要指群体的生长。微生物的典型生长曲线反映微生物在整个培养期间数目的变化规律,由延滞期、指数期、稳定期和衰亡期组成。研究微生物的生长规律对理论研究和生产实践都具有重大意义。微生物生长可以用质量法、比浊法、生理指标法进行测定,计数法则只适用于处于单细胞状态的细菌、酵母菌及真菌、放线菌的孢子。采用机械筛选法和环境条件控制法可以获得同步培养的微生物。通过及时补充营养物质,及时取出培养物降低代谢产物,可以达到微生物的连续培养。微生物的生长受环境条件的影响。不同的微生物有不同的最适生长温度。低温可以保藏微生物,高温可以杀死微生物。实验室常用 121℃、30 min 的工艺条件进行培养基和器皿的灭菌。食品工厂常用巴氏消毒法处理食品以延长食品的保质期。不同的微生物对 pH 的要求不一样,细菌适于中性环境,放线菌适于偏碱环境,真菌适于偏酸环境。好氧微生物生长必须供给氧气,而培养厌氧菌除了要制备无氧生存空间外,在培养基中还要加入还原性物质,以降低培养基中的 E_h。水是微生物生长所必需的,但水中的溶质不能太多或太少,过高或者过低的渗透压会使细菌出现质壁分离或细胞破裂。X 射线、γ 射线和阳光中的紫外线都可以杀死微生物。化学药剂可以杀死或者抑制微生物生长。重金属、氧化剂、许多有机化合物、磺胺和多种抗生素都对微生物有杀伤或抑制作用。

思考题

1. 什么叫纯培养?获得微生物纯培养的分离方法有哪些?
2. 测定细胞数量和细胞生物量的方法有哪几种?说明其测定原理和特点。
3. 试述细菌的群体生长规律及其在生产实践中的应用。
4. 影响指数期微生物代时长短的因素有哪些?

5. 什么叫连续培养？恒化培养和恒浊培养各有何特点？

6. 用于地下微生物采油技术的菌种往往是由几种细菌组成的液体混合菌种。在传代过程中，其液体混合菌种的性能往往不稳定。请分析产生这种现象的原因，并提出解决的方法。

7. 试举例说明日常生活中的防腐、消毒和灭菌及其各自的原理。

8. 微生物生长的环境条件主要包括哪些因素？温度对微生物生长有何影响？按照微生物对温度的适应能力可将微生物分为哪几种类型？各自的分布及生理有何特点？

9. 高温灭菌分为哪几种类型？具体方法有哪几种？各有何特点？

10. 下列物品各选用什么方法灭菌？试说明理由。
①培养基；②玻璃器皿；③室内空气；④酶溶液；⑤动物血清。

11. 水分、渗透压、酸度、氧气、辐射及超声波对微生物生长有何影响？如何利用这些因素促进有益微生物的生长，控制有害微生物？

12. 什么叫化学治疗剂？化学治疗剂分为哪些类型？其作用机理如何？各有何优缺点？如何使用？

13. 试就青霉素、链霉素、磺胺类药物的作用机制说明为什么这些药只作用于细菌而对人体没有毒害作用。

14. 医务室常备的红药水、紫药水和碘酒的基本成分是什么？其杀菌机制是什么？

15. 细菌耐药性机理有哪些，如何避免抗药性的产生？

（内蒙古师范大学　李敏）

第九章

微生物遗传学

◈ **内容提示**

微生物遗传学主要研究微生物的遗传和变异规律。在生物界,遗传是相对的,变异是绝对的。遗传的保守性保证了生物界物种的稳定性,使优良微生物的各个性状能代代稳定相传。变异的客观存在保证了子代适应环境的能力。研究微生物遗传变异的规律具有重要的理论和实践意义。人类利用微生物易变异的特点改造和选育微生物,大幅度地提高工业菌株或者优良野生菌株的底物利用能力、产物合成能力以及抗逆性能等,或者将不同微生物的优良性状集中到一个变异体中。

第一节　微生物遗传的物质基础

一、遗传信息的载体

通过以下 3 个具有历史意义的经典实验,得到了一个确信无疑的共同结论:只有核酸才是负载遗传信息的真正物质基础。

1. 肺炎球菌转化实验

肺炎链球菌(*Streptococcus pneumoniae*)的 S 型菌株有荚膜,形成光滑型菌落,有致病性,可使感染小鼠患败血症而死。R 型菌株无荚膜,菌落表面粗糙,无致病性。1928 年 F. Griffith 以 *S. pneumoniae* 为研究对象,发现灭活的 S 型细菌与 R 型活菌单独感染小鼠时,小鼠不会死亡,二者混合物共感染小鼠时,小鼠发生死亡现象,并把加热杀死的 S 型菌中存在的使 R 型菌转化成 S 型菌的这种具有遗传转化能力的物质称为"转化因子"。1944 年 Avery 等 3 位美国科学家对 S 型菌提取液中的所有成分进行分离,进行了单因子转化实验,使人们首次意识到遗传物质很可能是 DNA。

2. 噬菌体感染实验

1952 年,A. D. Hershey 和 M. Chase 利用同位素示踪法,通过 T2 噬菌体感染实验发现:母本噬菌体的蛋白质外壳(^{35}S 标记)留在细菌的荚膜外,噬菌体注入宿主菌细胞内的物质是 DNA(^{32}P 标记),释放出来的是跟母本噬菌体一样的噬菌体,可见在噬菌体的生活史中,只有 DNA 是联系亲代和子代的物质,且 DNA 包含合成完整噬菌体的全部信息。从而证实 DNA 分子在亲代和子代之间具有连续性,是噬菌体的遗传物质。

3. 植物病毒重建实验

1956 年,H. Fraenkel-Conrat 用含 RNA 的烟草花叶病毒(TMV)与霍氏车前花叶病毒

(HMV)进行著名的植物病毒重建实验(图 9-1-1),充分证明了在 RNA 病毒中,遗传的物质基础就是 RNA。

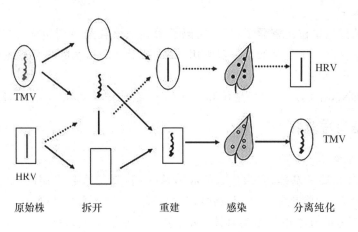

原始株　　　拆开　　　重建　　　感染　　　分离纯化

图 9-1-1　病毒重建实验示意图

二、微生物中遗传物质的存在部位和方式

1. 细胞和细胞核水平

原核微生物的大部分 DNA 存在于细胞的核区,真核微生物的 DNA 则位于细胞核内。不同微生物,细胞核或核区的数目有所不同。同种微生物不同细胞中细胞核或核区的数目也有所不同,例如藻状菌类(真菌)和放线菌的菌丝细胞为多核,孢子则为单核。

酿酒酵母(*Saccharomyces cerevisiae*)细胞核中还存在约 30 个不与核基因组整合的 2 μm 质粒。真核微生物在线粒体、叶绿体、中心体等细胞器中也有遗传物质,这些核外遗传物质与核遗传物质共同控制相应细胞器的复制和功能的发挥。原核微生物的核外染色体统称为质粒。

对于没有细胞结构的病毒来讲,遗传物质被蛋白质衣壳所包裹,类病毒则仅仅由 RNA 组成,不具有蛋白质外壳。

2. 染色体水平

不同微生物染色体数目差别比较大,原核微生物每个核区仅有一条染色体,真核微生物有较多染色体。单倍体微生物(haploid)细胞中只有一套染色体。双倍体微生物(diploid)细胞中含有两套功能相同的染色体。自然界的微生物多数是单倍体。少数微生物如酿酒酵母的营养细胞以及两个单倍体性细胞接合形成的合子为双倍体。

3. 核酸水平

大部分微生物的遗传物质是双链 DNA,有的呈环状(原核微生物和部分病毒),有的呈线状(部分病毒),有的则呈超螺旋状(质粒 DNA)。少数病毒如 *E. coli* 的 ΦX174 和 fd 噬菌体的 DNA 为单链。部分病毒和少数噬菌体的遗传物质是 RNA。不同微生物基因组大小(DNA 长度)差别很大,表现出多样性。

4. 基因水平

基因是染色体上具有自主复制力的最小遗传单位,大小 1 000~1 500 bp。原核生物功能相关的结构基因组成操纵子,以便协同表达。真核生物的结构基因被非编码序列分割开来,称为断裂基因(split gene),结构基因中的编码序列被称为外显子(exon),非编码序列被称为内含子(intron)。

5. 密码子水平

遗传密码的信息单位是密码子,每个密码子由 3 个核苷酸序列组成,除终止密码子外,每个三联体密码子决定一个氨基酸。一般都用 mRNA 上 3 个连续的核苷酸序列表示。

6. 核苷酸水平

核苷酸是 DNA 上的最小突变单位和交换单位,组成遗传物质 DNA 或 RNA。

三、DNA 的结构与复制

1. DNA 的结构

DNA 是遗传物质的基础,它为什么能起遗传作用,是怎么起作用的呢? 1953 年,沃森和克里克提出了 DNA 双螺旋结构模型,为合理地解释上述问题奠定了基础。

(1)组成 DNA 的基本单位是脱氧核苷酸,它由一分子脱氧核糖、一分子磷酸和一分子含氮碱基组成。DNA 是由 4 种不同的脱氧核苷酸聚合而成的多聚脱氧核苷酸链。

(2)组成 DNA 的碱基有 4 种:腺嘌呤(A)、鸟嘌呤(G)、胞嘧啶(C)和胸腺嘧啶(T)。

(3)DNA 两条单链按反向平行方式盘旋成双螺旋结构。

(4)两条链上的碱基互补配对并通过氢键连接,A 与 T 配对,G 与 C 配对形成碱基对。

(5)脱氧核糖和磷酸交替排列构成 DNA 的主链(骨架)。

这种双螺旋结构空间结构稳定,主链在外,侧链在内,主链成分固定,侧链成分可变。一般而言,特定的种或菌株的 DNA 分子,其碱基顺序固定不变,这保证了遗传的稳定性。个别部位发生了碱基排列顺序的变化,则会导致菌株死亡或发生遗传性状的改变。在现代细菌分类鉴定中,可通过测定(G+C)摩尔百分含量确定属、种或菌株。

DNA 双螺旋结构模型是对相对湿度为 92% 时所得到的 DNA 钠盐纤维的描述,称为 B 型 DNA(B-DNA),水溶液及细胞中天然状态的 DNA 大多为 B-DNA。但若湿度改变或 DNA 由钠盐变为钾盐或铯盐时,DNA 构象改变,形成 A-DNA、Z-DNA 等。B-DNA 和 A-DNA 都为右手螺旋结构,Z-DNA 为左手螺旋结构(1979 年 Rich 提出)。这 3 种构象的 DNA 都是双螺旋、都具有生物活性,其中以 B-DNA 的生物活性最高(图 9-1-2)。

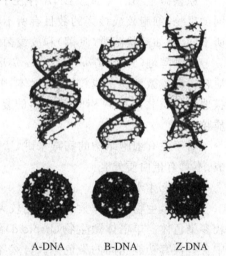

A-DNA B-DNA Z-DNA

图 9-1-2　3 种 DNA 结构的比较
(引自:Belment P, *et al*. 2001)

2. DNA 的复制

DNA 复制(图 9-1-3)从特定的起始位点开始,在旋转酶和解旋酶的作用下,双螺旋局部解旋,形成一个复制叉(replication fork),DNA 聚合酶(DNA polymerase)便以复制叉上的两条 DNA 单链为模板,合成新链。由于 DNA 的双链方向相反,而 DNA 的合成方向为 $5'→3'$,所以一条新链(前导链,leading strand)的合成方向与复制叉的移动方向相同而连续合成,另一条链(后滞链,lagging strand)的合成则不连续,一般先合成 1 000 bp 左右的短的冈崎片段(Okazaki fragment),然后再由 DNA 连接酶(DNA ligase)连接成大片段。复制叉上,为了防止解旋的双链 DNA 重新结合,单链结合蛋白随即与之结合并维持其伸展构象。每一冈崎片段的合成均需一段 1～10 bp 的 RNA 引物(RNA primer)为新链合成提供 3′羟基末端。RNA引物在连接为大片段时被 DNA 聚合酶Ⅰ切除,形成的缺口由相应的脱氧核苷酸填补。DNA聚合酶Ⅰ是最早被发现的 DNA 聚合酶,具有 3′→5′和 5′→3′外切酶活性,主要催化单核苷酸的聚合、DNA 损伤的修复以及冈崎片段上引物的切除和置换。研究表明 DNA 聚合酶Ⅲ才是真正的 DNA 复制酶。

由此可见,DNA 边解旋边复制,独特的双螺旋结构为复制提供了精确的模板。每一子代DNA 中,一条链来自亲代,另一条链是新合成的链,故称半保留复制。

真核生物每条染色体上可以有多处复制起始点,而原核生物只有一个起始点;真核生物的染色体在全部完成复制之前,各起始点上的 DNA 不能开始下一轮复制,而在快速生长的原核生物中,复制起始点上可以连续开始新的 DNA 复制,虽只有一个复制单元,但可有多个复制叉。

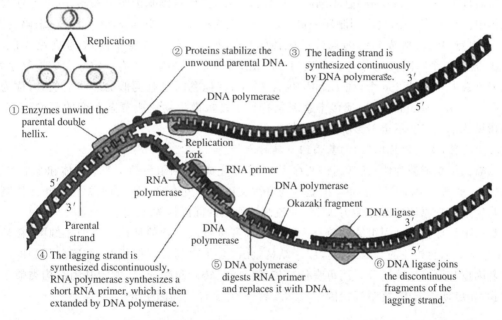

图 9-1-3　DNA 复制(引自:Belment P, *et al*. 2001)

四、微生物的基因组

基因组(genome)是细胞内遗传物质中全部基因以及非基因的总称,包括结构基因、调控序列以及功能未知序列。

1. 原核微生物(大肠杆菌)的基因组特点

大肠杆菌(*E. coli*)是公认的原核模式微生物,已知基因组大小为 4 639 221 bp,有 4 288 个功能基因。染色体为紧密缠绕的环状双链 DNA 分子。基因组上的遗传信息是连续的,不含内含子,若按一个基因 1 000 bp 大小来推算,*E. coli* 总基因数为 4 639 个,其中编码蛋白的基

因数(4 288)占基因组总 DNA 的 88%,另外 1% 为转录 tRNA 的基因、0.5% 为重复序列或非编码区,剩余的包括调节区序列、启动子、操纵区和 DNA 复制的起始与终止序列等,所以可以认为 E.coli 基因组中的基因排列是连续而紧凑的,基因组中的重复序列少而短,且基因数基本接近根据基因组大小所估计的数目。根据序列分析结果在 E.coli 染色体 DNA 上找到2 584 个操纵子转录单元。

原核微生物结构基因为单拷贝,rRNA 基因为多拷贝,且结构基因的表达产物多为结构成分以及参与代谢、转运、复制、转录、翻译和调节的功能蛋白,还有部分功能未知。在 E.coliK12 基因组中也发现有 10 种插入因子,还发现几种缺陷型 λ 原噬菌体以及其他原噬菌体的缺失片段。初步推断,约有 18% 的基因组 DNA 可能是通过水平转移来自于其他生物。例如位于染色体不稳定区的"致病岛"的大片段,就是从其他病原微生物水平转移的结果。

2. 真核微生物(酿酒酵母)的基因组特点

真核生物的基因组比原核生物大得多,且存在大量的重复序列和非编码序列,其中非编码序列占总 DNA 的 90% 以上。真核微生物的基因为断裂基因,基因组中没有明显的操纵子结构。

酿酒酵母(S. cerevisiae)是单细胞真核模式生物,其单倍体基因组分布在 16 条不连续的染色体中。1997 年基因组序列测序完成,大小为 13.5×10^6 bp,共含 6 287 个蛋白编码基因。DNA 与组蛋白结合构成典型的真核染色体结构。每条染色体长度不同,1 号染色体最小,230 kb,含 106 个基因;4 号染色体最大,1 532 kb,含 814 个基因。含有一定数量的重复序列,例如 tRNA 基因多达 266 个,而 E.coli 仅含 60 个;其他基因也有类似的多拷贝现象,称为遗传丰余(genetic redundancy),遗传丰余现象有利于真核微生物适应复杂多变的环境,以至于某一拷贝的基因突变不至于影响其在环境中的生存。

3. 古生菌(詹氏甲烷球菌)的基因组及其特点

以詹氏甲烷球菌为例,其基因组测序于 1996 年完成,基因组包括 1 条染色体和 2 个质粒,能编码 1 738 个基因,但只有 38% 的基因与基因文库中已报道的基因有同源性,并可预测其功能。与生殖道支原体的同源性为 17%,与流感嗜血菌的同源性为 11%。

詹氏甲烷球菌的基因组结构兼具原核微生物和真核微生物的特征。类似于细菌,在环形DNA 分子上功能相关的基因组成操纵子结构,无内含子序列。调控代谢、细胞分裂和固氮作用的基因也与原核生物同源。而负责信息传递(复制、转录和翻译)功能的基因结构类似于真核生物,如启动子结构、复制起始因子、RNA 聚合酶、翻译延伸因子等。

五、微生物的质粒

质粒(plasmid)是指存在于细菌、真菌等微生物细胞中,独立于染色体外,能进行自我复制的遗传因子。

1. 质粒的种类

根据质粒编码的功能和赋予宿主的表型效应可把质粒分为以下 6 种:

(1)致育因子(fertility factor,F 因子) 又称 F 质粒,仅携带转移基因,除能促进有性结合外,不再具有其他功能,如大肠杆菌中的 F 质粒。

(2)抗性因子(resistance factor,R 因子) 即 R 质粒,具有 R 质粒的菌体对某种或多种抗生素或金属表现出抗性或耐受性,如氯霉素、氨苄霉素或水银。R 质粒在细菌间的传递是细菌产生抗药性的重要原因之一。

（3）产细菌素质粒（col plasmid，Col 质粒）　细菌素一般根据产生菌的种类进行命名，例如 *E.coli* 产生的细菌素为 colicins（大肠杆菌素），只杀死近缘且不含 Col 质粒的菌株。

（4）代谢质粒（metabolic plasmid）　编码产生的酶使宿主菌能够代谢一些通常情况下难以或无法利用的物质，如 TOL 质粒赋予假单胞菌降解一些有毒化合物的能力。

（5）毒性质粒（virulence plasmid）　具有编码毒素的基因，例如根瘤杆菌的 Ti 质粒。

（6）隐秘质粒（cryptic plasmid）　在宿主细胞内不显示任何表现效应，只能通过物理方法，例如用凝胶电泳检测细胞抽提液等方法才能发现。如酵母菌的 $2\ \mu m$ 质粒。

此外，根据其复制性质，可把质粒分为两类：

（1）严谨型质粒（stringent plasmid）　质粒在细胞内复制时受到控制而与染色体复制同步进行，被称为严谨性质粒，属于低拷贝质粒，通常只有 $1\sim3$ 个拷贝，如 F 质粒。

（2）松弛型质粒（relaxed plasmid）　这类质粒的复制与染色体复制不同步，称为松弛型质粒。属于高拷贝质粒，在细胞中通常有 $10\sim100$ 个拷贝，如分子质量小的 ColE1 质粒。

2.人工质粒

在基因工程中，质粒为常用载体。但野生型质粒由于分子量大、拷贝数低、酶切位点少、遗传标记不理想，不能满足基因工程的要求，因此往往需要以野生型质粒为基础进行人工构建。人工构建的质粒根据其功能和用途可分为高拷贝质粒、温敏质粒、整合质粒、穿梭质粒表达质粒、探针质粒等。

六、真核微生物染色体外的遗传因子

主要是质粒和线粒体 DNA，呈环状，含量不足染色体 DNA 的 1%。

1.真核微生物的质粒

以酵母菌为例，染色体外 DNA 有：①杀伤微粒，为双链 RNA 分子，是唯一不含 DNA 的质粒；②$2\ \mu m$ 质粒，位于细胞核中，以 A、B 两种异构体形式存在，只携带与复制和重组有关的 4 个蛋白编码基因，不赋予宿主任何遗传表型，属隐秘质粒。

2.真核微生物的线粒体遗传

线粒体遗传发生在核外，属细胞质遗传（cytoplasmic inheritance）和非孟德尔遗传（non Mendelian inheritance）。mRNA 在线粒体中合成后保留在细胞器内，由线粒体中的核糖体进行翻译。线粒体中核糖体的 rRNA 分子由线粒体 DNA（mtDNA）编码，而核糖体蛋白大部分由核基因编码。mtDNA 主要编码线粒体中的 rRNA 和 tRNA 分子，氧化呼吸所需酶类的大部分亚基由核基因编码。

第二节　遗传重组

基因重组（gene recombination）或遗传重组（genetic recombination）是指两个具有不同性状的生物细胞，遗传物质转移到一起并经过重新组合形成新的遗传型个体的方式，简称重组。重组可使微生物在未发生突变的情况下，也能产生新遗传型的个体。重组是分子水平上的概念，而杂交则是细胞水平上的概念，杂交中必然包含着重组，而重组则不只限于杂交一种形式。

原核生物的基因重组不涉及整个染色体组,只涉及染色体的一部分,重组后的细胞称为局部合子。真核微生物的基因重组涉及整个染色体组,结合后形成杂合子。

与诱变育种相比,遗传重组可消除某一菌株在经过长期诱变处理后出现的产量上升缓慢的现象,因此也是一种重要的育种手段。

一、原核生物的基因重组

原核生物的基因重组通过转化、转染、转导、接合和原生质体融合而实现。

(一)转化

转化现象首先由 Griffith 于 1928 年在 *S. pneumoniae* 中发现。受体菌(recipient)直接吸收来自供体菌(donor)的 DNA 片段,并通过交换把它整合到自己的基因组中的过程称为转化(transformation),转化后的受体菌称为转化子(transformant),转化子接受供体菌的 DNA 片段后获得部分新的遗传性状。能发生转化现象的原核微生物种类很多,真核微生物包括酿酒酵母(*Saccharomyces cerevisiae*)、粗糙脉孢菌(*Neurospora crassa*)、黑曲霉(*Aspergillus niger*)等。

1. 转化因子与感受态

转化因子(transforming factor)是指有转化活性的外源 DNA 片段,它是供体菌释放的或人工提取的游离 DNA 片段。转化因子必须具备两个基本条件:①具有一定分子量,一般不大于 $1×10^7$,不小于 $5×10^5$,约含 15 个基因;②同源性,供体菌和受体菌的亲缘关系越近,DNA 序列同源性越高,转化率越高。转化多使用双链线性 DNA(dsDNA),某些单链、共价闭合环状 DNA 也可用于转化。*Haemophilus* 细胞只吸收 dsDNA 形式的转化因子,但进入细胞后需经酶解为 ssDNA,才能与受体菌的基因组整合。*Streptococcus* 和 *Bacillus* 细胞只允许 ssDNA 形式的转化因子进入。但不管何种情况,最易与细胞表面结合的仍是 dsDNA。由于每个细胞表面能与转化因子相结合的位点有限(如肺炎链球菌约 10 个),因此从外界加入无关的 dsDNA 就可竞争并干扰转化作用。质粒 DNA 也是良好的转化因子,但它们通常不能与核染色体组发生重组,转化的频率一般也只有 0.1%~1.0%,最高时亦只 20% 左右。

感受态(competence)是指受体细胞最易接受外源 DNA 片段,并实现其转化的生理状态。处于感受态的细菌,吸收 DNA 的能力是一般细菌的千倍以上。非感受态细菌也能被转化,但效率非常低。感受态因子是细菌生长到一定阶段分泌的一种小分子胞外蛋白,分子质量为 5~10 ku,可诱导感受态细胞表面形成特殊的 DNA 受体蛋白,即 DNA 结合位点。例如流感嗜血杆菌(*Haemophilus influenzae*)产生的感受态因子,可使菌体由非感受态变成感受态。感受态因子与细胞表面受体相互作用,诱导一系列感受态相关蛋白表达,自溶素便是其一。自溶素的表达使细胞表面的 DNA 受体蛋白及核酸酶裸露出来,使其具有与 DNA 结合的活性。

感受态可以产生,也可以消失,它的出现受菌株的遗传特性、生理状态、培养环境等的影响。例如肺炎链球菌(*Streptococcus pneumoniae*)的感受态出现在对数生长期的中后期,枯草芽孢杆菌(*Bacillus subtilis*)等细菌的感受态出现在对数生长期末期和稳定期初期。

2. 转化过程

转化过程一般包括 3 个阶段:

(1)感受态细胞的建立　可用人工方法提高受体菌的感受态水平,通常以 $CaCl_2$、cAMP 等处理菌体,后者可使感受态水平提高 10 000 倍。

（2）转化因子的结合和吸收　首先 dsDNA 片段与感受态细胞表面的 DNA 受体蛋白结合，细胞膜的磷脂成分——胆碱可促进这一过程。结合最初是可逆的，随着与细胞膜蛋白的进一步作用而趋于稳定。随后 dsDNA 的一条链被核酸内切酶降解，降解产生的能量把另一条链推进受体细胞内。也有完整的双链被摄取的情况，如 *Haemophilus*。

（3）转化因子的整合　来自供体菌的 DNA 片段进入受体细胞后，由 DNA 结合蛋白或胞内小泡包裹，转运到受体染色体区并进行同源配对，形成供体 DNA—受体 DNA 复合物，接着受体染色体上的相应单链片段被切除，形成了一个杂合 DNA 片段（图 9-2-1）。

受体菌吸收了来自供体菌的 DNA 片段，通过交换，把它整合到自己的基因组中，从而获得供体菌部分遗传性状。受体菌染色体进行复制，杂合区段分离成两个，其中一个获得了供体菌的转化基因，形成转化子，另一个未获得转化基因。

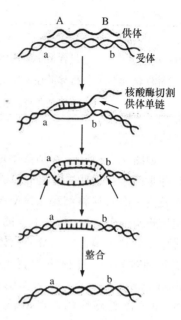

图 9-2-1　外源 DNA 单链的整合

（二）转染

把噬菌体或其他病毒的 DNA（或 RNA）抽提出来，让它去感染感受态宿主细胞，进而产生正常的噬菌体或病毒后代，这种特殊的转化称为转染（transfection）。目前把 DNA 转移至动物细胞的过程也称转染，它常在基因工程中被用于以病毒为载体的外源基因导入宿主细胞。它与转化不同之处是噬菌体或病毒并非遗传基因的供体菌，中间也不发生任何遗传因子的交换或整合，最后也不产生具有杂种性质的转化子。

（三）转导

转导（transduction）是以缺陷型噬菌体为媒介把供体细胞的 DNA 片段携带到受体细胞中进行的细菌遗传物质重组的过程，它是细菌遗传物质传递和交换的另一种重要方式。转导以噬菌体为媒介不需要受体细胞与供体细胞接触，在这一过程中，细菌的一段染色体被错误地包装在噬菌体的蛋白质外壳内，并通过感染而转移到另一个受体细菌内。获得部分新性状的重组细胞，称为转导子（transductant）。这种能把宿主部分染色体或质粒 DNA 带到另一个细胞的噬菌体称为转导噬菌体（transducting phage）。转导由 J. Lederberg 等 1952 年在鼠伤寒沙门氏菌（*Salmonella typhimurium*）中发现。转导现象在自然界普遍存在，可能是低等生物进化过程中产生新基因组合的一种重要方式。转导又分为普遍转导和局限转导两类，区别见表 9-2-1。

表 9-2-1　普遍转导和局限转导的区别（引自：黄秀梨，2009）

项目	普遍转导	局限转导
转导的发生	自然发生	人工诱导
噬菌体形成	错误的装配	前噬菌体反常切除
形成机制	包裹选择模型	杂种形成模型

续表 9-2-1

项目	普遍转导	局限转导
内含 DNA	只含宿主染色体 DNA	同时有噬菌体 DNA 和宿主 DNA
转导性状	供体的任何性状	多为前噬菌体邻近两端的 DNA 片断
转导子	不能使受体菌溶原化,转导特性稳定	为缺陷溶原菌,转导特性不稳定

1.普遍转导

如图 9-2-2 所示,在细菌中增殖并释放时,某些噬菌体在罕见的情况下($10^5 \sim 10^7$ 次包装中发生 1 次),误将细菌 DNA 作为自身 DNA 包装进头部衣壳内,释放出来的转导噬菌体通过感染易感细菌将所携带的供体菌 DNA 导入受体菌内,这一过程称为普遍转导(generalized transduction)。转导噬菌体可以是温和的,也可以是烈性的。根据转导的供体细胞 DNA 是否整合到受体细胞染色体上,普遍转导又可分为完全转导和流产转导两种。

(1)完全转导 如图 9-2-3 所示,以鼠伤寒沙门氏菌(*S. typhimurium*)野生型菌株作供体菌,营养缺陷型为受体菌,P22 噬菌体作为转导媒介。噬菌体成熟之际,极少数($10^{-8} \sim 10^{-6}$)在头部误包与自身 DNA 大小相仿的供体菌 DNA 片段,形成完全不含噬菌体 DNA 的假噬菌体。感染受体菌时,通过转导进入细胞的是供体菌 DNA 片段,而非噬菌体 DNA,所以受体菌不会发生溶原化,更不会裂解。另外,由于导入的供体 DNA 片段可与受体菌染色体上的同源区段配对,再通过双交换而重组到受体菌染色体上,所以就形成了遗传稳定的普遍转导子,此即完全转导。除 *S. typhimurium* 的 P22 噬菌体外,*E. coli* 的 P1 噬菌体和 *B. subtilis* 的 PBS1 和 SP10 噬菌体都能进行完全转导。

(2)流产转导 经转导而获得了供体菌 DNA 片段的受体菌,如果外源 DNA 不进行交换整合,也不迅速消失,不能进行复制,而仅进行转录和表达,这种现象就称流产转导(abortive transduction)。当受体菌分裂时,只有一个子代菌体获得了这一基因,另一个则没有,是一种单线遗传方式(图 9-2-4)。获得供体菌 DNA 的子代细胞(营养缺陷型)由于仍含有供体菌 DNA 转录、翻译而形成的少量酶,会在表型上轻微表现出供体菌的某一特征。但每经过一次分裂,就受到一次稀释,最终因有缺陷而终止繁殖,因此转导后受体菌在基本培养基上除了形成正常大小的菌落以外,还有数目大约 10 倍于正常菌落的微小菌落。如果供体 DNA 进入受体菌细胞后被降解,则转导失败,在选择培养基平板上无菌落形成。

2.局限转导

局限转导(restricted transduction)指通过某些部分缺陷的温和噬菌体把供体菌的少数特定基因转移到受体菌中的转导现象。1954 年在 *E. coli* K12 菌株中被首次发现。其特点为:①只局限于传递供体菌核染色体上的个别特定基因,一般为噬菌体整合位点两侧的少数供体

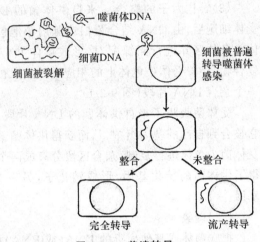

图 9-2-2 普遍转导

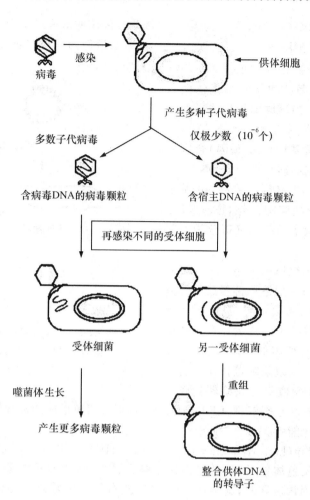

图 9-2-3　完全转导（引自：黄秀梨等，2009）

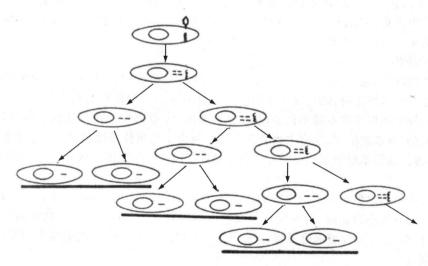

图 9-2-4　流产转导（引自：黄秀梨等，2009）

菌基因;②以部分缺陷的温和噬菌体为媒介;③缺陷噬菌体的形成是由于在脱离供体菌染色体的过程中,发生了低频率($\sim 10^{-5}$)的"误切"或由于双重溶原菌的裂解而形成;④局限转导噬菌体要通过 UV 等因素对溶原菌进行诱导并引起裂解后才产生。

$E.coli$ 的 λ 噬菌体和 φ80 噬菌体就具有局限转导的能力。当溶原菌受到诱导而发生裂解时,λ 原噬菌体两侧的半乳糖基因(gal 基因)和生物素基因(bio 基因)会因偶尔发生的不正常切割而连在噬菌体 DNA 上,这样就产生了带有 gal 基因或带有 bio 基因的 $λ_{dgal}$ 或 $λ_{dbio}$ 部分缺陷噬菌体(图 9-2-5)。局限转导根据转导频率的高低又可分为低频转导和高频转导。

(1)低频局限转导(low frequency transduction,LFT) 通过一般溶原菌释放的部分缺陷噬菌体所进行的局限转导,只能形成极少数($10^{-4} \sim 10^{-6}$)转导子。噬菌体在供体菌染色体上进行不正常切离的频率极低,因此所形成的裂解物中部分缺陷噬菌体所占比例也极低,这种含有极少数部分缺陷转导噬菌体的裂解物称为低频转导裂解物(LFT lysate)。不正常切离形成的部分缺陷噬菌体不具备正常噬菌体的致溶原化能力。

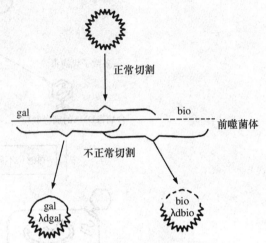

图 9-2-5　正常 λ 噬菌体和具有局限转导能力的缺陷型 λ 噬菌体的产生机制
(引自:周德庆,2011)

(2)高频局限转导(high frequency transduction,HFT) 是指在局限转导中,当部分缺陷噬菌体整合到受体染色体上后,正常噬菌体也整合其上,成为双重溶原菌(double lysogen)。这种细菌受 UV 等因素诱导时,就会产生含 50% 左右的局限转导噬菌体的高频转导裂解物(HFT lysate),用此裂解物以低感染复数感染另一受体菌 $E.coli\ gal^-$ 时,就可以高频率($\sim$ 50%)地把 $E.coli\ gal^-$ 转导为能发酵半乳糖的 $E.coli\ gal^+$ 转导子,这就是高频局限转导。双重溶原菌中正常 λ 噬菌体被称为助体噬菌体(helper phage),助体噬菌体的补偿作用提高了部分缺陷噬菌体的转导频率。

3.溶原转变

溶原转变(lysogenic conversion),又称溶原性转变、噬菌体转变,是指当温和型噬菌体感染宿主使之发生溶原化时,因噬菌体基因整合于宿主基因组而使后者获得新性状的现象。这是一种与转导相似但又有本质不同的现象,其特点是:①噬菌体不携带任何供体菌基因;②噬菌体是完整的,而非缺陷型;③宿主菌获得新性状是由于噬菌体基因整合到宿主染色体上所导致,而不是通过基因重组形成稳定转导子所导致;④宿主获得的新性状不稳定,可随噬菌体的消失而消失。

溶原转变的典型例子是不产毒素的白喉棒杆菌($Corynebacterium\ diphtheriae$)被 β 温和噬菌体侵染而发生溶原化时,会变成产毒素的致病菌株;$C.botulinum$ 经特定温和噬菌体感染后,就会产生 C 型和 D 型肉毒毒素。$Salmonella$ 和 $Streptomyces$ 也能发生溶原转变现象。

(四)接合

1.接合现象的证明

供体菌(雄性)通过性菌毛与受体菌(雌性)直接接触,把 F 质粒或其携带的不同长度的核基因组片段传递给后者,使后者获得若干新遗传性状的现象,称为接合(conjugation)。通过接合而获得新性状的受体细胞,就是接合子(conjugant)。

J. Lederberg 和 E. L. Tatum 于 1946 年通过细菌的多重营养缺陷型杂交实验,证明了原核生物的接合现象(图 9-2-6)。这个实验建立在不大可能同时发生 2 种或 3 种回复突变的设想上,为了减少实验结果是回复突变的机会,采用了双重或三重营养缺陷型。将 *E. coli* K12 A 菌株($met^-\ bio^-$)与 B 菌株($thr^-\ leu^-\ thi^-$)在 CM 培养基中混合培养后,再涂布于 MM 培养基上。结果发现,在 MM 培养基上出现了 $met^+\ bio^+\ thr^+\ leu^+\ thi^+$ 的原养型菌落,而单独培养的两亲本菌株在 MM 上都不出现任何菌落。

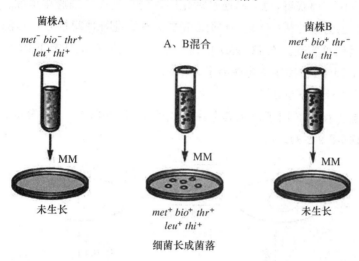

图 9-2-6 多重营养缺陷型杂交实验(引自:陈三凤,2011)

1950 年 B. Davis 通过"U"形管实验(图 9-2-7)进一步反证了上述遗传重组的形成是两个亲本细胞直接接触进而发生基因重组的结果。

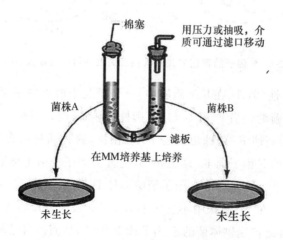

图 9-2-7 "U"形管实验(引自:陈三凤,2011)

2.能进行接合的微生物种类

接合现象主要存在于细菌和放线菌中。细菌中 G⁻ 菌尤为普遍,放线菌中以 *Streptomyces* 和 *Nocardia* 最为常见。接合现象也可发生在不同属间,如 *E. coli* 与 *S. typhimurium* 之间,或 *Salmonella* 与痢疾志贺氏菌(*S. dysenteriae*)之间。

E. coli 的接合现象研究得最为清楚,促使两个细胞发生接合的是 F 因子(F factor),即 F 质粒,又称性因子(sex factor)或致育因子(fertility factor)。F 质粒是一种属于附加体(episome)性质的质粒,它既可以脱离染色体在细胞内独立存在,也可以整合到染色体基因组上;它既可以通过接合作用而获得,也可以通过理化因素的处理而从细胞中消除。凡有 F 因子的细胞,表面有性菌毛,为雄性菌(F⁺)。有些细菌本来不能进行种间接合,但经过和 *E. coli* 接合而获得 F 因子后便可实现。在 *E. coli* 中还发现另一些质粒也具有 F 因子的作用,例如大肠杆菌素因子(Col 因子)和某些抗药性因子。

3. *E. coli* 的 4 种接合型菌株

根据细胞中是否存在 F 因子以及其存在方式的不同,可把 *E. coli* 分成以下 4 种相互有联系的接合型菌株(图 9-2-8)。

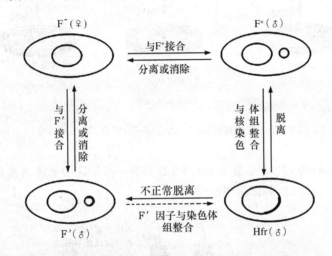

图 9-2-8　F 因子的存在方式及其相互关系(引自:周德庆,2011)

(1)F⁺菌株　即"雄性"菌株,在其细胞质中,一个至几个游离的 F 质粒,在细胞表面还有与 F 因子数目相当的性菌毛。当 F⁺菌株与 F⁻菌株接触时,前者可通过中空的性菌毛将 F 因子转移到后者细胞内,因而使 F⁻菌株也转变成 F⁺菌株,这种通过接合而转性别的频率一般可达到 100%。F⁺菌株的 F 因子向 F⁻细胞转移,但含 F 因子的宿主细胞的染色体 DNA 一般不被转移,同时,理化因子的处理可将 F 因子消除而使 F⁺菌株变成 F⁻菌株。

(2)F⁻(雌性)菌株　在 F⁻菌株中不含 F 因子,细胞表面也没有性菌毛。但它可通过与 F⁺菌株或 F′菌株的接合而接受供体菌的 F 因子或 F′因子,从而使自己转变成"雄性"菌株,也可接受来自高频重组(high frequency recombination,Hfr)菌株的一部分或全部遗传信息。如果是后一种情况,那么它在获得一系列 Hfr 菌株的遗传性状的同时,还同时获得了处于转移染色体末端的 F 因子,从而使自己也从原来的"雌性"菌株转变成"雄性"菌株。F⁻ 较为少见,据统计,从自然界分离到的 2 000 个 *E. coli* 菌株中,约有 30％ 的菌株是 F$^-$。

（3）Hfr 菌株　Hfr 菌株的 F 因子插入到染色体 DNA 上,因此只要发生接合转移过程,就可以把部分甚至全部细菌染色体传递给 F$^-$ 细胞并发生重组,由此而得名为高频重组菌株。Hfr 菌株与 F$^-$ 菌株接合后发生重组的频率要比 F$^+$ 与 F$^-$ 接合后的重组频率高出数百倍。在 Hfr 细胞中,其 F 因子已从游离状态转变成在核染色体组特定位点上的整合状态（产生频率约 10^{-5}）。Hfr 菌株仍然保持着 F$^+$ 细胞的特征,具有性菌毛,并像 F$^+$ 一样与 F$^-$ 细胞进行接合。但是,当接合发生后,F 因子的先导区结合着染色体 DNA 向受体细胞转移,而 F 因子除先导区以外,其余绝大部分是处于转移染色体的末端,由于转移过程常被中断,因此 F 因子不易转入受体细胞中。Hfr×F$^-$ 杂交后的受体细胞大多数仍然是 F$^-$。

（4）F′ 菌株　F 因子整合到染色体上是一种可逆过程,因此当 F 因子从 Hfr 菌株染色体上脱落时,会出现一定概率的错误基因交换,从而使 F 因子带上宿主染色体的遗传因子,这时的 F 因子称为 F′ 因子。携带了 F′ 因子的菌株,其遗传性状介于 F$^+$ 与 Hfr 菌株之间,这就是初生 F′ 菌株（primary F′-strain）。通过 F′ 菌株与 F$^-$ 菌株间的接合,就可以使后者也转变成 F′ 菌株,这就是次生 F′ 菌株（secondary F′-strain）。它既获得了 F 因子,同时又获得了来自初生 F′ 菌株的若干新的遗传性状,所以,次生 F′ 菌株是一个部分双倍体。无论是初生 F′ 菌株还是次生 F′ 菌株都具有性菌毛。以这种接合来传递供体基因的方式,称为 F 因子转导（F-duction）、性导（sexduction）或 F 质粒媒介的转导（F-mediated transduction）。

4. 接合的类型及过程

（1）F$^+$×F$^-$ 接合　通过 F$^+$ 菌产生的性菌毛把两者连接在一起,并在细胞间形成胞质桥（或称接管）。F 因子通过胞质桥进入受体细胞,使 F$^-$ 变成了 F$^+$ 菌。F 因子的传递过程为：① F 因子的一条 DNA 单链在特定的位点上发生断裂；②断裂后的单链逐步解开,同时以另一条环状单链作模板,通过模板的滚动,一方面把上述解开的单链以 5′-端为先导通过性菌毛而推入到 F$^-$ 细胞中,另一方面又在供体细胞内,以滚动的环状 DNA 单链作模板,重新合成一条互补的环状单链,以取代已解开并传递至 F$^-$ 中的那条单链,这一 DNA 复制机制即称"滚环模型"（rolling circle model）；③在 F$^-$ 细胞中,在这条外来的供体 DNA 线状单链上也合成了一条互补的新 DNA 单链,并随之恢复成一个环状的双链 F 因子。因此,F$^-$ 菌株变成了 F$^+$ 菌株,而原来的供体菌 F$^+$ 菌株仍为 F$^+$ 菌株。

（2）Hfr×F$^-$ 接合　Hfr 菌株的染色体转移与上述的 F$^+$ 菌株的 F 因子转移过程基本相同,都是按滚环模型来进行的。当 Hfr 与 F$^-$ 菌株发生接合时,Hfr 的染色体双链中的一条单链在 F 因子处发生断裂,由环状变为线状,F 质粒中与性别有关的基因位于线状单链染色体的末端。整段单链线状 DNA 以 5′ 端引导,等速通过性菌毛转移至 F$^-$ 细胞。进入 F$^-$ 菌株的单链染色体片段经双链化后,形成部分合子（merozygote,即半合子）,然后两种染色体的同源区段进行配对,再经过双交换后,就发生遗传重组。

在没有外界干扰的情况下,Hfr 菌株的单链线状 DNA 转移过程的全部完成约需 100 min。实际上在转移过程中,使接合中断的因子很多。因此,这么长的单链线状 DNA 常常在转移过程中发生断裂（图 9-2-9）。所以,越是处于 Hfr 染色体前端的基因,进入 F$^-$ 的概率就越高,这类性状出现在接合子中的时间就越早,反之亦然。由于 F 质粒中与性别有关的基因位于线状单链染色色体的末端,进入 F⁻ 细胞的机会最少,故引起 F⁻ 变成 F⁺ 的可能性也最小。因此,Hfr 与 F⁻ 接合的结果是其重组频率最高,但转性频率却最低。

根据图 9-2-9,可以将 Hfr 与 F⁻ 菌株间的接合中断试验分成几个过程:①Hfr 与 F⁻ 菌株细胞配对;②形成接合管,即通过性菌毛使两个细胞相连,Hfr 的染色体在起始子(i)部位开始复制,至 F 因子插入的部位才告结束,供体 DNA 的一条单链通过性菌毛进入受体细胞;③发生接合中断,使 F⁻ 成为一个部分双倍体,在那里供体的单链 DNA 片段合成了另一条互补的 DNA 链;④外源双链 DNA 片段与受体菌的染色体 DNA 双链间进行双交换,从而产生了稳定的接合子。

由于上述 DNA 转移过程存在着严格的顺序性,所以在实验室中可以每隔一定时间利用强烈搅拌(例如用组织捣碎器或杂交中断器)等措施,使接合细胞中断其接合,以获得一批接受到 Hfr 菌株不同遗传性状的 F⁻ 接合子。

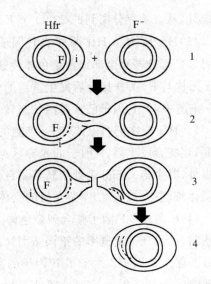

图 9-2-9　Hfr 与 F⁻ 菌株间的接合中断试验
F 质粒用波线表示,虚线表示新合成的 DNA 单链,双环表示细菌染色体的 DNA 双链
(引自:周德庆,2011)

根据这一原理,就可选用几种有特定整合位点的 Hfr 菌株,使其与 F⁻ 菌株进行接合,并在不同时间使接合中断,最后根据 F⁻ 中出现 Hfr 菌株中各种性状的时间早晚(用 min 表示),画出一幅比较完整的环状染色体图(chromosome map)。这就是由 E. Wollman 和 F. Jacob 在 1955 年首创的接合中断法(interrupted mating experiment)的基本原理。同时,原核生物染色体的环状特性也是从这里开始认识的。此法对早期 *E. coli* 染色体上的基因定位曾发挥了很大的作用,使得 *E. coli* 成为在遗传学中被研究得最为详尽、深入的实验材料,从而促进了微生物遗传学和分子遗传学的发展。

(3)F′×F⁻ 接合　通过 F′菌株与 F⁻ 菌株的接合可以使后者变成 F′菌株,如图 9-2-10 所示。它既可使后者获得前者的 F 质粒,同时又获得前者的部分遗传性状。F′所带的基因可以与染色体发生重组,也可以继续存于 F′因子上。

二、真核微生物的基因重组

在真核微生物中,基因重组主要有有性杂交和准性杂交两种形式。

(一)有性杂交

1. 有性杂交

有性杂交(sexual hybridization),一般指不同遗传型的两性细胞间发生的接合和随之进行的染色体重组,进而产生新遗传型后代的一种育种技术。凡能产生有性孢子的酵母菌或霉菌和蕈菌,原则上都可以用与高等动、植物杂交育种相似的有性杂交方法进行育种。酵母菌的有性繁殖过程参见第四章第三节,酵母菌存在单倍体和二倍体的生活史,二倍体生活力强,生产能力高,可利用两种不同结合型的单倍体菌株或子囊孢子进行杂交得到二倍体来育种,过程如下:

(1)单倍体化　将两个不同性状的亲本菌株分别接种到含醋酸钠等产孢子培养基斜面上,

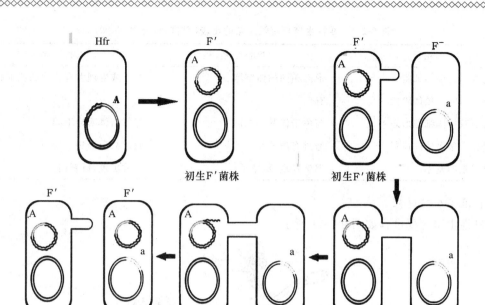

图 9-2-10　F 因子转导（引自：周德庆，2011）

使其产生子囊，经过减数分裂后，在每个子囊内会形成 4 个子囊孢子（单倍体）。用无菌水洗下子囊，经机械法（加硅藻土和石蜡油，在匀浆管中研磨）或酶法（用蜗牛酶等处理）破坏子囊，再经离心，然后将获得的子囊孢子涂布平板，就可以得到由单倍体细胞组成的菌落。

（2）杂交　将两个亲本不同性别的单倍体细胞混合，离心使二者紧密接触，以增加有性杂交后代产生的可能性。

（3）杂交后代的检出　这种双倍体细胞与单倍体细胞有明显的差别，易于识别。

（4）筛选优良性状个体　有了双倍体的杂交子代后，就可以进一步从中筛选出优良性状的杂种个体。

2.有性杂交育种应用

生产实践中利用有性杂交培育优良微生物菌株的例子很多。例如，用于酒精发酵的酵母和用于面包发酵的酵母虽属同一种酿酒酵母，但两者是不同的菌株，前者产酒精率高而对麦芽糖和葡萄糖的发酵力弱，后者产酒精率低而对麦芽糖和葡萄糖的发酵力强，产生 CO_2 多，生长迅速。两者通过杂交，就得到了产酒精率高，麦芽糖和葡萄糖发酵能力强，产生 CO_2 多，生长快，又能将其残余菌体综合利用，可作为面包厂和家用发面酵母的优良菌种。

（二）准性杂交

有的酵母如假丝酵母等不能进行有性生殖，即不产生子囊孢子，它们的杂交与霉菌一样，是通过准性生殖进行的。

准性生殖（parasexual reproduction），它是一种类似于有性生殖，但比有性生殖更为原始的一种生殖方式。它可使同种生物两个不同菌株的体细胞发生融合，不经过减数分裂而导致低频率基因重组并产生重组子。准性生殖多见于一般不具典型有性生殖的酵母和霉菌，尤其是半知菌中。从表 9-2-2 中可以看出准性生殖与有性生殖间的主要区别。

表 9-2-2　准性生殖与有性生殖的比较(引自:黄秀梨,2009)

项目	准性生殖	有性生殖
参与接合的亲本细胞	形态相同的体细胞	形态或生理上有分化的性细胞
独立生活的异核体阶段	有	无
接合后双倍体细胞形态	与单倍体基本相同	与单倍体明显不同
双倍体变单倍体的途径	通过有丝分裂	通过减数分裂
接合发生的概率	偶然发现,概率低	正常出现,概率高

1. 准性生殖过程

准性生殖主要过程如图 9-2-11 所示。

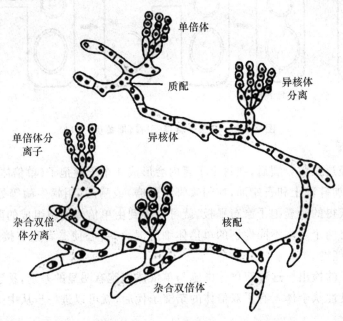

图 9-2-11　半知菌的准性生殖过程(引自:周德庆,2011)

(1)菌丝联结　菌丝联结发生于一些形态上没有区别,但在遗传性上却有差别的同一菌种的两个不同菌株的体细胞(单倍体)间,发生联结的频率极低。

(2)形成异核体　两个体细胞经联结后,使原有的两个单倍体核集中到同一个细胞中,于是就形成了双相的异核体,异核体能独立生活。

(3)核融合或核配　在异核体中的双核,偶尔可以发生核融合,产生双倍体杂合子核。如构巢曲霉(*Aspergillus nidulans*)或米曲霉(*Asperigillus oryzae*)核融合的频率为 $10^{-7} \sim 10^{-5}$。某些理化因素,如用樟脑蒸气、紫外线或高温等处理,可以提高核融合的频率。

(4)体细胞交换和单倍体化　体细胞交换即体细胞中染色体间的交换,也称有丝分裂交换。上述双倍体杂合子的遗传性状极不稳定,在进行有丝分裂过程中,核内的极少数染色体会发生交换和单倍体化,从而形成极个别的具有新性状的单倍体杂合子。如果用紫外线、γ 射线或氮芥等对双倍体杂合子进行处理,就会促进染色体断裂、畸变或导致染色体在两个子细胞中分配不均,因而有可能产生各种不同性状组合的单倍体杂合子。

2.准性杂交育种应用

准性生殖为一些没有有性生殖过程但有重要生产价值的半知菌育种工作提供了一个重要的手段。国内在灰黄霉素生产菌——荨麻青霉（*Penicillium urticae*）的育种中，通过准性杂交的方法而取得了较好的成效，其原理见图9-2-12。

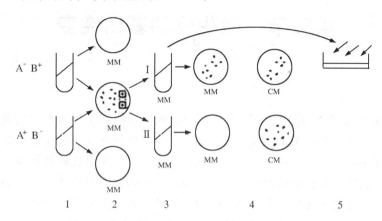

图9-2-12 准性杂交原理

具体过程包括：1.选择亲本；2.强制异合；3.移单菌落；4.验稳定性；5.促进变异

（引自：周德庆，2011）

（1）选择亲本 即选择来自不同菌株的合适的营养缺陷型作为准性杂交的亲本。由于在 *P. urticae* 等不产生有性孢子的霉菌中，只有极个别的细胞间才发生联结，而且联结后的细胞在形态上无显著的特征。因此，同研究细菌的接合一样，必须借助于营养缺陷型这类绝好的选择性突变作为杂交亲本的性状指标。

（2）强制异合 即用人为的方法强制两菌株形成异核体。将[A⁻B⁺]和[A⁺B⁻]两菌株所产生的分生孢子（$10^6 \sim 10^7$）相互混匀，用 MM 培养基倒培养皿平板，同时对单一亲本的分生孢子也分别倒 MM 培养基平板，作为对照。经培养后，一般前者只出现几十个菌落，后者则不长菌落。这时，出现在前者上的便是由[A⁻B⁺]和[A⁺B⁻]两菌株的体细胞联结所形成的异核体或杂合二倍体菌落。

（3）移单菌落 将培养皿上长出的这种单菌落移种到 MM 培养基的斜面上。

（4）验稳定性 就是检验新菌株究竟是不稳定的异核体，还是稳定的杂合二倍体。先把斜面菌株的孢子洗下，用 MM 培养基倒夹层平板，经培养后，加上一层 CM 培养基。如果在 MM 培养基上不出现或仅出现少数菌落，而当加上 CM 培养基后出现了大量菌落，那么，它便是一个不稳定的异核体菌株；如果在 MM 培养基上出现多数菌落，而加上 CM 培养基后，菌落数并无显著增多，那么，它就是一个稳定的杂合二倍体菌株。在实际工作中，发现多数菌株属于不稳定的异核体。

（5）促进变异 把上述稳定菌株所产生的分生孢子用紫外线、γ射线或氮芥等理化因子进行处理，以促使其发生染色体交换、染色体在子细胞中分配不均、染色体缺失、畸变以及发生点突变等，从而使分离后的杂交子代（单倍体杂合子）进一步增加出现新性状的可能性。在上述工作的基础上，再经过一系列生产性状的测定，就有可能筛选到比较理想的准性杂交种。

在进行准性杂交育种时要注意：①两个亲本菌株不仅要具有不同的优良性状，而且最好是

近亲配对组合,这样容易获得产量高的重组体;②用合适的诱变剂处理杂合二倍体,促进体细胞交换和单倍体化过程,选出具有高产和优良性状的单倍体重组体;③对获得的重组体进一步筛选,获得适应酶系统调节的突变株,使重组体能够充分发挥其高产潜力并适应工业化生产。

第三节 微生物的基因突变

一、突变概述

生物体在某种外因或(和)内因作用下,所引起的遗传物质结构或数量的改变,称为变异(variation),其中可遗传的变异称为突变(mutation)。突变是群体中极少数个体的行为,微生物自发突变的频率较低($10^{-9} \sim 10^{-6}$),对于单倍体微生物,突变引起的性状变化较大,且产生的新性状可稳定遗传。我们把携带突变基因的细胞或个体称为突变体(mutant),没有发生基因突变的细胞或个体则称为野生型(wild type)。当然有的突变并不导致微生物性状的改变,例如二倍体真核生物,一条染色体上的基因突变不会改变其表型,因为这一基因突变可被另一条染色体上的等位基因的功能所互补。饰变(modification),顾名思义,是指外表的修饰性改变,指生物体由于非遗传因素引起的表型改变,是一种不涉及遗传物质结构改变,仅发生在转录、转译水平的表型变化。饰变的特点是几乎整个群体中的每一个个体都发生同样的变化,性状变化的幅度小且不遗传,引起饰变的因素消失后,表型即可恢复。

突变率(mutation rate)常用来衡量细胞突变的概率,指一个细胞经历一个世代或在其他规定的单位时间内产生突变体的概率,或细胞群体每分裂一次产生突变体的个数。不同微生物或同种微生物,在不同情况下的突变率不同。

(一)突变划分(classification of mutations)

突变类型多种多样,人们可从不同的角度对基因突变进行分类,并给以不同的名称。

1. 根据突变涉及范围划分

可以把突变分染色体畸变(chromosome aberration)和基因突变(gene mutation),一般所指的突变仅指基因突变,是狭义的突变。

(1)基因突变 根据基因结构的改变方式,基因突变可分为碱基置换突变和移码突变两种类型。

①碱基置换突变 由一个错误的碱基对替代一个正确的碱基对的突变叫碱基置换突变,分为转换和颠换(图 9-3-1)。如果原来的嘌呤被另一种嘌呤置换,或原来的嘧啶被另一种嘧啶置换,则称为转换(transition);如果原来的嘌呤被任一种嘧啶置换,或原来的嘧啶被任一种嘌呤置换,即嘌呤和嘧啶碱基之间的置换则称为颠换(transversion)。引起碱基置换突变的理化因素有三:一是碱基类似物,二是某些化学物质如亚硝酸、亚硝基胍、硫酸二乙酯和氮芥等,三是紫外照射。

②移码突变(frame-shift mutation) 一个或非 3 倍数碱基的缺失或插入(delete or insert)所造成的突变后果往往比碱基置换更严重,由于三联体密码子的连续性和不重叠性,这种插入或缺失在翻译过程中会造成其下游的三联密码子都被错读,即从受损位点开始密码子的阅读框架完全改变,于是翻译出面目全非的肽链,因此这种插入或缺失突变又称为移码突变。

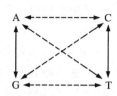

图 9-3-1 置换突变（引自：廖宇静，2010）

实线箭头代表转换，虚线箭头代表颠换

由于移码可以产生无功能多肽链,易成为致死性突变(lethal mutation)。当 DNA 链中增加或减少的碱基对导致一个或几个密码子增加或减少时称为整码突变(codon mutation),此时编码的多肽链中会增加或减少一个或几个氨基酸,而其他氨基酸的种类和序列不变,其后果与碱基置换相似,故不包括在移码突变范畴。插入和缺失突变往往发生在重复序列中。图 9-3-2 给出了一些缺失突变的实例,插入突变原理与此相似。

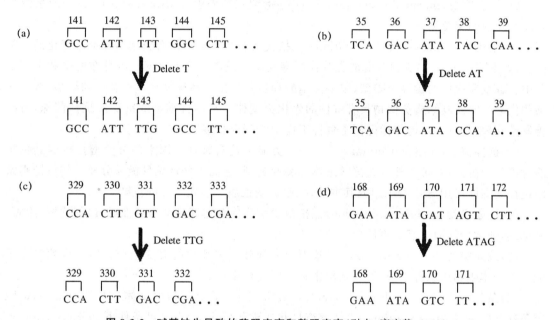

图 9-3-2 碱基缺失导致的移码突变和整码突变（引自：廖宇静，2010）

注:(a),(b),(d) 为移码突变,(c)为整码突变。(a) *CFTR* 基因"TTTTT"序列中"T"的缺失;(b) *CFTR* 基因"ATAT"序列中"AT"的缺失;(c) *FIX* 基因"TTGTTG"序列中"TTG"的缺失;(d) *APC* 基因"ATAGATAG"序列中"ATAG"的缺失

(2)染色体畸变(chromosomal aberration) 是指染色体数目和结构的改变。染色体畸变涉及的遗传物质改变的范围比较大,涉及多个基因发生变化,在光学显微镜下通过观察细胞有丝分裂中期相就可观察到。染色体结构改变的基础是 DNA 单链断裂或双链断裂,且断端不发生重接或虽重接却不在原处,使 DNA 断裂的物质称为断裂剂(clastogen)。微生物的染色体畸变包括染色体结构上的易位、倒位、缺失、重复等。紫外线、x 射线、γ 射线、亚硝酸及烷化剂等均是染色体畸变的有效诱变剂,它们能引起 DNA 分子多处发生较大损伤。染色体畸变在高等真核生物中一般很容易观察,但在微生物尤其在原核微生物中近年来才被证实。目前对粗糙脉孢菌的染色体畸变已十分清楚了,在电子显微镜下也观察到了病毒的染色体畸变。

发生染色体畸变的微生物往往易致死,所以微生物突变研究的主要是基因突变。

2. 根据性状表现划分

可将突变分为显性突变(dominant mutation)和隐性突变(recessive mutation)。隐性突变一般是针对高等真核生物而言的,而微生物一般是单倍体生物,繁殖也以无性繁殖为主,大多突变无须传代就可直接显现,即具有突变基因的每一个个体都会有突变表型,是显性突变。

3. 根据突变发生的方式划分

分为自发突变和诱发突变。在遗传过程中自然发生的突变,称为自发突变(spontaneous/natural/sporadic mutation)。自发突变的频率极低,而诱发突变(induced mutation)的突变发生率则很高。诱变由物理、化学、生物等外界因素引起,详见第十章。人工诱变在遗传育种中有广泛的应用,在基因工程技术出现之前,它是人工改造生物遗传性的主要手段,人类通过诱变选育了许多性能优良的菌株并用于生产实践。

4. 根据突变的表型效应划分

(1)形态突变(morphological mutation)　指细胞的外观(outward appearance)或菌落形态发生改变的突变型。

(2)生化突变(biochemical mutation)　指代谢途径变异但没有引起明显形态变化的一类突变,如不能合成 β-半乳糖苷酶的乳糖代谢突变体。最常见的生化突变体是在科研和生产实践中有着重要应用的营养缺陷型,很多氨基酸和核苷酸生产菌株就是一些营养缺陷型,或是对某些代谢产物及其结构类似物具有抗性的生化突变体。利用青霉素或链霉素抗性菌株,可改善发酵管理,并可作为遗传标记便于育种工作中的筛选和鉴别。

(3)抗性突变(resistant mutation)　是一类能抵抗有害理化因素的突变型。根据其抵抗的对象分为抗药性、抗紫外线或抗噬菌体等突变类型,它们十分常见且极易分离。如抗链霉素的抗性突变体可用 Str^r 表示。究其本质,抗性突变也属于生化突变的范畴。

(4)抗原突变(antigenic mutation)　指由于细胞成分尤其是细胞表面成分(细胞壁、荚膜、鞭毛)的细微变异而引起抗原性变化的突变类型。

(5)致死突变(lethal mutation)　基因突变导致个体死亡的突变类型。由于致死突变不能在单倍体生物中保存下来,所以在微生物中研究得不多。

(6)条件致死突变(conditional lethal mutation)　该突变型的个体只在特定条件,即限定条件下(restrictive conditions)表达突变性状或致死效应,而在许可条件下(permissive condition)的表型是正常的。其中温度敏感型突变最为常见,例如 *E.coli* 有一类突变,42℃是其致死温度,但在 25～30℃正常存活。某些 T4 噬菌体突变株在 25℃下具有感染性,在 37℃则失去了感染力。造成对温度敏感的原因可能是突变使微生物维持生命的关键酶或蛋白质只有在许可温度范围内才能维持其空间构象,发挥正常功能,当达到限制温度时就变性而失去功能。

5. 根据突变所引起遗传信息的改变划分

(1)同义突变(silent mutation)　由于密码子具有简并性和摇摆性,突变后形成的同义密码子仍编码同一种氨基酸。同义突变不易检出,但自然界中此类突变的频率相当高。

(2)错义突变(missense mutation)　由于错义密码所编码的氨基酸不同,这种造成单个氨基酸改变的碱基对置换称为错义突变,如果错义突变导致蛋白质或酶的结构域或活性中心等重要部位的氨基酸被置换,就可能改变蛋白质的结构而削弱其功能,影响突变体的表型,甚至可能造成严重后果。中性突变(neutral mutation)是指基因中某一碱基对发生置换,虽然引起

mRNA中密码子的改变,但多肽链中相应位点发生的氨基酸取代并不影响蛋白质的功能。

(3)无义突变(nonsense mutation) 碱基置换形成终止密码子(UAG、UAA、UGA)而导致的无义突变可使蛋白质合成提早完成,产生一条短的多肽链。无义突变如果发生在靠近3′末端处,它所产生的多肽链常有一定的活性,表现为渗漏型,这类多肽多半具有野生型多肽链的抗原特异性。

(4)终止密码突变(termination codon mutation) 当DNA分子中一个终止密码发生突变,成为编码氨基酸的密码子时,多肽链的合成直到遇到下一个终止密码子时方停止,因而形成了延长的异常肽链,这种突变称为终止密码突变,也被称为延长突变(elongtion mutation)。

(5)外显子跳跃突变(exon-skipping mutation) 是碱基置换在真核生物引起的一种特殊突变。真核生物基因的初级转录产物需经剪接作用去掉内含子,连接外显子才能形成成熟的mRNA,而"GT.......AG"是真核生物内含子切除的一个必需信号,如果AG发生了突变(例如图9-3-3中A变成了C),剪接装置将会自动寻找下一个AG位点(图9-3-3),结果导致了一个外显子的丢失(被跳过),使最终产物蛋白质失去一段氨基酸序列,突变后果的严重性由所丢失的蛋白质片断在整个蛋白质分子中的作用所决定。

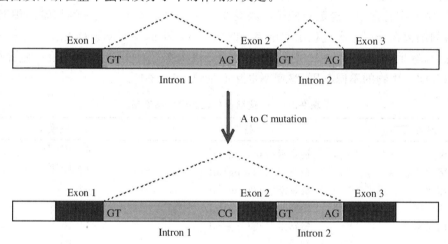

图9-3-3 外显子跳跃(引自:廖宇静,2010)

6.根据突变方向划分

正向突变(forward mutation)的突变方向是从野生型向突变型,回复突变(reverse mutation)则是从突变型向野生型。

7.根据突变位点划分

分为启动子突变和组成型突变,这两类突变是研究基因调控的重要手段。

(1)启动子突变 如果突变位点发生在负责基因调控的启动子区域,一种情况是突变增强了启动子对于转录的发动作用,称为启动子上升突变(promoter-up mutation);另一种情况则是启动子的功能降低,称为启动子下降突变(promoter-down mutation)。

(2)组成性突变 如果突变位点发生在操纵子的O(operator)区,造成该位点不能被阻遏蛋白识别,或者由于I区(调节基因)发生突变,不能产生发挥功能的阻遏蛋白,这两种情况都能使结构基因失去负调控,以乳糖操纵子为例则表现为在没有诱导物的条件下Lac Z、LacY和LacA蛋白都能表达。这种不管细胞需要不需要,由于基因调节因子(包括调节蛋白或调节

顺序)的突变而使基因不受调控地进行组成型表达(constitutive expression),这类突变称为组成型突变(constitutive mutation)。

(二)突变的特点

基因突变是普遍存在的现象,具有以下8个共同特点,这些特点与微生物种类、突变的表型效应和引起突变的原因无关,是突变发生的普遍规律。

1.随机性

基因突变的发生从时间、空间及所产生的表型变化等方面都是随机的,并且突变对所有细胞都是随机的,对所有基因也是随机的。

2.自发性

各种性状的突变都可以在没有任何人为诱变因素的作用下自发产生。

3.稀有性

虽然随时都可能发生,但自发突变发生的频率是很低的。对于个体而言,突变的发生在时间和空间上均带有偶然性和随机性;但对于群体而言,突变又总是以一定的频率发生,表现为突变的必然性和稳定性。在特定环境条件下一个群体发生突变的概率是一定的。在有性生殖的生物中,突变率通常用一定数目配子中的突变型配子数来表示。在无性繁殖的细菌中则用一定数目的细菌在分裂一次过程中发生突变的次数或产生的突变体数目表示。自发突变的突变率很低,高等生物在 $10^{-10} \sim 10^{-5}$ 之间,细菌介于 $4 \times 10^{-10} \sim 10^{-5}$ 之间。在一定条件下,不同生物以及同一生物的不同基因,突变率也互不相同(表9-3-1)。

表 9-3-1 一些细菌抗性突变的突变率

细菌	抗性对象	突变率
绿脓杆菌	链霉素(1 000 μg/mL)	4×10^{-10}
大肠杆菌	链霉素(1 000 μg/mL)	1×10^{-10}
志贺杆菌	链霉素(1 000 μg/mL)	3×10^{-10}
百日咳嗜血杆菌	链霉素(1 000 μg/mL)	1×10^{-10}
伤寒沙门氏菌	链霉素(1 000 μg/mL)	1×10^{-10}
大肠杆菌	噬菌体 T3	1×10^{-7}
大肠杆菌	噬菌体 T1	3×10^{-8}
金黄色葡萄球菌	磺胺噻唑	1×10^{-9}
金黄色葡萄球菌	青霉素	1×10^{-7}
巨大芽孢杆菌	异烟肼	5×10^{-9}

4.可诱变性

自发突变的频率可通过诱变剂而提高 $10 \sim 10^5$ 倍。

5.不对应性

是指突变的结果与原因之间的不对应性,即通过自发突变和任何诱变因素都能获得任何性状的变异。例如紫外线诱变可出现抗紫外线菌株,但通过自发突变或其他诱变因素也可以获得抗紫外线菌株。另外,紫外线诱发的突变菌株不一定只有抗紫外线的,也可以出现其他任何变异性状的突变。同样地,微生物的抗药性突变与药物之间也不存在直接对应的关系,例如抗青霉素突变体并不是由于接触青霉素所产生的。基因突变的不对应性已被3个著名的实验所证实,详见本节细菌抗药性突变部分。

6. 独立性

每个基因的突变是独立的,既不受其他基因突变的影响,也不会影响其他基因的突变,意即两个基因发生突变是互不相干的两个独立事件。在医疗实践中经常发现细菌对多种药物出现交叉抗性现象,影响药物的效果,表面上看是该菌对两种抗生素同时产生抗性,但这种抗性并不是两个基因同时突变的结果,而可能是某一个基因突变所产生的表型效应。例如,当与细胞壁透性有关的一个基因发生突变时,细胞可有效阻止两种结构和作用机理相似的抗生素进入细胞,或者同时泵出两种以上的药物,表现出双重抗性。

7. 稳定性

基因突变是遗传物质发生改变的结果,因此突变型基因和野生型基因一样,是一个相对稳定的 DNA 序列,是可以遗传的。现代基因工程中经常用抗药性突变基因作为遗传标记,这种抗药性标记可以稳定传代,不受环境条件的影响,这一点与由生理适应所产生的抗药性不同。

8. 可逆性

实验证明任何遗传性状都可发生正向突变,也可发生回复突变,并且两者发生的频率基本相同。例如抗链霉素的突变菌株也可以回复突变为对链霉素敏感的野生型菌株。正向突变得到的菌株叫突变株,回复突变得到的菌株叫回复突变株。回复突变有 3 类:第一类是真正的基因回复突变,即原突变位点的回复;第二类是在同一基因内不同位点上发生了第二次突变,导致基因内抑制突变;第 3 类是由于另一基因发生了第二次突变而抑制了原有突变基因的表达,这种情况被称作抑制基因突变。

二、微生物突变的常见类型与菌株

从筛选菌株的实用目的出发,凡能用选择性培养基或选择性培养条件快速筛选出来的突变株称为选择性突变株(selectable mutant),反之则称为非选择性突变株(non-selectable mutant)。前者具有选择性标记,可通过某种环境条件使它们得到生长优势,从而取代原始菌株;后者没有选择性标记,只是一些数量、形态以及抗原性上的差异,见图 9-3-4。

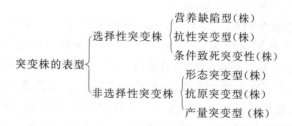

图 9-3-4 突变株的表型

1. 营养缺陷型(auxotroph)

对细菌来讲,营养缺陷型是一类重要的生化突变型,是野生型菌株因发生基因突变而丧失合成一种或几种生长因子、氨基酸、维生素、核苷酸的能力,因而无法在基本培养基(minimum medium,MM)上正常生长繁殖的变异类型,它们可在 MM 中加入相应营养物质的补充培养基平板和完全培养基平板上生长并被选出。营养缺陷型菌体虽然某种特定的生化功能发生了改变或丧失,但在形态上不一定有可见的变化,可通过生化方法检测到,因为营养缺陷型菌体对底物(糖、纤维素及烃等)的利用能力、对营养物(氨基酸、维生素及碱基等)的需求情况、对过量代谢产物或代谢产物结构类似物的耐性以及对抗药性发生了变化。

营养缺陷型用所需生长因子的英文名词的前 3 个字母并在右上角加负号表示,如色氨酸营养缺陷型可用 Trp⁻ 来表示。由于这类突变型在 MM 上不生长,因而是一种负选择标记,在科研和生产实践中有着重要的应用价值。在科学研究中,它们既可作为研究代谢途径、准性和有性生殖、转化、转导和原生质体融合等遗传规律必不可少的标记菌种,也可作为氨基酸、核苷酸和维生素等物质生物测定的试验菌种;在生产实践中,它们既可直接用作核苷酸、氨基酸等的发酵生产菌种,也可作为杂交育种绝佳的带有特定标记的亲本菌株。

营养缺陷型菌株经回复突变或重组后产生的菌株称为原养型(prototroph),其营养要求在表型上与野生型相同,但又与野生型不完全相同。

2. 抗性突变型(resistant mutant)

抗性突变型是由于基因突变使野生型菌株产生了对某种化学药物、物理因子或噬菌体抗性的突变类型,所以在相应抑制生长的因素(如抗生素或代谢活性物质的结构类似物)存在时,抗性突变菌株仍能继续生长与繁殖。例如,某一链霉素抗性突变株可以在含 1 000 U/mL 的链霉素培养基上生长,而野生型则不能。根据其抵抗的对象分为抗药性、抗紫外线、抗噬菌体等突变类型。这些突变类型在遗传学基本理论研究中非常有用,抗性标记也是基因工程中广泛应用的选择性遗传标记,并且在生产中也有重要意义。在抗生素产生菌中选育抗自体抗生素的高抗性突变株,可解除抗生素对自身的毒害,从而大幅度提高抗生素产量。例如,解烃棒状菌(C.hydrocarbaclastus)生产的棒杆菌素(corynecin)是氯霉素的类似物,抗氯霉素的解烃棒杆菌突变株可使其合成棒杆菌素的能力提高 4 倍。抗生素抗性突变株除能提高抗生素的产量外,还能提高其他代谢产物的量。例如枯草杆菌的衣霉素抗性突变株,其淀粉酶产量较亲本提高了 5 倍。在蜡状芽孢杆菌中芽孢形成的延迟有利于 β-淀粉酶的形成,而抗利福平突变使该菌失去了形成芽孢的能力,从而使 β-淀粉酶产量提高了 7 倍。

3. 条件致死突变型(conditional lethal mutant)

详见本节突变划分之 4,根据突变的表型效应划分部分。

4. 形态突变型(morphological mutant)

对微生物来讲形态突变指的是由突变引起的细胞形态结构或菌落形态外观(outward appearance)的改变。一般属非选择性突变,可以凭借肉眼或显微镜进行观察。有以下 3 种情况:①细胞形态的突变型:包括微生物细胞的表面结构如鞭毛、芽孢或荚膜的有无,孢子和菌体形态大小的变化等;②菌落形态的突变型:包括细菌、霉菌、放线菌等菌落大小,外形的光滑或粗糙以及颜色的变异,放线菌或真菌孢子外形和颜色的变异,产孢量,菌丝颜色,色素有无的变异;③影响噬菌体的噬菌斑的突变型:包括噬菌斑的大小和清晰程度的变异等。形态突变虽然易于鉴别,但也可由外界环境变化引起或与菌龄有关,而且有时不稳定,需仔细甄别。

5. 抗原突变型(antigenic mutant)

指由于基因突变引起的病毒抗原或细菌抗原特别是细胞表面成分如细胞壁、荚膜、鞭毛的细微变化而引起抗原性变化的突变型,包括细胞壁缺陷变异(L 型细菌等)、荚膜或鞭毛成分变异等,一般也属非选择性突变。抗原突变会导致抗原漂移(antigenic shift),使细菌或病毒逃过宿主的免疫,科学家们已发现流行病病原体的抗原突变是导致免疫接种失败的一个重要因素。另外,抗原变异也是导致慢性病毒性感染(chronic viral infection)中病毒持续存在和疾病恶化的一个重要因素。抗原突变能引起针对病毒免疫应答的强度和类型的显著改变,抗原突变也并不一定破坏蛋白质的功能。饰变也能引起抗原性质的改变。

6. 产量突变型(metabolite quantitative mutant)

通过基因突变而使目标代谢产物产量高于原始菌株的突变株,称为产量突变型,也称高产突变株(high yield mutant),这类突变在生产实践上极其重要。由于产量性状是由许多遗传因子决定的,因此产量突变型的突变机制是很复杂的,产量的提高一般也是逐步累积的,产量突变株一般是不能通过选择性培养基筛选。从提高产量的角度来看,产量突变株有两类:"正变株(plus mutant)"某代谢产物的产量比原始亲本菌株有明显的提高;"负变株(minus mutant)"代谢物的产量比亲本菌株有所降低。

7. 其他突变型

(1)代谢突变型(metabolism mutant)　指那些由于突变造成对糖类的分解利用、次生代谢产物类型和产量、色素的种类、温度敏感性、产毒素的能力、侵染寄主的能力等方面发生显著变化的突变类型。

(2)发酵阴性突变型　突变后失去发酵某种糖的能力但仍能利用其他糖作为碳源。这是由于突变后菌株不能正常合成能分解该糖的酶。由于乳糖发酵可用指示剂根据 pH 改变而显示,故乳糖发酵阴性突变株可作为研究工具。

(3)致病性突变型　包括微生物致病基因、毒素产生能力和侵染能力(侵袭性)等的突变。如 $S. typhimurium$ 肠毒素基因的突变、$S. pneumococcus$ 由 S 型向 R 型的突变等。

微生物以上这些突变类型的划分并不是绝对的,只是关注角度不同,彼此并不排斥。例如营养缺陷型既是生化突变型,也可认为是一种条件致死突变型,而且常伴随着形态突变。

几乎所有的突变型都可以认为是生化突变型。

三、细菌的抗药性突变

细菌的抗药性突变是一种正选择标记,在加有相应抗生素的平板上,只有抗性突变菌能生长,所以很容易分离得到。细菌抗药性是全球范围内亟待解决的医疗难题,目前的研究工作多集中在抗药性突变位点的识别和针对突变形成的靶位或新靶位进行的新药研发上,但这并未能改变抗药性菌株不断增多、抗药性程度不断增强的严峻局面,从不同的研究思路来解决抗药性的策略日益受到重视。

1. 细菌抗药性由自发突变产生

细菌的抗药性是由于接触到药物而产生的适应性变异呢,还是在接触药物之前就产生了抗药性突变呢? 1943 年 Luria 和 Delbruck 首次用波动实验论证了 $E. coli$ 对噬菌体的抗性并不是由噬菌体所引起。此后,涂布实验和影印培养实验对细菌抗药性的来源作了进一步研究,证明抗药性来源于接触药物之前基因的自发突变,与药物存在无关。

(1)波动实验(fluctuation test)　又称变量实验或彷徨实验,1943 年由 Salvador Luria 和 Max Delbruck 根据统计学原理而设计。

实验要点　用新鲜培养液将 $E. coli$(对 T1 噬菌体敏感)的对数期培养物稀释至 10^3 个/mL,甲乙两试管各装 10 mL,甲管中的菌液按每管 0.2 mL 分装于 50 支小试管中,培养 24～36 h 后,将菌液倒在 50 个预先涂有 T1 噬菌体的平板上,培养后计数各皿上的菌落数。乙管中的10 mL 菌液不经分装先整管培养 24～36 h,再分成 50 份倒入涂有噬菌体的平板上进行培养和菌落计数。

结果　来自甲管的 50 皿中,各皿间抗性菌落数相差极大(图 9-3-5 左),说明变异在接触噬菌体前就产生了,而不是由噬菌体诱导所产生,噬菌体在这里仅起着淘汰未突变菌株和鉴别

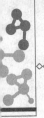

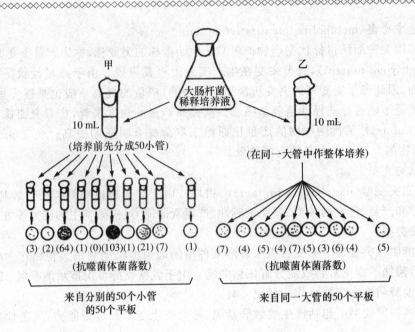

图 9-3-5 变量实验(引自：廖宇静，2010)

抗噬菌体突变型的作用。而来自乙管的菌液在各平板上的菌落数基本相同(图 9-3-5 右)。变量实验巧妙证明了 E.coli 的抗噬菌体突变与噬菌体的存在无关，是自发突变的结果，并且自发突变发生得越早，抗性菌落出现得越多，反之则越少。

(2)涂布实验(Newcombe experiment) 1949 年由 Newcombe 设计，其原理与变量试验相似，但方法更为简便。不同于变量实验，该法用固体平板培养法。先在 12 个平板上各涂布等量的(5×10^4)的 E.coli，培养 5 h 后皿上长出大量的微菌落(每一菌落约含 5 100 个细胞)。取其中 6 皿直接喷上 T1 噬菌体，另 6 皿在喷 T1 之前把上面的微菌落重新均匀涂布一次，过夜培养后计算这两组培养皿上所形成的抗噬菌体菌落数。结果发现在重新涂布过的一组中，共有抗性菌落 353 个，要比未经涂布过的(仅 28 个菌落)高得多(图 9-3-6)。这就意味着该抗性突变发生在未接触噬菌体前。噬菌体的加入只起鉴别这类突变是否发生的作用，而不是诱发突变的因素。

(3)影印培养实验(replica plating experiment) 1952 年由 Lederberg 夫妇设计，比涂布实验更为巧妙，直接证明了微生物的抗药性突变是自发产生而与相应的环境因素无关。影印培养法不仅在微生物遗传理论研究中有重要应用，而且在育种实践和其他研究中也广泛应用，基本过程是：把长有许多菌落(可多达数百个)的母种培养皿倒置于包有灭菌丝绒布的木圆柱(好比印章，直径略小于培养皿上)，然后再把这一"印章"上的细菌原位接种到不同选择性平板上培养，对比各皿相同位置上的菌落而选出相应的突变型。用这种方法可把母平板上 10%～20%的细菌转移到绒布上，并可利用它接种 8 个子培养皿。

图 9-3-7 就是利用影印培养技术证明 E.coli K12 自发产生抗链霉素突变的实验。首先把大量对链霉素敏感的 E.coli K12 涂布在不含链霉素的平板 1 的表面，待其长出密集的小菌落后，用影印法接种到不含链霉素的平板 2 和含有链霉素的选择性平板 3 上。影印的作用可保证这 3 个平板上所生长的菌落在亲缘和相对位置上保持严格的对应性。培养后在平板 3 上出现了个别抗链霉素菌落。比对平板 2 和平板 3，在平板 2 的相应位置上找到平板 3 上那几

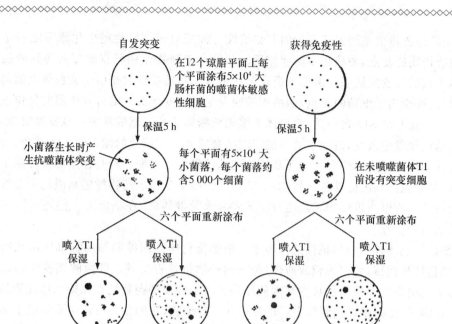

图 9-3-6　Newcombe 涂布实验(引自:廖宇静,2010)

个抗性菌落的"孪生兄弟",挑选其一接种到不含链霉素的培养液 4 中培养后再涂布到不含链霉素的平板 5 上,并重复以上各步骤。几经重复后,就可出现越来越多的抗性菌落,最后甚至可以得到完全纯的抗性菌群体。由此可知,原始的链霉素敏感菌株只通过 1→2→4→5→6→8→9→10→12 的移种和选择,在根本未接触链霉素的情况下筛选出大量的抗链霉素突变株。

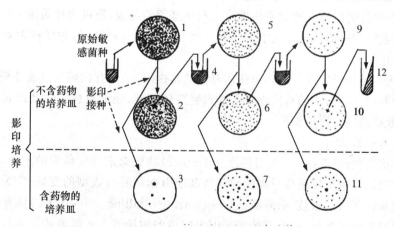

图 9-3-7　J. Lederberg 等设计的影印培养实验(引自:廖宇静,2010)

2. 抗药性产生的遗传机理

为什么原来对药物敏感的细菌会出现抗药性?为什么会出现愈来愈多的抗性菌株和一些多重抗药菌株?从遗传机理来说,细菌对药物的抗性或者是由于染色体基因突变的结果,或者是由于存在染色体外的药物抗性遗传因子。

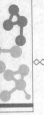

（1）细菌染色体上基因突变产生的药物抗性　细菌对药物抗性的生化原因之一是细菌改变了药物所作用的靶点，使药物不能起作用。凡是由于药物作用靶点改变而得到的抗性均属于染色体上基因突变的结果。例如肺炎球菌对磺胺药物的抗性就是由于染色体上编码四氢叶酸合成酶（磺胺作用于细菌的靶点）的结构基因发生了突变所致。链霉素作用的靶位点是细菌核糖体 30S 小亚基的 S12 蛋白质，染色体上编码核糖体 30S 亚基的基因一旦发生突变，核糖核蛋白体的结构便发生改变，链霉素就不能与之结合或者与它结合的能力便大大减弱。同样地，红霉素抗性的出现是由于编码 50S 亚基的结构基因发生了突变。药物作用的位点除了蛋白质外，也可以是染色体基因的其他产物（如 RNA）。细菌染色体上药物敏感基因的突变率是很低的，$10^{-9} \sim 10^{-8}$，所以当抗性病原菌还没发展成为大量群体时，在临床上人们还可以来得及用药物有效地进行治疗。

（2）细菌染色体外的药物抗性遗传因子　细菌染色体基因控制的药物抗性出现的频率较低，细菌染色体外遗传因子（质粒或质体）控制的药物抗性占主导。细菌的多重药物抗性就是由于质粒上同时带有多重药物抗性基因的结果。质体性质的药物抗性比染色体性质的危害性更大。①R 因子，R 因子在病原菌中广泛存在并广泛传递，它的存在与传递不依赖于细菌染色体。R 因子负责将细菌的药物抗性在菌株间，甚至不同科的细菌间进行传递，是抗药性菌株大量出现的内在原因。R 因子广泛地存在于肠道细菌中，和 F 因子一样，是染色体外的遗传因子，能独立自主地复制，用质体消失剂（如吖啶类和溴乙锭等）可使它从细胞中消失。②青霉素酶质体及其他药物抗性质体，金黄色葡萄球中的青霉素酶质体编码产生青霉素酶，此酶可打开青霉素分子中的 β-内酰胺环，使青霉素在治疗金黄色葡萄球菌感染所致疾病时失去疗效。金黄色葡萄球菌的青霉素酶质体至少携带两类基因：一类基因负责质体自身的复制，另一类是使细菌抵抗环境有毒物质的基因。除青霉素酶质体外，在金黄色葡萄球菌中还发现有控制四环素、氯霉素、卡那霉素、红霉素抗性的不同质体和产生杀菌素的质体。金黄色葡萄球菌之间以转导噬菌体为媒介进行药物抗性的传递。

（3）质体产生的钝化酶　通过质体携带抗药性基因的细菌，还可通过质体上抗药性基因产生的酶使抗菌素结构中的关键性化学组成发生改变来获得抗药性，这种使抗菌素失去活性的酶通常称为钝化酶。

（4）转座子　转座子中除了与转座作用有关的基因外，还含有抗药基因或乳糖发酵基因等与转座无关的基因。转座子的转座除具有插入突变效应外，还能将抗药性基因转入新的质粒或染色体，导致抗药性基因的扩散。

3. 抗药性与耐药性

长期以来抗药性（resistance）和耐药性（tolerance）的概念未得到科学的阐明，因为由基因突变形成的抗药性和由生理适应形成的耐药性都能引起敏感性表型的变异，广为应用的药敏试验对此不能加以区分。浓度-杀菌曲线（concentration-killing curve，CKC）法在抗生素药效动力学研究中提出新的参量，可选择性表征细菌群体的耐药性。传统遗传学估计的细菌自发突变率为 10^{-8}，菌群出现抗药性菌株的概率低于 10^{-5}，当选择限定数量（800～1 000 个）的敏感菌群 N_0 为供试样本，均匀地接种于系列浓度药物的 LB 平板上时，便可排除抗药性突变菌落在测试平板中出现的可能性，即使在培养过程中发生抗性突变的细胞，也只能存在于已形成的耐药性菌落之中。将样本在 37℃ 培养 24 h，计数在不同抗生素浓度 x 中存活细胞形成相应菌落的数量 N，N 对 x 呈现 S 形浓度——杀菌曲线（CKC）。

4.抗药性质粒来源的抗药性与基因突变形成的抗药性

如果抗药性的获得是由于获得了抗药性质粒,那么用吖啶橙、溴乙锭或高温处理就会使质粒消除,细菌便由抗药转为敏感,根据这个特征就很容易将由于抗药性质粒而呈现的抗药性和基因突变或生理适应而呈现的抗药性区分开来。

四、微生物的基因符号与命名规则

1966 年,德梅内克(Demerec)等提出了一套大肠杆菌的基因命名规则,在此基础上发展为公认的基因命名规则(表 9-3-2),要点如下:①每个基因座位用斜体或带下横线的 3 个小写英文字母表示,这 3 个字母取自表示该基因特性的一个英文单词的前 3 个字母或 1 组英文单词的每个词首字母(acronym);基因符号也可以根据突变所影响的遗传物质来表示。例如,链霉素抗性基因可有两种表示法 str 和 rpsL,前者表示对链霉素敏感状态的变化,后者则表示这一变化的本质是核糖体蛋白亚基的变化,这里 rps 是由 ribosomal protein subunit(核糖体蛋白亚基)3 个单词的首字母组成。②当一个基因有多个位点时,在基因名称后用正写的大写字母来表示不同的位点,例如 hisA、hisB 代表组氨酸的 A 和 B 基因;lacZ、lacY、lacA 表示乳糖操纵子中的 3 个结构基因位点,分别编码乳糖分解代谢相关的 3 种酶。③同一基因的不同突变型,可在其基因符号后加正写的阿拉伯数字表示,该阿拉伯数字代表它们被分离出来的前后顺序,如 gal K32。根据上述规则,trpA 和 trpB 表示色氨酸基因的不同位点,trpA23 和 trpA46 表示 trp 基因 A 位点的不同突变型。④表型一般也用表示基因型的英文字母表示,不同的是要用正体并且首写字母要大写。⑤基因符号的右上角(肩上)符号表示野生型、突变型、抗性或敏感性。一般以＋、－代表原养型(野生型)和突变型,突变型肩上的“－”也可省略。s 和 r 表示对化学药物敏感和有抵抗力。如 his^+、his^-(his)分别表示组氨酸原养型(野生型)和营养缺陷型(突变型);lac^- 表示乳糖发酵阴性突变株;Gal$^+$ 和 Gal$^-$ 表示半乳糖野生型和突变型的表型;amp^s 和 amp^r 表示基因型为氨苄青霉素敏感和抗性;Amp^s 和 Amp^r 表示表型为氨苄青霉素敏感性和抗性。⑥当染色体上存在缺失时可用△表示,缺失部分放在△符号后的括号中,例如△(lac,pro)表示从乳糖发酵基因到脯氨酸基因这一段染色体发生了缺失。⑦表示质粒的符号应避免与染色体上的基因符号相同,但质粒上发生的基因突变座位或位点的命名仍可遵循上述基因的命名规则。⑧当采用的菌株第一次在文中出现时,应对其基因型和表型进行详细描述。描述时一般遵循的顺序是:生化缺陷型标记、糖发酵标记、抗药性标记、形态标记、最后是 λ 菌体等一类附加体的存在状态和抑制基因符号等。

表 9-3-2　细菌中常用的基因符号

基因	功能	基因	功能	基因	功能
ara	不能利用阿拉伯糖	mal	不能利用麦芽糖	rha	不能利用鼠李糖
att	原噬菌体附着点	man	不能利用甘露糖	str	链霉素抗性
azi	叠氮化钠抗性	mtl	不能利用甘露醇	thi	不能合成硫胺素 B1
bio	不能合成生物素	pur	不能合成嘌呤	ton	噬菌体 T1 抗性
gal	不能利用半乳糖	pdx	不能合成吡哆醇	tsx	噬菌体 T6 抗性
lac	不能利用乳糖	pyr	不能合成嘧啶	xyl	不能利用木糖

第四节　突变的分子机制

一、自发突变

"自发"并不意味着没有原因,而只是说明人们对它的认识和理解还不够,通过研究诱变机制,推测自发突变的原因可能有:①背景辐射和环境因素的诱变:不少"自发突变"实质上是一些原因不详的低剂量诱变因素的长期综合诱变效应。例如,充满宇宙空间的各种短波辐射或高温诱变效应,以及自然界中普遍存在的一些低浓度的诱变物质(在微环境中有时也可能是高浓度)的作用等。②微生物自身有害代谢产物的诱变效应:例如过氧化氢是普遍存在于微生物体内的一种代谢产物,具有诱变作用,且这种作用可因同时加入过氧化氢酶而降低,如果在加入该酶的同时又加入酶抑制剂 KCN,则又可提高突变率。这就说明,过氧化氢很可能是"自发突变"中的一种内源性诱变剂。在许多微生物的老龄培养物中易出现自发突变株,可能也是同样的原因。③环出效应:即环状突出效应,在 DNA 复制过程中,如果某一单链上偶然产生一个小环,复制时就会越过此环导致发生遗传缺失而造成自发突变(图 9-4-1)。④DNA 复制性损伤:DNA 复制过程本身也不可避免地会发生碱基错配。碱基错配的分子机理,有几种情况:

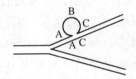

图 9-4-1　通过环出效应引起自发突变的设想图(引自:廖宇静,2010)

注:在上链 B 处发生"环出",只有 A 及 C 能获得复制,产生缺失突变,而在下链中复制仍正常进行。

(1)DNA 聚合酶本身对 dTTP 和 dUTP 的分辨力不高,导致少量 dUTP 掺入 DNA 链。自然条件下,碱基配对的错误频率为 $10^{-2} \sim 10^{-1}$,尽管 DNA 复制酶系将错配频率降到 $10^{-6} \sim 10^{-5}$,经 DNA 聚合酶 I 校正后的错配率仍约为 10^{-10},即合成的新链中每掺入 10^{10} 个核苷酸,大概就会有一个碱基错误。

(2)增变基因编码带有缺陷的聚合酶、核酸酶或高保真复制所需的其他蛋白,故也提高了突变频率。

(3)碱基互变异构也能导致复制中错误碱基的掺入。A、T、G、C 4 种碱基的第 6 位上不是酮基(T、G),就是氨基(C、A)。酮基($=C=O$)可与烯醇基($=C-OH$)互变,氨基($-NH_2$)可与亚氨基($=NH$)互变,而平衡一般趋向于酮式或氨基式,因此,在 DNA 双链结构中一般总是以 AT 和 GC 碱基配对的形式出现。在偶然情况下,T 也会以稀有的烯醇式形式出现,因此在 DNA 复制到达这一位置的瞬间,通过 DNA 聚合酶的作用,在它的相对位置上就不再出现常规的 A,而是出现 G;同样,如果 C 以稀有的亚氨基形式出现在 DNA 复制到达这一位置的刹那间,则在新合成 DNA 单链上掺入的碱基不再是 G,而是 A,而引起自发突变。

(4)AP 位点的形成也可导致错误碱基的掺入。许多因素可引起碱基的改变,许多改变了

的碱基会被专一性的 DNA 糖基化酶除去,从而形成无嘌呤或无嘧啶位点,即 AP 位点
(apurinic or apyrimidinic site)。

（5）碱基的脱氨基作用（deamination）　碱基的环外氨基有时会自发脱落,胞嘧啶自发脱
氨基（图 9-4-2）的频率约为每个细胞 190 个/d。一个有趣的现象是：即使 U 具有比 T 简单的
化学结构,DNA 仍然选择了 T,这是因为 T 到 U 的突变更容易被发现,因而易于实现碱基切
除修复。如果像 RNA 一样,选择了 U,那么从 C 到 U 的突变只有通过错配修复才能恢复原
样,众所周知,错配修复是一种代价很高效率又很低的修复机制。

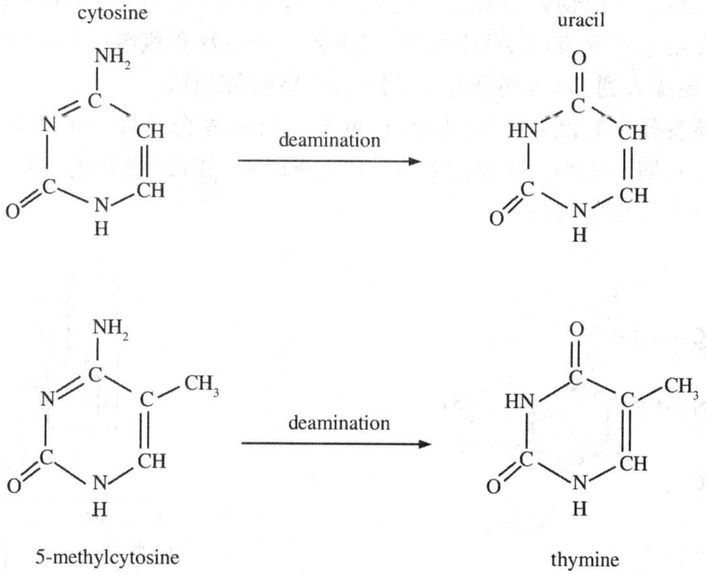

图 9-4-2　脱氨基作用使 C 变为 U,甲基化的 C 变为 T（引自：廖宇静,2010）

二、诱发突变

基因的自发突变率是很低的,在实际生产中,为了获得优良菌种,就需要对基因进行诱变,
从而提高突变率。诱发基因突变常用的诱变剂有：①物理诱变剂如 X 射线、紫外线、电离辐射
等；②化学诱变剂如苯、亚硝酸盐等烷化剂、碱基类似物、脱氨剂、修饰剂等。氯化锂、硫酸锰等
金属盐类一般作为助诱变剂与其他诱变剂复合处理；③生物诱变剂如病毒、转座子等。

人们在使用诱变剂的同时,也对微生物的诱变机制进行了深入探讨,主要有：①以 DNA
为靶的直接诱变,包括改变碱基和破坏 DNA 链；②通过作用于与 DNA 合成和修复有关的酶
系而间接导致 DNA 损伤,诱发基因突变和染色体畸变。DNA 的高保真复制需多种酶和蛋白
质的参与,并且在基因调控下进行,此过程中的任何一个环节发生变化,均有可能引起突变。

（一）化学诱变剂作用的分子机理

化学诱变剂通过与 DNA 起化学反应改变 DNA 结构而引起生物遗传变异,诱变效应与其
理化性质有关,其作用具有专一性,诱变剂量取决于浓度和处理时间,绝大多数化学诱变剂都
具有毒性,其中 90% 以上是致癌物质或极毒物质。化学诱变剂种类很多,在育种工作中常用
的化学诱变剂有碱基类似物、烷化剂和移码诱变剂等,致突变作用主要通过以下途径。

1.碱基类似物取代

碱基类似物(base analogue)是指一类在结构上与天然碱基类似,既能诱发正向突变,也能诱发回复突变的诱变剂,能在 DNA 合成期(S 期)与天然碱基竞争并取代其位置,而后碱基类似物出现异构互变(tautomerism)而造成碱基置换。例如当细菌在含有 5-溴尿嘧啶(5-BrU)的培养基中培养时,DNA 中的一部分 T 便被 5-BrU 所取代,当 5-BrU 由酮式(keto form)转变成烯醇式后,更易与鸟嘌呤配对,故经两轮 DNA 复制,子代 DNA 中便产生了 A·T→G·C 变异(图 9-4-3),研究表明 5-BrU 可使细菌的突变率提高万倍之多。

另一种常用的碱基类似物是 2-氨基嘌呤(2-AP),主要产生 A·T→G·C 的转换。其他的碱基类似物如 5-氨基尿嘧啶(5-AU)、8-氮鸟嘌呤(8-NG)及 6-氮嘌呤(6-NP)等,当机体缺乏天然碱基时,他们便掺入到 DNA 分子中去,引起碱基错误配对。

碱基类似物诱变处理时既可单独处理,也可与辐射线复合处理。单独处理的流程为:接种→培养到对数生长期→离心→饥饿培养 8～10 h→加入 5-BrU 或其他碱基类似物→涂布平板培养使之诱变→挑单菌落筛选。

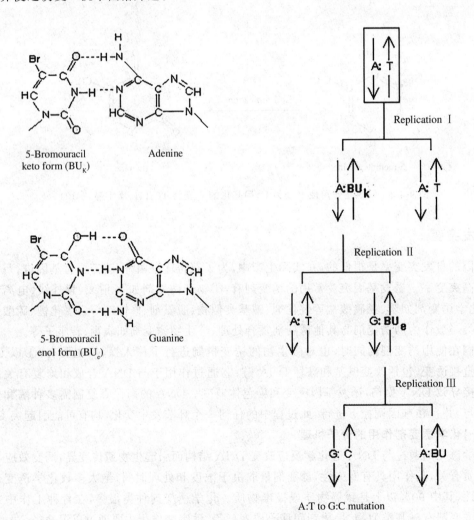

图 9-4-3 5-溴尿嘧啶的诱变机理(引自:廖宇静,2010)

2.碱基的化学修饰

碱基类似物是通过替代 DNA 中的正常碱基再经过 DNA 复制而引起突变,某些诱变剂并不掺入 DNA,而是通过改变碱基的结构而引起碱基错配。

(1)亚硝基引起的氧化脱氨反应 亚硝酸(HNO_2)常用于真菌的诱变育种,是一种脱氨剂,对含有氨基的碱基对直接作用。HNO_2 能直接作用于正在复制或未复制的 DNA 分子,氧化碱基中的氨基成酮基,引起转换。如图 9-4-4 所示,HNO_2 使腺嘌呤氧化脱氨变成次黄嘌呤(H)而与胞嘧啶配对。HNO_2 还能使 DNA 两条单链发生交联而引起 DNA 结构上的缺失。

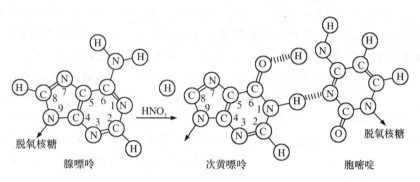

图 9-4-4 化学物亚硝酸使腺嘌呤脱氨基变成次黄嘌呤而与胞嘧啶错配(引自:廖宇静,2010)

(2)羟胺的致突变作用 羟胺属于羟化剂,作用具有特异性,几乎只与胞嘧啶发生反应(图9-4-5),基本上只引起 G·C→A·T 的转换,而不引起 A·T→G·C 的转换。羟胺与细胞接触时与细胞内的其他物质反应产生 H_2O_2,通过 H_2O_2 的氧化作用来诱导一些非专一性的突变反应。对于游离噬菌体和转化因子等来讲,羟胺能引起非常专一的突变,对于活体来讲,专一性就比较差了。由羟胺诱发的突变可通过 5-BrU、2-AP 等能引起 A·T→G·C 转换的诱变剂来诱发回复突变。

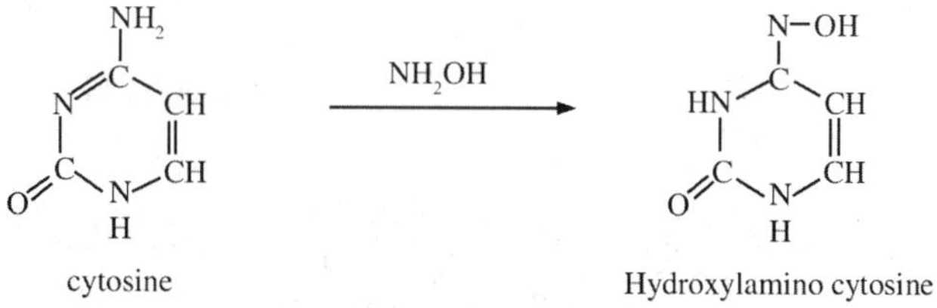

$$cytosine \xrightarrow{NH_2OH} Hydroxylamino\ cytosine$$

图 9-4-5 由 NH_2OH 引起的碱基变化(引自:廖宇静,2010)

(3)过氧化物和自由基对碱基的破坏作用 甲醛、氨基甲酸乙酯、乙氧咖啡碱和羟氨等在体内可形成有机过氧化物(organic hyperoxidant)或自由基(free radicals),通过氧化作用而破坏碱基的结构。

(4)烷化剂的烷化作用 烷化剂(alkylating agent)是一种极其重要的诱变剂,广泛应用于微生物诱变育种中。所有烷化剂的化学结构中都带有一个或多个活性烷基,对 DNA 和蛋白质都具有强烈的烷化作用。生物学上的烷化剂是指在生理条件下,能将其自身烷基转移给其他生物大分子的一类化合物。除连接戊糖的氮原子外,烷化剂对 DNA 链中所有的氧原子和氮原子都能产生烷化作用。它们的诱变作用主要是烷化 DNA 的磷酸基、嘌呤和嘧啶。最常

发生烷化作用的是 G 的 N-7 位,使 G 不能与 C 配对,而与 T 配对,造成 G·C→A·T(图 9-4-6)。A 的 N-1、N-3 和 N-7 也易烷化。在烷化作用时,烷化基团甚至整个烷化剂分子可与碱基发生共价结合,形成加合物(DNA bulky adducts)。

烷化剂的种类很多,氮芥子气是最早发现的烷化剂,常见的烷化剂有硫酸二乙酯(DES)、甲基磺酸乙酯(EMS)、乙基磺酸乙酯(EES)、N-甲基-N′-硝基-N-亚硝基胍(MNNG/NTG)、N-亚硝基-N-甲基-氨基甲酸乙酯(NMU)、乙烯亚氨(EI)、环氧乙酸(EO)、氮芥(NM)等。根据其烷化作用有单功能、双功能和三功能烷化剂 3 种。一些单功能烷化剂(如 NTG、EMS 等)常被称为超诱变剂,它们虽然杀伤力较低但却有较强的诱变作用,可使一个群体中任何一个基因的突变率高达 1%,此外还能诱发临近位置的基因同时发生突变,即所谓并发突变,特别是容易诱发复制叉附近的并发突变。经 NTG 处理后,常能得到多重突变型菌株。

总之,烷化剂的诱变作用主要引起 DNA 发生以下一些变化和损伤:①碱基置换。由碱基烷基化引起。②碱基脱落。烷化鸟嘌呤的糖苷键不稳定,容易脱落形成无碱基的位点,复制时在与 AP 位点对应处引起转换、颠换或导致移码突变。③断链。不仅去嘌呤后的 DNA 容易发生断裂,DNA 链的磷酸二酯键上的氧也容易被烷化,形成不稳定的磷酸三酯键发生水解而使 DNA 链断裂。④交联。其中碱基置换和碱基脱落是造成点突变的主要原因,断链和交联则是引起染色体畸变的主要原因。

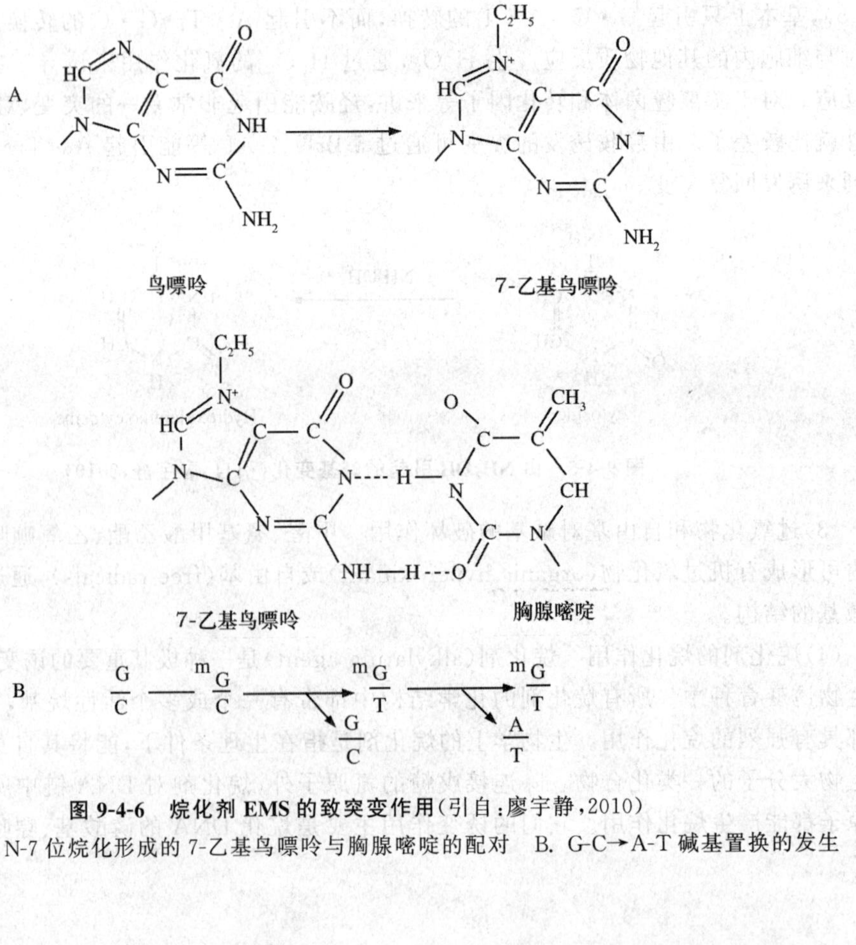

图 9-4-6 烷化剂 EMS 的致突变作用(引自:廖宇静,2010)

A. 鸟嘌呤的 N-7 位烷化形成的 7-乙基鸟嘌呤与胸腺嘧啶的配对　　B. G-C→A-T 碱基置换的发生

3.DNA 交联以及 DNA 与蛋白质的交联

双功能烷化剂如氮芥、硫芥等化学武器,环磷酰胺、苯丁酸氮芥、丝裂霉素等抗癌药物,二乙基亚硝胺等致癌物可同时提供两个烷基,使两处发生烷基化,使 DNA 链内碱基或链间碱基发生共价结合(图 9-4-7)。此类烷化剂还可使 DNA 与蛋白质之间也以共价键相连,这些蛋白包括组蛋白、非组蛋白、调控蛋白、与复制和转录有关的酶等,最终产生各种形式的交联(cross linkage),从而影响细胞功能、DNA 复制和转录,并可引起染色体畸变,由于染色体畸变常由辐射诱发,所以这些物质又称为拟辐射物质。丝裂霉素(mitomycin)和光活化的补骨脂(psoralen)等也能使 DNA 双链间形成交联,结果使双链不能再分开。

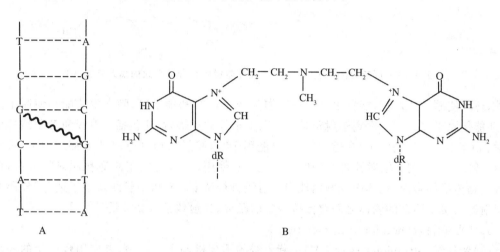

图 9-4-7 氮芥引起 DNA 分子两条链在鸟嘌呤上的交联(引自:廖宇静,2010)
A.交联附近的总图 B.交联部分结构图

4.平面大分子嵌入 DNA 链

有些大分子能以静电吸附形式嵌入 DNA 单链的碱基之间以及双螺旋结构的碱基对平面之间,称为嵌入剂。多数嵌入剂是多环的平面结构,特别是三环结构,大小与嘌呤-嘧啶对大致相等,在水溶液中能与碱基堆积在一起,如果嵌入 DNA 单链的碱基之间,复制和转录时,就使模板链中出现了一个或两个额外"碱基"。如果嵌入到新合成的互补链上,就会造成碱基缺失,从而引起移码突变。有的嵌入剂,如带正电的吖啶橙(图 9-4-8A)插入相邻的碱基对平面之间,破坏了 DNA 的原有结构、刚性以及拓扑学性质。也有人认为吖啶类分子插入 DNA 后,使骨架变形,导致 DNA 分子在重组过程中发生不等价交换,形成两个发生移码的错误子链,所以认为它们是通过重组体系发挥效应的诱变剂。

吖啶类染料和 ICR 类化合物都是移码突变的有效诱变剂(图 9-4-8B)。后者由美国的肿瘤研究所(Institute for Cancer Research,ICR)合成,是一系列由烷化剂与吖啶类染料相结合的化合物。

以上对化学诱变剂作用机理的划分是人为的,仅仅是为了便于理解,有些诱变剂如烷化剂具有多种诱变机理。

(二)物理诱变剂作用的分子机理

物理诱变利用的物理因素包括辐射和高温。辐射又分为电离辐射和非电离辐射。基因突变需要相当大的能量,能量低的辐射如可见光只产生热量;能量较高的辐射如 UV 除产生热

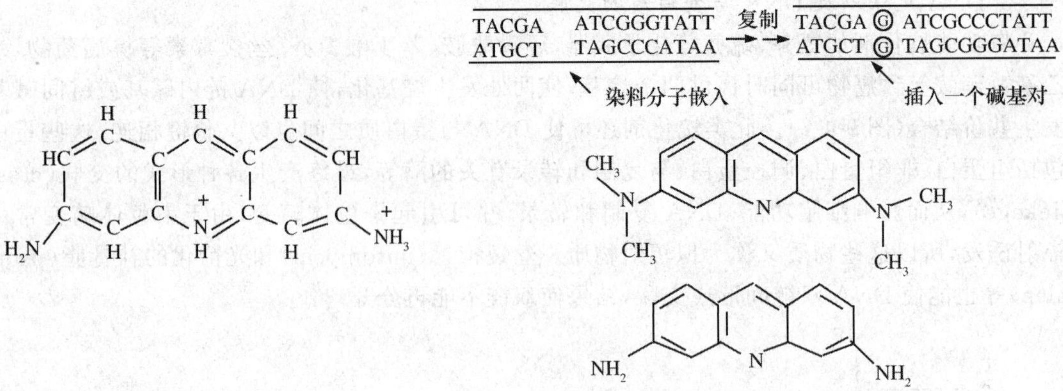

$$\begin{array}{ccc} \text{TACGA} & \text{ATCGGGTATT} & \\ \text{ATGCT} & \text{TAGCCCATAA} & \end{array} \xrightarrow{\text{复制}} \begin{array}{cc} \text{TACGA}\bigcirc\text{ATCGCCCTATT} \\ \text{ATGCT}\bigcirc\text{TAGCGGGATAA} \end{array}$$

染料分子嵌入　　　　　　　　插入一个碱基对

图 9-4-8　吖啶橙的分子结构(A)以及吖啶类染料分子引起的插入突变(B)

能外,还能使原子"激发";能量很高的辐射如 X、γ、β 射线和中子等,除产生热能和使原子激发外,还能使原子"电离"。电离辐射包括 α、β 和中子等粒子辐射,还包括 γ 射线和 X 射线等电离辐射。α(氢核)和 β(阴电子)穿透力很弱,只能用于"内照射",相对地,β 比 α 穿透力强,现大部分用 β 射线,常用的 β 辐射源是 ^{32}P 和 ^{35}S,尤以 ^{32}P 使用较多,可以用浸泡和注射的方法,使其渗入生物体或细胞内,在体内或胞内放出 β 射线进行诱变。X 和 γ 射线及中子适于"外照射",即辐射源与接受照射的物体之间要保持一定的距离,让射线透入物体诱发突变。

1. 非电离辐射(non-ionizing radiation)

(1)紫外线(ultraviolet ray,UV)　紫外线的诱变机制十分清楚,是应用较广泛的一种非电离辐射型物理诱变剂。用 UV 处理 *E. coli*,可筛选到许多突变型。UV 的波长范围为 136～390 nm,200～300 nm 为诱变的有效波长范围,波长 254 nm 的 UV 最易被碱基吸收,因而诱变效果最强,常采用此波长的 15 W 紫外灯管,28～30 cm 的照射距离进行照射,照射时间因生物种类而异。

紫外诱变的作用机理主要是能引起 DNA 断裂、DNA 分子双链的交联、胞嘧啶和尿嘧啶的水合作用以及嘧啶二聚体的形成等。但最主要的效应是形成胸腺嘧啶二聚体。而且已有证据表明,胸腺嘧啶二聚体(thymine dimer)的形成是紫外线改变 DNA 生物学活性的主要途径。

胸腺嘧啶二聚体通常发生在 DNA 链上两个相邻的 T 之间而阻碍 A 的正常掺入,复制就会在此处突然停止或在新链上出现错误碱基而引起各种形式的转换和颠换、缺失、重复和移码突变,另一方面,二聚体的形成也会减弱或消除 DNA 双链间氢键的作用,并引起双螺旋结构的扭曲变形,阻碍碱基间的正常配对,从而引起突变或死亡。当二聚体发生在两条单链之间时,交联作用就会妨碍双链的解开,进而影响复制和转录并使细胞死亡。这些突变可能是紫外线的直接作用、间接作用和 SOS 系统共同作用的结果。微生物能以多种方式修复被紫外线损伤的 DNA(详见本章第五节)。

紫外线还有间接诱变作用,用 UV 照射过的培养基培养微生物,发现微生物的突变率增加了,这是因为在 UV 照射过的培养基内产生了 H_2O_2,H_2O_2 作用于氨基酸使其具有了诱变作用。

(2)激光(laser)　激光是 20 世纪 60 年代发展起来的一种新光源。通过产生的光、热、压力和电磁场效应的综合作用直接或间接影响生物活性,常见的是 He-Ne 激光。近年来,科学家利用 He-Ne 激光对酵母、芽孢杆菌等进行诱变育种,获得了较好的效果。一般是对液体培养物或用生理盐水制成的菌悬液直接进行激光辐射。微生物细胞在 He-Ne 激光的作用下,产生辐射活化效应,既发生形态结构上的改变,又在代谢生理方面发生变化。

(3)离子束（ion beam） 离子注入是 20 世纪 80 年代发展起来的一种新的生物诱变技术,具有生理损伤小、突变谱广、突变率高、并具有一定的重复性和方向性等优点。在我国,离子注入技术首先应用于水稻诱变育种,后来陆续应用于小麦、玉米、大豆、烟草等农作物的诱变育种中,选育出了许多优质、抗病新品种。离子注入技术在微生物诱变育种方面也取得了一定的成果,经离子注入处理选育出的菌株使利福霉素的发酵水平提高了 40%,化学效价达 6 300 U;此外经离子注入处理的糖化酶生产菌、右旋糖酐生产菌的产量和效价均大幅提高,有的已投入生产。

离子束的产生装置是离子注入机。离子源是离子注入机的重要部件,直接决定着离子的种类和束流强度,它的作用是把需要注入的元素电离成离子。许多离子注入机能够单独或同时产生金属和气体离子束。在生物诱变育种中经常应用的是 N^+ 离子束。

离子注入和其他常规的辐射诱变及化学诱变过程有明显的差异。离子注入同时存在能量传递、动量交换、离子沉积及电荷积累过程,而其他的辐射诱变仅仅是能量交换;化学诱变考虑的也只是分子基团的交换。因此离子注入不仅兼有辐射诱变和化学诱变的特点及功能,而且原则上通过精确控制离子种类、注入参数,使离子的能量、动量及电荷等根据需要进行组合,使诱变具有一定的重复性和方向性,其精确的分子机理尚不清楚,有待研究。

2.电离辐射的诱变作用（ionizing radiation）

X 射线和 γ 射线带有较高的能量,能引起被照射物质中原子的电离,故称电离辐射,辐射源分别是 X 光机(X 射线)和放射性同位素及核反应(γ 射线)。X 射线对微生物的诱变作用在 20 世纪 30 年代就有报道。γ 射线又称 γ 粒子流,波长比 X 射线还要短,具有很强的穿透力,甚至可进入到人体内部。

电离辐射诱变会产生直接效应和间接效应。直接效应作用于遗传物质;间接效应使染色体以外的物质发生变化,然后再由这些物质作用于染色体而引起突变,例如使水或有机分子产生自由基,由自由基作用于 DNA 分子,引起缺失和损伤。此外电离辐射还能引起染色体畸变,导致染色体结构上的缺失、重复、倒位和易位。

电离辐射作用的过程可分为物理、物理-化学、化学和生物学 4 个时相阶段(图 9-4-9):①物理学阶段。即能量从辐射源传递到生物细胞内,使细胞内各分子发生电离和激发。②物理-化学阶段。这是贮存能量的迁移和生物大分子损伤形成的辐射化学过程。此过程能产生许多化学性质特别活跃的自由基和自由原子,其中水分子产生的离子对一系列复杂的反应起重要作用。③化学阶段。这是上一阶段产生的自由基和自由原子继续相互作用,并和周围物质反应,特别是与核酸及蛋白质反应,造成这些大分子的损伤。④生物学阶段。由于生物大分子的损伤进一步引起结构变异,特别是由于染色体的损伤,使染色体发生断裂和重接而产生染色体的各种结构变异,而 DNA 分子结构中碱基的变化则造成基因突变。

电离辐射中,X 射线和 γ 射线属于有穿透力的电磁辐射,中子、β 粒子和 α 粒子则属于粒子辐射。中子包括快中子、慢中子和热中子,发射源为核反应堆或加速器。中子是不带电的粒子,只有通过它与被它击中的原子核作用才能观察到。中子穿透力强,和 γ 射线一样,可穿透

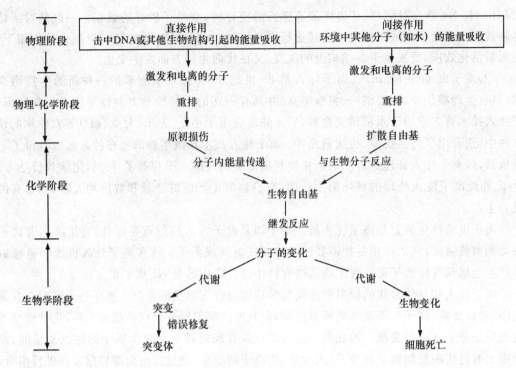

图 9-4-9　电离辐射的直接作用和间接作用过程

1 cm 厚的组织深度。β粒子为快速电子流或阴极射线,比α粒子的电离密度小得多,而α粒子的电离密度大。

电离辐射照射时,可对平板上生长的菌落进行直接照射,也可用打孔器将菌落连同培养基一同取出放入无菌平皿内照射,或者制成菌悬液,取 1～2 mL 置于试管内并浸入冰水中进行短时间照射。

综上所述,不论是化学诱变剂还是物理诱变剂,均可显著地提高基因突变的频率和变异的幅度。需注意的是,许多理化诱变剂的诱变作用都不是单一功能的。例如,亚硝酸既能引起碱基对的转换作用,又能诱发染色体畸变;一些电离辐射可同时引起基因突变和染色体畸变。部分诱变剂的作用机制见表 9-4-1。

表 9-4-1　部分诱变剂的作用机理及引发的遗传效应

诱变因素	作用方式	遗传效应
碱基类似物	掺入作用	A·T 与 G·C 相互转换
羟胺	与胞嘧啶起反应	G·C→A·T 转换
亚硝酸	A、G、C 的氧化脱氨作用,交联	AT 与 GC 转换,缺失
烷化剂	烷化碱基(主要是 G)	A·T 与 G·C 相互转换
	烷化磷酸基团	A·T→T·A 颠换
	丧失烷化的嘌呤	G·C→C·G 颠换
	糖-磷酸骨架的断裂	巨大损伤(缺失、重复、倒位、易位)
吖啶类	碱基之间的相互作用(双链变形)	移码(＋或－)

续表 9-4-1

诱变因素	作用方式	遗传效应
紫外线	形成嘧啶的水合物	G·C→A·T 转换
	形成嘧啶的二聚体	移码(＋或－)
	交联	
电离辐射	碱基的羟基化和降解	A·T→G·C 转换
	DNA 降解,糖-磷酸骨架的断裂	码组移动(＋或－)
	丧失嘌呤	巨大损伤(缺失、重复、倒位、易位)
加热	C 脱氨基	C·G→T·A 转换
Mu 噬菌体	结合到一个基因中间	移码突变

3. 高温(high temperature)

将高温处理用于诱变,近年来才引起人们重视。最新研究表明,热几乎只专一地作用于 G·C 碱基对,引起颠换或转换,高温带来的能量能使胞嘧啶脱氨而转换成尿嘧啶,使 G·C→A·T,引起突变。热能还可引起 DNA 复制过程中出现 G·G 非正常配对,在下一次复制中造成 G·C→C·G 颠换并引起突变。

4. 微重力(microgravity)

航天育种利用太空微重力、高能粒子、高真空、缺氧和交变磁场等综合物理诱变因子进行诱变和选择育种。区别于正常的重力,微重力为失重状态下物体受到的重力。关于太空诱变的机理,我国最早从事空间生物学研究的梁寅初认为,空间环境因素中起主要作用的是宇宙射线和微重力,宇宙射线是引起生物诱变的主要因素,而微重力通过增强植物材料对诱变因素的敏感性,使染色体 DNA 损伤加剧,增加了变异的发生。北京东方红航天生物技术有限公司首席科学家谢申猛博士在多次实验的基础上认为,微重力可干扰 DNA 损伤修复系统的正常运转,即阻碍或抑制 DNA 链断裂的修复,微重力与空间辐射具有协同作用或至少是双重作用。

5. 微波(microwave)和红外线(infrared ray)

这是两种近年来发展起来的新型诱变剂。微波也是电磁波,分热效应和非热效应。红外射线是波长范围大于可见光小于无线电波的电磁辐射。

(三)转座

转座属于生物诱变剂诱变。在玉米遗传研究中发现染色体易位现象之前,人们认为基因是固定在染色体上不可移动的核苷酸片段,实际上有些 DNA 片段可在染色体上和染色体间跳跃,在细菌中可从一个质粒跳跃到另一个质粒,甚至可在细胞间进行转移,这似乎就是自然界的"基因工程"。我们把上述这些可以移动的 DNA 片段称作转座遗传因子(transposable element)、跳跃基因(jumping gene)或可移动基因(mobile gene)。转座遗传因子可使受体菌基因组发生缺失、重复、易位或倒位等重排,或产生插入突变,在某些情况下还可以启动或关闭某些基因,产生明显的遗传学效应。

1. 转座遗传因子的类型

根据转座遗传因子的分子结构与特点可将其分为 4 类:插入序列、转座子、复合转座子和转座噬菌体。转座遗传因子改变位置的行为称为转座,在转座过程中,转座遗传因子作为一个独立的单位,通过非同源重组机制改变自己的位置。转座机制有简单转座和复制转座两种方

式。简单转座中,转座元件离开原来的位置插入目标位置,在原来位点处留下了断裂的 DNA 双链;复制转座中插入目标位点的是转座元件的拷贝。当转座元件插入某一基因时,可引起这一基因的插入突变。

(1)插入序列(insertion sequence,IS) 插入序列(IS 因子)较短,只含有与转座相关的基因和序列,是最简单和最小的转座元件,其特点是只能引起转座效应而不含其他任何基因。在细菌染色体或 F 因子等质粒上可以发现多个不同的 IS 因子,表 9-4-2 列出了 *E.coli* 的一些插入元件。*E.coli* 的 F 因子和核染色体组上有一些相同的 IS,通过同源重组,可使 F 因子插入到核染色体组上,变为 Hfr 菌株。因 IS 在染色体组上的插入位置和插入方向不同,其引起的突变效应也不同。IS 引起的突变可以回复,其原因可能是 IS 被切离,如果因切离部位有误而带走 IS 以外的部分 DNA 序列,就会在插入部位造成缺失,从而产生新的突变。

表 9-4-2　大肠杆菌的部分插入序列

IS 元件	长度/bp	反向重复序列	拷贝数	
			染色体	F 质粒
IS1	768	20/23	5～8	
IS2	1327	32/41	5	1
IS3	1258	39/39	5	2
IS4	1426	16/18	1 或 2	
IS5	1195	15/16	丰余	

IS 因子结构的主要特征是在其序列(700～1 500 bp)的两端具有反向重复序列(inverted repeat sequence,IR),是转座过程中转座酶的识别位点(图 9-4-10)。不同 IS 因子的末端重复序列的大小不同,一般为 10～40 bp。每种 IS 因子中均含有一个或几个编码多肽的区段,编码产生转座酶(transposase)及调节功能相关蛋白。

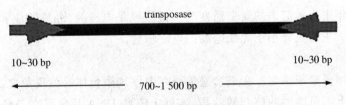

transposase

10~30 bp　　　　　　　　　　　　　　　　10~30 bp

700~1 500 bp

图 9-4-10　IS 结构示意图

(2)转座子(transposon,Tn) 转座子又称易位子或转位子,与 IS 和 Mu 噬菌体相比,Tn 的分子量居中(一般为 2～25 kb)。最近发现个别转座子长达 500 kb。转座子除含有与转座有关的基因和末端反向或同向重复序列外(图 9-4-11),还含有若干与转座无关的基因,例如抗药基因或乳糖发酵基因等。图 9-4-12 中的转座子除含编码转座酶(transposase)的基因外,还含有编码解离酶(resolvase)的基因和抗药(antibiotic resistance)基因。

表 9-4-3 列举了细菌的一些带有抗生素或其他抗性标记的转座子。Tn 虽能插到受体 DNA 分子的许多位点上,但这些位点似乎也不完全是随机的,某些区域更易插入。

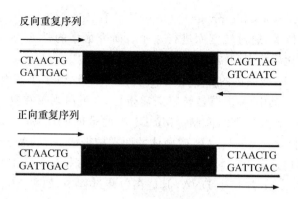

图 9-4-11　反向重复序列与正向重复序列

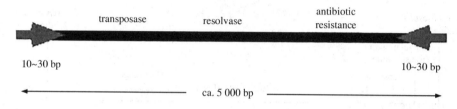

图 9-4-12　转座子结构示意图

表 9-4-3　细菌的一些带有抗生素或其他抗性标记的转座子

转座子	抗生素或其他抗性标记	长度/bp	反向重复序列
Tn1	ampicillin	4 957	
Tn3	ampicillin	4 957	38 bp
Tn501	Hg resistance	8 200	38 bp
Tn7	trimethoprim，spectinomycin，streptomycin	14 000	30 bp

（3）复合转座子（composite transposon）　如图 9-4-13 所示，复合转座子的两端以 IS 序列作为反向重复序列，此时 IS 不能独立转座，因为两个 IS 中只有一个保留了转座酶的功能活性，所以只能作为复合转座子的一部分与中间的片段（intervening DNA）同时进行转座。中间片段往往携带抗生素抗性基因或其他毒素抗性基因。细菌中常见的复合转座子有 Tn5 和 Tn9，分别携带卡那霉素和氯霉素抗生素标记，长度分别为 5 700 bp 和 2 638 bp，反向重复序列分别为 IS50 和 IS1。

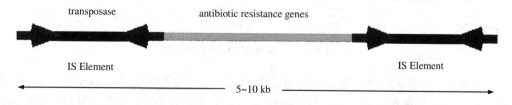

图 9-4-13　复合转座子结构示意图

微生物生物学

（4）转座噬菌体（transposable phage） 是一类具有转座功能可引起突变的溶原性噬菌体，可整合到寄主染色体上，通过转座而进行繁殖。研究最多的是 *E. coli* 的 Mu 噬菌体（Mu phage），此噬菌体溶原化后能起到转座子作用。

与 IS 和 Tn 相比，Mu 噬菌体的分子量最大，为 37 kb，含 20 多个基因。如图 9-4-14 所示，A 和 B 基因编码转座酶，其中 A 蛋白是转座必需蛋白，B 蛋白则仅在复制性转座时需要。转座酶基因的表达受到 C 基因产物的抑制。Mu DNA 两端的 attL 和 attR，有时也称 MuL 和 MuR，是转座酶的识别和结合位点。Mu 噬菌体的两端携带宿主 DNA，当 Mu DNA 包装进入噬菌体头部时，其左端包含了 50～150 bp 的宿主 DNA，右端携带宿主 DNA 的量则不定，野生型 Mu 的右端大约含有 2 kb 的宿主 DNA，但是在包装过程中，如果 Mu 基因组部分缺失，右端的宿主 DNA 量会增加。由于在宿主基因组中的整合位置不同，所以每个 Mu 噬菌体 DNA 的末端序列是不同而独特的（图 9-4-15）。

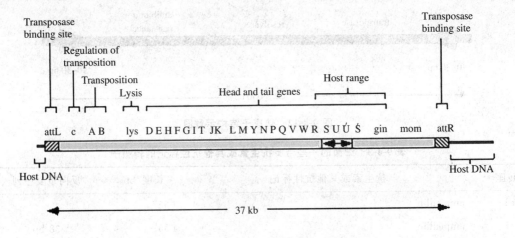

图 9-4-14　Mu 噬菌体的基因结构简图

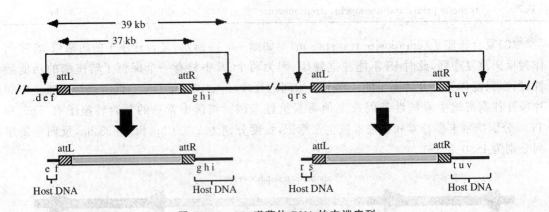

图 9-4-15　Mu 噬菌体 DNA 的末端序列

将 DNA 注入细菌后，Mu 噬菌体以复制转座的方式插入到染色体 DNA 上，与一般温和噬菌体不同，Mu 噬菌体在宿主染色体上并没有一定的整合位点，它只需识别寄主 DNA 中一段由 5 个碱基组成的序列即可，因而在寄主染色体上有多个插入位点并具有很大的随机性。Mu DNA 的高频率插入可导致突变的大量发生。Mu 噬菌体引起的转座可引起插入突变，其中约有 2% 是营养缺陷型突变。

有关转座子的最新研究显示原核生物的转座子和真核生物的易位子、跳跃基因等移动遗传因子非常相似，并且与原核生物的操纵子、真核生物内含子的起源有关。

2. 转座引起的突变效应

（1）原核生物　在细菌中，根据对乳糖操纵子和半乳糖操纵子的研究，当 IS 因子插入到这两种操纵子的 5′ 端顺反子中后，会严重降低其下游顺反子的表达水平，这就是所谓的极性突变（polar mutation）或突变的极性效应（polar effect）。

（2）真核生物　在真核生物基因组中，转座子遗传因子插入到某个基因的内含子中会影响该基因表达，通常会降低该基因的转录水平；在某些情况下也会改变内含子的剪接位点，造成某些外显子丢失，导致基因失活。如果转座遗传因子插入到某个基因的转录控制区或启动子中，则导致基因完全失活；转座遗传因子切割以后，往往造成插入位点发生缺失等结构变异，因此转录控制区在结构和功能方面就不可能完全恢复到原来的状态。

插入到某个基因座位中的转座子也有可能失活，失活过程主要与 DNA 分子的甲基化作用（methylation）有关。当转座子中的某些甲基化位点脱甲基化以后，转座子又可以恢复转座功能，使转座表现出所谓的外遗传变异（epigenetic change），即某个等位基因的表现型发生改变，而其基因型保持不变的现象。转座子 DNA 序列的甲基化不仅影响转座子本身，而且还影响邻近基因的表达，使邻近基因也表现出外遗传变化。

（四）SOS 修复系统的诱变作用

SOS 修复是一种易错修复（详见本章第五节），因此相当于诱变作用。当 *E. coli* 的 RecA 蛋白发生改变时，使细菌细胞出现 SOS 反应，此外，各种电离辐射、丝裂霉素 C（mitomycin C）、黄曲霉素 B1 等致癌物也能诱发 SOS 反应。SOS 系统诱变作用的另一种可能途径是 RecA 蛋白促进了不完全同源的 DNA 序列之间的重组，产生大量的错配碱基，从而引起突变。

（五）基因工程诱变（DNA 分子的位点专一性诱变）

自发突变和诱发突变都随机发生在基因组的任何位点上，而遗传学家在研究基因功能时希望研究的是在某些特定基因中发生突变的效应。利用辐射或化学诱变剂处理细胞或生物体之后，必须对生存的群体进行筛选，以鉴定目标突变体。采用 DNA 重组技术，可克隆到目标基因或合成大量用于分析和操作的 DNA，可以在试管内修改 DNA，并可通过转染或转化再将其送回细胞之中，最后测定突变的效应。这些技术可为遗传学家在某个特殊基因内的特定核苷酸位置上创造突变，此种程序叫作 DNA 的位点专一性诱变（site-specific mutagenesis），可用于创造点突变或小片段的缺失和插入。

三、突变热点与增变基因

从理论上讲，DNA 分子上的每个碱基都可能发生突变，但实际上突变部位并非完全随机分布，DNA 分子的不同位点有着不同的突变率，许多位点上甚至没有突变型或突变型很少，而在某些位点上突变型则很多。突变频率大大高于平均水平的部位被称为突变热点（hot spots of mutation）。

1. 突变热点的形成原因

（1）5-甲基胞嘧啶的存在　在 DNA 分子中，除了 4 个正常的碱基外，还有一些被修饰的碱基，其中最常见的是 5-甲基胞嘧啶（MeC，C^{Me}）。这是因为细胞中存在着甲基化酶，它可以在某些特定位置上向一部分胞嘧啶碱基上添加甲基。胞嘧啶脱氨后生成 U,U 容易得到校正,而 MeC 自发氧化脱氨后生成 T,T 是 DNA 的正常碱基,不能被识别并修复,因而引起 G·MeC→G·T 的转换,随着 DNA 进一步复制,发生 G·C→A·T 的转换。这种状况如发生在 DNA 复制期间的新生链上,也容易得到校正,如果发生在正在复制的模板链上,则很快引起突变,但如果发生在 DNA 非复制期,这时由于两条链的甲基化程度相同,错配修复系统就失去了判别的标准,只能随机切除一个,这就有一半的可能性发生突变。研究发现,含有 MeC 的位点,都是突变的热点。在不能进行甲基化的大肠杆菌中,不存在突变热点。

(2)在一些短的重复序列处也容易形成突变热点　因为在这些地方容易发生插入或缺失,这是由于 DNA 复制时发生模板链与新生链之间碱基配对的滑动造成的。

(3)突变热点还与诱变剂的性质有关　使用不同的诱变剂所出现的热点也不同。因为不同的诱变剂的作用机制不同。有的碱基对某种诱变剂更为敏感,有的则相反。例如 BU 处理 λ 噬菌体的 cI 基因。A-C-G-C 序列中 A→G 转换率比 A-C-非 G-N 序列中的 A 高 15 倍,比 A-非 C-N-N 序列中的 A 高 100 倍。

2. 增变基因(mutator genes)

某些基因的突变可使整个基因组的突变率明显提高,因此把这些基因称为增变基因。这类基因的编码产物主要参与 DNA 复制和修复。有 DNA 聚合酶的各个基因,基因突变会使 DNA 聚合酶的 $3'→5'$ 校对功能丧失或降低,使复制过程中的基因突变率升高。另外 *dam* 基因和 *mut* 基因的突变使错配修复功能丧失而引起突变率的升高。

(1)*dam* 基因　*dam* 突变体不能使 GATC 序列中的腺嘌呤甲基化;所以误配对修复系统就不能区别模板链和新合成链,从而导致较高频率的自发突变。

(2)*mut* 基因　大肠杆菌有一种突变菌株叫作增变菌株(mutator),其 DNA 复制过程中出现的差错比正常菌株高出许多倍,所以造成基因突变的频率就比正常菌株高出许多。现已将这种增变菌株的突变定位到几个不同 *mut* 座位或称增变基因(mutator gene)上。*mut* H、*mut* L、*mut* U 和 *mut* S 基因的突变影响复制后修复系统的几种成分,这种效应同 *dam* 甲基化酶基因发生突变后对误配对修复系统的影响相似。

mut D 基因突变后则使 DNA 复制过程中出现的差错得不到校正。*mut* D 编码 DNA 聚合酶 III 全酶的 ε 亚基,这一多肽使聚合酶 III 有 $3'→5'$ 外切核酸酶活性,如果聚合酶 III 缺少这种外切核酸酶活性,新合成的 DNA 就含有大量突变。

mut Y 基因的编码产物与 A·G、A·C 误配对修复有关,它从错配碱基对中切除 A,所以这一基因发生突变就会导致 G·C→T·A 的颠换。

mut M 增变基因也导致 G·C→T·A 颠换,*mut* T 则提高 A·T→C·G 颠换的概率。

四、研究基因突变的意义

作为遗传学最重要的组成部分,研究基因突变有着重要的理论意义和实践价值。首先,在经典遗传学中,几乎每个基因都是在发现其突变体后才证实其是客观存在的,可以说基因突变是认识基因存在的前提和研究基因功能的基础。即使在现代分子生物学时代,随着各种理论的阐明、计算机科学的应用和各种数据库的建立,虽然可以借助软件对基因组中的 DNA 序列进行分析,判断基因的存在,预测所编码蛋白的分子结构和功能,但真正明确基因是否存在,其功能如何,仍然需要定向引入突变(包括基因敲除)来进行验证。研究者们往往还通过对目的

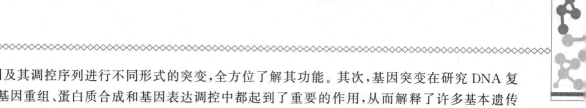

基因及其调控序列进行不同形式的突变,全方位了解其功能。其次,基因突变在研究 DNA 复制、基因重组、蛋白质合成和基因表达调控中都起到了重要的作用,从而解释了许多基本遗传现象,揭示了许多遗传规律和机理。再次,研究基因突变也是研究基因结构和染色体结构的重要手段。另外,在现代分子遗传学研究中,功能基因组学的主要研究内容就是确定和验证基因的存在及其功能,而基因突变是基因分离和功能鉴定的基本途径。最后,在育种实践中,基因突变是诱变育种工作的理论基础。总之,正是通过对突变型的研究,使人们认识了基因的功能、本质和活动规律。

第五节　微生物对 DNA 损伤的修复

DNA 损伤修复机制可使生物体大部分 DNA 损伤得以修复,但 DNA 损伤修复机制具有饱和性,对于某些损伤不能有效清除。没有被修复的损伤或被错误修复的损伤保留到下一复制周期,最终固定成为突变。这样突变的产生不仅与 DNA 受损的情况有关,DNA 损伤修复也是决定突变发生与否的重要因素。

一、DNA 修复的必要性

DNA 存储着生物体赖以生存和繁衍的遗传信息,因此维护 DNA 分子的完整性对细胞至关重要。如前文所述 DNA 分子本身在生理状态下就会由于复制中的错误,自发性的化学变化,碱基的脱氨基作用,脱嘌呤与脱嘧啶,碱基修饰与链断裂而引起自发性的损伤,外界环境因素对 DNA 分子的破坏也不容忽视。与 RNA 及蛋白质可以在细胞内大量合成不同,一般在一个原核细胞中只有一份 DNA,在真核二倍体细胞中相同的 DNA 也只有一对,如果 DNA 的损伤或遗传信息的改变不能更正,可能影响体细胞的功能或生存,对生殖细胞也可能造成影响,从而影响到后代,所以在进化过程中生物细胞所获得的 DNA 损伤修复能力就显得十分重要,也是生物能保持遗传稳定性的原因所在。事实上在细胞中能进行修复的生物大分子也就只有 DNA,从另一方面反映了 DNA 对生命的重要性。

遗传信息之所以长期能重现精度,是由于细胞能够:①执行高保真(high fidelity)复制。在复制过程中 DNA 聚合酶 I(Pol I)起重要作用,除聚合酶活性外,Pol I 还具有 $3' \rightarrow 5'$ 核酸外切酶活性和 $5' \rightarrow 3'$ 核酸外切酶活性,若一个脱氧核苷酸错误掺入延长中的 DNA 链的 $3'$ 末端,聚合酶活力就被抑制,而 $3' \rightarrow 5'$ 核酸外切酶活力被激活,切除错配核苷酸,聚合酶活力随即使复制重新开始,所以 Pol I 对 DNA 合成具有即时校对作用,使复制中发生的错误及时被修复。现已证明突变率与各种酶性 DNA 修复和防错系统的效率呈负相关。DNA 聚合酶属于含 Zn^{2+} 酶类,而且需要有 Mg^{2+} 存在才具有完整的催化活性,因此当 Zn^{2+} 或 Mg^{2+} 被 Be^{2+}、Mn^{2+}、Co^{2+} 等二价金属离子置换时,复制的正确性就会降低,这一点很可能是金属引起诱变的机理。②通过对 DNA 损伤的修复以保护亲代 DNA 链,降低了突变率,保持了 DNA 分子的相对稳定性。如果细胞不具备高效率的修复系统,生物的突变率将大大提高。

DNA 修复(DNA repairing)是细胞对 DNA 损伤做出的一种反应,在原核和真核细胞中都存在很多的修复系统,有的修复能使 DNA 结构恢复原样,重新能执行原来的功能(例如回复修复);有时通过修复并不能完全消除 DNA 损伤,只是使细胞能够耐受 DNA 损伤而继续生存

（例如 SOS 修复）。未能完全修复而存留下来的损伤会在适当的条件下显示出来（如细胞的癌变等），因而修复并非百分百有效和无差错。但细胞如果不具备修复功能，就无法应对经常发生的 DNA 损伤事件，就不能生存。对不同的 DNA 损伤，细胞有不同的修复反应。

二、DNA 修复的类型

E.coli 中存在 4 种基本的 DNA 修复系统：直接修复，切除修复，错配修复和易错修复。

与直接修复相对应，将切除修复和易错修复（包括重组修复和 SOS 修复）合称为取代修复。与易错修复相对应，将直接修复和切除修复合称为无差错修复。与光修复相对应，把不需要光的修复称为暗修复。根据修复发生的时间修复又分为复制前修复（pre-replication repair）、与复制过程有关的修复（replication-related repair）和复制后修复（post-replication repair）。

一般来说，直接修复如光复活、转甲基作用和断链连接作用是对遗传信息的一步法准确修复，切除修复和错配修复虽然是多步骤的，但在修复过程中并不引入错配碱基，因而也是无差错修复（error free repair）。当 DNA 所受的损伤严重和广泛时，SOS 修复常易招致差错，属于有差错倾向修复或易错修复（error prone repair），易错修复虽避免了细胞死亡，但 DNA 损伤并未被真正修复。

（一）直接修复（direct repair）

在直接修复中，一种特殊的蛋白质可连续扫描 DNA，识别出损伤部位并将其直接修复。这种修复方式较简单，修复时无须切断 DNA 或切除碱基。直接修复基本上都是回复修复，一般都能将 DNA 修回原样。

1. 光修复（photo-repair）

又称光复活（photo-reactivation）（图 9-5-1），是最早发现的 DNA 修复方式。在大肠杆菌中，光修复是由光（敏）裂合酶（photolyase）对嘧啶二聚体进行单体化而达到修复作用。此酶能特异性识别 UV 造成的嘧啶二聚体并与之结合，这步反应不需要光。结合后如受可见光照射，光裂合酶获得能量而被激活，将二聚体的丁酰环打开而完全修复为两个正常的嘧啶单体，然后酶从 DNA 链上释放，完成修复过程（图 9-5-1）。由于解开二聚体的修复发生在光照条件下，故得名光修复。光裂合酶也被称作光解酶或光复活酶，从原核微生物到真核生物广泛存在，人体细胞中也有发现，生物进化程度越高，这种修复能力似乎越弱。

2. 单链断裂的重接

DNA 单链断裂是常见的损伤，修复反应容易进行，DNA 连接酶（ligase）可将其直接连接而完全修复，但 DNA 连接酶不能修复双链断裂。

3. 碱基的直接插入

DNA 链上的无嘌呤位点，能被 DNA 嘌呤插入酶（purine insertase）识别并与之结合，在 K^+ 存在条件下，该酶催化游离嘌呤或脱氧嘌呤核苷按照模板信息插入 DNA 链生成糖苷键，使 DNA 完全恢复原样。

4. 烷基的转移

烷基转移酶（alkyltransferase）能直接将鸟嘌呤 O^6 位上的甲基转移到酶自身的半胱氨酸巯基上，从而使烷基化的鸟嘌呤恢复原样，但接受了甲基的酶却失去了活性，所以这种修复系统在烷基水平足够高时能达到饱和。最新研究认为针对不同位置的烷化作用，可能有专一性

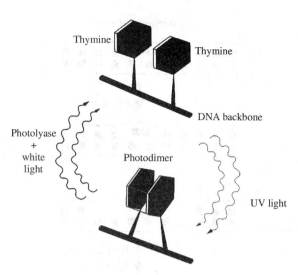

图 9-5-1　环丁基二聚体的形成与修复

的转移酶或受体。在多种细胞中,包括哺乳动物细胞,都发现有这种修复活性。

（二）切除修复（excision repair）

这是一种先切除后修复消除 DNA 损伤的方法。与直接修复不同,切除修复是由多种酶参与的多步骤修复过程,根据切除对象,将切除修复分为核苷酸切除修复和碱基切除修复。

1.核苷酸切除修复（nucleotide excision repair）

在大肠杆菌中,嘧啶二聚体也可以通过核苷酸切除系统修复。图 9-5-2 给出了 UvrA,UvrB,和 UvrC 切除紫外线产生的嘧啶二聚体,修复 DNA 损伤的过程。首先核酸内切酶（UvrABC）从损伤部位的两侧切开含有损伤的 DNA 链。然后,解旋酶除去两切点之间的 DNA 片段。最后在 DNA 聚合酶的催化下按照互补链填充缺口,切口最后通过 DNA 连接酶连接。UvrABC 核酸内切酶不仅能作用于嘧啶二聚体,还能作用于许多较大的螺旋扭曲变形损伤。由于该酶还有外切作用,有时称之为"核酸切除酶"（excinuclease）。在酵母菌中,相似的蛋白质称为 RADxx（RAD 代表辐射）例如 RAD_3, RAD_{10} 等。

2.碱基切除修复（base excision repair）

DNA 的碱基如果被脱氨基或烷基化,DNA 糖基化酶（DNA glycosylase）,或称为转葡萄糖基酶,能识别这些异常碱基。DNA 糖基化酶可水解碱基 N-糖苷键将其切除,形成无嘌呤或无嘧啶位点（AP 位点）或无碱基位点（abasic site）。在大肠杆菌中发现最少有 7 种 DNA 糖基化酶,每一种都能特异地识别一种或少数几种异常碱基。

切除一个异常碱基后,可能有两种方法完成修复。一种是由插入酶（insertase）将正确的碱基插入 AP 位点；另一种是由 AP 核酸内切酶（AP endonuclease）在 AP 位点或其旁边的 5′端将 DNA 切开一个切口,随之核酸外切酶（exonuclease）切除 AP 位点附近的一些碱基,再由 DNA 聚合酶 I（Pol I）在模板链的正确指导下重新合成正确的碱基填补空隙,最后由 DNA 连接酶（DNA ligase）封闭缺口（图 9-5-3）。

切除修复发生在 DNA 复制之前,复制时尚未修复的损伤部位,可以先复制,再行重组修复。

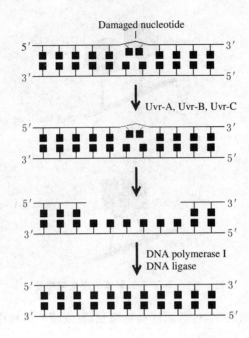

图 9-5-2 核苷酸切除修复

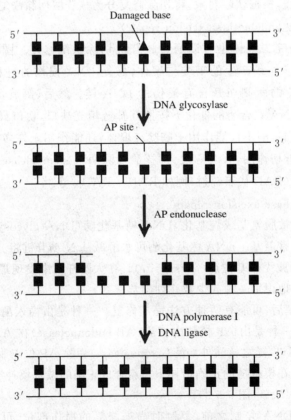

图 9-5-3 大肠杆菌的碱基切除修复

(三)错配修复(mismatch repair)

复制前对模板的修复大多准确无误,如果模板上的损伤保留至复制时才修复,则可引发许多错误而产生突变。即使复制前不是准确修复,也可使后续发生错误的机会大为减少。在复制过程中,DNA 聚合酶 I 的校读功能对错误掺入的碱基即时切除,但是复制产物中仍会存在少数未被校出的错配碱基,这时一种称为错配修复的复制后修复系统会使复制的保真性提高 $10^2 \sim 10^3$ 倍。现已在大肠杆菌,酵母和哺乳动物中都发现了这一错配修复系统。

错配修复是按模板的遗传信息来修复的,因此修复系统首先要区别模板链和新合成。这一区别很重要,因为修复酶需要识别两条核苷酸链中的哪一个碱基是错配的,否则如果将正确的核苷酸除去就会导致突变。识别是通过碱基的甲基化实现的,其原理为有一种 Dam 甲基化酶能使所有 GATC 序列中 A 的 N6 甲基化。在复制后的一个短暂时间内,在新合成链中,GATC 序列中的 A 不被甲基化,几分钟后才被甲基化,借此来区别新合成的链(未甲基化)和模板链(甲基化),因此我们也推断错配修复发生在复制刚刚结束后的几分钟内。识别错误的发生链后,接下来 $E.coli$ 中的 3 个蛋白质(MutS、MutH 和 MutL)对错误进行校正(9-5-4)。

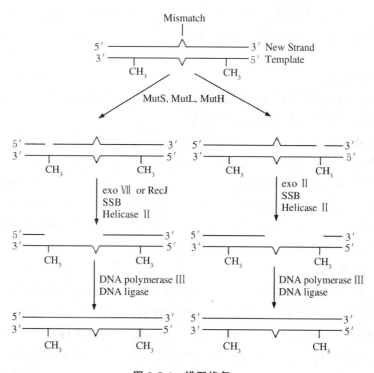

图 9-5-4 错配修复

首先,MutS 结合于错配碱基,MutH 结合于 GATC,MutL 使 MutH 活化并使其与 MutS 形成复合物,活化后的 MutH 使未甲基化链在 GATC 处断裂产生一个切口,随后,解旋酶(helicase)和单链结合蛋白(SSB)协助核酸外切酶开始从切口处切除 GATC 到错配碱基处的一段 DNA 片段。如果切口产生在错配碱基的 3′端,则由核酸外切酶 II 从 3′→5′方向进行切除;如果切口位于错配碱基的 5′端,则由核酸外切酶 VII 或 RecJ 从 5′→3′方向进行切除。产生的缺口随后被 DNA pol III 填补并由 DNA 连接酶连接。

在错配修复中,错配碱基有时位于未甲基化的 GATC 序列的上游,有时位于下游,是从 3′

还是从 5′方向切除取决于不正确碱基的相对位置。错配碱基离 GATC 序列也可能相隔很远,甚至达到 1 000 bp,因此要降解和置换 1 000 或更多的碱基对,显然这种修复的代价较高(expensive),并且是低效率的,但这也说明修复的必要,细胞为此不惜代价。

真核生物的错配修复可能与大肠杆菌的相似,已在酵母菌、哺乳动物和其他真核生物中找到了 MutS 和 MutL 的类似物,但在真核生物中,错配修复系统区分模板链和新合成链的机理仍不清楚。

(四)SOS 修复

SOS 修复是指 DNA 受到严重损伤,细胞处于危急状态时所诱导的一种 DNA 修复方式。SOS 反应诱导的修复系统包括避免差错的修复(error free repair)和倾向差错的修复(error prone repair)。在避免差错的修复中,SOS 反应能诱导光复活,诱导产生切除修复和重组修复中的某些关键酶和蛋白质来增强修复能力。但当 DNA 两条链上的损伤邻近时,损伤不能被切除修复和重组修复系统所修复,这时在核酸内切酶、核酸外切酶的作用下造成损伤处的 DNA 链空缺,再由损伤诱导产生的一整套特殊 DNA 聚合酶——SOS 修复酶类催化空缺部位 DNA 的合成,SOS 诱导产生 DNA 聚合酶Ⅳ和Ⅴ,它们不具有 3′核酸外切酶校正功能,于是在 DNA 链的损伤部位即使出现不配对碱基,复制仍能继续前进,这时在损伤部位补上去的核苷酸几乎是随机的,虽然终于保持了 DNA 双链的完整性,细胞得以生存,却带来高的突变率,因而是一种倾向差错的修复。

倾向差错的 SOS 修复系统能在复制前,但主要是在复制时起作用,由 *rec*A 和 *lex*A 两个基因调节控制,整个修复过程可分为 4 个阶段。

(1)诱导前期(pre-induction) 细胞在 DNA 受损前 *lex*A 基因活跃表达,其产物 LexA 蛋白(22 ku)是许多基因的阻遏物(repressor)。包括 *lex*A 基因座本身和 *rec*A 基因座,还包括紫外线损伤的修复的 *uvr*A、*uvr*B 和 *uvr*C 等 8 个基因座和单链结合蛋白基因 *ssb*,与 λ 噬菌体 DNA 整合有关的基因 *him*A,与诱变作用有关的基因 *umu*DC,与细胞分裂有关的基因 *sul*A,*uvr* 和 *lon* 等,以及一些功能不清楚的基因 *din*A,B,D,F 等。所以在诱导前期,这些基因受到 LexA 抑制而处于不活跃状态,仅有本底水平的表达。

(2)致突变因素作用期(mutagenesis) 致突变因素(第一信使)产生的某些 DNA 损伤可作为第二信使,诱导 SOS 修复系统的反应。能够作为第二信使的损伤有 N-3-烷化腺嘌呤、寡核苷酸、裂隙 DNA、单链 DNA 片段以及一些功能尚未阐明的损伤。

(3)诱导过程(induction) 在第二信使和 ATP 同时存在的条件下,被称为辅蛋白酶(coprotease)的 RecA 蛋白(由 *rex*A 基因编码)被激活而表现出蛋白水解酶活性,水解 LexA 蛋白,因而解除了抑制作用,所有参与 SOS 反应的基因都得到充分表达。可以想象 *rec*A、*uvr*A、*uvr*B 和 *uvr*C 基因充分表达对 SOS 修复的重要性。只要第二信使即 DNA 损伤依然存在,RecA 蛋白的酶水解作用就会持续下去,直至将所有损伤全部修复。

(4)SOS 终止(SOS termination) 随着修复的完成,第二信使被排除,RecA 蛋白质的诱导信号亦同时解除,LexA 蛋白水平又再度上升,并作为阻遏物与操纵基因结合,关闭操纵子,终止 SOS 过程。

所以 SOS 反应是由 RecA 蛋白和 LexA 阻遏物相互作用介导的。RecA 蛋白不仅在同源重组中起重要作用,而且它也是 SOS 反应的最初发动因子。

(五)单链断裂的重组修复(SSB recombinational repair)

对于那些 DNA 开始复制时尚未修复的单链断裂部位(DNA single-strand breaks SSB),可以在复制后进行重组修复。另一种情况是在 DNA 复制进行时发生 DNA 损伤,此时受损链已经与其互补链分开,充当模板链进行复制,其修复可用图 9-5-5 所示的 DNA 重组方式:①以受损伤的 DNA 链为模板复制时,越过损伤部位,在其下游约 1 000 核苷酸处重新开始,故产生的子代 DNA 在损伤的对应部位出现缺口;②新合成链的空缺部分则通过重组修复予以填补,此空缺诱导产生重组酶(重组蛋白 RecA)与其结合,并催化带有空缺的子链与对侧亲链进行重组交换,而造成原来完好的亲链 DNA 出现缺口;③受损伤的对侧亲链以其子链 DNA 为模板,通过 DNA 聚合酶填补缺口,最后由 DNA 连接酶连接,完成修补。

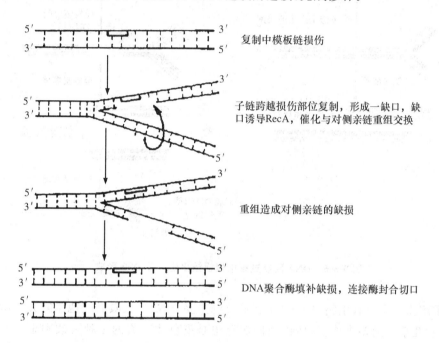

图 9-5-5　DNA 单链损伤后重组修复

由此可见,重组修复不能完全去除损伤,损伤的 DNA 仍然保留在亲代 DNA 链上,只是重组修复后子链是不带有损伤的,避免了将损伤传递给后代,原有的损伤随后也可通过直接修复或切除修复予以修复。况且经多次复制后,损伤就被"冲淡"或"稀释"了。

重组修复至少需要 4 种酶的参与,重组基因 recA 编码的 RecA 蛋白(分子质量为 40 ku),具有交换 DNA 链的活力。RecA 蛋白被认为在 DNA 重组和重组修复中均起关键作用。recB 和 recC 基因分别编码核酸外切酶 V 的两个亚基。此外,修复合成还需要 DNA 聚合酶和连接酶的参与。

(六)双链断裂的重组修复

电离辐射(ionizing radiation)或一些拟放射性化学诱变剂(radio-mimetic chemicals)都可造成 DNA 双链断裂(DNA double-strand breaks,DSBs)。越来越多的证据表明当 DNA 聚合酶在复制过程中遇到单链断裂或其他类型损伤时,也会形成 DSB(图 9-5-6),染色体在受到机械应力(mechanical stress)时也可造成 DSB。DSB 也可以是许多生物学过程的中间产物,在酵母菌交配型转换(mating-type switching),减数分裂和有丝分裂染色体交换(meiotic and mitotic crossing over)中也起着重要作用。DSB 对细胞是致死性的,生物也产生了相应的同源重组和非同源性末端连接两种修复方式,后者主要参与高等生物细胞,例如哺乳动物细胞的 DSB 修复,在此不再赘述。

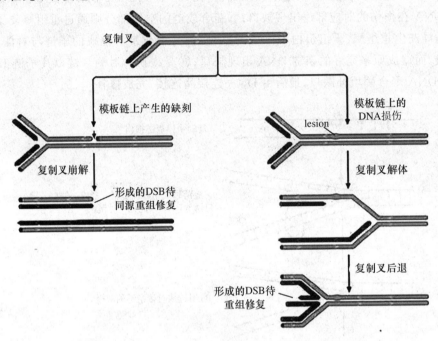

图 9-5-6   DNA 复制过程中模板链损伤导致 DSB 形成

同源重组修复是所有生物对 DSB 进行修复的主要方式,并且具有其他修复方式所不具有的特点,即它几乎是无差错修复,所以说同源重组是染色体断裂的一种有效和忠实的修复机制。根据对各种细菌的研究,大多数同源重组往往都由单链缺口或缺刻以及双链断裂所诱导,所以 DSB 可启动同源重组修复。

推动重组反应最主要的酶是 RecA 蛋白。RecA 蛋白只能特异地识别单链 DNA,使其与同源双螺旋中的互补片段"退火",同时将另一条链排挤出去,形成 D 环(D-loop)。DSB 断裂为核酸酶提供了作用位点,以降解双螺旋中的一条链形成单链;DSB 同时也提供了解旋酶的进入部位,暴露出能与 RecA 蛋白结合的单链 DNA。当 RecA 蛋白将"退火"进行到空隙的边缘时,上方的双螺旋解旋,并同时形成第二个新的杂种螺旋。因此可以想象,在重组部位处,每个双链中均有一段 DNA 链是来自另一双链中的对链,这个部分就被称为异源双链(hetero duplex),或称杂种 DNA。因此重组连接中两个 DNA 双螺旋分子进行交叉形成一个"四螺旋"中间物,该中间物由 R. Holliady 在六十年代首先提出,故得名 Holliday 结构,或交叉结构。交叉点可沿着两条双链移动,称为分支迁移(branch migration)。针对 DSB 的重组修复过程如图 9-5-7 所示。

（七）适应性修复（adaptive repair）

大肠杆菌经低浓度的亚硝基胍（NTG）长时间处理后，可在菌体内诱导产生一种适应性修复蛋白，这种修复蛋白可以修复 DNA 上因烷基化而产生的损伤。我们把细菌因适应而产生修复酶的修复作用称为适应性修复。对已经诱导产生了适应性修复的大肠杆菌再用亚硝基胍处理时，可发现该菌表现出极强的抗性，在培养过程中的诱变率也很低。

对这种适应性修复机制的研究结果表明，NTG 作为烷化剂可使 DNA 上的碱基发生甲基化，当鸟嘌呤上的一个氧原子（O⁶）发生甲基化时，会导致鸟嘌呤与胞嘧啶之间的氢键断裂，转而与胸腺嘧啶配对，造成 DNA 复制差错。当细胞产生适应性修复时，鸟嘌呤上的甲基嵌进 DNA 双螺旋大沟（major groove），使 DNA 复制受阻，由此诱导细胞合成一种受体蛋白，该受体蛋白侧链上的半胱氨酸可与嵌入 DNA 双螺旋大沟内的甲基结合，形成 S-甲基半胱氨酸而使鸟嘌呤恢复正常，因此这种修复蛋白又称甲基受体蛋白。在适应性修复过程中，由于每个修复蛋白上的半胱氨酸只能与一个甲基结合，所以其修复能力是有限的。

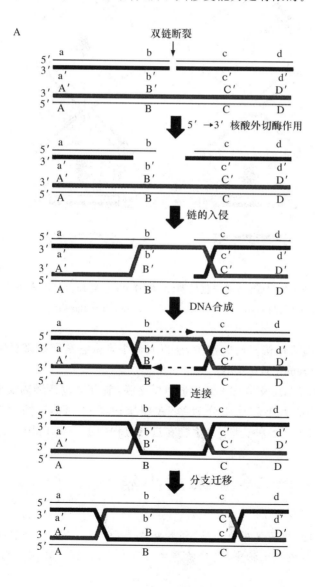

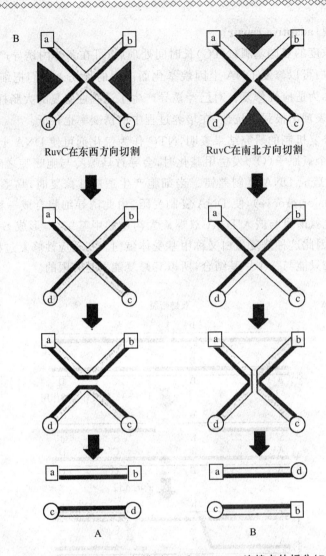

RuvC在东西方向切割　　　　RuvC在南北方向切割

A　　　　　　　　B

图 9-5-7　DSB 重组修复模型（A）和 Holliday 连接点的拆分（B）

（引自：www. sci. sdsu. edu/. . . /rec-molecular. html）

对于其他突变的适应性修复研究很少，所以我们很难讲它是准确修复还是易错修复。

（八）交联的修复（repair crosslinks）

交联可分为 DNA-DNA 交联和 DNA-蛋白质交联：前者又包括链内交联和链间交联两种情况；后者根据蛋白质的大小和性质分为 DNA-组蛋白交联、DNA-酶交联、DNA-肽交联和 DNA-寡肽交联。针对上述各种交联，微生物在进化过程中也产生了相应的修复机制。

本章小结

肺炎球菌转化实验、噬菌体感染实验、植物病毒重建实验证明了核酸（DNA 或 RNA）是遗传信息的载体。在细胞型微生物中，遗传物质主要存在于细胞核（真核微生物）或核区（原核微

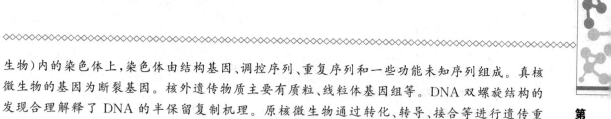

生物)内的染色体上,染色体由结构基因、调控序列、重复序列和一些功能未知序列组成。真核微生物的基因为断裂基因。核外遗传物质主要有质粒、线粒体基因组等。DNA 双螺旋结构的发现合理解释了 DNA 的半保留复制机理。原核微生物通过转化、转导、接合等进行遗传重组,重组只涉及染色体的一部分;真核微生物则通过有性生殖或准性生殖进行遗传重组,重组涉及整个染色体组。

根据突变涉及的范围,可把突变分为基因突变和染色体畸变。基因突变有碱基置换和移码突变两种类型。根据突变发生的方式,突变可分为自发突变和诱发突变。基因突变具有随机性、自发性、稀有性、可诱变性、不对应性、独立性、稳定性和可逆性等特点。重要的微生物突变株有营养缺陷型、抗性突变型、条件致死突变型、形态突变型、抗原突变型、产量突变型和代谢突变型等。波动实验、涂布实验和影印培养实验证实了细菌的抗药性是由自发突变产生的。

化学诱变剂通过碱基类似物取代、碱基化学修饰、DNA 交联以及 DNA 与蛋白质的交联、平面大分子嵌入 DNA 链等途径引起突变。物理诱变利用的物理因素包括非电离及电离辐射、高温、微重力、微波、红外线等。非电离辐射包括紫外线、激光、离子束等。电离辐射由 X 射线和 γ 射线引起,产生作用于 DNA 的直接效应和作用于染色体外物质的间接效应,过程分为物理、物理-化学、化学和生物学 4 个阶段。转座遗传因子属于生物诱变因素,有插入序列、转座子、复合转座子和转座噬菌体 4 类。转座作用可引起受体菌基因组发生缺失、重复、易位或倒位等重排,或产生插入突变。另外 SOS 修复系统也具有诱变作用,利用基因工程技术可实现 DNA 位点专一性诱变。

在复制过程中产生的及由诱变因子引起的任何 DNA 损伤,只要修复无误,突变就不会发生,如果修复错误或未经修复,损伤就得以固定而发生突变。一般来说复制前涉及的直接修复,切除修复和错配修复都是无差错修复,复制后的重组修复、SOS 修复是易错修复,易错虽避免了细胞死亡,但 DNA 损伤并未被真正修复,常会提高突变率。可见突变的产生不仅与DNA 受损情况有关,DNA 损伤修复也是决定突变发生的重要因素。

思考题

1. 名词解释

感受态细胞;转化;转染;接合作用;$2\mu m$ 质粒;基因突变;组成型突变;营养缺陷型;渗漏突变;转座遗传因子;突变热点;增变基因;移码突变。

2. 区别以下概念

普遍转导与局限转导;松弛型质粒与严谨型质粒;转化与转导;溶原转变与转导;准性生殖与有性生殖;突变和变异;电离辐射与非电离辐射;核遗传物质与核外遗传物质;转换与颠换;准确修复和易错修复。

3. 科学家通过哪些实验证实了核酸是遗传物质?

4. 原核微生物基因组和真核微生物基因组分别有哪些特点?

5. 比较 *E. coli* 的 F$^+$、F$^-$、Hfr 和 F$'$菌株的异同,并图示四者间的联系。

6. 基因突变有哪些基本特点,是怎样划分的? 有哪些类型?

7. 化学诱变剂诱变的途径有哪些? 物理诱变因子有哪些?

8. 微生物常见的突变体有哪些？并简要介绍一下。

9. 微生物基因符号及命名规则是怎样的？

10. 生物因素导致的 DNA 损伤有哪些种类？具有什么特点？

11. 突变修复有哪些种类？各有什么特点？修复系统存在的意义是什么？

12. 在基因工程中，为什么需要克隆载体与表达载体？他们各起什么作用？

13. 阐述基因工程菌获得的基本过程及其应用。

14. 论述微生物与基因工程的关系。

15. 根据突变的光复活修复作用、原理，你认为在进行紫外线诱变处理时，应注意什么？为了使被诱变的细胞能均匀地受到紫外线照射，你应如何操作？

（第一、二、三节　河南科技大学　宋鹏）

（第四、五节　山西农业大学　霍乃蕊）

第十章
微生物菌种选育和菌种维护

◈内容提示

具有优良性状、高产有益或有用代谢产物,如各种酶类、脂类、多糖、抗生素、维生素、激素、色素和抗体的微生物可以广泛应用于工业、农业、医学和科研等领域,极大地改变人类的生活。而这些微生物最早从自然界中分离得到时一般并不具备生产菌株的性能,目标代谢产物的产量一般也很低。从自然界中分离获得的野生型菌株必须经过菌种选育的过程来优化性能、提高目标产物的产量,才能成为优良的生产菌种。另外微生物菌种的优良性状要稳定地传递下去,离不开菌种维护,包括菌种衰退的防止、菌种的复壮和菌种保藏工作。本章的内容就是关于微生物菌种选育和菌种维护的理论和方法。

第一节　微生物菌种选育

一、自然界中微生物的分离筛选

在人为规定的条件下培养、繁殖得到的微生物群体称为培养物(culture)。只有一种微生物的培养物称为纯培养物(pure culture)。微生物学研究和生产实践利用的都是微生物的纯培养物,把特定的微生物从自然界混杂存在的状态中分离、纯化出来的一系列技术称为纯培养技术。

(一)无菌技术

在微生物的研究及应用中,必须保持纯培养物的"纯洁",防止其他微生物的混入。在分离、转接及培养纯培养物时防止被其他微生物污染的技术被称为无菌技术(aseptic technique),它是保证微生物学研究正常进行的关键。

1.微生物培养的常用器具及其灭菌

试管、三角瓶、平皿等是最为常用的微生物培养器皿,使用前必须先进行灭菌,使容器中不含任何活生物。培养基既可加到器皿中后与其一起灭菌,也可单独灭菌后加到无菌器皿中。最常用的灭菌方法是高压蒸汽灭菌,它可以杀灭包括芽孢在内的所有生物。玻璃器皿也可采用干热灭菌。为了防止杂菌污染,试管及三角瓶等都需加盖棉花塞,也可采用各种金属帽、塑料帽、硅胶塞等阻止培养过程中微生物随空气进入。

2.接种操作

用接种环或接种针分离微生物,或把微生物由一个培养器皿转接到另一个培养器皿中进行培养的操作称为接种(inoculation)。接种是微生物学研究中最常用的基本操作。由于打开

器皿就可能引起器皿内部被环境中的其他微生物污染,因此微生物学的所有操作均应在无菌条件下进行。可在火焰附近、无菌箱、操作室或超净工作台等无菌环境下进行接种。用以挑取和转接微生物材料的接种环及接种针,一般采用易于迅速加热和冷却的镍铬合金等金属制备,使用时火焰灼烧灭菌,而转移液体培养物时可采用无菌吸管或移液枪。

(二)用固体培养基对微生物进行分离

融化状态的固体培养基倒入无菌平皿,冷却凝固后形成培养平板(culture plate)。大多数细菌、酵母菌以及许多真菌和单细胞藻类都能在平板上形成彼此分离的孤立菌落,因此很容易得到"菌落纯"的纯培养物。这种由 Koch 建立的采用平板分离微生物的纯培养技术简便易行,100 多年来一直是各种菌种分离纯化的最常用手段。

1. 稀释倒平板法(pour plate method)

将待分离的材料用灭菌生理盐水倍比稀释后,取一定量的稀释液注入灭菌平皿,平皿中再倒入已融化并冷却至 50℃ 左右的固体培养基,混合摇匀,待琼脂凝固后,培养一定时间即可出现菌落。制作含菌平板时也可事先将菌液与液体状态的固体培养基混匀再注入平板。如果稀释得当,在平板表面或琼脂培养基中就可出现分散的单个菌落。随后挑取某个具有典型菌落形态特征的单菌落,重复以上操作数次,便可得到纯培养的微生物。

2. 涂布平板法(spread plate method)

稀释倒平板法易造成某些热敏感菌的死亡,而且一些严格好氧菌因被固定在琼脂中间缺乏氧气而影响生长,因此在微生物学研究中更常用的纯种分离方法是涂布平板法。该法先制备无菌平板,将菌悬液滴加在平板表面,再用无菌涂布器将菌液均匀分散至整个平板表面,经培养后挑取单个菌落。

3. 平板划线分离法(streak plate method)

用接种环蘸取少许待分离材料,在无菌平板表面进行平行划线、扇形划线或其他形式的连续划线,单位面积微生物细胞的数量将随着划线次数的增加而减少,并逐步分散开来,经培养后,可在平板表面得到单菌落。

4. 稀释摇管法(dilution shake culture method)

如果某些厌氧菌暴露于空气中不立即死亡,可以用通常的方法制备平板,然后置放在密闭容器中培养而实现它们的分离纯化,容器中的氧气可采用化学、物理或生物方法去除。对于那些对氧气更为敏感的厌氧微生物,分离则可采用稀释摇管培养法进行。它是稀释倒平板法的一种变通形式,先将一系列盛有固体培养基的试管加热,琼脂熔化后冷却并保持在 50℃ 左右,将待分离的材料用这些试管进行梯度稀释,快速摇管使菌体均匀分布,固体培养基冷凝后在琼脂柱表面倾倒一层灭菌的液体石蜡和固体石蜡的混合物,将培养基和空气隔开。培养后,菌落在琼脂柱中形成。进行单菌落的挑取和移植时,需先用一支灭菌针将石蜡盖取出,再用一只毛细管插入琼脂和管壁之间,吹入无菌无氧气体,将琼脂柱吸出,置放在无菌培养皿中,用无菌刀将琼脂柱切成薄片进行观察和菌落的移植。

(三)用液体培养基对微生物进行分离

对于大多数细菌和真菌而言,平板法分离通常可取得满意结果。然而并非所有微生物都能在固体培养基上生长,例如一些细胞体积大的细菌、许多原生动物和藻类等,这些微生物需用液体培养基分离来获得纯培养。

通常采用的液体培养基分离法是稀释法。该法将接种物在液体培养基中高度稀释,如果经稀释后的大多数试管中没有微生物生长,那么有微生物生长的试管得到的培养物可能就是纯培养物。如果经稀释后的试管中有微生物生长的比例提高了,得到纯培养物的概率就会急剧下降。因此,采用稀释法进行微生物分离,必须在同一个稀释度的许多平行试管中,大多数(一般应超过 95%)表现为不生长。

(四)显微分离

稀释法有一个重要缺点,它只能分离出混杂微生物群体中占数量优势的种类,而在自然界,很多微生物在混杂群体中都是少数。这时,可以采取显微分离法从混杂群体中对单个细胞或单个孢子进行直接分离以获得纯培养。单细胞分离法的难度与细胞或个体的大小有关,较大的微生物如藻类、原生动物较容易,个体很小的细菌则较难。对于较大的微生物,可采用毛细管提取单个个体,并在大量的灭菌培养基中转移"清洗"几次,便可除去较小微生物的污染,这项操作可在低倍显微镜如解剖显微镜下进行。对于个体相对较小的微生物,需采用显微操作仪进行。显微操作仪种类很多,一般是通过机械、空气或油压传动装置来减小手的动作幅度,在显微镜下用毛细管或显微针、钩、环等挑取单个微生物细胞或孢子以获得纯培养。单细胞分离法对操作有较高的要求,多限于高度专业化的科学研究中采用。

(五)选择培养分离

没有一种培养基或培养条件能够满足自然界中一切微生物生长的要求,在一定程度上所有的培养基都是选择性的。因此,采用一般的平板分离方法从微生物群落中分离所需的特定微生物几乎是不可能的,尤其是目标微生物的数量非常少时。例如,某处土壤中的微生物数量在 10^8 时,必须稀释到 10^{-6} 才有可能在平板上分离到单菌落,如果该土壤中待分离的目标微生物数量仅为 $10^2 \sim 10^3$ 时,显然不可能在一般通用的平板上得到该微生物的单菌落。如果某种微生物的生长需要是已知的,就可以设计一套特别适合这种微生物生长的特定环境,将其选择性地培养出来,即使在混杂的微生物群体中这种微生物可能只占少数。这种通过选择培养进行微生物分离的技术称为选择培养分离。该法根据目标微生物的特点,包括营养、生理、生长条件等设计培养体系,或通过抑制大多数微生物生长,或通过创造有利于目标菌生长的环境,使目标菌在群落中的数量上升,再通过平板稀释等方法获得纯培养。

1. 利用选择培养基直接分离

主要根据待分离微生物的特点选择不同的培养条件,有多种方法可以采用。例如从土壤中筛选蛋白酶产生菌时,可以在培养基中添加牛奶或酪素,产蛋白酶菌株则会水解牛奶或酪素,在菌落周围形成透明的蛋白水解圈(透明圈)。通过透明圈对产酶菌株进行初筛,可以减少工作量,淘汰大量的不产蛋白酶菌株。再如,要分离高温菌,可在高温条件进行培养;要分离抗药性菌株,可在加有抗生素的平板上进行分离;有些微生物如螺旋体、黏细菌、蓝细菌等能在琼脂平板表面或内部滑行,可利用它们的滑动特点,从滑行前沿挑取接种物接种,反复进行,得到纯培养物。

2. 富集培养分离

富集培养通过设定特定的环境条件,使仅适应该条件的微生物旺盛生长,大大增加其在微生物群落中的数量,再通过稀释倒平板或平板划线等操作分离到所需的特定微生物。富集条件可根据所需分离的微生物的特点,从物理、化学、生物等多个方面进行选择,如可从温度、pH、紫外线、压强、光照、氧气、营养等多方面进行设计。例如,从土壤中分离能降解对羟基苯甲酸(p-hydroxybenzoic acid,PHBA)的细菌时,首先配制以 PHBA 为唯一碳源的液体培养

基,将少量土壤样品接种其中,培养液会变得浑浊,说明已有大量微生物生长。取少量上述培养物接种至新鲜的以 PHBA 为唯一碳源的液体培养基中重新培养,重复数次后能利用 PHBA 的细菌比例在培养物中大大提高,当将培养液继续涂布于以 PHBA 为唯一碳源的平板上时,长出的菌落大部分都是能降解 PHBA 的微生物。挑取一部分单菌落分别接种到含有及缺乏 PHBA 的液体培养基中进行培养,若其中大部分在含有 PHBA 的培养基中生长,而在不含 PHBA 的培养基中不生长,说明通过该富集程序的确得到了欲分离的目标微生物。

富集培养是一种强有力的技术手段。营养和生理条件几乎无穷尽的组合形式为从自然界中分离获得各种可培养的特定目标微生物提供了可能,只要掌握这种微生物的特殊要求就行。富集培养法也可用来分离培养出在由科学家设计的特定环境中能生长的微生物,尽管我们并不知道什么微生物能在这种特定的环境中生长。

(六)二元培养物

微生物分离的目的通常是要得到纯培养。然而,在有些情况下很难做到甚至做不到,可用二元培养物替代纯培养物。含有两种以上微生物的培养物称为混合培养物,只含有两种微生物,而且二者之间总保持特定关系的培养物称为二元培养物。因为病毒是严格的细胞内寄生物,所以二元培养物是保存病毒的最有效途径。有些具有细胞结构的微生物也是严格的细胞内寄生物,对于这些胞内寄生微生物,二元培养物是在实验室条件下可能达到的最接近于纯培养的培养方法。

二、利用突变进行微生物育种

(一)自发突变与育种

1.从生产中选育

在大生产过程中,微生物总会以一定频率发生自发突变,有实践经验和善于观察的工作者就可以及时抓住这类良机来选育优良的生产菌种。例如,从污染噬菌体的发酵液中有可能分离到抗噬菌体菌株;在酒精工业中,分生孢子为白色的糖化菌"上酒白种"就是原来孢子为黑色的宇佐美曲霉(*Aspergillus usamil*)3578 发生自发突变后,及时从生产过程中挑选出来的。这一菌株不仅产生丰富的白色分生孢子,而且糖化率比原菌株强,培养条件也比原菌株粗放。

2.定向培育优良菌种

定向培育是一种古老的育种方法,需要某一特定环境或培养条件长期作用于某一微生物(群体),以达到积累和选择合适的自发突变体的目的。由于自发突变的频率较低,变异程度较轻微,除某些抗性突变外,往往要坚持相当长的时间,培育新种的过程一般十分缓慢。卡介苗(BCG vaccine)就是通过对结核杆菌进行长期定向培育而获得的,当时法国的卡尔密脱(Galmette)和介林(Guerin)两人把牛型结核杆菌接种在牛胆汁、甘油马铃薯培养基上,坚韧不拔地连续移植了 230 多代,前后用了 13 年时间,直至 1923 年才终于获得显著减毒的结核杆菌——卡介菌。1881 年巴斯德曾用 42℃的高温培养炭疽杆菌,20 d 后该菌就丧失芽孢形成能力,2～3 个月后,就失去了致病力,可作为活菌苗使用。与诱变育种、杂交育种和基因工程技术相比,定向培育法带有守株待兔的被动性质。

近些年用梯度平板法筛选抗代谢拮抗物的变异菌株,以提高相应代谢产物产量,是定向培育工作的一大进展。例如,异烟肼是吡哆醇的代谢拮抗物(即结构类似物),定向培育抗异烟肼的吡哆醇高产菌株时,先在培养皿中倒入 10 mL 普通培养基,将皿底倾斜,凝固后将平板放平,再在其上倒 10 mL 含有适当浓度(通过实验来确定)异烟肼的固体培养基,这样制成的平板上存在着异烟肼的浓度梯度。然后在平板表面涂布微生物细胞,培养后,在异烟肼低浓度区域,长满了原始敏感菌;在高浓度区域,微生物生长则受到抑制;只有在浓度适中的部位才出现少数由抗异烟肼的细胞所形成的菌落。这类抗性菌落抗性的产生就是由于产生了某种自发突变。它们可能是因为突变产生了可分解异烟肼的酶类,也可能是通过合成更高浓度的代谢产物(吡哆醇)来克服异烟肼的竞争性抑制作用。在酵母菌中,通过梯度平板法获得吡哆醇产量提高了 7 倍的变异株。应用同样原理,还获得许多其他高产菌株。

(二)诱变育种

任何育种工作者都希望自己能在最短的时间内培育出比较理想的菌株。诱变育种就是利用物理因素或化学诱变剂处理均匀分散的微生物细胞群,大幅度提高突变频率,然后采用简便、高效的筛选方法,从中挑选少数符合育种目标的突变株,以供生产实践、科学研究或实验之用。为达到物尽其用之目的,还需设计出适合该突变株培养的最佳条件,使其在最适工艺条件下最有效地合成产物。

诱变育种具有极其重要的实践意义。当今发酵工业和其他生产单位所使用的高产菌株,毫无例外几乎都是通过诱变育种而使其生产性能大大提高了的。最突出的例子是,1943 年产黄青霉(*Penicillium chrysogenum*)在每毫升发酵液中只产生约 20 U 的青霉素,通过诱变育种和其他配合措施,目前的发酵单位比原来提高了三四千倍。诱变育种除能提高产量外,还可达到改进产品质量、扩大品种和简化生产工艺等目的。从方法上来说,诱变育种具有简便、高效和收效显著等优点,仍是目前最广泛使用的育种手段。

1.诱变育种的基本环节及原则

诱变育种的具体操作环节很多,且常因工作目的、育种对象和操作者不同而有所差异,但基本环节和所坚持的原则大致相同。

(1)优良出发菌株的选择　选用合适的出发菌株(用于育种的原始菌株),就有可能提高育种的工作效率,可以参考以下实践经验来选用出发菌株:①最好是在生产中经过选育的自然变异菌株或人工诱变获得的菌株,这些菌株对诱变因素敏感,变异幅度大,正突变率高。例如,在金霉素生产菌株中,以失去色素的变异菌株作出发菌株时,产量会不断提高,而以分泌黄色色素的菌株为出发菌株时,只会使产量下降;②采用具有有利性状的菌株,如生长速度快、营养要求低以及产孢子早而多的菌株;③增变菌株比原始菌株对诱变剂更敏感,更适宜做出发菌株;④在选育核苷酸或氨基酸高产菌株时,最好考虑至少能累积少量所需产品或其前体的菌株作为出发菌株。

突变株的产量是数量遗传性状,只能逐步累积,因此需要连续诱变育种,选择出发菌株时,应挑选每次诱变处理后均有一些表型上改变的菌株,如发酵单位有一定程度的提高、形态发生过一次变异或产生过回复突变等的菌株,以利于突变率的增加。例如在选择产抗生素的出发菌株时,最好选择已通过几次诱变并发现每次效价都有一定程度提高的菌株。

(2)单孢子(单细胞)悬液的制备　待诱变处理的微生物必须呈分散的单细胞状态,这样既可保证均匀地接触诱变剂,又可避免长出不纯菌落。对于某些微生物,由于细胞内同时含有几个核,即使用单细胞悬液来处理,还是很容易出现不纯菌落。不纯菌落是导致突变菌株经传代后很快出现生产性状"衰退"的主要原因。所以在诱变霉菌或放线菌时,应处理它们的分生孢子,芽孢杆菌应处理芽孢。微生物的生理状态对诱变处理也会产生很大的影响,细菌一般以对

数期为好。霉菌或放线菌的分生孢子一般都处于休眠状态,稍加萌发可提高诱变效率。

在实际工作中,供试细胞培养物要新鲜,孢子或菌体要年轻、健壮。制备悬液时,可用玻璃珠来打散成团的细胞,然后再用脱脂棉过滤。要求悬液中霉菌孢子浓度约为 10^6 个/mL,放线菌孢子浓度约为 $10^6 \sim 10^7$ 个/mL。制备菌悬液通常采用生理盐水,用化学诱变剂处理时,则应采用相应的缓冲液制备,以防因 pH 变化而影响诱变效果。至于诱变后出现的不纯菌落,则可用适当的分离纯化方法加以纯化。

(3)诱变剂和诱变剂量的选择　各种物理诱变剂有不同的剂量(强度×时间)表示方式,如紫外线的强度单位是尔格。1 尔格 $=10^{-7}$ J。X 射线的单位是伦琴或拉得(rad),1 伦琴 $=2.58 \times 10^{-4}$ C/kg(库仑/千克),1 拉得 $=10^{-2}$ Gy(gray),等。化学诱变剂的剂量则以在一定温度下诱变剂的浓度和处理时间来表示。在育种实践中,常以杀菌率作为各种诱变剂的相对剂量。由于诱变剂的作用一是提高突变的频率,二是提高变异的幅度;三是使产量变异朝正变(提高产量)或负变(降低产量)的方向移动,因此凡在高诱变率的基础上既能扩大变异幅度,又能促使变异移向正变范围的剂量,就是合适的剂量。

就一般微生物而言,诱变率往往随剂量的增加而提高,但达到一定剂量后,再提高剂量反而会使诱变率下降。根据 UV、X 射线和乙烯亚胺等诱变剂的研究结果,发现正变较多地出现在偏低的剂量中,而负变则较多地出现在偏高的剂量中;而且经多次诱变而提高产量的菌株中,更容易出现负变。因此,在诱变育种工作中,目前比较倾向于采用较低的剂量。例如,过去在用紫外线作诱变剂时,常采用杀菌率为 90%、99% 或 99.9% 的剂量,而近来则倾向于采用杀菌率为 70%~75% 甚至更低(30%~70%)的剂量,特别是对于经多次诱变后的高产菌株更是如此;又如,当以大肠杆菌的抗性突变作为 NTG 的诱变率指标时,测得以杀菌率为 47% 的剂量为最合适的剂量。

综上所述,在实际工作中,诱变剂和诱变剂量的选择一般遵循以下原则:①经长期诱变后的高产菌株、遗传性状不太稳定的菌株,宜用较温和的诱变剂和较低剂量处理;②要筛选具有特殊性状的菌株或较大幅度提高产量的菌株,则用强诱变剂和高剂量处理;③对野生低产菌株,开始用高剂量,然后逐步用低剂量处理;④对多核细胞菌株,用高剂量处理。

(4)诱变处理　诱变处理的方式有采用单一诱变剂处理(突变率低)的单因子处理和采用两种以上诱变因素处理的复合因子处理(突变率高)两种。复合因子处理又具体分下列几种情况:①两个或多个因子同时处理;②不同诱变剂先后处理或交替处理;③同一诱变剂连续重复使用;④紫外诱变和光复活交替处理。

(5)突变体的分离　诱变处理后大部分细胞没有发生突变,突变体中又有很多不需要的突变体(图 10-1-1),因此需要对突变体进行识别和分离。分离突变体的方法有筛选(screening)、选择(selection)和富集(enrichment)。

筛选分离:筛选是对某种表型或特性发生了量变的微生物突变体进行分析的过程。分析内容有酶活性的高低、代谢产物量的大小、抗原水平、某一 DNA 片段是否存在等。筛选的条件决定了选育的方向,设计一个好的筛选方案是诱变育种的重要前提。一般情况下,突变体和野生型相比没有明显选择优势的时候才使用筛选方法。

在育种实践中,为方便筛选,人们往往利用和创造形态、生理与产量间的相关性指标。例如产量突变株筛选中,形态变异虽易于直接观察,但又不一定与产量变异相关,如果能找到二者之间的相关性,就可把肉眼观察不到的生理性状、产量性状转化为可见的"形态"性状,从而使初筛效率大大提高。研究发现高产维生素 B_2 的阿舒假囊酵母变异菌株,菌落形态具有以下特点:①菌落直径中等大小(8～10 mm)。过大或过小者均为低产菌株。②色泽深黄。浅黄或白色者皆属低产菌株。③表面光滑,有大量气生菌丝覆盖。凡无气生菌丝、有放射状折皱或菌落中心呈角状突起者都是低产菌株。④菌落各部分呈辐射对称。凡呈扇弧形或其他不规则形状者都为低产菌株。又如在灰黄霉素产生菌育种时发现菌落的棕红颜色变深者,产量往往有所提高;在赤霉素生产菌筛选中,却发现菌落的紫色加深,产量反而不降。

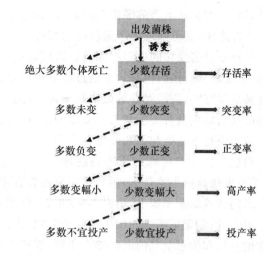

图 10-1-1　符合生产条件的优良正突变体的产生

在平板上,通过蛋白酶水解圈的大小,淀粉酶变色圈(用碘液使淀粉显色)的大小,氨基酸显色圈(可转印到滤纸上再用茚三酮试剂显色)的大小,柠檬酸变色圈(用溴甲酚绿作指示剂)的大小、抑菌圈的大小以及外毒素沉淀反应圈的大小等,就可在初筛中初步估计微生物产生相应代谢产物的潜力。

选择分离:首先设置一定的选择条件,只使那些具有所需表型的细胞才能存活,不需要的细胞则被杀死而淘汰。一个可选择的突变在某种条件下赋予突变体生存竞争优势,使突变体细胞及其后代在数量上超越和取代亲代细胞,抗药性突变就是一个典型例子。在遗传学研究中,选择作用十分有用,能很容易地从数百万或者数亿个细胞中分离出单个突变体。但是有些突变是不可选择的,尽管这些突变能够使表型发生明显的变化,此类突变体必须通过筛选大量的群体才能获得。例如要选出失去色素合成能力的突变体,不可能通过选择方法将产色素的野生型菌株去除。

富集分离:富集又称反选择,也需要找到合适的条件,使少数所需要的个体不能生长或处于静止状态,而大部分个体能生长。然后再加入某种物质到培养基中,杀死那些生长的个体,最后再筛选出那些不生长但还存活的个体。

2.突变体的高效筛选

如图 10-1-1 所示,诱变处理后要从微生物群体中把极个别产量提高较显著的正变体筛选出来,堪比沙里淘金。为了花费最少的工作量,又能在最短的时间内取得最大的成效,需要设计高效率的科学筛选方案和采用具体的筛选方法。

在实际工作中,筛选过程分初筛与复筛两个阶段。前者以量为主,后者以质为主。采用这种筛选方案,不仅可通过较少的工作量得到较好的菌株,还可使某些眼前产量虽不很高但有发展前途的优良菌株不致落选。

初筛既可在平板上进行,也可在摇瓶中进行,两者各有利弊。如在平板上进行,快速简便,工作量小,且结果直观性强(例如变色圈、透明圈、生长圈、抑制圈或沉淀圈等),可以为复筛准备待选菌株,使每个具有潜能的突变菌株均有机会进入复筛阶段。缺点是平板培养的条件与摇瓶培养,尤其是发酵罐液体深层培养条件差别很大,二者结果往往不一致,当然也有一致的例子,例如,柠檬酸生产菌宇佐美曲霉(*Aspergillus usamii*)的筛选,根据黄色变色圈的直径和菌落直径之比,就可筛选出产量较高的菌种。

复筛是对突变株的生产性能进行比较精确的测定。一般是将微生物接种在三角瓶内振荡培养(摇瓶培养),然后再对培养液进行分析测定。摇瓶培养时,微生物在培养液内分布均匀,既能满足丰富的营养,对好氧微生物来说又能获得充足的氧气,与发酵罐条件比较接近,所以测得的数据就更具有实际意义。此法的缺点是需要相应配套设备,以及较多的劳力和时间。

琼脂块培养法把初筛和复筛工作初步合并在一起,替代了大量的摇瓶培养工作,效果甚佳。以抗生素生产菌株的筛选为例,此法要点是:把诱变后的孢子悬液涂布在营养琼脂平板上,待长出稀疏的小菌落后,用打洞器取出长有单菌落的琼脂小块,并把它们一一整齐地移入空的新的营养琼脂平板上,培养4~5 d后,再把含有菌落的琼脂块转移到含有供试菌种的琼脂平板上,以测定单菌落的抗生素效价,然后择优选取相应的菌株。在这种方法中,各琼脂块所含的养料和接触空气的面积基本相同,且产生的代谢产物不致扩散,因此测得的数据与摇瓶条件十分相似,工作效率却大为提高。

以上初步介绍了一些可提高筛选效率的工作步骤和具体方法。从长远的角度来看,还应努力使筛选操作达到自动化和信息化。

3.营养缺陷型菌株的筛选

营养缺陷型(auxotroph)是指通过诱变而产生的,在一些营养物质(如氨基酸、维生素和碱基等)的合成能力上出现缺陷,必须在基本培养基(minimal medium,MM)中加入相应有机营养成分才能正常生长的变异菌株。在基本培养基中只是针对性地加入某一种或几种营养缺陷型菌株自身不能合成的营养成分,则称为补充培养基(supplemented medium,SM),可按所加成分相应地用"[A]""[B]"来表示。

诱变处理后营养缺陷型菌株的筛选要经过淘汰野生型、检出和鉴定营养缺陷型3个环节。

(1)淘汰野生型 在诱变后的存活个体中,营养缺陷型仅占千分之几至百分之几。通过抗生素法或菌丝过滤法就可淘汰为数众多的野生型菌株,从而达到"浓缩"营养缺陷型的目的。

青霉素法:适用于细菌。青霉素能抑制细菌细胞壁的生物合成,因而能杀死生长中的细菌,但不能杀死处于休止状态的细菌。将诱变后的细菌培养在含有青霉素的基本培养基中,就可淘汰大部分活跃生长的野生型细胞,从而达到"浓缩"缺陷型的目的。

制霉菌素法:适合于真菌。制霉菌素是大环内酯类抗生素,可与真菌细胞膜上的甾醇作用,引起细胞膜的损伤。因为它只能杀死生长繁殖中的酵母或霉菌,故可达到淘汰野生型和"浓缩"营养缺陷型之目的。

菌丝过滤法:适用于丝状真菌。其原理是在基本培养基中,霉菌和放线菌的野生型孢子能发芽生成菌丝,而营养缺陷型则不能,将诱变处理后的孢子在基本培养液中振荡培养10 h左右,野生型孢子萌发的菌丝刚刚肉眼可见时,用脱脂棉、滤纸等滤去菌丝。滤液继续培养,每隔3~4 h过滤1次,重复3~4次,最大限度地除去野生型细胞,同样也就达到了"浓缩"营养缺陷型的目的。

高温差别杀菌法:适用于产芽孢菌。在基本培养液中,野生型芽孢可以萌发,而营养缺陷型芽孢不能萌发,此时将培养物加热到80℃,维持一定时间,野生型细胞大部分被杀死,缺陷型则得以保留,起到了"浓缩"的作用。

(2)检出缺陷型 在同一平板上就可检出营养缺陷型菌株的方法有夹层培养法和限量补

充培养法,在不同平板上检出营养缺陷型的方法有点植对照法和影印接种法。

①夹层培养法:先在培养皿上倒一薄层不含菌的基本培养基。经培养后,在皿底用笔对首次出现的菌落一一作记号,然后再在第一层培养基表面覆盖一薄层完全培养基。经过再次培养后出现的新菌落,多数是营养缺陷型(图10-1-2)。

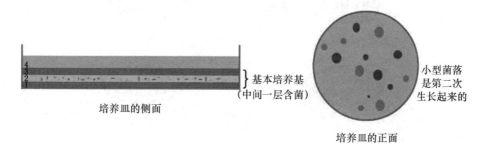

图 10-1-2　夹层法检出营养缺陷型

②限量补充培养法:把诱变处理后的细胞接种在含有微量(0.01%以下)蛋白胨的基本培养基上,野生型将迅速长成较大的菌落,缺陷型则生长缓慢而只能形成微小的菌落。如果想得到某一特定营养缺陷型的菌株,也可直接在基本培养基上加入微量的相应物质。

点植对照法:也称逐个检出法,把经诱变处理后的细胞涂布在平板上,待长成单个菌落后,再把这些单个菌落逐个分别点接到 MM 培养基和 CM(complete medium,完全培养基)平板上。如果某个菌落在 CM 上出现而在 MM 相应位置上不出现,说明这是一个营养缺陷型(图 10-1-3)。

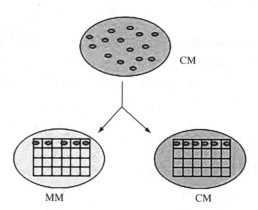

图 10-1-3　点植对照法检出营养缺陷型

③影印培养法:将诱变处理后的细胞涂布在完全培养基表面,经培养后长出菌落。然后用前面已介绍过的影印接种工具,把此皿上的全部菌落转印到另一基本培养基平板上。经培养后,比较这两个平皿上长出的菌落。如果发现在前一平皿上某一部位长有某菌落,而在后一培养基的相应部分上却没有,说明这就是一个营养缺陷型(图 10-1-4)。

(3)鉴定缺陷型　把生长在液体完全培养基里的营养缺陷型细胞离心收集和洗涤后,配制成浓度为 $10^7 \sim 10^8$ 个/mL 的菌悬液,取 0.1 mL 与融化的基本培养基混合,倒入培养皿。待表面稍干燥后,在皿背划若干区域,然后在每个区域分别加微量的氨基酸、维生素、嘌呤和嘧啶等营养物(也可用滤纸片法)。经培养后,如果发现添加某一营养物的区域或在营养物周围出

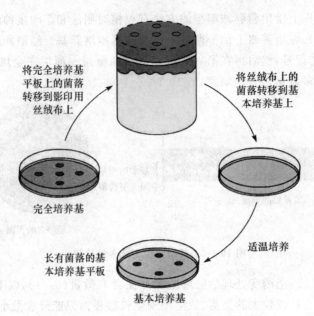

将完全培养基平板上的菌落转移到影印用丝绒布上

将丝绒布上的菌落转移到基本培养基上

完全培养基

适温培养

长有菌落的基本培养基平板

基本培养基

图 10-1-4　影印培养法检出营养缺陷型

现微生物的生长圈,说明该微生物就是该营养物相应的营养缺陷型。以上操作是在同一平皿上测定一种缺陷型菌株对许多种生长因子的需求情况,称为生长谱法。营养缺陷型的鉴定也可在一个平皿中加入一种营养物质以测定多株缺陷型菌株(10~50 株)对该生长因子的需求情况。

4. 插入突变体育种

转座子插入(transposon insertion)是除了化学诱变剂和辐射外的又一诱变途径,是创造插入突变体的一个有效手段。转座因子(transposable element)是一类广泛存在于微生物基因组中的可自主改变自身座位的 DNA 片段,即转座因子可以从基因组的一个位置跳跃到另一个位置。在微生物中,转座因子包括插入序列(insertion sequence)和转座子(transposon)等类型。当转座因子插入到一个野生型基因内时,该基因的正常功能被破坏,产生的突变体表型和一般的突变体相同,如营养缺陷型、酶活性丧失等。科学家们目前正在利用转座(因)子通过随机诱变和定向诱变的方式来创造新的突变体。

三、推理育种

微生物体内存在一套精确而有效的调节体系,能够根据外界环境条件和自身生理活动的需要,自行调节代谢反应的速率和方向。由于这种复杂的代谢调控机制的存在,某些中间代谢产物或者终产物达到一定的浓度就不再合成,不利于目标产物的积累。若要选育能够大量积累某种代谢产物的菌株,必须破坏微生物的这种正常的调节机制。推理育种就是根据微生物代谢产物的生物合成途径和调节机制,通过人工诱变定向改变微生物的正常代谢调节体系、使目标产物选择性地大量合成和积累的育种技术。

微生物的酶有诱导酶和组成酶两大类。诱导酶是由诱导物诱导而生成的酶,而组成酶的合成仅受遗传物质的控制,不受外界环境因素影响。如果生产菌株的目标产物是诱导酶,如大多数水解酶,发酵体系中就必须有诱导物存在才能合成。用诱变剂处理生产菌株,使其调节基因或操纵子基因发生突变,然后筛选组成型表达诱导酶的菌株。调节基因的突变可使调节基因不能合成阻遏物,操纵基因突变可使其丧失与阻遏物结合的亲和力,此时诱导酶的表达不再需要诱导物,而是类似于组成酶表达那样不受环境因素的影响,这样就能够较大幅度地提高诱导酶的产量。

经典的诱变育种有一定的盲目性,推理育种的优点是定向、工作量适中、效率高。采用推理育种技术已经培育出了高产氨基酸、核苷酸和抗生素等代谢产物的菌株,并且已应用于生产。推理育种已成为诱变育种最为活跃的领域,与代谢工程相结合,实现了工业微生物的定向育种。

四、构建基因工程菌株

基因工程是在基因水平上的遗传工程,它是人为地将所需要的某一基因(来自供体)在离体条件下进行切割后,将其和载体 DNA 分子连接形成重组基因,再把重组基因转入宿主细胞并使其表达,从而获得新物种的一种新育种技术。基因工程是人们在分子生物学理论指导下的一种自觉行为,是一种可事先设计和控制的育种新技术,是人工的、离体的、分子水平上的一种遗传重组新技术,是一种可完成超远缘杂交的育种新技术,因而也是一种最有前途的定向育种新技术。

(一)基因工程的发展历史

基因工程出现于 20 世纪 70 年代初。DNA 的特异切割、DNA 的分子克隆和 DNA 的快速测序技术的建立为基因工程的诞生奠定了基础。

20 世纪 50 至 60 年代末,Arber 等发现 *E. coli* 能通过限制－修饰系统(restriction-modifi-cation system)限制噬菌体的侵染,即通过给自身 DNA 打上甲基化标记来区分"异己"并切割入侵的噬菌体 DNA。1970 年 Smith 等从 *Hemophilus influenzae*(流感嗜血杆菌)中分离出特异切割 DNA 的限制性核酸内切酶(restriction endonuclease)。次年,Nathans 等用该酶切割猴 SV40 病毒的 DNA 并绘制出 DNA 的限制性酶切图谱。1978 年的诺贝尔生理学或医学奖被授予这三位科学家。

1973 年,Boyer 等将 R 质粒的抗药性基因与 pSC101 质粒载体融合,并将此重组 DNA 转化大肠杆菌,首次实现了 DNA 的分子克隆。1975 年 Sanger 实验室建立了 DNA 的双脱氧链终止法测序技术。1977 年 Gilbert 实验室又建立了 DNA 化学降解法测序技术。分子克隆和测序方法的建立,使 DNA 重组技术得以产生。1980 年诺贝尔化学奖被授予 Boyer、Gilbert 和 Sanger,以肯定他们在发展 DNA 重组与测序技术中的贡献。

1977 年 Boyer 等首先成功地在大肠杆菌中表达了人工合成的生长激素释放抑制因子 14 肽的基因,1978 年 Itakura(板仓)等在大肠杆菌中将人生长激素 191 肽表达成功。1982 年,在建立转基因植物和转基因动物技术上均获得重大突破:Chilton 等借助土壤根瘤农杆菌 Ti 质粒成功将外源基因导入双子叶植物细胞内,从而使植株获得新的遗传性状;同年 Palmiter 等将克隆的生长激素基因导入小鼠受精卵细胞核内,培育出了巨型转基因小鼠。仅仅 10 年时间,基因工程在实践中就已经迅速成熟,日趋完善。

(二)基因工程的基本操作程序

基因工程操作首先要获得目的基因,用限制性核酸内切酶将其切割后与克隆载体连接,并将重组 DNA 转入微生物使其复制(无性繁殖),由此实现基因克隆。克隆的基因需要进行鉴

定或测序,然后将其与表达载体连接,转入宿主细胞,控制适当的条件,使转入的基因在细胞内得到表达,即能产生出人们所需要的产品,或使生物体获得新的性状。通过上述途径获得的具有新功能的个体分别被称为基因工程菌、基因工程动物(转基因动物)和基因工程植物(转基因植物)(图10-1-5)。

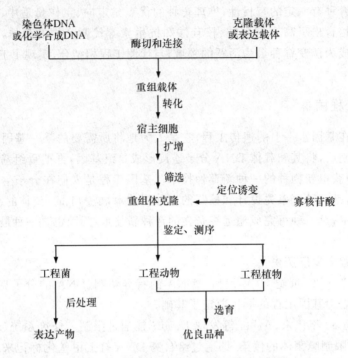

图 10-1-5　基因工程基本操作过程示意图

1.目的基因片段的获得

用于进行基因重组的目的基因可来源于任何生物,往往选择具有经济价值、医疗价值或科学研究价值等的基因进行操作。目的基因可通过 PCR 技术、从基因文库中"钓"取或直接合成三种方式获得。由于原核微生物没有 RNA 的剪接功能,所以需要以成熟的 mRNA 为模板进行 RT-PCR 来获得来自真核生物的目的基因。在进行 PCR 时,根据"工程蓝图"的要求,设计引物时,可在其 5′端添加限制性内切酶识别序列,从而可获得限制性内切酶切割后末端带有黏性末端的目的 DNA 片段。必要时这种黏性末端也可用人工方法进行合成。载体 DNA(细菌质粒等)也需用同样的限制性内切酶处理,露出相应的粘接末端。进一步通过 DNA 连接酶将 PCR 产物与克隆载体连接,将重组载体导入受体细胞使其在宿主细胞内大量复制(克隆),然后提取质粒用于后续过程。

2.重组载体的构建

把目的基因片段与载体 DNA 分别用相同的限制性内切酶处理,然后将二者以一定的比例混合,使黏性末端"退火",再在外加 DNA 连接酶的作用下,"缝合"裂口,如果载体是质粒,就可形成一个完整的、具有自主复制能力的环状重组体,即"重组质粒"。

载体是携带目的基因并将其转移至受体细胞内的运载工具。载体必须具有自主复制的能力。一般可以利用质粒的转化作用,将供体基因带入受体细胞内;也可用特定的噬菌体(如

E. coli 的 λ 噬菌体)或病毒(如在正常猴体内繁殖的 SV40 球形病毒)的 DNA 作为载体运载目的基因。

λ 噬菌体是最早使用的克隆载体,其接受外源 DNA 的能力要比细菌质粒大得多,最大接受容量可达 23 kb。常用的 λ 噬菌体载体有 λgt 系列、λEMBL 系列和 Charon 系列载体。

质粒载体是目前最常用的载体类型,天然质粒载体经过以下人工改造功能十分强大:①将载体的长度减至最小,以扩充载体容纳外源 DNA 片段的能力;②增加质粒载体内的限制性内切酶酶切位点的数目,形成多克隆位点,增强其适用性;③在质粒中引入多种用途的辅助序列,例如引入筛选标记和抗生素抗性基因。常用的人工质粒载体有 pBR322 质粒载体和 pUC 质粒载体等。

在实际工作中还会遇到更大的基因,如长度超过 40 kb 的 DNA,质粒和噬菌体载体都不能将其容纳,必须构建具有更大克隆能力的新型载体。为此人们构建了 cosmid 克隆载体,即人工构建的含有 λDNA 的 cos 位点序列和质粒复制子的特殊类型的质粒载体。cosmid 克隆载体广泛应用于基因组 DNA 文库的构建。另外还可以通过构建酵母人工染色体载体(yeast artificial chromosome,YAC)和细菌人工染色体载体(bacterial artificial chromosome,BAC)的方式构建高等真核生物和原核生物的基因组文库,他们可容纳的基因组 DNA 片段平均可达 100 kb 以上。

3. 转化受体细胞

理想状态下,重组质粒通过转化进入感受态受体细胞后,能通过自主复制而得到扩增,并在受体细胞内表达出供体目的基因相应的遗传性状,成为"工程菌"。

4. 工程菌的鉴定

构建的重组质粒和工程菌是否都符合原定的"蓝图",需要通过测序等方法对克隆的基因进行鉴定,对工程菌的表达产物进行鉴定等。

(三)基因工程菌的应用

基因工程菌作为基因工程技术的一种重要产物,可以广泛应用于农业、工业和医学领域,例如基因工程菌可用来生产基因工程药物。基因工程药物包括一些在生物体内含量甚微但却具有重要生理功能的蛋白质,如激素、酶、细胞因子、抗体和疫苗等。此外,还可利用重组 DNA 技术改造蛋白质,设计和生产出自然界不存在的新型蛋白质药物。其中,在大肠杆菌中表达的重组胰岛素是作为商品于 1982 年最早投放市场的基因工程药物。重组疫苗是目前最普遍使用的基因工程药物,这是一类更有效更安全的新型疫苗。第一个被批准在人类中使用的重组疫苗是用酿酒酵母生产的乙肝表面抗原(HbsAg),现在世界上许多实验室正在试验制备 HIV 的重组疫苗。

五、原生质体融合育种

原生质体融合(protoplast fusion)是目前工业微生物育种的重要手段,是通过人为方法使遗传性状不同的两个细胞进行融合以获得兼有双亲遗传性状的稳定重组子的过程,又称为体细胞杂交。获得的重组子称为融合子(fusant)。能进行原生质体融合的细胞不仅包括原核生物中的细菌和放线菌,还包括各种真核生物的细胞。不同菌株间或种间可以进行融合,属间、科间甚至更远缘的微生物或高等生物细胞间也能发生融合。原生质体融合的操作步骤见图 10-1-6。

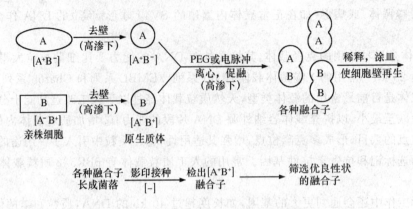

图 10-1-6　原生质体融合的操作步骤(引自:周德庆,2011)

1.原生质体融合的操作过程

(1)亲本菌株的选择　为了方便融合子的筛选,用于原生质体融合的亲本需要携带遗传标记。常用营养缺陷型和抗性作为标记,也可采用热致死、孢子颜色、菌落形态等作为标记。如果原生质体融合的目的是为了进行遗传分析,那么应该采用带有隐性基因的营养缺陷型或抗性菌株;如果从育种角度进行原生质体融合,由于大多数营养缺陷型菌株都会影响代谢产物的产量,所以在选择营养缺陷型标记时,应尽量避免采用对正常代谢有影响的缺陷型菌株。

(2)原生质体制备　获得有活力、去壁较完全的原生质体是原生质体融合育种技术的先决条件。制备细菌和放线菌的原生质体,主要采用溶菌酶;制备酵母菌和丝状真菌的原生质体,可用蜗牛酶等;在丝状真菌的原生质体制备中往往采用两种及以上的酶混合处理。另外,影响原生质体制备的因素有许多:

①菌体的前处理　为了使酶的作用效果更好一些,可对菌体作一些前处理,如在培养基中加入一些物质,增加菌体细胞壁对酶的敏感性。例如,加入青霉素可使细菌不能合成完整的细胞壁,便于溶菌酶处理。

②微生物的生理状态　为了使菌体细胞易于形成原生质体,一般选择对数生长期的菌体。这时的细胞壁对酶解作用最为敏感,不仅原生质体形成率高,再生率也很高。

③酶浓度　一般来说,酶浓度增加,原生质体的形成率也增加,但酶浓度过高,会导致原生质体再生率降低。因此,一般使用原生质体形成率和再生率之积达到最大时的酶浓度作为最佳酶浓度。

④酶解温度　在选择最佳酶解温度时,除了要考虑酶的最适温度外,还要用原生质体再生率加以校正。

⑤酶解时间　时间过短,原生质体形成不完全,影响融合;时间过长,会伤及原生质体的质膜,既不利于融合,也会影响原生质体再生,因此,必须要选择合适的时间。

⑥渗透压稳定剂　由于原生质体必须处于等渗或高渗环境中,渗透压稳定剂多采用 KCl、NaCl、CaCl$_2$ 等无机物和甘露醇、山梨醇、蔗糖、丁二酸钠等有机物。菌株不同,最佳稳定剂也有差异。在细菌中多用蔗糖、丁二酸钠、NaCl 等;在酵母菌中多用山梨醇、甘露醇等;在霉菌中多用 KCl 和 NaCl 等。稳定剂的使用浓度一般均在 0.3~0.8 mol/L 之间。

除以上的因素以外,破壁时的 pH、培养基成分、培养方式、离子强度和种类等对原生质体的形成也有一定的影响。

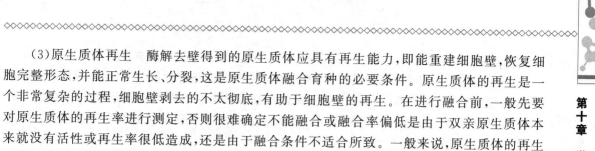

（3）原生质体再生　酶解去壁得到的原生质体应具有再生能力，即能重建细胞壁，恢复细胞完整形态，并能正常生长、分裂，这是原生质体融合育种的必要条件。原生质体的再生是一个非常复杂的过程，细胞壁剥去的不太彻底，有助于细胞壁的再生。在进行融合前，一般先要对原生质体的再生率进行测定，否则很难确定不能融合或融合率偏低是由于双亲原生质体本来就没有活性或再生率很低造成，还是由于融合条件不适合所致。一般来说，原生质体的再生率为百分之几到百分之几十，有的甚至可达 100%。如果原生质体不能通过再生恢复到正常状态，细胞融合将失去意义。

（4）原生质体融合　化学诱导融合可采用具有促融作用的表面活性剂聚乙二醇（PEG），终浓度常采用 30%～40%。除 PEG 外，还要加入钙、镁等阳离子，它们对融合也有促进作用。研究表明，融合前用 UV 照射原生质体可大大增加融合频率。物理促融技术，例如电诱导融合是以空间定向、时间同步的可控方式来实现原生质体的融合，从而改变了化学融合的随机性，且融合频率高，操作简便、快速，对细胞损伤较小，并可以在显微镜下进行。

（5）融合子的筛选与鉴定　由于融合子随机表达亲本的某些性状，目前尚无系统的鉴定标准，如何系统地筛选出兼具双亲优良性状的重组子（杂合融合子），是细胞融合技术的关键问题。

当两亲本菌株均为营养缺陷型时，可用直接法和间接法筛选杂合融合子；当一个亲株为野生型，另一个为营养缺陷型时，可用钝化选择法。

①直接法　原生质体融合后直接分离到 MM 培养基或补充培养基（supplemental medium，SM）上，即可直接检出融合细胞。其优点是只需一步就可得到重组体，而且大多数重组体是稳定的，缺点是难以检出那些表型延迟但基因已重组的融合体。

②间接法　把融合产物分离到 CM 培养基上，使原生质体再生，使融合和没融合的原生质体都能生长，然后再分离到 SM 培养基上。其优点是能促使细胞更好地再生，而且表型延迟重组体容易检出。缺点是需要两步才能检出重组体，需要相当大的人力和物力，而且得到的重组体不太稳定。

通过直接法和间接法筛选得到的重组体不一定能提高目的产物的产量。

③钝化选择法　钝化选择法是指灭活原生质体和具活性原生质体融合时，把亲株中的一方（野生型）原生质体在 50℃ 热处理 2～3 h，钝化代谢途径中的某些酶，再与另一方（双缺陷型）原生质体融合，并分离到 MM 培养基上，即可检出融合细胞。灭活除用加热方法外，还可以用紫外线或药物处理。

如果两亲本都不是营养缺陷型菌株，可以用以下方法对杂合融合子进行筛选。

①形态和生化鉴定　生化鉴定是建立在微生物生化代谢产物分析基础上的常规鉴定方法，对融合子的生化特性进行检测，看其是否同时具有双亲的性状。但生化鉴定适用范围窄，不能作为通用的鉴定方法，而且操作复杂、时间长、效率低。

②灭活融合　灭活融合技术将各亲本菌株的原生质体灭活后再融合。如果发生了融合的现象，其遗传物质可以自发进行重组，损伤部位刚好可以互补，失活的原生质体便恢复活性，再生出融合子菌落。该技术避免了遗传标记的复杂过程，降低了技术要求，可方便快捷地筛选出融合子，从而提高了筛选效率。

③酯酶同工酶酶谱分析　酯酶同工酶结构的相似性是生物之间亲缘关系的一种体现，对研究遗传变异和生物进化也有一定的重要意义。融合子在融合过程中真正发生了遗传重组而

不是简单的遗传物质叠加,其酯酶同工酶的酶谱也会呈现出和亲本菌株不同的多态性。

④DNA 杂交 将亲本菌株的特定 DNA 片段制备探针进行标记,在与探针有同源序列的 DNA 位置上会显示出杂交信号,通过 DNA 杂交技术对亲本菌株与融合子的 DNA 同源性进行比较,可以对融合重组子加以鉴定。DNA 杂交这项技术在远缘杂交或者亲缘较远的菌株间融合的融合子鉴定时应用较多。

⑤DNA 指纹图谱法 最常用的 DNA 指纹图谱技术是限制性片段长度多态性(Restriction Fragment Length Polymorphism,RFLP)。将基因组 DNA 用限制性内切酶处理后,进行凝胶电泳,观察电泳图谱之间存在的差异,也可应用计算机对图谱进行数据分析和处理。该法不仅快捷简便,而且重复性好,可信度高,因此被广泛应用在各个领域。但此法也有缺陷:RFLP 是对细胞的总 DNA 进行酶切后得到的电泳图谱,复杂程度较高,仅可用于远缘菌株的遗传分析。如果两个亲本菌株属于同一个种,那么其融合子就很难用该法进行鉴定。

⑥PCR 技术 通过设计两亲本菌株的特异性引物,既可用单重 PCR,也可用多重 PCR 对融合子进行筛选。例如在筛选乳酸菌和芽孢杆菌的融合子时可分别针对乳酸菌 β-半乳糖苷酶基因的保守序列和芽孢杆菌的芽孢形成早期因子基因 spo0A 设计引物进行 PCR,两对引物扩增均呈阳性的为阳性融合子。

⑦分子标记 分子标记是在遗传物质核苷酸序列水平上,对具有相对差异的等位基因 DNA 多态性进行标记的一种标记技术,又称为 DNA 分子标记,是 DNA 水平上遗传变异的直接反映,是 DNA 多态性的一种体现。分子标记的类型有很多,有基于全基因组的 AFLP(amplified fragment length polymorphism)、随机扩增多态性 DNA(random amplified polymorphic DNA,RAPD)等技术,也有基于简单重复序列的 ISSR(inter-simple sequence repeat)、SPAR(single primer amplification reaction)等技术,还有基于特定序列的分子标记如 STS(sequence-tagged site)、EST(expressed sequence tag)、CAPS(cleaved amplification polymorphism sequence)等。这些分子标记技术可用于融合子的检测,如果融合子在融合过程中发生了遗传重组,则其 DNA 分子标记也会呈现出和亲本菌株不同的特征。

(6)实用性菌株的筛选 微生物原生质体融合是一种基因重组技术,但原生质体融合后所产生的融合子类型多样,性能、目标产物的产量各不相同,要想获得实用性菌株还需进行遗传稳定性试验和进一步的筛选。

2.原生质体融合的特点和优势

(1)杂交频率较高 由于没有细胞壁障碍,而且在融合时加入促融剂 PEG,因而杂交频率明显高于常规杂交方法。原生质体融合的重组频率大于 10^{-1},而诱变育种一般仅为 10^{-6}。

(2)受接合型或致育性的限制较小 两亲本菌株均可起到受体或供体的作用,因此有利于不同种属间微生物的杂交。另外原生质体融合是和致育性没有关系的细胞杂交,所以受接合型或致育性的限制就比较小。

(3)重组体种类较多 原生质体融合后两个亲本菌株的整套基因组发生相互接触,有机会发生多次交换,因此可以产生多种重组子。

(4)遗传物质的传递更为完整 由于原生质体融合是两亲本菌株的细胞质和细胞核进行的类似合二为一的过程,因此,遗传物质的交换更为完整。在原核生物中通过原生质体融合可以将两个或更多个完整的基因组整合到一起。

(5)可以获得性状优良的重组体 可以与其他的育种方法相结合,将从其他方法获得的优

良性状,通过原生质体融合再组合到单个菌株中。

(6)可以提高育种效率　采用温度、药物或紫外线照射等处理钝化一方亲株的原生质体,然后再与另一亲株的原生质体融合,就可以在筛选过程中除去一方亲株,从而提高筛选效率。

(7)可以采用产量性状较高的菌株作融合亲株　进行一般基因重组时需采用较多的遗传标记,而遗传标记如营养缺陷型往往影响工业微生物的某些生物合成能力。由于原生质体融合频率较高,所以可采用较少标记或不带标记的菌株进行融合,这对改良生产菌株性能来说非常有效。

第二节　微生物的菌种维护

对微生物理论和实践工作者来讲,菌种衰退的防止、菌种的复壮和保藏工作,统称菌种维护。

一、菌种的衰退与复壮

在生物进化的历史长河中,退化性的变异是大量的,而进化性的变异却是个别的。如果对菌种工作长期放任自流,不搞纯化、复壮和积极选育,菌种就会进行"惩罚"性报复,反映到生产上就会出现持续低产和不稳产,这说明菌种的生产性状也是"不进则退"的。

对产量性状来说,菌种的负变就是衰退。菌种的其他原有典型性状变得不典型时,也是衰退。最易觉察到的衰退是菌落和细胞形态的改变,例如细黄链霉菌(*Streptomyces microflavus*)"5406"的孢子、孢子丝和菌落形态的变化,苏云金芽孢杆菌(*Bacillus thuringiensis*)的芽孢与伴孢晶体变得小而少等。其次,就是生长速度变缓,产孢子越来越少,例如"5406"的菌苔变薄、生长缓慢(要半个月以上才长出菌落),不产生典型而丰富的橘红色孢子层,有时甚至只长些黄绿色的基内菌丝。再次,是代谢产物生产能力或寄生能力下降。比如枯草杆菌 BF7658生产 α-淀粉酶能力的衰退等。最后,衰退还表现在微生物抗逆能力的减弱。

菌种的衰退是发生在细胞群体中的一个从量变到质变的逐步演变过程。菌体自发突变总以一定的频率发生,开始时,群体中只有个别细胞发生负变,这时如不及时发现并采取有效措施,而一味地移种传代,这些负变个体在群体中的比例将逐步增大,最后占据优势,从而使整个群体出现严重衰退。所以在开始时所谓"纯"的菌株,实际上已包含着一定程度不纯的因素;同样,即使菌种已经"衰退",其中还有少数尚未衰退的个体存在着。

了解菌种衰退的原因后,就有可能提出防止菌种衰退的措施和进行菌种复壮的方法。在实践中,人们在防止菌种衰退和进行复壮的工作中积累了丰富的经验。

(一)衰退的防止

1.控制传代次数

即尽量避免不必要的移种和传代,将必要的传代降低到最低限度,以减少发生突变的概率。由于突变都是在微生物繁殖过程中发生或表现出来的,所以传代次数越多,产生突变的概率就越高,发生衰退的机会也就越多。所以不论在实验室还是在生产实践中,必须严格控制菌种的移种代数,采用良好的菌种保藏方法,可大大减少不必要的移种和传代。

2. 创造良好的培养条件

在实践中发现创造一个适合原种的生长条件,也可以防止菌种衰退。例如,用老苜蓿根汁培养基培养细黄链霉菌"5406"就可以防止它的退化;在赤霉素生产菌藤仓赤霉(*Gibberella fujikuroi*)的培养基中加入糖蜜、天门冬素,谷氨酰胺、5'-核苷酸或甘露醇等丰富营养物时,也有防止菌种衰退的效果;此外,改变栖土曲霉(*Aspergillus terricola*)3.942的培养温度,将其从28～30℃提高到33～34℃可以防止它产孢能力的衰退。

3. 利用不同类型的细胞进行接种传代

放线菌和低等霉菌的菌丝往往为多核单细胞,因此用菌丝接种就会出现不纯和衰退,而无性孢子一般是单核的,用它接种时,就可防止衰退发生。有人在实践上创造了用灭过菌的棉团对细黄链霉菌"5406"进行斜面移种,由于避免了菌丝的接入,因而达到了防止衰退的效果;又有人发现,构巢曲霉(*Aspergillus nidulans*)如用其分生孢子传代就易退化,而改用子囊孢子移种则不易退化。

4. 采用有效的菌种保藏方法

工业生产用菌种的生产性能相关性状都属于数量性状,即使在较好的保藏条件下,也容易发生衰退。据报道,能产生链霉素的灰色链霉菌(*Streptomyces griseus*)以冷冻干燥的孢子形式保藏5年,衰退菌落的数目有所增加。诸多衰退现象说明有必要研究和采用更有效的保藏方法以防止菌种衰退。

(二)菌种的复壮

广义的复壮应该是积极的,实际上是一种利用自发突变不断从生产中进行选种的工作,即在菌种的生产性能尚未衰退前就经常有意识地进行纯种分离和生产性能的测定,筛选正变,使菌种的生产性能逐步提高。

1. 通过纯种分离复壮

纯种分离复壮是在菌种已发生衰退后,再通过纯种分离和性能测定等方法,从衰退群体中找出少数尚未衰退的个体,以达到恢复菌种原有性状及生产性能的一种措施。这是狭义的复壮,是一种消极的措施。常用的分离纯化方法有很多,一类较粗放,只能达到"菌落纯"水平,即从种的水平来说是纯的,例如在琼脂平板上进行划线分离、表面涂布分离或浇注平板分离等方法获得的菌落。另一类是较精细的单细胞或单孢子分离方法,可以达到细胞纯即"菌株纯"水平,这类分离方法既包括简便的利用培养皿或凹玻片等分离室的方法,也包括利用复杂的显微操作器的各种分离方法。如果遇到不长孢子的丝状菌,则可切取菌落边缘的菌丝端进行分离移植,也可用毛细管插入菌丝尖端截取单细胞进行纯种分离。

2. 通过寄主体复壮

对于寄生性微生物的退化菌株,可通过接种至相应昆虫或动、植物寄主体内恢复菌株的毒性。例如经过长期人工培养的苏云金芽孢杆菌会发生毒力减退、杀虫率降低等现象,这时可将退化的菌株,去感染菜青虫的幼虫,然后再从病死的虫体内重新分离典型产毒菌株。如此反复多次,就可提高菌株的毒力和杀虫效率。

3. 淘汰已衰退的个体

有人曾将细黄链霉菌"5406"的分生孢子用－10～30℃的低温处理5～7 d,使其死亡率达到80%。结果发现在抗低温的存活菌株中,留下了未退化的健壮菌株。

以上的方法是人们在生产实践中积累的具有一定效果的防止菌种衰退和达到复壮的经

验。在实际工作中,需要具体问题具体分析,判断菌种究竟是发生了衰退,还是仅仅发生了一般性的表型变化,或者只是污染了杂菌而已。只有有的放矢,才能使菌种复壮工作奏效。

二、菌种的保藏

菌种是一个国家的重要自然资源,菌种保藏是一项重要的微生物学基础工作。菌种保藏机构的任务是在广泛收集生产和实验室菌种、菌株的基础上,将它们妥善保藏,使之达到不死、不衰、不乱以及便于研究、交换和使用的目的。本书表15-1-1列举了一些国际上公认的菌种保藏机构。

菌种保藏的方法有很多,原理也大同小异。首先要挑选典型菌种的优良纯种,最好采用它们的繁殖形式或休眠体形式进行保藏,例如分生孢子和芽孢等;其次,还要创造一个有利于休眠的环境条件,抑制微生物的生长繁殖,选择诸如干燥、低温、缺氧、避光、缺乏营养以及添加保护剂或酸度中和剂等外界条件。

一种良好的保藏方法既要保持原种的优良性状不变,同时还须考虑方法的通用性和简便性。常见的菌种保藏方法如下:

1. 斜面低温保藏法

将菌种接种在斜面培养基上,生长完全后置4℃左右的冰箱中保藏,每隔一定时间(保藏期)再转接至新的斜面培养基上,生长后继续低温保藏,如此反复。该法简便易行,容易推广,存活率高,具有一定的保藏效果。但菌株仍有一定程度的代谢活动能力,保藏期短,传代次数多,容易发生变异和杂菌污染。该法适用于大多数微生物菌种的短期保藏及不宜用冷冻干燥保藏的菌种。

2. 石蜡油封藏法

在斜面或穿刺培养基上加一层液体石蜡,液体石蜡可以防止培养基失水干燥,隔绝空气,降低菌种细胞的代谢速率。此法适用于各类微生物,尤其是不形成芽孢的细菌和不产孢子的真菌,此法保藏期限2~10年。

3. 砂土管保藏法

先将砂与土分别洗净、烘干、过筛(一般砂用60目筛,土用120目筛),砂与土按(1~2):1的比例混匀,分装于小试管中,砂土的高度约1 cm,121℃蒸汽灭菌1~1.5 h,间歇灭菌3次,50℃烘干后备用,也可以只用砂或土作载体进行保藏。需要保藏的菌株先用斜面培养基充分培养,再用无菌水制成10^8~10^{10}个/mL的菌悬液或孢子悬液滴入砂土管中,放线菌和霉菌也可直接刮下孢子与载体混匀,而后置于干燥器中抽真空2~4 h,用火焰熔封管口(或用石蜡封口),置于干燥器中,在室温或4℃冰箱内保藏,4℃保藏时效果更好。此法适用于放线菌、霉菌以及形成芽孢的细菌。砂土管保藏法兼具低温、干燥、隔氧和无营养物等诸多条件,故保藏期较长,效果较好,且微生物移接方便,经济简便,此法保藏期1~10年。

4. 麸皮保藏法

麸皮保藏法也称为曲法保藏,即以麸皮作载体,吸附接入的孢子,然后在低温干燥条件下保存。其制作方法是按照不同菌种对水分要求的不同将麸皮与水以1:(0.8~1.5)的比例拌匀,装量为试管体积的2/5,湿热灭菌后经冷却,接入新鲜培养的菌种,适温培养至孢子长成。然后将试管置于盛有氯化钙等干燥剂的干燥器中,于室温下干燥数日后移入低温下保藏;干燥后也可将试管用火焰熔封再保藏,效果更好。麸皮保藏法适用的菌种为产孢子的霉菌和某些

放线菌,保藏期在 1 年以上。此法操作简单,经济实惠,工厂中较多采用。中国科学院微生物研究所采用麸皮保藏法保藏曲霉,如米曲霉、黑曲霉和泡盛曲霉等,其保藏期可达数年至数十年。

5. 甘油悬液保藏法

此法是将菌种悬浮在甘油蒸馏水中,置于低温下保藏,甘油悬液保藏法较简便,但需配置低温冰箱。保藏温度若采用 $-20℃$,保藏期为 $0.5\sim1$ 年,而采用 $-70℃$,保藏期可达 10 年。将待保藏菌种对数期的培养液直接与经 $121℃$ 蒸汽灭菌 20 min 的甘油混合,并使甘油的终浓度在 $10\%\sim15\%$,再分装于小冻存管内,置于低温冰箱中保藏。基因工程菌常采用此法保藏。

6. 冷冻真空干燥保藏法

冷冻真空干燥保藏法又称冷冻干燥保藏法,简称冻干法。首先把加一定保护剂的菌悬液冷冻,然后在冷冻状态下予以真空干燥,使微生物细胞处于半永久的休眠状态,从而达到长久保藏的目的。除丝状真菌不宜用此法外,其他大多数微生物如细菌、病毒、放线菌、酵母菌等均可采用冷冻真空干燥保藏法保藏菌种。由于此法同时具备低温、干燥、缺氧的菌种保藏条件,因此保藏期长,一般达 $5\sim15$ 年,而且菌种存活率高,变异率低,是目前被广泛采用的一种比较理想的保藏方法。

7. 液氮超低温保藏法

液氮超低温保藏法简称液氮保藏法或液氮法,在待保藏菌种的孢子或菌悬液中添加冷冻保护剂,一般是终浓度为 10% 的甘油或 5% 的二甲基亚砜(DMSO),取 $0.5\sim1$ mL 分装于玻璃安培瓶或液氮冷冻专用的冻存管中,封口后以 $1\sim2℃/min$ 的制冷速度降温至细胞冻结点(约 $-30℃$),最后将安培瓶迅速转移入液氮罐中于液相($-96℃$)或气相($-156℃$)中保存。除了少数对低温损伤敏感的微生物外,该法适用于各种微生物和各种培养形式的微生物培养物的保藏,可以保藏菌株的孢子或菌体、液体或固体培养物,并且保藏期长达 15 年以上。该法的缺点是需购置超低温液氮设备,且液氮消耗较多,费用较高。

8. 宿主保藏法

此法适用于专性活细胞寄生微生物(如病毒、立克次氏体等)的保藏。它们只能寄生在活的动植物或其他微生物体内,故可针对宿主细胞的特性进行保藏。如植物病毒可用植物幼叶的汁液与病毒混合,冷冻或干燥保存。噬菌体可经细菌培养扩大后,与培养基混合直接保藏。动物病毒可直接用病毒感染适宜的脏器或体液,然后分装于试管中密封,低温保存。

本章小结

本章介绍了微生物菌种选育和菌种维护的基础理论、基本知识和相应的操作技术。从自然界中分离获得的微生物菌种必须经过人工选育和性能优化来提高目标产物的产量,才能应用于工业、农业和医学等领域。另外要防止已经选育出的优良菌种衰退并通过合适的菌种保藏方法将其长期保藏。

通过无菌技术、用液体或者固体培养基分离微生物、显微分离和选择培养分离等纯培养技术或者用二元培养物替代纯培养物的方法可以将特定的微生物从自然界中分离纯化出来。利用自发突变和诱发突变可以进行微生物育种,利用自发突变可以从生产中直接选育或者定向培育的方式获得优良菌种;按照诱变育种的基本环节(选择优良的出发菌株、制备单细胞悬液、选择诱变剂和诱变剂量、诱变处理和分离突变体)可进行诱变育种来获得优良的菌种。通过营养缺陷型菌株的筛选和其他高效的筛选方法可以将突变体菌株筛选出来。

除了经典的利用突变进行微生物育种外,推理育种、构建基因工程菌株和原生质体融合育种技术是目前研究更活跃、更具有发展前景的微生物育种方法。构建基因工程菌株要按照基因工程的基本操作程序将目的基因在受体微生物细胞内表达,使微生物获得新的性状、产生出人们所需要的产品。通过原生质体融合技术可以实现不同菌株间、种间甚至更远缘的微生物细胞间遗传物质的重组,从而改良生产菌株的性能。

微生物的菌种维护包括菌种衰退的防止、菌种的复壮和菌种保藏工作。通过控制传代次数、选择合适的培养条件和菌种保藏条件等方法可以有效地防止菌种衰退。针对不同的微生物菌种要选择合适的、简便经济的保藏方法,目标是使菌种存活率高,变异率低即保持菌种的优良性状不变。

思考题

1. 将特定的微生物从自然界中分离出来获得纯培养物的方法有哪些?

2. 传统的利用突变进行微生物育种和推理育种、基因工程育种以及原生质体融合育种等新兴的微生物育种方法各自的原理是什么?操作过程是什么?在微生物育种领域各自的优点有哪些?

3. 在生产实践中如何防止菌种衰退?细菌、病毒、放线菌、酵母菌和丝状真菌的菌种保藏方法有哪些?

(江西农业大学 丁忠涛)

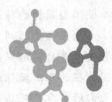

第十一章
微生物的基因表达与调控

◈内容提示

　　微生物细胞内的基因并不同时表达,表达基因表达的强度也不一定相同,这是因为细胞内的基因表达受到严格的调控。不管是管家基因还是奢侈基因,表达都受到调控,只是调控的方式不一样。理论上,基因表达的调控可以在多种水平上展开,包括 DNA 水平、转录水平、转录后加工水平、翻译水平、翻译后加工水平等。在所有调控方式中,从节省能量的角度看,基因表达关闭得越早越好,因此转录的起始阶段是最佳调控位点。原核微生物基因表达的调控主要是在转录水平。原核微生物基因转录与翻译同时发生,mRNA 的半衰期极短,在几分钟内就被降解,故而一种 mRNA 必须持续转录才能维持蛋白质的合成。真核微生物细胞结构比原核生物复杂,转录和翻译在时空上均被分隔开,分别在细胞核和细胞质中先后进行,并且基因组和染色体结构复杂,蕴藏大量的调控信息,真核生物基因表达调控要比原核生物复杂得多。真核生物可以从多个层次调控基因表达。不同于原核生物的,包括染色质水平、RNA 后加工水平和 RNA 干扰等调控方式,真核微生物本章重点介绍基因调控特点及 mRNA 转录激活调节。

第一节　基因表达调控的基本概念与原理

　　基因表达的调控是分子生物学及分子遗传学发展的新领域,涉及很多基本概念和原理,是认识微生物原核、真核基因表达调控的基础。

一、基因表达的概念

　　单倍体细胞或病毒所携带的全部遗传信息或全部基因,称为基因组(genome)。几乎所有生命有机体的基因组都是由双链 DNA 组成,只有病毒的基因组由双链或单链的 DNA 或 RNA 组成。不同生物基因组所含基因数目不同。细菌的基因组约含 4 000 个基因,酵母菌约含 6 000 个基因。基因表达(gene expression)是指细胞在生命过程中,把储存在 DNA 顺序中遗传信息经过激活、转录和翻译,转变成具有生物活性的蛋白质分子,从而赋予细胞或个体一定功能或表型。

　　并非所有基因表达都产生蛋白质,相关编码基因转录合成 rRNA、tRNA 的过程也属于基因表达。所有基因也并非同时表达,而是在某一特定时期或生长阶段,基因组中一小部分基因处于表达状态。例如:大肠杆菌仅 5％～10％ 的基因处于高水平表达,其他基因低表达或暂不表达。这些少数表达活跃的基因也不是固定不变的。与细菌蛋白质生物合成有关的延长因子编码基因表达活跃，而与 DNA 损伤修复有关的酶分子编码基因却极少表达；但当紫外线照射引起 DNA 损伤时，这些修复酶的编码基因便活跃表达。可见，基因表达是在一定调节机制控制下进行，生物体随时调整不同基因的表达状态，以适应环境、维持生长和发育的需要。

二、基因表达的规律性

所有生物的基因表达都具有严格的规律性，即表现为时间和空间的特异性。生物物种越高级，基因表达规律越复杂、精细。基因表达的特异性由特异基因的启动子（序列）和/或增强子与调节蛋白相互作用决定。

1.时间特异性

某一特定基因的表达严格按一定的时间顺序发生，即为基因表达的时间特异性（temporal specificity）。多细胞生物在生长发育的不同阶段，都会有不同基因按特定的时间极为有序地开启或关闭，故多细胞生物基因表达的时间特异性又称为阶段特异性（stage spcificity）。噬菌体、病毒或细菌侵入宿主后，随着感染的发展、生长环境的变化，表现为有些基因开启，有些基因关闭。

2.空间特异性

某种基因产物在个体中按不同组织空间顺序出现的规律，即为基因表达的空间特异性（spatial specificity）。这种空间分布的差异是由细胞在器官的分布决定，故又称细胞特异性或组织特异性。多细胞生物个体在某一发育生长阶段，同一基因产物在不同的组织器官表达量是不一样的；在同一生长阶段，不同的基因表达产物在不同的组织、器官分布也不完全相同。

三、基因表达的方式

1.基础基因表达

基础基因表达是一类不易受环境变化而改变的基因表达，又称组成性基因表达（constitutive gene expression）。其中某些基因产物对整个生命全过程都必需或必不可少的，这类基因通常被称为管家基因（housekeeping gene）。这类基因在一个生物个体的几乎所有细胞中持续表达。例如，三羧酸循环是枢纽性代谢途径，催化该途径各阶段反应的酶编码的基因就属这类基因。

2.可调节基因表达

可调节基因表达（regulated gene expression）是一类极易受环境变化影响，表达水平随环境信号变化出现升高或降低的基因表达。随环境变化基因表达水平增强的过程称为诱导（induction），该过程中被激活的基因称为可诱导基因（inducible gene）；相反，对环境信号应答时被抑制的基因称为可阻遏基因（repressible gene）。可阻遏基因表达使产物水平降低的过程称为阻遏（repression）。例如，DNA 损伤发生时，细菌的修复酶基因会被诱导激活而表达增加；当培养基中色氨酸供应充分时，细菌内与色氨酸合成有关酶的基因表达就会被抑制。诱导和阻遏是同一事物的两种表现形式，在生物界普遍存在，也是生物体适应环境的基本途径。

3.协调表达

协调表达（coordinate expression）是在一定机制控制下，功能上相关的一组基因，无论其为何种表达方式，均需协调一致、共同表达，这种调节称为协调调节（coordinate regulation）。在生物体内，一个代谢途径通常由一系列化学反应组成，需要多种酶的催化和很多其他蛋白质参与细胞内、外区间的转运。这些酶及转运蛋白的编码基因被统一调节，使参与同一代谢途径

的所有蛋白质(包括酶)分子比例适当,以确保代谢途径有条不紊地进行。

四、基因表达调控的生物学意义

1. 适应环境、维持生长和繁殖

生物体赖以生存的外环境是在不断变化的,微生物通过调控基因表达,以适应环境、维持生长和增殖。这种适应调节的能力总是与某种或某些蛋白质分子的功能有关,而这些蛋白的有无、多少则取决于其编码基因表达与否、表达水平高低等。微生物调节基因的表达就是为适应环境、维持生长和细胞分裂。例如,当葡萄糖供应充足时,菌体便表达与葡萄糖代谢有关的酶,其他糖类代谢有关的酶基因则关闭;当葡萄糖耗尽而有乳糖存在时,则与乳糖代谢有关的酶的编码基因表达,此时细菌可利用乳糖作碳源,维持生长和繁殖。

2. 维持个体的发育与分化

在多细胞生物生长发育的不同阶段,细胞中蛋白质分子种类和含量变化很大,即使在同一生长发育阶段,不同组织器官内蛋白质分子分布也存在很大差异,这些差异是调节细胞表型的关键。当某种基因缺陷或表达异常时,则会导致相应组织器官的发育异常。

五、基因表达调控的基本原理

(一)基因表达的多级调控

无论是原核生物还是真核生物,改变遗传信息传递过程的任何环节均能导致基因表达水平的变化。某个基因的表达水平受基因激活、转录起始、转录后加工、mRNA 降解、蛋白质翻译、翻译后加工修饰及蛋白质降解等多个层面的多级调控。上述任一环节发生异常均会影响其表达水平。

在遗传信息水平上,遗传信息以基因的形式储存在 DNA 分子中,基因拷贝数增加其表达产物随之增加;为适应某种特定需要而进行的 DNA 重排、DNA 甲基化修饰等均可在 DNA 水平上影响基因表达。其次,在转录水平上,真核生物转录初级产物需经转录后加工修饰才能成为有功能的成熟 RNA,并由细胞核运至胞质,这些过程也是调节某些基因表达的重要方式。在翻译水平上,翻译与翻译后加工可直接、快速地改变蛋白质的结构与功能,此过程的调控是细胞对外环境变化或某些特异刺激应答时的快速反应机制。总之,基因表达的调控是多层次的复杂过程。

尽管基因表达调控可发生在遗传信息传递过程的任何环节,但在转录水平,尤其是转录起始水平的调控,对基因表达起着至关重要的作用,即转录起始是基因表达最基本的控制点,以下将对基因转录起始水平的调节机制进行重点介绍。

(二)基因转录激活调节基本要素

基因表达的调节与基因的结构、性质,细胞所处的内外环境,以及细胞内存在的转录调节蛋白有关。仅就基因转录激活而言,特异 DNA 序列、转录调节蛋白、DNA-蛋白质及蛋白质-蛋白质相互作用、RNA 聚合酶是该环节的基本调节要素。

1. 特异 DNA 序列

这里主要指具有调节功能的 DNA 序列。原核生物大多数基因表达调控是通过操纵子机制实现的。操纵子(operon)通常由 2 个以上的编码序列、启动序列(promoter,P)、操纵序列(亦称操作子,operator,O)以及其他调节序列在基因组中成簇串联组成。启动序列,亦称启动子,是 RNA 聚合酶(RNA polymerase,RNAP)与之结合并启动转录程序的特异 DNA 序列。调节序列能控制合成相应的调节蛋白,来调节转录程序;操纵序列如果被阻遏蛋白(一种调节蛋白)结合时会阻碍 RNA 聚合酶与启动序列的结合,从而阻止转录启动(图 11-1-1)。

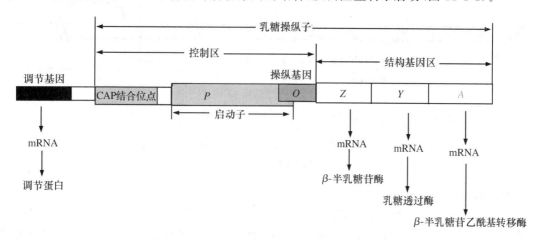

图 11-1-1 大肠杆菌乳糖操纵子的结构示意图(引自:刘国琴,2010)

乳糖操纵子有结构基因(Z、Y、A)、启动子(P)和操作子(O)组成,调节基因(I)有自己的启动子。Z 基因,β-半乳糖苷酶;Y 基因,乳糖透过酶;A 基因,β-半乳糖苷乙酰基转移酶

在各种原核基因启动序列的特定区域内,通常在转录起始点上游−10 及−35 区域存在一些相似序列,称为共有序列(consensus sequence)。$E.coli$ 及一些细菌启动序列的共有序列在−10 区域是 TATAAT,又称 Pribnow 盒(Pribnow box),−35 区域为 TTGACA(图 11-1-2)。这些共有序列中的任一碱基突变或变异都会影响 RNA 聚合酶与启动序列的结合及转录起始。因此,共有序列决定启动序列的转录活性大小。操纵序列与启动序列毗邻或接近,或与启动序列交错、重叠,它是阻遏蛋白的结合位点。当操纵序列结合阻遏蛋白时会阻碍 RNAP 与启动序列的结合,或使 RNA 聚合酶不能沿 DNA 向前移动,从而阻遏结构基因的转录,介导负性调节。原核操纵子调节序列中还有一种特异 DNA 序列可结合激活蛋白,此时 RNAP 活性增强,使转录激活,介导正性调节。

图 11-1-2 原核生物启动子结构(引自:肖建英,2013)

参与真核生物基因转录激活调节的 DNA 序列比原核更为复杂。绝大多数真核基因转录调控与编码序列两侧的 DNA 序列有关。这些调节序列与被调控的结构基因位于同一条 DNA 链上,影响自身基因表达活性,称为顺式作用元件(cis-acting element)。不同基因具有各自特异的顺式作用元件。与原核基因类似,在不同真核基因的顺式作用元件中也会发现一些共有序列,如 TATA 盒、CAAT 盒、GC 盒等(图 11-1-3)。这些共有序列就是顺式作用元件的核心序列,是真核 RNA 聚合酶或特异转录因子的结合位点。顺式作用元件通常是非编码

序列,可位于转录起始的上游或下游。根据其在基因中的位置、转录激活作用的性质及发挥作用的方式,可将真核基因的这些功能元件分为启动子、增强子及沉默子等。

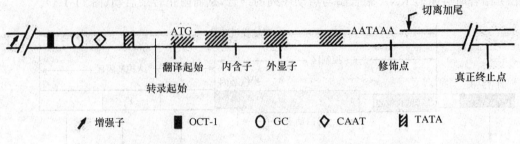

图 11-1-3　真核生物转录起始上游各种顺式作用元件(引自:周爱儒,2004)

OCT-1:ATTTGCAT 八聚体

2.转录调节蛋白

原核生物基因转录调节蛋白都是一些 DNA 结合蛋白,分为三类:特异因子、阻遏蛋白和激活蛋白。特异因子决定 RNA 聚合酶(RNAP)对一个或一套启动序列的特异性识别和结合能力。阻遏蛋白(repressor)可结合特异 DNA 序列——操纵序列,阻遏基因转录。阻遏蛋白介导的负性调节机制在原核生物普遍存在。激活蛋白(activator)可结合启动序列邻近的 DNA 序列,促进 RNAP 与启动序列的结合,增强 RNAP 活性。分解(代谢)物基因激活蛋白(catabolite gene activation protein,CAP)就是一种激活蛋白。某些基因在没有激活蛋白存在时,RNAP 很少或全然不能结合启动序列。

真核基因转录调节蛋白又称转录因子(transcriptional factor,TF),是一类细胞核内蛋白质因子,通过与顺式作用元件和 RNA 聚合酶的相互作用来调节转录活性。绝大多数真核转录调节蛋白由其编码基因表达后,进入细胞核,通过识别、结合特异的顺式作用元件而增强或降低相应基因的表达,转录因子也被称为反式作用蛋白或反式作用因子(trans-acting factor)。也有些基因产物可特异识别、结合自身基因的调节序列,调节自身基因的开启或关闭,这就是顺式作用。具有这种调节方式的调节蛋白称为顺式作用蛋白(图 11-1-4)。

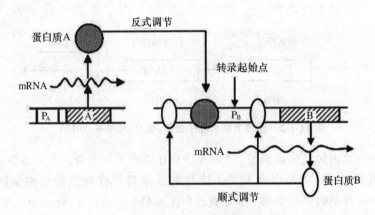

图 11-1-4　反式作用因子与顺式作用蛋白(引自:周爱儒,2004)

3. DNA-蛋白质、蛋白质-蛋白质的相互作用

DNA-蛋白质与蛋白质-蛋白质的相互作用是指转录调节蛋白通过与DNA或与蛋白质相互作用对转录起始进行调节。DNA-蛋白质相互作用(DNA-protein interaction)为反式作用因子与顺式作用元件之间的特异识别及结合。这种结合通常是非共价结合,被调节蛋白识别的DNA结合位点通常呈对称或不完全对称结构。当调节蛋白的一段α螺旋落入DNA大沟或小沟时,螺旋中某些氨基酸残基的侧链(R基团)就会指向DNA中的某些碱基,形成氨基酸与碱基之间的相互联系,即形成DNA-蛋白质复合物。还有一些调节蛋白不能直接结合DNA,而是通过蛋白质-蛋白质相互作用间接结合DNA,调节基因转录,这在真核生物很常见。

4. RNA聚合酶

DNA元件与调节蛋白对转录激活的调节最终是由RNA聚合酶(RNAP)活性体现的。启动序列/启动子的结构、调节蛋白的性质对RNAP活性影响很大。

(1)启动序列/启动子与RNA聚合酶活性　启动序列或启动子是由转录起始点、RNAP结合位点及控制转录的调节组件组成。真核启动子比原核的结构更复杂,不同基因的启动子也存在差异。启动子的核苷酸序列会影响其与RNAP的亲和力,而亲和力大小则直接影响转录起动的频率。例如,*E. coli*的某些基因每秒钟就会转录一次,而另一些基因的转录频率在一代细胞中不足一次,这种差异被认为是启动序列不同所致。前已述及,很多*E. coli*启动序列在-11和-35区域有TATAA和TTGACA共有序列。如果一个启动序列的共有序列被置换为非共有序列,或将一启动序列的非共有序列代之以共有序列,则会得到转录活性降低或增加两种截然不同的结果。可见,RNAP活性与启动序列或启动子有关。真核RNAP单独存在时与启动子的亲和力极低或无亲和力,必须与基本转录因子形成复合物才能与启动子结合。因此,对真核RNAP活性来说,除启动子序列,尚与所存在的转录调节蛋白有关。

(2)调节蛋白与RNA聚合酶活性　许多基因与管家基因不同,表达产物的浓度随环境信号而变化。这些基因何以能对分子信号做出应答呢?原来这些基因都有一个由启动序列决定的基础转录频率,一些特异调节蛋白在适当环境信号刺激下在细胞内表达,随后这些调节蛋白通过DNA-蛋白质相互作用、蛋白质-蛋白质相互作用影响RNAP活性,从而使基础转录频率发生改变,出现表达水平变化。诱导剂、阻遏剂等小分子信号所引起的基因表达都是通过改变调节蛋白的分子构象,直接(DNA-蛋白质相互作用)或间接(蛋白质-蛋白质相互作用)调节RNAP转录起动过程。原核特异因子σ可以改变RNAP识别启动序列的特异性。当细菌发生应激时,RNAP全酶中的σ70被σ32取代,这时RNAP就会改变其对常规启动序列的识别而结合另一套启动序列,启动另一套基因表达。这就是所谓的热休克反应(heat shock response)。

第二节　原核基因转录调节

原核基因表达调控与真核存在很多共同之处。但因原核生物没有细胞核和亚细胞结构,基因的转录和翻译可以在同一空间内完成,因此原核生物基因表达调控具有自己独特的规律性。原核特异基因的表达也受转录起始、转录终止、翻译调控等多级调控,但基因表达调控主要发生在转录起始阶段。这样可避免浪费能量合成不必要的转录产物。本节主要讲述原核生物在DNA转录水平上的调节。

一、原核基因转录调节的特点

1. σ因子决定RNAP识别特异性

σ因子（σ factor）是RNA聚合酶的亚基、非专一性蛋白，作为RNA聚合酶的辅助因子起作用。σ因子本身并不能与DNA结合，在转录起始阶段，它可识别特异启动序列，与核心酶的相互作用激活DNA结合区段。不同的σ因子决定特异编码基因的转录激活，也决定mRNA、rRNA和tRNA基因的转录。σ因子在转录延长时从RNAP脱落，游离的σ因子在下次开始反应时，再被利用。研究表明，大肠杆菌、枯草芽孢杆菌以及许多固氮细菌依靠不同σ因子对不同环境条件或不同发育阶段的基因表达进行调控。

2. 操纵子模型的普遍性

原核生物绝大多数基因按功能相关性成簇地串联、密集于染色体上，共同组成一个转录单位——操纵子，因此，操纵子机制在原核基因调控中具有普遍意义。一个操纵子只含一个启动序列（在原核生物因其隶属于操纵子，故称为启动序列，区别于真核生物的启动子）及数个可转录的编码基因。通常，这些编码基因有2～6个，有的20个以上，在同一启动序列控制下，可转录出多顺反子mRNA（polycistronic mRNA），最终表达产物是一些功能相关的酶或蛋白质，它们共同参与某种底物的代谢或某种产物的合成。原核基因的协调表达就是通过调控单个启动序列的活性来完成的。

3. 原核操纵子受阻遏蛋白的负性调节

在很多原核操纵子系统中，特异的阻遏蛋白是控制启动序列活性的重要因素。当阻遏蛋白与操纵序列结合或解聚时，就会发生特异基因表达的阻遏或去阻遏。原核基因调控普遍涉及特异阻遏蛋白参与的开、关调节。

二、原核基因转录起始的调控（以乳糖操纵子为例）

（一）乳糖操纵子的结构

E.coli 的乳糖操纵子（Lac operon）由结构基因和调控区组成。其中结构基因依序有 *lac*Z、*lac*Y及 *lac*A 三个，分别编码β-半乳糖苷酶、乳糖透过酶和β-半乳糖苷乙酰基转移酶；调控区包括操纵序列O、启动序列P、调节基因I以及分解代谢物基因激活蛋白（catabolite gene activation protein，CAP）结合位点（图11-2-1）。I基因编码的阻遏蛋白与O序列结合，操纵子受阻遏处于关闭状态。当CAP结合在乳糖启动序列附近的CAP位点时，可刺激RNA转录活性。三个酶的编码基因在同一调控序列下共同表达，实现基因产物的协调表达。

（二）阻遏蛋白的负性调节

如图11-2-1所示，当环境没有乳糖存在时，lac操纵子处于关闭状态。这是因为I序列在PI启动序列操纵下表达的lac阻遏蛋白与O序列结合，阻碍RNAP与P序列结合，抑制转录起动，Z、Y、A基因不能转录。但是阻遏蛋白的阻遏作用并非绝对的，偶有阻遏蛋白与O序列解聚，在没有诱导剂存在的情况下也会有分解乳糖的3种酶的表达。这种阻遏机制保证了在通常情况下乳糖操纵子仅处于本底表达状态，即只有1/100的基因得到表达。

当环境有乳糖存在时，lac操纵子即可被诱导。乳糖经少量的透酶催化、转运进入细胞，再经原先存在于细胞中的少数β-半乳糖苷酶催化，转变为别乳糖。别乳糖作为诱导物与阻遏蛋白结合，使之构象发生改变而与O序列解离，RNAP启动结构基因的转录，使β-半乳糖苷酶分子数量增加1 000倍。别乳糖结构类似物异丙基-β-D-硫代半乳糖苷（IPTG）是一种作用极强的诱导剂。由于别乳糖可被 β-半乳糖苷酶水解重新生成葡萄糖和半乳糖,而 IPTG 则不被 β-半乳糖苷酶催化,因此它可替代别乳糖来诱导乳糖操纵子的开放,被实验室广泛应用。

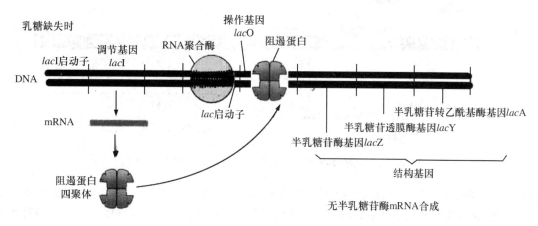

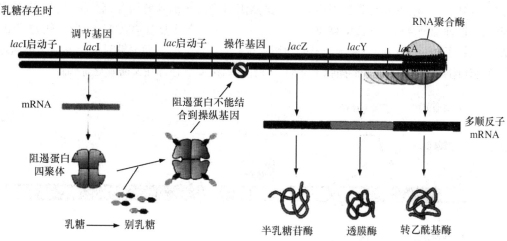

图 11-2-1　乳糖操纵子阻遏蛋白的负性调节(引自:查锡良,2013)

(三)激活蛋白的正性调节

在启动序列上游 -60 bp 区有一个分解代谢物基因激活蛋白(CAP)的结合位点。CAP 是同二聚体,分子内有 DNA 结合区及 cAMP 结合位点。原核细胞中 cAMP 的浓度受葡萄糖浓度的调节,当环境中有葡萄糖存在时,葡萄糖的分解抑制了腺苷酸环化酶的活性,减少了 cAMP 的生成,cAMP 浓度下降,此时即使存在乳糖的诱导作用,乳糖操纵子的转录效率也不高。当环境中没有葡萄糖,腺苷酸环化酶活性升高,催化 ATP 生成 cAMP,cAMP 与 CAP 结合成复合物,复合物结合启动序列上游的 CAP 位点,增强 RNAP 的活性,促进乳糖操纵子高效表达,转录效率提高约 50 倍(图 11-2-2)。

(四)协调调节

对 lac 操纵子来说,CAP 是正性调节因素,阻遏蛋白是负性调节因素。两种调节机制根据存在的碳源性质及水平协调调节操纵子的表达。当阻遏蛋白封闭转录时,CAP 对该系统不能发挥作用;但是如果没有 CAP 来加强转录活性,即使阻遏蛋白从操纵序列上解聚,仍几乎无转录活性。可见,两种机制相辅相成、互相协调、相互制约。由于野生型 lac 启动序列作用很弱,所以 CAP

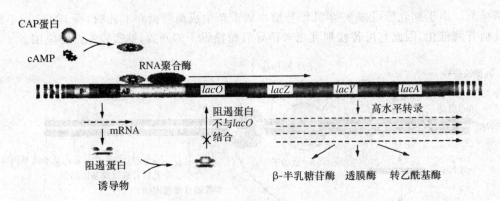

图 11-2-2 乳糖操纵子 CAP 的正性调节(引自:郭玉华,2014)

是必不可少的。lac 操纵子的负性调节可很好地解释单纯乳糖存在时,细菌是如何利用乳糖作碳源的。然而,细菌生长环境是复杂的,倘若环境中有葡萄糖和乳糖均存在时,细菌首先利用葡萄糖才是最节能的。这时,细菌优先利用葡萄糖。虽然阻遏蛋白与别乳糖结合,空间构象改变,从操纵序列解聚,但葡萄糖降低了 cAMP 浓度,cAMP 与 CAP 无法形成复合物,CAP 蛋白不能与 CAP 位点结合,操纵子转录无法进行,使细菌只能利用葡萄糖(图 11-2-3)。葡萄糖对乳糖操纵子的阻遏作用称分解代谢物阻遏。因此,lac 操纵子强的诱导作用既需要乳糖存在又需缺乏葡萄糖。

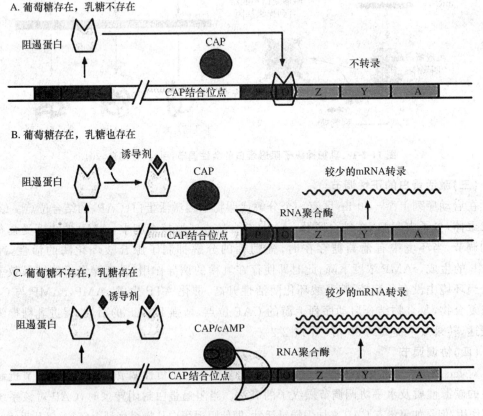

图 11-2-3 CAP、阻遏蛋白、cAMP 和诱导剂对 lac 操纵子的调节(引自:肖建英,2013)
诱导剂:乳糖在少量 β-半乳糖苷酶催化下形成的别乳糖或别乳糖结构类似物

三、原核基因转录终止的调控

原核生物的转录终止调控方式分三大类：不依赖 ρ 因子的终止调控、依赖 ρ 因子的终止调控、衰减子介导的转录终止调控。

（一）不依赖 ρ 因子的终止调控

在原核和真核生物中均发现提供转录终止信号的结构，称为转录终止子。它是位于 RNAP 位点下游，长度在数百碱基以内的结构。终止子可分为两类。一类不依赖于蛋白质辅因子就能实现终止作用；另一类则依赖蛋白辅因子才能实现终止作用。这种蛋白质辅因子称为释放因子，通常又称 ρ 因子。如图 11-2-4 所示，两类终止子有共同的序列特征，在转录终止点前有一段回文序列，回文序列的两个重复部分（每个 7～20 bp）由几个不重复的碱基对节段隔开，回文序列的对称轴一般距转录终止点 16～24 bp。

不依赖 ρ 因子的终止子的回文序列中富含 GC 碱基对，在回文序列的下游方向又常有 6～8 个 AT 碱基对（在模板链上为 A、在 mRNA 上为 U）。转录的 RNA 形成发夹结构，发夹结构使 RNAP 与 RNA 的结合稳定性降低，聚合酶与 DNA 解离，同时转录的 RNA 形成富含 U 区，过多的 AU 配对使 DNA-RNA 不牢固，造成 DNA-RNA 解聚，RNA 释放（图 11-2-5）。

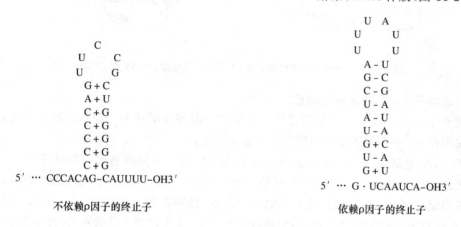

图 11-2-4　大肠杆菌两类终止子的发夹结构（引自：张恒，2007）

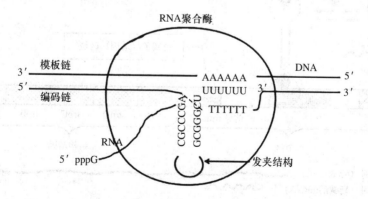

图 11-2-5　不依赖 ρ 因子的转录终止模式（引自：肖建英，2013）

(二)依赖 ρ 因子的终止调控

依赖 ρ 因子终止子中回文序列的 GC 对含量较少。在回文序列下游方向的序列没有固定特征,其 AT 对含量比不依赖 ρ 因子的终止子低。Rho 因子(ρ 因子)是 rho 基因的产物,由 6 个亚基组成,分子量 300 KD。ρ 因子结合在新生的 RNA 链上,借助水解 ATP 获得能量推动其沿着 RNA 链移动,但移动速度比 RNAP 慢,当 RNAP 遇到终止子时便发生暂停,ρ 因子得以赶上聚合酶。ρ 因子与 RNAP 相互作用,导致释放 RNA,并使 RNAP 与该因子一起从 DNA 上释放下来(图 11-2-6)。

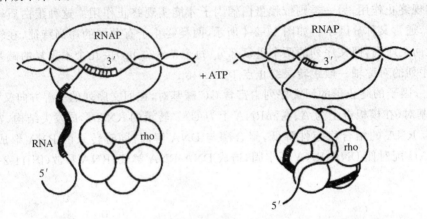

图 11-2-6　依赖 ρ 因子的终止调控(引自:周爱儒,生物化学,2004)

(三)衰减子介导的转录终止调控

衰减子(attenuator)是位于细菌操纵子上游的一段核苷酸序列。原核生物中通过翻译前导肽而实现控制 DNA 的转录的调控方式称衰减作用。

以 *E. coli* 色氨酸(trp)操纵子为例,trp 操纵子中第一个结构基因与启动序列 P 之间有一衰减子区域(attenuator region)。在细胞中合成产物(色氨酸)丰富时,色氨酸作为辅阻遏物与阻遏蛋白结合,使后者有活性,能与操纵序列结合,结构基因不表达(图 11-2-7)。色氨酸不足时,阻遏蛋白不与操纵序列结合,结构基因开始转录,随色氨酸含量的升高,转录速率受转录

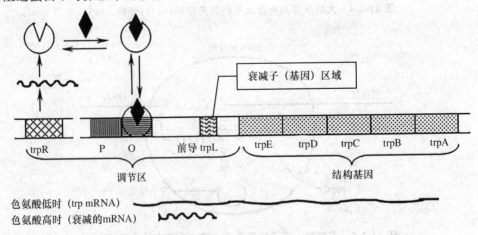

图 11-2-7　色氨酸操纵子的结构与阻遏蛋白的活化(引自:周爱儒,生物化学,2004)

衰减(attenuate)机制调节。操纵子的序列 1 中有 2 个色氨酸密码子,当细胞内色氨酸浓度很高时,核糖体很快通过编码序列 1,并封闭序列 2,这种与转录偶联进行的翻译过程导致序列 3、4 形成一个不依赖 ρ 因子的终止结构——衰减子,衰减子使前方的 RNAP 脱落,转录终止。当细胞内色氨酸缺乏,没有色氨酸-tRNA 供给时,核糖体翻译停止在序列 1 中的 2 个色氨酸密码子前,序列 2 与序列 3 形成发夹,阻止了序列 3、4 形成衰减子结构,RNA 转录继续进行(图 11-2-8)。因此,转录衰减实质上是转录与一个前导肽翻译过程的偶联衰减,即转录-翻译的偶联调控。转录衰减是原核微生物特有的一种基因调控机制。

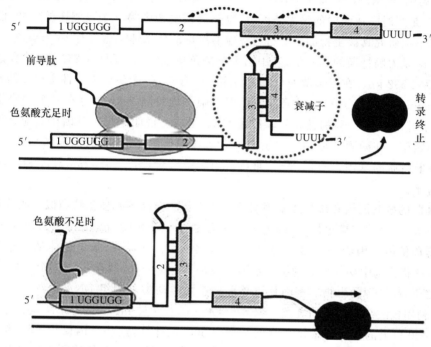

图 11-2-8 色氨酸操纵子转录衰减机制(引自:周爱儒,生物化学,2004)

第三节 真核基因转录调节

真核基因的表达比原核的复杂得多,调控系统也更为完善。首先,真核细胞拥有庞大的基因组,且基因内部多被内含子所分割,其编码区是不连续的,转录后需要通过剪接才能产生成熟的遗传信息;其次,以核小体为单位的染色质结构、蛋白质同 DNA 的相互结合以及组蛋白和转录因子的不同修饰,为调节基因的开闭提供了一系列新途径;尤其是,转录和翻译在时间和空间上被核被膜分隔开来,转录本及翻译产物需经复杂加工与转运过程,由此形成真核基因表达多层次的调控系统。它贯穿于从 DNA 到活性蛋白质的全过程,涉及基因结构活化、转录起始和延伸、转录本加工与运输以及翻译及翻译后加工等多个调控点。本节仅就真核基因调控特点及 mRNA 转录激活调节作主要介绍。

一、真核基因组的结构特点

1. 真核基因组结构庞大

真核微生物的基因组一般比原核微生物基因组大，比高等生物的基因组小，且具有典型的染色体结构。真核微生物基因组一般不存在操纵子和重叠基因。功能相关基因以基因家族形式存在，或成簇或散布。所以基因分布极不均衡，总基因密度显著低于原核生物。酵母菌细胞内除了具有与原核生物不同的由核膜包围的核以外，还像其他真核细胞一样，含有细胞器。1996 年，在英国、美国、欧洲、日本等国 600 位科学家的共同努力下完成了酿酒酵母全基因组的测序工作，是当时完成测序的最大基因组，也是真核生物中第一个被测序的生物，已成为目前在分子水平上研究真核生物的重要材料。酿酒酵母的单倍体细胞含有 16 条染色体，总长度为 12 068 kb，是大肠杆菌的 2.6 倍，其中第 Ⅰ 条染色体最短，长度只有 230 kb，第 Ⅳ 条染色体最长，长度为 1 532 kb。在酵母菌的全基因组序列中有 5 885 个编码专一性蛋白质的开放阅读框（open reading frame，ORF）。这意味着基因组中平均每隔 2 kb 就存在一个编码蛋白质的基因，即整个基因组有 72% 的核苷酸顺序由 ORF 组成。说明酵母菌基因比其他高等真核生物基因排列紧密。在酿酒酵母的基因组中没有明显的操纵子结构，有间隔区和内含子序列。约 4% 编码蛋白质的基因含有内含子，而在粟酒裂殖酵母（*Schizosaccharomyces pombe*）中，40% 有内含子。

丝状真菌的核基因组和线粒体基因组及其结构功能与高等真核生物类似。丝状真菌单倍体通常含有 6~8 个线状染色体，基因组大小平均为 $(2\sim4)\times10^7$ bp，内含子 50~200 bp。如粗糙脉孢霉单倍体基因组为 4.3×10^7 bp，G+C 含量为 54%，每条染色体的大小为 4.0~10.3 Mb。丝状真菌中功能相关的结构基因一般是不连锁的，分散存在于基因组中。

相比之下，越高等的生物非基因片段越多。哺乳类动物基因组 DNA 由约 3×10^9 bp 核苷酸组成，利用核酸杂交测定哺乳类细胞含 5 000~10 000 种 mRNA，由此计算哺乳类基因组大约有 40 000 以上的基因。按每个编码基因 1 500 nt 计算，这些基因仅约占全部基因组的 6%。此外尚有 5%~10% 的 rRNA 等重复基因，其余 80%~90% 的哺乳类基因组可能没有直接的遗传学功能，被称为假基因，这是真核基因组与原核截然不同的。假基因可能不会合成功能蛋白，但它会调节功能基因的活性。

2. 单顺反子

1955 年，美国分子生物学家本泽（Benzer）通过对大肠杆菌的噬菌体 T4 的 rⅡ 区基因的深入研究，提出了基因的顺反子（cistron）概念。所谓顺反子，即是结构基因，为决定一条多肽链合成的功能单位。而单顺反子和多顺反子是基因转录产物，他们是顺反子 DNA 转录后得到的，并不是顺反子的分类。原核生物 mRNA 常以多顺反子（polycistron）的形式存在，即一条 mRNA 链编码几种功能相关联的蛋白质。单顺反子（monocistron）是真核生物基因转录产物，即一个编码基因转录生成的一个 mRNA 分子，经翻译生成一条多肽链。真核细胞的很多活性蛋白质由相同或不同的多肽链形成的亚基构成，因此存在多个基因协调表达的问题。

3. 重复序列

在原核、真核 DNA 中都有重复出现的核苷酸序列，但在真核更普遍。重复序列长短不一，短的在 10 nt 以下，长的达数百，乃至上千；其分布或集中成簇，或分散在基因之间；重复频率也不尽相同；根据重复频率可将重复序列分为高度重复序列（10^6 次）、中度重复序列（$10^3\sim$

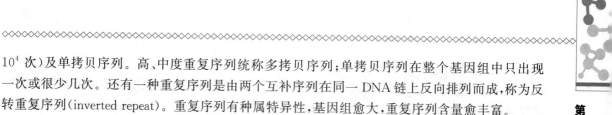

10^4 次)及单拷贝序列。高、中度重复序列统称多拷贝序列;单拷贝序列在整个基因组中只出现一次或很少几次。还有一种重复序列是由两个互补序列在同一 DNA 链上反向排列而成,称为反转重复序列(inverted repeat)。重复序列有种属特异性,基因组愈大,重复序列含量愈丰富。

大多数重复序列是不转录的调控序列,包括各类调控元件,位于转录终止区、衰减调控区及某些酶或蛋白因子结合位点等调控区,可能对 DNA 复制、转录调控具有重要意义。这些调控元件需要更多的调控蛋白因子参与协作以实现调控功能,但调控蛋白基因序列与调控元件序列尽管功能上密切相关,但其位置并非紧密连锁,有的甚至分割很远。而原核生物几乎没有或很少有重复序列。

4. 基因不连续性

真核生物结构基因两侧不被转录的非编码序列,往往是基因表达的调控区。在编码基因内部也有一些不被翻译的间隔序列,称内含子,编码序列则称外显子,因此真核基因是不连续的。内含子与外显子相间排列,同时被转录,但内含子在转录后经过剪接从转录本中去除,外显子转录本便连接在一起,形成成熟的 mRNA。不同剪接方式可形成不同的 mRNA,翻译出不同的多肽链,因此转录后的剪接过程也是真核基因表达调控的一个重要环节。

二、真核基因表达调控的特点

如前所述,基因表达是基因经过转录、翻译、产生生物活性蛋白质的过程。同原核生物一样,转录依然是真核生物基因表达调控的主要环节。但真核细胞基因转录发生在细胞核或线粒体内,翻译则多在胞浆,两个过程分开,因此其调控增加了更多的环节和复杂性。与原核生物相比,真核生物基因表达调控存在以下明显差别。

1. 真核细胞含有多种 RNA 聚合酶

真核细胞 RNA 聚合酶(RNAP 或 RNA pol)有三种,即 RNA 聚合酶Ⅰ(RNA pol Ⅰ)、RNA 聚合酶Ⅱ(RNA poI Ⅱ)及 RNA 聚合酶Ⅲ(RNA pol Ⅲ),分别负责 rRNA、mRNA 和 tRNA 的转录。它们在细胞核中的位置不同,对 α-鹅膏蕈碱的敏感性也不同。3 种聚合酶由 2 个大亚基、12 个以上的小亚基组成。在 3 种 RNAP 之间,2 个大亚基和至少 5 个小亚基的基因编码区具有同源性,4~7 个小亚基为各种 RNAP 特有。每种 RNAP 均含有类似于 *E. Coli* 核心酶的亚基,两个大亚基彼此相似,并与 *E. coli* RNAP 的 β 和 β' 亚基相似,其他亚基与 *E. coli* 聚合酶中的 α 亚基具有同源性。转录时,按 $5' \rightarrow 3'$ 方向合成 RNA 链,不需要引物,但须有其他起始蛋白的存在,RNAP 才能与启动子结合并诱导起始。

2. 处于转录激活状态的染色质结构发生明显变化

当基因被激活时,可观察到染色体相应区域发生某些结构和性质变化。

(1)对核酸酶敏感 活化基因一个明显特性是对核酸酶极度敏感。当用 DNase Ⅰ 处理时,染色质 DNA 会出现一些 DNaseI 超敏位点(hypersensitive site)。超敏位点常发生在活化基因的 5' 侧翼区(5' flanking region)或 3' 侧翼区(3' flanking region)1 000 bp 以内的转录调控区,甚至可转录区内的调节蛋白结合位点附近。

(2)DNA 拓扑结构变化 几乎所有天然状态的双链 DNA 均以负性超螺旋构象存在。当基因活化时,RNAP 下游的转录区 DNA 拓扑结构为正性超螺旋构象,其上游的 DNA 依然为负性超螺旋构象。正性超螺旋有利于核小体结构的解体和组蛋白 H2A・H2B 二聚体从核小体中释放;负性超螺旋构象则有利于核小体结构的再形成。超螺旋结构上的这种差异有助于

RNAP 向前移动,进行转录。

(3)DNA 碱基修饰变化　DNA 碱基甲基化是真核微生物在染色质水平控制基因转录的重要机制。DNA 甲基化可影响染色质的结构,抑制基因表达。真核 DNA 有约 5% 的胞嘧啶被甲基化形成 5-甲基胞嘧啶,这种甲基化最常发生在某些基因的 5′ 侧翼区的 CpG 序列(又称"CpG 岛")。甲基化范围与基因表达程度呈反比关系,处于转录活化状态的基因 CpG 序列一般是低甲基化的。

(4)组蛋白变化　组蛋白的变化包括:①富含 Lys 组蛋白水平降低,亦即 H1 组蛋白减少;②H2A・H2B 二聚体不稳定性增加,使之易于从核心组蛋白中被置换出来;③组蛋白 H3、H4 的其他共价修饰,最常见的修饰有乙酸化、泛素化,修饰后使核小体结构变得不稳定;④H3 组蛋白巯基暴露,引起核小体结构的变化。

3. 正性调节占主导

虽然真核基因正、负调节机制都有,但负性调控元件存在并不普遍。真核基因转录表达的调控蛋白也有起阻遏和激活作用或兼有两种作用者,但总的是以激活蛋白的作用为主,即多数真核基因在没有调控蛋白作用时是不转录的,需要表达时就要有激活的蛋白质来促进转录。换言之,真核基因表达以正性调控为主导。真核生物基因大部分是正调节机制的主要原因是染色质内储存的 DNA 使大部分启动子具有不可接触性,因此,在其他调节作用不在的时候基因总是沉默的。另一些采取正调节的原因是真核基因组太大,而正调节作用更简单、高效。在正调节中,大多数基因通常处于无活性状态,细胞只要选择性地合成一组激活蛋白就可以激活一套细胞所需的基因转录。

4. 转录与翻译分隔进行

真核细胞有细胞核及胞浆等区间分布,转录与翻译在不同亚细胞结构中进行,细胞核内转录,细胞质中翻译,这也决定了真核基因表达的复杂性。

5. 转录后修饰、加工更为复杂

绝大多数原核生物转录和翻译是同时进行的,随着 mRNA 开始在 DNA 上合成,核蛋白体即附着在 mRNA 上并以其为模板进行蛋白质的合成,因此原核细胞的 mRNA 并无特殊的转录后加工过程。相反,真核生物转录和翻译在时间和空间上是分开的,刚转录出来的 mRNA 是分子很大的前体,即核内不均一 RNA——核 RNA(heterogeneous nuclear RNA,hnRNA),hnRNA 分子中大约只有 10% 的部分转变成成熟的 mRNA,包括链的裂解,5′端与 3′端的切除和特殊结构的形成,核苷的修饰和糖苷键的改变、拼接和编辑等过程,该过程称为转录后加工(post-transcriptional processing)。因此,基于真核基因结构特点,转录后剪接及修饰等过程比原核复杂得多。

三、真核基因转录水平的调控

与原核细胞一样,转录起始仍是真核生物基因表达调控的关键环节。但是,真核生物的基因表达起始要比原核复杂得多,受到大量特定的顺式作用元件和反式作用因子的调控。而且真核生物的 RNA 聚合酶需要与多个转录因子相互作用才能形成转录起始复合物。

(一)顺式作用元件

顺式作用元件(cis-acting element)是指 DNA 上对基因表达有调节活性的某些特定调控序列,其活性仅影响与其自身处于同一 DNA 分子上的基因,是转录调节的基础。多位于基因旁侧或内含子中,不编码蛋白质,按功能特性分为启动子、增强子及沉默子。

1. 启动子

启动子是原核操纵子中启动序列(promoter)的同义语。真核基因启动子是 RNA 聚合酶结合位点周围的一组转录控制组件(module),每一组件含 7～20 bp 的 DNA 序列。启动子包括至少一个转录起始点(transcription initiation site)以及一个以上的功能组件。在这些功能组件中最具典型意义的就是 TATA 盒(框),它的共有序列是 TATAAAA(图 11-3-1)。TATA 盒通常位于转录起始点上游−25～−30 bp,控制转录起始的准确性及频率。框内任何一个碱基的突变都可引起启动子的下降突变,虽然不影响转录的起始,但可改变转录的起始位点,降低转录效率。并非所有基因都含有 TATA 盒,少数基因不含 TATA 盒,TATA 盒对大多数酵母基因的转录是必需的。酵母菌的 TATA 盒位于−40～−120 bp 处,UAS 为上游激活序列,长度 11～30 bp,位于 100～1500 bp 处,是基因转录所必需,与 TATA 盒和转录起始位点共同构成了酵母的启动子。

除 TATA 盒外,GC 盒(GGGCCG)和 CAAT 盒(GCCAA)也是很多基因常见的,它们通常位于转录起始点上游−30～−100 bp 区域。此外,还发现很多其他类型的功能组件。由 TATA 盒及转录起始点即可构成最简单的启动子。典型的启动子含有 TATA 盒及上游的 CAAT 盒和(或)GC 盒组成,这类启动子通常具有一个转录起始点及较高的转录活性。CAAT 框对于启动子无特异性,但它的存在可增强启动子的强度,因此 CAAT 框控制转录的起始频率,该区任意碱基的改变都极大影响靶基因的转录强度。和 CAAT 框相似,GC 框主要控制转录起始频率,基本不参与起始位点的确定,但 CAAT 框对转录起始频率的影响最大。不含 TATA 盒的启动子有两类:一类为富含 GC 的启动子,最初发现于一些管家基因,这类启动子一般含数个分离的转录起始点;另一类启动子既不含 TATA 盒,也没有 GC 富含区,这类启动子可有一个或多个转录起始点,大多转录活性很低或根本没有转录活性,而是在胚胎发育、组织分化或再生过程中受调节。

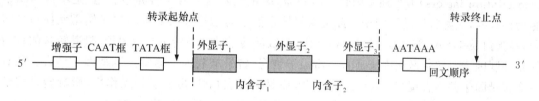

图 11-3-1 真核基因顺式作用元件示意图(引自:郜金荣,分子生物学,2002)

2. 增强子

增强子(enhancer)是指远离转录起始点、决定基因时空特异性表达、增强启动子转录活性的 DNA 序列。增强子在原核与真核生物中广泛存在,1980 年首先在 SV40 病毒中发现。目前发现的增强子多半是重复序列,一般长 50 bp,通常有一个 8～12 bp 组成的核心序列。增强子通常具有以下功能及作用特征:①增强子与被调控基因位于同一条 DNA 链上,属于顺式作用元件。常以单拷贝或多拷贝串联形式存在。②增强子的增强效率十分明显,一般可使基因转录效率提高 11～200 倍,甚至上千倍。③增强子不仅能够在基因的上游或下游起作用,而且还可以远距离实施调节作用(通常为 1～4 kb),个别情况甚至可以调控 30 kb 以外的基因。因此,增强子的增强效应与位置和方向无关。④增强子一般具有组织或细胞特异性。许多增强子只在某些细胞或组织中表现活性,这是由这些细胞或组织中的特异性蛋白质因子(转录因子)所决定的。⑤增强子需要有启动子才能发挥作用,没有启动子,增强子不能表现活性。但

增强子对启动子没有严格的专一性,同一增强子可影响不同类型启动子的转录。⑥增强子是否发挥作用受外部信号的调控,这种增强子被称为反应元件,如 cAMP 反应元件。

3.沉默子

沉默子(silencer)又称为静止子或沉默基因,是一类对启动子起负性调控作用的顺式作用元件。沉默子最早在酵母菌中发现,以后在 T 淋巴细胞的 T 抗原受体基因的转录和重排中证实了这种负调控顺式元件的存在。与增强子的作用相反,当沉默子与特异蛋白因子结合时,对基因转录起阻遏作用。已有证据显示,沉默子的作用特点与增强子类似,其发挥作用亦不受序列方向的影响,也能远距离发挥作用。有些 DNA 元件既可以与增强子作用也可以与沉默子作用,这主要取决于细胞内调节蛋白的性质。

(二)反式作用因子

反式作用因子(trans-acting factor)是指能直接或间接地识别或结合在各类顺式作用元件核心序列上参与调控靶基因转录效率的蛋白质,也称为转录调节因子。大多数真核转录调节因子由某一基因表达后,可通过另一基因的特异的顺式作用元件相互作用,从而激活另一基因的转录。这种调节蛋白称反式作用因子。它们在转录调节中具有特殊的重要性。

1.转录调节因子的分类

转录调节因子简称转录因子(transcription factor,TF)。按功能特性分为基本转录因子和特异转录因子。基本转录因子(general transcription factors)是 RNAP 结合启动子所必需的一组蛋白因子,决定三类 RNA(mRNA、tRNA 及 rRNA)转录的起始,是转录起始所需要的最基本的蛋白组分,故称基本转录因子。对三类 RNAP 来说,除个别 TF 为通用转录因子(如 TFⅡD)外,大多数 TF 是不同 RNAP 所特有的。例如:TFⅡD、TFⅡA、TFⅡB、TFⅡE、TFⅡF 及 TFⅡH 为 RNA pol Ⅱ 催化所有 mRNA 转录所必需。特异转录因子(special transcription factors)为个别基因转录所必需,决定该基因的时空特异性表达,是不同组织细胞所特有的,故称特异转录因子。此类特异转录因子与结构基因上游的顺式作用元件识别结合,经蛋白质-DNA、蛋白质-蛋白质相互作用,激活转录的称为转录激活因子,阻遏转录的称为转录抑制因子。转录激活因子通常与增强子结合,转录抑制因子通常与沉默因子结合。还有一类转录因子并不直接与 DNA 元件结合,而是通过蛋白质-蛋白质相互作用,影响转录因子的构象而间接调节转录。若其作用与转录激活因子有协同效应则称为共激活。

2.转录调节因子的结构

所有转录调节因子(TF)至少包括两个不同的结构域:DNA 结合域(DNA binding domain)和转录激活域(activation domain)。此外,许多 TF 还具有第三部分,二聚化结构域或连接域,主要介导蛋白质-蛋白质的相互作用。

(1)DNA 结合域　通常由 60～100 个氨基酸残基组成的几个亚区组成。最常见的结构形式是锌指(zinc finger)结构、螺旋-环-螺旋(helix-loop-helix,HLH)、螺旋-转角-螺旋(helix-turn-helix,HTH)及碱性亮氨酸拉链(basic leucin zipper,bZIP)结构等。

锌指结构最早发现于结合 GC 盒的 SPI 转录因子,由 30 个氨基酸残基组成,其中有 2 个 Cys 和 2 个 His,4 个氨基酸残基分别位于正四面体的顶角,与四面体中心的锌离子配价结合,稳定锌指结构。在 CyS 和 His 之间有 12 个氨基酸残基的指状结构,其中数个为保守的碱性残基。整个蛋白质分子可有 2～9 个这样的锌指重复单位。每一个单位可以其指部伸入 DNA 双螺旋的深沟,接触 5 个核苷酸。例如与 GC 盒结合的转录因子 SP1 中就有连续的 3 个锌指重复结构(图 11-3-2)。

图 11-3-2　锌指结构示意图(引自：田路明，2005)

　　螺旋-环-螺旋(HLH)及螺旋-转角-螺旋(HTH)这类结构域至少有 2 个 α 螺旋，这两个 α 螺旋之间的相互作用以二聚体形式相连，形成固定角度，距离正好相当于 DNA 双螺旋的一个螺距(图 11-3-3)。两个 α 螺旋刚好分别嵌入 DNA 大沟，近羧基的 α 螺旋被称为识别螺旋。在不同蛋白质中识别螺旋的氨基酸侧链序列各异，在识别特定 DNA 序列中起着重要作用。

图 11-3-3　HTH 结构域示意图
(引自：西北农林科技大学，分子生物学网络课程，2011)
两个 α-螺旋区被一个 β-转角隔开。其中一个 a-螺旋常带有几个与 DNA 序列相识别的氨基酸可与 DNA 大沟结合

　　亮氨酸拉链(bZIP)由伸展的氨基酸组成，肽链羧基端约 35 个氨基酸残基形成 α 螺旋，其中肽链上每隔 6 个残基就有 1 个疏水的亮氨酸残基，导致亮氨酸残基都集中在 α-螺旋的同一侧。两条肽链靠亮氨酸间的疏水作用形成二聚体，形同拉链状。亮氨酸拉链二聚体另一端肽段富含碱性氨基酸残基(Lys、Arg)，借其正电荷与 DNA 链上的磷酸基团结合(图 11-3-4)。

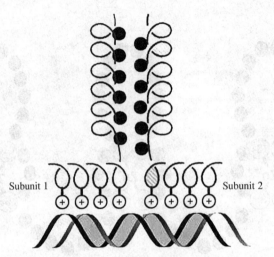

图 11-3-4　碱性亮氨酸拉链

（引自：西北农林科技大学，分子生物学网络课程，2010）

（2）转录激活域　由 30～100 个氨基酸残基组成。转录激活域不与 DNA 直接结合，而是通过与 RNAP 或腺苷酸环化受体蛋白结合激活转录。一般情况下转录激活域直接或间接作用于转录复合体，影响转录效率。根据氨基酸组成特点，转录激活域又可分为酸性激活域（acidic activation domain）、谷氨酰胺富含域（glutamine-rich domain）及脯氨酸富含域（proline-rich domain），以酸性结构域最多见。

（三）转录的激活及调节

真核基因转录起始点 5′端上游的 TATA 盒是 RNA 聚合酶Ⅱ识别和结合位点。但是真核 RNA pol Ⅱ不能单独识别、结合启动子，而是需要一整套基本转录因子的协同，在转录起始前按顺序组装形成复合物。首先基本转录因子 TFⅡD 组成成分 TBP（TATA 盒结合蛋白）识别 TATA 盒或启动元件（initiator，Inr），并有 TAF（TBP 相关因子）参与结合，形成 TFⅡD 启动子复合物；然后在 TFⅡA—F 等依次参与下，RNA pol Ⅱ与 TFⅡD、TFⅡB 聚合，形成一个功能性的前起始复合物（preinitiation complex，PIC）。在几种基本转录因子中，TFⅡD 是唯一具有位点特异性的 DNA 结合因子，在上述有序的组装过程起关键性指导作用。这样形成的前起始复合物尚不稳定，也不能有效起动 mRNA 转录。在迂回折叠的 DNA 构象中，结合了增强子的转录激活因子与前起始复合物中的 TFⅡD 接近，或通过特异的 TAF 与 TFⅡD 联系，与转录前起始复合物结合在一起，最终形成稳定的转录起始复合物（图 11-3-5），此时，RNA pol Ⅱ才能真正起动 mRNA 转录。

本章小结

基因表达是细胞在生命过程中把储存在 DNA 顺序中的遗传信息经过激活、转录和翻译，转变成具有生物活性的蛋白质分子，从而赋予细胞或个体一定功能或表型。基因表达具有时间和空间特异性。基因表达的方式有基础基因表达和可调节基因表达。管家基因属基本的或组成性

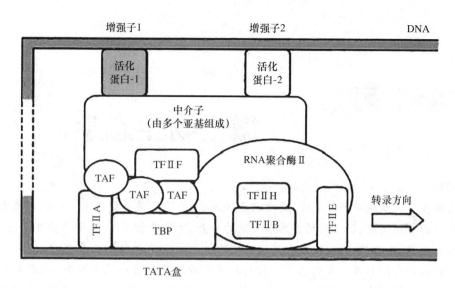

图 11-3-5　真核基因转录起始复合物的形成

（引自：肖建英，分子生物学，2013）

基因表达，其产物对生命全过程都是必需的或必不可少的。原核生物、单细胞生物调节基因的表达是为适应环境、维持生长和细胞分裂。基因表达调控是在多级水平上进行的复杂事件。其中，转录起始是基因表达的基本控制点。基因转录激活调节基本要素涉及 DNA 序列、调节蛋白、DNA-蛋白质或蛋白质-蛋白质相互作用以及这些因素对 RNA 聚合酶活性的影响。

大多数原核基因调控是通过操纵子机制实现的。同原核一样，转录起始仍是真核基因表达调控的最基本环节，但两者存在明显差别，真核基因转录激活受顺式作用元件与反式作用因子相互作用调节。真核基因顺式作用元件按功能特性分为启动子、增强子及沉默子。

思考题

1. 名词解释

管家基因；可调节基因；单顺反子；多顺反子；顺式作用元件；反式作用因子/转录因子；基础转录因子；特异转录因子；操纵子；增强子；沉默子；锌指结构；亮氨酸拉链结构。

2. 简述基因表达调控的基本原理。

3. 以乳糖操纵子为例，简述原核生物基因表达调控原理。

4. 试述原核生物基因转录调节的特点。

5. 比较原核生物和真核生物转录调控的异同。

6. 什么是顺式调节作用、顺式作用元件？顺式作用元件包括哪些？

7. 简述顺式作用元件与反式作用因子对基因表达调控的影响。

（江西农业大学　吴晓玉）

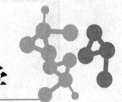

第十二章 微生物生态学

◆ 内容提示

微生物在不同生境中均有分布,其中微生物种类、分布及其数量随着不同的环境条件变化而呈现一定的变化规律;微生物的存在和人类的生产、生活密切关联,了解其分布的特征,可更好地为人类生产、生活服务;在极端自然环境中的微生物具有独特的生命机理,对人类利用新型生物质能源和资源有着重要的意义。自然界蕴藏着极其丰富的元素贮备,元素来源主要依赖于微生物推动的地球化学循环,了解微生物在自然界物质转化过程中的作用,有助于发展综合利用,为净化和保护环境提出理论依据和各种技术措施。在自然界中,微生物之间存在着多种相互关系,微生物与动植物之间也存在复杂的相互关系,这些相互关系对自然界产生了一定的影响,并且环境因素对这些相互关系又有一定的影响;微生物生态学所用的传统和现代分子生物学方法,以遗传标记或生物特征化合物为标记的现代分子生物学的产生和发展推动了微生物分子生态学的发展。

第一节　自然界中的微生物

微生物生态学(microbial ecology)研究微生物群体与其周围环境的生物和非生物因素的相互作用规律,是生态学的一个分支。研究微生物生态有着重要的理论意义和实践价值。研究微生物与环境之间的关系,以及微生物的分布规律,有助于人类开发微生物资源,利用微生物改造自然、保护自然、控制污染和修复污染;在理论上可推动生物进化和分类研究;研究微生物之间的相互关系,可使微生物更好地服务于工农业生产,如开发新的微生物农药、微生物肥料和微生态制剂,发展混菌发酵、生态农业以及动植物疾病防治等。

微生物只是生态系统中生物群落的一部分,其分布几乎遍及所有生态环境。微生物的分布也反映了生态环境的特征,是生态环境多种物理、化学、生物因素对微生物的限制、选择的结果。在某些生态环境中,高度专一性的微生物存在并仅限于这种生态环境中,并成为特定生态环境的标志。

一、土壤中的微生物

土壤是固体无机物(岩石和矿物质)、有机物、水、空气和生物组成的复合物。土壤具备各种微生物生长发育所需要的营养、水分、空气、酸碱度、渗透压和温度等条件,构成了微生物生活的良好环境,所以说,土壤是微生物的"天然培养基",也是它们的"大本营"。对人类来说,土壤是最丰富的菌种资源库。

土壤中的微生物含量与土壤类型和土壤深度有关,表 12-1-1 以花园土壤为例。土壤中一般均以细菌居多,放线菌次之,真菌最少。在每克耕作层土壤中,各种微生物含量之比大体呈 10 倍递减规律:细菌($\sim 10^8$)＞放线菌($\sim 10^7$,孢子)＞霉菌($\sim 10^6$,孢子)＞酵母菌($\sim 10^5$)＞藻类($\sim 10^4$)＞原生动物($\sim 10^3$)。

表 12-1-1　典型花园土壤不同深度每克土壤的微生物菌落数(引自:沈萍,微生物学)　　CFU

深度/cm	细菌	放线菌	丝状真菌	藻类
3～8	9 750 000	2 080 000	119 000	25 000
20～25	2 179 000	245 000	50 000	5 000
35～40	570 000	49 000	14 000	500
65～75	11 000	5 000	6 000	100
135～145	1 400	—	3 000	—

土壤微生物的数量和分布主要受到营养物、含水量、氧气、温度、pH 等因子的影响,集中分布于土壤表层和土壤颗粒表面。在土壤表层土下的几厘米至十几厘米处,微生物数量最多。肥沃土壤每克可有数亿微生物,贫瘠土壤也有数以千万计的微生物。深层土壤因为养分减少、空气缺乏等原因,微生物数量会减少。另外土壤自身具有高度的异质性,在它内部包含有许多不同的微生境,因而在微小土壤颗粒中也存在着不同的微生物类群。

土壤中微生物数量也受季节影响。一般冬季气温低,有些地区土壤呈冰冻状态达数月,微生物数量明显减少;春季气温回升,随着植物的生长,根系分泌物增加,微生物的数量迅速上升。有的地区,夏季炎热干旱,微生物数量随之下降;秋季雨水来临,大量植物残体进入土壤,微生物数量又急剧上升。可见,一年中土壤会出现两个微生物数量高峰。

带有病原微生物未经处理的固体废弃物随意丢弃、堆放及作为农田肥料施用,以及用污水灌溉都可能造成对土壤的微生物污染。病原微生物在土壤中的迁移机制包括物理过程、化学过程和生物学过程。物理过程包括对流、平流和水动力弥散,同时微生物也受到土壤介质的作用,包括过滤、吸附、解吸和沉降。化学过程主要是趋化性迁移,游动的微生物响应于化学物质的梯度而迁移,迁移具有方向性。生物过程是病原微生物自身属性与土壤环境相互作用引起的迁移,包括病原微生物对土壤环境中养分的利用能力、与"土著"微生物及其他生物的竞争等。

二、水体中的微生物

水生生境主要包括湖泊、池塘、溪流、河流、港湾和海洋。水体中微生物的数量和分布主要受到营养物水平、温度、光照、溶解氧、盐分等因素的影响。不同类型的水体有其相应的微生物区系(flora)。

(一)不同水体的微生物种类

1.淡水型水体的微生物

地球上水的总贮量约有 13.6 km³,但淡水量只占其中的 2.7%,且绝大部分淡水都是以雪山、冰原等人类难以利用的形式存在。在江、河、湖和水库等淡水中的微生物,可分为两类:

①清水型水生微生物　可认为是水体环境中的土著微生物或土著种,存在于有机物含量低的水体中,以化能自养微生物和光能自养微生物为主,如硫细菌、铁细菌、衣细菌、蓝细菌和

光合细菌等。少量异养微生物也可生长,但都属于在低有机质含量(1~15 mg C/L)培养基上可正常生长的贫营养细菌(oligotrophic bacteria),如可在<1 mg C/L培养基上正常生长的 *Agromonas oligotrophica*(寡养土壤单胞菌)。在清水型水体中,微生物借助附着器和吸盘倾向于生长在固体表面和颗粒物上,它们要比悬浮和随水流动的微生物能吸收利用更多的营养物。

②腐败型水生微生物　此类微生物在含有大量外来有机物的水体如流经城镇的河水,下水道污水、富营养化的湖水中大量繁殖,含菌量可达 $10^7 \sim 10^8$ 个/mL,其中数量最多的是各种无芽孢革兰阴性肠道细菌(来自人畜粪便),还有各种芽孢杆菌、弧菌和螺菌等。腐败型水生微生物在大量繁殖过程中,逐渐把污水中的有机物分解成简单的无机物,污水也逐步净化,但同时会消耗水体中的溶解氧,因而造成水生生物的大量死亡。当水体中的磷酸盐和无机氮化合物含量过高时,藻类和蓝细菌大量繁殖,会引发"水华"现象。

在较深的湖泊或水库等淡水生境中,因光线、溶氧和温度等的差异,微生物呈明显的垂直层次分布:Ⅰ沿岸区(littoral zone)或浅水区(limnetic zone):此区阳光充足和溶氧量大,适宜蓝细菌、光合藻类和好氧性微生物,如 *Pseudomonas*(假单细胞菌属)、*Cytophaga*(噬纤维菌属)、*Caulobacter*(柄杆菌属)和 *Hyphomicrobium*(生丝微菌属)的生长;Ⅱ深水区(profundal zone):此区光线微弱、溶氧量少而硫化氢含量较高,只有一些厌氧光合细菌(紫色和绿色硫细菌)和若干兼性厌氧菌可以生长;Ⅲ湖底区(benthic zone):此区由严重缺氧的污泥组成,只有一些厌氧菌才能生长,例如,*Desulfovibrio*(脱硫弧菌属)、*Clostridium*(梭菌属)和产甲烷菌类细菌(methanogens)等。

2.海水型水体微生物

海洋是地球上最大的水体,占地球总水量的97.5%。一般海水的含盐量为3%左右,生活在其中的土著微生物能够耐受2%~4%的含盐环境,尤以3.3%~3.5%为最适盐度,种类主要是藻类以及细菌中的 *Bacillus*(芽孢杆菌属)、*Pseudomonas*(假单胞菌属)、*Vibrio*(弧菌属)和一些发光细菌等。

海水型水体微生物的分布相差很大,近海岸边及海底污泥表层中,细菌数较多,每克污泥中含有几亿个细菌;而海口、港湾的海水中每毫升约含10万个细菌;而远洋海水中每毫升只有10~200个细菌。

海洋微生物的垂直分布带从海平面到海底依次分为4区:①透光区(euphotic zone),此处光线充足,水温高,适合多种海洋微生物生长;②无光区(aphotic zone),在海平面下25~200 m间,有较少微生物活动着;③深海区(bathy pelage zone),位于200~6 000 m深处,特点是黑暗、寒冷和高压,只有少量微生物存在;④超深渊海区(hadal zone),特点是黑暗、寒冷和超高压,只有极少数耐压菌才能生长。

(二)水体的自净作用

水体自净是指水体,特别是快速流动的水体在接纳了一定量的污染物后,通过理、化学和水生生物(微生物、动植物)等因素的综合作用得到净化,水质恢复到受污染前的水平和状态的现象。水体自净主要是生物学和生物化学的作用,包括好氧菌对有机物的降解作用,原生动物对细菌的吞噬作用,噬菌体对宿主的裂解作用,藻类对无机元素的吸收作用,以及浮游生物和一系列后生动物通过食物链对有机物的摄取和浓缩作用等。水体自净能力是有限度的,当进入水体的污染物总量超过了其自净容量,就会导致水体污染。水体的自净容量是指在水体正

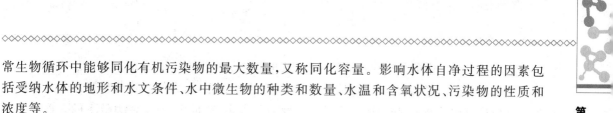

常生物循环中能够同化有机污染物的最大数量,又称同化容量。影响水体自净过程的因素包括受纳水体的地形和水文条件、水中微生物的种类和数量、水温和含氧状况、污染物的性质和浓度等。

(三)病原微生物通过水体的传播

水携带的病原微生物可以通过多种途径进入人体,包括直接饮用、接触和吸入。饮水不洁所造成的传染病在发展中国家十分普遍。接触污染水体会引起皮肤、眼睛疾病。吸入带有病原微生物的水珠会导致呼吸道传染病。水传播的病原微生物及其引起的传染病如表 12-1-2 所示。

表 12-1-2　通过水传播的主要病原微生物及所引发的传染病

	病原微生物	潜伏期	临床症状
细菌	空肠弯曲杆菌	2~5 d	胃肠炎,常伴有发热
	产肠道毒素大肠埃希氏菌	6~36 h	胃肠炎
	沙门氏菌属	6~48 h	胃肠炎,常伴有发热;伤寒或肠外感染
	伤寒沙门氏菌	10~14 d	伤寒 发热、厌食、不适、短暂疹、脾肿大
	志贺氏菌属	12~48 h	胃肠炎,常伴有发热和血样腹泻
	霍乱弧菌	1~5 d	胃肠炎,常有明显的脱水
	小肠结肠炎耶尔森氏菌	3~7 d	胃肠炎,肠系淋巴结炎,或急性末端回肠炎;可能类似阑尾炎
病毒	A 型肝炎病毒	2~6 周	肝炎—恶心、厌食、黄疸和黑尿
	诺沃克病毒	24~48 h	胃肠炎—短期
	轮状病毒	24~72 h	胃肠炎—常有明显脱水
原生动物	痢疾内变形虫	2~4 周	从温和的胃肠炎到急性暴发性痢疾,有发热和血样腹泻
	表吮贾第虫	1~4 周	慢性腹泻,上腹部疼痛,胃胀,吸收不良和消瘦

(四)饮用水的微生物学标准

我国对饮用水的微生物种类和数量都有严格规定。饮用水的国标(GB)规定细菌总数应<100 个/mL。在饮用水检验中,更重要的指标是其中的微生物种类,不仅要检查细菌总数,还要检查其中所含的病原菌数。以 *E. coli* 为代表的大肠菌群是温血动物肠道中的正常菌群,数量极多,用它作指标可以灵敏地推断该水源是否受到动物粪便污染,污染程度如何,从而间接推测数量极少的病原菌存在的概率。我国卫生部门规定的饮用水标准是:1 mL 自来水中的大肠菌群数不可超过 3 个(37℃,48 h)。

三、空气中的微生物

空气并不具备微生物生长繁殖所需的各基质条件,相反,日光中的紫外线还有强烈的杀菌作用,但空气中还是含有一定数量的微生物,进入大气的土壤尘粒,水面吹来的小水滴,污水处理厂曝气产生的气溶胶,人和动物体表的干燥脱落物,呼吸道呼出的气体都是大气微生物的来源。主要种类是霉菌(孢子)和细菌,常见霉菌有曲霉、木霉、青霉、毛霉、白地霉和色串孢(*Torula* sp.)等,细菌较少,藻类、酵母菌、病毒也会存在于空气中。

微生物在大气中的分布很不均匀,所含数量取决于所处环境和飞扬的尘埃量(表12-1-3)。由于尘埃的自然沉降,因此越贴近地面的空气,含尘埃越多,所含微生物数量就越高。在医院病房及门诊室内的空气,病原菌特别是耐药菌的种类多、数量大,对免疫力低下的人群十分有害,患者"院内感染"是目前的世界性难题。而高山、森林、积雪的山脉和高纬度地带的空气中,微生物较少。海洋上空的微生物较少,因为微生物从水中进入空气比随尘埃飞扬到空气中困难,同时空气环境与海洋环境差别较大,进入空气的海洋微生物一般会很快死去。潮湿的空气中所含微生物较少,因为湿空气中的微生物和尘埃易于沉降。

空气中的微生物可以随风传播到几千米的高空,有些微生物如结核分枝杆菌、白喉杆菌、炭疽杆菌、流感病毒和脊髓灰质炎病毒等可在大气中存活较长时间。微生物在空气中存活的时间取决于微生物本身对环境的适应能力和环境的复杂程度,如湿度、温度、阳光、携带微生物的微粒大小和性质等。附着在尘埃上的微生物最终都会降落到地面或由雨雪带回到地面。

表 12-1-3　不同地点大气中的微生物数量(引自:沈萍,微生物学)

地点	微生物数量/(CFU/m³)
北极(北纬 80°)	0
海洋上空	1~2
市区公园	200
城市街道	5 000
宿舍	20 000
畜舍	1 000 000~2 000 000

空气中微生物以生物气溶胶的形式存在。生物气溶胶(bioaerosols)是悬浮在大气中由气溶胶、微生物、微生物副产物和花粉等构成的集合体。它是动、植物病害传播,发酵工业污染以及工农业产品霉腐等的重要根源。生物气溶胶颗粒越大,移动速度越慢,扩散能力就越低。而高温、干燥和风有利于生物气溶胶的扩散。由空气传播的病原菌主要有白喉棒状杆菌,溶血性链球菌、结核分枝杆菌、肺炎链球菌、肺炎支原体、奈瑟氏球菌、博德特氏菌、流感病毒等。通过减少菌源、尘埃源以及采用空气过滤、灭菌(如 UV 照射,福尔马林熏蒸或喷雾)等措施,可降低空气中的微生物数量。发酵生产中,在空气进入空气压缩机前可用粗过滤器过滤掉个体较大的微生物。

四、人体内外的微生物

在人体体表和体腔中生活着种类繁多,并不侵害人体的正常微生物,数量高达 10^{14},约为人体总细胞数的 1.3 倍。研究表明,肠道微生物群落结构的改变与许多疾病的发生密切相关,例如肥胖、糖尿病、癌症等。越来越多的研究证明,肠道微生物的变化与宿主的衰老过程有关。1977 年,德国学者 Volker Rush 最早提出从细胞和分子水平上研究微观层次的生态规律的微生态学(microecology),其任务为:①研究正常菌群的本质及其与宿主间的相互关系;②阐明微生态平衡与失调的机制;③指导微生态制剂的研制,以用于调整人体的微生态平衡。

人体共有五大微生态系统,包括消化道、呼吸道、泌尿生殖道、口腔和皮肤,占据不同生境的

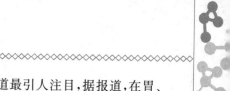

微生物表现出各自的群落特征,有不同的生理功能。其中尤以消化道最引人注目,据报道,在胃、肠中的微生物数量占了人体总携带量的 78.7%,有 60～400 种不同的微生物,总数可到数百万亿个,肠道正常菌群的主体是厌氧菌(约占 99%),其中 *Bacteroides* spp.(拟杆菌类)、*Bilidibaterium* spp.(双歧杆菌类)和 *Lactobacillus* spp.(乳杆菌类)等为优势菌群(表 12-1-4)。

　　在一般情况下,正常菌群与人体保持着十分和谐的状态,在菌群内部各微生物间也彼此制约,共同维持着群落结构的稳定和平衡状态,这就是微生态平衡。例如人体和肠道微生物之间互利共生,人体为微生物提供栖息的有利环境,而肠道细菌可以合成人体所需要的硫胺素、核黄素、烟酸、维生素 B_2 等,产生的能源也可被人体吸收利用。人的肠道内如果缺乏正常的微生物群落,人体就不能维持正常的生活,因此,肠道微生物基因组被称为人体的"第二套基因组"。正常微生物群落还可以通过拮抗作用和营养竞争作用来抑制或排斥病原微生物的生长。正常菌群的种类与数量,在不同个体间有一定的差异。

表 12-1-4　人体消化道和粪便中若干代表菌的分布和数量　　　　　　　　个/g

菌属	胃	空肠	回肠	结肠	粪便
Bacteroides(拟杆菌属)	0	$3.2×10^2$	$3.2×10^8$	10^8	$3.2×10^{10}$
Bifidobacterium(双歧杆菌属)	0	$2.0×10^2$	10^4	10^7	$3.2×10^{10}$
Lactobacillus(乳酸菌属)	0	10	0	$3.2×10^6$	10^4
Enterobacter(肠杆菌属)	0	0	$2.0×10^3$	10^7	10^6
Enterococcus(肠球菌属)	0	0	$2.0×10^3$	10^7	$3.2×10^3$
Clostridium(梭菌属)	0	0	0	0	10^3
Veillonella(韦荣氏菌属)	0	0	0	10^3	10^3
酵母菌	0	10	$2.0×10^2$	0	10

　　正常菌群的微生态平衡是相对的、可变的和有条件的。一旦宿主的防御机能减弱(皮肤大面积烧伤、黏膜受损、着凉或过度疲劳等),正常菌群生长部位改变(*E. coli* 进入腹腔或泌尿生殖系统),或正常菌群微生物间的相互制约关系遭到破坏(长期服用抗生素等制菌药物),原先某些不致病的正常菌群成员,如 *E. coli*、*Bacteroides fragilis*(脆弱拟杆菌)、*Candidaalbicans*(白假丝酵母)、葡萄球菌就乘机转移或大量繁殖引起疾病,将这类特殊的致病菌称为条件致病菌(opportunist pathogen),由它们引起的感染,称为内源性感染(endogenous infection)。

　　微生态制剂(microecologics,microecological modulator)是依据微生态学理论制成的含有益生菌的活菌制剂,其功能在于维持宿主的微生态平衡、调整宿主的微生态失调并兼有其他保健功能,又叫益生菌剂(probiotics)。用于生产益生菌的优良菌种有严格厌氧菌类的 *Bifidobacterium* spp.,耐氧性厌氧菌类的 *Lactobacillus* spp. 和属于兼性厌氧球菌类的 *Enterococcus* spp.(肠球菌)等。用得最多的是 *B. bifidum*(两歧双歧杆菌)、*B. longum*(肠双歧杆菌)、*B. adolescentis*(青春双歧杆菌)、*B. infantis*(婴儿双歧杆菌)和 *B. breve*(短双歧杆菌);*L. acidophilus*(嗜酸乳杆菌)、*L. plantarum*(植物乳杆菌)、*L. brevis*(短乳杆菌)、*L. casei*(甘酪乳杆菌)和 *L. delbrueckii* subsp *bulgarius*(德氏乳杆菌保加利亚亚种,旧称"保加利亚乳杆菌");*Enterococcus faecalis*(粪肠球菌,旧称"粪链球菌")、*Lactococcus lactis* subsp(乳酸乳球菌乳亚种)和 *Streptococcus salivarius* subsp *thermophilus*(唾液链球菌嗜热亚种,旧称"嗜热链球菌")等。这些菌种已被制成冻干菌粉、活菌胶囊或微胶囊形式的药剂或保健品出售。

五、动物体内外的微生物

动物体内外的微生物数量庞大，种类复杂，从生境空间位置来说有体表和体内的区别，从生理功能上来说有有益、有害两个方面。动物皮毛上主要为葡萄球菌、链球菌、双球菌等，肠道中主要为大肠杆菌、类链球菌、魏氏梭菌、腐败梭菌、纤维素分解细菌等。对动物有害的病原微生物包括病毒、细菌、真菌、原生动物的一些种类，对动物有益的微生物和动物的互惠共生关系受到广泛的关注，如微生物和昆虫的共生、瘤胃共生、海洋鱼类和发光细菌的共生等。

(一)微生物和昆虫的共生

在白蚁、蟑螂等昆虫的肠道中有大量的细菌和原生动物与其共生。白蚁消化道中的共生体系具有典型性：微生物共生体是细菌和原生动物，两者均能分解纤维素，转化白蚁的氮素废物尿酸和固氮，这些过程的代谢产物都可以被白蚁同化利用。而在蟑螂、蝉、蚜虫和象鼻虫等许多昆虫体内生活的微生物，可为昆虫提供 B 族维生素等成分。

(二)瘤胃共生

纤维素是自然界最丰富的碳水化合物，然而大部分动物缺乏能利用这种物质的纤维素酶。牛、羊、鹿、骆驼和长颈鹿等属于反刍动物，它们一般都有由瘤胃、网胃(蜂巢胃)、瓣胃和皱胃 4 部分组成的反刍胃。生活在动物瘤胃内的微生物(rumen microflora)能产生分解纤维素的胞外酶，把纤维素分解成有机酸以供瘤胃吸收，同时微生物繁殖产生的菌体蛋白经皱胃消化后为反刍动物提供充足的蛋白质养料(占蛋白质需要量的 40%～90%)。荷兰和美国等的学者发现，若在牛饲料中添加 1.3%～1.5%的磷酸脲，可促进瘤胃微生物的生长繁殖，从而达到增奶 8%～10%、增重 5%～10%、降低饲料消耗 3%～5%和提高经济效益 12%～12.5%的显著作用。

瘤胃是一个独特的不同于其他生态环境的生态系统，它是温度(38～41 ℃)、pH(5.5～7.3)、渗透压(250～350 mOsm/kg)相对稳定的还原性环境(Eh 350 mv)，为瘤胃微生物提供了适宜的环境条件，营养物质以及良好的搅拌和无氧环境。瘤胃微生物种类繁多，数量庞大。细菌数达 10^{10}～10^{11} cfu/g 内含物。大多数细菌是专性厌氧菌，但也有兼性厌氧菌和好氧菌。真菌的游动孢子达 10^3～10^5 个/g 内含物。在瘤胃内可完成从孢子萌发，长出菌丝，而后又形成孢子的生活周期。细菌噬菌体数量可以达到 10^6～10^7 pfu/mL 内含物，大部分是温和噬菌体。瘤胃原生动物数量 10^5～10^6 个/g 内含物，大小 20～200 μm。

(三)发光细菌和海洋鱼类的共生

发光杆菌属(*Photobacterium*)和贝内克氏菌属(*Beneckea*)的发光细菌可与海生鱼类形成互惠共生的关系。发光细菌生活在某些鱼的特殊的囊状器官中，这些器官一般有外生的微孔，微孔允许细菌进入，同时又能和周围海水相交换。发光细菌发出的光有助于鱼类识别配偶和看清物体。光线还可以成为一种聚集的信号，或诱惑其他生物以便捕食。发光也有助于鱼类成群游动以抵抗捕食者。

(四)无菌动物与悉生生物

凡在其体内外不存在任何正常菌群的动物，称为无菌动物(germ-free animal)。它是在无菌条件下，将剖腹产的哺乳动物(鼠、兔、猴、猪、羊等)或特别孵育的禽类等实验动物，放在无菌培养器中进行精心培养而成。无菌动物最初起始于 1928 年。用无菌动物进行实验，可排除正常菌群的干扰，从而使人们可以更深入、更精确地研究动物的免疫、营养、代谢、衰老和疾病等

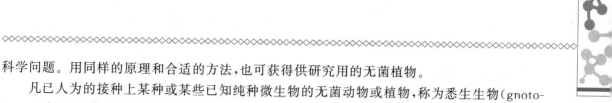

科学问题。用同样的原理和合适的方法,也可获得供研究用的无菌植物。

凡已人为的接种上某种或某些已知纯种微生物的无菌动物或植物,称为悉生生物(gnotobiota),意即"已知其上所含微生物群的大生物"。研究悉生生物的科学称悉生生物学(gnotobiology)或悉生学(gnotobiotics)。最早提出悉生生物学观点的是微生物学奠基人巴斯德,他于 1885 年时就认为,"如果在动物体内没有肠道细菌的话,则他们的生命是不可能维持下去的"。由此可见,每一高等动、植物的正常个体,实际上都是它们与微生物在一起的一个共生复合体。

研究发现无菌动物的免疫功能十分低下,部分器官萎缩;营养要求更高(如需维生素 K);对一些非致病菌如 *Bacillus subtilis*(枯草芽孢杆菌)变得极为易感,并患病;而对原来易患的个别疾病反而具有了抵抗力,如由于原生动物得不到细菌作食物而不患阿米巴痢疾。

六、植物体内外的微生物

(一)植物表面微生物与植物病害

生活在植物地上部分表面,主要借植物外渗物质或分泌物质为营养的微生物,称附生微生物(epibiotic microbe)。植物的茎叶和果实表面是细菌、蓝细菌、真菌(特别是酵母)、地衣和某些藻类的良好生境。邻接植物表面的生境称为叶际,叶际和叶面也生活着各种附生微生物。花是附生微生物的短期生境,花从受精到果实成熟,环境条件发生了改变,微生物群落也会发生演替。果实成熟时,酵母属即成为优势种群。

附生微生物具有促进植物发育(如固氮等)、提高种子品质等有益作用。一些蔬菜、牧草和果实表面的乳酸菌、酵母菌等,在泡菜和酸菜腌制、饲料青贮以及果酒酿造时还起着天然接种剂的作用。

某些病毒、细菌、真菌和原生动物等附生微生物能引起植物的病害,特别是真菌。病害使植物功能失常,生长能力降低,产生各种形态和代谢上的异常,甚至死亡。病原体以不同途径侵入植物体,通过产生分解酶、毒素和生长调节因子干扰植物的正常功能。当果皮损伤时,附生微生物就乘机进入果肉引起果实腐烂。

(二)微生物和植物根的相互关系

1. 根际微生物(rhizosphere microorganisms)

植物根系向周围土壤分泌糖类、氨基酸和维生素等各种外渗物质,故在根际存在着大量微生物。根际微生物,又称根圈微生物,多数为无芽孢 G^- 杆菌,如 *Pseudomonas*(假单胞菌属)、*Agrobacterium*(土壤杆菌属)、*Achromobacter*(无色杆菌属)和 *Arthrobacter*(节杆菌属)等。根际微生物大量繁殖,使根际范围内土壤的化学环境有别于根际以外的土壤,成为根际微生物生长的特殊微生态环境。根际效应对土壤微生物最重要的是营养选择和富集,使根际微生物在数量、种类以及生理类群上不同于非根际。根际微生物以各种不同的方式有益于植物的生长发育:①促进养料供应。根际微生物分解土壤中的复杂有机物而将其转化为植物可给性养料,代谢产生的酸类可增加矿质营养的溶解性,固氮细菌还可为植物提供氮素养料,因此大大改善了植物的营养条件。②刺激植物生长。根际微生物合成分泌维生素、生长素、吲哚乙酸(小麦根际微生物)、赤霉素(如藤仓赤霉菌)等植物生长刺激物质。③抑制病原菌生长。营养竞争关系以及由根际微生物产生的拮抗性物质、抗生素等共同作用抑制土居性病原菌的侵染。④消除 H_2S。在水田或淹水土壤中,H_2S 可被硫化细菌氧化而消除其对植物的毒害作用。

当然某些情况下根际微生物也会给植物带来不利影响：一些根际微生物也可能成为植物的病原体引起病害；有些根际微生物能产生有毒物质抑制后茬植物的种子萌发和幼苗生长，所以轮作中要注意选择合适的后茬作物。根际微生物过度生长会与植物竞争可利用的水分和营养物等，从而导致植物营养不良，土壤的 C/N 比例较高时，根际微生物也会与植物争夺碳、磷等营养。

2. 菌根（mycorrhiza）

一些真菌和植物的根以互惠关系建立起来的共生体称为菌根。结合以后的共生体不同于单独的根和真菌，它们除保留原来的各自的特点外，又产生了原来所没有的优点，体现了生物种间的协调性。有些植物，如兰科植物的种子若无菌根菌的共生就不会发芽，杜鹃科植物的幼苗若无菌根菌的共生就不能存活。

大量研究表明，菌根能加强植物对土壤中 P、S、Zn 和 N 的吸收，促进植物生长，提高植物的环境的适应能力，使其能在贫瘠土壤上生存，产生抑制物质使植物对其他植物存在偏害关系，削弱外来者的竞争。

陆地上 97％以上的绿色植物具有菌根，菌根分为两大类，外生菌根和内生菌根（图 12-1-1）。外生菌根存在于 30 余科植物的一些种、属中，尤其以木本的乔、灌木居多，如松科等。能形成外生菌根的真菌主要是担子菌，其次是子囊菌，他们一般可与多种宿主共生。外生菌根的主要特征是菌丝在宿主根表生长繁殖，交织成致密的网套状构造，称作菌套（mantle），以发挥类似根毛的作用；另一特征是菌套内层的一些菌丝可透过根的表皮进入皮层组织，把外皮层细胞逐一包围起来，以增加两者间的接触和物质交换面积，这种特殊的菌丝结构称为哈蒂氏网（Hartig net）。

内生菌根又分为两种类型，一种是由有隔真菌形成的菌根，另一种是无隔真菌所形成的菌根，后一种为丛枝状菌根（arbuscular mycorrhiza，AM）。丛枝状菌根虽是内生菌根，但在根外也能形成一层松散的菌丝网，当其穿过根的表皮而进入皮层细胞间或细胞内时，即可在皮层中随处延伸，形成内生菌丝。内生菌丝可在皮层细胞内连续发生双叉分枝，由此产生的灌木状构

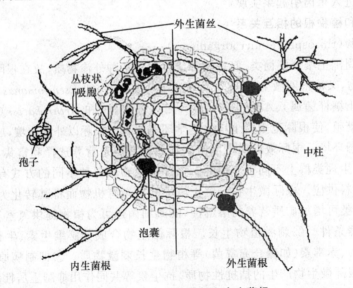

图 12-1-1　外生菌根和内生菌根

造称为丛枝(arbuscule)。少数丛枝状菌根菌的菌丝末端膨大,形成泡囊(vesicle)。因此,丛枝状菌根又称泡囊-丛枝状菌根(vesicular-arbuscular mycorrhiza,VAM)。在自然界中,约80%陆生植物包括大量的栽培植物(小麦、玉米、棉花、烟草、大豆、甘蔗、马铃薯、番茄、苹果、柑橘和葡萄等)具有 AM,菌根菌为内囊霉科(Endogonaceae)中部分真菌(6 个属)。目前这类真菌已可在植物培养物中生长,但还不能在人工培养基上生长繁殖。研究表明,AM 菌根真菌接种对棉花、小麦、玉米和花生等农作物均有一定的增产效果。

3. 共生固氮

(1)根瘤菌和豆科植物的共生固氮　根瘤菌和豆科植物的共生固氮作用是微生物和植物之间最重要的一种互惠共生关系。共生固氮把大气中不能被植物利用的 N_2 还原为 NH_3,NH_3 再与有机酸结合生成氨基酸、酰胺或酰脲等可被植物利用的氮,这对于增加土壤肥力和推动氮素循环有重要意义。根瘤菌为 G^- 化能异养微生物,虽然可以在土壤中营腐生生活,某些种类也能自生固氮,但只有在与植物共生形成的根瘤中才能进行旺盛的固氮作用。

共生固氮是复杂的生理生化过程。根瘤菌和植物根共同创造一个有助于固氮的微环境,固氮酶由根瘤菌提供。根瘤菌专性好氧,而固氮是耗能和对氧敏感的过程,这些几乎完全对立的特征被融合在豆科植物根瘤中。根瘤的中心侵染组织是一个微好氧生态位,根瘤周围未被侵染的植物细胞的连续层限制和控制氧的扩散,使内部组织维持大约1%大气浓度(0.2%氧),这个氧量低到能进行固氮过程。另外中心组织的植物细胞合成大量豆血红蛋白携带氧,有利于低氧分压的保持。固氮过程产生的氨穿过类菌体(胞内根瘤菌)膜被植物同化利用。

根瘤菌与豆科植物的共生关系表现出明显的宿主专一性,即特定的根瘤菌只能侵染一种或少数几种特定的豆科植物。另外根瘤菌的共生固氮作用与植物的光合作用和生理状况密切相关,加强植物的光合作用效率也将同时提高根瘤菌的共生固氮作用。

(2)放线菌和非豆科植物共生固氮　已知放线菌目中的弗兰克氏菌(Frankia)可与 200 多种非豆科植物共生形成放线菌根瘤(actincrhizas),且共生关系也具有较高的宿主专一性,放线菌也是经根毛侵入,刺激根内皮层细胞分裂,形成初生根瘤。放线菌根瘤也具有较强的共生固氮能力,固氮效率可达每年(以氮计)$100\sim200$ kg/hm^2,具有重要的生态意义和经济价值。结瘤植物多为木本双子叶植物,如马桑、桤木、杨梅、沙棘、胡枝子等。根瘤可增强非豆科植物的适应性和抗逆能力,使其能在干旱的沙丘或海滩上生长,也能适应沼泽地等潮湿的环境,可以用来绿化荒山、改善生态环境,在解决农村燃料问题、饲料来源等方面应用前景广阔。

(3)蓝细菌和植物的共生固氮　蓝细菌(蓝藻)中的许多种属除能自生固氮外,念珠藻属、鱼腥藻属的蓝细菌还可与部分苔类植物、藓类植物、蕨类植物、裸子植物和被子植物形成具有固氮功能的共生体。

从根际、菌根到根瘤,微生物和植物根之间的互惠共生关系越来越密切,形态结构越来越复杂,生理功能越来越完备,遗传调节越来越严密,这也是生物相互作用的高级形式。在共生体中,植物根是主导方面。共生体的建立促进了植物的生长,从生态学的观点可以看成是生物克服恶劣环境,抵抗环境压力而达到的生物和环境的统一。

七、工农业产品中的微生物

(一)工业产品的霉腐

许多工业产品部分或全部由有机物组成,因此易受微生物的侵蚀而生霉、腐烂、腐蚀、老

化、变形或破坏。即使是无机物如金属、玻璃也可因微生物活动而产生腐蚀与变质。霉腐微生物通过产生各种酶系、或通过大量繁殖、或通过代谢产物对工业产品造成危害,如代谢物作为电解质危及电信、电机器材的电学性能;有机酸造成玻璃腐蚀,以致严重降低显微镜、望远镜等光学仪器的性能。

研究各种工农业产品有害微生物的作用、分布、种类、霉腐机制及其防治方法的微生物学分支,称为霉腐微生物学(biodeteriorative microbiology)。各种材料和工农业产品因受气候、物理、化学或生物因素的作用而发生变质、破坏的现象,称为材料劣化(material deterioration),其中以微生物引起的材料劣化最为严重,包括:①霉变(mildew,mouldness),指由霉菌引起的劣化;②腐朽(decay),泛指在好氧条件下微生物酶解木质素和纤维素等物质而使材料的力学性质严重下降的现象,最常见的是担子菌类引起的木材或木制品的腐朽;③腐烂(腐败,putrefaction,rot),主要指含水量较高的产品经细菌或酵母菌生长、繁殖后所引起的变软、发臭性的劣化;④腐蚀(corrosion),主要指由硫酸盐还原细菌、铁细菌或硫细菌引起的金属材料的侵蚀、破坏性劣化。

全球每年因微生物对材料的霉腐而引起的损失是极其巨大又难以确切估计的,因此,有人称之为"菌灾"。

在实践中,防霉剂的筛选、研究和应用十分重要。一般可选用 8 种霉菌作为模式试验菌种,包括 *Aspergillus niger*(黑曲霉)、*A. terreus*(土曲霉)、*Aureobasidium pullulans*(出芽短梗霉)、*Pascilomyces varioti*(宛氏拟青霉)、*Penicillium fumiculosum*(绳状青霉)、*P. ochrochloron*(赭绿青霉)、*Scopulariopsis brevicaulis*(短柄帚霉)和 *Trichoderma viride*(绿色木霉)。

(二)食品中的微生物

食品营养丰富,是微生物生长繁殖的良好基质。因其在原料形成、收集、加工、包装、运输、贮藏和销售过程中,都有机会与微生物接触而受到污染,在合适的温度、湿度条件下,污染食品的各种微生物就会迅速生长繁殖,引起食品腐败变质,有的甚至产生各种毒素,引起食物中毒,有的为致病菌,引发食源性疾病。因此在整个食品加工及贮藏过程中对这些致腐微生物、产毒微生物或致病微生物应加以严格控制或消灭。而在酿造食品生产过程中则需要创造环境使微生物繁殖和积累代谢产物(详见第十五章 微生物的应用)。对于成品中的微生物,国家标准或国际标准中都有明确的阈值,检测指标有细菌总数、大肠菌群、致病菌等,其中要求致病菌不得检出。而对发酵乳制品如酸牛奶,我国国标则规定乳酸菌的活菌数则必需达到一定的数目($\geqslant$ 10^6 个/mL)。

污染食品的微生物类型与食品基质条件、加工工艺以及产品形式等关系很大。例如,引起番茄、菠萝等酸性食品罐头(pH 3.7~4.5)变质的微生物主要有耐热嗜酸芽孢杆菌(*Bacillus thermoacidurans*)、巴氏梭菌(*Clostridium pasteurianum*)、丁酸梭菌(*C. butyricum*)、短乳杆菌(*Lactobacillus brevis*)等。当杀菌不彻底时,引起肉类等低酸食品罐头(pH>5)腐败变质的微生物多为耐热或嗜热、厌氧或兼性厌氧、且能分解蛋白质或脂肪的一些芽孢杆菌,例如生孢梭菌(*C. sporogenes*)、溶组织梭菌(*C. histolyticum*)和肉毒梭菌(*C. botulinum*)、嗜热脂肪芽孢杆菌(*B. stearothermophilus*)、凝结芽孢杆菌(*B. coagulans*)等。

(三)农产品中的微生物

粮食、蔬菜和水果等各种农产品上存在着大量的微生物,由此引起的霉腐以及使人和动、植物中毒,危害极大。据估计,每年全球因霉变而损失的粮食就达总产量的 2% 左右。引起粮

食、饲料霉变的微生物以 *Aspergillus*（曲霉属）、*Penicillium*（青霉属）和 *Fusarium*（镰孢霉属）的真菌为主，其中有些可产生致癌的真菌毒素（mycotoxin）。例如，由 *A. flavus*（黄曲霉）部分菌株产生的黄曲霉毒素（aflatoxin，AFT）和一些镰孢菌产生的单端孢烯族毒素（trichoth-ecene）T2 等均为强致癌剂。在目前已知的大约 9 万种真菌中，有 200 多个种可产生 100 余种真菌毒素，其中 14 种能致癌，这就意味着发霉的粮食、果蔬等极有可能存在致癌的真菌毒素。微生物学工作者要带头认识和宣传"癌从口入"和"防癌必先防霉"的重要性。

来自于健康畜禽的动物性食品原料理论上是无菌的，但在屠宰、分割、包装、运输、销售等过程中不可避免地受到环境微生物的污染，具有重要卫生学意义的微生物有沙门氏菌、大肠杆菌、志贺氏菌、金黄色葡萄球菌、阪崎杆菌、副溶血性弧菌、耶尔森菌、空肠弯曲菌、链球菌、产气荚膜梭菌等。另外如果宰前管理不好，或病畜禽肉极有可能受到内源性污染，主要是一些来自肠道的条件致病菌屠宰前侵入屠体组织和器官造成。

八、极端环境中的微生物

凡依赖于诸如高温、低温、高酸、高碱、高盐、高毒、高渗、高压、干旱或高辐射强度等这些极端环境才能正常生长繁殖的微生物，称为嗜极菌或极端微生物（extremophiles）。由于它们在细胞构造、生命活动（生理、生化、遗传等）和种系进化上的突出特性，具有重要的研究和开发价值：①开发利用新的微生物资源，包括特异性的基因资源；②为微生物生理、遗传和分类乃至生命科学及相关学科许多领域，如功能基因组学、生物电子器材等的研究提供新的课题和材料；③研究其强而稳定的特殊结构、机能和遗传基因以及应答因子，对阐明物种起源、生物进化具有重要意义；④研究其生理生化特性，可用于量度地球上生命生存的理化极限，对探索宇宙星球上的生物有参考价值；⑤可探索出新的生理途径，生产新酶和新的生物制剂，使用于特殊环境条件，如煤脱硫、冶炼金属、处理有毒废水、高压深油井探矿、纤维素高温发酵酒精等。

（一）嗜热微生物

嗜热微生物（thermophiles）简称嗜热菌，主要指嗜热细菌，广泛分布在草堆、厩肥、煤堆、温泉、火山地、地热区土壤以及海底火山口附近。根据生长的温度范围，嗜热菌可细分为 5 类：耐热菌（thermotolerant bacteria），最高 45～55℃，最低＜30℃；兼性嗜热菌（facultative thermo-phile）：最高 50～65℃，最低＜30℃；专性嗜热菌（obligatory thermophile）：最高 65～70℃，最低 42℃；极端嗜热菌（extremothermophiles）：最高＞70℃，最适＞65℃，最低＞40℃；超嗜热菌（hyperthermophiles）：最高 113℃，最适 80～110℃，最低 55℃，大部分超嗜热菌都是古生菌。

嗜热菌对高温的适应机制主要表现在：遗传物质中 GC 含量高；细胞内酶的耐热性高，如嗜热杆菌的 3-磷酸甘油醛脱氢酶、糖酵解酶类等在 90℃时还十分稳定；细胞膜上长链饱和脂肪酸会随温度上升而增多等。新的研究还表明专性嗜热菌株的质粒携带与热抗性相关的遗传信息。

嗜热菌在生产实践和科学研究中有着广阔的应用前景，高温发酵可避免污染和提高发酵效率，其产生的酶在高温时有更高的催化效率，耐高温微生物也易于保藏。由嗜热菌产生的嗜极酶（extreme enzymes）因作用温度高和热稳定性好，已被用于 PCR 技术和其他科研应用领域。嗜热微生物还可用于污水处理。表 12-1-5 列出了几种嗜热菌和中温菌（mesophiles）所产生的耐热酶的作用温度和热稳定性。

表 12-1-5　若干嗜热菌和中温菌所产耐热酶的比较(引自:周德庆. 微生物学教程. 科学出版社)

产生菌		酶名称	热稳定性	
			酶活性半衰期/min	温度/℃
嗜热菌	*Desulfurococcus*(脱硫球菌)	碱性蛋白酶	7.5	105
	Thermus auqcticus(水生栖热菌)	中性蛋白酶,DNA 聚合酶	15,40	95,95
	Pyrococcus(激烈火球菌)	α 淀粉酶,转化酶	240,48 h	100,95
	Thermococcus(嗜热球菌)	DNA 聚合酶	95	100
中温菌	*Penicillium cyaneofulvum*(蓝棕青霉)	碱性蛋白酶	10	59
	Aspergillus niger(黑曲霉)	酸性蛋白酶	60	61
	Bacillus subtilis(枯草芽孢杆菌)	α 淀粉酶	30	65

(二)嗜冷微生物

嗜冷微生物(psychrophiles)又称嗜冷菌,是一类最适生长温度低于 15℃、最高生长温度低于 20℃、最低生长温度在 0℃ 以下的细菌、真菌和藻类微生物。嗜冷微生物主要分布在极地、深海、寒冷水体、冷冻土壤、阴冷洞穴、冷库等低温环境中。海洋深度在 100 米以下,终年温度恒定在 2～3℃,生活着典型的嗜冷菌(兼嗜压菌)。嗜冷菌是低温保藏食品发生腐败的主要原因。

与嗜冷微生物不同,耐冷微生物(psychrotolerant)虽能在 0℃ 生长,但其最适生长温度为 20～40℃,而嗜冷菌遇 20℃ 以上的温度即死亡,故从采样、分离直到整个研究过程必须在低温下进行。其嗜冷机制主要是细胞膜含有大量不饱和、低熔点脂肪酸,以保证在低温下膜的流动性和渗透性。因其酶在低温下具有较高的活性,故可开发低温下作用的酶制剂,如洗涤剂用的蛋白酶等,不仅能节约能源,而且效果很好。

(三)嗜酸微生物

嗜酸微生物(acidophiles)又称嗜酸菌,只能生活在 pH<4 的条件下,中性 pH 下菌体即死亡。少数种类还可生活在 pH<2 的环境中。许多真菌和细菌可生长在 pH 5 以下,少数甚至可生长在 pH 2 中,但因为在中性 pH 下也能生长繁殖,故只能归属为耐酸微生物。专性嗜酸微生物是一些真细菌和古生菌,前者如 *Thiobacillus*(硫细菌属),后者如 *Sulfolobus*(硫化叶菌属)和 *Thermoplasma*(热原体属)等。*Thermoplasma acidophilum*(嗜酸热原体)能生长在 pH 0.5 的酸性条件下,它的全基因组序列(1.7 Mb)已于 2000 年 9 月公布。氧化硫杆菌最适 pH 为 2.5,pH0.5 以下仍能存活,可氧化还原态的硫化物和金属硫化物生成硫酸(浓度高达 5%～10%)。

嗜酸菌广泛分布在工矿酸性水、酸性热泉和酸性土壤中。嗜酸菌的胞内 pH 仍接近中性,各种酶的最适 pH 也在中性附近。嗜酸机制可能是细胞壁和细胞膜具有排阻外来 H^+ 和从细胞中排出 H^+ 的能力,且嗜酸菌的细胞壁和细胞膜还需高浓度 H^+ 才能维持其正常结构。嗜酸菌广泛用于铜等金属的湿法冶炼和褐煤的脱硫等。

(四)嗜碱微生物

嗜碱微生物(alkaliphiles)能专性生活在 pH 10～11 的碱性条件下而不能生活在中性条件下的微生物,称嗜碱微生物,简称嗜碱菌。他们一般存在于碱性盐湖和碳酸盐含量高的土壤中。多数嗜碱菌为 *Bacillus*(芽孢杆菌属),还有微球菌属(*Micrococcus*)、棒杆菌属(*Corynebacterium*)、链霉菌属(*Streptomyces*)、假单胞属(*Pseudomonas*)、无色杆菌属(*Achromobacter*)等的一些种。有些极端嗜碱菌同时也是嗜盐菌,主要为古生菌。

嗜碱微生物胞内 pH 都接近中性,细胞外被是胞内中性环境和胞外碱性环境的分隔,是嗜碱微生物嗜碱性的重要因素,其控制机制是具有排出 OH⁻ 的功能。嗜碱微生物产生的碱性酶如蛋白酶(活性 pH 10.5～12)、淀粉酶(活性 pH 4.5～11)、果胶酶(活性 pH 10.0)、支链淀粉酶(活性 pH 9.0)、纤维素酶(活性 pH 6～11)、木聚糖酶(活性 pH 5.5～10)等被广泛用于洗涤剂及其他用途。

(五)嗜盐微生物

(halophiles)既能在高盐度环境下生活,又能在低盐度环境下正常生活的微生物,称为耐盐微生物(halotolerant),而嗜盐微生物必须在高盐浓度下才能生长。嗜盐微生物通常分布在晒盐场、腌制海产品、盐湖或死海中,包括许多细菌和少数藻类,古生菌为嗜盐微生物的主体,故又称嗜盐菌。一般性的海洋微生物长期栖居在 3% 左右(0.2～0.5 mol/L)NaCl 的海洋环境中,仅属于低度嗜盐菌;中度嗜盐菌可生活在 0.5～2.5 mol/L NaCl 中;而极端嗜盐菌必须生活在 12%～30%(2.5～5.2 mol/L)NaCl 中,例如 *Halobacterium*(盐杆菌属)的有些种甚至能生长在饱和 NaCl 溶液(32%,5.5 mol/L)中。嗜盐微生物除嗜盐细菌外,还有光合细菌 *Ectothiorhodospira*(外硫红螺菌属)和真核藻 *Dunaliella*(杜氏藻属)等。

嗜盐微生物的嗜盐机制仍在探索中,盐杆菌和盐球菌具有排出 Na⁺ 和吸收浓缩 K⁺ 的能力,K⁺ 作为一种相容性溶质,可以调节渗透压达到胞内外平衡,其浓度高达 7 mol/L,以此维持胞内外同样的水活度,光能以质子梯度的形式部分储存起来,并用于合成 ATP。此外嗜盐菌细胞膜上的一种特殊的紫色物质(紫膜),具有质子泵和排盐作用(详见第七章),可探索用其制备电子器件和生物芯片。

(六)嗜压微生物

嗜压微生物(barophiles)又称为嗜压菌,与耐压菌不同,嗜压菌必须生活在高静水压环境中,在常压下则不能存活。嗜压菌可分为 3 类(表 12-1-6)。

表 12-1-6　3 类嗜压菌及其生长静水压(大气压数)

类型	最低生长压	最适生长压	最高生长压
耐压菌	未测	1～100	500
嗜压菌	1	400～500	700
极端嗜压菌	400	700～800	1 035

嗜压微生物普遍生活在 1 000 m 以下的深海区,少数生活在油井深处。例如,*Pseudomonas bathycetes*(嗜压假单胞菌)和硫酸盐还原菌就是分别分离自深海底部 1 000 大气压处和油井深部约 400 大气压处。在深度为 10 500 m、海洋最深处的太平洋马里亚纳海沟中还分离到了极端嗜压菌。

(七)抗辐射微生物

抗辐射微生物(radioresistant microorganisms)对辐射仅有抗性(resistance)或耐受性(tolerance),而不能有"嗜好"。微生物的抗辐射能力明显高于高等动植物。以 X 射线为例,病毒高于细菌,细菌高于藻类,但原生动物往往有较高的抗性。1956 年首次分离到的 *Deinococcus radiodurans*(耐辐射异常球菌)是迄今所知道的抗辐射能力最强的生物,如其 R1 菌株的抗 γ 射线能力是 *E. coli* B/r 菌株的 200 倍(6 000 Gy∶30 Gy),而其抗 UV 的能力则是 B/r 菌株的 20 倍(600 J/m²∶30 J/m²)。据知,R1 菌株的抗射线能力最高可达 18 000 Gy(是人耐

辐射能力的 3 000 余倍)甚至更高,5 000 Gy 剂量对其无甚影响。由于 *D. radiodurans* 在研究生物的抗辐射和 DNA 修复机制中的重要性,其基因组序列已于 1999 年破译(全长 3.8 Mb)。

总之,生活在极端环境中的微生物在基础理论研究上有着重要的意义,而且在工农业生产、生物技术改良、药品研制、食品加工、菌种选育中具有很高的利用价值。

第二节　微生物在生态系统中的地位和作用

生物不断地从环境中吸收各种营养元素来维持生命和繁殖。但营养元素在自然界的总量是有限的,而生命的延续是无限的,所以这些元素必须循环使用,促进这些物质循环的作用有物理作用、化学作用和生物作用,其中生物作用是主导作用,而微生物是自然界物质循环的主要推动者,作为分解者在自然界物质循环和生态系统中起着非常重要的作用。

一、微生物在生态系统中的地位

微生物是地球上最早出现的生命形式,动、植物由其进化而来。藻类的产氧作用改变了大气圈的气体组成,为动、植物的出现打下了基础。

微生物最大的价值在于其分解功能,它们将生物圈内的复杂有机物质转化为简单的无机物,供初级生产者使用。微生物参与所有的物质循环,在一些物质循环中,微生物是起主要作用的主要成员,在有的循环中起关键作用,某些循环则只有微生物才能进行。

光能营养和化能营养微生物是生态系统的初级生产者,可直接利用太阳能和无机物的化学能,积累下来的能量又可在食物链中流动。

自然界中微生物的生物量很大,微生物自身在生态系统中就是物质和能量的贮存形式。

二、微生物在自然界物质循环中的作用

(一)碳素循环

碳元素(C)是构成各种生物体最基本的元素,自然界中 C 元素以多种形式存在着,包括大气中的 CO_2、溶于水中的 CO_2(H_2CO_3、HCO_3^-、CO_3^{2-})和有机物中的碳,以及岩石(石灰石、大理石)和化石燃料(煤、石油、天然气等)中的碳。

构成生物的碳素均直接或间接来源于空气中的 CO_2,据计算陆地植物和海洋生物每年吸收$(1.2\sim1.8)\times10^{11}$ kg CO_2,没有其它来源的补充,空气中的 CO_2 将会被全部用尽。事实上,自高等植物出现以来,空气中的 CO_2 的量从来没有减少过。

1. 碳在生物圈中的总体循环

碳素循环(carbon cycle)是最重要的物质循环,包括 CO_2 的固定和 CO_2 的再生。初级生产者(植物、藻类以及光合微生物)通过光合作用把 CO_2 转化成有机碳,即 CO_2 的固定。CO_2 通过以下 4 条途径获得再生:①异养消费者(动物)摄食有机物(植物或其他动物),经过生物氧化(呼吸)释放出 CO_2;②植物呼吸也会释放出 CO_2;③初级生产者和其他营养级的生物残体经微生物完全降解(即矿化作用)后,释放出 CO_2;④矿物燃料燃烧后产生 CO_2,重新加入碳素循环。这些生物过程和非生物过程产生的 CO_2,随后又被初级生产者利用,开始新的碳素循环。可见在碳素循环中,微生物在其中最重要的作用是参与 CO_2 的固定、含碳化合物的分解矿化(图 12-2-1)。

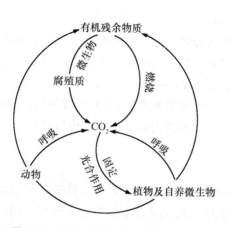

图 12-2-1　微生物在碳素循环中的作用

（引自：蔡信之，黄君红. 微生物学. 高等教育出版社）

2. 生境中的碳循环

生境中的碳循环是生物圈总循环的基础，异养生物和微生物都参与循环，但微生物的作用是最重要的。好氧条件下，其他生物和微生物都能分解简单的有机物和生物多聚物（淀粉，果胶、蛋白质等），但只有微生物能在厌氧条件下进行有机物的分解。蜡和许多人造化合物也只有微生物才能分解。碳的循环转化中除了最重要的 CO_2 外，还有 CO、烃类物质等。藻类能产生和释放少量的 CO，一些异养和自养的微生物能固定 CO 作为碳源（如氧化碳细菌）。烃类物质（如甲烷）可由微生物活动产生，也可被甲烷氧化细菌所利用（图 12-2-2）。大气 CO_2 浓度的持续提高引起的"温室效应"是一个全球性环境问题。

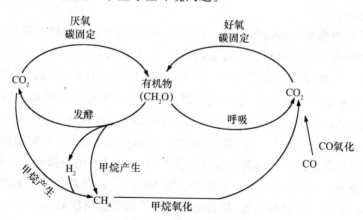

图 12-2-2　碳在环境中的循环

（引自：沈萍. 微生物学. 高等教育出版社）

（二）氮素循环

1. 生物固氮（biological nitrogen fixation）

大气中的分子态氮被还原成氨的过程叫作固氮作用。据估计，全球年固氮总量约为 2.4×10^8 t，其中 90% 是生物固氮，而工业固氮和高能固氮仅占一小部分。可以说生物固氮是地球上最大规模的天然氮肥工厂，60% 由陆生固氮生物完成，40% 由海洋固氮生物完成。生物固氮为地球上整个生物圈中一切生物提供了最重要的氮素营养源。

2. 氨化作用(ammonification)

指含氮有机物经微生物的分解而产生氨的作用。含氮有机物主要是来自动物排出物和尸体,植物残体中的蛋白质、尿素、尿酸、核酸和几丁质等。许多好氧菌和一些厌氧菌都具有强烈的氨化能力,如 *Bacillus* spp.、*Proteus vulgaris*、*Pseudomonas*、*Clostridium* spp. 等。土壤氮素矿化是反应土壤供氮能力的重要因素之一,施入土壤中的各种动植物残体和有机肥料,包括绿肥、堆肥和厩肥等,其中的含氮有机物需通过微生物的氨化作用才能成为植物可吸收利用的氮素养料。

3. 硝化作用(nitrification)

氨态氮经硝化细菌(nitrifying bacteria)的氧化,转变为硝酸态的过程,称硝化作用。此反应必须在通气良好、pH 接近中性的土壤或水体中才能进行。硝化作用分两阶段:①氨氧化为亚硝酸。由一群化能自养菌亚硝化细菌(nitrobacteria)引起,如 *Nitrosomonas*(亚硝化单胞菌属)等;②亚硝酸氧化成硝酸。由一群化能自养菌硝酸化细菌(nitrobacteria)引起,如 *Nitrobacter*(硝化杆菌)等。硝化作用在自然界氮素循环中是不可缺少的一环,但对农业生产并无多大利益,主要是硝酸盐比铵盐水溶性强,极易随雨水流入江、河、湖、海中,它不仅大大降低肥料的利用率(硝酸盐氮肥一般利用率仅 40%),而且会引起水体的富营养化,引发"水华"或"赤潮"。土壤中硝化作用可用化学试剂硝吡啉(nitrapyrin,即 2-氯-6-三氯甲基吡啶)去抑制。

4. 铵盐同化作用(assimilation of ammonium)

以铵盐做营养源,合成氨基酸、蛋白质和核酸等有机含氮物的过程,称铵盐同化作用,一切绿色植物和许多微生物都有此能力。

5. 硝酸盐还原作用

同化硝酸盐还原作用(assimilatory nitrate reduction)指硝酸盐被生物体还原成铵盐并进一步合成各种含氮有机物的过程。所有绿色植物、多数真菌和部分原核生物都能进行此反应。

异化硝酸盐还原作用是在无氧或微氧条件下,微生物进行的硝酸盐呼吸,即以 NO_3^- 或 NO_2^- 代替 O_2 作为电子受体进行的呼吸代谢,具体又可分为呼吸型和发酵型。*Aeromonas*(产气单胞菌属)、*Bacillus*(芽孢杆菌属)、*Enterobacter*(肠杆菌属)、*Flavobacterium*(黄杆菌属)、*Nocardia*(诺卡氏菌属)、*Vibrio*(弧菌属)和 *Staphylococcus*(葡萄球菌属)等可把亚硝酸通过异化还原经羟胺转变成氨,称为亚硝酸氨化作用。发酵型硝酸盐还原中硝酸盐不是末端受体,为不完全还原,发酵产物主要是亚硝酸盐和 NH_4^+。这种现象在自然界非常普遍,大多数由兼性厌氧菌来完成,如肠杆菌属、埃希氏菌属和芽孢杆菌属细菌。

在氧气不足的条件下,土壤中的硝酸盐被反硝化细菌等多种微生物还原成亚硝酸盐,并进一步还原成气态 N_2 和 N_2O 的过程,称为反硝化作用。反硝化作用会引起土壤中氮肥严重损失(可占施入化肥量的 3/4 左右),N_2O 的释放可破坏臭氧层。

(三)硫素循环

在生物体内,C:N:S≅100:10:1。自然界中,硫素循环方式与氮素相似,每个环节都有相应的微生物群参与(图 12-2-3)。

1. 同化性硫酸盐还原作用

硫酸盐经植物和微生物还原后,最终以巯基形式固定在蛋白质等成分中。

2. 脱硫作用(desulfuration)

在无氧条件下,通过一些腐败微生物的作用,把生物体中蛋白质等含硫有机物中的硫分解成 H_2S 等含硫气体的作用。

3. 硫化作用(sulfur oxidation)

即硫的氧化作用,H_2S 或 S 被微生物氧化成硫酸及其盐类的过程。具有硫化作用的微生物有好养菌 *Beggiatoa*(贝日阿托氏菌属)和 *Thiobacillus*(硫杆菌属),以及光合厌氧菌 *Chlorobium*(绿菌属)和 *Chromatium*(着色菌属)等。在农业生产上,微生物硫化作用产生的硫酸,不仅是植物的硫素营养源,而且还有助于磷、钾等营养元素的溶出和利用。

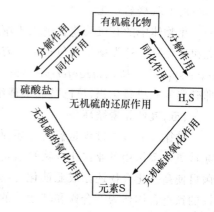

图 12-2-3　硫素循环过程

4. 异化性硫酸盐还原作用

硫酸盐作为厌氧菌呼吸链(电子传递链)的电子受体被还原为 H_2S 的过程。*Desulfovibrio*(脱硫弧菌属)、脱硫肠状菌属等能进行此反应。在通气不良的土壤中发生硫酸盐还原时,产生的 H_2S 会引起水稻烂根等毒害,应予以防止。

5. 异化性硫还原作用

硫还原成 H_2S 的作用,可由 *Desulfuromonas*(脱硫单胞菌属)等引起。

(四)磷素循环

磷是构成生物遗传物质、生物膜以及 ATP 等的核心元素。然而,在生物圈中,以磷酸形式存在的生物可利用的磷却十分稀缺。由于磷元素及其化合物没有气态形式,且磷无价态的变化,故磷素循环(phosphorus cycle)较其他元素简单,属于一种典型的沉积循环(图 12-2-4)。它的 3 个主要转化环节为:

1. 不溶性无机磷的可溶化

土壤或岩石中的不溶性磷化物主要是磷酸钙[$Ca_3(PO_4)_2$,$CaHPO_4$,$Ca(H_2PO_4)_2$]和磷灰石[主要成分为 $Ca_5(PO_4)_3 \cdot (F,Cl)$];微生物对有机磷化物分解后产生的磷酸,在土壤中也极易形成难溶解的钙、镁或铝盐。微生物代谢过程中产生的各种有机酸,以及一些化能自养细菌如硫化细菌和硝化细菌产生的硫酸和硝酸,都可促使无机磷化物的溶解。因此,在农业生产中,还可利用上述菌种与磷矿粉的混合物制成细菌磷肥。

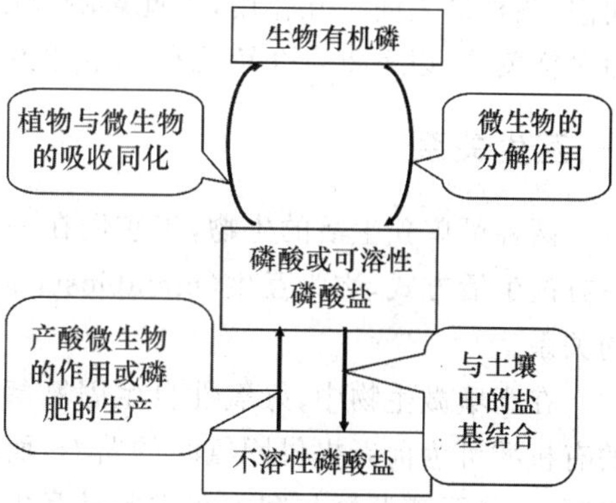

图 12-2-4　磷素循环过程

2. 可溶性无机磷的有机化

在施用过量磷肥的土壤中,会因雨水的冲刷而使磷元素随水流至江、河、湖、海中;在城镇居民中,大量使用含磷洗涤剂也会使周边地区水体磷元素超标。当水体中可溶性磷酸盐的浓度过高时,会造成水体的富营养化,这时如氮素营养适宜,就促使蓝细菌、绿藻和原生动物等大量繁殖,并由此引起湖水中的"水华"或海水中的"赤潮"等大面积环境污染。

3.有机磷的矿化

生物体中的有机磷化物进入土壤后，经各种腐生微生物分解后，形成植物可利用的可溶性无机磷化物。这类微生物包括 *Bacillus* spp.、*Streptomyces* spp.、*Aspergillus* spp.、*Penicillium* spp. 等。*Bac. megaterium* var *phosphaticum*（解磷巨大芽孢杆菌）因能有效分解核酸和卵磷脂等有机磷化物，早已被制成磷细菌肥料，促进农业增产。

(五) 其他元素循环

铁循环的基本过程是氧化和还原。微生物对铁产生三个方面的作用：①铁的氧化和沉积。在铁氧化菌作用下亚铁化合物被氧化成高铁化合物而沉积下来；②铁的还原和溶解。铁还原菌可使高铁化合物还原成亚铁化合物而溶解；③铁的吸收。微生物可以产生非专一性和专一性的铁整合体作为结合铁和转运铁的化合物。通过铁整合化合物使铁活跃以保持它的溶解性和可利用性。

锰的转化与铁相似。许多细菌和真菌有能力从有机金属复合物中沉积锰的氧化物和氢氧化物。钙是所有生命有机体的必需营养物质，芽孢皮层中含有大量的 DPA-Ca，钙离子影响膜透性与鞭毛运动。钙的循环主要是钙盐的溶解和沉淀，$Ca(HCO_3)_2$ 易溶解，$CaCO_3$ 则难溶。硅是地球上除氧外的最丰富元素，主要化合物是 SiO_2，硅是某些生物细胞壁的重要组分。硅的循环表现在溶解和不溶解硅化物之间的转化。陆地和水体环境中溶解形式是 $Si(OH)_4$，不溶性的是硅酸盐。硅利用微生物可利用溶解性硅化物，一些真菌和细菌产生的酸可以溶解岩石表面的硅酸盐。

第三节　微生物与生物环境的关系

在自然界中，各种微生物极少单独地存在，而总是较多种群聚集在一起。在一个限定的空间内，各种群之间相互作用，彼此影响和制约，构成微生物间以及微生物与其他生物之间复杂而多样关系，以下重点介绍几种典型的关系。

一、互生关系

两种可单独生活的生物，当它们在一起时，通过各自的代谢活动而有利于对方，或偏利于一方的生活方式，称为互生（metabiosis，既代谢共栖），这是一种"可分可合，合比分好"的松散的关系。

在土壤微生物中，好氧性自生固氮菌与纤维素分解菌生活在一起时，后者分解纤维素产生的有机酸可为前者提供固氮时的营养，而前者向后者提供氮素营养。根际微生物与高等植物之间，人体肠道菌群与宿主间主要是互生关系（详见本章第一节）。

在实际生产中，充分利用微生物之间的互生关系实施人工"微生物生态工程"，即混菌培养，又称混合发酵来进行产品生产。例如，*Arthrobacter simplex*（简单节杆菌）和 *Streptomyces roseochromogenes*（玫瑰产色链霉菌）混合培养进行甾体转化；*Propionibacterium shermanii*（谢氏丙酸杆菌）和 *Bacillus mesentericus*（马铃薯芽孢杆菌）或 *E. coli* 的混合培养生产缬氨酸；*Corynebacterium glutamicum*（谷氨酸棒杆菌）和 *E. coli* 的混合培养生产组氨酸；*Cellulomonas flavigena*（产黄纤维单胞菌）和 *Pseudomonas putida*（恶臭假单胞菌）混合培养发酵

稻草粉,生产单细胞蛋白;用 *Trichoderma viride*(绿色木霉)408.2 和 *Aspergillus oryzae*(米曲霉)3.042 混合曲提高酱油产率。混菌培养除联合混菌培养(指双菌同时培养)外,还有顺序混菌培养、共固定化细胞混菌培养(甲、乙两菌混在一起制成固定化细胞)和混合固定化细胞混菌培养(甲、乙两菌先分别制成固定化细胞,然后两者混合培养)等多种形式。

二、共生关系

共生(symbiosis)是指两种生物共居在一起,相互分工合作、相依为命,甚至达到难分难解、合二为一的极其紧密的一种相互关系。

地衣(lichen)是微生物间共生的典型例子,它是真菌和藻类的共生体。地衣中的真菌一般属于子囊菌,而藻类则为绿藻(蓝细菌)。藻类进行光合作用,为真菌提供有机营养,而真菌则以其产生的有机酸去分解岩石中的某些成分,为藻类提供所必需的矿质元素。

微生物根瘤菌、菌根菌与植物间也存在着共生关系。根瘤菌与豆科植物可形成根瘤共生体,根瘤菌固定大气中的氮气,为植物提供氮素养料,而豆科植物根的分泌物能刺激根瘤菌的生长,同时,还为根瘤菌提供保护和稳定的生长条件。微生物与动物共生的例子也很多,如牛、羊、鹿、骆驼和长颈鹿等反刍动物与瘤胃微生物的共生。

三、竞争关系

当两种微生物对某种环境因子有相同的要求时,就会发生争先摄取该因子以满足生长代谢的需要,这种现象称竞争(competition)。

由于微生物的群体密度大,代谢强度大,所以竞争十分激烈。由于在竞争中,两者都要消耗有限的同一养料,结果使两种微生物的生长都受限制。如将两种微生物分别用液体培养基在恒化器内进行纯培养和混合培养,最后进行计数,结果发现,较强竞争者在纯培养和混合培养中的繁殖速度相差不大,仅在混合培养中的菌数稍低一点;而较弱竞争者在两种培养情况中的最后菌数相差很大,混合培养比纯培养的菌数少得多,最后终因得不到养料而死亡。这种为生存进行竞争的关系,在自然界普遍存在,是推动微生物发展和进化的动力。

在一个小环境内,不同的时间会出现不同的优势种群,优势微生物在某种环境下能最有效地适应当时的环境,但环境一旦改变,就可能被另外的微生物替代形成新的优势种群,这就是微生物间的相互竞争。微生物种群的交替改变,对于土壤和水体中的各种物质的分解具有重要作用。

四、拮抗关系

拮抗又称抗生(antagonism),指由某种生物所产生的特定代谢产物可抑制他种生物的生长发育甚至杀死它们的一种相互关系,这是一种偏害关系。在一般情况下,拮抗通常指微生物间产生抗生素之类物质而行使的"化学战术"。制作泡菜(pickles)和青贮饲料时,在密封容器中,当好氧菌和兼性厌氧菌消耗了残存氧气后,就为各种乳酸菌包括 *Lactobacillus plantarum*(植物乳杆菌)、*L. brevis*(短乳杆菌)、*Leuconostoc mesenteroides*(肠膜状明串球菌)和 *Pediococcus pantosaceus*(戊糖片球菌)等厌氧菌的生长、繁殖创造了良好的条件。通过它们产生的乳酸对其他腐败菌的拮抗作用才保证了泡菜或青贮饲料的风味、质量和良好的保藏性能。

由拮抗性微生物产生的抑制或杀死他种生物的抗生素,是最典型并与人类关系最密切的

拮抗作用。如产黄青霉产生的青霉素抑制革兰阳性菌,链霉菌产生的制霉菌素抑制酵母菌和霉菌等。拮抗关系可用于筛选抗生素,为食品保藏、医疗保健、动植物病害防治等提供有效手段。

五、寄生关系

寄生(parasitism)一般指一种小型生物生活在另一种较大型生物的体内(包括细胞内)或体表,从中夺取营养并进行生长繁殖,同时使后者蒙受损害甚至被杀死的一种相互关系。前者称为寄生物(parasite),后者则称作宿主或寄主(host)。寄生又可分为细胞内寄生和细胞外寄生,或专性寄生和兼性寄生等数种。

(一)微生物间的寄生

微生物间寄生的典型例子是噬菌体与其宿主菌的关系。1962 年 H. Stolp 等发现了小型细菌寄生在大型细菌中的独特寄生现象,从而引起了学术界的巨大兴趣,也为医疗保健和农作物的生物防治提供了一条新的可能途径。小细菌称为蛭弧菌(*Bdellovibrio*),"bdello"有"蚂蟥"或"吸血者"之意 ,至今已知有 3 个种,其中研究较详细的是 *B. bacteriovorus*(噬菌蛭弧菌),广泛分布于土壤、污水甚至海水中;寄生对象主要是 G⁻ 细菌,尤其是一些肠杆菌和假单胞菌,如 *E. coli*,*Pseudomonas phaseolicola*(栖菜豆假单胞菌)和 *Xanthomonas oryzae*(稻白叶枯黄单胞菌)等。

蛭弧菌的生活史也是它的寄生过程:通过高速运动,细胞的一端与宿主细胞壁接触,凭借鞭毛的快速旋转(>100 周/s)和分泌的水解酶类穿入宿主菌的周质空间;然后鞭毛脱落,分泌消化酶,水解宿主菌原生质作为自己的营养,这时已死亡的宿主细胞开始膨胀成圆球状,称为蛭质体(bdelloplast),其中的蛭弧菌细胞不断延长、分裂、繁殖,待新个体——长出鞭毛后,就破壁而出,并重新寄生新的宿主细胞(图 12-3-1)。整个生活史需 2.5~4.0 h。若在宿主菌的平板菌苔上滴加土壤或污水的滤液后,可在其上形成特殊的"噬菌斑",它与由噬菌体形成的噬菌斑不同处是,由蛭弧菌形成的"噬菌斑"会不断扩大,且可呈现一定的颜色。

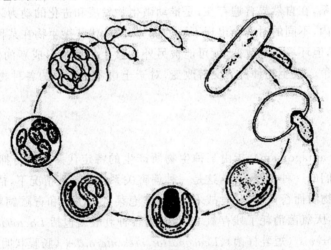

图 12-3-1 蛭弧菌的生活史示意图

(二)微生物与植物间的寄生

微生物寄生于植物的例子极其普遍,各种植物病原微生物都是寄生物,植物病害以真菌病害为主,占95%,细菌性植物病害占3%。按寄生程度来分,凡必须从活的植物细胞或组织中获取营养物才能生存者,称为专性寄生物(obligate parasite),例如真菌中的 *Erysiphe*(白粉菌属)、*Peronspora*(霜霉属)以及全部植物病毒等;另一类是除寄生生活外,还可生活在死植物上或人工配制的培养基中,这就是兼性寄生物(facultative parasite)。由植物病原菌引起的植物病害,对人类危害极大,应采取各种手段进行防治。

(三)微生物与动物间的寄生

寄生于动物的微生物即为动物病原微生物,种类极多,包括各种病毒、细菌、真菌和原生动物等。其中最重要和研究得较深入的是人体和高等动物的病原微生物,常见的畜禽传染病有炭疽、口蹄疫、蓝耳病、猪丹毒、猪瘟、鸡瘟、禽流感等;另一类是寄生于有害动物尤其是多数昆虫的病原微生物,包括细菌、病毒和真菌等,可用来制成微生物杀虫剂(microbial pesticide)或生物农药(biopesticide),例如,用 *Bacillus thuringiensis*(苏云金杆菌)制成的细菌杀虫剂,以 *Beauveia bassiana*(球孢白僵菌)制成的真菌杀虫剂和以各种病毒多角体制成的病毒杀虫剂等。有的真菌寄生于昆虫形成名贵中药,如产于青藏高原的 *Cordyceps sinensis*(冬虫夏草)。

六、捕食关系

捕食又称猎食(predatism,predaion),指一种大型的生物直接捕捉、吞食另一种小型生物以满足其营养需要的相互关系。微生物间的捕食关系主要是原生动物捕食细菌和藻类,它是水体生态系统中食物链的基本环节,在污水净化中也有重要作用。另外,黏细菌和黏菌也能直接吞食细菌,黏细菌也常侵袭藻类、霉菌和酵母菌。捕食关系可以控制生物的种群密度,在生态系统食物链中具有重要意义。

捕食性真菌如 *Arthrobotrys oligospora*(少孢节丛孢菌)能巧妙地捕食土壤线虫,自然界中捕食性真菌有20个属50个种以上,对生物防治具有重要的意义。真菌捕获线虫有多种机制,包括产生黏性分枝的网状结构、黏性结、黏性环以及收缩环等。当线虫爬经黏性结构时,被粘住而捕获;或当线虫爬过收缩环时,这种环突然收缩从而被捕获。一般认为,被捕获的线虫补充了真菌生长繁殖所需的氮源。另寄生性的卵菌纲真菌可捕获轮虫,其游动孢子可以产生一种特殊的孢囊,孢囊萌发后可生成"枪"细胞,它与孢囊一起形成一种特殊结构,当轮虫碰到这种结构时,"枪"细胞能迅速射出子囊孢子而注入轮虫体内。在轮虫体内的子囊孢子长成菌体,会杀死宿主,从而获得更多的营养。

七、其他关系

除以上六大关系外,微生物之间或者微生物与其他生物之间还存在中立关系和偏利关系等。前者是指在共存体系中彼此不受影响。后者是指一种生物因另一种生物的存在或生命活动而得利,而后者没有从前者受益或受害的一种关系。

第四节 微生物生态学的研究方法

微生物生态学的研究工作可追溯到荷兰的显微镜发明家列文虎克,即微生物学发展的第二时期(1675 年至 19 世纪中期)。在此时期,有大量的微生物被观察、描述和记载。20 世纪 70 年代后期,随着人们对环境问题的日益关注,微生物生态学得到了迅速的发展。90 年代引入分子生物学技术之后,微生物生态学的研究更加深入。

传统的研究方法,对生态系中微生物群体的多样性及群落结构分析大多是将微生物进行分离培养,然后通过一般的生物化学性状,或者特定的表现型来分析。而在遗传上,则常使用限制性片段长度多态性(restriction fragment length polymorphism,RFLP)的方法。随着对自然环境中微生物的原始生存状态研究,越来越发现很难用常规的分离培养方法全面地估价其中微生物群体的多样性,这是因为环境中大多数微生物处于"存活但不能培养"的状态。荧光染料染色后在荧光显微镜下计数发现,1 g 土壤或沉积物中可能含有超过 10^{10} 个微生物。但在琼脂平板上能生长的微生物只占土壤微生物总数的 1% 左右,远远不能满足微生物生态学研究的需要。

随着分子生物学技术的发展,现代生物技术研究方法,克服了传统微生物生态学研究技术的局限性,通过原位研究能获取更加丰富的微生物多样性信息,推动着当今微生物生态学研究的进一步发展。

一、经典方法

富集和分离方法

利用一定的培养基和方法选择所需要的生物,富集培养的策略是复制与小生境尽可能一样的资源和条件,然后探测这个小生境里可能栖居的微生物类群,流程见图 12-4-1。

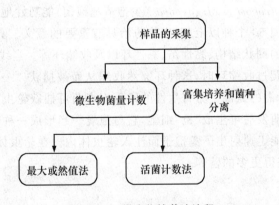

图 12-4-1 微生物培养法流程

1. 样品的采集

①土壤和污泥样品的采集一般不要求无菌操作。而应当注意样品的深度;②水体样品的采集,应视水体清洁程度而定,或直接采集或用滤纸过滤浓缩(要求容器和过滤器无菌及无菌操作);③空气样品的采集,要求在无菌操作下进行滤纸过滤,或用专门的 Anderson 空气微生

物采样器或液体空气微生物采样器采集;④生物体上的样品采集,要求取下一定量的组织,用无菌溶液把其中的微生物洗涤下来。

2.富集培养和菌种分离

用一定的选择性培养基进行培养(表 12-4-1),使样品中所含的特殊微生物数量得到提高。一般进行 2~3 次富集培养后分离,通常还是采用与富集相同的培养基进行划线分离(或稀释平板法、琼脂振荡试管法),挑取单菌落再进行 2~3 次的纯化。

表 12-4-1　不同微生物生理群的培养分析方法

微生物生理群	培养基	常用稀释度	常用重复次数	培养时间/d
氨化细菌	蛋白胨氨化培养基	$10^{-6} \sim 10^{-9}$	4	7
亚硝酸细菌	铵盐培养基	$10^{-2} \sim 10^{-7}$	3	14
硝酸细菌	亚硝酸盐培养基	$10^{-2} \sim 10^{-6}$	3	14
反硝化细菌	反硝化细菌培养基	$10^{-4} \sim 10^{-8}$	3	14
好气性自生固氮菌	阿须贝无氮培养基	$10^{-2} \sim 10^{-6}$	3	7—14
好气性纤维素分解菌	赫奇逊噬纤维培养基	$10^{-1} \sim 10^{-5}$	3	14
厌气性纤维素分解菌	嫌气性纤维素分解细菌培养基	$10^{-1} \sim 10^{-5}$	3	14~21
硫化细菌	硫化细菌培养基	$10^{-2} \sim 10^{-8}$	3	21~23
反硫化细菌	斯塔克反硫化细菌培养基	$10^{-2} \sim 10^{-7}$	3	21~30

3.微生物菌量计数

(1)最大或然值法(MPN)　适用于测定在一个混杂的微生物群落中虽不占优势,但却具有特殊生理功能的类群。菌液经多次 10 倍稀释后,然后每个稀释程度取 3~5 次重复接种于适宜的液体培养基中。培养后,将有菌液生长的最后 3 个稀释度(即临界级数)中出现细菌生长的管数作为数量指标,由最大或然数表上查出近似值,再乘以数量指标第一位数的稀释倍数,即为原菌液中的含菌数。应注意两点:菌液稀释度选择要合适,原则是最低稀释度的所有重复都应有菌生长,而最高稀释度的所有重复无菌生长;每个接种稀释度必须有重复,重复次数可根据需要和条件而定,一般 3~5 个重复。

(2)直接测定方法　详见第八章 微生物的生长与控制。

(3)微生物活性测定方法　土壤微生物活性表示了土壤中整个微生物群落或其中的一些特殊种群的状态。土壤微生物活性可用多种方法来评价,但许多方法没有考虑生物量大小与微生物种群活性间的相互关系,因而只能测定微生物的总体活性变化,不能测定微生物种群的差异。

如果已知一个微生物群体的大小,那么微生物的代时可以通过测定 ^{3}H 标记的胸腺嘧啶掺入微生物群体 DNA 中的速率来估计。用带有放射性标记的各种污染物作为微生物生长的底物,可以测定这些污染物的分解速率,推测代谢途径。

另一种代谢活力测定法是分析某些特殊酶类的酶活力,该方法的前提假设是所有待测细胞都含有这些特殊酶类,并且所有细胞以同样的能力使用这些酶类。但实际操作中测定的酶活力与自然界中所表现的酶活力经常存在很大差别,因为在实验中测定酶活力所用的条件不同于自然界条件。另外样品中不可能所有细胞都含有所要测定的酶类,也不可能每个细胞的酶活力都相同。

测定样品中的 ATP 含量也可以反映微生物代谢活力和生物量的大小。该法假设 ATP 仅存在于活细胞中,并且每个微生物细胞的 ATP 含量基本一致。但实际上微生物的 ATP 含量是随着环境中磷含量的不同而变化的,并且高浓度的有机物会干扰 ATP 含量的测定。

藻类和其他光合生物的生物量和代谢活力可以用测定叶绿素含量和其他光合色素的含量来估计。使用最广泛的测定代谢活力方法是估计整个微生物群体的呼吸作用和藻类的光合作用,测定的对象是 O_2 和 CO_2 量的变化。通过测定土壤呼吸速率可以间接估计土壤中的生物量,首先用氯仿处理土壤样品,杀死土壤中的所有微生物,然后用活"土壤"样品重新接种经氯仿熏蒸过的土壤,并测定呼吸速率。这种方法不适用于只能进行厌氧呼吸或发酵的微生物。在采集样品和在实验室处理样品时,会对自然样品造成许多干扰,使呼吸作用受到很大影响。

二、分子生态学方法

自然环境尤其是极端环境中存在大量的不可培养的微生物(unculturable microorganisms,UCM),大量微生物的不可培养性是传统微生物生态学研究中的最大障碍。迄今被分离鉴定的微生物仅占估计数量的 0.1%～10%,远远不能满足微生物生态学研究的需要。

生命科学向微观和宏观两个方向发展,形成了分子生物学和生态学两大学科领域。微生物分子生态学就是利用现代分子生物学的基础理论与技术,在分子水平上研究微生物与其生态环境间的相互关系的一门新兴学科,它克服了传统微生物生态学研究的局限性,为微生物生态学研究注入了新的活力,建立起不依赖于微生物培养的(culture independent)生态学研究方法,获得了许多意想不到的新发现以及更加丰富的微生物多样性信息,极大地推动了微生物生态学研究的进一步发展。

现代微生物分子生态学技术主要分为基于 PCR 和不基于 PCR 的分析技术。基于 PCR 的技术根据分析目标种群 DNA 片段的不同又分为以一段特定种群 DNA 片段为研究对象的种群 DNA 片段分析技术(partial community DNA analysis)和以全部种群 DNA 为研究对象的全种群 DNA 分析技术(whole community DNA analysis)。PCR 的扩增效率是这类技术成败的关键因素。

不依赖于 PCR 的技术基于微生物细胞组成和生长特性不同的原理,应用最为广泛的是荧光原位杂交(flurescence *in situ* hybridization,FISH)分析技术,此外还有荧光染色计数技术、微生物理化性质检测鉴定技术、磷脂脂肪酸分析技术等。这类技术与基于 PCR 的分析技术相比,存在一定的不足,如不能提供详细的微生物群落信息或特定菌株(群)的生长信息等,二者结合使用,可得到更全面准确的微生物群落结构信息。

(一)基于 rRNA 基因序列分析的分子生态学技术

1. rRNA 基因(rDNA)序列

用于微生物群落结构分析的 DNA 序列包括:核糖体操纵子基因序列(rDNA)、已知功能基因的序列、重复序列和随机基因组序列等,其中 rDNA 序列在细胞中相对稳定,同时含有保守序列及高可变序列,因而最常用。rDNA 序列分析技术摆脱了传统的依赖于培养的微生物鉴定途径,已广泛应用于共生细菌和古细菌、趋磁细菌、海洋微型浮游生物以及土壤细菌等微生物类群的研究,并发现了众多未知的新序列。

2. 16S rRNA 基因(16S rDNA)序列分析

16S rDNA 存在于所有原核生物基因组中,序列高度保守,变化比较缓慢,与物种的形成速度相适应,而且一般不发生水平转移。16S rDNA 分析基于已建立的 16S rRNA 基因序列数据库,用于确定细菌的系统发育以及判断物种间的进化关系,广泛应用于微生物多样性研究,为微生物的系统发育和未知菌的鉴定提供了全新的方法。

16S rDNA 分析方法有:①将 PCR 产物克隆到质粒载体上进行测序,与 16S rRNA 数据库中序列比较,确定其进化树中位置,从而鉴定样品中可能存在的微生物种类。该方法获得信息最全面,但在样品复杂情况下测序工作繁重。主要应用于单株菌的鉴定及两种菌的同源性比较后确定其归属。②16S rRNA 基因片段的多态性分析(又叫 DNA 遗传指纹图谱技术)。PCR 后产物序列等长但不同源的 DNA 混合物,常用 DGGE、TGGE 等手段分离。混合物中序列的多样性和不同序列的丰度在一定程度上反映原始样品中微生物种群的多样性和不同物种的丰度。主要应用于微生物群体多样性及微生物种群动态分析等。③通过 16S rRNA 种属特异性探针与 PCR 产物杂交以获得微生物组成信息。此外,探针也可以直接与样品进行原位杂交,通过原位杂交不仅可以测定微生物丰度,且能分析它们的空间分布。该方法简单快速,主要应用于快速验证其他方法可能出现的假阴阳性及从混合物中钓取已知特定种类。④对 PCR 产物进行 RFLP 或 T-RFLP。将 PCR 产物酶切,通过观察酶切电泳图谱、数值分析,确定微生物基因的核糖体型,再同核糖体数据库中的已有数据进行比较,主要用于微生物组成和微生物种属关系分析。

(二)基于核酸杂交的分子生态学技术

核酸杂交技术研究微生物多样性的基本原理是:人工合成能与某类群微生物特征基因序列互补的寡聚 DNA 探针或 RNA 探针,并对其进行荧光或放射性标记,然后利用该探针与微生物基因杂交,通过荧光显微镜技术或放射自显影技术对微生物的群落结构进行分析和研究。

核酸探针杂交法包括膜杂交和原位杂交等,其特点是不需要对目标基因进行 PCR 扩增,因此可避免 PCR 过程中所产生的误差。但是也因未对目标基因进行扩增,目标基因浓度较低,有时会给检测带来困难;而且有时目标类群的目标基因序列并非完全一致,有亚类群之间的差异,结果所设计的探针 DNA 序列与某些亚类群的目标基因互补性较差,从而导致对该类群的估计过低。

标记性探针可直接用来探测溶液中的、固定在膜上的、细胞和组织内的同源核酸序列。探针可长(100～1000 bp)可短(10～50 bp)。杂交方式可以是菌落杂交、狭缝杂交或原位杂交。

核酸探针杂交法的基本步骤:先对 rRNA 基因序列比对,并对这些序列的特异性进行鉴定,然后进行互补核酸探针的合成和标记,最后对探针的特异性和测定敏感性进行评价和优化。目前已知序列的核酸序列数目很有限,这样对某些生态系统中存在的微生物和核酸序列就不可能进行全面的了解,必须对各种生物的 16S rRNA 和 23S rRNA 进行测序和研究,才能设计足够的探针来监测高度可变的目标样品中的所有微生物(图 12-4-2)。

(三)基于 PCR 技术的分子生态学技术

在环境检测中,靶核酸序列往往存在于一个复杂的混合物中,且含量极低,若探测这种复杂群体中的某个特定微生物或某个基因,杂交就显得不敏感。PCR 技术可使靶序列放大几个数量级,从而使核酸杂交在微生物群体结构分析中变得容易了。表 12-4-2 列出了目前常用的基于 PCR 的微生物分子生态学分析技术。

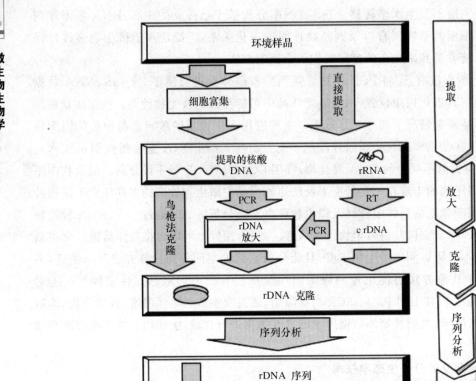

图 12-4-2　核酸探针和杂交技术的基本过程

表 12-4-2　常用的微生物分子生态学技术一览表

技术名称	技术原理和过程特点
DGGE/TGGE	①序列对象为 16S rDNA V3 区 ②特异引物扩增，touchdown 反应程序 ③根据不同序列具有不同变性性质，在变性电泳中迁移速率不同分离
T- RFLP	①序列对象为 16S rDNA ②荧光标记引物扩增 ③根据不同序列的酶切片断长度不同，进行分离 ④荧光检测器检测，灵敏度高
RFLP/ARDRA	①对象为 16S rDNA ②特异引物扩增 ③根据不同序列的酶切片断长度不同分离 ④灵敏度待提高

续表 12-4-2

技术名称	技术原理和过程特点
RAPD	①对象为随机序列
	②随机引物扩增
	③序列信息相对匮乏,重复性待改进
RISA	①核糖体基因间隔序列
	②特异引物扩增
	③序列信息相对 16S rDNA 序列信息匮乏,重复性待改进
RT-PCR	①异序列检测
	②可进行实时定量追踪,荧光检测灵敏
	③操作复杂,仪器昂贵

（四）变性梯度凝胶电泳技术

近年来,用来检测基因中点突变的变性梯度凝胶电泳法（denatured gradient gel electrophoresis,DGGE）也被用来进行微生物群体多样性分析。DNA 双螺旋的部分解离,将会使它在聚丙烯酰胺凝胶电泳（PAGE）中的移动速度显著下降,而双螺旋部分解离的条件又是由 DNA 碱基序列所决定的。因此大小相同但序列有差异的 DNA 片段在变性剂（尿素和甲酯）梯度凝胶中电泳时,也可因移动速度不同而得到分离。这种变性梯度还可通过物理的温度变化而形成,称之为 TGGE。DNA 复性与 DGGE 联合使用,可提供总的多样性及群落结构变化的资料。已证实 DGGE 方法在区别不同种群的最初调查以及数量上占优势群落的鉴定中尤其有用,这种方法可允许多个样品快速初筛,由此提供有关群体变化和差异的信息。

（五）环境基因组学（宏观基因组学）方法

宏基因组（metagenomics）或环境基因组（environmental genomics）是特定环境内所有生物遗传物质的总和,是一种不依赖于人工培养的微生物基因组分析技术,1998 年首先由 Handelsman 等提出,该技术直接从环境样品中提取所有微生物的基因组总 DNA（environment DNA,eDNA）,然后将 eDNA 克隆到适当的载体上,通常是质粒、黏粒、细菌人工染色体（BAC）和穿梭载体,然后让其在大肠杆菌、链霉菌、假单胞菌或根瘤菌等适宜宿主中表达,构建一个复杂度极高的宏基因组文库,最后运用各种分析手段筛选出功能基因,并进一步对功能基因测序,推测活性产物的结构,建立系统发生树等。

宏基因组技术能够基于序列分析得到微生物群落潜在生态功能信息,但不能明确预测那些在特异条件下才表达的基因的功能,而且要从由环境复杂群落构建的宏基因组文库中获得特定的目标基因需要筛选和测序成千上万的克隆。缺点为:①eDNA 的提取需要改善,针对不同的环境样品,需要摸索不同的提取条件,以提高 DNA 的纯度,进一步满足构建文库的需要;②克隆的表达效率非常低;③需要构建大片段宏基因组文库以提高筛选完整功能基因簇的效率。

尽管通过宏基因组学的方法筛选到了一些功能基因,但随机性太大。稳定性同位素联合宏基因组技术（SIP enabled metagenomics）可大大减少克隆的数量。稳定性同位素（SIP）实验使参与特定代谢过程（如甲烷氧化）的生物基因组得到富集,克隆从 SIP 实验中获得的^{13}C 标记的核酸,从而构建出在某一特定的环境中执行特定代谢功能（如可吸收或转化、代谢特定的标记基质）的环境微生物的功能宏基因组文库,就可重建一个较小且针对性强的目标微生物功

能群基因组,从而极大地减少了需要筛选的基因克隆数量,并且可直接利用分离出的^{13}C-核酸构建宏基因组克隆文库。稳定性同位素联合宏基因组技术可用于环境甲基营养菌(甲烷营养菌和甲醇营养菌)、有机污染物降解菌、根际微生物生态(植物、微生物、原生动物相互作用)、厌氧环境中互营微生物等群落结构和特定代谢过程功能分析,在微生物的种类鉴定和功能鉴定间建立了直接的联系。

本章小结

微生物在自然界中的分布极广,土壤是微生物的"大本营"。水体微生物的种类和数量与水体的含盐量、溶解氧、光线、温度、水压和营养物的浓度关系密切;水中微生物的种类和数量是评定饮用水质量的一个重要标准。空气中的微生物主要来自土壤、动植物和水体。动植物体内外、工农业产品上均分布着大量的微生物,有的对健康和工农业生产有利,有的有害,有的为条件性致病菌。用正常菌群制成的活菌制剂即微生态制剂或益生菌剂可调整人体消化道等处的微生态平衡。在各种极端环境下,也生活着相应的嗜极菌,它们多属于古生菌类,深入研究其生命活动的特点,不仅具有重大的理论和现实意义,还有潜在的经济价值。

作为分解者,微生物推动着自然界的物质循环(如碳素循环、氮素循环、硫素循环、磷素循环等),其中碳素循环是自然界最基本的物质循环。

微生物与生物环境之间的关系主要有互生、共生、寄生、拮抗、竞争和捕食6类。固氮菌与豆科植物间的共生,瘤胃微生物与反刍动物间的共生,蛭弧菌与其宿主细菌间的寄生以及由拮抗性放线菌产生的多种抗生素等事例,不仅充分说明了微生物同他种生物间相互关系的多样性、复杂性,而且说明它们对人类的活动有重要作用。

微生物生态学的研究方法包括经典方法及现代生物技术研究方法,现代分子生物学生态研究方法摆脱经典方法对 UCM 的无奈之处,可帮助人类获取更加丰富和更加准确的微生物多样性信息,更加客观地揭示自然界微生物群落结构的组成、生态功能及其相互关系。

思考题

1. 名词解释

微生物生态学;贫营养细菌;水体自净作用;大肠菌群数;霉腐微生物学;真菌毒素;嗜极菌;嗜热菌;正常菌群;内源感染;微生态学;微生态制剂;益生菌剂;双歧杆菌;无菌动物;悉生生物;根际微生物;附生微生物;互生;共生;寄生;拮抗;混菌培养;丛枝状菌根;蛭弧菌。

2. 简述各种极端环境微生物适应极端环境的机理。

3. 阐述微生物与微生物之间的相互关系。

4. 自然界中的碳是怎样循环的?

5. 什么叫硝化作用和反硝化作用,为什么说微生物在自然界的氮素循环中起着关键作用?

(天津农学院 黄亮)

第十三章 微生物侵染与免疫

◆内容提示

当机体处于异常状态时,致病微生物通过侵袭力突破机体的免疫屏障,黏附在宿主体内实现侵染。黏附后,病原体通过产生侵袭酶类、内化作用等进行扩散,侵入组织及血液,并通过直接作用或通过产生毒素、穿孔素等破坏寄主细胞。侵染的结果不外乎显性感染、隐性感染,或使宿主长期处于带菌状态这3种情况,至于何种情况由病原菌毒力、宿主免疫力和环境因素共同决定。免疫分子、免疫细胞、免疫组织和器官共同构成机体的免疫系统。一般情况下,机体的免疫系统通过非特异性免疫和特异性免疫的协同作用将黏附在宿主细胞表面的病原微生物原位清除。非特异性免疫又称先天免疫,主要由宿主屏障、非特异性杀伤细胞、抗微生物物质等组成。特异性免疫,又称获得性免疫,分为体液免疫和细胞免疫。无论是体液免疫还是细胞免疫,应答过程包括感应阶段、反应阶段和效应阶段三个阶段。但有些病原微生物也不会束手就擒,对寄主的防御体系具有一定的抵抗力,这种抵抗力也是构成病原体侵袭力的一个重要因素,包括抗吞噬作用、杀免疫细胞作用、抗体液免疫作用以及在感染初期快速增殖等。

第一节 微生物侵染

侵染(invasion),即感染(infection),是指病原微生物突破机体免疫屏障,通过一定途径侵入寄主,在宿主体内持续存在或增殖的过程。发病表示病原微生物对宿主造成明显的损害。感染不一定导致发病,而发病离不开感染。可引发宿主疾病的微生物称为病原微生物(pathogenic microbe)或病原体(pathogen),这是一群高度特化了的微生物,已适应且必须在宿主体内持续存在或增殖,有时可造成宿主发病。一定种类的病原微生物在一定条件下,能在宿主体内引发感染的能力称为微生物致病性(pathogenicity)。致病性是微生物种的特征,如猪瘟病毒感染引起猪瘟,炭疽杆菌感染引起炭疽。微生物致病性的强弱用毒力(virulence)表示,通常以半数致死剂量(LD_{50})或半数感染量(ID_{50})来判定,即杀死或感染半数实验动物所需的微生物或毒素量。不同的病原微生物,侵染的宿主范围不同,例如猪瘟病毒只感染猪、新城疫病毒只感染禽类而不感染人。当然有些病原微生物可引起鼠疫、狂犬病、炭疽病、口蹄疫等人兽共患病。病原微生物的侵入途径也有差异,例如,*Salmonella typhi*(伤寒沙门氏菌)对皮肤不致病或只造成轻微的炎症,只有从口腔侵入才表现伤寒的典型症状;*Streptococcus pneumomia*(肺炎链球菌)只能从呼吸道侵染才会致病。引发疾病的微生物数量取决于微生物自身的毒力与寄主的免疫力,如少数几个 *Yersinia pestis*(耶尔森鼠疫杆菌)就可使无免疫力的寄主发病;对于 *S. typhi*,只有一次摄入 $10^8 \sim 10^9$ 个菌体才引起食物中毒;*Vibrio cholerae*(霍乱弧菌)的

感染剂量约为 10^6 个/宿主，*Shigella dysenteriae*（痢疾志贺氏菌）为 7 个/宿主。

微生物对宿主的侵害是多种毒力因素共同作用的结果。以临床重要的致病菌 *S. aureus*（金黄色葡萄球菌）为例，该菌能产生多种外毒素和酶，如肠毒素、中毒性休克综合征毒素、杀白细胞素和表皮剥脱毒素、血浆凝固酶、耐热核酸酶、葡萄球菌溶血素和透明质酸酶等。

一、侵入过程

侵袭力（invasiveness）是指病原体突破宿主防御屏障，在体内实现繁殖和扩散的能力。通过侵袭力，致病微生物在宿主体内实现侵染。

（一）突破黏膜和皮肤构成的天然免疫屏障

微生物通过呼吸道、消化道和泌尿生殖道这些开放的腔口侵入机体。经口腔和鼻腔进入呼吸道黏膜的有 *Mycobacterium tuberculosis*（结核分枝杆菌）、*S. pneumoniae*（肺炎链球菌）和流感病毒等。通过口腔进入消化道的食源性致病菌主要有沙门氏菌、致泻性大肠杆菌、志贺氏菌、肉毒梭菌、霍乱弧菌、甲肝病毒等。经泌尿生殖道黏膜侵染的病原菌主要有梅毒密螺旋体和 *Neisseria gonorrhoeae*（淋病奈瑟氏球菌）等。

皮肤创口以及动物为媒介的叮咬往往是病原微生物侵染的通道，金黄色葡萄球菌、酿脓链球菌、铜绿假单胞菌（旧称绿脓杆菌）等经浅部皮肤创伤感染，而厌氧芽孢菌如 *Clostridium tetani*（破伤风梭菌）和 *C. perfringens*（产气荚膜梭菌）经深部创伤侵入；立克次氏体通过蜱类叮咬侵入皮肤，狂犬病毒是通过狗咬伤侵染；乙肝病毒则来自唾液、精液、阴道分泌物和月经等。除呼吸道和消化道外，炭疽芽孢杆菌也可通过皮肤侵入，再经循环系统在体内四处扩散。

（二）黏附

凡具有黏附作用的细菌结构成分，统称为黏附素（adhesin）。大多数病原菌借助菌体表面的菌毛黏附在宿主黏膜表面。位于菌毛上的黏附素，多是糖蛋白或脂蛋白，与宿主细胞表面的特异性受体结合实现黏附作用，进而定殖引起疾病。例如，*Salmonella*、*Vibrio* 等在肠道中先通过菌毛非特异性地黏附于上皮细胞，再通过黏附素实现特异性黏附。除菌毛黏附素外，G⁻菌的外膜蛋白（OMP）和脂磷壁酸（LTA）等也有黏附作用。大多数细菌的黏附素具有宿主特异性和组织嗜性（tissue tropism），但也有例外，*E. coli* 的 F1 菌毛能与任何动物、任何组织细胞的 D-甘露糖残基结合。黏附是实现定殖（colonization）的前提，而定殖是感染的第一步。通过黏附，细菌在宿主消化道、呼吸道、泌尿生殖道、眼结膜处得以定殖，以免被肠蠕动、黏液分泌、呼吸道纤毛运动等作用清除。如 *N. gonorrhoeae*（淋病奈瑟氏球菌）借黏附素与泌尿生殖道上皮细胞结合而不易被尿液冲走。

（三）扩散

黏附后，有的病原体仅在原处生长繁殖并引起疾病，如 *Vibrio cholera*（霍乱弧菌）；有的则通过黏膜上皮细胞或细胞间质，侵入下部组织或血液中进一步扩散；病毒还可通过神经进行扩散；*Shigella dysenteriae*（痢疾志贺氏菌）则侵入细胞内生长，产生毒素并杀死细胞，引起溃疡。

1. 产生侵袭酶类进行扩散

扩散时，有些病原菌通过分泌以下侵袭酶类进行直接扩散，向周围组织蔓延。

（1）透明质酸酶（hyaluronidase） 也被称作扩散因子。*Streptococcus*（链球菌属）、*Staphylococcus*（葡萄球菌属）、*Clostridium*（梭菌属）等可合成和分泌此酶，分解结缔组织细胞间的透明质酸，从而使组织松散，通透性增加，利于病原菌的扩散。

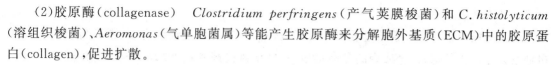

（2）胶原酶（collagenase） *Clostridium perfringens*（产气荚膜梭菌）和 *C. histolyticum*（溶组织梭菌）、*Aeromonas*（气单胞菌属）等能产生胶原酶来分解胞外基质（ECM）中的胶原蛋白（collagen），促进扩散。

（3）链激酶（streptokinase）和葡萄球菌激酶（staphylokinase） 顾名思义，这两种激酶（kinase）分别由 *S. haemolyticus*（溶血链球菌）和葡萄球菌产生。激酶本身并没有蛋白酶活性，但可激活纤溶酶原，使其转变为纤维蛋白溶酶，分解血纤维蛋白，防止血凝块形成，从而促进病原菌和毒素在体内的扩散。

（4）磷脂酶（phospholipase）和卵磷脂酶（lecithinase） *C. perfringens*（产气荚膜梭菌）等可产生这两种酶。磷脂酶也是一些细菌毒素的主要成分，又称 α 毒素。这两种酶分别水解构成细胞膜的磷脂和卵磷脂，破坏各种组织细胞，尤其是红细胞。

（5）神经氨酸酶（neuraminidase） 主要分解肠黏膜上皮细胞的细胞间质，霍乱弧菌及志贺菌可产生。

2. 通过内化作用进行扩散

内化作用（internalization）是指某些细菌黏附于细胞表面之后，进入吞噬细胞或非吞噬细胞内部的过程。结核杆菌、李氏杆菌、衣原体等为严格胞内寄生菌。大肠杆菌、沙门氏菌、耶尔森菌等胞外寄生菌的感染也离不开内化作用，这些细菌一旦丧失进入细胞的能力，毒力便显著下降。细菌通过这种移位作用进入深层组织，或进入血循环，从感染的原发病灶扩散至全身或较远的靶器官。

3. 病毒通过神经的扩散

病毒侵袭外周神经是引起中枢神经系统感染的一个重要途径，如狂犬病病毒、波纳病毒和一些甲型疱疹病毒。疱疹病毒可向心迁移，从身体表面到达感觉神经节，继而到达脑。该病毒也能离心迁移，从神经节到达皮肤或黏膜。

二、对宿主细胞的破坏作用

（一）直接作用

病毒感染可分为杀细胞感染及非杀细胞感染两类。无囊膜病毒（如微 RNA 病毒）的释放需要宿主细胞的裂解。杀细胞病毒感染可引发宿主细胞裂解而释放子代病毒，子代病毒再感染邻近细胞。但并非所有病毒感染都产生和释放子代病毒颗粒。非杀细胞病毒感染如有囊膜病毒的感染虽通过出芽方式释放子代病毒颗粒，但对细胞的新陈代谢并无大碍，宿主细胞仍能继续生长并分裂，通常导致持续感染，大多情况下，持续感染的细胞会发生慢性渐进性变化，最终死亡。

真菌则通过致病性、条件致病性、变态反应和产毒素方式危害宿主。

许多致病性细菌，除引起受侵染细胞的病变外，还可通过扩散作用再破坏邻近细胞，直接引起细胞和组织的坏死（necrosis）。大肠杆菌、志贺氏菌、淋病奈瑟氏球菌等还可诱导寄主细胞将其"吞食"，借机进入细胞造成破坏，又借胞吐作用从细胞中释放出来，继续侵染邻近细胞。

（二）产生毒素

产生毒素是致病菌致病的主要方式。由于毒素分子量小，能随血液和淋巴液在体内扩散，故破坏作用大大超出被感染部位。细菌毒素按其来源、性质和作用等的不同，分为外毒素和内毒素，外毒素一般简称毒素。

1. 外毒素（exotoxin）

是某些病原菌在生长繁殖过程中分泌至胞外的一种对宿主细胞有毒性的可溶性蛋白质。多种细菌能产生外毒素，最典型的是肉毒梭菌、破伤风梭菌和白喉棒状杆菌，此外还有产气荚膜梭菌、溶血性链球菌、金黄色葡萄球菌、炭疽杆菌、大肠杆菌、霍乱弧菌、铜绿假单胞菌、多杀性巴氏杆菌等。白喉杆菌（*Corynebacterium diphtheriae*）菌体本身的侵袭力较弱，但能产生具有强烈毒性的外毒素，为其致病的主要毒力因子。白喉毒素可抑制动物蛋白的合成，可作为生物导弹的定向药物，杀伤肿瘤细胞，可见外毒素的毒性作用很强。肉毒梭菌产生的肉毒毒素，1 mg 就能杀死 100 万只豚鼠。外毒素作用还具有组织特异性，如痢疾志贺氏菌产生神经毒素，霍乱弧菌和致病性大肠杆菌产生的肠毒素。有的毒素为酶或酶原形式，具有酶的催化作用，如大肠杆菌热敏肠毒素（LT）、霍乱毒素、肉毒毒素、破伤风毒素等。外毒素不耐热，60～80℃作用 10～80 min 便可将其破坏而失去毒性。外毒素还具有良好的免疫原性。

2. 内毒素（endotoxin）

是革兰阴性菌（G⁻菌）外膜中的脂多糖（LPS）成分，是 G⁻菌的固有性结构成分，不向胞外分泌，只有在细菌死亡后自溶或人工裂解菌体后才释放。内毒素一般不具组织特异性，且作用呈多样性。其毒性和免疫原性均低于外毒素，故不能通过免疫制备抗血清，但较为耐热，湿热60℃作用 2～4 h，干热 250℃作用 2 h 方可将其破坏。若将内毒素注射到温血动物或人体内，会刺激宿主细胞释放内源性热源质（pyrogen），作用于大脑温控中心，引起动物发烧。此外，内毒素还可引起糖代谢紊乱、微循环障碍、组织出血、坏死等症状，严重时可导致休克。

由于内毒素具有生物毒性，又有极强的化学稳定性，因此在生物制品、抗生素、葡萄糖液和无菌水等注射用药中，都严格限制其存在。

3. 穿孔毒素（pore-forming toxin）

溶血素（hemolysin/haemolysin）是细菌分泌的能使细胞溶解的一种外毒素，属穿孔毒素，又名攻膜毒素（membrane disrupting toxin）。现已证明，大部分病原体都可产生穿孔毒素，很多穿孔毒素因为能裂解红细胞，故称溶血素。溶血素不仅溶解红细胞，还损害其他多种类型的真核细胞，包括组织细胞和免疫细胞。很多 G⁺ 和 G⁻ 菌都产生穿孔素，在宿主细胞膜上形成小孔，最终引起细胞死亡。葡萄球菌 α-毒素、链球菌溶血素-O（胆固醇结合家族代表）、埃希氏大肠杆菌溶血素 HlyA 是三种有代表性的穿孔毒素。

三、对宿主免疫防御的抵抗能力

机体免疫系统可将黏附在宿主细胞表面的病原微生物原位清除，但病原微生物也不会束手就擒，对宿主的防御体系具有一定的抵抗力，这种抵抗力也是构成病原体侵袭力的一个重要因素，包括抗吞噬作用、杀免疫细胞作用、抗体液免疫作用以及在感染初期快速增殖等。

（一）抗吞噬作用

血液中的单核细胞、嗜中性粒细胞、组织中的巨噬细胞等能识别和吞噬进入体内的病原微生物。但病原菌也可借助其特殊细胞结构、细胞组分、对抗性外分泌物来对抗吞噬作用。

1. 荚膜和黏液层

荚膜和黏液层是位于细胞壁外的多糖结构，使菌体表面十分光滑，因此吞噬细胞伸出的伪

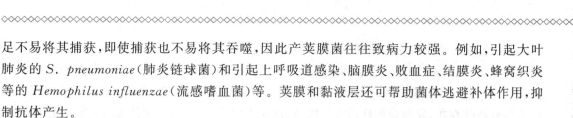

足不易将其捕获,即使捕获也不易将其吞噬,因此产荚膜菌往往致病力较强。例如,引起大叶肺炎的 *S. pneumoniae*(肺炎链球菌)和引起上呼吸道感染、脑膜炎、败血症、结膜炎、蜂窝织炎等的 *Hemophilus influenzae*(流感嗜血菌)等。荚膜和黏液层还可帮助菌体逃避补体作用,抑制抗体产生。

2.细胞壁成分

某些特殊的细胞壁成分,如 *S. Pyogenes*(化脓链球菌)细胞壁上的 M 蛋白,能帮助细菌黏附在宿主上皮细胞表面,并保护其不被吞噬,使菌体"安居乐业",实现定殖。

3.对抗性酶类

大多数 *S. aureus*(金黄色葡萄球菌)的致病性菌株可产生血浆凝固酶(coagulase,Coa),因此该酶常作为鉴别葡萄球菌有无致病性的重要标志。致病性 *S. aureus* 同时产生 2 种凝固酶,一种是分泌至菌体外的游离凝固酶,可使液态的纤维蛋白原变成固态的纤维蛋白,加速血浆凝固;另一种是结合于菌体表面并不释放的结合凝固酶或凝聚因子,在菌体表面作为纤维蛋白原的特异受体,纤维蛋白原与此受体交联而使细菌凝聚。可见 Coa 一方面促进菌体凝集,保护其不被吞噬;另一方面在菌体表面形成纤维蛋白层,为细菌提供抗原伪装,使其不被机体免疫系统识别和避免被抗体结合。

4.杀白细胞素

杀白细胞素(Panton-Valentine leukocidin,PVL)是 *S. aureus* 分泌的一种特有的外毒素,PVL 也属穿孔素家族,多形核中性粒细胞(PMNs)和巨噬细胞表面有其高度特异性受体,与受体结合便诱导这些细胞发生坏死或凋亡,从而逃避吞噬,降低机体的防御能力。许多致病性链球菌也能分泌 PVL。

5.对抗性蛋白

抗体捕获抗原后,借吞噬细胞表面的 Fc 受体与吞噬细胞结合,从而提高了吞噬细胞的吞噬活性,这就是调理作用。一些葡萄球菌,如 *S. aureus* 可产生 A 蛋白(Staphylococcal protein A,SPA),SPA 可与 IgG 的 Fc 片段结合,抑制 IgG 与吞噬细胞结合以及经经典途径激活补体,从而抑制了吞噬细胞对细菌的吞噬作用和补体的裂解作用。

PVL,SPA 和 Coa 已被证实是金黄色葡萄球菌的重要致病因子。

6. 内化作用

通过内化作用,宿主细胞为胞内寄生菌提供了一个增殖的小环境和庇护所,从而逃避宿主的免疫机制。

(二)破坏宿主免疫细胞

除杀白细胞素可杀死吞噬细胞外,致病菌产生的其他穿孔毒素,除引起红细胞和正常组织细胞裂解外,还作用于血小板、成纤维细胞、单核细胞、粒细胞、内皮细胞等免疫细胞。

某些病毒如 HIV 本身就可感染免疫细胞,使免疫系统受损,使宿主表现获得性免疫缺陷和普遍的免疫抑制。

(三)降解抗体

嗜血杆菌等病原菌还可分泌 IgA 蛋白酶破坏黏膜表面的 IgA,从而逃避体液免疫。

(四)快速增殖

增殖速度对细菌致病性极其重要,如果增殖较快,在感染之初就能克服机体的防御机制,

否则易被清除。铁是许多细菌增殖所必需,然而宿主体内无游离铁可利用,细菌可通过其获铁系统(生产和利用铁的载体)直接利用宿主的含铁化合物,如血红转铁蛋白、乳铁蛋白等,从而实现快速增殖。赤藓糖醇(erythritol)能刺激布氏杆菌在体内增殖,雄性及妊娠母畜生殖系统中有赤藓糖醇存在,导致布氏杆菌大量增殖,造成生殖系统感染,且这种感染局限于生殖系统。

(五)病毒对宿主的免疫逃避

病毒在宿主的免疫压力下,会以多种方式来逃避宿主的免疫清除。这些方式主要有抑制体液免疫、干扰对抗病毒抗原肽的加工和递呈、破坏抗病毒细胞因子网络、干扰病毒感染细胞凋亡和 NK 细胞杀伤功能等。糖基化是蛋白质的一种重要的翻译后修饰方式。糖基化可封闭、遮蔽或破坏抗原表位,而使病毒逃避宿主免疫系统的识别和攻击。如 HIV-1 的主要表面抗原 gp120 的大部分表面就被寡糖链所覆盖,几乎所有保守序列,包括与 gp41、CD4 和趋化因子受体结合的位点都被遮蔽起来,不能轻易被免疫系统识别,可见糖基化修饰是 HIV-1 逃避宿主免疫的一种重要方式。因此,运用糖基化抑制剂干扰病毒糖基化是一个可能的抗病毒策略。另外,糖基化可引起抗原表位构象改变,形成新表位,诱导特异性免疫应答,如流感病毒的囊膜蛋白经糖基化修饰而成为其主要保护性抗原。

四、侵染的可能结局

病原菌侵入机体后,其结局由病原菌毒力、宿主免疫力和环境因素共同决定,结果不外乎以下 3 种情况:

1. 隐性感染(inapparent infection)

如果宿主的免疫力很强,而病原菌的毒力相对较弱,数量又较少,侵染后只对宿主造成轻微损害,且很快病原体就被彻底消灭,基本上不表现临床症状,称为隐性感染。

2. 带菌状态(carrier state)

如果病原菌与宿主双方势力相当,两者长期处于相持状态,就称带菌状态。这种长期处于带菌状态的宿主,称为带菌者(carrier)。在隐性感染或感染痊愈后,宿主往往作为带菌者而成为传染源,十分危险。"伤寒玛丽"就是一个健康的带菌者,在粪便中持续排泄沙门氏菌,美国 7 个地区多达 1 500 个伤寒患者都是由她传染的。

3. 显性感染(apparent infection)

如果宿主相对免疫力低下,而入侵病原菌的毒力较强,数量较多,病原菌占优势而很快繁殖并产生大量毒性产物,损害宿主细胞,造成组织损伤和生理功能异常,表现出一系列临床症状,此为显性感染。按发病时间的长短把显性感染分为急性传染和慢性传染;按发病部位将其分为局部感染和全身感染;按性质和严重程度不同,又可分为以下 4 类:

(1)毒血症(toxemia) 病原体被限制在局部病灶,只有毒素进入血流而引起全身性症状,称为毒血症,如白喉、破伤风等。

(2)菌血症(bacteremia) 病原体由局部的原发病灶侵入血流后传播至远处组织,但未在血流中大量繁殖,称为菌血症,如伤寒症的早期。

(3)败血症(septicemia) 病原体侵入血流并在其中大量繁殖,造成宿主严重损伤和全身性中毒症状,称为败血症。如铜绿假单胞菌常可引起败血症。

(4)脓毒血症(pyemia) 金黄色葡萄球菌等一些化脓性细菌在引起败血症的同时,又在许多脏器产生化脓性病灶,称为脓毒血症。

第二节 抗原与抗体

一、抗原

（一）抗原的免疫原性

抗原是指能诱导机体免疫系统发生免疫应答，并能与免疫应答产物抗体或致敏淋巴细胞发生特异性结合的物质。由此可见抗原具有两个基本特性，即刺激机体产生免疫应答的免疫原性（immunogenicity）和与免疫应答产物发生特异性结合的免疫反应性（immunoreactivity）。同时具有免疫原性和免疫反应性的物质称为完全抗原，只有免疫反应性而无免疫原性的物质称为不完全抗原（incomplete antigen）或半抗原（hapten）。半抗原单独虽不能诱导机体发生免疫应答，但若与蛋白质载体结合就具有了免疫原性。决定抗原分子免疫原性的条件如下：

1. 异物性

是构成抗原分子免疫原性的首要条件。亲缘关系越远，异物性就越强，所以微生物对高等动物来讲，就具有极强的异源性和免疫原性。

2. 化学组成

多数蛋白质是良好的抗原，当蛋白质分子中含有大量芳香族氨基酸尤其是酪氨酸时，其免疫原性更强。复杂的多糖才具有免疫原性，如细菌的荚膜多糖、内毒素脂多糖等均为多糖抗原。核酸与脂类的免疫原性均很差，若与蛋白质结合，其免疫原性则明显增强。

3. 分子量及结构复杂性

一般分子量越大，免疫原性越强。但免疫原性的强弱还与其结构的复杂性密切相关，如胰岛素分子量虽为 5 734，但因其结构复杂而具有免疫原性。明胶分子量高达 100 000，但免疫原性却很弱，只因结构简单。

4. 立体构象与易接近性

抗原只有立体构象足够独特，才能引起免疫系统的警觉，因此抗原的立体构象是决定抗原分子能否引起免疫应答的关键。如果改变抗原（抗原决定簇）的空间构象，就可导致其免疫原性和特异性的改变或丧失；即使是同一分子的不同光学异构体，其免疫原性也有差异。易接近性是指抗原决定簇与 BCR 或 TCR 相互接触的难易程度，显然位于抗原分子内部的抗原决定簇一般就没有免疫原性，除非受理化因素作用而暴露。

（二）抗原决定簇

抗原分子中与抗体结合的并非整个抗原，而仅仅是抗原分子的一小部分区域，即抗原决定簇（antigenic determinant，AD）或表位（epitope），可见抗原决定簇是抗原分子中能被 B、T 细胞表面受体（BCR 和 TCR）或抗体识别并与之结合的最小结构单位。抗原分子所含 AD 的数目称为抗原的抗原价。天然抗原都是复杂分子，大部分为多价抗原（multivalent antigen），例如甲状腺球蛋白相对分子质量为 700 000，有 40 种 AD。

蛋白质抗原中由肽链折叠形成特定空间构象的抗原决定簇称为构象决定簇（conformational determinant），构成构象决定簇的氨基酸在序列上不连续，故又称不连续决定簇（discontinuous determinant）。抗原分子中直接由蛋白质一级结构即连续氨基酸序列构成的决定簇称为线性决定簇(linear determinant)、顺序决定簇(sequential determinant)或连续决定簇(continuous determinant)。TCR 只能识别线性表位,BCR 主要识别构象表位,也能识别线性表位。

目前抗原表位研究已取得重大进展,在传染性疾病的控制乃至消灭中起到了重要作用。AD 本身分子量很小,一般由 6~12 个氨基酸组成,为半抗原,但其作为抗原整体分子的一部分,相当于与载体相连,所以具有免疫原性,可刺激机体产生特异性抗体。

(三)抗原的分类

(1)根据抗原的性质 分为完全抗原和半抗原,大多数多糖、类脂、药物分子等属于半抗原。

(2)根据诱发免疫应答是否依赖 T 细胞的辅助 分为胸腺依赖性抗原(thymus dependent antigen,TD-Ag)和非胸腺依赖性抗原(thymus independent antigen,TI-Ag)。TD-Ag 在刺激 B 细胞产生抗体时需要 T 细胞协助,绝大多数蛋白质抗原属于 TD-Ag,此类抗原分子表面的 AD 种类多且排列不规则(图 13-2-1 上)。TD-Ag 刺激机体主要产生 IgG 类抗体,同时还可引起细胞免疫应答和产生免疫记忆。TI-Ag 刺激 B 细胞产生抗体时无须 T 细胞协助,此类抗原多为大分子多聚体,分子表面相同的 AD 重复出现(图 13-2-1 下),常见的有细菌脂多糖、荚膜多糖等,TI-Ag 刺激机体仅产生 IgM 类抗体,一般只引起体液免疫应答,也不产生免疫记忆。

图 13-2-1　TD-Ag(上)与 TI-Ag(下)

(3)根据与宿主间的亲缘关系 分为异种抗原(xenoantigen,heteroantigen)、同种异型抗原(alloantigen)、异嗜性抗原(heterophile antigen)、自身抗原(autoantigen)(包括修饰的自身抗原和隐蔽的自身抗原)及肿瘤抗原(包括肿瘤特异性抗原和肿瘤相关性抗原)。对于人体而言,所有微生物以及所有来自其他动物的成分(包括由动物制备的抗血清等)都属于异种抗原。

(4)根据与抗原加工和递呈的关系 分为内源性抗原(endogenous antigen)和外源性抗原(exogenous antigen)。前者为自身细胞内合成的抗原,如胞内菌和病毒感染细胞所合成的细菌抗原和病毒抗原、肿瘤细胞合成的肿瘤抗原等。外源性抗原指存在于细胞间,白细胞外被抗原递呈细胞摄取后而进入细胞内被加工的抗原,如侵入机体的微生物、疫苗、异种蛋白等,以及自身合成而释放于细胞外的物质。

(5)根据抗原的化学性质 分为蛋白质抗原(细菌外毒素、病毒结构蛋白、血清蛋白等)、脂蛋白抗原、糖蛋白抗原(MHC 分子)、多糖抗原(荚膜多糖)、脂多糖(G⁻菌细胞壁、Forssman 抗原等)、脂质抗原、核酸抗原等。

(四)微生物抗原

微生物的化学组成相当复杂,每种微生物都有多种抗原成分,但其中只有 1~2 种可刺激机体产生抗体,提供免疫保护作用,因此将这些抗原称为保护性抗原(protective antigen)或功能抗原(functional antigen),如口蹄疫病毒(FMV)的 VP1 结构蛋白(VC 抗原),肠致病性大肠杆菌的菌毛抗原 K88、K99 和肠毒素抗原 ST、LT 等。

1. 细菌(性)抗原(bacterial antigen)

细菌化学成分多样,每一个菌体都是一个包含多种抗原成分的复合体,构成一个抗原体系。

(1)表面抗原(surface antigen)　指包围在菌体细胞壁外层的抗原,特指荚膜或微荚膜抗原。荚膜(capsule)或微荚膜(microcapsule)呈黏液状,电镜下为致密丝状网络结构,成分为酸性多糖。表面抗原依菌种不同,习惯叫法不同,如 *Streptococcus pneumoniae*(肺炎链球菌)的表面抗原称荚膜抗原;*E.coli* 和 *Shigella dysenteriae*(痢疾志贺氏菌)的表面抗原称荚膜抗原或 K 抗原(K 为德文荚膜"kapsel"的首字母);*Salmonella typhi*(伤寒沙白氏菌)的表面抗原则称 Vi 抗原,Vi 来自毒力的英文"virulence"。

(2)菌体抗原(somatic antigen)　指存在于细胞壁、细胞膜上与细胞质中的抗原,过去曾称作 O 抗原,目前 O 抗原专指 G⁻ 菌尤其是肠道 G⁻ 菌细胞壁外膜层耐热、不被乙醇溶解的 LPS。目前 *E.coli* 的菌体抗原已发现有 150 多种。

(3)鞭毛抗原(flagellar antigen)　指存在于鞭毛上的鞭毛蛋白抗原,又称 H 抗原,H 来源于德文 hauch(意即菌落会在培养基表面蔓延,有鞭毛、会运动的细菌)。鞭毛由鞭毛丝、鞭毛钩和基体三部分组成,其中鞭毛丝占鞭毛的 90% 以上,因此鞭毛抗原主要是鞭毛丝抗原。H 抗原特异性强,用其制备抗血清,可用于沙门氏菌和大肠杆菌等的免疫诊断。

(4)菌毛抗原(pili antigen)　菌体表面的菌毛由菌毛素组成,有很强的免疫原性。

(5)毒素抗原(toxin antigen)　外毒素具有良好的免疫原性,刺激机体产生的特异性抗体,称为抗毒素(antitoxin)。外毒素经 0.3%~0.4% 甲醛溶液脱毒处理后,仍保留其免疫原性,称为类毒素(toxoid)。类毒素常作为预防用生物制品来预防白喉和破伤风等疾病。类毒素免疫宿主动物制备的抗毒素,是用于紧急治疗和预防的重要生物制品。

许多毒素抗原也是超抗原(super-antigen,SAg),如 *S. aureus* 肠毒素和 TSST-1 毒素、链球菌的致热外毒素等,一些病毒蛋白也为 SAg。这类抗原只需极低浓度(1~10 ng/ml)就可非特异性地激活多数 T 细胞克隆,产生极强的免疫应答。SAg 参与某些病理过程,如细菌性食物中毒和某些类型的休克,还可诱导免疫抑制。因 T 细胞过度激活而消耗,SAg 可引起 T 细胞功能失调或数量失调。SAg 被 T 细胞识别之前不需要抗原递呈细胞(APC)处理,以完整蛋白的形式直接与 APC 表面的 MHC II 类分子的肽结合区以外的部位结合,形成的 SAg-MHC II 类分子复合物仅与 TCR 的 β 链结合,因此可激活多个 T 细胞克隆。

2. 病毒(性)抗原(viral antigen)

根据病毒抗原表位特异性及免疫应答程度不同,可将病毒抗原表位分为免疫优势表位、亚优势表位和隐性表位;根据表位对机体的影响,可分为保护性表位(免疫位)、致病性表位(变应位)和耐受性表位(耐受位);根据存在部位,病毒性抗原可分为以下 4 类:

(1)V 抗原(viral antigen)　V 抗原是囊膜中的蛋白质经糖基化修饰形成的糖蛋白亚单位,嵌在脂质层,一般为病毒的主要保护性抗原,也被称为囊膜抗原或表面抗原,如流感病毒囊膜上的血凝素(hemagglutinin,HA)和神经氨酸酶(neuraminidase,NA)都是 V 抗原。

(2)S 抗原(spike antigen)　有些囊膜病毒表面还有纤突或刺突(spikes),刺突蛋白称为 S

蛋白,也具有免疫原性,S 抗原可诱导宿主产生中和抗体,往往作为 SARS 等冠状病毒疫苗研制的首选蛋白。由于 S 抗原是介导病毒和宿主细胞结合的主要蛋白,所以封闭宿主细胞上 S 蛋白的结合位点可阻止此类病毒感染。

(3)VC 抗原(viral capsid antigen) 即衣壳抗原。肝炎病毒、埃博拉病毒、EB 病毒等无囊膜的病毒,其抗原特异性取决于病毒颗粒表面的衣壳结构蛋白,如口蹄疫病毒(FMV)的 VP1 结构蛋白,就是 VC 抗原,能刺激机体产生中和抗体,是 FMV 的保护性抗原。

(4)NP 抗原(nucleoprotein antigen) 核蛋白(nucleoprotein,NP)又称 N 蛋白,是磷酸化的核衣壳蛋白。核蛋白与病毒基因组 RNA 相互缠绕形成病毒核衣壳。核蛋白是病毒中较稳定的蛋白,含量高,在病毒复制中具有重要作用,同时具有很强的免疫原性,可刺激机体产生细胞毒性 T 淋巴细胞(CTL)型免疫应答,参与保护性免疫反应。NP 抗原也是埃博拉病毒(Ebola virus,EBOV)、狂犬病病毒(Rabies virus)等诊断研究的重要靶点。

禽流感病毒的核蛋白是病毒粒子的内部结构蛋白,至少含有三个以上独立的抗原位点,是细胞毒性 T 细胞识别的主要抗原位点。作为抗原,它们都可以诱导产生保护性免疫应答,并具有一定程度的交叉保护力,因此 NP 抗原是研究流感通用疫苗的理想抗原。

3.共同抗原与异嗜性抗原

在菌体细胞的复杂抗原系统中,既有该菌体自身特有的抗原,也有多种抗原系统所共有的抗原,前者称为特异性抗原(specific antigen),后者称为共同抗原(common antigen)、类属抗原(group antigen)或交叉反应抗原(cross reaction antigen)。共同抗原是引起交叉反应的主要原因,为疾病的准确诊断带来麻烦。

还有些共同抗原会跨越物种,称为异嗜性抗原,这类抗原与种属特异性无关,是存在于不同种系生物(人、动物、植物及微生物)间的共同抗原。由瑞典病理学家 Forssman 于 1911 年发现,故又名 Forssman 抗原。如溶血性链球菌的细胞壁 M 蛋白与人肾小球基底膜和心肌组织之间存在共同抗原,机体反复感染链球菌后,产生的抗体不仅会与细菌作用,还会与肾和心肌组织结合,引起急性肾小球肾炎和心肌炎等自身免疫性疾病。

二、抗体

1890 年 Von Behring 和 Kitasato 用白喉毒素免疫动物,在动物血清中发现了能中和毒素、治疗白喉病患者的物质,称为抗毒素(antitoxin)。随后认识到毒素及细菌之外的众多蛋白质均可诱导相应抗体的生成,是一种广义的免疫现象,进而引入抗体一词。

(一)抗体定义

抗体(antibody,Ab)是免疫系统受到抗原刺激后,由浆细胞产生的能与刺激其产生的抗原发生特异性结合的球状糖蛋白(glycoprotein),因其具有免疫活性,故又得名免疫球蛋白(immunoglobulin,Ig)。糖类以共价键结合在抗体重链上,结合部位因抗体的种类不同而异,IgM 和 IgA 的含糖量很高。糖在 Ig 的分泌过程中可能起重要作用,并可防止 Ig 分解,使其易于溶解。

抗体主要存在于血液、淋巴液、组织液及其他外分泌液等体液中。约占血浆蛋白总量的 20%,是血清中最主要的特异性免疫分子,因此将抗体介导的免疫称为体液免疫(humoral immunity)。有的抗体(IgG、IgE)还具有亲细胞性,可结合于某些免疫细胞表面,这是由于在这些细胞表面有 IgG 或 IgE 的 Fc 受体。此外,B 淋巴细胞表面的 BCR,其实质也是抗体分子,即膜型 IgM 分子(mIgM)。

(二)结构

1. 抗体的 Y 结构模型

1963 年 Porter 提出了 IgG 的化学结构模式图,后经证实,其他几类 Ig 亦具有相似的四肽链基本结构,它们都呈"Y"形,由两条完全相同的重链和两条完全相同的轻链构成。两条重链之间通过链间二硫键连接,两条轻链排列在 Y 字形双臂的两侧,在氨基端也通过链间二硫键与重链连接(图 13-2-2)。所以抗体是严格的对称分子。由于 IgG 在血清中含量最丰富,也是参与体液免疫应答的主要抗体类型,在此以 IgG 为例来阐述抗体的基本结构。

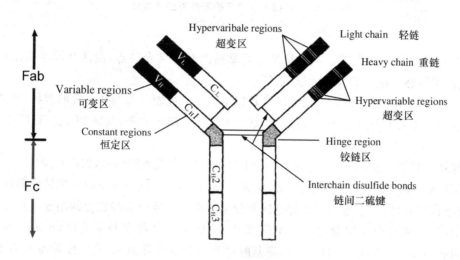

图 13-2-2　抗体的基本结构(Y 结构模型)

(1)重链(heavy chain,H 链)　大约由 440 个氨基酸残基组成,包括一个可变区和 3 个恒定区。

①可变区(variable region,简称 V 区):以 V_H 表示,由位于氨基端最初的 110 个氨基酸组成,约占整个重链的 1/4。在 V_H 内部,有 3 个区域的氨基酸序列尤为多变,称为高变区或超变区(hypervariable regions,HVRs)。V_H 区内其他部位的氨基酸序列变化很小,称为骨架区(framework regions,FRs)。FRs 的功能为支持 HVRS,并维持 V 区三维结构的稳定。

②恒定区(constant region,简称 C 区):以 C_H 表示,V_H 区以外的重链,约占重链 3/4,在氨基酸种类、排列顺序及含糖量方面都比较稳定,故名恒定区。IgG 重链有 C_H1、C_H2、C_H3 三个区域,IgE、IgM 还多一个 C_H4 区(图 13-2-3)。

依据重链 C 区的理化特性及抗原性的差异,哺乳动物的抗体重链有 γ(Gamma),μ(Mu),α(Alpha),ε(Epsilon)和 δ(Delta)链五类,IgG、IgM,IgA,IgE 和 IgD 也由此而得名(图 13-2-3)。其中 IgG,IgE 和 IgD 呈单体形式(monomer);分泌型 IgA 是由二个单体分子构成的二聚体(dimmer);IgM 则是五聚体(pentamer),二聚体和五聚体通过 J 链(J chain)连接在一起。

③铰链区(hinge region):位于连接两条重链的二硫键处附近,C_H1 与 C_H2 之间,连接抗体的 Fab 段和 Fc 段。铰链区大约覆盖 30 个氨基酸残基,富含脯氨酸和半胱氨酸,这两种氨基酸所含游离基团少,所以此区肽链比较舒展且具有柔韧性,使 Y 形分子的两臂可自由摆动、转动和伸缩,从而利于捕获抗原分子。铰链区还可使抗体分子的构型在 T 型(不结合抗原时)和 Y

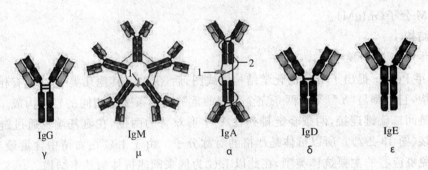

图 13-2-3　依据重链命名的五类免疫球蛋白

1. J链　2. 分泌片

型(结合抗原时)之间相互转换。与抗原结合后暴露出补体结合位点,激活补体经典途径。铰链区对蛋白酶敏感。IgM 和 IgE 无铰链区。

根据恒定区的微细结构,以及铰链区氨基酸组成和二硫键位置与数目等的差异,抗体又分为不同的亚类,如人类 IgG 有 IgG1、IgG2、IgG3 和 IgG4 四个亚类;IgM 和 IgA 有两个亚类;至今尚未发现 IgD 和 IgE 有亚类。

(2)轻链　轻链(light chain)简称 L 链,由 213~214 个氨基酸组成,也由可变区(V_L)和恒定区(C_L)组成。V_H 和 V_L 长度大致相等,位置对等,共同构成抗体分子的抗原结合部位,并赋予抗体分子以特异性。V_L 也由三个超变区和骨架区组成。重链和轻链上的超变区位置对等,6 个 HVRs 所形成的空间构象与 AD 精密互补,故超变区又称互补决定区(complementary determining regions,CDRs)。HVRs 内氨基酸序列的高度变化是 Ig 能与数量庞大的不同抗原特异性结合的分子基础。

根据轻链恒定区(C_L)氨基酸组成、排列和空间构型的不同,抗体轻链可分为 κ(kappa)和 λ(lamda)两型。在同一个体中 κ 与 λ 型可同时存在,但天然抗体重链总是同类,轻链总是同型。按 λ 轻链恒定区个别氨基酸的差异又可分为 λ1、λ2、λ3 和 λ4 四个亚型。κ 型轻链无亚型。

2. 抗体的功能域结构模型

Edelman 1969 年通过实验提出:IgG 分子的 4 条肽链在链内二硫键的作用下折叠形成几个具有不同生物学功能的球状结构域(图 13-2-4),构成抗体的功能区(domain)。各功能区具有不同功能:例如 V_H 和 V_L 共同构成抗原特异性结合部位;C_H1 和 C_L 构成的功能区具有部分同种异型遗传标志;IgG 的 C_H2 和 IgM 的 C_H3 上具有补体 C1q 的结合位点等。

3. 抗体的酶解结构模型

在生理 pH 下,木瓜蛋白酶(papain)作用于铰链区二硫键的近 N 端侧,将 IgG 裂解为 2 个相同的 Fab 片段和 1 个 Fc 片段。Fab 即抗原结合片段(antigen-binding fragment),Fc 为可结晶片段(crystallizable fragment)。胃蛋白酶(pepsin)水解 IgG 分子时,将其从铰链区链间二硫键近 C 端切断,形成大小不等的两个片段。大片段 F(ab')₂ 呈双价,可捕获 2 个 AD。小片段 Fc' 被胃蛋白酶继续水解而不再具有任何生物学活性(图 13-2-5)。

(三)抗体的生物学功能(Biological Effect of Antibody)

抗体的重要生物学活性由可变区和恒定区分别执行,可变区 Fab 能特异地结合抗原,Fc 段可介导一系列生物效应,包括激活补体、与细胞表面的 Fc 受体结合而促进吞噬、介导 ADCC

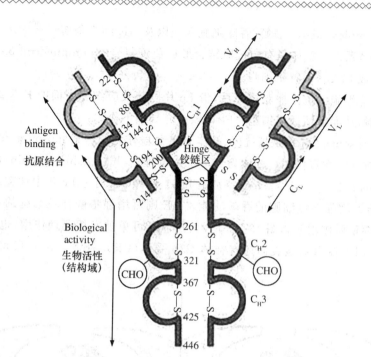

图 13-2-4　抗体的结构域模型

1.J链　2.分泌片

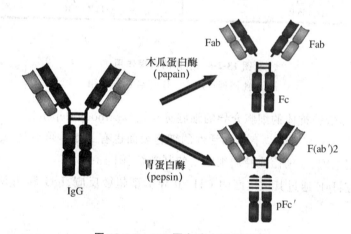

图 13-2-5　IgG 蛋白酶水解示意图

作用和Ⅰ型超敏反应、通过胎盘以及免疫调理作用等。

　　1.可变区功能

　　抗体与抗原的特异性结合发生在抗体可变区的 CDR 与抗原决定簇之间,这种结合是可逆的。抗体与抗原结合在体内可中和病毒及细菌外毒素,阻止细菌黏附等,但不能溶解和杀伤带有相应抗原表位的靶细胞,通常需要补体或吞噬细胞等共同作用,才能清除抗原性异物。

　　2.恒定区功能

　　抗体分子可变区只负责捕获抗原,而最终抗原的命运是被恒定区决定的。抗体恒定区通过激活补体、调理作用、介导 ADCC 而使靶细胞分别被补体分子形成的攻膜复合物(membrane attack complex，MAC)裂解、吞噬细胞吞噬以及 NK 细胞杀伤。

(1)激活补体系统 抗体只有与抗原结合形成免疫复合物(immunocomplex，IC)，方可激活补体，最终形成 MAC，裂解靶细胞。

(2)激活效应细胞 抗体捕获抗原后，借 Fc 片段与效应细胞表面的 FcR 结合，使靶细胞与效应细胞接触，从而激活效应细胞。Fc 片段可介导如下作用：

调理作用(opsonization)：是指抗体、补体 C3b 片段作为调理素(opsonin)促进吞噬细胞对细菌等颗粒性抗原的吞噬作用。补体为热不稳定调理素(heat-liable opsonin)，抗体则为热稳定调理素(heat-stable opsonin)。IgG 特别是 IgG1 和 IgG3，通过 Fc 与中性粒细胞、巨噬细胞上的 FcγR 结合而增强吞噬细胞的吞噬功能。IgE 则可增强嗜酸性粒细胞的吞噬作用，在寄生虫免疫中发挥重要作用。如图 13-2-6 所示，抗体既可单独发挥调理作用，也可与 C3b 发挥联合调理作用，因为吞噬细胞表面还有补体 C3b 受体(CR)，补体 C3b 片段可直接与靶细胞结合。

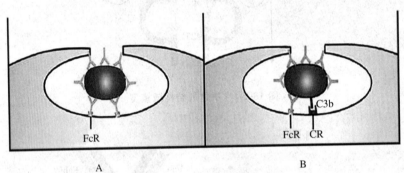

图 13-2-6 抗体的调理作用

A.单独调理作用 B.联合调理作用

ADCC 作用：即依赖抗体的细胞介导的细胞毒作用(antibody-dependent cell-mediated cytotoxicity，ADCC)，NK 细胞等具有杀伤活性的细胞表面也有 FcγR，可通过 IgG 的 Fc 段与靶细胞相连而杀伤靶细胞(如细菌或肿瘤细胞)，使其裂解(图 13-2-7)。

介导超敏反应：IgE 通过其恒定区的 CH_4 介导 I 型超敏反应、IgG 和 IgM 可介导 II 型和 III 型超敏反应。

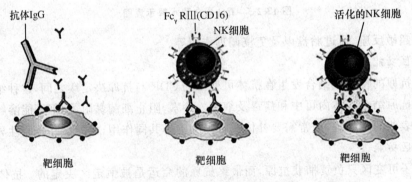

图 13-2-7 抗体介导的 ADCC 作用

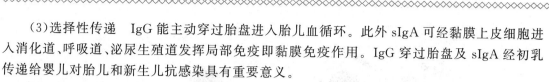

（3）选择性传递　IgG 能主动穿过胎盘进入胎儿血循环。此外 sIgA 可经黏膜上皮细胞进入消化道、呼吸道、泌尿生殖道发挥局部免疫即黏膜免疫作用。IgG 穿过胎盘及 sIgA 经初乳传递给婴儿对胎儿和新生儿抗感染具有重要意义。

（四）人工制备抗体（artificial antibody）

随着抗体在疾病诊断和防控、科学研究以及其他领域中的广泛应用，需求量日益增加，通过人工制备可获得大量、均一、异源性降低、更容易发挥效应甚至还附加了其他功能的抗体，其类型主要有多克隆抗体、单克隆抗体、基因工程抗体和催化抗体等。

1. 多克隆抗体（polyclonal antibody，PcAb）

天然抗原（如细菌、外毒素以及各种组织成分等）往往具有多种抗原表位，每一种表位均可激活一个 B 淋巴细胞克隆，继而合成相应抗体并分泌到血液或其他体液中，由此获得的免疫血清实际上是含有多种特异性抗体的混合物。这种用传统免疫方法获得的，由多个 B 淋巴细胞克隆产生的，针对不同抗原表位的多种抗体的混合物称为多克隆抗体，也称为第一代人工抗体。目前主要来源于动物免疫血清、恢复期病人血清或免疫接种人群。其优点是来源广泛，制备容易。但这种抗体针对的是多种抗原表位，因此特异性不高，常出现交叉反应，也不易大量制备，在科学研究和实际应用中十分受限。

2. 单克隆抗体（monoclonal antibody，McAb）

单克隆抗体是指由一个 B 淋巴细胞克隆产生的，针对单一抗原表位的，高度均一的人工制备抗体。传统免疫方法不可能获得大量、均一的高特异性抗体。将针对单一表位的浆细胞克隆体外培养，即可获得均一抗体，然而浆细胞寿命较短，且难以传代培养。1975 年德国学者 Köhler 和英国学者 Milstein 将小鼠骨髓瘤细胞和免疫小鼠的脾细胞在体外进行融合，获得杂交瘤细胞（hybridomas），成功制备出单克隆抗体，制备过程如图 13-2-8 所示。

McAb 具有特异性强、纯度高、均一性好、效价高、重复性强、制备成本低、可大量连续生产等 PcAb 所无法比拟优点，因此把由杂交瘤技术制备的 McAb 又称为第二代人工抗体。此项技术诞生后便立即在血清学技术、免疫学基础研究、肿瘤免疫治疗、抗原纯化等各方面广泛应用，单克隆抗体技术本身也取得了极大进展。但 McAb 是鼠源性的，作为异种抗原可使人体产生抗鼠抗体，使临床疗效减弱或消失，但人—人杂交瘤技术目前尚未突破，较好的解决办法是研制基因工程抗体。

3. 基因工程抗体（genetically engineered antibody，GeAb）

这是一类利用基因工程技术制备的抗体，也称为第三代人工抗体。基因工程抗体是按人类设计重新组装的新型抗体分子，保留或增加了天然抗体的特异性和主要生物学活性，去除和减少了无关结构（如 Fc 片段），克服了 McAb 在临床应用方面的缺陷。

基因工程技术可根据需要对人及小鼠抗体基因精心设计和改造：①改造鼠源单抗，在保留抗体特异性的前提下，尽量减少抗体的鼠源成分，如单链抗体、嵌合抗体、重构抗体等；②建立 B 细胞抗体库，以重组噬菌体展示系统筛选表达特异性抗体的重组噬菌体克隆；③人源化抗体研究，以人的 *Ig* 基因取代小鼠 *Ig* 基因成分，建立产生人源抗体的小鼠。基因工程抗体的主要类型、构建方法及特点见表 13-2-1。

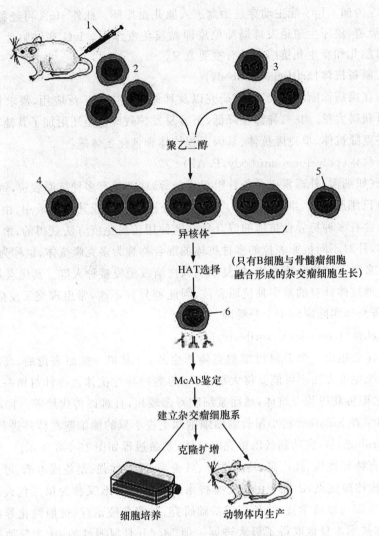

图 13-2-8 单克隆抗体的制备流程

1.抗原 2.免疫脾细胞（HGPRT$^+$，Ig$^+$，不能传代培养）3.骨髓瘤细胞（HGPRT$^-$，Ig$^-$，可无限增殖）4 未融合的 B 细胞死亡 5.未融合的骨髓瘤细胞在 HAT 培养基中死亡 6.杂交瘤细胞（HGPRT$^+$，Ig$^+$，能传代培养）

表 13-2-1 基因工程抗体的主要类型

类型	构建方法	特点
嵌合抗体（chimeric Ab）	鼠源 V_H、V_L + 人源 C_H、C_L	保留了鼠源单抗的特异性和亲和力，降低了鼠源蛋白的免疫原性
重构抗体（reshaping Ab）或 CDR 移植抗体（CDR grafted Ab）	用鼠源单抗的 3 个 CDRs 取代人抗体的 CDRs 部分	基本实现了抗体人源化，但其亲和力难以达到鼠源单抗的水平
双特异性抗体（bispecific Ab）	同时具有 2 种 V 区结构的 Fab	可同时与 2 种抗原结合

类型	构建方法	特点
Fab 抗体 (Fab fragment)	由重链 Fd 和完整轻链通过二硫键结合而成的异二聚体	仅含一个抗原结合位点,没有 Fc 片段
Fv 抗体 (free V domain)	分别构建含 V_H 和 V_L 基因的载体,共转染细胞,使之分别表达,并通过非共价键结合形成功能性 Fv 抗体	特异性强
单链抗体 (single chain Fv,ScFv)	V_H-linker-V_L	分子小,易于构建表达,能自发折叠成天然构象,容易穿入组织发挥效应;但亲和力不及 Fab
单域抗体 (single domain Ab)	通过基因工程方法表达 V_H,获得仅含 V_H 片段的抗体	与抗原结合的能力及其稳定性与完整抗体基本一致
噬菌体抗体 (phage Ab)	体外将抗体编码序列(如 V_H + V_L 基因)与噬菌体外壳蛋白基因重组,在噬菌体表面表达 V_H 与 V_L 和外壳蛋白的融合蛋白(噬菌体表面展示技术)	经固相抗原吸附技术很容易筛选出表达特异性抗体的重组噬菌体,用以大量表达和制备相应的抗体或有效的抗体片段
最小识别单位 (minimal recognition units,MRU)	仅含可变区中单一 CDR 结构	分子量仅为完整抗体的 1% 左右,但可与相应抗原结合

4. 催化抗体(catalytic antibody)

催化抗体也叫抗体酶(abzyme),是具有催化活性的免疫球蛋白,由于它兼具抗体的高度选择性和酶的高效催化性,因而催化抗体制备技术的开发预示着可以人为生产适应各种用途的,特别是自然条件下不存在的高效催化剂,对生物学、化学和医药等多种学科有重要的理论意义和实用价值。

第三节　人体对微生物侵染的免疫应答

免疫功能是机体免疫系统在识别和排除"抗原"过程中所发挥的各种生物学效应。免疫具有免疫防御、免疫稳定和免疫监视三大功能,维持机体生理平衡和内环境稳定。免疫在正常条件下对"非己"成分产生排异反应,发挥抗感染、抗肿瘤等保护作用,对"自己"抗原形成免疫耐受;功能失调时对机体产生有害反应,如超敏反应、自身免疫性疾病和肿瘤等。

一、免疫系统

免疫功能由免疫系统执行。免疫系统由免疫器官、免疫细胞、免疫分子组成。免疫器官又分为中枢免疫器官和外周免疫器官,前者为免疫细胞产生、分化、成熟的场所,包括骨髓、胸腺、腔上囊(禽类)及其类同组织,后者为免疫细胞定居和发生免疫应答的场所,包括淋巴结、脾脏、黏膜相关淋巴组织等。

(一) 免疫细胞

免疫细胞是指与免疫应答有关的细胞,除淋巴细胞外,淋巴细胞的各种前体细胞和各种血细胞(单核细胞、粒细胞、肥大细胞、红细胞)也属于免疫细胞,参与特异性免疫的细胞分为核心细胞和辅佐细胞两大类,根据在免疫应答中的功能及作用机理,具体分为抗原递呈细胞、抗原识别细胞和具有杀伤功能的细胞。在免疫应答过程中,淋巴细胞(尤其是 T 细胞)的活化需要非淋巴细胞的参与,这些通过一系列作用帮助淋巴细胞活化的细胞称为辅佐细胞(accessory cell,AC),包括单核巨噬细胞和树突状细胞(图 13-3-1),它们具有捕获和处理抗原并把抗原递呈给免疫活性细胞的功能。B 淋巴细胞同时也是免疫辅佐细胞,辅佐 T_H 细胞活化。所有辅佐细胞表面都表达 MHC Ⅱ类分子,这是辅佐细胞递呈抗原所必需的物质,是辅佐细胞的标志分子,抗原递呈能力与 MHC Ⅱ类分子的表达数量有关。

单核巨噬细胞　　　　树突状细胞

图 13-3-1　免疫辅佐细胞

1. T、B 淋巴细胞

免疫核心细胞是 T 淋巴细胞和 B 淋巴细胞。T(淋巴)细胞在胸腺(thymus)中发育成熟,B(淋巴)细胞即骨髓依赖性淋巴细胞或囊依赖性淋巴细胞,成熟于骨髓(bone marrow)或禽类法氏囊(bursa),故得名。T、B 细胞表面分别有 TCR 和 BCR,能特异性识别和结合抗原,产生免疫应答,也被称为免疫活性细胞(immunocompetent cell,ICC)。

根据表面标志 T 细胞分为 2 大亚群:①CD_4^+ T 细胞:按功能又可分为辅助性 T 细胞(T_H)和迟发型超敏反应性 T 细胞(T_D);②CD_8^+ T 细胞:按功能再分为细胞毒性 T 细胞(T_C 或 CTL)和抑制性 T 细胞(T_S)。

B 细胞分为 B_1 和 B_2 两个亚群,分别针对 TI-Ag 和 TD-Ag 发生免疫应答。

2. 第三类淋巴细胞

包括 NK 细胞和 K 细胞。

NK 细胞(natural killer cell)即自然杀伤细胞或原始杀伤细胞,主要存在于外周血和脾脏中,区别于 T_C,NK 细胞作用时既不依赖抗体,也无须抗原刺激和致敏,还不受 MHC 制约,非特异性地杀伤肿瘤细胞、多种微生物感染细胞和移植的骨髓细胞等。NK 细胞表面有识别靶细胞表面分子的受体结构,通过此受体直接与靶细胞结合而发挥杀伤作用。NK 细胞表面也有 IgG 的 Fc 受体,IgG 产生后,也可通过 ADCC 定向杀伤靶细胞。

K 细胞(killer cell)是一类与 NK 细胞相似的大颗粒淋巴细胞,其表面也有 Fc 受体,有很强的 ADCC 效应,可在微量特异性抗体环境中发挥对靶细胞的杀伤作用,例如不易被吞噬的较大型的病原体如寄生虫、恶性肿瘤细胞、病毒感染细胞、组织或器官移植物等。

3. 第四类淋巴细胞

自然杀伤 T 细胞(natural killer T cells,NKT)在 1987 年由美国的 Fawlks 和瑞士的 Budd 领导的两个研究小组首次报道。这是一类区别于 NK 细胞、B 细胞以及传统 T 细胞的一类独立的新型淋巴细胞,称为第四类淋巴细胞。NKT 细胞表面同时表达 T 细胞和 NK 细胞的传统表面标志,广泛存在于肝脏和骨髓,部分存在于外周淋巴组织和胸腺。NKT 细胞不仅是一种高效的免疫效应细胞,同时也是一种免疫抑制性调节细胞,在机体抗感染、抗肿瘤、克服移植排斥以及抑制自身免疫性疾病(Ⅰ型糖尿病、系统性红斑狼疮、硬皮症等)等方面发挥着至关重要的作用。

4.免疫辅佐细胞

抗原递呈细胞(APC)是指能够捕获、加工处理抗原并将抗原信息递呈给 T 淋巴细胞的一类细胞,在机体的免疫识别、免疫应答与免疫调节中起重要作用。它们捕获、吞噬抗原后,将抗原酶解成线性小分子抗原肽(抗原加工),抗原肽与 MHC II 类分子结合形成复合物表达于细胞表面,供 T 细胞识别(抗原递呈)。专职性 APC 包括单核巨噬细胞、树突状细胞和 B 细胞;非专职性 APC 包括血管内皮细胞、成纤维细胞、活化的 T 细胞等。单核巨噬细胞是重要的 APC,进行抗原加工和抗原递呈,还可分泌多种生物活性物质参与免疫调节。

(二)免疫分子

免疫分子包括抗体、细胞因子、补体、膜分子等。膜分子主要有 MHC 分子、CD 分子、TCR 和 BCR 等。

1.补体系统(complement system)

补体系统是广泛存在于人和脊椎动物血液、组织液和细胞膜表面的一组不耐热、经活化后具有酶活性的球蛋白。该系统包括参与补体激活的各种成分、补体活化的调节蛋白及补体受体,共四十余种成分。主要由巨噬细胞、肠道上皮细胞、肝细胞和脾细胞等合成。补体各成分在动物体内含量稳定,与抗原刺激无关,不随机体的免疫应答而增加,只在某些病理情况下发生改变。补体以豚鼠血清含量最丰富,在实验室中常以豚鼠血清作为补体。补体 56℃ 30 min 即可被灭活。

补体的本质是一类酶原,经一系列较为复杂的酶促级联反应而被激活。第一种成分一旦被激活,后续成分便会按顺序依次以"多米诺骨牌样(domino-like)"方式被激活。补体的经典激活途径(classic pathway)依赖于免疫复合物(immune complex,IC)的存在,抗体与抗原结合后,暴露其 Fc 片段上的补体结合位点,C1q 与该部位结合,随后 C1r、C1s、C2、C4、C3、C5～C9 相继顺序活化。替代途径(alternative pathway)的激活无须抗体参与,但需要 B、D、P 因子参与。细菌细胞壁成分(脂多糖、多糖、肽聚糖、磷壁酸)、酵母多糖、葡聚糖以及其他哺乳动物细胞可直接"激活"替代途径,活化顺序依次为 C3、C5～C9(C1、C2 和 C4 不参与)。补体激活的第三条途径为凝集素途径(MBL pathway)。MBL 即甘露聚糖结合凝集素(mannose-binding lectin),在正常血清中含量极低,在炎症急性期反应时,其水平明显升高。MBL 可识别多种病原微生物表面的甘露糖、岩藻糖和 N-乙酰葡萄糖胺等糖结构并与之结合,结合后依次活化 MASP-1 和 MASP-2,其后的反应过程与经典途径相同,裂解 C4、C2,形成 C3 转化酶。活化形式的 MASP-1 还可直接裂解 C3,类似于旁路途径。MBL 途径和旁路途径在抗体生成之前,在机体天然免疫防御中发挥非常重要作用。

补体激活后具有多种生物学效应,不仅参与非特异性防御反应,也参与特异性免疫应答。补体被激活后形成的攻膜复合物(membrane-attacking complex,MAC)(图 13-3-2 A)为膜穿孔素,可裂解靶细胞(图 13-3-2 B)。

除裂解靶细胞外,补体激活还发挥调理作用、免疫复合物清除、细胞黏附、免疫调节、炎症反应等多种生物学效应(图 13-3-3)。

2.干扰素

干扰素(interferons,IFNs)是高等动物细胞在病毒等诱生剂刺激下所产生的一种高活性、具有广谱抗病毒功能的特异性小分子糖蛋白。干扰素诱生剂除各种病毒、灭活病毒、病毒RNA 外,还有人工合成的 dsRNA,可在细胞内繁殖的立克次氏体、衣原体、支原体和细菌、

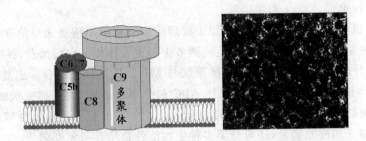

图 13-3-2　攻膜复合物(A)及其对寄生虫的结构破坏作用(B)

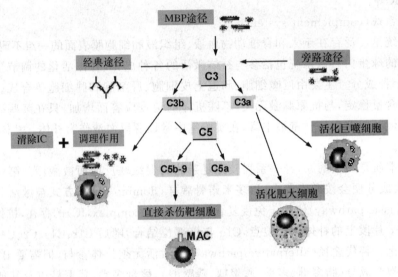

图 13-3-3　补体的生物学作用

LPS 和真菌多糖等微生物产物、多聚化合物、PHA、ConA、SPA、卡那霉素等。

　　IFNs 除能抑制病毒在细胞中增殖外,还具有免疫调节作用,包括增强 Mφ 的吞噬作用、增强 NK 细胞和 T 细胞活的杀伤力。IFNs 对癌细胞也具有杀伤作用,可用于病毒病和癌症的治疗。当动物细胞受病毒或其 RNA 侵染时,会产生以抗病毒活性为主的 IFN-α和 IFN-β,其他干扰素诱生剂则诱导产生以免疫调节作用为主的 IFN-γ。

　　IFNs 虽有广谱抗病毒特性,但受宿主种属特异性的限制。例如,只有人细胞产生的干扰素才能保护人体免受各种病毒的感染,流感病毒诱导鸡产生的干扰素不能用于抑制人或其他动物的病毒感染。

　　干扰素的诱导产生过程和作用机理如图 13-3-4 所示。正常情况下,脊椎动物细胞内编码干扰素的基因在抑制蛋白作用下处于抑制状态,干扰素诱生剂作用于细胞后,与抑制蛋白结合而使其失去活性,解除了其对干扰素基因的抑制作用,干扰素基因活化,合成干扰素并释放到胞外。IFNs 的抗病毒作用不是直接杀死或中和病毒,而是干扰素与细胞相互作用的结果。其过程如下:①干扰素分子与邻近细胞表面的干扰素受体结合;②使细胞固有的抗病毒蛋白(antiviral protein,AVP)基因活化并合成 AVP;③AVP 阻碍病毒蛋白的翻译过程,从而抑制病毒的增殖,使细胞处于抗病毒状态。若干扰素产生细胞仍完好,也可使该细胞建立抗病毒状态。

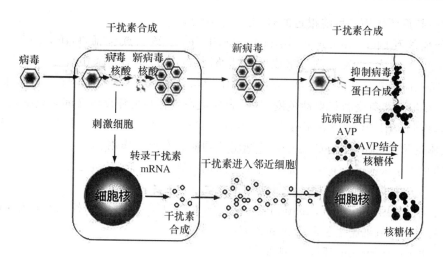

图 13-3-4　干扰素的诱生及抗病毒机理

3. MHC 分子

高等动物在不同个体间进行器官或组织移植时,代表个体组织特异性的抗原,是一类特殊的细胞表面糖蛋白,被称作主要组织相容性抗原,即 MHC 抗原或 MHC 分子。MHC 分子不仅决定组织的相容性,是移植排斥反应的主要决定因素,还与机体的免疫应答和免疫调节有关。其编码基因为主要组织相容性复合物(major histocompatibility complex,MHC),是位于脊椎动物某一染色体上的一组具有高度多态性、紧密连锁的基因群,每个位点的基因可编码一种抗原成分。MHC 分子参与 T 细胞识别相应抗原以及免疫应答中各类免疫细胞间的相互作用,还可限制 NK 细胞误伤自身组织,是免疫系统识别"自身"与"异己"分子的重要分子基础。人类的 MHC 称为 HLA。

4. CD 分子

CD 分子是位于细胞膜上一类分化抗原(cluster of differentiation,CD),种类极多,CD 的序号代表一个(或一类)分化抗原分子,如 CD1,CD2……CD350 等。白细胞分化抗原是淋巴细胞、单核细胞、粒细胞等各类白细胞在分化成熟为不同谱系后,以及在发育和分化的不同阶段,细胞表面出现或消失的细胞表面标志。很多排定序号的 CD 分子还包含多个亚型。CD 分子具有参与细胞活化、介导细胞迁移等多种功能,如 T、B 细胞表面就有许多不同功能的 CD 分子。

5. 黏附分子

黏附分子(adhesion molecules,AM)是广泛分布于免疫细胞和非免疫细胞表面,介导细胞间、细胞与基质间相互接触和结合的分子,黏附分子大多为糖蛋白,参与细胞的信号转导与活化、细胞生长和分化、细胞迁移等过程。

6. 细胞因子

细胞因子(cytokine,CK)是由免疫细胞或非免疫细胞合成和分泌,在功能上可以影响其他细胞行为的一类低分子量蛋白质或多肽的统称。如在不同细胞因子影响下,B 淋巴细胞分化形成分泌不同抗体类型的浆细胞。CK 一般属于分泌蛋白,但某些 CK 还存在跨膜型。

(1)白细胞介素(interleukins,ILs)　简称白介素,在细胞间相互作用、免疫调节、造血以及炎症过程中起重要作用。目前报道的有 IL-1 至 IL-33。

（2）肿瘤坏死因子（tumor necrosis factor，TNF）　该家族包括 TNF-α、TNF-β、LT-β、CD40L 等 20 个成员。NK 细胞可组成性表达跨膜 TNF-α，参与其杀伤活性。TNF-β 又称淋巴毒素（lymphotoxin，LT），其生物学性质和作用与 TNF-α 极其相似，只是细胞来源不同。TNF 同时参与天然免疫和获得性免疫，是特异性免疫应答和炎症反应之间重要的连接纽带。

（3）集落刺激因子（colony-stimulating factor，CSF）　不仅可刺激不同发育阶段造血干细胞和祖细胞的增殖和分化，有的还对成熟细胞的功能具有促进作用。

（4）趋化因子（chemokines）　是一类对不同靶细胞（白细胞）具有趋化效应的细胞因子家族，能吸引相关免疫细胞到免疫应答发生的部位。

（5）转化生长因子（transformation growth factor，TGF）　可由多种细胞产生，家族成员 20 多个，是一组调节细胞生长和分化的超家族分子。

（6）干扰素（interferon，IFN）　见前文。

二、非特异性免疫

宿主对"异己"成分的免疫力由非特异性免疫和特异性免疫组成，共同筑成了机体的三道免疫防线（defense line）（图 13-3-5）。

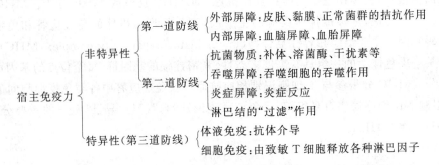

图 13-3-5　宿主免疫力防线

非特异性免疫（non-specific immunity）是在生物长期进化过程中形成的，先天即有并可世代相传，相对稳定且在个体之间差异不大，作用无特殊针对性的天然抵抗力，也称先天免疫（innate immunity）或自然免疫（natural immunity）。对于人和高等动物，非特异性与特异性的划分只是为了便于学习，事实上，二者之间紧密联系，协同作战，共同对敌。

先天免疫主要由宿主的物理和结构屏障（皮肤、黏膜及其分泌物和表面的微生物菌群，血脑、血胎和血眼屏障）、生理屏障（吞噬屏障和炎症屏障）、具有非特异性杀伤功能的杀伤细胞（NK 细胞）、正常组织和体液中的抗微生物物质（补体、干扰素、乙型溶素和溶菌酶）等组成。这些抗微生物物质既能配合其他杀菌因子作用，也可直接攻击入侵的病原微生物，但作用不及吞噬细胞。

吞噬细胞（phagocyte）主要包括血液中的大单核细胞和小单核细胞（中性粒细胞），以及组织中的巨噬细胞，在特异性免疫中也具有极其重要的作用，具有吞噬和杀菌作用、抗原递呈作用和免疫调节作用。炎症（inflammation）是机体对病原体侵入或其他损伤的一种保护性反应，在相应部位出现红、肿、热、痛和功能障碍是其五大特征。乙型溶素（β-lysin）是存在于血清中的一种富含赖氨酸的多肽，耐热，对 G^+ 菌具有溶菌作用。溶菌酶（lysozyme）普遍存在于唾液、泪液、乳汁、肠液中,能使 G^+ 菌因细胞壁散架而死。

三、特异性免疫

特异性免疫是机体在接触病原微生物或异物后产生的针对该物质的特殊免疫能力。由于是后天获得的,不能遗传给后代,也称为获得性免疫(acquired immunity)。特异性免疫具有以共同特点:①高度特异性;②记忆性,免疫系统对再次侵入的病原体或异物能迅速做出强烈的免疫应答反应;③耐受性,免疫系统对自身抗原物质具有识别能力和产生耐受性,不会发生免疫应答。我们平常说的免疫应答就是指特异性免疫应答。

免疫应答(immune response)是动物机体免疫系统受到病原微生物感染和其他抗原物质刺激后,调动体内的先天性免疫和获得性免疫系统,启动一系列复杂的免疫连锁反应和特定的生物学效应,并最终清除抗原的过程。根据参与细胞与效应物质又分为体液免疫应答和细胞免疫应答。免疫应答的场所为外周免疫器官。经过一系列复杂的连锁反应,最终将抗原物质和对再次进入机体的抗原物质产生清除效应。大致分为以下 3 个连续的阶段:①感应阶段。即识别阶段,指 APC 对抗原性异物的捕获、加工处理和递呈以及特异性淋巴细胞对递呈抗原的识别。②反应阶段。指识别抗原后的淋巴细胞在双信号刺激及细胞因子的作用下活化、增殖、分化为浆细胞和致敏淋巴细胞的阶段。③效应阶段。指浆细胞分泌的抗体和致敏淋巴细胞释放效应性淋巴因子或直接发挥特异性细胞杀伤作用的过程。

(一)体液免疫

体液免疫(humoral immunity)由 B 细胞介导,效应物质是抗体分子,是指 B 细胞在抗原刺激下活化、合成并分泌抗体,由抗体发挥免疫效应的过程。下面以 B_2 细胞对 TD 抗原的应答为例,描述体液免疫应答的过程。

1.抗原的递呈和识别阶段(感应阶段)

(1)抗原的递呈 指抗原递呈细胞(APC)对抗原的摄取、加工处理和递呈。巨噬细胞、树突状细胞或其他抗原递呈细胞可借伪足运动或表面的 Fγc 受体、C3b 受体捕获外来抗原或免疫复合物,经内噬作用进入细胞内,并将抗原性蛋白质酶切成线性短肽。随后线性短肽与细胞内的 MHC Ⅱ类分子结合成复合物并表达于细胞膜表面,供 T_H 细胞识别。特别强调,MHC Ⅱ类分子仅存在于巨噬细胞、树突状细胞、B 细胞等职业 APC(professional APC)表面。

(2)T 细胞对抗原的识别 T 细胞对抗原的识别具有 MHC 限制性,即 CD_4^+ T 细胞(T_H)只能识别由 MHC Ⅱ类分子递呈来的抗原肽信息,而 CD_8^+ T 细胞(T_C/CTL)只能识别由病毒感染细胞、肿瘤细胞等靶细胞表面的 MHC Ⅰ类分子递呈而来的抗原肽信息,此即"双识别",TCR 识别抗原决定簇,CD_4 或 CD_8 分子分别识别递呈抗原的 MHC Ⅱ类分子或 MHC Ⅰ类分子。在体液免疫应答过程中,经过双识别,T_H 细胞由静止期进入诱导期,在 MΦ 分泌的 IL-1 作用下,进一步产生 IL-2、4、5、6 和 IFN-γ 等细胞因子,并在膜上出现 IL-2 受体,以便接受 IL-2 的刺激,再在第二信号(CD_{28} 与 B_7 的结合)作用下,T_H 细胞活化。

(3)B_2 细胞对抗原的识别 B_2 细胞通过 BCR 识别 TD-Ag 的构象决定簇,此为 B 细胞活化的第一信号。

2.B 细胞的活化、增殖和分化阶段

B 细胞的活化也需要双信号刺激,BCR 与 TD-Ag 抗原结合只是信号 1。T_H 细胞和 B 细胞通过黏附分子对而紧密接触,特别是配体 CD40L 与 CD40 的结合是 B 细胞活化的第 2 信

号;由图 13-3-6 还可以看出,T_H 细胞(Th2)的活化也需要双信号,MHC Ⅱ类分子递呈来的抗原肽是其活化的第 1 信号,B_2 细胞活化后膜表面表达的 B7 分子与 Th2 细胞表面 CD28 分子的结合是其活化的第 2 信号。可见 B_2 细胞和 T_H 细胞二者之间相互活化(reciprocal activation)。活化后 T_H 释放的 IL、IFN-γ 等细胞因子(CK)通过与 B 细胞表面的细胞因子受体(CKR)结合作用于 B 细胞,促进其增殖、分化形成浆细胞。在 T_H、B_2 细胞活化过程中有的成为免疫记忆细胞。

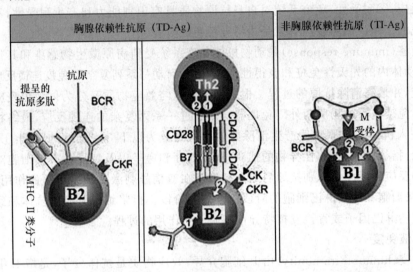

图 13-3-6　B 细胞的活化

3. 效应阶段

浆细胞分泌的特异性抗体,既能与入侵的病原菌特异性结合,产生免疫保护作用,也可在特殊条件下,参与诱发机体的 Ⅰ～Ⅲ 型变态反应,造成生理功能紊乱或组织损伤,此为负免疫应答。

体液免疫的作用主要有以下 4 个方面:①中和外毒素和病毒:使其失去毒性作用或失去侵染和破坏寄主细胞的能力;②抑菌:通过与入侵病原菌结合,抑制其繁殖或对寄主的黏附,从而防止了感染和疾病的发生;③裂解:抗原抗体复合物激活补体系统,产生对入侵病原微生物或受感染的寄主细胞的裂解作用;④调理:某些微生物能抵抗吞噬细胞的吞噬,但它们一旦与抗体结合或与补体 C3b 结合,便可增强吞噬细胞的吞噬活性,促进吞噬;⑤ADCC 作用:促进 NK 细胞和 K 细胞对抗原的杀灭作用。

(二)细胞免疫

细胞免疫应答(cell-mediated immune response)只能由 TD-Ag 引起,由 T 细胞介导和发挥效应。有两种基本形式,一是由 T_C 介导的杀伤靶细胞作用,其过程如图 13-3-6 所示,二是由 T_D 细胞介导的迟发型变态反应。

1. 感应阶段

MHC Ⅰ类分子存在于脊椎动物所有有核细胞表面,与正常细胞相比,病毒感染细胞、肿瘤细胞、胞内菌感染细胞(靶细胞)表面的 MHC Ⅰ类分子表达增加,并将其携带的抗原肽信息

递呈给 T_C 细胞,供其识别。病毒侵入机体后被 APC 摄取或感染靶细胞,被细胞内体(endosome)或蛋白酶体分解为抗原多肽,并结合在 MHC 分子的凹槽中,形成 MHC-多肽复合体,然后递呈于 APC 或靶细胞表面,从而诱导体液免疫或细胞免疫。T_C(CTL)为 CD_8 阳性细胞,在感应阶段,进行双识别,即其表面的 TCR、CD_8 分子分别识别靶细胞表面 MHC I-抗原肽复合物中的抗原肽和 MHC I 类分子。

2. 反应阶段

T_C 和 T_D 的激活也需要 T_H 的帮助,而 T_H 帮助 T_C 细胞之前,自身需要活化。T_H 激活、增殖与产生细胞因子的过程与体液免疫一样。T_C、T_D 活化的第 2 信号也为 CD28 与 B7 的结合。细胞免疫中激活 T_C 和 T_D 的为 Th1 型细胞,主要分泌产生 IL-2、TNF-β 和 IFN-γ 等细胞因子。

3. 效应阶段

在此阶段细胞免疫发挥抗病毒感染、抗肿瘤作用,在抗胞内菌感染时还可引起迟发型变态反应。

(1)T_C 介导的免疫效应　细胞毒性 T 淋巴细胞(T_C 或 CTL)杀伤靶细胞的过程如图 13-3-7 所示。致敏 T_C 能分泌产生 IL-2、TNF、IFN 等细胞因子,其中 IL-2 诱导 T_C 产生穿孔素,穿孔素以囊状小滴的形式贮存于 CTL 细胞质中,当 T_C 与靶细胞特异性识别并紧密接触后,带有穿孔素的囊状小滴迅速向接触区移动,通过膜融合将其释放至靶细胞表面,穿孔素迅速聚合形成跨膜通道,使靶细胞内的大分子物质外流,而 Na^+、Ca^{2+} 和 H_2O 分子进入细胞内,内流的 Ca^{2+} 激活了靶细胞内的内源性核酸酶,自身 DNA 被降解,再加上 T_C 细胞产生的 TNF 等细胞因子的杀伤作用,加速了靶细胞的死亡。另一方面当 T_C 细胞与靶细胞接触时,T_C 细胞表面迅速表达 Fas 配体蛋白(FasL),与靶细胞表面的 Fas 蛋白结合而诱导靶细胞凋亡。由此可见这是一种特异性杀伤作用,并且效应性 T_C 细胞可连续杀伤靶细胞。NK 细胞等作用于病毒感染初期,T_C 细胞则在病毒感染后期清除被病毒感染的细胞。

(2)T_D 介导的免疫反应　T_{DTH}(T_D)属于 $CD_4{}^+$ T 细胞亚群,在体内以非活化的前体形式存在,在 T_H 活化后释放的 IL-2、4、5、6、9 等细胞因子作用下活化,分化成免疫效应细胞,释放多种可溶性的细胞因子或淋巴因子,主要引起以局部单核细胞浸润为主的炎症反应,即迟发型变态反应。

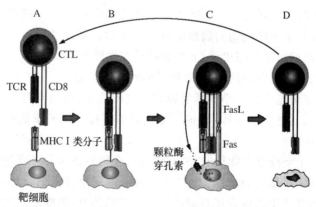

图 13-3-7　CTL(Tc)介导的杀伤靶细胞过程

A. 感应阶段:靶细胞处理和提呈抗原　B. 反应阶段:CTL 与复合物抗原肽-MHCI 类分子双识别并结合　C. 效应阶段:活化的 CTL 杀伤靶细胞　D. 靶细胞死亡,CTL 解离作用于下一个靶细胞

由 T_D 细胞介导的细胞免疫在防御胞内病原菌,如结核分枝杆菌、麻风杆菌与深部真菌等感染和肿瘤防治等方面具有重要作用,但通常会导致局部组织不同程度的损伤。当致敏细胞再次遇到相同抗原刺激时,可释放多达 50 多种淋巴因子,引起以单核细胞、巨噬细胞和淋巴细胞浸润为主的局部炎症,加强并充分发挥细胞免疫的功能。

综上所述,细胞免疫应答的生物学效应有三:①杀死靶细胞如病毒感染细胞和肿瘤细胞;②限制靶细胞和靶抗原的扩散;③增强炎症反应,加强大小吞噬细胞对各种生物病原的杀伤和清除作用。

(三)超敏反应

超敏反应是致敏机体再次接触相同抗原时产生的特异性免疫应答,表现为机体的组织损伤和生理功能紊乱。引起超敏反应的抗原物质称为变应原或过敏源。超敏反应可分为四型:Ⅰ型称过敏反应型,Ⅱ型称细胞毒型,Ⅲ型称免疫复合物型,Ⅳ型称迟发型。前 3 型由抗体介导,属速发型;第 Ⅳ 型由 T_D 介导,为迟发型。

Ⅰ型超敏反应是由 IgE 抗体和肥大细胞或嗜碱性粒细胞及其释放的介质参与的超敏反应。以青霉素引起的过敏性休克为例,Ⅰ型超敏反应发生机理如下:青霉素的降解产物青霉烯酸和青霉噻唑半抗原进入机体后与组织蛋白结合形成完全抗原,刺激机体产生 IgE 抗体,IgE 具有亲细胞活性,借助其 F_C 段结合在肥大细胞和嗜碱性粒细胞的表面,使机体处于致敏状态。当机体再次接触青霉素时,青霉素半抗原直接与肥大细胞和嗜碱性粒细胞的表面的 IgE 结合,使 IgE 发生桥联作用,影响细胞膜的功能,导致嗜碱性粒细胞和肥大细胞脱颗粒,从而释放出组织氨、5-羟色氨等活性物质,引起小血管扩张,通透性增加,血压下降,导致休克。

Ⅰ型超敏反应的特点:①发作快,几秒钟至几十分钟内出现症状,消退也快。②无补体参加。③由结合在肥大细胞和嗜碱性粒细胞上的 IgE 所介导。④主要病变为小动脉、毛细血管扩张,血管通透性增加,平滑肌收缩。⑤与遗传有关,个体有差异。⑥可以用抗体来被动转移。常见的 Ⅰ型超敏反应性疾病有:①过敏症或过敏性休克,多见于注射异种动物抗血清和青霉素之后,通常在数秒至几分钟内发生。②呼吸道过敏反应,常见的有支气管哮喘、过敏性鼻炎等。③消化道过敏反应,主要表现为过敏性胃肠炎。④皮肤过敏反应,症状为皮肤等出现麻疹、湿疹和血管性水肿等。

Ⅱ型超敏反应是抗体(IgG/IgM)直接作用于相应细胞或组织上的抗原,在巨噬细胞和其他杀伤细胞及补体参与下造成损伤的病理反应。常见的 Ⅱ型超敏反应性疾病有输血反应、新生儿溶血症、药物引起的血细胞减少症、Ⅱ型超敏反应性肾小球肾炎。

链球菌感染后的肾小球肾炎约 85% 由 Ⅲ型超敏反应引起,15% 由 Ⅱ型超敏反应引起。在 Ⅱ型超敏反应中,链球菌感染使肾小球基底膜抗原结构改变,成为自身抗原,刺激机体产生抗肾小球基底膜的抗体,通过激活补体、调理巨噬细胞的吞噬和 NK 细胞的 ADCC 导致肾小球基底膜损伤,发生肾炎。

Ⅲ型超敏反应是由免疫复合物引起,故称免疫复合物型超敏反应或免疫复合物病,其发生机理为大剂量抗原进入机体后,机体产生抗体与尚未被完全排除的抗原结合,形成 IC,由 IC 沉积而致病。主要病理变化为血管及其周围炎症。常见的 IC 免疫复合物病有:局部免疫复合物病(Arthus 反应、过敏性肺泡炎)、全身性免疫复合物病(血清病、链球菌感染后肾小球肾炎、类风湿性关节炎)。链球菌感染后 Ⅲ型超敏反应所致的肾小球肾炎发生机理:链球菌感染后产生的抗链球菌抗体与相应抗原形成的免疫复合物在肾小球基底膜沉积,并活化补体,促使中性

粒细胞浸润,引起炎症。

Ⅳ型超敏反应与抗体和补体无关,主要由 T 淋巴细胞介导,发生机制见细胞免疫应答。常见的Ⅳ型超敏反应性疾病有传染性超敏反应和接触性皮炎。

本章小结

非特异性免疫和特异性免疫共同筑成了机体对外部微生物入侵的免疫防线,二者共同作用,协同作战。非特异性免疫与生俱来,作用特异性很小,由外部基本屏障、内部解剖学屏障、生理屏障、非特异性杀伤作用、正常组织和体液中的抗微生物物质等组成。特异性免疫包括体液免疫和细胞免疫。免疫功能由免疫系统来执行,免疫系统由免疫器官、免疫细胞和免疫分子组成。中枢免疫器官是免疫细胞的发源地和成熟地,外周免疫器官则是免疫细胞的定居地和战斗地。特异性免疫应答中,T、B 淋巴细胞为免疫活性细胞,抗原递呈细胞(APC)为免疫辅佐细胞,具有抗原加工和抗原递呈能力。免疫分子包括抗体、补体、干扰素、MHC 分子、TCR、BCR、细胞因子、CD 分子、黏附分子等。哺乳动物可产生 5 类免疫球蛋白(抗体),其特性和功能各不同。机体将视任何非己成分为抗原并将其从体内清除。细菌性抗原和病毒性抗原均为其结构性成分或分泌的外毒素。与抗体等结合的是抗原决定簇或表位,B 细胞(BCR)可识别天然构象决定簇,T 细胞(TCR)则只能识别顺序决定簇或线性表位,且识别时具有 MHC 限制性,为"双识别"。免疫应答过程是一系列复杂的连锁反应,分为感应、反应和效应 3 个阶段。体液免疫最终产生抗体,中和病毒或外毒素,与菌体结合阻止其黏附和定殖,免疫复合物激活补体裂解靶细胞,通过调理作用增强吞噬功能和介导 ADCC 作用,最终发挥抗感染功能。细胞免疫应答产生 T_C 最终将病毒感染细胞、肿瘤细胞和胞内菌感染细胞消灭。免疫在发挥正常生理功能的同时,在某些条件下,也会产生免疫病理现象,如超敏反应。微生物突破宿主的天然免疫屏障后,黏附定植在特定部位,也可通过分泌侵袭酶类向周围组织蔓延,对机体造成损伤,引起疾病发生。机体免疫系统可将黏附在宿主细胞表面的病原微生物就地消灭,但病原微生物也不会束手就擒,对寄主的防御体系具有抵抗力,这种抵抗力也是构成病原体侵袭力的一个重要因素,表现为抗吞噬作用和杀免疫细胞等作用。

思考题

1. 描述微生物侵染宿主的过程及可能出现的结果。
2. 微生物定殖后是如何实现扩散蔓延和对宿主造成破坏的?
3. 微生物对寄主免疫防御的抵抗能力表现在哪些方面?
4. 决定抗原免疫原性的要素有哪些?
5. 细菌性抗原和病毒性抗原有哪些?
6. 解释保护性抗原、异嗜性抗原、MHC 抗原。
7. 绘制抗体的 Y 结构模型、功能域结构模型和水解模型。
8. 分别描述抗体可变区和恒定区的功能。

9. 人工制备抗体的类型及各自的优缺点是什么？

10. 详细描述人体免疫系统的组成。

11. 简述补体激活的三条途径及凝集素途径的过程和意义。

12. 简述干扰素的产生过程及抗病毒机理。

13. 非特异性免疫由哪些要素组成？

14. 描述细胞免疫和体液免疫的具体过程。

（山西农业大学　霍乃蕊）

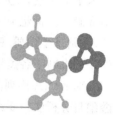

第十四章 微生物分类学

◈**内容提示**

　　微生物是一个数量极其庞大、种类极其繁多的复杂生命世界,如何有序、有效地去认识这个复杂的生命体系,需要把它们安排到条理清楚、格局清晰的各种分类单元中去,这就是微生物分类学(taxonomy)。微生物分类学需要做分类、鉴定和命名 3 个方面的工作,是一个有着几百年历史的传统学科,也是一个近年来发生着巨大变化的发展中学科。这种变化主要表现在分类方法和分类系统两个方面,而且分类方法的发展具有更重要的地位,因为方法本身决定着微生物分类发展的水平,也决定着分类系统的建成。分类特征是进行分类的基础,根据在分类过程中采用特征的种类,通常把微生物分类分成 4 个不同的水平:①微生物细胞形态和习性水平;②细胞组分分析水平;③蛋白质水平;④核酸水平。以第一水平测定内容为主要分类依据的阶段称为传统分类学,以其他水平为主要分类依据的阶段称为分子分类学。微生物的种名用"双名法"表示,亚种用"三名法"表示。新种的发表有严格的规定。

第一节　微生物的分类与命名

　　微生物分类学是对各类微生物进行鉴定、分群归类,按分类学准则排列成分类系统,并对已确定的分类单元进行科学命名的学科。微生物分类学包括三方面的工作内容:①分类(classification),即通过对已经掌握的关于个体的大量资料进行分析、归纳,形成一个科学的分类系统。这个系统应该从具体的生命个体特征上升到抽象的总体格局,并且合理有效覆盖某一进化范畴内较大的微生物领域。②鉴定(identification),是指通过具体研究,了解未知微生物的各种性状特征,以此为依据,将其定位到上述分类系统的具体单元之中,是分类的操作过程和具体体现。③命名(nomenclature),是根据国际生物命名法则给微生物冠以科学的名称,使物有所指,是一项创新性工作。简言之,微生物分类学就是对微生物进行分类、命名和鉴定,其目的是探索微生物的系统发育及其进化历史,揭示微生物的多样性及其亲缘关系,并以此为基础建立多层次、能反映微生物界亲缘关系和进化发展的"自然分类系统"。

　　微生物种类极其繁多,实际存在的数目远远大于已鉴定命名的数目(约 20 万种),人类要认识、研究和利用如此纷繁的微生物资源,对它们进行分群归类是先决条件。现代微生物分类学已从根据表型特征来推断微生物系统发育的传统分类法发展到按其亲缘关系和进化规律进行分类的微生物系统学。

　　20 世纪 70 年代以前,生物类群之间的亲缘关系主要根据形态结构、生理生化、行为习性等表型特征,以及少量的化石资料判断。根据形态学特征推断生物之间的亲缘关系存在两个

突出问题:一是由于微生物形体微小、结构简单,可利用的形态特征少,很难将所有生物放在同一水平上比较;二是形态特征在不同类群中进化速度差异很大,仅根据形态推断进化关系往往不准确。20 世纪 70 年代以后,研究微生物的系统发育主要是分析和比较生物大分子的结构特征,特别是蛋白质、RNA 和 DNA 这些反映生物基因组特征的分子序列,特别是用 16s rRNA 的序列来判断各类微生物乃至所有生物的进化关系。

对 rRNA 序列分析的常用方法有两种:寡核苷酸编目分析法和直接序列分析法。寡核苷酸编目分析法需要纯化同位素标记的 16S rRNA(可体外标记,也可在培养微生物时活体标记),用双向电泳层析法分离酶解 16S rRNA 产生的一系列寡核苷酸片段,再用放射自显影技术确定不同长度的寡核苷酸斑点在电泳图谱中的位置,据此确定小片段的寡核苷酸分子序列。微生物之间的亲缘关系越近,所产生的片段序列也越接近,反之亦然。直接序列分析法不需纯化 16s rRNA,用反转录酶和双脱氧序列分析法直接进行序列测定。更新的序列分析技术用 PCR 技术直接扩增 16S rRNA 的基因(编码 16S rRNA 的脱氧核糖核酸),再用双脱氧序列分析法进行直接序列测定,此种方法所用细胞材料少,适于开展大规模研究。

一、微生物的分类单位

微生物的主要分类单位依次为界、门、纲、目、科、属、种。种是最基本的分类单位或分类单元。具有完全相同或极多相同特点的有机体构成同种,相似或相关的种归为一个属,相近的属合并为科,近似的科合并为目,近似的目归纳为纲,综合各纲为门,由此构成一个完整的分类系统。为了更精确地表达分类地位,有时在上述每一级之前都可增加一个"总",在每一级之下插入一个"亚级",分别在其拉丁文名称前冠以 super- 和 sub- 表示,于是就有了总目(superorder)、亚目(suborder)、总纲(superclass)、亚纲(subclass)等名称。有时在亚科和属之间还加上"族",用"tribe"表示。

1. 属(genus)

属是介于种(或亚种)与科之间的分类单元。通常将具有某些共同特征或密切相关的种归为一个属。在系统分类中,任何一个已命名的种都归属于某个属。当某一个种与其他相关属的种具有重要区别时,也可以鉴定为只有一个种的属。就一般而言,微生物的属间差异比较明显,但属的划分无客观标准,属水平上的分类也会随着分类学的发展而变化,属内所含种的数目也会由于新种的发现或种的分类地位的改变而变化。

2. 种(species)

种(物种)是生物分类中最基本的分类单元和分类等级,在种以下有亚种、型和菌株。种是表型特征高度相似、亲缘关系极其接近、与同属内的其他种又有明显差异的一大群菌株的总称。在微生物中,一个种只能用该种内的一个典型菌株做它的具体代表,此典型菌株称为该种的模式种。

3. 亚种(subspecies)

亚种为种的亚等级,一般指除某一明显而稳定的变异特征或遗传性状外,其余鉴定特征都与模式种相同,又不至于区分成为新种的种。

除上述国际公认的分类单元的等级外,在细菌分类中,还常常使用一些非正式的类群术语。如亚种以下常用培养物、菌株、型和群。

4. 培养物(culture)

培养物是指一定时间一定空间内微生物的细胞群或生长物。如微生物的斜面培养物、摇瓶培养物等。如果某一培养物是由单一微生物细胞繁殖产生的,就称之为该微生物的纯培养物。

5. 菌株(strain)

同种微生物的不同来源的纯培养物或纯分离物称为某菌种的一个菌株或品系,病毒称毒株或株。它表示任何由一个独立分离的单细胞或单个病毒粒子繁殖而成的纯遗传型群体。从自然界中分离得到的任何一种微生物的纯培养物都可以称为一个菌株或品系。用人工诱变等实验方法所获得的某一菌株的变异型,也可以称为一个新的菌株。

菌株是微生物分类和研究工作中最基础的操作实体,在实际应用时应注意以下问题:①菌株实际是一个物种内遗传多态性的客观反映,其数目无穷。②菌株这一名词强调的是遗传型纯的谱系。③同一菌种的不同菌株之间,虽然主要性状相同,但在某些非鉴别性特征上存在重要差别,如一些生化性状、代谢产物(抗生素、酶等)的产量性状等。因此在实际工作中,除了注意菌株的种名外,还要注意菌株的名称。④由于菌株是某一微生物达到遗传型纯的标志,一旦发生突变,均应标以新的菌株名称。⑤在进行菌种保藏、利用菌种进行生产或科学研究时,都必须在菌种后标出该菌株的名称。⑥菌株的名称可随意确定,一般可用字母加编号表示(字母可表示实验室、地名、人名或特征等的名称,编号表示序号等数字)。例如用于生产蛋白酶的枯草杆菌 AsI. 398 (*Bacilus subtilis* AsI. 398)和用于生产淀粉酶的枯草杆菌 BF 7658(*B. subtils* BF 7658)。

6. 型(-var)

当同种或同亚种的不同菌株之间的性状差异,不足以区分为新的亚种时,分为不同的型。如根据抗原结构不同可分成不同血清型;根据对噬菌体或细菌素敏感性的不同,可分成多种噬菌体型或细菌素型;再如结核杆菌根据寄主不同,分为人型、牛型和禽型。现在用"-var"代替"-type"表示型,如生物变异型(biovar)、形态变异型(morphovar)、致病变异型(pathovar)、噬菌体变异型(phagovar)和血清变异型(serovar)等。

7. 群(group)

群是指一组具有某些共同性状的生物。微生物在进化过程中要产生一系列过渡类型,把自然界中有些微生物种类和介于它们之间的种类统称为一个"群"。如大肠杆菌和产气肠杆菌两个种有明显区别,但自然界中还存在许多介于这两种细菌之间的中间类型,因此就将这两种菌和介于它们之间的中间类型统称为大肠菌群。

二、微生物的分类系统

(一)细菌的分类系统

1. 伯杰手册

20 世纪 60 年代以前,国际上很多细菌分类学家都曾对细菌进行过全面的分类,提出过一些在当时有影响的细菌分类系统。20 世纪 70 年代以后,对细菌进行全面分类且影响最大的是"Bergey's Manual of Determinative Bacteriology",即《伯杰氏鉴定细菌学手册》,简称"伯杰手册",是目前对细菌进行分类鉴定的权威参考书。

"伯杰手册"最初由美国宾夕法尼亚大学的细菌学教授 D. Bergey(1860—1937 年)和他的

同事们为细菌的鉴定而编写,自 1923 年问世以来,已进行过 8 次修订,编写队伍也逐步国际化。由于(G+C)摩尔分数测定、核酸杂交和 16S rRNA 寡核苷酸序列测定等新技术和新指标的引入,使原核生物分类从以往以表型、实用性鉴定指标为主的旧体系向鉴定遗传型的系统进化分类新体系逐渐转变,最新第九版内容有较大变动,增加了许多新科、新属和新种。

2. 系统手册

从 1984—1989 年,《伯杰手册》新版分四卷出版,并改名称为"Bergey's Manual of Systematic Bacteriology",即《伯杰氏系统细菌学手册》,简称"系统手册",2000 年开始陆续出版"系统手册"(第二版)。

《系统手册》第二版更多地根据系统发育资料,采用核酸序列资料对细菌分类进行较大调整,内容极其丰富。不仅记载了细菌鉴定方面的内容,而且还增加了细菌的生态分布、细菌分离的方法、菌种保存和特殊性状的测定,还专题讨论了近代发展起来的一些细菌分类方法,如数值分类法、核酸技术法、遗传学方法、血清学法和化学分类法等。这些方法的建立,使细菌分类学能更好地阐明其亲缘关系,为建立细菌分类的自然分类系统探索出可行途径。《系统手册》第二版将原核生物分为古生菌界和细菌界,相当于 C. R. Woese 三域学说中的两个域。

第一卷:1～14 组,包括古生菌、蓝细菌、光合细菌和最早分支的属。

第二卷:15～19 组,包括变形杆菌(属 G⁻ 真细菌类)。

第三卷:20～22 组,包括低(G+C)摩尔分数的 G⁺ 细菌。

第四卷:23 组,包括高(G+C)摩尔分数的 G⁺ 细菌(放线菌类)。

第五卷:24～30 组,包括浮霉状菌、螺旋体、丝杆菌、拟杆菌、梭杆菌(属 G⁻ 细菌类)。

(二)真菌的分类系统

林奈(1753 年)将所有生物划分为动物界和植物界,真菌被归于植物界真菌门,直至 20 世纪 50 年代一直被沿用。这期间曾有三界系统和四界系统的提出,均将真菌放在原生生物界内。1969 年 Whitaker 在 Copeland(1956)四界系统基础上,根据生物体的组织水平和营养方式,建立了对生物分类产生重大影响的五界系统,即将原核生物归入原核生物界,单细胞真核生物归入原生生物界,多细胞真核生物分为植物界、真菌界和动物界,首次将真菌从植物界中分离出来,建立与动物界、植物界、原核生物界、原生生物界并列的真菌界(Kingdom Fungi)。Cavalier-Smith(1987)提出的生物分类八界系统,真菌界仅包括壶菌、接合菌、子囊菌和担子菌等,而将此前所包括的黏菌和卵菌分别归入藻界和原生动物界。随着分子生物学技术的发展,rRNA 序列及多基因分析普遍应用于真菌的系统发育,新的真菌分类系统不断提出,代表性的有 Marting 系统、Ainsworth 系统(1973)和 Alexopoulos 系统(1996)和《菌物字典》等,参见第四章表 4-3-1。其中 Ainsworth 的分类系统(1983 年第七版)和《菌物字典》(2008 年第 10 版)最为常用。

《菌物字典》把真菌界划分为 8 个门,即壶菌门(Chytridiomycota)、芽枝霉门(Blastocladiomycota)、新丽鞭毛菌门(Neocallimastigomycota)、球囊菌门(Glomeromycota)、接合菌门(Zygomycota)、子囊菌门(Ascomycota)、担子菌门(Basidiomycota)和微孢子菌门(Microsporidia)。

Ainsworth 分类系统将真菌界分成黏菌门和真菌门,真菌门下有 5 个亚门,即鞭毛菌亚门、接合菌亚门、子囊菌亚门、半知菌亚门和担子菌亚门。

从 20 世纪 90 年代初起,我国学术界已认同以"菌物"代替过去含义不够确切的"真菌"的建议。目前认为菌物界是广义的真菌,包括黏菌门、假菌门和真菌门(即狭义的真菌)。Ainsworth 系统在 1995 年出版的第八版《安·贝氏菌物词典》中将菌物列入真核生物域的三个界中,见图 14-1-1。

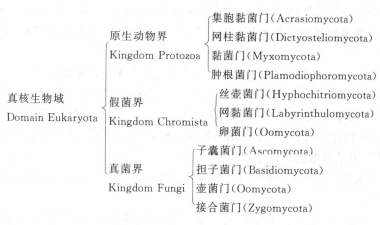

图 14-1-1　真核生物域的分类

1. 霉菌的分类系统

在 Ainsworth 分类系统(1983 年第七版)中,霉菌在真菌分类中分属于真菌门的 4 个亚门,即鞭毛菌亚门、接合菌亚门、子囊菌亚门和半知菌亚门。

(1)鞭毛菌亚门　本亚门的无性孢子产生鞭毛,适于在水中游动,因而称为鞭毛菌,包括腐生和寄生的。主要特征为单细胞,菌丝无隔多核,孢子囊中产生大量的孢囊孢子。水生菌产生带有鞭毛的游动孢子,陆生菌产生不游动孢子。有性生殖产生合子或卵孢子。属低等真菌,它们主要分布在水生的动、植物体上。

(2)接合菌亚门　菌丝无隔多核,细胞壁多为几丁质,有性生殖产生接合孢子,无性生殖产生孢囊孢子。本亚门分 2 纲、7 目、24 科、115 属,约 610 种。其中有些种可引起有机质腐烂,有些种是酿造工业中的重要菌种或是产生真菌毒素的菌种。

(3)子囊菌亚门　菌丝有隔,呈多细胞,细胞壁大多为几丁质,少数为纤维素。子囊菌的无性孢子有多种,如分生孢子、芽孢子等,分生孢子有多种类型。有性生殖产生子囊孢子。有的菌丝分化成子囊果、子囊座等。子囊菌亚门是比较高级的真菌,是真菌中一个比较大的类群,已知有 4 万多种。分布广泛,与人类关系密切。

(4)半知菌亚门　有隔菌丝体,从菌丝体上形成分化程度不同的分生孢子梗和分生孢子。在自然环境条件下,仅产生无性孢子,很少产生有性孢子。因为对其生活史还没完全了解,故称为半知菌或不完全菌。本亚门种类多,已知有 1 825 属、15 000 种。在数量上仅次于子囊菌亚门。它有腐生和寄生两种,与人类关系密切。

(5)担子菌亚门　担子菌的无性繁殖大多数不发达或不发生。该类菌的主要特征是有性繁殖形成担子,担子上形成担孢子。

2. 酵母菌的分类系统

和霉菌一样,酵母菌也不是分类学上的名称,在真菌分类中分属于子囊菌亚门、担子菌亚门和半知菌亚门。酵母菌的分类研究方法比较特殊,除了根据繁殖特点、形态和培养等特征外,还必须根据生理生化特征,如对各种糖的发酵能力、C 源和 N 源的利用能力及其代谢产物和酸的形成等,因而逐渐形成了自己独特的分类系统,以适应生产和科学研究的需要。酵母菌的分类始于20世纪初,首先由汉逊(Hansen)开始,逐步形成许多体系。其中以荷兰科学家罗德(Lodder)的分类系统比较全面和实用。在Lodder(1970年)分类系统中,酵母菌分属于39个属,370多个种。目前酵母分类最权威的著作是由Kregervan Rij于1984年编辑并出版的。Kregervan Rij分类系统将过去的球拟酵母属归入假丝酵母属,而将酵母属归入接合酵母纲和有孢圆酵母属中。

在Lodder(1970年)分类系统中,根据是否为有性生殖,孢子的类型及孢子的数目、形状等特征,将酵母菌分为四大类:①子囊酵母类:能产生子囊孢子,属于子囊菌纲的内孢霉科、酵母菌科和蚀精霉科,共有22个属,179个种,通常称为"真酵母"。②黑粉菌目酵母类:能产生厚垣孢子(冬孢子)和担孢子,属于担子菌纲的黑粉菌科,共有2个属,7个种。③掷孢酵母类:能产生掷孢子,属于担子菌纲的掷孢子酵母科,共有3个属,14个种。④无孢酵母类:有性生殖已经丧失或未被发现,不产生子囊孢子、冬孢子和掷孢子,属于半知菌类的隐球酵母科,共有12个属,170个种。

1984年,Lodder的《酵母分类学研究》(第三版)又根据酵母菌的细胞壁和间隔的细微构造、(G+C)摩尔分数和DNA同源性等特征,对多种酵母菌的分类进行了大幅度改变。

三、微生物的命名

1.俗名与学名

为了便于国际交流和避免混乱,每种生物都有一个国际通用的科学名称,即学名(scientific name),微生物也不例外。微生物的学名是按照《国际细菌命名法》命名的,是国际学术界公认并通用的唯一名字。微生物学工作者在书写检验报告、撰写研究报告或学术论文,参加国际会议时只有规范使用,才能被行业或学术界认可。

有些微生物还有俗名(common name),是一个国家或地区使用的普通名称,具有通俗易懂、便于记忆的优点,但使用范围有限,具有区域性,且不同地区叫法不一,有时还会出现重名,因而不便于国际交流而不被国际认可。在我国"结核杆菌"是结核分枝杆菌(*Mycobacterium tuberculosis*)的俗名;"绿脓杆菌"是铜绿假单胞菌(*Pseudomonas aeruginosa*)的俗名等。

2.种的命名

所有正式分类单元(包括亚种和亚种以上等级的分类单元)的学名,必须用拉丁词或拉丁化的词命名。和高等生物一样,微生物也采用1753年由Linnaeus创立的"双名法"来命名,即微生物的学名由斜体的属名和种名组成,属名在前,种名在后,翻译时种名在前,属名在后。例如*Streptococcus agalactiae*的属名表示链球菌,种名表示无乳,被翻译成无乳链球菌。同属微生物先后出现时,后一学名中的属名可以缩写成一个字母加实心点的形式。如*Streptococcus*(链球菌属)可缩写成*S.*,若可能产生混淆,也可写成2~3个字母,如*Str.*;*Bacillus*(芽孢杆菌属)可以缩写成*B.*或*Bac.*。

属名反映微生物的主要形态特征或生理特征,或者以研究者的人名表示,单数,首字母大写。例如链球菌属、葡萄球菌属、梭菌属描述的是微生物的形态特征;乳酸杆菌属、丙酸杆菌属既描述形态特征,也描述生理特征;布鲁氏杆菌属则是研究者的人名与形态特征的组合。

种名说明微生物的颜色、形态、用途,有时用人名、地名、宿主名称和致病的性质来表示,首字母不大写。如*Aspergillus niger*(黑曲霉)的种名描述的是颜色;*Saccharomyces Pasteur*

（巴斯德酵母）则为人名；*Corymebacterium pekinense*（北京棒杆菌）则为地名；猪伤寒沙门氏菌（*Salmonella choleraesuis*）的种名描述的则是宿主和致病性质。

此外，由于微生物种类繁多，有时会发生同物异名或同名异物的情况，为了避免混淆，可在种名之后附以命名人的姓和命名年代，组成如下：

学名 = 属名 + 种名 + （首次定名人）+ 现名定名人 + +现名定名年份

斜体　　　　　　　　　　可省略

例如：大肠埃希氏菌的学名为：*Escherichia coli*（Migula）Castelaniet Chalmers 1919。有时只泛指某一属的微生物，而不特指某一具体的种，可在属名后加 sp. 或 spp.（sp. 表示单数，spp. 表示复数）。例如，*Streptomyces* sp.（一种链霉菌），*Micrococus* spp.（某些微球菌）。

3. 亚种的命名

亚种名为三元式组合，即由属名、种名加词和亚种名加词构成。例如，苏云金芽孢杆菌蜡螟亚种的学名为：*Bacillus thuringiensis* subsp. *galleria*。

属、种和亚种等级的分类单元的学名在正式出版物中应用斜体字印刷，以便识别。

4. 属级以上分类单元的名称

亚科、科以上分类单元的名称，是用拉丁词或其他词源拉丁化的复数名词（或当作名词用的形容词）命名，首字母都要大写。其中细菌目、亚目、科、亚科、族和亚族等级的分类单元名称词尾都有固定的后缀。

5. 新种的发表

新种是指权威性的分类、鉴定手册中从未记载过的一种新分离并鉴定过的微生物。当发现者按《国际命名法规》对它命名并发表时，应在其学名之后加上所属新分类等级的缩写词，如新属 gen. nov.，新种 sp. nov. 等。例如，我国学者选育的高产谷氨酸新菌种，在正式发表时命名为"*Corynebacterium pekinense* sp. nov. Asl. 299"（北京棒杆菌 Asl. 299，新种）。在新种发表前，其模式菌株的培养物应永久存放于可靠的菌种保藏机构，并允许科学研究和生产使用。

根据细菌命名法规，新的细菌名称应在公开发行的刊物上进行发表，在菌种目录、会议记录、会议论文摘要等发表均不能视为有效发表。此外，如果新名称是在"International Journal of Systematic Bacteriology"（国际系统细菌学杂志，IJSB）以外的杂志发表，若要取得国际认可和学名优先权，还必须将有效发表的英文附本送交 IJSB 审查，被认为合格后，在该杂志上定期公布，命名日期即从公布之日算起，否则不算合格发表，也不能取得国际上的承认。

第二节　微生物分类鉴定的方法

鉴于微生物形体微小、结构较简单等特点，其分类和鉴定除了像高等生物那样，采用传统的形态学、生理学和生态学特征之外，还需寻找新的特征作为分类鉴定的依据。通常微生物的鉴定分细胞的形态和习性水平、细胞组分水平、蛋白质水平和核酸水平四个层次。经典分类鉴定方法主要是在细胞形态和习性水平上的分类，现代分类鉴定方法是从 1960 年后发展起来，

是在细胞组分水平、蛋白质水平和核酸水平上的分类鉴定方法。

一、微生物的经典分类法

微生物的鉴定不仅是微生物分类学中一个重要组成部分,而且也是在具体工作中经常遇到的问题。不论鉴定哪一类微生物,其鉴定步骤为:①获得该微生物的纯培养物;②测定一系列必要的鉴定指标;③查找权威性的菌种鉴定手册。

所谓微生物分类鉴定的经典方法,即传统方法,是以形态学特征、生理生化特征、生态学特征、生活史特点、血清学反应以及对噬菌体的敏感性等作为微生物分类依据的方法。不同微生物所用依据侧重有所不同。例如,在鉴定形态特征较丰富、细胞体积较大的霉菌时,常以形态特征为主要指标;在鉴定放线菌和酵母菌时,常以形态特征与生理特征为主要指标;而在鉴定形态特征较缺乏的细菌时,则需使用较多的生理、生化和遗传指标等;在鉴定病毒时,除形态特征、生化特征和免疫特性分析外,还将致病性作为很重要的指标。

传统分类方法建立的分类体系对于人们认识和区分细菌很有效,但不能准确反映微生物之间的系统发育关系。而且,由于不同分类学家之间主观判断的差异,往往会形成不同的分类系统或分类系统常有修改。

1. 形态学特征

形态学特征始终是微生物分类和鉴定的重要依据,分为个体形态和群体形态两个方面。细菌的个体形态特征包括细胞的大小、形状、排列方式,有无鞭毛、芽孢和荚膜及其形状和着生位置,染色反应(革兰氏染色和抗酸性染色)等。酵母菌包括营养细胞的形态、大小、发芽方式、子囊孢子形态及大小等。霉菌以观察其形态结构特征如菌丝横隔的有无、孢子丝的形态和着生方式、孢子的颜色和形状、特化菌丝等为分类的主要依据。

群体形态一般指在固体培养基上的菌落形态和在液体培养基和半固体培养基中的生长情况等。菌落特征包括菌落的外形、大小、颜色、色泽、光泽、黏稠度、隆起情况、透明程度、边缘特征、是否产生脂溶性或水溶性色素以及气味等。液体培养时主要观察培养基的浑浊情况、液面有无菌膜形成、底部是否生产沉淀、沉淀的形态等。半固体培养特征主要观察菌体沿穿刺线的生长情况并判断菌体有无运动能力。

2. 生理生化特征

生理生化特征与微生物的酶和调节蛋白质的本质和活性直接相关,而酶和蛋白质都是基因表达的产物,所以生理生化特征的不同间接反映了微生物基因组的不同,况且比直接分析基因组容易得多;另外仅仅根据形态学特征是难以对大量的微生物进行区分和鉴别的,因此生理生化特征对微生物分类鉴定具有重要意义,其主要鉴定内容包括以下几方面:

(1)营养特征　不同营养类型的微生物,对不同碳源、氮源和能源的利用能力不同,有的还需某些生长因子才能生长。例如,可根据微生物对多种单糖、双糖和多糖的发酵情况,对醇类、有机酸、烃类的利用情况等对化能异养微生物进行进一步区分和鉴定。

(2)代谢产物　不同的微生物因生理特性不同而产生不同的代谢产物。因此,可以根据各种特征性的代谢产物鉴别菌种。如通过检查微生物能否产生有机酸、乙醇、CO_2 等,能否分解色氨酸产生吲哚,分解糖产生乙酰甲基甲醇,能否把硝酸盐还原为亚硝酸或氨,能否产生色素、抗生素等进行鉴别。

(3)酶活性　不同微生物产生酶的种类不同,因此可以检测是否有氧化酶、接触酶、凝固

酶、氨基酸脱羧酶、精氨酸水解酶、纤维素酶等对微生物进行鉴定。常利用的反应有淀粉水解、油脂水解、酪素水解、明胶液化等。

(4)在牛乳培养基中生长的反应 不同的细菌对于牛乳中乳糖和蛋白质的分解利用不同。有些使牛乳中的乳糖发酵产酸,过多的酸使牛乳的蛋白质凝固;有些具有蛋白酶,可将酪蛋白分解为蛋白胨而使牛乳胨化;有的细菌则将牛乳中的含氮物质分解成氨而使牛乳变成碱性。

(5)对抗生素、抑制剂和染料的敏感性 对抗生素、氰化钾(钠)、胆汁、弧菌抑制剂或某些染料的敏感性。

3.生态学特征

生态学特征主要包括微生物对生长温度(最适、最低和最高温度)、pH、水分、渗透压(是否耐高渗,是否有嗜盐性等)的适应性,需氧性(好氧、微好氧、厌氧及兼性厌氧),以及宿主的种类及其与宿主的关系(共生、寄生、互生)等。寄生和共生虽然不一定是绝对的,但一般都具有一定的专一性。例如根瘤菌属的分类就是以它们的共生对象作为依据而分为大豆根瘤菌和花生根瘤菌等。由于病毒比细菌构造更为简单,本身的生理特性又很不显著,其鉴定绝大部分是根据对寄主的致病性反应(与寄主的反应)来确定的。此外,微生物在自然界中的分布情况,有时也作为分类的参考依据。

4.血清学反应

血清学反应是发生在抗原决定簇和其特异性抗体之间。对待鉴定的微生物而言,抗原决定簇是位于其表面具有不同构象的小分子物质,因而可通过血清学反应来反映更细微的差别,特别对于那些形态特征和生理生化特点差异甚微而难以鉴定的菌株而言。

血清学反应具有特异性强、灵敏度高、简便快速等优点,在微生物分类鉴定中,常用已知血清(抗体)来鉴定微生物(抗原)。如肺炎链球菌通过血清学反应可区分出几十个类型。目前血清学反应主要用于对种内(以及个别属内)不同菌株血清型的划分,同样也可用于病毒的分类,尤其是噬菌体的分类。微生物鉴定常用的血清学试验有凝集反应、沉淀反应等。

由于某些传染病与特定的血清型密切相关,其分布也有一定的区域性特征,血清学反应常被用于检测或鉴定某些具有公共卫生学意义的细菌和流行病调查等。

5.噬菌体分型

噬菌体有严格的寄主范围,它不仅对种有特异性,而且对同种细菌的不同型也有特异性。可利用这些特性,用已知的专一性噬菌体对未知的相应细菌进行种的鉴定,并可进一步将细菌的种分型。例如,葡萄球菌、肺炎链球菌和伤寒沙门氏菌均可用相应的噬菌体分型。方法是通过观察处于对数生长期的带菌平板上产生的噬菌斑的形状、大小,在液体培养基中是否使培养液由混浊变为澄清等,以此作为鉴定依据。

噬菌体的寄生具有专化性(专一性)的差别。极端专化的噬菌体只对种内的某一菌株有侵染力,单价噬菌体只侵染同一种的细菌,同一多价噬菌体(寄生范围广的噬菌体)能侵染同一属的许多种细菌。因此,可以寻找适当专化的噬菌体作为鉴定各种细菌的生物试剂。

二、微生物的现代分类法

分子生物学的发展和各项新技术的广泛应用促使微生物的分类鉴定从经典的表型特征深入到现代遗传学特性、细胞化学组分精确分析和利用计算机进行数值分类的研究层次上来。

1. 数值分类法（numerical taxonomy）

又称统计分类法（taxonometrics），是一种依据数值分析的原理，借助现代计算机技术对拟分类的微生物对象按大量表型性状的总相似性程度进行统计、归类的方法。其原理由与林奈同时代的法国植物学家 M. Adanson（1727—1806）提出，但直到 1957 年英国学者 P. H. A. Sheath（新 Adanson 学派代表人物）应用电子计算机研究细菌分类时，才使之发展成为现代数值分类法，并被许多国家采用。数值分类法的基本步骤是：①收集 50 个以上分类性状的相关数据；②菌株两两进行比较，计算两二者之间的相关系数；③用相关系数列出相似度矩阵（similarity meterces）；④将矩阵图转换成相似度树状谱（denrogmn），直观显示各菌株的相似度水平，作为属和种的分类单位。

数值分类法与传统的经典分类方法所采用的分类原则不同，前者遵循"等重要原则"，即对所有的分类性状不分主次一律同等看待，而传统法所用的分类特征有主次之分。其次，两者在鉴定项目、数据整理和检索方法等方面有所不同，前者鉴定项目较多，采用电子计算机运算进行数据整理，并根据相关系数大小进行检索，相关系数小者为同属，相关系数大者为同种；后者鉴定项目较少，采用人工统计法进行数据整理，并采用双歧检索表确定种属，主要特征相同者为同属，次要特征相同者为同种。数值分类中的相关系数是以被研究菌株之间共同特征的相关性为基础，采用特征较多，一般为 50～60 个，多者则 100 个特征以上，且所用特征越多，所得结果就越精确。

数值分类法具有很多优点，与传统法相比，得到的结果偏差小，而且可以解决传统分类中的一些疑难问题，因而广泛应用于微生物分类，例如《伯杰氏鉴定细菌学手册》第八版中，对有些属、种的分类鉴定就是采用了数值分类法。但也有人认为这种主次不分的分类法不能突出主要矛盾，未必能真正反映微生物"种"的特征。

2. 化学分类法

（1）氨基酸顺序和蛋白质分析　由于蛋白质是基因的产物，其氨基酸顺序间接的反映了基因的序列，故对某些同源蛋白的氨基酸序列进行比较来分析不同生物的亲缘关系。序列相似性越高，其亲缘关系愈近。一般而言，蛋白质氨基酸顺序的进化速率基本恒定，功能上的重要区域在进化过程中变化速率尤为低，但也有某些蛋白质分子其功能并非严格不变，进化变化速率也不恒定。因此，在测定氨基酸顺序时必须根据所比较的类群注意选择适当的蛋白质分子。一般来说，细胞色素和其他电子传递蛋白、组蛋白、参与转录和翻译的蛋白，以及许多代谢酶的序列都可用于微生物的分类研究。

由于蛋白质氨基酸顺序的测定方法繁琐，因此在微生物分类中常采用间接比较方法。前述的血清学方法即为其中之一。此外，还可采用可溶性蛋白或全细胞蛋白提取液进行电泳图谱比较，或者比较同工酶的电泳迁移率。用此方法进行分类鉴定的前提是亲缘关系相近的微生物应具有相似的蛋白质。将一个菌株所产生的系列蛋白质在标准条件下电泳，即可产生特征性的电泳图谱，或称蛋白质指纹图谱，亲缘关系相近的菌株，它们的指纹图谱也应相似。从目前资料看，蛋白质电泳图谱可以作为种和种以下分类和鉴定的依据，对于属以上分类单元的分类鉴定的效果不理想。

（2）细胞壁成分分析　细菌、霉菌、酵母菌、古生菌的细胞壁成分都有明显的不同，所以可以尝试把它作为一个分类依据对微生物进行分类。目前主要应用于放线菌分类，例如白乐杰诺卡菌（*Nocardia pelletieri*），如果按形态无法确定是属于诺卡菌属，还是链霉菌属。后经细胞

壁成分分析,发现此菌的细胞壁不含诺卡菌属的细胞壁特征性成分阿拉伯糖,却含有链霉菌属的特征性成分丙氨酸、谷氨酸、甘氨酸和 L-2,6-二氨基庚二酸,从而确定白乐杰诺卡菌属于链霉菌属。近年来,根据细胞壁成分,有人把 18 个属的放线菌分为 6 个细胞壁类型,又根据细胞壁糖的组成,分成 4 个糖类型,并结合形态特征提出了相应的科属检索表。总之,根据细胞壁的化学成分,结合形态特征来划分科属,这无疑比纯形态分类有了较大的进步,但也发现这种方法存在一些偏差,有待完善。

(3)红外线吸收光谱　红外吸收光谱是测定物质化学结构的一种常规方法。一般认为,每种物质的化学结构都有特定的红外吸收光谱,若两个样品的红外吸收光谱完全相同,可以初步认为他们是同一种物质,因此人们就利用红外光谱技术测定微生物细胞的化学成分来进行微生物的分类,具有简单、快速、样品(菌体或提取物)用量少且结果可靠的优点。利用这种技术,先后对芽孢杆菌、乳酸杆菌、大肠杆菌、酵母菌和放线菌进行分类。实验证明这种技术适于"属"的分类,而不适于同一属内不同种或菌株之间的区分。

(4)脂肪酸组成及代谢产物分析　脂类是细胞膜的主要组分,脂肪酸的组成在某些细菌的分类中具有一定价值。在原核生物中,细菌具有酰基脂(酯键连接),最常见的是磷脂和甘油酯。在某些放线菌和棒杆菌中有特异的磷脂,即磷脂酸肌醇甘露糖苷。鞘磷脂则发现于某些革兰阴性菌,如拟杆菌。古菌具有醚脂(醚键连接)。某些特殊组分只在特定的细菌中存在,如多不饱和脂肪酸是蓝细菌的特征组分,甲基化的分支脂肪酸为革兰阳性菌所特有,羟基化的脂肪酸是革兰阴性菌的特征组分。借助于气相色谱测定的脂肪酸指纹图是细菌分类和鉴定的一项十分有用的技术。

代谢产物分析采用气相色谱或液相色谱技术,主要用于乳酸菌、拟杆菌和梭菌等厌养细菌的分类与鉴定,分析的主要代谢产物是有机酸和醇类。不同的细菌种或属在一定培养条件下,代谢产生的有机酸、醇的种类和数量不同,它们的分析是区分种、属的重要表型特征。

(5)异戊二烯醌型分析　根据类异戊二烯的数目和侧链的双氢键,异戊二烯醌分为泛醌(Q)、甲基萘醌(MK)和酰甲基萘醌三大类,分类意义在于某类组分的有无。多数严格好氧的革兰阴性菌仅产泛醌,兼性厌氧的革兰阴性菌则不定,而多数好氧和兼性厌氧的革兰氏阳性菌仅产甲基萘醌。异戊二烯醌的分析方法有两种,色谱法和物理化学法。

3.遗传特征分类法

除 RNA 病毒外,DNA 几乎是一切微生物的遗传信息的载体,因此,测定有关 DNA 的代表性数据,对微生物的分类和鉴定工作十分重要。

(1)GC 含量分析　每一个微生物种都有一定的碱基组成,碱基序列、数量和比例是稳定的,不受菌龄和一般外界条件的影响。GC 含量反映 DNA 的碱基组成,是指 DNA 分子中鸟嘌呤(G)和胞嘧啶(C)占 4 种碱基总量的摩尔百分数值,即 G+C 摩尔百分数(G+C mol%)。即使个别基因突变,碱基组成也不会发生明显变化,因此在分类学上用 GC 含量来表示各类生物的 DNA 碱基组成特征,是发表任何微生物新种时的必需指标。

G+C mol% 主要用于区分细菌的属和种,因为细菌 DNA 中的 GC 含量变化范围一般在 25%~75%,而放线菌的 GC 含量变化范围非常窄(37%~51%)。通常认为:种内菌株间 GC 含量相差不超过 4%~5%(其中测定方法本身的误差可能高达 2%);同属不同种的差别不超过 10%,相差 10% 以上则应考虑不是同一个属;相差低于 2%,则没有分类学意义。过去根据形态学特征微球菌属和葡萄球菌属是被认为是关系很近的两个属,因而长期放在一个科内,但

二者的 GC 含量分别为 30%～38% 和 64%～75%，表明它们的亲缘关系相当远，现在根据 16S rRNA 序列资料已进行了调整。在分类学研究中，也有根据 GC 含量差别低于 5% 把各种进行合并的实例，例如第 8 版《伯杰手册》就把第 7 版中被划分为 10 个不同的种根据 GC 含量相似而合并为恶臭假单孢菌（*Pseudomonas putida*）一个种。

测定 GC 含量常用的方法有热变性温度法（解链温度法）、浮力密度法和高效液相色谱法（HPLC）。其中热变性温度法因操作简单、重复性好而最为常用，该方法基于双链 DNA 在加热变性过程中紫外吸收（260 nm）明显增强的增色效应原理，若微生物 DNA 分子中 GC 含量越高，打开 G·C 碱基对之间 3 个氢键所需温度就越高。紫外吸收增高的中点值所对应的温度即该 DNA 的热变性温度或解链温度（T_m）就越高。因此，用紫外分光光度计测出一种 DNA 的 T_m 值，即可计算出该 DNA 的（G+C）摩尔分数或 GC 含量。

（2）核酸分子杂交　GC 含量相似的生物，并不意味着它们具有相同的碱基序列，GC 含量相同的微生物也可能属于完全不同的两个种，GC 含量相似只表明它们亲缘关系相近的可能性，是否真正同源，还有待碱基序列分析和其他特征的进一步证实。目前微生物分类学上尚难直接对 DNA 的碱基顺序进行比较，而主要采用间接比较方法——核酸分子杂交。核酸分子杂交根据碱基互补配对原理，用人工方法对两条不同来源的单链核酸进行复性（退火），以构建新的杂合双链核酸。在微生物分类鉴定中主要采用 DNA-DNA 杂交、DNA-rRNA 杂交以及根据核酸杂交特异性原理制备核酸探针。

①DNA-DNA 杂交　不同微生物之间，DNA 同源程度越高，其杂交率就越高。如果两条单链 DNA 的核酸序列完全互补，那么它们就能生成完整的杂交双链，杂交率为 100%；如果只有部分相同，杂交率就会低于 100%，在杂交双链中含有部分不配对的单链。不同属的微生物 DNA 通常只显示本底杂交率，为 1%～5%。一般把杂交率（同源性）大于 60% 的两个菌株归为同一个种，大于 70% 划分为同种内的不同亚种，同源性为 20%～60% 的两个菌株是同属不同种的关系。DNA-DNA 分子杂交常用固相杂交法：选一株参照菌株，用同位素标记 DNA 后，分别提纯参照菌株和未标记的待测菌株的基因组 DNA。将待测菌株 DNA 加热变性后固定在硝酸纤维素微孔滤膜上，然后将滤膜浸于杂交液中，使其与经过解链、酶切、同位素标记的参照菌株 DNA 在适宜复性条件下重新配对形成新的双链 DNA。杂交完毕，洗去滤膜上未配对结合的标记 DNA 片段，测定滤膜上杂合 DNA 的放射性强度，设参照菌株自身复性的双链 DNA 的放射性强度值为 100%，计算出待测菌株与参照菌株杂交的相对百分数（杂交率），代表待测菌株与参照菌株之间的 DNA 同源性。

②DNA-rRNA 杂交　在 DNA-DNA 杂交过程中，如果两个菌株 DNA 的非配对碱基过多（超过 20%），就不能形成杂合双链 DNA 分子。在生物进化过程中，rRNA 碱基序列的变化比基因组更缓慢，所以，rRNA-DNA 杂交会出现较高的杂交率。当两个菌株的亲缘关系较远，DNA-DNA 杂交率很低或不能杂交时，rRNA-DNA 杂交便可进行属和属以上等级分类单元的鉴定。DNA-rRNA 杂交时用同位素标记 rRNA。

③核酸探针　核酸探针技术已广泛用于微生物鉴定。核酸探针是指能识别特异核苷酸序列、带标记的一段单链 DNA 或 RNA 分子。某核苷酸片段能否作为探针用于微生物鉴定，最根本的条件是它的特异性，即它能与所检测的微生物的核酸杂交而不能与其他微生物的核酸杂交。根据特异性不同，核酸探针在微生物鉴定与检测中的作用也不同，有的探针只用于某一菌型的检测，有的则用于某一种、属、科甚至更大类群范围的微生物鉴定或检测。

（3）核酸序列分析　rDNA 在进化中具有较高的保守性，对其进行序列分析，可判断微生物之间的亲缘关系。对于原核微生物，rDNA 核酸序列分析主要比较 23S、16S 和 5S rRNA 基因的序列同源性，尤其是 16S rRNA 的基因序列。对于真核生物则主要分析 18S rRNA 序列。

真菌核糖体基因簇 rDNA 由转录区和非转录区构成。内转录间隔区为非转录区（internal transcribed space，ITS），ITS1 位于 18S 和 5.8S rDNA 之间，ITS2 位于 5.8S 和 28S rDNA 之间，详见第四章第二节真菌的细胞结构部分。由于 ITS 区不加入成熟核糖体，所以 ITS 片段在进化过程中承受的自然选择压力非常小，因此能容忍更多的变异，在绝大多数真核生物中表现出了极为广泛的序列多态性，即使是亲缘关系非常接近的 2 个种都能在 ITS 序列上表现出差异，显示最近的进化特征。研究表明，ITS 片段的进化速率是 18S rDNA 的 10 倍。这就是 ITS 序列在微生物种类鉴定和群落分析的理论基础。ITS1 和 ITS2 是中度保守区域，其保守性基本上表现为种内相对一致，种间差异比较明显。这种特点使 ITS 适合于真菌物种的分子鉴定以及属内物种间或种内差异较明显的菌群间的系统发育关系分析。由于 ITS 序列分析能实质性地反映出属间、种间以及菌株间的碱基对差异，且 ITS 片段较小、易于分析，目前已被广泛应用于真菌属内不同种间或近似属间的系统发育研究。

（4）遗传重组　真核微生物具有有性生殖，在分类学上可用于微生物的鉴定。原核微生物没有有性生殖，但可通过转化、转导和接合等方式进行遗传物质的交流，这种交流依赖于染色体之间存在一定的同源性，因而具有种属特异性。在细菌分类中，发生同源重组是细菌亲缘关系的重要佐证。如转化通常发生在同属的不同种内，而在属间一般难以发生。

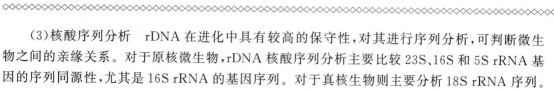

本章小结

微生物分类学包括微生物的分类、鉴定和命名 3 方面的工作内容。种是微生物最基本的分类单位，在种以下有亚种、型和菌株，而菌株是微生物分类和研究工作中最基础的操作实体。微生物的种名由属名和种名加词组成，亚种名在属名和种名加词后再加亚种名加词。微生物分类鉴定的经典方法以形态学特征、生理生化特征、生态学特征、生活史特点、血清学反应，以及对噬菌体的敏感性等作为分类依据；现代方法包括数值分类法、化学分类法和遗传特征分类法。数值分类法又称统计分类法，是一种依据数值分析的原理，借助现代计算机技术和统计学原理，按大量表型性状的总相似性程度对微生物进行归类的方法，与传统分类方法不同，采用"等重要原则"，采用特征越多，所得结果就越精确。化学分类法包括氨基酸顺序和蛋白质分析（其中蛋白质电泳图谱可作为种和种以下分类鉴定的依据）、细胞壁组成成分分析（主要适用于放线菌）、红外线吸收光谱法（适于属的分类）等；遗传特征分类法主要分析 DNA 的碱基组成，16S rRNA 序列，或通过核酸杂交（包括 DNA-DNA、DNA-rRNA 和探针杂交）或遗传重组来检测 DNA 的同源性。

思考题

1. 微生物的通用分类单元共几级？

2. 微生物的双名法和三名法的构成是什么？

3. 五界分类系统是由谁提出的？分为哪几界？有何特点？

4. 三原界学说是谁提出的？内容是什么？这一学说的依据是什么？

5. 三原界学说选中 16S rRNA 的原因是什么？现在遇到什么挑战？

6. 微生物分类鉴定工作中有哪些经典方法和新技术、新方法？

7. 名词解释：亚种；变种；新种；模式种；型；品系；克隆；菌株。

（山西农业大学　唐中伟）

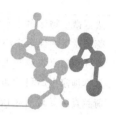

第十五章

微生物的应用

◈内容提示

    微生物与人类的生产生活息息相关,随着微生物学的发展,人类对微生物的应用从不自觉状态上升到自觉状态。不仅直接利用微生物菌体酿造食品,还将其用于工业发酵,大规模生产抗生素、免疫抑制剂、酶、柠檬酸、维生素等种类繁多的产品;还用微生物来生产菌肥、生物农药和生物柴油等;微生物还可被用来净化环境,并且也是基因工程的主角之一。总之,微生物及其代谢产物在工业、农业、医药、环境治理、能源生产等领域应用广泛并有着广阔的发展前景。

第一节　微生物工业发酵

一、工业发酵的菌种

    利用发酵与后处理设备进行规模化生产,以获得微生物细胞或其代谢产物的过程,称为微生物工业发酵。微生物工业发酵的产品多样、方式多样,但发酵过程类似。

    菌种是发酵工业的核心,直接决定产品的质量、生产的成本及效率。生产菌种首先必须遗传特性稳定,能在较短的发酵过程中高产目标产物,且发酵后目标产物易于分离和纯化;其次对营养需求粗放,发酵基质价格低廉,来源充足;菌种还应具有安全性,要充分评估,严格防护,不能对其他生物和环境造成危害,还应注意其潜在的、慢性的和长期的危害。

    工业微生物所用菌种的根本来源是自然环境,大多分离自土壤、水、动物、植物、矿物、空气等样品,然后经培育改良而来。第二种来源是购买专利菌种,由保藏该发明专利菌种的机构提供;如果向生产单位购买,则由生产单位直接提供或由其委托的菌种保藏单位(表 15-1-1)供给。

表 15-1-1　国际承认的培养物保藏单位

保藏单位	所在国家	保藏范围
澳大利亚国家分析实验室(AGAL)	澳大利亚	微生物菌种
比利时微生物保藏中心(BCCM)	比利时	大部分微生物菌种
保加利亚菌种保藏库(NBIMCC)	保加利亚	微生物菌种
中国工业微生物菌种保藏中心(CICC)	中国	工业微生物菌种
中国普通微生物菌种保藏中心(CGMCC)	中国	普通菌种
捷克微生物保藏所(CCM)	捷克	普通微生物菌种

续表 15-1-1

保藏单位	所在国家	保藏范围
法国微生物保藏中心（CNCM）	法国	几乎所有的培养物
德国微生物保藏中心（DSM）	德国	普通微生物菌种
匈牙利国家农业和工业微生物保藏中心（NCAIM）	匈牙利	工业菌种
日本国家生命科学和人类技术研究所（NIBH）	日本	几乎所有的培养物
荷兰真菌保藏所（CBS）	荷兰	真菌类
韩国细胞系研究联盟（KCLRF）	韩国	动植物细胞系
韩国微生物保藏中心（KCCM）	韩国	微生物菌种
韩国典型培养物保藏中心（KCTC）	韩国	培养物
俄罗斯微生物保藏中心（VKM）	俄罗斯	工业微生物
俄罗斯科学院微生物理化所（IBFM-VKM）	俄罗斯	所有培养物
俄罗斯国家工业微生物保藏中心（VKPM）	俄罗斯	工业菌种
斯洛伐克酵母保存所（CCY）	斯洛伐克	酵母菌
西班牙普通微生物保藏中心（CECT）	西班牙	普通微生物菌种
英国藻类和原生动物保藏中心（CCAP）	英国	藻类、原生动物
英国国家食品细胞保藏中心（NCFB）	英国	工业细菌
英国国家典型培养物保藏中心（NCTC）	英国	普通微生物
英国国家酵母保藏中心（NCYC）	英国	酵母菌
英国国家工业和海洋细菌保藏中心（NCIMB）	英国	工业及海洋细菌
欧洲动物细胞保藏中心（ECACC）	英国	动物细胞系等
国际真菌学研究所（IMI）	英国	真菌、细菌等
美国北方农业研究所培养物保藏中心（NRRL）	美国	以微生物菌种为主
美国典型培养物保藏中心（ATCC）	美国	几乎所有培养物
冷泉港研究室（CSH）	日本	大部分微生物菌种
日本东京大学应用微生物研究所（IAM）	日本	微生物菌种

二、发酵罐

发酵工业的发酵罐，容积小者 1～10 L，大者 500 000～1 500 000 L，大小取决于生产需要。例如，分批发酵生产就比连续或半连续发酵生产需要的发酵罐容积大。大型发酵罐容积一般在几十吨以上，是用普通钢材或不锈钢材制造的顶端和底部被密封的大圆柱体，在其内外装配着各种管道、阀门和仪表。

在图 15-1-1 所示的搅拌式大型发酵罐模式图中，发酵培养基的灭菌和培养温度的控制是通过罐体夹层和罐体内的盘旋管内蒸汽或冷却水的流通而实现的；发酵罐内高密度的微生物群体需要大量氧的供应，无菌空气通过喷雾装置转成极小气泡分散进入发酵液，搅拌叶轮的搅拌，不仅使气泡与发酵液混合，同时使微生物细胞均匀地与发酵液内的营养物接触，保持悬浮状态。在发酵罐内壁一般都垂直安装有挡板，搅拌器搅拌时，流体通过挡板被打成小块，更有利于微生物均匀地获得氧和营养。

发酵罐还配有观察孔、溶解氧监测器、温度监测仪、搅拌速度控制器、pH 检测和控制器、酸碱添加泵、泡沫破碎叶片、营养物的添加管道等设备和仪器，用来监测发酵时的氧浓度、温

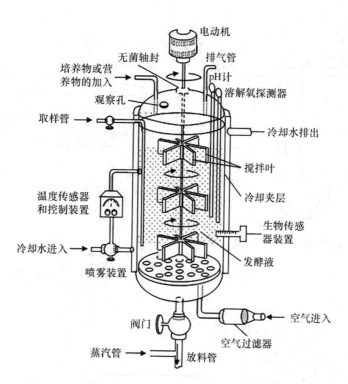

电动机

无菌轴封
排气管
培养物或营
养物的加入
pH计
观察孔
溶解氧探测器

取样管
冷却水排出

搅拌叶

冷却夹层

温度传感器
和控制装置

生物传感
器装置

冷却水进入
发酵液

喷雾装置

阀门

空气进入

空气过滤器

蒸汽管
放料管

图 15-1-1　大型需氧发酵罐示意图

度、搅拌速度、pH、泡沫状态、营养物的消耗情况、菌体生长状况和产品形成等并及时控制，以期达到最佳发酵条件，获得优质、高产、低成本的产品。大型好氧发酵罐还必须配备与它相适应的各种设备或系统，如菌种扩大培养系统、无菌空气供应系统、动力系统、培养基配制罐、储液罐、后处理设备等。

　　厌氧大型发酵罐因为省去了无菌空气供应装置和系统而相对简单，发酵罐用钢材或钢筋混凝土或木料制成。图 15-1-2 b 是生产乙醇的厌氧大型发酵罐示意图。大型发酵罐除好氧类型的搅拌式发酵罐和上述的厌氧发酵罐外，还有借气体上升力搅拌的气升式发酵罐（图 15-1-2 a）、氧利用率高的卧式发酵罐（15-1-2 c）、用于啤酒连续发酵的发酵罐（15-1-2 d）等各种各样的发酵罐。每种类型的发酵罐都是根据发酵的特点、生产的需要和操作方式，以及所具备的条件所设计的，各有所长，有的供氧特别充分，有的耗能低，有的节省设备材料，有的缩短发酵周期，使发酵罐更加适应大规模发酵生产的特征，使工业发酵更加稳定高效地运转。

三、发酵过程的优化及后处理

（一）发酵过程的优化

1. 控制项目

　　发酵过程的优化是微生物工业发酵不可缺少的工作内容。大型发酵罐中，在一个大气压下，30℃时氧在水中的溶解度仅为 1.16 mmol/L，而一般微生物发酵要求达到 70～400 mmol/(L·h)，因此必须保证以无菌空气的形式持续向罐内通气。发酵过程的主要控制项目和方法如表 15-1-2 所示，针对不同的菌种和不同的发酵产物，需要具体优化表中的各个参数，这样才能保证微生物获得充分的氧气和养分，使新加入的酸、碱、养料和消泡剂等迅速扩

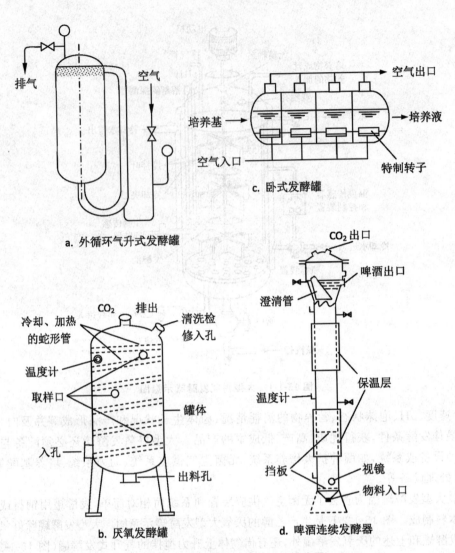

a. 外循环气升式发酵罐

c. 卧式发酵罐

b. 厌氧发酵罐

d. 啤酒连续发酵器

图 15-1-2 各种类型发酵罐的模式图

散,创造微生物工作的最佳条件,保障微生物发酵按预定的最佳动力学过程进行,利于代谢产物的产生,防止有毒代谢产物的局部积累。为了达到发酵过程的控制,首先要对反应器内各项控制指标进行测量,测量仪器的核心部门是传感器及放大变换装置,要求准确无误。测量的数据的收集、分析、处理和控制的具体操作,可以人工判断、操作,结合计算机系统、仪器、仪表和自动化设备完成。

2.控制实例

面包酵母对游离葡萄糖非常敏感,高浓度葡萄糖(超过 50 mg/L)抑制酵母的呼吸,导致酒精和有机酸生成,严重影响酵母得率,低浓度底物则可使酵母细胞产量明显增加,因而连续补加低浓度糖就可控制发酵方向,高产出大量面包酵母。

赖氨酸生产用的谷氨酸棒杆菌,正常情况下该菌产生赖氨酸和苏氨酸,为了使该菌高产赖氨酸,一是筛选、培育丧失了苏氨酸合成酶的突变株,二是在培养基中添加适量的苏氨酸,既不启动反馈抑制,又能大量产生赖氨酸。

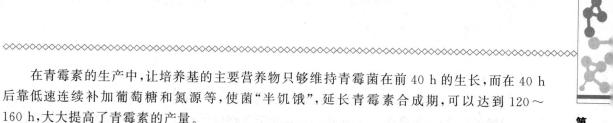

在青霉素的生产中,让培养基的主要营养物只够维持青霉菌在前 40 h 的生长,而在 40 h 后靠低速连续补加葡萄糖和氮源等,使菌"半饥饿",延长青霉素合成期,可以达到 120～160 h,大大提高了青霉素的产量。

表 15-1-2 发酵过程的主要控制项目和方法

主要控制项目	主要控制方法
温度	冷源或热源的流量
pH	加入酸、碱或其他物质
无菌空气流量	调节进气口或出口阀门
搅拌的转速	变换驱动电机转速
溶解氧	调节通气量、搅拌速度或罐压
泡沫控制	加入消泡剂、调节通气量、罐压
补料	加入添补的物质
罐压	改变尾气阀门的开度
菌体浓度及状态	调节通气量、补料
产物	调节各项控制达预定的最佳发酵条件

(二)发酵后处理

后处理指的是大规模发酵后直到产品形成的整个工艺过程。它决定着产品的质量和安全性,也决定着产品的收率和成本。据统计发酵产品的后处理费用占产品成本的 60% 左右,其重要性已引起越来越多科技工作者的重视,后处理研究已逐步形成一个新的科技领域和产业,通常后处理的主要步骤、技术设备和产品的浓度及质量如表 15-1-3 所示。

表 15-1-3 通常后处理的主要步骤、技术和产品质量

主要步骤	主要的技术设备	产品浓度/(g/L)	产品纯度/%
收获发酵液	收集罐、贮藏罐	0.1～80	0.1～5
过滤	各种过滤装置、离心机	0.1～90	0.1～10
初步分离	沉淀、溶解、膜分离	5～200	1～20
产品提纯	层析、电泳	50～500	50～90
干燥、结晶	各种干燥设备		90～100

四、发酵的逐级放大

由实验室小型设备到工厂小规模设备的试验发酵,再到大规模设备的工业发酵生产,此过程称为发酵的逐级放大。通常将逐级放大分为小试(小型试验)、中试(中间试验)和大试(大规模工业性试验)3 个阶段。各阶段不是设备的简单放大,必须付出辛勤的劳动和大量的工作,摸索发酵参数,每个阶段都有预期的目标和要求,对于研究开发新发酵产品都不可缺少和同等重要,而且密切相关,相辅相成。

1. 小试

一般指采用实验室的小型设备,如三角玻璃瓶、1～50 L 发酵罐及其他常规设备等进行的试验。该阶段要求对培养基的成分和配比、pH、培养温度、通气量大小等发酵条件进行大量试验,获得众多数据资料,得出小试中的发酵最佳条件;根据对产物初步的功能性、安全性、结构分析等实验结果,初步评估发酵产物是否具有效益和生产的可能性。

2.中试

一般指采用试验工厂或车间的小规模设备,例如100～5 000 L发酵罐以及与其相适应的分离、过滤提取、精制等设备,对小试中的最佳发酵条件进行验证、改进,使最佳发酵条件更接近大规模生产,并初步核算生产成本,为工业生产提供各种参数,还要提供足够量的产物,进行正式的功能性、安全性、质量分析鉴定等试验,取得有关的具法律效力的新产品专利等文件,基本确定发酵产物能否进行工业性大规模生产,初步确定生产该产品的必要性和可行性。

3.大试

指用工业性大规模设备,包括大型发酵罐,分离、过滤、提取、纯化等大型设备,对中试阶段获得的最佳发酵条件的参数进行验证、改进,生产出质量合格、具有经济价值的商业性产品,并核算成本、制定生产规程等,取得具有法律效力的生产许可证等有关证书,确定发酵产物能否进行工业性大规模生产,生产该产品的必要性和可行性。

值得强调的是,一个新产品的开发成功,是非常艰难的。例如微生物新药,从小试到大试,成为产品上市,大约需要10年时间,耗资约1亿美元;而且在逐步放大期间,因工艺、临床试验等原因被淘汰的还占多数。

五、工业发酵的方式

微生物发酵是一个错综复杂的过程,发酵方式多样,有好氧发酵和厌氧发酵,有液态发酵和固态发酵,有表面发酵和深层发酵,有分批发酵和连续发酵,有单一纯种发酵和多菌种混合发酵,根据菌种是否固定在载体上,又有游离发酵和固定化发酵之分。

实际上微生物工业生产中,都是各种发酵方式结合进行的,选择哪些方式结合起来进行发酵,取决于菌种特性、原料特点、产物特色、设备状况、技术可行性、成本核算等。现代发酵工业大多数是好氧、液体、深层、分批、游离、单一纯种发酵方式结合进行的,其优越性是:①好氧单一纯种微生物产生单一产品,是现代发酵工业的主流,而此发酵方式是目前应用最多和最好的发酵方式,对大多数发酵工业是最佳的选择;②液体悬浮状态是很多微生物的最适宜的生长环境,菌体、营养物、产物、热量容易扩散和均质,使产品较易达到高产、优质,发酵中液体输送方便,检测、控制和操作也容易实现自动化;③深层、游离状态扩大了菌种与发酵基质的接触面,增加了发酵反应的效率,缩短了反应周期;④分批发酵对生物反应器中的发酵过程进行间歇式操作,其主要特征是所有工艺变量都随时间而变,工艺变量主要是菌体、营养物、pH、热量、产物的变更,变化的规律性强,比较容易控制、逐级放大和扩大生产规模;⑤分批单一纯种的发酵,不易污染,菌种较容易复壮和改良。这些优势不是绝对的,也不是对所有微生物都适用,对某一种菌种来说,也可能变更其中一种或几种发酵方式,发酵会更好,结果更佳,效益更好,因此,其他发酵方式都应积极研究、开发和应用。

(一)连续发酵

连续发酵的方式和生物反应器类型多样,主要包括菌体再循环或不循环的单罐(级)连续发酵和多罐(级)连续发酵(图15-1-3)。

连续发酵的主要优势是简化了菌种的扩大培养,发酵罐的多次灭菌、清洗、出料,缩短了发酵周期,提高了设备利用率,降低了人力、物力的消耗,增加了生产效率,使产品更具商业竞争力。例如,面包酵母连续发酵与分批发酵相比生产效率较高,而成本较低。如采用两罐(级)连续发酵生产丙酮、丁醇,第一罐培养液的稀释率为0.125 /h,发酵温度37℃,pH 4.3,此罐主要

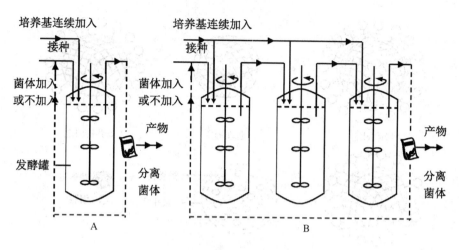

图 15-1-3 两种连续发酵方式示意图
A. 单罐(级)连续发酵 B. 多罐(级)连续发酵

产菌体;第二罐稀释率为 0.04/h,发酵温度 33℃,pH 4.3,这样连续运转一年多,比分批发酵的效益高得多。

连续发酵已被用来大规模生产酒精、丙酮、丁醇、乳酸、食用酵母、饲料酵母、单细胞蛋白、浮游生物的生物量和石油脱蜡及污水处理,并取得良好效果。然而,用连续发酵进行大规模生产还存在很多难题,主要包括运转时间长,菌种多退化,容易污染,培养基的利用率一般低于分批发酵;而且工艺中的变量较分批发酵复杂,较难控制和扩大,尤其是在生产次生代谢产物的大规模生产中,难以实现连续发酵,因为生成次生代谢产物所需的最佳条件,往往与菌种生长所需的最佳条件不一样,有的还与微生物细胞分化有关,现代发酵工业中又多使用高浓度营养组分等。连续发酵推广应用中所遇到的困难和问题,随着对该技术的深入研究、改进,尤其是与各项高、新技术密切结合,相信将日趋完善,有着广阔的应用发展前景。

(二)固定化细胞发酵

游离细胞与底物作用是一次性的,而固定化细胞则可多次使用,有的可达几十、几百次,甚至可连续使用几年,极大地提高了生产效率。例如,用固定化梭状芽孢杆菌厌氧条件下连续发酵生产正丁醇和异丙醇,产率比分批发酵高了 4 倍。固定化细胞发酵的产品分离、提纯等后处理比较容易。固定化细胞密度很大,而且抗酸、碱、温度变化的性能也高。固定化了的微生物可增殖,更有利于重复使用和加快反应速度,用固定化微生物活细胞处理某些污水的工艺,连续运转几年后,仍可使用。固定微生物细胞的方法根据载体和操作方法的不同,主要有以下 5 类(图 15-1-4):

(1)吸附固定化 按照正、负电荷相吸的原理,细胞吸附在载体的表面而被固定。例如,瓷碎片、玻璃球、尼龙网、棉花、木屑、毛发等载体,经一定操作处理后,细胞便可固定在其表面。

(2)包埋固定化 大分子有机或无机聚合物将细胞包裹而固定。此类载体有琼脂、明胶、海藻酸钙、K-角叉菜聚糖、聚丙烯酰胺等,经一定的操作处理后,将细胞包埋在里面。

(3)共价固定化 细胞与载体(R-NH)在缩合剂作用下发生共价结合而被固定。例如,细胞溶液与含羧酸载体(R-COOH)或氨基载体(R-NH)在缩合剂碳化二亚胺作用下,经搅拌等

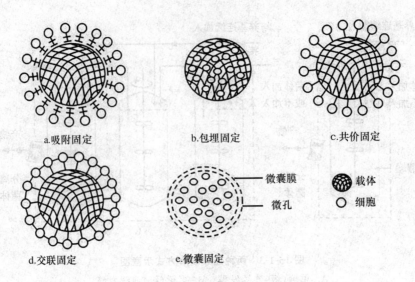

图 15-1-4　固定化类型的原理示意图

处理,而制成固定化细胞。

(4)交联固定化　在双功能基团交联剂作用下,细胞与载体相互交联成网状结构而被固定,最常用的交联剂是戊二醛。

(5)微囊固定化　例如用海藻酸钠溶液与细胞混合,滴入 $CaCl_2$ 溶液中形成凝胶微珠,然后用聚赖氨酸溶液处理微珠表面,再用柠檬酸去除海藻钙微珠的钙离子,使微珠内海藻酸成液态,细胞悬浮其中,而微珠表面经聚赖氨酸处理而不再溶解,形成一层微囊膜,细胞包在微囊中而被固定。

固定化技术在微生物工业方面的优势越来越强,应用范围越来越广,表 15-1-4 列举了固定化细胞的应用实例。固定化发酵应用领域有饮料、医药、化工、能源、环保等,但存在以下主要问题:①好氧菌固定化后造成通气困难,往往严重影响反应速率,产量低下;②固定化的细胞容易自溶或污染,或固定化颗粒机械强度差,细胞容易脱落,影响细胞活性并减少反复利用的次数,产品质量不稳定;③固定化细胞反应动力学及相关机理、专用设备研究缺乏,阻碍了其应用。随着分子生物学技术手段的发展、新材料的采用、先进化工工程的借鉴及计算机的利用,上述将较快解决,固定化细胞发酵也将给微生物工业带来巨大的变革。

表 15-1-4　固定化细胞的应用实例

被固定的微生物细胞	所用载体和方法	底物	产物或用途
酿酒酵母(*Saccharomyce scerevisiae*)	硅和聚氧乙烯碎片,吸附	葡萄糖	乙醇
酿酒酵母	魔芋葡甘露糖,共价	葡萄糖	乙醇
酿酒酵母	海藻酸钙,包埋	麦芽汁	啤酒
委内瑞拉链霉菌(*Streptomyces venezuelae*)	明胶,微囊	葡萄糖	果糖
黑曲霉(*Aspergilus niger*)	甲基丙烯酸缩水甘油酯聚合物,戊二醛交联	葡萄糖	葡萄糖酸

被固定的微生物细胞	所用载体和方法	底物	产物或用途
芽孢杆菌（Bacillus sp.）	聚丙烯酰胺，包埋	蛋白胨等	杆菌肽
黏质赛氏菌（Serratia marcescens）	卡拉胶，包埋	明胶，蛋白胨等	碱性蛋白酶
珊瑚诺卡氏菌（Nocardia corallina）	酚醛树脂，吸附	丙烯腈废水	处理废水
荧光假单胞菌（Pseudomonas fluorescens）	明胶，包埋	葡萄糖	血糖检测传感器
木醋杆菌（Acetobacters xylinum）	卡拉胶，包埋	乙醇	酒精检测传感器
柱孢鱼腥蓝细菌（Anabaena cylindrica）	玻璃珠，吸附	光解水	H_2
链鱼腥蓝细菌（Anabaena azollae）	海藻酸-聚赖氨酸，微囊	N_2	固氮
荨麻青霉（Penicillium urticae）	角叉菜聚糖，包埋	葡萄糖，酵母提取物	棒曲霉素
丙酸细菌（Propionibacterium sp.）	光交联树脂，包埋	硫酸钴，甘氨酸等	维生素 B_{12}
谷氨酸棒杆菌（Corynebacterium glutamicum）	聚丙烯酰胺，包埋	葡萄糖等	L-谷氨酸

（三）固态发酵

固态发酵是指微生物在固态湿培养基上的发酵过程，固态湿培养基一般含水量在 50％ 左右，通常"手握成团，落地能散"，也可称为半固体发酵。我国农村的堆肥、青贮饲料发酵和酒曲制备都是固态发酵，固态发酵工艺历史悠久，但在现代微生物工业中应用较少。表 15-1-5 是固态发酵生产的一些产品。

表 15-1-5　固态发酵生产的实例

菌种	固态培养基的主要机制	产品
地衣芽孢杆菌（Bacillus lichemiformis）	麸皮、谷糠、豆饼粉	蛋白酶
苏云金芽孢杆菌（Bacillus thuringienisis）	肥土、麸皮、豆饼粉、硫酸铵	Bt 杀虫剂
白僵菌（Beauveria bassiana）	麸皮、谷壳、玉米芯粉	白僵菌杀虫剂
细黄链霉菌（Streptomyces microflavus）	棉饼粉、肥土、蔗糖	抗生菌肥料
香菇（Lentinus edodes）	木材、秸秆	香菇
米曲霉（Aspergillus oryzae）	谷物、麸皮、秸秆	淀粉酶
黑曲霉（Aspergillus niger）	麸皮、米糠、豆饼粉	有机酸
硫杆菌（Thiobacillus sp.）	低品位矿石	金属浸出
腐乳毛霉（Mucor sufu）	大豆制品	豆腐乳
产朊假丝酵母（Candida utilis）	甘蔗渣、甜菜渣	单细胞蛋白

厌氧菌固态发酵生产较简易，一般采用窖池堆积，压紧密封进行。好氧菌的固态发酵生产可以将接种后的培养基摊开铺在容器表面，静置发酵，也可通气和翻动使微生物迅速获得氧和散去发酵产生的热，因通气、翻动、设备条件、发酵菌种和产物等的不同，固态发酵的反应器和培养室也是多种多样，如图 15-1-5 所示。

微生物工业的生产是选择固态发酵工艺还是液态发酵工艺，取决于所用菌种、原料、设备、所需产品、技术等,比较两种工艺中哪种可行性和经济效益高,则采用哪一种。现代微生物工业大都采用液态发酵,这是因为液态发酵适用面广,能精确调控,总效率高并易于机械化和自动化。但随着机械化、自动化、化工工程、技术和设备的发展,尤其是电子技术、计算机产业的飞速进展,这些先进的技术和设备应用于固态发酵,可使古老工艺焕发出青春,使某些发酵产品的生产用固态发酵比用液态发酵更好。

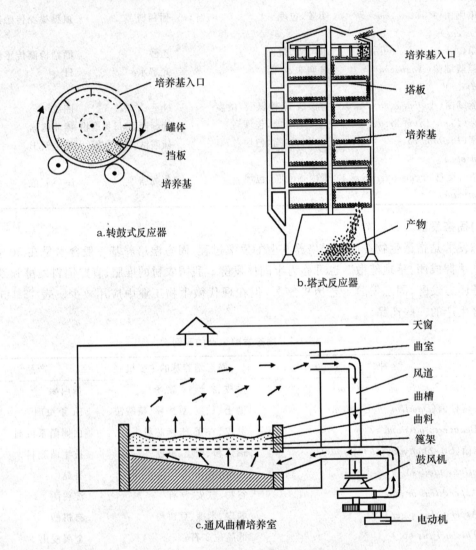

图 15-1-5　几种固态发酵反应器和培养室

(四)混合发酵

混合发酵是指多种微生物混合在一起共用一种培养基进行发酵,也称为混合培养。用单一菌种的发酵可称为纯种发酵,或纯培养。混合发酵有三个突出优势:

(1)能够获得一些纯种发酵很难得到的独特的产品　享有盛誉的茅台酒就是众多微生物混合发酵的产品,据气相色谱和质谱分析,它含有各种醇类、酯类、有机酸、缩醛等几十种化合物,目前还不可能做到将混合微生物一株株分离,分别进行纯种发酵,再将发酵产物配制成茅

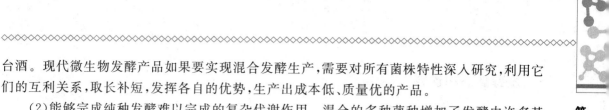

台酒。现代微生物发酵产品如果要实现混合发酵生产,需要对所有菌株特性深入研究,利用它们的互利关系,取长补短,发挥各自的优势,生产出成本低、质量优的产品。

(2)能够完成纯种发酵难以完成的复杂代谢作用 混合的多种菌种增加了发酵中许多基因的功能,通过不同代谢能力的组合,完成单个菌种难以完成的复杂代谢作用,可代替某些基因工程菌来进行复杂的多种代谢反应,或促进生长代谢,提高生产效率。例如,华根霉(*Rhizopus chinensis*)可发酵生产延胡索酸,当它与 *E.coli* 混合发酵,延胡索酸就能完全转化成琥珀酸,与膜醭毕赤酵母(*Pichia membranaefaciens*)混合发酵,延胡索酸就被转化为 *L*-苹果酸。

(3)同一工艺过程可同时获得两种或多种产品 混菌发酵在共同的发酵容器中经过同一工艺过程可获得二种或多种产品,生产人员少,原材料和能源消耗少,设备和器材少,而生产效益高。我国创新的维生素 C 二步发酵法,其特点为第二步发酵由氧化葡萄糖酸杆菌(*Gluconabacterium oxydonas*)和巨大芽孢杆菌等伴生菌混合发酵完成。该发酵技术已在多国申请了专利,并成功地成为我国向国外转让的第一个生物高新技术,国内厂家也都采用此技术,取得了很大的经济效益。

第二节 代表性微生物工业发酵产品和生产工艺简介

微生物工业发酵产品,按出现顺序大概分为传统产品、近代产品和现代产品。传统产品以酿造业的酒、醋、酱、乳酪为代表;近代产品以 20 世纪 40～50 年代开始的发酵生产的抗生素、氨基酸、有机酸为代表;现代产品以 20 世纪 80 年代出现的基因工程产品,如胰岛素、α 干扰素、乙肝疫苗等为代表。当前国内外微生物工业产品既有传统产品,又有现代产品,但大多数还是近代产品,三者并存,品种繁多。从其应用范围看,各行各业都有,部分产品见表 15-2-1。

表 15-2-1 应用于各行业的微生物发酵工业产品

应用行业	发酵产品举例
食品	面包、乳酪、味精、肌苷酸、赖氨酸、甜味素、维生素、食用菌等
酿造工业	酒、醋、酱油、柠檬酸等
医药	青霉素、链霉素、维生素 E、精氨酸、基因工程菌所产的活性肽
医药	菌苗、疫苗、诊断试剂、葡聚糖、甾体激素
环保	有益菌剂、分解酚菌剂、石油净化剂
能源	乙醇、沼气、氢气、微生物电池
农业	赤霉素、井冈霉素、Bt 杀虫剂、菌肥
林业	菌根菌剂、放线菌酮、病毒杀虫剂
畜牧	单细胞蛋白、土霉素、蛋氨酸
兽医药	土霉素、菌苗、疫苗、诊断试剂
冶金微生物工业	富集铜菌剂、富集铀菌剂
化工	丙酮、丁醇、醋酸、衣康酸、PHB、丙烯酰胺
轻工	甘油、乳酸、酶制剂
石油工业	黄原胶、嗜石油酵母

一、发酵食品和饮料

(一)生产菌种及其产品

生产食品和饮料的微生物,除本章第一节所述菌种的要求和来源外,还有一些来源于制作原料和发酵环境,有的还采用了基因工程重组菌种。一些食品和饮料所用的微生物菌种或类群如表 15-2-2 所示。

表 15-2-2　部分食品和饮料生产所用的原料及微生物菌种

产品	微生物菌种	主要原料
黄酒	青霉、毛霉、根霉、酵母	糯米、黍米、粳米
葡萄酒	酵母、纤细杆菌(*Bacterium gracile*)	葡萄
白酒	根霉、曲霉、毛霉、酵母、乳酸菌、醋酸菌	高粱、米、玉米、薯、豆
啤酒	酿酒酵母	大麦、酒花
豆腐乳	毛霉、曲霉、根霉	大豆、冷榨豆粕
酱油	曲霉、酵母、乳酸菌	小麦、蚕豆、薯、米
干酪	乳链球菌(*Streptococcus*)、曲霉	干酪素
酸奶	乳酸杆菌	牛奶、羊奶
食醋	醋酸杆菌、曲霉、酵母	米、麦、薯等
泡菜	乳酸菌、明串珠菌(*Leuconostoc*)	蔬菜、瓜果
面包发酵	酿酒酵母	小麦粉
味精	谷氨酸棒杆菌	糖蜜、淀粉、葡萄糖、玉米浆
肌苷酸	短杆菌(*Brevibacterium*)、谷氨酸棒杆菌	淀粉、豆饼、酵母粉、无机盐
β-胡萝卜素	三孢布拉氏霉(*Blakeslea trispora*)	淀粉、豆饼、无机盐
食用真菌	双孢菇(*Agaricus bisporus*)、香菇(*Lentinus edodes*)、木耳(*Auricularia auricula*)等	畜粪、秸秆、菜籽饼、木材、木屑、甘蔗渣、棉籽壳等

(二)几种发酵产品的生产工艺

1. 蒸馏酒

凡以水果、乳类、糖类和谷物等为原料,经过酵母菌发酵后蒸馏得到无色透明的液体,再经陈酿和调配,制成的透明、酒精含量大于 20% 的酒精性饮料,称为蒸馏酒(distilled liquor)。我国传统的白酒、西方的威士忌(whiskey)与白兰地(brandy)、俄国的伏特加(vodka)、中东的阿拉克(Arrack)和日本的清酒均属此类饮料。

我国的白酒采用传统的固态发酵和蒸馏工艺。高粱、麦类、玉米和大米等原料经过粗破碎后,加入谷壳和固态酒糟等填充料。经过常压蒸煮(糊化)后冷却,并接种以糖化酶和酵母为主的酒曲,控制含水量在 55% 左右,在密封的半地下式窖池中同时进行糖化和酒精发酵。入窖温度控制在 15~20℃,发酵温度不超过 33℃,发酵时间为 30~60 d。待品温降至 25℃ 左右时,出料蒸馏,含有较多低沸点物质的酒头和含有较少酒精的酒尾均应单独存放。中段的馏出物称为大渣酒,经 1~3 年入缸存放,进行陈酿,使之老熟。出厂前调酒师将各类陈酿勾兑,掺和为基础酒,再经调味后即可分装上市销售。

英、美等国的威士忌以大麦、玉米、小麦和黑麦为原料,以泥炭燃烧的烟道气熏烤的麦芽为

糖化剂。在原料粉碎后,加水于 120～145℃下加压蒸煮、糊化和液化后,再按原料用量的 15%～20%加入粉碎的麦芽,在木制或不锈钢制的糖化锅 60～65℃糖化后,接种两种专用的酿酒酵母(压榨酵母和卡尔酵母),22～34℃发酵 40～60 h,酒精含量可达 7.5%～8.0%,用传统的铜制长鹅颈蒸馏器两次蒸馏后可使蒸馏酒的酒精含量增加到 63%～70%,分装于橡木桶,陈放 3 年后,才能调制成酒精度为 40%～43%的威士忌,分装上市销售。

2. 啤酒

啤酒是世界上产量最高、饮用人数最多的酒类产品。啤酒以麦芽为主料,大米和玉米为辅料,并配以啤酒花(hop),在液体条件下接种酵母进行酒精发酵而成。其生产工艺如下:①麦芽的制备。精选优质大麦,经过浸麦、发芽(13～18℃)、干燥和去根后,制成具有特色风味的干麦芽。②麦芽汁的制备。将干麦芽与大米、玉米等辅料粉碎,加水适量混合,经 45℃、65℃和 80℃逐级升温,使淀粉糖化,立即快速过滤得到麦芽汁。③麦芽汁的煮沸与啤酒花的添加。过滤后的麦芽汁在煮沸浓缩时,分 3～5 次,逐步按麦芽汁量添加 0.18%～0.20%的啤酒花,啤酒花含有具有苦味和防腐作用的 α-酸和 β-酸,煮沸的麦芽汁去除酒花糟,快速冷却至 10～12℃,并将麦芽汁调到 11～12 波美度。④啤酒发酵。主要采用酿酒酵母和卡尔酵母,前者在发酵终止时多随 CO_2 一起上升至液面,形成酵母泡盖,称为上层发酵酵母(上面酵母)。后者在发酵终止时大多絮凝成致密的沉淀,沉降于底部,故称为下面酵母。酵母菌经从斜面菌种→20 mL 富氏瓶培养→1 L 巴氏瓶培养→20 L 卡氏罐培养→250 L 汉森罐培养并检验合格后,在工厂经酵母繁殖槽(1.5 t 和 16 t)两级扩大培养后,即可按 1∶1 的量,用于接种定型麦芽汁。在 100～150 t 主发酵罐中进行啤酒发酵时,为了避免酵母在 20℃以上自溶而使啤酒带有酵母味,主发酵应控制在低温下进行,经过主发酵的啤酒需要移至后酵罐,在 0～3℃条件下贮存 1～3 个月,并经过滤和巴氏消毒(60℃,20 min)后,才能分装销售。

3. 葡萄酒

葡萄酒可分为红葡萄酒和白葡萄酒两大类,两者在色泽和风味上有明显的区别。红葡萄酒直接以带皮、部分果核和种子的葡萄汁为原料发酵,而白葡萄酒需将葡萄汁滤除果皮、果核和种子后再接种酵母菌发酵。由于红葡萄酒需要两年以上的后熟期,因而其风味较强,并含有更多的来自果皮的单宁化合物。葡萄酒发酵罐(容积 200 L～220 t)由栎木、橡木、石料或有玻璃内衬的钢材制成,顶部装有可使发酵气体排出、但不让外部空气进入的单向阀。葡萄榨汁后通入 SO_2 消毒,此后的葡萄汁一般仍含有 100 $\mu g/g$ 的亚硫酸盐,而发酵菌种椭圆酵母(Saccharomyces ellipsoideus)对上述浓度的亚硫酸盐有抗性,接种后可正常酒精发酵。红葡萄酒接种后发酵 3～5 d,然后将上部发酵液移至另一发酵罐中继续发酵 1～2 周,发酵液过滤后分装于 160 L 桶中,较低的温度下后熟 2 年以上,其间每年需换容器 3 次,以去除沉淀物。最后将发酵后熟的葡萄酒转入沉淀罐,同时加入乳酪素、单宁和膨润土等絮凝剂,用食用酒精调节好酒精含量后即可分装上市,或进一步贮藏半年后上市销售。

4. 醋

我国食醋品种很多,生产工艺在世界上独树一帜,名特产品如山西老陈醋、镇江香醋、四川保宁醋、北京熏醋、福建红曲醋、浙江玫瑰醋、上海米醋、广东糖醋等。

食醋酿造过程中霉菌、酵母菌和醋酸菌协同合作,毛霉、根霉、曲霉等使淀粉水解成糖,使蛋白质水解成氨基酸;酵母菌能使糖转变成酒精;醋酸菌能使酒精氧化成醋酸。

食醋的固态发酵工艺一般以粮食为主料,以麦麸、谷糠、稻壳为填充料,以大曲、小曲为发酵剂,经糖化、酒精发酵和醋酸发酵而成。生产周期短者一个月,长者达一年以上。工艺流程大致为:高粱或甘薯干→粉碎→与谷壳混合→润料→蒸料→摊晾过筛→大曲(小曲)、酒母拌匀入缸→糖化、酒精发酵→拌入麸皮、谷糠等和醋酸菌→醋酸发酵→翻醅→加食盐→淋醋→陈酿→灭菌→配制→检验→包装→成品。成品总酸含量(以醋酸计)最低为 3.5%,最高可达11%以上,其色、香、味、体具有独特风格与优点,山西老陈醋在淋醋前,还有一道熏醅工艺,川芎嗪等功能性物质主要在此阶段产生。但传统工艺存在劳动强度大、生产周期长、需要辅料多、原料利用率低等缺点,镇江香醋、北京熏醋等也属于这一工艺的产品。

液态发酵法酿制的食醋,如福建红曲醋、浙江玫瑰醋等,其工艺是以大米、高粱或糖、酒为原料,工艺特点是醋酸发酵在液态静置情况下进行,生产周期最短的 20~30 d,最长的为 3 年之久。成品总酸量最低在 2.5%,最高为 8%以上。

近年已推广应用的回流法和液态深层发酵酿醋工艺,其优点是机械化程度高,发酵周期仅需几十个小时,劳动生产率和淀粉利用率都有提高,但缺点是成品色淡,香气和风味较差,氨基酸、糖分、酯类及其他有机酸的成分含量低。这些问题有待研究改进。

液体回流发酵法又称淋浇发酵法(图 15-2-1)。因发酵时间短,又叫速酿法。整个发酵过程都在醋塔中完成,所以也称速酿塔制醋法,常用原料为白酒或稀酒精或酒精厂的酒精残液。此法生产食醋卫生条件好,不易污染杂菌,生产稳定,成品洁白透明,质量高。我国著名的丹东白醋就是以 50℃白酒为原料,在速酿塔中淋浇发酵而成。

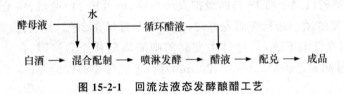

图 15-2-1　回流法液态发酵酿醋工艺

液态深层发酵法是利用发酵罐生产食醋的方法见图 15-2-2。通常采用淀粉质原料先制成酒醪或酒液,然后在发酵罐中完成醋酸发酵。该法具有生产效率高、卫生条件好的优点。

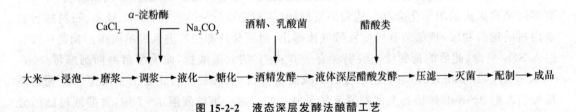

图 15-2-2　液态深层发酵法酿醋工艺

5.酱油

酱油生产始于我国,迄今已有 2 000 多年的历史。唐朝时中国的制酱技术传至日本并在日本发扬光大,实现了酱油生产的机械化及纯菌种发酵,使日本成为酱油酿造技术最先进的国家。

酿造酱油是以大豆或脱脂大豆、小麦或麸皮为原料,经微生物发酵制成的具有特殊色、香、味的液体调味品;配制酱油是以酿造酱油为主体,与酸水解植物蛋白调味液、食品添加剂等配制而成的液体调味品,其中酿造酱油的含量(以全氮计)不能少于 50%。酱油的酿造工艺分为高盐发酵(传统工艺)、低盐发酵(速酿工艺)以及无盐固态发酵 3 种。传统工艺包括高盐稀态

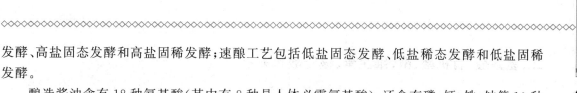

发酵、高盐固态发酵和高盐固稀发酵;速酿工艺包括低盐固态发酵、低盐稀态发酵和低盐固稀发酵。

酿造酱油含有 18 种氨基酸(其中有 8 种是人体必需氨基酸),还含有磷、钙、铁、钠等 10 种微量元素,具有促进消化、提供活性酶、增加铁质的作用。美国、日本的专家最近研究证明酱油具有抗癌作用,其主要作用物质是酱油中的一种呋喃酮(HEMF),另外又发现其中的异黄酮,有预防前列腺癌的功能。因此,酿造酱油应是我国酱油工业的发展方向。

6.发酵乳

发酵乳又称为酸乳或酸牛乳,是指通过乳酸菌发酵或由乳酸菌、酵母菌共同发酵制成的一类乳制品。发酵乳通常是指牛乳经乳酸菌发酵而成的,同时还有一些发酵乳制品是由其他哺乳动物如母羊、母山羊或母马的乳汁发酵而成的。发酵乳制品是一个综合名称,包括酸乳、开菲尔、发酵酪乳、酸奶油、发酵脱脂乳、乳酒(以马乳为主)等。发酵剂使乳中的部分乳糖转化成乳酸,在发酵过程中还形成 CO_2、乙酸、丁二酮、乙醛、乙醇和其他物质,从而使产品具有独特的滋味和香味。由于篇幅限制,在此仅介绍酸乳的生产工艺(图 15-2-3)。

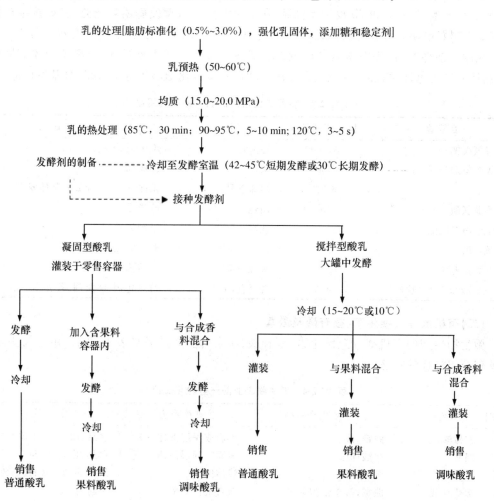

图 15-2-3 酸乳生产的工艺流程

二、氨基酸、有机酸、醇、维生素、核苷酸和激素

(一)氨基酸

虽然大多数氨基酸目前已不难用化学法合成,但均为 D 型和 L 型混合物;由于微生物发酵生产的氨基酸全部为具有生物活性的 L 型,因而具有独特优势。目前主要用发酵法生产的氨基酸及其用途见表 15-2-3。

用于氨基酸工业发酵的微生物主要有谷氨酸棒杆菌、北京棒杆菌、钝齿棒杆菌和黄色短杆菌等。生产方法有直接发酵、加前体物和酶法转化等 3 种。发酵微生物应选用解除了相应氨基酸合成途径终产物反馈抑制的突变菌株,如黄色短杆菌的赖氨酸合成水平主要取决于天门冬氨酸激酶,该酶的活性受赖氨酸的反馈抑制,一旦筛选到解除该反馈抑制的突变株,赖氨酸就可以超水平合成。氨基酸工业发酵还有另一个重要条件,就是要让发酵微生物过量合成的氨基酸向细胞外分泌,方法是控制特殊的营养条件,以增加产生菌细胞膜的通透性,从而加快小分子产物氨基酸向外分泌。常用于氨基酸工业发酵的碳源主要有糖蜜、淀粉、葡萄糖和石蜡等,氮源为玉米浆、蚕蛹粉、麸皮和无机氮,在采用大型通风型发酵罐生产时,应该按生产菌株的需要控制好前期的营养生长,以及后期次生代谢产物氨基酸的合成条件,有些还需要添加其合成代谢的前体物,以提高氨基酸产量。发酵液经过离心或板框过滤,分离掉菌体等固体杂质,然后通过脱色、浓缩、调等电点、沉淀离心和进一步纯化结晶等方法,得到氨基酸成品。

表 15-2-3　食品工业常用的氨基酸及其用途

氨基酸	世界年产量/t	用　途	作　用
L-谷氨酸钠	370 000	各类食品	增鲜剂、肉制品软化
L-天冬氨酸和丙氨酸	5 000	果汁	调味剂
甘氨酸	6 000	甜味食品	调味剂、人工合成的起始氨基酸
L-半胱氨酸	700	面包	改进品质
天冬苯丙二肽酯	7 000	饮料	低糖甜味剂
L-赖氨酸	70 000	面包、饲料	营养添加剂
DL-甲硫氨酸	70 000	大豆制品、饲料	营养添加剂
L-色氨酸和 L-组氨酸	400	各类食品、饮料	抗氧化剂、防腐剂、营养添加剂

(二)有机酸、醇、维生素、核苷酸及激素

微生物生产的有机酸、醇、维生素、核苷酸、激素的主要产品见表 15-2-4。由于篇幅限制,在此仅介绍柠檬酸发酵。

表 15-2-4　微生物工业的一些轻化工产品

类别	名称	主要生产菌种	主要生产方式	主要用途
有机酸	柠檬酸	曲霉、假丝酵母	表面或深层液体好氧	食品、饮料、化工原料
	醋酸	醋酸杆菌	表面或深层液体好氧	食品、化工、医药
	乳酸	乳酸杆菌	液体厌氧	纺织、鞋革、食品、医药
	葡萄糖酸	曲霉,假单细胞菌	深层液体好氧	医药、食品、化工
	衣康酸 (甲叉丁二酸)	曲霉	深层液体好氧	树脂合成,塑料制品

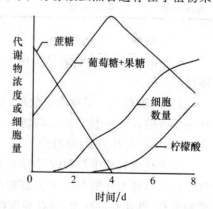

类别	名称	主要生产菌种	主要生产方式	主要用途
醇类	乙醇	酵母	深层液体好氧	医药、化工原料、饮料
	丁醇	梭状芽孢杆菌	深层液体好氧	化工原料、溶剂
	甘油	酵母	深层液体好氧	溶剂、润滑剂、化妆品、炸药
	甘露醇	曲霉	深层液体好氧	树脂合成、果糖制造
维生素	核黄素（维生素 B$_2$）	棉阿舒囊霉（*Ashbya gossypii*）	深层液体好氧或固态好氧	医药、食品、饲料
	生物素（维生素 H）	棒状杆菌、假单细胞菌	深层液体好氧	食品、饲料的添加剂
	L-抗坏血酸（维生素 C）	生黑葡糖杆菌（*Gluconobacten melanogenus*）氧化葡糖杆菌（*G. oxydans*）	深层液体好氧	医药、食品，抗氧化剂
	维生素 B$_{12}$	芽孢杆菌谢曼（氏）丙酸杆菌（*Propionibacterium shermanii*）	深层液体先厌氧，后好氧	医药、饲料
核苷酸	肌苷	枯草芽孢杆菌	深层液体好氧	医药
	肌苷酸	谷氨酸棒状杆菌	深层液体好氧	食品、增鲜剂
	三磷酸腺苷（ATP）	产氨棒杆菌（*C. ammoniagenes*）	深层液体好氧	医药
激素	赤霉素	藤仓赤霉菌（*Gibberella fujikuroi*）	深层液体好氧	植物生长调节剂、促进剂
	睾甾酮	青霉	固态好氧	
	皮质醇（氢化可的松）	蓝色犁头霉（*Absidia coerulea*）	微生物酶转化微生物酶转化	医药医药

柠檬酸的用途广泛，可在食品工业中用作酸味添加剂和油脂抗氧化剂，在医药工业中用作补血和输血剂，在化学工业中用作增塑、洗涤剂和防锈剂等。柠檬酸虽然普遍存在于植物果实和叶内，但提取的成本高。在 19 世纪晚期，研究者发现曲霉、青霉、毛霉和假丝酵母等多种微生物能产生柠檬酸。目前用于工业生产的主要是黑曲霉（*Aspergillus niger*），经多次筛选的生产菌株由于具有较高的柠檬酸合成酶活性，以及低的顺乌头酸水合酶和异柠檬酸脱氢酶活性，从而可以在三羧酸循环过程中积累柠檬酸。对于维持柠檬酸合成所需的草酰乙酸，则由糖酵解的中间产物烯醇式磷酸丙酮酸与 CO_2 结合羧化而形成。用于柠檬酸工业发酵的原料主要包括糖蜜、淀粉质原料（如甘薯、马铃薯、玉米、小麦和木薯等）和液体石蜡等。黑曲霉能产生淀粉酶，可直接

图 15-2-4 柠檬酸工业发酵的动力学过程

利用淀粉质原料,其发酵过程需要消耗大量的氧气,并使发酵液的 pH 迅速下降。其发酵温度为 31℃,pH 为 2.0~2.5。以糖蜜为原料的柠檬酸工业发酵(图 15-2-4),在发酵第四天时,全部转化为葡萄糖和果糖,柠檬酸产量从第五天起快速增加,全部发酵过程在第八天结束。发酵液经 100℃杀菌处理后,采用板框过滤去除菌丝体等固形物。滤液用碳酸钙中和,沉淀出柠檬酸钙,再用硫酸酸解出柠檬酸。经过活性炭和树脂法脱色,并除去少量杂质与金属离子后,浓缩结晶,即获得纯品柠檬酸。

三、酶制剂

已发现的酶有 2 500 多种,但可工业化生产的酶制剂仅 50 多种,且大部分是由微生物发酵生产的,主要应用于食品(占 45%,其中淀粉加工占 11%)、洗涤剂(34%)、纺织(10%)、皮革(3%)、造纸(2%)、诊断和药用(6%)等领域。微生物生产的主要酶制剂列于表 15-2-5。

表 15-2-5　微生物工业生产的主要酶制剂

名称	重要的产酶微生物	生产方式	用途
α-淀粉酶	米曲霉、黑曲霉、芽孢杆菌	深层液体、固体好氧	淀粉液化、消化剂、果汁澄清、织物退浆
β-淀粉酶	米曲霉、芽孢杆菌	深层液体、固体好氧	淀粉加工、退浆制麦芽糖
葡萄糖淀粉酶	根霉、曲霉、拟内孢霉	深层液体、固体好氧	制备葡萄糖,酿造业
异淀粉酶	产气杆菌、链球菌、假单胞菌	深层液体好氧	制备麦芽糖、麦芽三糖
酸性蛋白酶	曲霉、毛霉、芽孢菌	深层液体、固体好氧	食品加工、软化剂
中性蛋白酶	曲霉、芽孢菌、嗜热芽孢菌	深层液体、固体好氧	食品加工、二肽甜味素
碱性蛋白酶	曲霉、芽孢菌、链霉菌	深层液体、固体好氧	洗涤、肉嫩化、脱胶、制革
凝乳酶	毛霉、酵母、芽孢杆菌	深层液体、固体兼性好氧	干酪制造
脂肪酶	根霉、曲霉、假丝酵母	深层液体、固体好氧	制甘油、低脂肪酸食品
纤维素酶	木霉、曲霉、青霉	深层液体、固体好氧	饲料、白酒、蔬菜、纺织
果胶酶	曲霉、青霉、芽孢杆菌	深层液体、固体好氧	澄清果汁、过滤、棉麻精炼
葡萄糖氧化酶	青霉、曲霉、醋酸杆菌	深层液体好氧	蛋品、食品加工、医学检验
葡萄糖异构酶	假单胞菌、链霉菌、节杆菌	深层液体好氧	制备果糖,饮料
腈水合酶	假单胞菌	深层液体好氧	生产丙烯酰胺

1. 淀粉酶

淀粉酶(amylase)是最早实现工业化生产并且迄今为止应用最广、产量最大的一类酶制剂商品。

(1)α-淀粉酶　又称为液化酶,是一种能从淀粉分子内部随机切开 α-1,4 糖苷键并能跨越分支点的 α-1,6 糖苷键的内切酶,因产物的还原性末端葡萄糖残基上的 C1 碳原子呈 α-构型(光学),所以称为 α-淀粉酶。

工业化大规模生产和应用的 α-淀粉酶主要来自细菌和曲霉,生产菌株有:枯草芽孢杆菌 JD-32、枯草芽孢杆菌 BF-7658、淀粉液化芽孢杆菌、嗜热脂肪芽孢杆菌、嗜热硬脂芽孢杆菌溶淀粉变种、糖化芽孢杆菌、地衣芽孢杆菌、嗜碱假单胞菌、马铃薯芽孢杆菌、嗜热糖化芽孢杆菌、多黏芽孢杆菌、米曲霉、黑曲霉、泡盛酒曲霉等。

(2)β-淀粉酶 是一种外切型糖化酶,作用于淀粉时,能从α-1,4糖苷键的非还原性末端顺次切下一个麦芽糖单位,生成麦芽糖及大分子的β-界限糊精。由于该酶作用底物时,发生沃尔登转位反应(Walden inversion),使产物由α-变为β-型麦芽糖,故名β-淀粉酶。

目前对产β-淀粉酶生产菌种研究较多的是多黏芽孢杆菌、巨大芽孢杆菌、蜡状芽孢杆菌、环状芽孢杆菌和链霉菌等。

(3)糖化酶 又名葡萄糖淀粉酶或α-1,4-葡聚糖葡萄糖水解酶,它能将淀粉全部水解成葡萄糖,通常用作淀粉的糖化剂,故习惯上称为糖化酶。葡萄糖淀粉酶是一种重要的工业酶制剂,目前年产量约7万t,是国内产量最大的酶,该酶广泛用于酒精、酿酒以及食品发酵工业中。常用的糖化酶生产菌种见表15-2-6。

表 15-2-6　常用糖化酶生产菌种

根霉(*Rhizopus*)	曲霉(*Aspergillus*)	拟内孢霉(*Endomycopsis*)
德氏根霉(*Rh. delemar*)	宇佐美曲霉(*As. usamii*)	肋状拟内孢霉(*En. fibuliger*)
雪白根霉(*Rh. niveu*)	泡盛酒曲霉(*As. awamomri*)	
爪哇根霉(*Rh. javanensis*)	米曲霉(*As. oryzae*).	
河内根霉(*Rh. tonkinensis*)	臭曲霉(*As. foetidus*)	
台湾根霉(*Rh. batatas*)	海枣曲霉(*As. phoenicis*)	
日本根霉(*Rh. japonicus*)	红曲霉(*Monascus purpureus*)	
	黑曲霉(*As. niger*)	

(4)β-葡聚糖酶 β-葡聚糖酶是重要的饲用酶制剂,它能特异性地降解β-葡聚糖中与β-1,3键相邻的β-1,4键,从而可消除由β-葡聚糖引起的抗营养作用。饲料中添加β-葡聚糖酶可降低消化道内容物黏度,有效地改善单胃动物对营养物质的消化吸收,提高饲料转化率,还可减少排泄物对环境的污染,利于环境控制和疾病防治。啤酒工业中通过该酶降解麦芽汁中的葡聚糖,不仅可以提高原料利用率,还可以大大提高啤酒的过滤速度。

β-葡聚糖酶主要来源于微生物,如木霉、厌氧瘤胃真菌、枯草芽孢杆菌、浸麻芽孢杆菌、解淀粉芽孢杆菌、环状芽孢杆菌、地衣芽孢杆菌、多黏芽孢杆菌、短芽孢杆菌、短小芽孢杆菌、产琥珀酸拟杆菌、牛链球菌、热纤梭菌等。

(5)α-半乳糖苷酶 α-半乳糖苷酶属外切糖苷酶类,特异性水解半乳糖类寡糖和多聚半乳(葡)甘露聚糖的非还原性末端α-1,6半乳糖苷键,因此它能水解蜜糖、棉籽糖、水苏糖和毛蕊花糖等低聚糖,也能水解半乳甘露聚糖、糖复合物(如糖蛋白类和糖脂类)中的α-半乳糖苷键,神经鞘氨醇己三糖苷的高级同系物和衍生物也能被α-半乳糖苷酶裂解,故称α-D-半乳糖苷水解酶、α-半乳糖苷酶A、α-半乳糖苷水解酶、蜜二糖酶。

α-半乳糖苷酶的生产菌株有黑曲霉、泡盛曲霉(*Aspergillus awamori*)、里氏木霉(*Trichioderma reesei*)、简青霉(*Penicillium simplicissimum*)、产紫青霉(*Penicilliu purpurogenum*)、嗜热芽孢杆菌(*Bacillus stearothermophilus*)、大肠杆菌K-12、青春双歧杆菌(*Bifidobacterium adolescentis*)DSM 20083、发酵乳杆菌(*Lactobacillus fermentum*)等。

2. 蛋白酶

蛋白酶是水解蛋白质肽链的一类酶的总称。是食品工业中最重要的一类酶,在干酪生产、

肉类嫩化和植物蛋白质改性中都大量使用。目前,国际市场上商品蛋白酶有 100 多种。根据作用的最适 pH,分为中性蛋白酶、碱性蛋白酶、酸性蛋白酶。

产中性蛋白酶的菌株主要有枯草芽孢杆菌、巨大芽孢杆菌、栖土曲霉、酱油曲霉、米曲霉、灰色链霉菌等;产酸性蛋白酶的菌株主要有曲霉属(黑曲霉、米曲霉等)、青霉属(杜邦青霉、拟青霉、短密青霉等)、毛霉属(米黑毛霉、微小毛霉等)、根霉(中华根霉、少孢根霉等)以及一些细菌(乳酸杆菌、枯草芽孢杆菌等)和酵母菌(啤酒酵母、黏红酵母、白假丝酵母)。产碱性蛋白酶的菌株主要有地衣芽孢杆菌、解淀粉芽孢杆菌、短小芽孢杆菌、嗜碱芽孢杆菌、灰色链霉菌、费氏链霉菌等。

3. 其他酶类

其他酶类的用途和生产菌株总结见表 15-2-7。

表 15-2-7　其他酶类的用途和生产菌株

生产菌株	用途
葡萄糖异构酶 细菌:短乳杆菌、发酵乳杆菌、盖氏乳杆菌、李氏乳杆菌、甘露醇乳杆菌;产气杆菌、阴沟气杆菌、果聚糖气杆菌;凝结芽孢杆菌、嗜热脂肪芽孢杆菌等; 放线菌:白链菌、包氏链霉菌、多毛链霉菌、黄微绿链霉菌、橄榄色链霉菌、锈红链霉菌、委内瑞拉链霉菌、达氏诺卡氏菌、密苏里游动放线菌等	催化 D-木糖,D-葡萄糖等醛糖转化为相应的酮糖,是工业上大规模以淀粉制备高果糖浆的关键酶。
脂肪酶 细菌:假单胞菌属无色杆菌属、产碱杆菌属、节细菌属、芽孢杆菌属、伯克霍尔德菌属、色杆菌属等。 真菌:黑曲霉、嗜热棉毛霉、米赫毛霉、少孢根霉、德氏根霉、日本根霉、雪白根霉、米根霉、皱褶假丝酵母、南极假丝酵母、柱状假丝酵母等	又称甘油三酯水解酶,催化长链脂肪酸甘油酯水解的酶,也可以催化该反应的逆反应,许多微生物分泌的脂肪酶还可以催化酯化反应、酯交换反应、醇解反应、酸解反应及氨解反应等。
纤维素酶 酸性纤维素酶:绿色木霉、康氏木霉、嗜热脂肪芽孢杆菌等; 碱性纤维素酶:嗜碱芽孢杆菌等	也称 β-1,4-葡聚糖葡萄糖苷水解酶,是降解纤维素生成葡萄糖的一类酶的总称,不是单种酶,而是起协同作用的多组分酶系,作用于纤维素及其衍生物,分为碱性纤维素酶,酸性纤维素酶。
果胶酶 真菌:曲霉菌、青霉菌、核盘霉菌、盾壳霉菌等; 细菌:枯草芽孢杆菌、欧瓦杆菌等	果胶是一些杂多糖的化合物,在植物结构中充当结构物。果胶最主要的成分是由半乳糖醛酸通过 α-1,4-糖苷键连接而成,半乳糖醛酸中约有 2/3 的羧基和甲醇进行了酯化反应。果胶酶可以分成 3 种类型:果胶酯酶、聚半乳糖醛酸酶、果胶裂解酶。
葡萄糖氧化酶 真菌:黑曲霉、米曲霉、有点青霉、灰绿青霉、产黄青霉、微紫青霉、尼崎青霉、绳状青霉、胶霉属、拟青霉属、帚霉属; 细菌:弱氧化醋酸杆菌	催化葡萄糖与氧分子形成葡萄糖酸,对于 D-葡萄糖的 β-异构体呈现高度的专一性,与其他己糖、戊糖或双糖无氧化作用或极其微弱。

生产菌株	用途
凝乳酶 细菌:多黏芽孢杆菌; 真菌:分支型头霉、黑曲霉、米曲霉、冻土毛霉、大毛霉、总状毛霉、凝乳毛霉、柑橘青霉、扩展青霉、少孢根霉、米根霉等; 放线菌:链霉菌属、小单孢菌属、马杜拉放线菌属	凝乳酶是奶酪及凝乳酶干酪素生产中使牛乳凝固的关键性酶,它是一种天门冬氨酸蛋白酶,主要的生物学功能是有限剪切酪蛋白 Phe105-Met106 之间的肽键,从而导致牛奶的凝结,因此被广泛应用于奶酪制造业和干酪素产业

四、微生物多糖等功能活性成分

(一)多糖

微生物多糖可由许多细菌和真菌产生。根据多糖在微生物细胞中的位置,分为胞内多糖(intracellular polysaccharide,IPS)、胞壁多糖(cell wall polysaccharide)和胞外多糖(exopolysaccharide,EPS),其中胞外多糖由于产生量大且易与菌体分离而得到广泛关注。微生物多糖有着独特的药物疗效和独特的理化特性,使其成为新药物的重要来源,并被作为稳定剂、胶凝剂、增稠剂、成膜剂、乳化剂、悬浮剂和润滑剂等广泛应用于石油、化工、食品和制药等各个行业。

1.食用菌多糖

食用菌含有丰富的多糖物质,大多以葡聚糖为主,具有特殊的空间结构,是食用菌的主要功能成分。药理研究结果表明食用菌多糖具有抗炎、抗凝血、抗病毒、降血糖、延缓衰老、抑癌、降胆固醇、防止血管硬化、促进儿童生长发育的作用,具有很大的开发价值,在保健品、功能性食品等方面都可以得到广泛应用。

食用菌多糖种类繁多,一般有 5 类:杂多糖、甘露聚糖、葡聚糖、糖蛋白和多糖肽。目前已经开发利用的食用菌多糖品种主要有灵芝多糖、虫草多糖、酵母多糖、裂褶菌多糖、银耳多糖及香菇多糖等。

2.乳酸菌胞外多糖

(1)产胞外多糖的乳酸菌菌株 常见的乳品工业生产菌如德氏乳杆菌保加利亚亚种(*Lb. delbruecckii* ssp. *bulgaricus*)、瑞士乳杆菌(*Lb. helveticus*)、干酪乳杆菌干酪亚种(*Lb. casei* ssp. *casei*)、马乳酒样乳杆菌(*Lb. kefiranofaciens*)、嗜酸乳杆菌(*Lb. acidophilus*)、嗜热链球菌(*S. thermophilus*)、乳酸乳球菌乳脂亚种(*Lc. lactis* ssp. *cremoris*)、肠膜明串珠菌(*Leuc. mesenteroides*)等均能产胞外多糖。不同乳酸菌的 EPS 合成量不同,其中研究最多的有嗜热链球菌筛选菌株:*S. thermophilus* EU20、NCFB23393、IMDO01、SFi39 和 SFi12;保加利亚筛选菌株:*L. bulgaricus* CNRZ397、CNRZ1187、CNRZ416、LB1 和 LY03;乳酸乳球菌乳脂亚种筛选菌株:*L. lactis* subsp. *cremoris*、NIZOB40、NIZO B891、AHR53 等。

自 1982 年日本学者 Shiomi 等人报道乳酸菌 EPS 具有抗肿瘤作用以来,乳酸菌 EPS 引起了许多学者的注意。EPS 既可以作为益生素促进肠道内其他益生菌的生长,又与益生菌的抗肿瘤、抗瘘管、免疫调节、降胆固醇或调节血压作用有关,具有用作保健食品的巨大潜力。

(2)乳酸菌胞外多糖的应用研究 目前,多糖已广泛应用于工业、农业生产的许多方面。乳酸菌 EPS 与植物多糖比较具有独特和优良的物理特性,如在低浓度下,能增大黏滞性而不形成凝胶,微小的切变力,能很快增大流动性,并降低黏滞性,只要切变力消除,可迅速恢复原效应。由于转化率高,相对成本低,由葡聚糖明串珠菌生产的葡聚糖已应用食品生产的许多方面,但就大多数乳酸菌 EPS 而言,其生产成本相当高,因此在工业上应用不太可能,就目前来看,乳酸菌 EPS 主要用于改善发酵乳制品和干酪品质。

除食品领域外,乳酸菌 EPS 在化妆品、水的净化、灭火、药品、石油、喷印、造纸、农业化学杀虫等领域具有潜在应用价值。

3. 黄原胶

黄原胶是目前国际上集增稠、悬浮、乳化、稳定、安全环保等优越性能于一体的一种无味、无臭的天然生物胶。黄原胶水溶液具有突出的高黏性和水溶性、独特的流变特性、优良的温度稳定性、酶解稳定性、耐酸碱性和 pH 稳定性,还具有极好的兼容性,能与酸、碱、盐、表面活性剂、生物胶等互配。1988 年,我国卫生部批准将黄原胶列入食品添加剂行列,迅速被广泛应用,被用作乳化剂、增稠剂、黏合剂、增效保鲜剂、悬浮剂等。除食品工业外,黄原胶也被广泛用于石油开采业(详见本章第五节)。

随着生产工艺和生产技术的日趋成熟,黄原胶的发酵产率、糖化率得到大幅度提高,一般底物转化率 60%~70%,发酵周期由 72~96 h 缩短为 48~52 h。工业上主要采用野油菜黄单胞菌(*Xanthomnas campestris*)作为发酵菌株。其他发酵菌株还有菜豆黄单胞菌(*Xanthomnas phaseoli*)、锦葵黄单胞菌(*Xanthomnas malvacearum*)和胡萝卜黄单胞菌(*Xanthonmas carotae*)等。

(二)其他功能的活性成分

1. γ-氨基丁酸

γ-氨基丁酸又名 4-氨基丁酸(4-aminobutanoic acid,4-AB,简称 GABA)和 γ-氨酪酸,广泛存在于自然界,是哺乳动物中枢神经系统中重要的抑制性神经递质,具有调节血压、促使精神安定、促进脑部血流、增进脑活力、营养神经细胞、增加生长激素分泌、健肝利肾、预防肥胖、促进乙醇代谢(醒酒)、改善更年期综合征等多种生理活性。发达国家在生理机能方面的研究比较深入,而我国在此方面几乎是空白,但近几年应用研究已开始紧跟国际趋势。预计不久的将来,与 GABA 有关的保健制品将在国内外保健品市场上快速成长起来。

与化学合成法和植物富集法相比,用微生物发酵法生产 GABA 不受空间、环境、资源的限制,具有成本低、无化学残留、安全性好、产量高等显著优点,是生产医药及食品级 GABA 的一条理想途径。

早期研究以大肠杆菌发酵法生产 GABA 为主,利用大肠杆菌谷氨酸脱羧酶的脱羧作用,将 L-谷氨酸转化为 GABA,制品一般用于化工目的。除大肠杆菌外,利用含有谷氨酸脱羧酶的酵母菌、乳酸菌和曲霉等食品安全级(GRAS)微生物也可发酵制得 GABA。

以乳酸菌为例,日本大阪生物环境科学研究所筛选到高产 GABA 的乳酸菌 *Lactobacillus plantarum* M-10;1997 年日本学者 Hayakawa 筛选到短乳杆菌 IFO 10025,该菌株在 5% 谷氨酸为底物下,能积累产生 10 g/L 的 GABA。2003 年日本学者掘江典子筛选到的乳酸菌株积累的 GABA 达到 35 g/L 左右。与日本的研究相比,国内的研究起步较晚,发酵水平也存在太多差距,我国学者筛选到的菌株,发酵液中 GABA 的质量浓度为 3~5 g/L。

2. 共轭亚油酸

共轭亚油酸(conjugated linoleic acid,CLA)(图 15-2-5)是由必需脂肪酸亚油酸(Linoleic acid,LA)衍生的共轭不饱和双键位于不同位置的 18 碳共轭双烯酸几何异构体的总称。其主要的位置异构体包括 c8,c10;c9,c11;c10,c12 和 c11,c13 十八碳二烯酸。而各种位置异构体中的每个双键又可以顺式(cis-)或反式(trans-)构型存在。这样 CLA 的立体异构体就多达十几种甚至更多。其中 c9,t11-18:2 和 t10,c12-18:2 两种异构体被证实具有很强的生理活性。

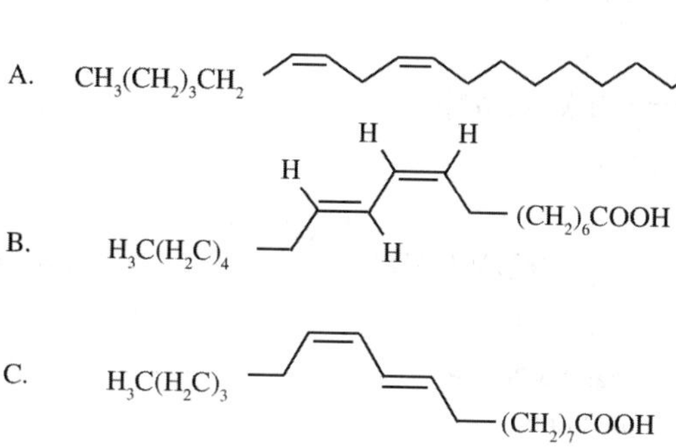

图 15-2-5　亚油酸和两种主要共轭亚油酸
（A. LA　B. c9, t11-CLA　C. t10, c12-CLA）

许多微生物能够利用自身的酶将亚油酸转化成 CLA,亚油酸异构酶可来源于多种微生物如乳酸杆菌属(*Lactobacillus*)、丁酸弧菌属(*Butyrivibrio*)、丙酸杆菌属(*Propionibacterium*)、真杆菌属(*Eubacterium*)等。其中 *Lactobacillus*、*Eubacterium*、*Butyrivibrio* 具有 c9,t 11 亚油酸异构酶的活性,*Propionibacterium* 还同时具有 t10,c12 亚油酸异构酶的活性。亚油酸对细菌的生长有一定的抑制作用,且 G^+ 菌比 G^- 菌对亚油酸更为敏感,其机理是由于亚油酸可引起细胞膜渗透性的改变,JIANG J 等认为细菌产生 CLA 的机制是为了消除亚油酸对细胞的危害。

3.活性肽

活性肽是蛋白质序列中某些特定的短肽。这些被提取的短肽不仅能提供人体生长、发育所需的营养物质和能量,还具有某些特殊的生理调节功能,这一类肽称活性肽,例如有抑菌肽、调节免疫肽、降血压肽、促钙吸收肽等,活性肽具有在体内容易被吸收、安全性极高、稳定性好等优点,因而作为功能因子添加到各种食品中。活性肽的研究日本起步较早,产品达数十种。

(1)谷胱甘肽　谷胱甘肽(glutathione,GSH)是由谷氨酸、半胱氨酸和甘氨酸通过肽键缩合而成的三肽化合物。谷胱甘肽的活性巯基（—SH）赋予其清除自由基的作用,使其能够对抗放射线、放射性药物或抗肿瘤药物所引起的白细胞减少,GSH 能与进入机体的有毒化合物、重金属离子或致癌物质等相结合,并促其排出体外,起到中和解毒的作用。临床上已应用 GSH 来解除丙烯腈、氟化物、一氧化碳、重金属或有机溶剂的中毒现象。GSH 可阻止 H_2O_2 氧化血红蛋白,防止溶血,保证血红蛋白能持续发挥输氧功能,因此,血红蛋白中含有丰富的 GSH（70 mg/kg）。GSH 还能保护含巯基酶分子中的巯基,有利于酶活性的发挥,并且能恢复巯基已被破坏的酶的活性;此外,GSH 还可抑制乙醇侵害肝脏产生脂肪肝。

GSH 的制备方法有溶剂萃取法、酶法、发酵法和化学合成法。发酵法通过大量制备酵母细胞,然后从中提取 GSH。

通过生物技术途径制备 GSH 有两种方法,一种方法是选育富含 GSH 的高产酵母菌株,再由此分离提取制得;另一种方法是通过培养富含 GSH 的绿藻,再用相似的方法提取。

（2）降血压肽　降血压肽是通过抑制血管紧张素转移酶（aniotensin converting enzyme，ACE）来实现降压功能的，因为 ACE 促使血管紧张素 I 转变为血管紧张素 II，后者使末端血管收缩导致血压升高。降血压肽调节血压的过程如图 15-2-6 所示。

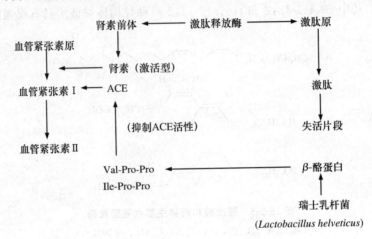

图 15-2-6　肾素-血管紧张素、激肽释放酶-激肽系统以及血管紧张素转移酶抑制肽（ACE-I）相互作用过程

血管紧张素原　Asp-Arg-Val-Tyr-Ile-His-Pro-Phe-His-Leu-Leu-Val-Tyr-Ser-R
血管紧张素 I　Asp-Arg-Val-Tyr-Ile-His-Pro-Phe-His-Leu
血管紧张素 II　Asp-Arg-Val-Tyr-Ile-His-Pro-Phe
血管紧张素转移酶抑制肽　Val-Pro-Pro-Ile-Pro-Pro

日本 Calpis 公司等花了约 10 年时间，从瑞士乳杆菌（*Lactobacillus helveticus*）中选育到可降解 β-酪蛋白生成降血压肽 Val-Pro-Pro 和 Ile-Pro-Pro 的菌株，并研制成活性饮料；Yakult 公司也生产了这种降血压肽饮料。

五、微生态制剂

微生态制剂又称益生素、活菌制剂等，指按照微生态平衡理论，人工分离正常菌群，并通过特殊工艺制成的活菌制剂。微生态制剂不仅能促进动物胃肠道正常微生物区系的建立，增强畜禽免疫力，减少疾病发生，促进生长，提高日增重，改善畜产品质量外，还产生多种氨基酸、维生素及一些未知的促生物质；还可刺激肠道免疫功能，及时杀死入侵病菌，又能减少氨及其他腐败物质的产生，阻碍有害物质及废物的吸收，可产生显著的经济效益和社会效益。

微生态制剂中含有大量有益菌及其代谢产物和生长促进因子，一般用动物胃肠道所分离的菌种制成。通常单胃动物的菌株为乳酸菌、芽孢杆菌和酵母菌；而真菌、曲霉菌等较适合于反刍动物。益生元是一类不被宿主直接吸收，但能选择性地促进宿主体内一种或多种有益菌的生长、代谢与繁殖，从而增进机体健康的有机质。大量的研究认为 4～5 个碳原子的寡聚糖、肽类蛋白质、类脂、水溶性维生素及环化淀粉都可作为益生元，这类制剂的主要特点是使肠道有益菌形成优势菌群从而达到维持机体健康的作用。目前，主要集中在寡聚糖的研究。据报道，添加低聚糖可提高仔猪日增重 24%，饲料生物学价值提高 10%，每公斤饲料成本下降 1%；另在断奶仔猪饲粮中添加甘露聚糖——寡糖，可明显提高仔猪的日增重，降低腹泻发生率，提高机体的细胞免疫和体液免疫水平，增强非特异性免疫力。

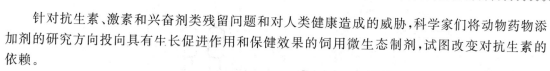

针对抗生素、激素和兴奋剂类残留问题和对人类健康造成的威胁,科学家们将动物药物添加剂的研究方向投向具有生长促进作用和保健效果的饲用微生态制剂,试图改变对抗生素的依赖。

用于制备微生态制剂的益生菌有乳酸菌、芽孢杆菌、酵母菌、光合细菌、双歧杆菌、弧菌和产丁酸细菌等,它们可单独利用,但往往以一定比例制成复合微生态制剂(芽孢杆菌、乳酸菌与酵母菌组方比为 2:1:2),或制备成加酶益生菌(含有杆菌、双歧杆菌、乳酸杆菌、酵母菌、光合菌和 α-淀粉酶、糖化酶、蛋白酶等)。

世界上已有许多国家大量使用微生态制剂,日本每年用量在 1 000 t 以上。在我国,目前尚处于研制和应用的起步阶段。郭维烈等认为:微生态制剂在推广应用方面的主要问题是产品加工处理后稳定性差,细菌易失活,功效降低。除了和产品的质量有关外,还应考虑该产品是否能平衡肠道的生态系统。毕竟禽畜肠道菌群的生成是长期进化的结果,一种适于某类动物的活菌制剂不一定适于另一类动物,在使用时应加以注意。值得注意的是,一种现在无毒副作用的菌株,将来可能因为理化、微生物毒素和菌种本身原因引起负性突变,所以应定期对生产菌种进行安全试验检测。

六、抗生素等其他生物药品

(一)抗生素和干扰素

1.抗生素

目前,已报道的抗生素在数量上超过了 8 000 种,并以每年发现上百种新抗生素的速度不断上升。在目前市售的 50 多种抗生素中,由放线菌产生的有 40 种,由细菌和霉菌产生的分别有 6 种和 5 种。随着检测类群的扩大与遗传工程技术和计算机模拟技术在新抗生素筛选中的应用,大批新抗生素将不断得以开发和利用。常用抗生素的产生菌及其作用机制见第八章第四节之抗生素作用机理。

青霉素是最早发现、迄今一直在临床上广泛应用的一种高效低毒的抗生素,主要由产黄青霉(*Penicillium chrysogenum*)分泌产生,生产工艺流程见图 15-2-7。

由于青霉素 G 的抗菌谱较窄,而且在长期的临床应用中,已不断有抗药性细菌出现。为了拓宽其抗菌谱和避开细菌的抗药性,研究者发现在保持青霉素的 β-内酰胺环的条件下,可以采用化学合成法,改造青霉素 G 的侧链酰基而制成广谱、耐抗药性菌株的新型半合成青霉素。常用的有氨苄青霉素(ampicillin)、羧苄青霉素(carbenecillin)、二甲氧基苯青霉素(methicillin)等。

通过重组 DNA 技术增加微生物中编码某种影响抗生素合成的关键酶的基因拷贝,就可以提高这种酶的表达量,提高抗生素产量。利用现代基因工程技术还可以改善抗生素的组分、改进抗生素生产工艺、产生杂合抗生素等。

2.干扰素(interferon,IFN)

干扰素(interferon,IFN)是人体细胞分泌的一种活性蛋白质,具有广泛的抗病毒、抗肿瘤和免疫调节活性,是人体防御系统的重要组成部分。现已临床用于人类癌症治疗,如骨瘤、乳癌等。根据其分子结构和抗原性的差异分为 α、β、γ、ω 4 种类型。早期,干扰素是用病毒诱导人白细胞产生的,产量低,价格贵,远远不能满足需要。现在可以利用基因工程技术在大肠杆菌中表达,通过工业发酵进行生产。发酵产物再经提取、纯化后,产品不含杂蛋白,效价、活性、

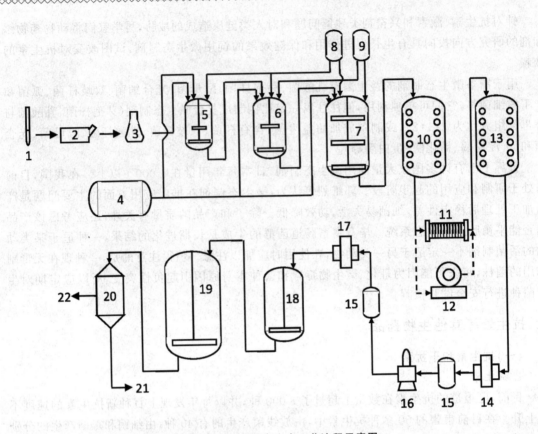

图 15-2-7　青霉素生产工艺流程示意图

1,2,3,5,6.培养 4.基质储备罐 7.发酵罐 8.消沫剂 9.前体 10.冷却罐 11.板片冷却器 12.真空转动滤器 13.培养物滤液贮放罐 14.第一次抽提 15.中间容器 16.第二次抽提 17.第三次抽提 18.脱水器 19.沉淀罐 20.抽滤器 21.溶剂回收 22.青霉素的干燥及进一步提纯

纯度、无菌试验、安全毒性试验、热源质试验等均符合标准。

(二)免疫制剂

人们利用微生物及其代谢产物制备成各种免疫制剂或免疫调节剂,用于主动免疫、免疫治疗和免疫调节。

1.人工主动免疫制剂

(1)活苗　有强毒菌、弱毒苗和异源苗 3 种。强毒菌的免疫过程也是散毒过程,存在较大的危险,使用时必须慎重。弱毒苗是目前使用最广泛的疫苗种类,毒力虽已经减弱,但仍保持原有的抗原性,并能在体内繁殖,因而较少的剂量即可诱导产生较强的免疫力。异源苗是具有共同保护性抗原的不同种病毒制备成的疫苗。例如用火鸡疱疹病毒接种预防鸡马立克病,用鸽痘病毒预防鸡痘等。

(2)死苗　病原微生物经理化方法灭活后,保留免疫原性,接种后使动物产生特异性抵抗力,这种疫苗称为死苗或灭活苗,其优点是研制周期短,使用安全和易于保存,缺点是使用接种剂量较大,免疫期较短,需加入适当的佐剂以增强免疫效果。目前使用的死苗有组织灭活苗、油佐剂灭活苗等。

(3)代谢产物和亚单位疫苗　细菌的代谢产物如毒素、酶等都可制成疫苗,破伤风毒素、白

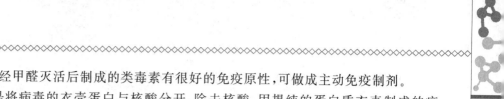

喉毒素、肉毒毒素经甲醛灭活后制成的类毒素有很好的免疫原性,可做成主动免疫制剂。

亚单位疫苗是将病毒的衣壳蛋白与核酸分开,除去核酸,用提纯的蛋白质衣壳制成的疫苗。此类疫苗只含有病毒的抗原成分,无核酸,因而无不良反应,使用安全,效果较好。已成功的有猪口蹄疫、伪狂犬病、狂犬病、水泡性口炎,流感等亚单位疫苗。

（4）生物技术疫苗

①基因工程亚单位疫苗:用重组技术将编码病原微生物的保护性抗原基因转入受体菌,使其在受体细胞中高效表达,提取保护性抗原肽链,加入佐剂制成基因工程亚单位疫苗。

②合成肽疫苗:指用人工合成的肽抗原与适当载体配合而成的疫苗。如乙型肝炎表面抗原的各种合成类似物即可制成该种疫苗。

③基因工程疫苗:包括基因缺失疫苗和活载体疫苗两类。基因缺失疫苗在生产时,删除了主要毒力基因(TK)和非必需糖蛋白基因(gG 或 gE),故安全性好,免疫力坚实,免疫期长,诱导产生黏膜免疫,是较理想的疫苗。活载体疫苗是用基因工程技术将保护性抗原基因(目的基因)转移到载体中使之表达的活疫苗。

2. 人工被动免疫制剂

人工被动免疫制剂是专用于免疫治疗的免疫制剂。包括抗毒素、抗病毒血清和免疫球蛋白制品等。

3. 免疫调节剂

能增强、促进和调节免疫功能的非特异性生物制品,称为免疫调节剂。它在治疗免疫功能低下、某些继发性免疫缺陷症和某些恶性肿瘤等疾病中,具有一定的作用,而对免疫功能正常的人一般不起作用。来源于微生物的免疫增强剂有 BCG(*Bacillus Calmette-Guerin*)菌体、溶链菌 OK-132 菌体、N-CWS(*Nocarclia iubra*)细胞骨架、香菇多糖(*lentinan*)、云芝多糖 K(*krestin*)等。免疫抑制剂有环孢菌素 A(cyclosporin A)、藤霉素(tacrolimus,FK-506)、雷帕霉素(rapamycin,RPM)、都那霉素(dunamycin)等,在临床上应用已取得良好效果。

（三）酶抑制剂

利用微生物生产各种酶抑制剂来调整酶的表达量或酶的活性,在临床上已有 8 种酶抑制剂用于治疗非淋巴性白血病、抑制牙垢形成、高脂血症、糖尿病和成人 T 细胞白血病等。

（1）与蛋白质代谢相关的酶抑制剂　包括内肽酶抑制剂,如由玫瑰链霉菌(*Streptpmyces roseus*)产生的以纤维蛋白酶为靶酶的亮肽素(*leupeptin*)、由蜡状芽孢杆菌(*Bacillus cereus*)产生的以硫醇蛋白酶为靶酶的硫醇蛋白酶抑素(thiolstatin)和外肽酶抑制剂等。

（2）与糖代谢相关的酶抑制剂　如由灰孢链霉菌(*S. griseosporeus*)生产的以α-淀粉酶为靶酶的 haim I 和 haim II。

（3）与脂质代谢相关的酶抑制剂　如由柠檬酸青霉(*Penzcillum citrinum*)生产的以 HMG-CoA 还原酶为靶酶的 compactin 等。

（四）微生物毒素的药物应用

许多细菌和真菌可以产生毒素。正如任何事物都有两面性一样,这些微生物毒素同样是人类的重要医药宝库,有如下应用:

（1）可直接用作药物　如肉毒毒素可用于治疗重症肌无力和功能性失明的眼睑及内斜视,以及用作美容品。将白喉毒素的 A 链与多种癌细胞的抗体连接研制出导向抗癌药物,即生物导弹。

（2）以微生物毒素为模板，改造和设计抗病抗癌和治疗新药。

（3）作为疫苗使用及制备抗毒素。

（4）作为超抗原使用　许多微生物毒素本身就是超抗原，是多克隆有丝分裂原，激活淋巴细胞增殖的能力远比植物凝集素高 10～100 倍，可用于治疗自身免疫性疾病。

（5）从毒蘑菇毒素中寻找抗癌新药　毒蘑菇毒素已显示出抗癌和延缓癌变进程的良好前景。

第三节　微生物在农业中的应用

一、微生物农药

微生物农药在生物农药中占有重要地位，也是各国竞相发展的产业，它是利用微生物本身或其代谢产物防治病、虫、杂草的制剂。已商品化的微生物农药主要包括抗生素、细菌杀虫剂、真菌杀虫剂、病毒杀虫剂、细菌和病毒混合杀虫剂和微生物除草剂等。

(一)细菌杀虫剂

1938 年世界上第一个苏云金芽孢杆菌商品制剂（Sporeine）在法国问世，由于其具有杀虫特异性强，对人、畜和非目标昆虫无毒副作用和不污染环境等优点，该杀虫剂目前已成为世界上产销量最大的生物农药。随着研究工作的深入，已报道的苏云金芽孢杆菌已达到 82 个亚种、69 个血清型。杀虫范围也从鳞翅目扩展到鞘翅目和螨类等节肢动物，有些亚种还对植物寄生线虫、原生动物和扁形动物有特异性的杀虫活性。随着对杀虫基因的定位、表达与调节研究的深入，到 1999 年已命名 28 群共 176 个毒素蛋白基因，并已采用基因工程技术构建出 10 多个高毒力、广谱的新型重组菌杀虫剂进入商业化生产。此外，还相继成功地将苏云金芽孢杆菌的毒素蛋白基因克隆到棉花、大豆、玉米和马铃薯中表达，抗虫的转基因作物已先后在美国、欧洲和我国推广。大面积推广应用的试验结果表明，苏云金芽孢杆菌杀虫剂可有效防治小菜蛾、菜青虫、松毛虫等 500 余种昆虫的危害。

其他细菌杀虫剂主要有日本甲虫芽孢杆菌杀虫剂，该菌是金龟子幼虫（蛴螬）的专一性病原菌，蛴螬吞食金龟子芽孢杆菌后，从中肠侵入，在体腔内迅速繁殖，并导致死亡，从死亡虫体释放的菌体又能再次感染其他蛴螬，造成金龟子幼虫的快速大量死亡，其药效可在土壤中持续多年，因而是理想的防治金龟子危害的长效微生物杀虫剂。但金龟子芽孢杆菌由于在人工培养基上很少形成芽孢，其生产工艺仍需靠感染蛴螬的扩增方法进行，工业化的规模生产方式仍需进一步研究改进。其次是球形芽孢杆菌杀虫剂，该菌也像苏云金芽孢杆菌一样，形成对蚊幼虫有毒杀作用的伴孢晶体，含有 51 ku 和 42 ku 两个蛋白质亚基，只有它们共同存在时才有杀虫活性。

(二)真菌杀虫剂

以球孢白僵菌（*Beauveria bassiana*）为代表的真菌杀虫剂也在国内外广泛用于农业害虫的生物防治。白僵菌是一种广谱寄生真菌，能感染鳞翅目、鞘翅目、直翅目等 6 目 15 科 200 多种昆虫与螨类。当白僵菌的分生孢子接触到昆虫体表后，在适宜条件下萌发长出芽管并分泌几丁质酶溶解表皮，使菌丝进入体内生长繁殖，并产生称为白僵菌素的毒素和草酸钙结晶，从而使昆虫因细胞组织破坏和代谢功能紊乱而死亡。死亡的虫体内部充满菌丝,表面长出白色絮状的气生菌丝和分生孢子,并因严重脱水变成白色僵尸。

白僵菌在以黄豆饼粉或玉米粉为主的固体发酵培养基上生长良好,营养生长的最适温度为 22～26℃,孢子形成期(4 d 以后)为 28℃。发酵完成后的物料经气流干燥粉碎,即可包装出厂,成品制剂的活孢子数达 50 亿～100 亿/g。也可采用深层液体通气培养法进行规模化生产,其生产工艺与苏云金芽孢杆菌相似,但产品以抗逆性较低的芽生孢子为主。我国已将白僵菌杀虫剂用于防治松毛虫、玉米螟、大豆食心虫、稻叶蝉、稻虱、高粱条螟、甘薯象鼻虫、马铃薯甲虫、果树红蜘蛛、黏虫和茶毒蛾等农业害虫,均已取得较显著的防治效果。

(三)病毒杀虫剂

早在 20 世纪 40 年代初,以杆状病毒(baculovirus)为代表的病毒杀虫剂就应用于欧洲云杉叶蜂的生物防治。迄今,全世界已有 50 余种病毒杀虫剂成功地用于防治棉铃虫、松叶蜂、粉纹夜蛾、松毛虫和黏虫等农林害虫。杆状病毒是具有囊膜的双链 DNA 病毒,能感染以鳞翅目为主的 600 多种昆虫和某些甲壳类的无脊椎动物,但不感染人、畜等脊椎动物和植物。

感染病毒的幼虫初期动作迟钝、食欲减退或停止取食,继而虫体肿胀,表皮变黄发白,一般在 4～7 d 内死亡。

目前,国际上已有棉铃虫核多角体病毒、甜菜夜蛾多角体病毒和芹菜夜蛾多角体病毒等 8 种杆状病毒杀虫剂进入商品化生产。我国研究者发现了 200 多种昆虫杆状病毒,已有 20 余种进入大田应用试验和生产示范,其中棉铃虫多角体病毒、斜纹夜蛾多角体病毒和草原毛虫多角体病毒等 3 种杀虫剂已进入商品化生产。由于病毒杀虫剂的生产主要依靠大量饲养寄主昆虫来增殖病毒,或采用感染组织培养的敏感昆虫细胞来生产病毒杀虫剂,因成本昂贵、病毒感染力降低、杀虫速度较慢和杀虫谱过于专一而影响了在农业上的应用。近年来,随着分子生物学技术和杆状病毒表达系统研究的发展,一批新的能同时表达苏云金芽孢杆菌杀虫蛋白、蝎子致死神经毒素、昆虫生长激素或酶的重组杆状病毒杀虫剂正在加紧研制,有望在短期内投产一批高效、广谱的新型病毒杀虫剂。

二、微生物肥料

1. 微生物肥料简述

表 15-3-1 为目前工业生产的一些微生物肥料。还有将固氮、解磷、转换矿物、抗病害的微生物混合培养制成的复合微生物肥料。使用微生物肥料,可缓解由于长期大量施用化肥带来的土壤结构破坏、环境污染等严重问题,而且生产工艺安全、简便、成本低、原料可因地制宜、来源容易。但当前微生物肥料还是一种辅助性肥料,不能完全代替有机肥料和化学肥料,还有许多方面值得进一步研究和开发。

表 15-3-1 一些微生物肥料实例

肥料类别	菌种	主要作用	主要用途
固氮菌肥料	固氮菌属 (Azotobacter) 梭菌属的固氮菌 鱼腥藻属等的菌种	固氮	谷物、棉花、蔬菜的氮肥,增加土壤中氮素含量

续表 15-3-1

肥料类别	菌种	主要作用	主要用途
根瘤菌肥料	根瘤菌属（*Rhizobium*）弗兰克氏菌属（*Frankia*）等的菌种	固氮	豆科和木本非豆科植物共生固氮,增加土壤中氮素含量
磷细菌肥料	解磷的巨大芽孢杆菌（*B. megaterium*）氧化硫硫杆菌（*Thiobacillus thiooxidodans*）	将土壤中不溶磷转化为可溶磷	各种农作物磷肥

2. 微生物菌剂

这是指有益微生物经过工业化生产扩繁后制成的,或与利于该培养物存活的载体吸附而制成的活体制剂,用以改善植物营养,提高土壤供肥能力,提高农作物产量,改进品质和增强抗逆性。微生物菌剂按产品所含的微生物种类可划分为根瘤菌剂、固氮菌剂、解磷微生物菌剂、硅酸盐微生物菌剂、光合细菌菌剂、促生菌剂、菌根菌剂和复合微生物菌剂等。

(1)根瘤菌剂　这是能在豆科植物根部结瘤固氮,供应豆科植物氮素营养的根瘤菌活体制剂。1896 年在欧洲出现的根瘤菌剂是最早商品化的微生物接种剂,也是迄今应用范围最广、接种效果稳定的接种剂之一。根瘤菌剂一般具有良好的增产效果,尤其是从未种植过该豆科植物的"新区",能够显著增产。

(2)固氮菌剂　这是以自生或联合固氮的细菌为接种菌的微生物活体制剂。我国曾在 20 世纪 50 年代与 70 年代进行过大量的试验研究,发现其增产效果随作物种类、土壤类型和肥力水平而异,一般对蔬菜作物和在有机质含量较高的肥沃土壤中表现较好的增产效果。新近研究结果表明,其促生作用机制并不局限于固氮作用,也与接种菌产生的植物生长刺激素和抗菌物质有关。自生与联合固氮菌主要定殖于植物根圈和根表,有些联合固氮菌也能在根系表皮和皮层细胞间定殖。由于未能形成类似根瘤的特化共生体系,其固氮活性大多受碳源供应、化合态氮、通气性和温度等环境因素的影响,固氮效率明显低于根瘤菌。

(3)解磷微生物菌剂　这是以能将土壤中难溶性磷转化为植物可利用的有效磷的微生物为接种剂的活菌制剂。解磷微生物有巨大芽孢杆菌（*Bacillus megaterium*）和黑曲霉（*Aspergillus niger*）等,虽然表现出一定的应用效果,但其转化效率受到土壤、气候和植物等多种因素的综合影响,尚未在农业生产上普遍推广。

(4)硅酸盐微生物菌剂　这是以能将土壤中的难溶性的含钾的铝硅酸盐转化为有效钾,并分泌有益代谢产物的微生物为接种剂的活菌制剂,亦称为钾细菌制剂。在 20 世纪 50 年代,曾推广应用过以胶质芽孢杆菌（*Bacillus mucilaginosus*）为代表的硅酸盐细菌肥料。近年来的研究进一步证实,其应用效果主要来源于微生物的促生和抗病作用,它们对甘薯、马铃薯和烟草等喜钾作物,以及蔬菜、水稻和小麦等均表现出一定的增产效果。

(5)复合微生物菌剂　这是指含有两种或两种以上互不拮抗的微生物,或一种以上微生物与无机营养元素复配的活菌微生物制剂,如生产上常用的 EM 菌剂(effective microorganisms),就是由芽孢杆菌、乳酸菌、酵母菌和光合细菌等组成的复合菌剂。由于不同微生物的特性与生长的环境条件各异,在生产工艺上应将上述微生物分开,各自培养。经检验合格后,再按一定的比例混合,加入到灭菌的草炭等吸附剂中。考虑到微生物之间及其在土壤中与植物

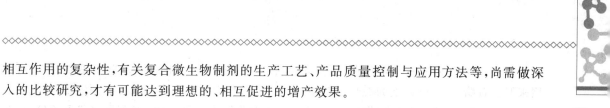

相互作用的复杂性,有关复合微生物制剂的生产工艺、产品质量控制与应用方法等,尚需做深入的比较研究,才有可能达到理想的、相互促进的增产效果。

三、微生物饲料

微生物饲料包括青贮饲料、发酵饲料、单细胞蛋白(single cell protein,SCP)。

1.青贮饲料

在青贮饲料上附有多种微生物,包括乳酸细菌、酵母菌及丁酸细菌、腐败细菌、霉菌等。乳酸菌和酵母菌在厌氧条件下,以青贮原料渗出的单糖和氨基酸作养料生长、繁殖,进行乳酸发酵或乙醇发酵。乳酸菌和酵母菌不能破坏植物组织细胞,产生的乳酸和乙醇又能抑制杂菌的生长,这不仅达到了保存青贮饲料和多汁饲料的目的,而且还提高了饲料的适口性,增加了微生物蛋白和维生素。若不接触空气,青贮饲料可以保存较长时间而不腐烂变质。

2.糖化饲料

糖化饲料是以秸秆粉为主要原料,或加一些精料及少许无机盐和氮源,通过天然发酵或加曲发酵而得到的适口性较好(香、甜、酸、软)的发酵饲料。

糖化曲中的微生物主要是曲霉属(*Aspergillus*)、根霉属(*Rhizopus*)、毛霉属(*Mucor*)的一些具有糖化酶的种类及乳酸细菌和酵母菌等。它们的共同作用导致淀粉的糖化及某种多糖类的部分水解,乳酸发酵为主的产酸作用,乙醇发酵产生少量乙醇,产生芳香性发酵产物如酯类等,改变了饲料的物理学性状,使其质地变软并具有熟食般的色泽。这种发酵饲料适口性大大改善,蛋白质含量增加,并在一定程度上提高了饲料的可消化性。实践表明,用糖化饲料喂猪,不易生病,可节省精饲料,但应与精饲料混合使用。

3.微生物蛋白饲料

微生物细胞富含蛋白质。一般细菌的干物质中含蛋白质50%~80%,酵母菌含40%~60%,所含氨基酸品种优良,还含有多种维生素。因此,利用廉价的原料生产微生物蛋白饲料是一项十分重要的技术。

(1)利用植物废弃物做原料 酒糟是酿酒业的废弃物,利用其通气培养酵母菌可得到优质的酵母饲料。利用制糖业的废糖蜜做原料,补充氮源和磷素,适宜条件下通气培养白地霉(*Geotrichum candidum*)可制成白地霉饲料。我国科技工作者已选育出产孢子少的黑曲霉突变株,并成功利用其与白地霉的偏利互生关系,直接以木薯渣等淀粉质废弃物为原料生产菌体蛋白饲料。这项用双菌混生不灭菌固体发酵生产技术,工艺独特、效果良好,已被列入国家级"星火计划"。利用造纸业和木材加工业的亚硫酸水解液,经过中和、沉淀除去亚硫酸,补充氮源和无机盐,适宜条件下保温通气培养假丝酵母(*Candida* spp.),亦可生产蛋白质饲料。利用曲霉7465酶解碱法制浆造纸厂废液中的细小纤维,得糖率达50%以上,利用此糖化液培养白地霉,可获得丰富的菌体蛋白。同时为造纸厂的环境保护和综合利用开辟了一条新途径。

各种以农副产品为原料的工厂,如酒厂、酿造厂、粉丝厂、食品加工厂、肉类加工厂等的废渣、废液中都含丰富的碳、氮及微量元素等多种养分,均可用来培养微生物生产蛋白饲料,同时也有利于环境保护。

(2)利用天然气和石油做原料 许多种甲基营养型微生物(细菌、酵母菌、少数放线菌和霉菌)能利用天然气(含甲烷90%左右)作为碳源和能源,外加氮源和无机盐进行发酵培养,生产微生物蛋白饲料。天然气具有价格低廉、来源广泛、菌体产量高、回收容易等优点。

在石油加工业中,一些酵母菌(假丝酵母属和球拟酵母属)和细菌(以假单胞菌为主)可被用来脱去石蜡(十一碳以上的烷烃),在生物脱蜡的过程中同时来生产微生物菌体蛋白质。

(3)利用光能和二氧化碳做原料　藻类和蓝细菌等光合微生物,可利用光能和 CO_2 作为能源和碳源,利用尿素或硫酸铵及氮气作为氮源,大量生长繁殖,生产出廉价的微生物蛋白饲料。利用固氮蓝细菌生产蛋白饲料,还可免去添加氮源。

(4)利用垃圾中的纤维素类物质做原料　城市垃圾中的破布、废纸等纤维素类物质多,有的已利用垃圾原料培养耐高温的小单孢放线菌,生产菌体蛋白作饲料。

第四节　微生物在环境保护中的应用

随着人类工业化进程的不断加速,对地球自然生态环境的破坏日益加剧,虽然化肥和农药的广泛使用在提高农作物产量上发挥了重要作用,但也严重地污染和破坏了土壤、河流和湖泊等生态环境。在采矿、冶炼、电镀、染料、制革和造纸等生产的工业废水中,许多含有过量的汞、镉、铅、砷和硒等有毒元素,或过量的酸碱等化学物质。城镇人口的粪尿、洗涤和生活污水若不经处理而直接排放,均会造成严重的环境污染。因此寻找更合理的"三废"治理方案,成为当今环保业的重大课题。近十多年来发展起来的利用微生物进行"三废"治理取得了显著的成效。

一、化学农药的微生物降解

多数农药是天然化合物的类似物,因而可以作为微生物的代谢底物被分解利用,最终生成无机物、CO_2 和 H_2O。某些人工合成的化学农药难以被微生物直接作为代谢底物而降解,但若存在另一种可作为微生物碳源和能源的辅助营养物时,也可以被部分降解,这一作用又称为共代谢作用。已知某些细菌在利用苯酸酯生长时对除草剂和三氯苯酸有共代谢作用。由于微生物不能直接从共代谢农药中获得能量和碳源,其降解速度很慢,也不能使参与降解作用的细菌增殖。

二、无机与有机污染物的微生物转化与降解

1. 无机污染物的微生物转化

微生物在无机污染物的转化中起着重要作用。金属矿床的开采,金属材料的加工,金属制品的使用等使大量的金属污染物排入环境,被雨水浸淋,流入江河,严重影响水产养殖业及人类健康。金属污染物再通过生物体的富集和转化造成更严重的后果。其中对生物毒性较大的金属有汞、砷、铅、镉、铬等。重金属对人类的毒害与其浓度及存在状态有密切关系,六价铬比三价铬毒性大,有机汞和有机铅化合物的毒性超过其无机化合物的毒性。微生物不能降解重金属,只能使它们发生形态间的转化及分散、富集它们,通过改变重金属的存在状态改变其毒性。如汞以元素汞、有机汞和无机汞化合物 3 种形式存在,一般无机汞对人的毒性最小,烷基汞毒性最大,如甲基汞的毒性比无机汞高 50～100 倍。

已知有 4 种细菌能将甲基汞转化成甲烷和元素汞,用这些细菌菌体吸收含汞废水中的甲基汞、乙基汞、硝酸汞、乙酸汞、硫酸汞等水溶性汞还原成元素汞,再将菌体收集起来,回收金属汞。微生物也能将砷转化为三甲基砷,许多细菌如无色杆菌可将亚砷酸盐氧化为砷酸盐,甲烷

细菌、脱硫弧菌等也能将砷酸盐还原为毒性更大的亚砷酸盐。铅在细菌、藻类细菌中积累不会致死,所以可用这些微生物富集铅,铅也能通过微生物甲基化产生四甲基铅。

2.有机污染物的微生物降解

堆肥化是在控制条件下,使有机废弃物在微生物(主要是细菌)作用下,发生降解,使其结构蓬松、无臭,病原菌大幅被灭活,体积减小,水分含量降低。由于废弃物经过堆肥处理后,腐殖化程度极大提高,因此,相比于未经堆腐的废弃物,农地利用不会出现烧苗、烧根的现象。而且能极大改善土壤结构性能,提高土壤保水保肥能力,堆肥本身又富含大量的微生物,因而使用堆肥可明显提高土壤的生物活性,有效加速土壤物质的生物化学循环。按堆制过程的需氧情况把堆肥分为好氧堆肥和厌氧堆肥。好氧堆肥亦称高温堆肥法,是在通风有氧条件下的分解发酵过程,堆温高,一般在55℃以上,可维持7～11 d,极限可达80℃以上。由于好氧堆肥法周期短、无害化程度高、卫生条件好、易于机械化操作等优点,在污泥、城市垃圾、畜禽粪便和农业秸秆等堆肥中广泛采用。好氧堆肥的微生物学过程大致分为产热阶段、高温阶段和腐熟阶段,每个阶段都有其独特的微生物类群。

三、微生物与污水的生物净化处理

(一)活性污泥法

活性污泥法自1914年采用以来,一直是国内外污水生物处理的主要方法。其处理装置主要由曝气池和沉淀池两部分组成。

曝气池能不断通入空气,利用池中活性污泥所含的微生物,快速降解污水中的各类有机质。活性污泥是以好气性细菌为主的微生物和水中的胶体与悬浮物质混杂在一起形成肉眼可见的絮状颗粒,大小为0.05～0.5 mm,表面积为20～100 cm^2/mL,比重为1.002～1.006,在静置时,能相互凝聚形成较大的颗粒而沉降。活性污泥具有很强的吸附力、pH缓冲力和氧化降解有机质的能力,在污水处理中除能降解有机质外,也能通过离子吸附或形成有机络合物的方式,沉淀污水中的金属离子或某些有机物。

经过曝气处理的上层污水和其中所含的活性污泥一道进入沉淀池,进一步彻底氧化分解。由于沉淀池不再通空气,其下层经过厌氧微生物的分解作用,活性污泥将因相互凝聚而沉降到池底。上部的清水经检验达标后,可向环境排放或循环利用。沉降于池底的活性污泥,小部分将回流至曝气池再利用,大部分则被排至污泥池,以供进一步处理。近年来,有人将污泥加入有机质,并接种纤维分解菌与固氮菌进一步转化,再与化肥配合生产生物有机肥,从而开拓出一条污泥再利用的新途径。活性污泥对金属离子的去除率各异,如铅的去除率可高达78%,但镍只有1%。而其他金属离子的去除率则在两者之间。

(二)生物膜法

本法是利用洒滴池、塔式滤床、生物转盘或浸没法等生物滤池处理污水的方法。洒滴池也称洒水滤床,是一个厚度为2 m的碎石(直径2.5～10 cm)滤床。污水由顶部洒入,沿碎石块表面缓慢下流,其中所含的微生物在滤床的适宜生境条件下,附着于碎石表面,生长繁殖形成生物膜。初期的生物膜是好气的,但随着厚度的增加,膜下层逐渐形成厌氧环境。污水中的有机物质多在生物膜表面的好氧区为细菌所分解,或作为养料被原生动物吞食。随着处理时间的增加,附着于石块上的生物膜厚度也不断加大,厌氧区也随之增加,过厚的生物膜最终将因基部附着力的减弱而与石块分离脱落,并从下部暗渠排出,碎石可重新开始形成新的生物膜。

本法的处理效果较活性污泥法低,其 BOD 值虽然也可以降至一定的水平,但对非生物降解的污染物的去除效果较差。一般需要辅以活性炭过滤或通氯气消毒等方法,经过进一步处理后才能达标排放。

第五节　微生物在其他领域中的应用

一、清洁能源的微生物生产

(一)沼气发酵

沼气是一种以甲烷为主的混合气体,是微生物在厌氧条件下分解有机物的产物。其中甲烷占 60%～70%,二氧化碳为 30%～35%,还有氢、硫化氢、一氧化碳、氮和氨。

1. 沼气发酵微生物

沼气发酵是多种微生物的共同作用。参与沼气发酵的微生物均属于严格厌氧性微生物。包括发酵细菌群(分解淀粉、蛋白质和纤维素的细菌)、同型产乙酸细菌群、产氢气产乙酸细菌群以及产甲烷细菌群 4 大类型。产甲烷细菌在沼气发酵中起关键作用,是一类严格厌氧,对氧气十分敏感,它们不能形成芽孢,一般为中温型,少数为高温型,适宜 pH 为中性或微碱性。它们在生理上的共同特点是能将 H_2、CO_2 氧化还原为甲烷,也能转化醋酸或甲醇生成甲烷,不能以碳水化合物、蛋白质等复杂有机物作碳源和能源,均以 NH_4^+ 为氮源。

2. 沼气发酵原理

沼气发酵是各种有机质在无氧环境中经多种微生物的作用产生沼气的过程。这一过程大致分为 3 个阶段。第一阶段为液化阶段,指发酵细菌将淀粉、蛋白质和纤维素等固体有机物质转化成可溶性物质的过程。第二阶段为产酸阶段,同型产乙酸细菌和产氢气产乙酸细菌利用第一阶段产生的可溶性物质,将其转化成小分子的有机酸、醇等简单有机物及 H_2、CO_2、NH_3、N_2 等气体,其中以挥发性酸——乙酸比例最大。第三阶段为产甲烷阶段,产甲烷细菌将简单的有机物转化成甲烷和 CO_2,并将 CO_2 还原成甲烷。

(二)酒精发酵

利用微生物发酵生产的醇类中,与燃料有关的主要是酒精和甲醇。酒精可用来代替石油,是一种取之不尽的能源。目前,除淀粉质和糖质原料外,也可用纤维素质原料发酵生产酒精。

酒精发酵的基本原理参见本书第七章微生物的代谢。酒精发酵的微生物主要分糖化菌和酒精发酵微生物两大类。糖化菌能产生淀粉酶,主要用于淀粉的水解。生产中主要用的糖化菌是曲霉和根霉。曲霉有黑曲霉、白曲霉,黄曲霉和米曲霉等,黑曲霉中以邬氏曲霉、泡盛曲霉和甘薯曲霉应用最广。黄曲霉和米曲霉分解蛋白质的能力很强。根霉(*Rhizobus*)存在于酒曲之中,是淀粉发酵法主要的糖化菌。酒精发酵的微生物主要是酵母菌,品种有啤酒酵母、葡萄汁酵母、裂殖酵母、克鲁维酵母等,常用的菌株有拉斯 2 号、拉斯 12 号、K 字酵母、南阳五号酵母(1300)、南阳混合酵母(1308)、日本发研号、卡尔斯伯酵母等。用于酒精发酵的细菌有梭状芽孢杆菌、运动发酵单胞菌、橙黄螺旋体菌、解淀粉欧文氏菌、肠膜状明串珠菌、耐热厌氧菌、嗜热芽孢杆菌等。

酒精生产所用的纤维素原料主要包括农作物秸秆、森林采伐和木材加工剩余物等,这些物质主要成分是纤维素、半纤维素和木质素。纤维素和半纤维素经过酸或酶水解制成糖液后,再经过微生物发酵转化为酒精。酒精发酵常用的糖质原料是糖厂的副产物糖蜜(甘蔗糖蜜、甜菜糖蜜),其中糖类大多数为可发酵糖。由于糖蜜的干物质含量高,糖分高,产酸细菌多,灰分和胶体物质多,因此在发酵前需进行稀释、酸化、灭菌、澄清、添加营养盐等预处理,然后接入酵母菌进行发酵生产酒精。用于酒精发酵的淀粉质原料包括甘薯、马铃薯、木薯、山药等薯类,高粱、玉米、大米、谷子、大麦、小麦、燕麦等粮谷类,橡籽仁、葛根、土茯苓、蕨根、石蒜、金刚头、香附子等野生植物,以及米糠饼、麸皮,高粱糠、淀粉渣等农产品加工副产物,淀粉质原料生产酒精,首先需把块状和粒砖原料磨成粉末状,经过高压蒸煮和糖化后,进行厌氧酒精发酵。

(三)生物制氢

氢是十分理想的载能体,燃烧不产生任何污染物。与传统的能源物质相比,氢气还具有密度高、热转化效率高、输送成本低等优点,是一种理想的"绿色能源",发展前景十分光明。利用微生物生物技术进行氢气生产具有清洁、节能和不消耗矿物资源等突出优点,因而其产业化进程备受世人关注。

能够产氢的微生物很多,表 15-5-1 列出了几大类产氢微生物的研究概况,目前微生物产氢还处于研制阶段,重点研究产氢机制和开发利用,尚未产业化,主要原因是产氢效率低,与化学产氢法相比,差距较大,但进一步挖掘微生物产氢资源,创新产氢工艺,拓宽可再生废物做原料,微生物产氢将会大有可为。

表 15-5-1　几大类产氢微生物研究概况

微生物类群	代表种	电子供体	需要光	产氢酶	抑制物	产氢效率
厌氧菌	梭菌、甲基营养型细菌、产甲烷细菌、瘤胃细菌、古细菌等,如丁酸梭菌(Rhodospirillum rubrum)	有机物	否	氢酶	O_2,CO	20 mL/mol葡萄糖
兼性厌氧菌	大肠杆菌等肠细菌	有机物	否	氢酶	O_2,CO	—
好氧菌	产碱菌(alcaligene)	有机物	否	氢酶		—
光合细菌	藻类:颤藻属、螺藻属、念珠藻属、项圈藻属、小球藻属	水	是	氢酶	O_2,CO	约为理论值的15%
	非藻类:绿硫细菌属、红硫细菌属、红螺菌属,如深红红螺菌	有机物	是	固氮酶	O_2,N_2,NH_4^+	4 mL/mol乙醇
蓝细菌	柱孢鱼腥蓝细菌(Anabaena cylindrical)	水	是	固氮酶	O_2,N_2,NH_4^+	20 mL/(g·h)
混合菌种	光合细菌与发酵细菌联合丁酸梭菌、产气肠杆菌和类红球菌	废水糖类	否	固氮酶氢酶	O_2	5.7 m^3/mol(m^3·d)

(四)微生物燃料电池

如果电池中发生的反应因微生物生命活动所致,这种产生电能的装置便是微生物燃料电池(microbial fuel cells),又可称为微生物电池。根据微生物与电池中电极的反应形式,一般分为直接作用和间接作用构成的微生物电池。直接作用是指微生物同化底物时的初期和中间产物常富含电子,通过介体作用使它们脱离与呼吸链的偶联,转而直接与电极发生生物电化学联系(bioelectrochemical connection),构成微生物电池;间接作用是指微生物同化底物时的终产物或二次代谢物为电活性物质,如氧、甲酸等,这类物质继而与电极作用,产生能斯脱效应(Nernst effect),构成微生物电池。目前,微生物电池还没达到实用化,值得关注的领域有:由生物转换成效率高、价廉、长效的电能系统;利用废液、废物作燃料,用微生物电池净化环境,而且产生电能;以人的体液为燃料,做成体内埋伏型的驱动电源——微生物电池成为新型的体内起搏器;从转换能量的微生物电池可以发展到应用转换信息的微生物电池,即作为介体微生物传感器(mediated microbiosensor)。

二、微生物冶金

现已有近20个国家正在进行细菌堆浸回收贫矿石、尾矿石或地下采矿石中铜的生产,全世界铜的总产量中约有15%是用细菌浸出法生产的,而美国生产的铜有25%是用细菌浸出法生产。全世界也有10多个正在生产或建设中的细菌浸出法生产金的工厂,加纳的Obusi细菌浸金工厂每小时处理金矿石能力可达30 t,年产黄金15 t。美国在浸取铜矿时并用细菌回收其中的铀,加拿大梅尔利坎铀矿用细菌法生产的铀年产达60 t。除铜、金和铀的细菌浸出已形成生物湿法冶金(biohydrometallurgy)工业外,微生物浸出钴、镍、锰、锌、银、铂和钛等19种战略金属和珍贵金属也获得了可喜的研究成果,有的正在开发形成批量生产。微生物冶金投资小,成本较低,环境污染小,金属的回收率高,适用于贫矿、尾矿,目前逐步兴起。

据报道用于浸矿的细菌有几十种,其中主要有铁氧化硫杆菌(*Thiobacillus ferroaxidans*)、硫氧化硫杆菌(*Thiobacillus thiooxidans*)、铁氧化钩端螺菌(*Leptospirillum ferroaxidans*)和嗜酸热硫化叶菌(*Sulfololus acidocaldonius*)等。这类自氧微生物能氧化各种硫化矿获得能量,并产生硫酸和酸性硫酸高铁$[Fe(SO_4)_3]$,这两种化合物是很好的矿石浸出溶剂,作用于黄铜矿($CuFeS_2$)、赤铜矿(CuO_2)、辉铜矿(Cu_2S)、铜蓝(CuS)等多种金属矿,把矿中的铜以硫酸铜的形式溶解出来,再用铁置换出铜,生成的硫酸亚铁又可被细菌作为营养物氧化成酸性硫酸高铁,再次作为矿石浸出溶剂。如此循环往复,可溶的目的金属能从溶液中获取,如铜,不溶的目的金属能从矿渣中得到,例如金。这就是微生物冶金的基本原理。

微生物冶金的另一种方式是菌体直接吸附金等贵重和稀有金属,如曲霉从胶状溶液中吸附金的能力是活性炭的11~13倍,有的藻类每克干细胞可吸附400 mg的金;微生物对煤脱硫,有的菌对煤中无机硫的脱除率可达96%;非金属矿的微生物脱除金属,例如用来生产陶瓷的主要原料高岭土,用黑曲霉脱除其中的铁,此高岭土制成的新陶瓷材料,在电子、军事工业中有广泛的特殊用途。

三、微生物与石油工业

微生物用于勘探石油、提高采油率、转化石油生产多种产品和改善成品油的质量等方面,都已取得了显著效益,而且越来越引起人们的重视。

1. 微生物石油勘探

石油和天然气深藏于地下,其中天然气又沿着地层缝隙向地表扩散。有的微生物在土中生长能以气态烃为唯一碳源和能源,其生长繁殖的数量与烃含量有相关性,因此可以利用这类微生物作为石油和天热气储藏在地下的指示菌。用各种方法检测土样、水样、岩芯等样品中的这类微生物的数量,分析实验结果,预测石油和天然气的储藏分布地点和数量,此被称为微生

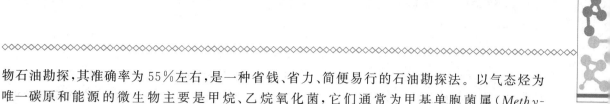

物石油勘探,其准确率为55％左右,是一种省钱、省力、简便易行的石油勘探法。以气态烃为唯一碳原和能源的微生物主要是甲烷、乙烷氧化菌,它们通常为甲基单胞菌属(*Methylomonas*)、甲基细菌属(*Methylobacter*),和分枝杆菌属(*Mycobacterium*)的菌种。这类细菌的分布受季节、气候、pH、土层状况、生态环境等的严重影响,因而根据样品检测出的微生物种类及其数量的结果,用来分析、预测油气状况则较复杂,可变因子较多,影响微生物石油勘探的准确性。

2. 提高采油率

将生物聚合物或生物表面活性剂等微生物产物注入油层,可以提高采油率。最具代表性的是注入黄原胶。此多糖一般由黄单胞菌属(*Xanthomonas*)的菌种用玉米淀粉等农副产品的糖类为原料,深层液体好氧发酵生产。黄原胶具有增黏、稳定和互溶等优良特性,用它稠化水,即作为注水增稠剂,注入油层驱油,可改善油水的流度比,扩大扫油面积,使石油的最终采收率提高9％～29％。黄原胶也可作为钻井黏滑剂,很有利于石油开采,也被石油工业广泛应用。在美国和西欧,约有30％～40％的黄原胶用于石油开采。由于价格的原因,我国仅有南海、渤海油田以及中原、胜利、塔里木油田采用黄原胶作为驱油剂,进行油田开采。

微生物提高采油率的另一种办法是把油层作为巨大的生物反应器,将有益于石油采取的微生物注入油层,或通过加入营养物活化油层内原有的菌类,促进这些微生物的代谢活动,提高石油采取率。还有采用杀灭注水采油中的有害微生物,加入有益微生物或增稠剂、表面活性剂等综合工艺,提高采油也很有效。如我国科技人员,用微生物发酵生产出鼠李糖脂(一类生物表面活性剂),用于三次采油工业试验,在天然岩芯进行驱油试验时,石油的平均采收比提高了20％以上。

3. 其他

用石油或天然气生产单细胞蛋白,即能获高质量的饲料,又能将石油中的石蜡脱除,改善成品的品质。例如脱蜡球拟酵母(*Torulopsis depavaffina*)发酵300～400℃馏分油,70 h后,每公斤油可获得干酵母5.4 g,并将油的凝固点从＋4.5℃下降到－60℃。利用假丝酵母(*Candida*)、假单胞菌属(*Pseudomonas*)和不动杆菌属(*Acinetobacter*)中的各种菌株,以石油或其各类分馏物为原料,能够生产琥珀酸、反丁烯二酸、柠檬酸、水杨酸、不饱和脂肪酸、多氧菌素和碱性蛋白酶等众多产品。还可以用这类菌降解海洋、江湖水体石油的污染。更用遗传工程技术,可以将某些微生物的有用特性的基因,构建在某一菌种中,使其在石油工业中发挥更大作用。例如,世界上第一次获得遗传工程重组菌株发明专利权的就是同时能降解不同石油成分的"超级细菌",它是铜绿假单胞菌(*P. aeruginosa*)和恶臭假单胞菌(*P. putida*)共含有的5种质粒转移在同一细胞内,构建而成的遗传工程菌株。该菌株能清除不同组分的石油污染,是石油污染环境的"超级清道夫"。

本章小结

微生物发酵工业的产品繁多,所用菌种、生产工艺和功能都有其特点。微生物被广泛用于食品、制药、农业、饲料、能源、环保、轻工、化工、冶金等行业,形成了继动物产业、植物产业之后的第三大产业。在食品行业可用于发酵各类酒、酱油、醋、酸奶、干酪等。在轻工业上可用于生

产酶制剂、有机酸、氨基酸、核苷酸、维生素、甾体激素、活性多糖、活性肽、抗生素、免疫制剂、活菌制剂等功能保健成分和医药制剂。在农业上可用于生产饲料、肥料、农药。在环境保护中，可用于化学农药等无机和有机污染物的降解，特别是活性污泥和生物膜法在污水净化处理中的应用。在能源开发上，可用于发酵沼气、氢气、酒精等。在资源利用上，可用于冶金、采油等。微生物有着无穷无尽的功能与潜力，在保护和提高人类生存的质量方面具有重要的贡献。

思考题

1. 大规模工业微生物发酵生产与实验室微生物发酵试验有哪些异同？
2. 论述微生物工业发酵的类型和代表性产品。
3. 利用微生物可生产哪些功能活性成分和生物药品？
4. 论述微生物在农业中的应用。
5. 简述微生物在净化污染环境中的作用。
6. 利用微生物可生产哪些清洁能源？
7. 简述微生物在石油工业中的应用。

（山西农业大学　许女）

参 考 文 献

[1] Alexopoulos C J, Mims C W & Blackwell M. Introductory Mycology. 4th ed. New York:John Wiley & Sons,1996.

[2] Brian J. B. Wood. 发酵食品微生物学. 2 版. 北京:中国轻工业出版社,2001.

[3] Michael T. Madigan, John M. Martinko, *et al*. Brock biology of microorganism, 14th ed. Berkeley:Pearson. 2014.

[4] 蔡信之,黄君红. 微生物学. 2 版. 北京:高等教育出版社,2002.

[5] 陈三凤,刘德虎. 现代微生物遗传学. 2 版. 北京:化学工业出版社,2011.

[6] 陈晔光,张传茂,陈佺. 分子细胞生物学. 北京:清华大学出版社,2011.

[7] 池振明. 现代微生物生态学. 北京:科学出版社,2005.

[8] 范桂香. 医学免疫学. 北京:中国协和医科大学出版社,2004.

[9] 邸金荣,叶林柏. 分子生物学. 武汉:武汉大学出版社,2002.

[10] 郭玉华. 遗传学. 北京:中国农业大学出版社,2014.

[11] 何国庆,贾英民,丁立孝. 食品微生物学. 2 版. 北京:中国农业大学出版社,2009.

[12] 黄秀梨,辛明秀. 微生物学. 3 版. 北京:高等教育出版社,2009.

[13] J. 尼克林,K. 格雷米-库克,R. 基林盾. 微生物学. 2 版. 北京:科学出版社,2004。

[14] 江汉湖. 食品微生物学. 2 版. 北京:中国农业大学出版社,2005.

[15] John Postgate. 微生物与人类. 周启玲,周育,毕群,译. 北京:中国青年出版社,2007.

[16] Kim B H & Gadd G M. Bacterial Physiology and Metabolism. Cambridge:Cambridge University Press,2008.

[17] Kirk P M, Cannon P F, Minter D W, et al. *Ainsworth & Bisby's Dictionary of the Fungi*. 10th ed. Oxfordshire:CABI Bioscience, CAB International,2008.

[18] 李平兰. 食品微生物学教程. 北京:中国林业出版社,2010.

[19] 李兴杰. 微生物学. 北京:高等教育出版社,2013.

[20] 李玉,刘淑艳. 菌物学. 北京:科学出版社,2015.

[21] 林稚兰,罗大珍. 微生物学. 北京:北京大学出版社,2011.

[22] 刘国琴,张曼夫. 生物化学. 2 版. 北京:中国农业大学出版社,2011.

[23] 李阜棣,胡正嘉. 微生物学. 6 版. 北京:中国农业大学出版社,2007.

[24] 李宗军. 食品微生物学:原理与应用. 北京:化学工业出版社,2014.

[25] 廖宇静. 微生物遗传育种学. 北京:气象出版社,2010.

[26] 刘慧. 现代食品微生物学. 北京:中国轻工业出版社,2004.

[27] 刘志恒. 现代微生物学. 北京:科学出版社,2003.

[28] 陆承平. 兽医微生物学. 4 版. 北京:中国农业大学出版社,2007.

［29］陆兆新. 微生物学. 北京：中国计量出版社，2008.

［30］Moat A G，Foster J W，Spector M P. Microbial physiology. 4th ed. New York：Wiley-Liss, Inc. 2003.

［31］Madigan M. T，Martinko J. M，Parker J. 微生物生物学. 北京：科学出版社，2001.

［32］马迪根. 李明春，杨文博主译. BROCK 微生物学（原书第 11 版）（上册）. 北京：科学出版社，2009.

［33］牛天贵，贺稚非. 食品免疫学. 北京：中国农业大学出版社，2010.

［34］Prescott L M, et al. Microbiology. 5th ed. New York：McGraw-Hill. 2002.

［35］Prescott，L. M. 微生物学. 5 版，中文版. 沈萍，彭珍荣主译. 北京：高等教育出版社，2003.

［36］P. M. Lydyard，A. Whwlan，M. W. Fanger. Instant notes in immunology, 2nd ed. 北京：科学出版社（影印版），2004.

［37］邱立友，王明道. 微生物学. 北京：化学工业出版社，2011.

［38］沈萍，陈向东. 微生物学. 8 版. 北京：高等教育出版社，2016.

［39］沈萍，陈向东. 微生物学. 2 版. 北京：高等教育出版社，2006.

［40］沈萍. 微生物学. 北京：高等教育出版社，2000.

［41］沈镇昭，贺志清. 微生物生物学. 北京：中国农业出版社，2000.

［42］孙军德，杨幼慧，赵春燕. 微生物学. 南京：东南大学出版社，2009.

［43］孙乃恩. 分子遗传学. 南京：南京大学出版社，1990.

［44］孙汶生，王福庆. 医学免疫学. 北京：科学出版社，2003.

［45］唐恩洁. 医学免疫学. 成都：四川大学出版社，2004.

［46］The American Heritage® Dictionary of the English Language. 4th ed. Houghton：Houghton Miffin Company，2004.

［47］王亚馥，戴灼华. 遗传学. 北京：高等教育出版社，1999.

［48］Webster J.，Weber R. W. S. Introduction to Fungi. Cambridge：Cambridge Univ. Press，2007.

［49］韦革宏，王卫卫. 微生物学. 北京：科学出版社，2014.

［50］肖建英. 分子生物学. 北京：人民军医出版社，2013.

［51］邢来君，李明春. 普通真菌学. 北京：高等教育出版社，1999.

［52］阎隆飞，张玉麟. 分子生物学. 2 版. 北京：中国农业大学出版社，2001.

［53］杨敏和. 微生物学. 北京：科学出版社，2010.

［54］杨生玉，王刚，沈永红. 微生物生理学. 北京：化学工业出版社，2007.

［55］杨苏声，周俊初. 微生物生物学. 北京：科学出版社，2004.

［56］杨文博，李明春. 微生物学. 北京：高等教育出版社，2010.

［57］杨业华. 分子遗传学. 北京：中国农业出版社，2001.

［58］殷震. 动物病毒学. 2 版. 北京：科学出版社，1995.

［59］查锡良，药立波. 生物化学与分子生物学. 8 版. 北京：人民卫生出版社，2013.

［60］张恒. 生物化学与分子生物学. 郑州：郑州大学出版社，2007.

［61］张利平. 微生物学. 北京：科学出版社，2012.

[62] 周爱儒. 生物化学. 北京:人民卫生出版社,2004.

[63] 赵斌,陈雯莉,何绍江. 微生物学. 北京:高等教育出版社,2011.

[64] 周德庆. 微生物学教程. 北京:高等教育出版社,1993.

[65] 周德庆. 微生物学教程. 2版. 北京:高等教育出版社,2002.

[66] 周德庆. 微生物学教程. 3版. 北京:高等教育出版社,2011.

[67] 周光炎. 免疫学原理. 上海:上海科学技术文献出版社,2000.

[68] 诸葛健,李华钟. 微生物学. 2版. 北京:科学出版社,2009.

[69] 朱军. 遗传学. 3版. 北京:中国农业出版社,2007.

[70] 刘毅,张舒林.NKT细胞及其在抗结核免疫中作用的研究进展[J].现代免疫学,2016,36(1):62-66.

[71] 田路明,黄丛林,张秀海,等. 逆境相关植物锌指蛋白的研究进展[J]. 生物技术通报,2005(6):12-16.

[72] Alber B E, Kung J W & Fuchs G, 2008. 3-Hydroxypropionyl-Coenzyme A synthetase from *Metallosphaera sedula*, an enzyme involved in autotrophic CO_2 fixation. Journal of Bacteriology 190(4):1383-1389.

[73] Arthur M, 2010. Antibiotics:Vancomycin sensing. Nat Chem Biol 6(5):313-315.

[74] Bird L J, Bonnefoy V & Newman D K, 2011. Bioenergetic challenges of microbial iron metabolisms. Trends in Microbiology 19(7):330-340.

[75] Browne P D & Cadillo-Quiroz H, 2013. Contribution of transcriptomics to systems-level understanding of methanogenic Archaea. Archaea 201311.

[76] Bycroft B W & Shute R E, 1985. The molecular basis for the mode of action of Beta-lactam antibiotics and mechanisms of resistance. Pharmaceutical Research 2(1):3-14.

[77] Castañeda-García A, Blázquez J & Rodríguez-Rojas A, 2013. Molecular mechanisms and clinical impact of acquired and intrinsic fosfomycin resistance. Antibiotics 2(2):217-236.

[78] Chen X, Schreiber K, Appel J, et al. 2016. The Entner–Doudoroff pathway is an overlooked glycolytic route in cyanobacteria and plants. Proceedings of the National Academy of Sciences 113(19):5441-5446.

[79] Conway T, 1992. The Entner-Doudoroff pathway:history, physiology and molecular biology. FEMS Microbiology Letters 103(1):1-27.

[80] Gerosa L & Sauer U, 2011. Regulation and control of metabolic fluxes in microbes. Current Opinion in Biotechnology 22(4):566-575.

[81] Heijenoort Jv, 2001a. Recent advances in the formation of the bacterial peptidoglycan monomer unit. Natural Product Reports 18(5):503-519.

[82] Heijenoort Jv, 2001b. Formation of the glycan chains in the synthesis of bacterial peptidoglycan. Glycobiology 11(3):25R-36R.

[83] Kehrer D, Ahmed H, Brinkmann H & Siebers B, 2007. Glycerate kinase of the hyperthermophilic archaeon *Thermoproteus tenax*:new insights into the phylogenetic distribution and physiological role of members of the three different glycerate kinase classes.

BMC Genomics 8301-301.

[84] Mandavilli B S, Santos J H & Van Houten B, 2002. Mitochondrial DNA repair and aging. Mutation Research/Fundamental and Molecular Mechanisms of Mutagenesis 509 (1-2): 127-151.

[85] Nelson D L & Cox M M (eds) 2004. Lehninger Principles of Biochemistry: W. H. Freeman.

[86] Prescott L M, Harley J P & Klein D A, 2001. Microbiology, 5 edn., McGraw-Hill Higher Education.

[87] Rani C & Khan I A, 2016. UDP-GlcNAc pathway: Potential target for inhibitor discovery against M. tuberculosis. European Journal of Pharmaceutical Sciences 8362-8370.

[88] Seefeldt LC, Hoffman B M & Dean D R, 2009. Mechanism of Mo-dependent nitrogenase. Annual review of biochemistry 78701.

[89] Shimizu K, 2013. Metabolic regulation of a bacterial cell system with emphasis on *Escherichia coli* metabolism. ISRN Biochemistry 201347.

[90] Stone K J & Strominger J L, 1971. Mechanism of action of bacitracin: complexation with metal Ion and C_{55}-isoprenyl pyrophosphate. Proceedings of the National Academy of Sciences of the United States of America 68(12): 3223-3227.